高等学校教材

高等代数

第六版

Advanced Algebra

北京大学数学系前代数小组　编
王萼芳　石生明　王立中　修订

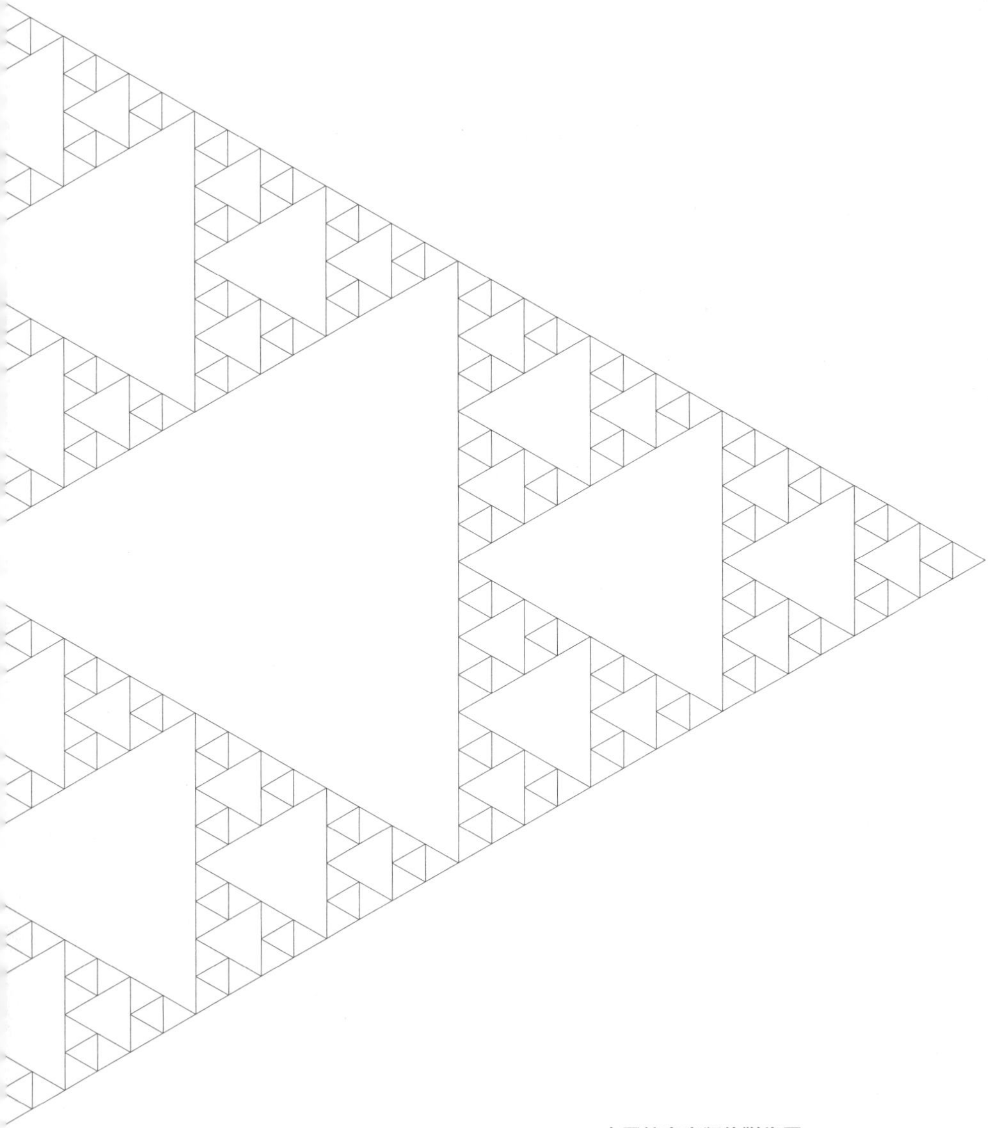

中国教育出版传媒集团
高等教育出版社·北京

内容简介

本书是第六版，基本上保持了原书构架和风格，对内容作了微调，每章适当增加了习题，增加了附录五“代数与人工智能”的内容，适当补充了数字资源。

本书主要内容是：多项式、行列式、线性方程组、矩阵、二次型、线性空间、线性变换、λ-矩阵、欧几里得空间、双线性函数与辛空间、总习题，附录包括关于连加号“$\sum$”、整数的可除性理论、代数基本定理的证明、$\mathscr{A}$-矩阵与矩阵相似标准形的几何理论、代数与人工智能。

本书适合作为高等学校数学类专业高等代数教材和教学参考书。

图书在版编目（CIP）数据

高等代数 / 北京大学数学系前代数小组编；王萼芳，石生明，王立中修订. --6版. --北京：高等教育出版社，2025.6. -- ISBN 978-7-04-065251-2

Ⅰ. O15

中国国家版本馆CIP数据核字第2025JT0094号

Gaodeng Daishu

策划编辑 李 蕊　责任编辑 李 蕊　封面设计 王凌波　版式设计 杜微言
责任绘图 李沛蓉　责任校对 胡美萍　责任印制 存 怡

出版发行	高等教育出版社	网　　址	http://www.hep.edu.cn
社　　址	北京市西城区德外大街4号		http://www.hep.com.cn
邮政编码	100120	网上订购	http://www.hepmall.com.cn
印　　刷	保定市中画美凯印刷有限公司		http://www.hepmall.com
开　　本	850mm×1168mm　1/16		http://www.hepmall.cn
印　　张	22	版　　次	1978年3月第1版
字　　数	490千字		2025年6月第6版
购书热线	010-58581118	印　　次	2025年9月第2次印刷
咨询电话	400-810-0598	定　　价	49.60元

物 料 号　65251-00

第六版前言

北京大学的《高等代数》一书是享有盛誉的经典教材，凝聚了北京大学段学复教授、聂灵沼教授、丁石孙教授、王萼芳教授和石生明教授等几代数学家的心血，谱写了我国高等代数教材建设的一个传奇。半个多世纪以来，该书一直为国内众多高校的数学类专业用作教材和参考书，总印数达三百多万册，使我国几代数学和科学工作者深受裨益。该书第一版荣获第一届全国高等学校优秀教材优秀奖。如何适应时代和科学发展的需要，进一步做好《高等代数》教材建设工作是我们必须努力为之奋斗的光荣而重要的历史使命。

历史的经验值得总结和借鉴。石生明教授在回顾《高等代数》的编写过程时指出："1952 年全国各大学院系调整后，北京大学数学力学系段学复教授领导的代数集体，除了短时用过苏联的教材外，开始自编《高等代数》教材。段学复教授、聂灵沼教授和丁先生在教学中边教边编写讲义。"事实上，1952 年北京大学数学力学系招收了 187 名新生，一共分三个班上课，段学复、聂灵沼、丁石孙三位教授分别教三个班的高等代数，后来段学复教授病了，丁石孙又代段学复上课。当时参用的是苏联库洛什的《高等代数教程》。因为只有俄文版，丁石孙是边学习俄文边翻译。苏联教材的起点是抽象的代数结构，学生较难接受。1953 年丁石孙随段学复到青岛在教育部召开的会议上讨论代数教学大纲的修改，之后丁石孙开始编写高等代数讲义，并在教学中使用，同时多次对讲义进行修改。石生明所在的 1954 级考入北京大学数学力学系后，其高等代数课便是丁石孙讲授的。1959 年北京大学出版了此讲义的油印本，署名是北京大学数学力学系几何与代数教研室。1964 年这个讲义以北京大学数学力学系几何与代数教研室代数小组的名义由高等教育出版社出版，书名是《高等代数讲义》。1965 年底，丁石孙出席了教育部在上海召开的会议，重新修订各科的教学大纲，落实会议"教学要少而精，大学课程可以砍掉三分之一"的指示。当时要求 1966 年暑假后就要实行新大纲。丁石孙的任务是重写一本《高等代数简明教程》（以下简称《简明教程》）。丁石孙曾回忆到："六六年二月份，《简明教程》的初稿写出来了。高等教育出版社准备出这本书，他们审稿抓得很紧。二月份我就又到了上海。审稿的人有华东师范大学的曹锡华，还有北京师范大学的刘绍学，吉林大学的谢邦杰，高等教育出版社还去了个编辑。我记得审稿前后用了两个星期的时间。在这两个星期里，我一边审稿，一边根据大家的意见做修改，编辑就进行编辑加工。两个星期以后，稿子就可以付印了，效率非常高。审稿完成之后我就回到北京继续上课。大概四月份，高等教育出版社通知我，《简明教程》准备拿到日本的图书展会上展览，让我认真校对一下。我认真地校了两遍，交给他们。……我第一次见到这本书，已经是七一年了。”丁石孙自己认为此书写得比较好。1974 年段学复在总参三部开设密码短训班，要讲授高等代数，认为此书可用。但当时已经无处可买。段学复建议总参三部找高等教育出版社，把此书的印刷底版要来，由部队的印刷厂印制出版，署名为北京大学数学力学系几何与代数教研室代数小组。1977 年，王萼芳代表北京大学出席了教育部在上海召开的理科教材会议，领回了修订扩充《高等代数简明教程》的任务。随后王萼芳和石生明参照《高等代数讲义》，将《高等代数简明教程》修订为《高等代数》，1978 年由人民教育出版社出版，署名仍是北京大学数学力学系几何与代数教研室代数小组。王萼芳教授和石生明教授长期坚持高等代数教学，一直致力于改进和提升该教材。他们根据人才培养和学科发展的需要，不断征求、倾听师生和各界的意见，精雕细琢各个细节。已出版的五个版次的《高等代数》，选材恰当，条理分明，逻辑性强，论述简明，易于理解；习题也经过精心挑选，可增进学生对概念定义定理的理解，与教材内容密切配合，被许多综合性大学和师范类、财经类和工科高校选作教材或参考书，在我国高等代数教学中起了历史性作用，这正是丁石孙教授早年的心愿。

从 1964 年算起，《高等代数》出版发行已经 60 多年了，现在数学的理论已经更加深刻，数学的应用更是有了惊人的进步。代数与数学其他分支的交叉融合统一，以及在物理学、信息科学和实际工程等领域的应用成为科学发展的新趋势、新特点。代数在人工智能中的作用越来越重要。例如，机器学习是一种从数据中学习的人工智能，代数结构对从数据中学习非常有效，可使从数据中学习的分析和形式证明更容易，更少受参数多少的制约，通过形成数据中变换的概念来减少代数表示的规模。大学高等代数课程和教材如何更好、更及时适应时代的新需求，需要我们认真思考。王立中在主持《高等代数》第六版的修订工作过程中已作了深入全面的考虑。这个工作需要几年的时间进行筹划准备和实施，希望《高等代数》这次再版后，代数学家和出版社一起努力，续写经典教材建设的新篇章。

张继平

2025 年 5 月 20 日

于中海尚湖

高等代数简史（上）

高等代数简史（下）

第五版前言

本书从第一版到如今第五版整整经过了40年(恰好与我国改革开放40年同步)。此期间我们二人始终未脱离高等代数教学,一直未停止代数教学与教材的改进和提高。本书40年来一直为国内多数高校的数学类专业用作教材和参考书,印刷已达200多万册,使我国几代数学和科学工作者受益。我们全体作者很珍重读者们对此书的肯定。

本书已是一个比较定型的教材,本版仅作了很少修改:

1. 应读者要求增加了几个应用例题。高等代数在数学中和其他科学中有越来越多的应用。课程中不可能也不必要讲述太多的应用内容。若同学们有要求,教师可根据自己熟悉的方面和兴趣选择一些内容向同学们作课外讲座。

2. 改写了矩阵的秩一节。

3. 附录四中增加了有理标准形的内容,而第七章§8若尔当标准形介绍又恢复了第三版的讲法。这是因为附录四不是必学内容,而§8中若尔当标准形的证明不太难,是比较容易接受的。

4. 第十章§4辛空间的维特定理补上了证明。

5. 适当补充数字资源(以图标示意)。

此外,我们应教师和同学们的呼声,希望各学校保证高等代数的课时,我们的经验是正常授完本教材的基本内容需要两学期,每周四课时。此外每章至少安排两课时的习题课。实际上还要去除节假日、各种特殊的活动和考试,课时仍是很紧的。

这次修改前高等教育出版社组织召开了北京地区部分高等代数教师的座谈会,他们提出了很多宝贵意见。我们表示衷心的感谢。

王萼芳　石生明

2018年1月

第二版前言

本书自1978年出版以来，有相当多的学校采用它作为高等代数课程的教材，在使用中也发现了其中不少问题和错误，广大读者和教师向我们提了许多宝贵意见。在本书历次重印中，我们曾作了一些勘误。这次的修订，除了一些勘误以外，主要是增加了一些章节（第四章§7，§8，第七章§9和第十章——原来的第十章代数基本概念介绍现在成了第十一章）。我们衷心感谢广大读者和教师对本书的关心，并欢迎继续提出宝贵意见。

本书是北京大学数学系几何与代数教研室代数小组集体教学经验的积累。段学复教授、聂灵沼教授、丁石孙教授、王萼芳教授等早在五十、六十年代就先后多次教授高等代数课程并编写过讲义。1964年和1965年丁石孙教授在此基础上先后执笔编写了《高等代数讲义》和《高等代数简明教程》（高等教育出版社出版）。1977年我们受在上海召开的理科教材会议的委托，在上述教材的基础上修改而成本书。历年来还有很多同志（他们中的许多人已离开了教研室）参加了习题的建设，因此很多同志对本书作出了贡献。可是本书是由我们编写的，这次也是由我们修订，其中的缺点和疏漏之处是应由我们负责的。

王萼芳　石生明

1987年3月

第一版前言

本书是在我校1964年编的《高等代数讲义》和1966年编的《高等代数简明教程》的基础上，根据1977年在上海召开的理科教材编写大纲讨论会上制订的高等代数教材编写大纲的精神修改而成的。本书分三个部分，即多项式理论，线性代数及群、环、域的概念介绍。因有计算方法的试用教材，方程论的大部分内容和代数中的计算方法内容都略去了。另外考虑到综合大学数学专业和高等师范院校数学专业两方面的需要，所以本书中包含的内容对每个学校不一定都是必要的。还有些内容，如行列式的拉普拉斯展开定理、线性变换的值域和核、线性空间按特征值分解成不变子空间的直和、λ-矩阵和若尔当标准形的理论推导、酉空间介绍是选学内容，不作基本要求。因此在采用本书作为教本时，教师可根据实际情况作适当的取舍。如学生以后有近世代数基础课，第十章群、环、域的基本概念也可不讲。我们力求做到所附的习题大致反映各章的基本要求，至于补充题就只有参考的意义，不在基本要求之内。

本书用了数学归纳法，但是没有讲数学归纳法。这是考虑到，数学归纳法（特别是第二数学归纳法）可以在高等代数中讲，也可以在其他课程中讲，甚至于也可以只简单地提一下而在用的过程中熟悉它。教师可根据情况作适当处理。关于连加号"$\sum$"，我们写了一个附录，供参考。

我们采用符号"▌"表示一个定理或者论断的证明完结。当符号"▌"紧接着一个定理或者论断的叙述之后出现，这就表示它不证自明或者在前面已经证明了。

这几年教育战线受"四人帮"严重破坏，影响了教学活动正常进行，极大地妨碍了高等代数课教学经验的积累，加之这次修改时间仓促，书中的问题一定不少，我们希望大家在使用的过程中不断提出意见，以便今后写出高质量的教材。

参加教材审查会的同志们对本书提出了不少宝贵意见，我们表示衷心感谢。

北京大学数学系

几何与代数教研室代数小组

1978年3月

目录

第一章
多项式

§1 数　域

多项式是代数学中最基本的研究对象之一，它不但与高次方程的讨论有关，而且在进一步学习代数以及其他数学分支时也都会碰到.本章就来介绍一些有关多项式的基本知识.在中学代数中我们学过多项式，现在的讨论可以认为是中学所学知识的加深，并且推广到更一般的情况.

我们知道，数是数学的一个最基本的概念.我们的讨论就从这里开始.在历史上，数的概念经历了一个长期发展的过程，大体上看，是由正整数到整数、有理数，然后是实数，再到复数.这个过程反映了人们对客观世界的认识的不断深入.中学数学的学习也基本上反映了这样一个发展过程.回想一下，中学数学中数的含义在不同的阶段实际上是不同的，只是没有明确指出而已.

按照所研究的问题，我们常常需要明确规定所考虑的数的范围.譬如说，在解决一个实际问题中列出了一个二次方程，这个方程有没有解就与未知量所代表的对象有关，也就是与未知量所允许的取值范围有关.又如，任意两个整数的商不一定是整数，这就是说，限制在整数的范围内，除法不是普遍可以做的，而在有理数范围内，只要除数不为零，除法总是可以做的.因此，在数的不同的范围内同一个问题的回答可能是不同的.我们经常会遇到的数的范围有全体有理数、全体实数以及全体复数，它们显然具有一些不同的性质.当然，它们也有很多共同的性质，在代数中经常是将有共同性质的对象统一进行讨论.关于数的加、减、乘、除等运算的性质通常称为数的**代数性质**.代数所研究的问题主要涉及数的代数性质，这方面的大部分性质是有理数、实数、复数的全体所共有的.有时我们还会碰到一些其他的数的范围，为了方便起见，当我们把这些数当作整体来考虑的时候，常称它为一个数的集合，简称数集.有些数集也具有与有理数、实数、复数的全体所共有的代数性质.为了在讨论中能够把它们统一起来，我们引入一个一般的概念.

定义 1　设 P 是由一些复数组成的集合，其中包括 0 与 1. 如果 P 中任意两个数（这两个数也可以相同）的和、差、积、商（除数不为 0）仍然是 P 中的数，那么 P 就称为一个**数域**.

显然，全体有理数组成的集合、全体实数组成的集合、全体复数组成的集合都是数域.这三个数域我们分别用字母 **Q**,**R**,**C** 来代表.全体整数组成的集合就不是数域,因为不是任意两个整数的商都是整数.

如果数的集合 P 中任意两个数做某一运算的结果仍在 P 中,我们就说数集 P 对这个运算是**封闭的**.因此,数域的定义也可以说成,如果一个包含 0,1 在内的数集 P 对于加法、减法、乘法与除法(除数不为 0)是封闭的,那么 P 就称为一个数域.

下面来举一些例子.

例 1 所有具有形式

$$a+b\sqrt{2}$$

的数(其中 a,b 是任何有理数)构成一个数域.通常用 $\mathbf{Q}(\sqrt{2})$ 来表示这个数域.显然,数集 $\mathbf{Q}(\sqrt{2})$ 包含 0 与 1,并且它对于加、减法是封闭的.现在证明它对乘、除法也是封闭的.我们知道

$$(a+b\sqrt{2})(c+d\sqrt{2})=(ac+2bd)+(ad+bc)\sqrt{2}.$$

因为 a,b,c,d 都是有理数,所以 $ac+2bd,ad+bc$ 也是有理数.这就说明乘积 $(a+b\sqrt{2})(c+d\sqrt{2})$ 还在 $\mathbf{Q}(\sqrt{2})$ 内,所以 $\mathbf{Q}(\sqrt{2})$ 对于乘法是封闭的.

设 $a+b\sqrt{2}\neq 0$,于是 $a-b\sqrt{2}\neq 0$(为什么?),而

$$\frac{c+d\sqrt{2}}{a+b\sqrt{2}}=\frac{(c+d\sqrt{2})(a-b\sqrt{2})}{(a+b\sqrt{2})(a-b\sqrt{2})}=\frac{ac-2bd}{a^2-2b^2}+\frac{ad-bc}{a^2-2b^2}\sqrt{2},$$

因为 a,b,c,d 是有理数,所以 a^2-2b^2 是非零有理数,$\frac{ac-2bd}{a^2-2b^2},\frac{ad-bc}{a^2-2b^2}$ 也是有理数.这就证明了 $\mathbf{Q}(\sqrt{2})$ 对于除法的封闭性.

例 2 所有可以表成形式

$$\frac{a_0+a_1\pi+\cdots+a_n\pi^n}{b_0+b_1\pi+\cdots+b_m\pi^m}$$

的数组成一数域,其中 n,m 为任意非负整数,$a_i,b_j(i=0,1,\cdots,n;j=0,1,\cdots,m)$ 是整数.验证留给读者去做.

例 3 所有奇数组成的数集,对于乘法是封闭的,但对于加、减法不是封闭的.$\sqrt{2}$ 的整倍数的全体组成一数集,它对于加、减法是封闭的,但对于乘、除法不封闭.当然,以上这两个数集都不是数域.

最后,我们指出数域的一个重要性质.所有的数域都包含有理数域作为它的一部分.事实上,设 P 是一个数域,由定义,P 含有 1.根据 P 对于加法的封闭性,$1+1=2,2+1=3,\cdots,n+1=n+1,\cdots$ 全在 P 中,换句话说,P 包含全体正整数.又因 0 在 P 中,再由 P 对减法的封闭性,$0-n=-n$ 也在 P 中,因而 P 包含全体整数.任意一个有理数都可以表成两个整数的商,由 P 对除法的封闭性即得上述结论.

§2 一元多项式

在对多项式的讨论中,我们总是以一个预先给定的数域 P 作为基础.设 x 是一个符号(或称文字),我们有

定义 2 设 n 是一非负整数. 形式表达式

$$a_nx^n+a_{n-1}x^{n-1}+\cdots+a_0, \tag{1}$$

其中 $a_0,a_1,\cdots,a_n$ 全属于数域 P, 称为**系数在数域 P 中的一个一元多项式**, 或者简称为**数域 P 上的一元多项式**.

在多项式(1)中, a_kx^k 称为 k **次项**, a_k 称为 k 次项的**系数**. 以后我们用 $f(x)$, $g(x)$, $\cdots$ 或 $f,g,\cdots$ 来代表多项式.

注意, 我们这儿定义的多项式是符号或文字的形式表达式. 当这符号是未知数时, 它是中学所学代数中的多项式. 看应用需要, 这个符号还可代表其他待定事物. 为了能统一研究未知数和其他待定事物的多项式, 我们才抽象地定义上述形式表达式. 并且还要对它们引入运算来反映各个待定事物所满足的运算规律, 统一研究以得到它们普遍的公共的性质.

定义 3 如果在多项式 $f(x)$ 与 $g(x)$ 中, 除去系数为零的项外, 同次项的系数全相等, 那么 $f(x)$ 与 $g(x)$ 就称为**相等**, 记作

$$f(x)=g(x).$$

系数全为零的多项式称为**零多项式**, 记作 0.

在(1)式中, 如果 $a_n\neq 0$, 那么 a_nx^n 称为多项式(1)的**首项**, a_n 称为**首项系数**, n 称为多项式(1)的**次数**. 零多项式是唯一不定义次数的多项式. 多项式 $f(x)$ 的次数记作

$$\partial(f(x))^{①}.$$

在中学所讲的代数中, 两个多项式可以相加、相减、相乘. 例如,

$$(2x^2-1)+(x^3-2x^2+x+2)=x^3+x+1,$$

$$\begin{aligned}(2x^2-1)(x^2-x+1)&=2x^4-2x^3+2x^2-x^2+x-1\\&=2x^4-2x^3+x^2+x-1.\end{aligned}$$

我们对形式表达式(1), 可类似地引入这些运算, 为便于计算和讨论, 我们常常用和号来表达多项式.

设

$$f(x)=a_nx^n+a_{n-1}x^{n-1}+\cdots+a_0,\quad g(x)=b_mx^m+b_{m-1}x^{m-1}+\cdots+b_0$$

是数域 P 上两个多项式, 那么可以写成

$$f(x)=\sum_{i=0}^{n}a_ix^i,\quad g(x)=\sum_{j=0}^{m}b_jx^j.$$

在表示多项式 $f(x)$ 与 $g(x)$ 的和时, 如果 $n\geqslant m$, 为了方便起见, 在 $g(x)$ 中令 $b_n=b_{n-1}=\cdots=b_{m+1}=0$, 那么 $f(x)$ 与 $g(x)$ 的和为

$$f(x)+g(x)=(a_n+b_n)x^n+(a_{n-1}+b_{n-1})x^{n-1}+\cdots+(a_1+b_1)x+(a_0+b_0)=\sum_{i=0}^{n}(a_i+b_i)x^i.$$

而 $f(x)$ 与 $g(x)$ 的乘积为

$$f(x)g(x)=a_nb_mx^{n+m}+(a_nb_{m-1}+a_{n-1}b_m)x^{n+m-1}+\cdots+(a_1b_0+a_0b_1)x+a_0b_0,$$

其中 s 次项的系数是

① 因为零多项式不定义次数, 所以在用符号 $\partial(f(x))$ 时, 总是假定 $f(x)\neq 0$. 以后就不一一说明了.

$$a_sb_0+a_{s-1}b_1+\cdots+a_1b_{s-1}+a_0b_s=\sum_{i+j=s}a_ib_j.$$

所以$f(x)g(x)$可以表成

$$f(x)g(x)=\sum_{s=0}^{m+n}\Big(\sum_{i+j=s}a_ib_j\Big)x^s.$$

显然，数域P上的两个多项式经过加、减、乘等运算后，所得结果仍然是数域P上的多项式.

对于多项式的加、减法，不难看出

$$\partial(f(x)\pm g(x))\leqslant\max(\partial(f(x)),\partial(g(x)))^{①}.$$

对于多项式的乘法，可以证明，如果$f(x)\neq0$，$g(x)\neq0$，那么$f(x)g(x)\neq0$，并且

$$\partial(f(x)g(x))=\partial(f(x))+\partial(g(x)).$$

事实上，设

$$f(x)=a_nx^n+a_{n-1}x^{n-1}+\cdots+a_0,\quad g(x)=b_mx^m+b_{m-1}x^{m-1}+\cdots+b_0,$$

其中$a_n\neq0$，$b_m\neq0$，于是$f(x)g(x)$的首项是

$$a_nb_mx^{n+m}.$$

显然$a_nb_m\neq0$，因之$f(x)g(x)\neq0$而且它的次数就是$n+m$.

由以上证明还看出，多项式乘积的首项系数就等于它的因子首项系数的乘积.

显然，上面得出的结果都可以推广到多个多项式的情形.

和数的运算一样，多项式的运算也满足下面的一些规律：

1. 加法交换律

$$f(x)+g(x)=g(x)+f(x).$$

2. 加法结合律

$$(f(x)+g(x))+h(x)=f(x)+(g(x)+h(x)).$$

3. 乘法交换律

$$f(x)g(x)=g(x)f(x).$$

4. 乘法结合律

$$(f(x)g(x))h(x)=f(x)(g(x)h(x)).$$

5. 乘法对加法的分配律

$$f(x)(g(x)+h(x))=f(x)g(x)+f(x)h(x).$$

这些规律都很容易证明.下面只给出乘法结合律的证明.

设

$$f(x)=\sum_{i=0}^{n}a_ix^i,\quad g(x)=\sum_{j=0}^{m}b_jx^j,\quad h(x)=\sum_{k=0}^{l}c_kx^k.$$

现在来证

$$(f(x)g(x))h(x)=f(x)(g(x)h(x)).$$

等式左边$f(x)g(x)$中s次项的系数为

---

① $\max(n,m)$表示n,m中较大的一个数.

$$\sum_{i+j=s} a_i b_j ,$$

因此左边 t 次项的系数为

$$\sum_{s+k=t}\left(\sum_{i+j=s} a_i b_j\right) c_k = \sum_{i+j+k=t} a_i b_j c_k.$$

等式右边 $g(x)h(x)$ 中 r 次项的系数为

$$\sum_{j+k=r} b_j c_k.$$

因此右边 t 次项的系数为

$$\sum_{i+r=t} a_i\left(\sum_{j+k=r} b_j c_k\right) = \sum_{i+j+k=t} a_i b_j c_k.$$

与左边 t 次项的系数一样，所以左、右两边相等，这就证明了乘法满足结合律.

对于多项式的乘法，我们还可以证明

6. 乘法消去律

如果 $f(x)g(x)=f(x)h(x)$ 且 $f(x)\neq 0$，那么

$$g(x)=h(x).$$

因为

$$f(x)g(x)=f(x)h(x),$$

有

$$f(x)(g(x)-h(x))=0,$$

而 $f(x)\neq 0$，所以 $g(x)-h(x)=0$，也就是

$$g(x)=h(x).$$

最后我们引入

定义 4　所有系数在数域 P 中的一元多项式的全体，称为数域 P 上的**一元多项式环**，记作 $P[x]$，P 称为 $P[x]$ 的系数域.

§3　整除的概念

这一节以及后面各节的讨论都是在某一个固定的数域 P 上的多项式环 $P[x]$ 中进行的，以后就不每次重复说明了.

在一元多项式环中，可以做加、减、乘三种运算，但是乘法的逆运算——除法并不是普遍可以做的.因之整除就成了两个多项式之间的一种特殊的关系.

和中学中所学代数一样，作为形式表达式，也能用一个多项式去除另一个多项式，求得商和余式.例如，设

$$f(x)=3x^3+4x^2-5x+6,\quad g(x)=x^2-3x+1.$$

我们用 $g(x)$ 去除 $f(x)$，可以按下面的格式来做除法：

$$
\begin{array}{r|rrrrrrr|l}
x^2-3x+1 & 3x^3 & + & 4x^2 & - & 5x & + & 6 & 3x+13 \\
 & 3x^3 & - & 9x^2 & + & 3x & & & \\
\hline
 & & & 13x^2 & - & 8x & + & 6 & \\
 & & & 13x^2 & - & 39x & + & 13 & \\
\hline
 & & & & & 31x & - & 7 &
\end{array}
$$

于是求得商为 $3x+13$，余式为 $31x-7$. 所得结果可以写成

$$3x^3+4x^2-5x+6=(3x+13)(x^2-3x+1)+(31x-7).$$

这个求法实际上具有一般性. 下面就按这个想法来证明一元多项式环的一个基本性质.

带余除法　对于 $P[x]$ 中任意两个多项式 $f(x)$ 与 $g(x)$，其中 $g(x)\neq 0$，一定有 $P[x]$ 中的多项式 $q(x)$，$r(x)$ 存在，使

$$f(x)=q(x)g(x)+r(x) \tag{1}$$

成立，其中 $\partial(r(x))<\partial(g(x))$ 或者 $r(x)=0$，并且这样的 $q(x)$，$r(x)$ 是唯一确定的.

证明　(1) 式中 $q(x)$ 和 $r(x)$ 的存在性可以由上面所说的除法直接得出. 我们用数学归纳法的语言来叙述.

如果 $f(x)=0$，那么取 $q(x)=r(x)=0$ 即可.

以下设 $f(x)\neq 0$. 令 $f(x)$，$g(x)$ 的次数分别为 n，m. 对 $f(x)$ 的次数 n 作（第二）数学归纳法. 假设当任何 $f(x)$ 的次数小于 n 时，$q(x)$，$r(x)$ 的存在已证. 现在看次数为 n 的情形.

当 $n<m$ 时，显然取 $q(x)=0$，$r(x)=f(x)$，(1) 式成立.

下面讨论 $n\geqslant m$ 的情形. 令 ax^n，bx^m 分别是 $f(x)$，$g(x)$ 的首项，显然 $b^{-1}ax^{n-m}g(x)$ 与 $f(x)$ 有相同的首项，因而多项式

$$f_1(x)=f(x)-b^{-1}ax^{n-m}g(x)$$

的次数小于 n 或为零多项式. 对于后者，取 $q(x)=b^{-1}ax^{n-m}$，$r(x)=0$；对于前者，由归纳假设，对 $f_1(x)$，$g(x)$ 有 $q_1(x)$，$r_1(x)$ 存在使

$$f_1(x)=q_1(x)g(x)+r_1(x),$$

其中 $\partial(r_1(x))<\partial(g(x))$ 或者 $r_1(x)=0$. 于是

$$f(x)=(q_1(x)+b^{-1}ax^{n-m})g(x)+r_1(x),$$

也就是说，有 $q(x)=q_1(x)+b^{-1}ax^{n-m}$，$r(x)=r_1(x)$ 使

$$f(x)=q(x)g(x)+r(x)$$

成立. 由归纳法原理，对任意的 $f(x)$，$g(x)\neq 0$，$q(x)$，$r(x)$ 的存在性就证明了.

下面来证唯一性. 设另有多项式 $q'(x)$，$r'(x)$ 使

$$f(x)=q'(x)g(x)+r'(x),$$

其中 $\partial(r'(x))<\partial(g(x))$ 或者 $r'(x)=0$. 于是

$$q(x)g(x)+r(x)=q'(x)g(x)+r'(x),$$

即

$$(q(x)-q'(x))g(x)=r'(x)-r(x).$$

如果 $q(x)\neq q'(x)$，又据假设 $g(x)\neq 0$，那么 $r'(x)-r(x)\neq 0$，且有

$$\partial(q(x)-q'(x))+\partial(g(x))=\partial(r'(x)-r(x)).$$

但是

$$\partial(g(x))>\partial(r'(x)-r(x)),$$

所以上式不可能成立.这就证明了 $q(x)=q'(x)$, 因此 $r(x)=r'(x)$. ▌

带余除法中所得的 $q(x)$ 通常称为 $g(x)$ 除 $f(x)$ 的**商式**,$r(x)$ 称为 $g(x)$ 除 $f(x)$ 的**余式**,简称**商**及**余**.

定义 5 称数域 P 上的多项式 $g(x)$ **整除** $f(x)$,如果有数域 P 上的多项式 $h(x)$ 使等式

$$f(x)=g(x)h(x)$$

成立. 我们用"$g(x)\mid f(x)$"表示 $g(x)$ 整除 $f(x)$,用"$g(x)\nmid f(x)$"表示 $g(x)$ 不能整除 $f(x)$.

当 $g(x)\mid f(x)$ 时,$g(x)$ 就称为 $f(x)$ 的**因式**,$f(x)$ 称为 $g(x)$ 的**倍式**.

当 $g(x)\neq 0$ 时,带余除法给出了整除性的一个判别法.

定理 1 对于数域 P 上的任意两个多项式 $f(x)$,$g(x)$,其中 $g(x)\neq 0$,$g(x)\mid f(x)$ 的充要条件是 $g(x)$ 除 $f(x)$ 的余式为零.

证明 如果 $r(x)=0$,那么 $f(x)=q(x)g(x)$,即 $g(x)\mid f(x)$.

反过来,如果 $g(x)\mid f(x)$,那么

$$f(x)=q(x)g(x)=q(x)g(x)+0,$$

即 $r(x)=0$. ▌

带余除法中 $g(x)$ 必须不为零,但 $g(x)\mid f(x)$ 中 $g(x)$ 可以为零.这时

$$f(x)=g(x)h(x)=0\cdot h(x)=0.$$

当 $g(x)\mid f(x)$ 时,如 $g(x)\neq 0$,$g(x)$ 除 $f(x)$ 所得的商 $q(x)$ 有时也用

$$\frac{f(x)}{g(x)}$$

来表示.

由定义还可看出,任意一个多项式 $f(x)$ 一定整除它自身,即 $f(x)\mid f(x)$,因为 $f(x)=1\cdot f(x)$;任意一个多项式 $f(x)$ 都整除零多项式 0,因为 $0=0\cdot f(x)$;零次多项式,也就是非零常数,能整除任意一个多项式,因为当 $a\neq 0$ 时,$f(x)=a(a^{-1}f(x))$.

下面介绍整除性的几个常用的性质:

1. 如果 $f(x)\mid g(x)$,$g(x)\mid f(x)$,那么 $f(x)=cg(x)$,其中 c 为非零常数.

事实上,由 $f(x)\mid g(x)$ 有 $g(x)=h_1(x)f(x)$,由 $g(x)\mid f(x)$ 有 $f(x)=h_2(x)g(x)$. 于是

$$f(x)=h_1(x)h_2(x)f(x).$$

如果 $f(x)$ 为零,那么 $g(x)$ 也为零,结论显然成立.如果 $f(x)\neq 0$,那么消去 $f(x)$ 就有

$$h_1(x)h_2(x)=1,$$

从而 $\partial(h_1(x))+\partial(h_2(x))=0$.由此即得

$$\partial(h_1(x))=\partial(h_2(x))=0.$$

这就是说,$h_2(x)$ 是一非零常数. ▌

2. 如果 $f(x)\mid g(x)$,$g(x)\mid h(x)$,那么 $f(x)\mid h(x)$(整除的传递性).显然,由

$$g(x)=g_1(x)f(x),\quad h(x)=h_1(x)g(x),$$

即得

$$h(x)=(h_1(x)g_1(x))f(x).\ \blacksquare$$

3. 如果 $f(x)\mid g_i(x),i=1,2,\cdots,r$,那么

$$f(x)\mid(u_1(x)g_1(x)+u_2(x)g_2(x)+\cdots+u_r(x)g_r(x)),$$

其中 $u_i(x)$ 是数域 P 上任意的多项式.

由 $g_i(x)=h_i(x)f(x),i=1,2,\cdots,r$,即得

$$\begin{aligned}&u_1(x)g_1(x)+u_2(x)g_2(x)+\cdots+u_r(x)g_r(x)\\=&(u_1(x)h_1(x)+u_2(x)h_2(x)+\cdots+u_r(x)h_r(x))f(x).\ \blacksquare\end{aligned}$$

通常,$u_1(x)g_1(x)+u_2(x)g_2(x)+\cdots+u_r(x)g_r(x)$ 称为多项式 $g_1(x),g_2(x),\cdots,g_r(x)$ 的一个**组合**.

由以上的性质可以看出,多项式 $f(x)$ 与它的任意一个非零常数倍 $cf(x)(c\neq0)$ 有相同的因式,也有相同的倍式.因之,在多项式整除性的讨论中,$f(x)$ 常常可以用 $cf(x)$ 来代替.

最后我们指出,两个多项式之间的整除关系不因为系数域的扩大而改变.也就是说,如果 $f(x),g(x)$ 是 $P[x]$ 中两个多项式,$\bar{P}$ 是包含 P 的一个较大的数域.当然,$f(x)$,$g(x)$ 也可以看作 $\bar{P}[x]$ 中的多项式.从带余除法可以看出,不论把 $f(x),g(x)$ 看作 $P[x]$ 中或者是 $\bar{P}[x]$ 中的多项式,用 $g(x)$ 去除 $f(x)$ 所得的商式及余式都是一样的.因此,如果在 $P[x]$ 中 $g(x)$ 不能整除 $f(x)$,那么在 $\bar{P}[x]$ 中,$g(x)$ 也不能整除 $f(x)$.

§4　最大公因式

如果多项式 $\varphi(x)$ 既是 $f(x)$ 的因式,又是 $g(x)$ 的因式,那么 $\varphi(x)$ 就称为 $f(x)$ 与 $g(x)$ 的一个**公因式**.在公因式中占有特殊重要地位的是最大公因式.

定义 6　设 $f(x),g(x)$ 是 $P[x]$ 中两个多项式.$P[x]$ 中多项式 $d(x)$ 称为 $f(x)$,$g(x)$ 的一个**最大公因式**,如果它满足下面两个条件:

1) $d(x)$ 是 $f(x),g(x)$ 的公因式;

2) $f(x),g(x)$ 的公因式全是 $d(x)$ 的因式.

例如,对于任意多项式 $f(x)$,$f(x)$ 就是 $f(x)$ 与 0 的一个最大公因式.特别地,根据定义,两个零多项式的最大公因式就是 0.

在有了以上的定义之后,我们首先要解决的是最大公因式的存在问题,以下的证明也给出了一个具体求法.

最大公因式的存在性的证明主要根据带余除法,关于带余除法我们指出以下事实:

引理　如果有等式

$$f(x)=q(x)g(x)+r(x)\tag{1}$$

成立,那么 $f(x),g(x)$ 和 $g(x),r(x)$ 有相同的公因式.

证明 如果 $\varphi(x)\mid g(x)$，$\varphi(x)\mid r(x)$，那么由(1)式，$\varphi(x)\mid f(x)$. 这就是说，$g(x)$，$r(x)$ 的公因式全是 $f(x)$，$g(x)$ 的公因式. 反过来，如果 $\varphi(x)\mid f(x)$，$\varphi(x)\mid g(x)$，那么 $\varphi(x)$ 一定整除它们的组合

$$r(x)=f(x)-q(x)g(x).$$

这就是说，$\varphi(x)$ 是 $g(x)$，$r(x)$ 的公因式. 由此可见，如果 $g(x)$，$r(x)$ 有一个最大公因式 $d(x)$，那么 $d(x)$ 也就是 $f(x)$，$g(x)$ 的一个最大公因式. ▌

定理 2 对于 $P[x]$ 中任意两个多项式 $f(x)$，$g(x)$，在 $P[x]$ 中存在一个最大公因式 $d(x)$，且 $d(x)$ 可以表成 $f(x)$，$g(x)$ 的一个组合，即有 $P[x]$ 中多项式 $u(x)$，$v(x)$ 使

$$d(x)=u(x)f(x)+v(x)g(x). \tag{2}$$

证明 如果 $f(x)$，$g(x)$ 有一个为零，譬如说，$g(x)=0$，那么 $f(x)$ 就是一个最大公因式，且

$$f(x)=1\cdot f(x)+1\cdot 0.$$

下面来看一般的情形. 无妨设 $g(x)\neq 0$. 按带余除法，用 $g(x)$ 除 $f(x)$，得到商 $q_1(x)$，余式 $r_1(x)$；如果 $r_1(x)\neq 0$，就再用 $r_1(x)$ 除 $g(x)$，得到商 $q_2(x)$，余式 $r_2(x)$；又如果 $r_2(x)\neq 0$，就用 $r_2(x)$ 除 $r_1(x)$，得出商 $q_3(x)$，余式 $r_3(x)$；如此辗转相除下去，显然，所得余式的次数不断降低，即

$$\partial(g(x))>\partial(r_1(x))>\partial(r_2(x))>\cdots,$$

因此在有限次之后，必然有余式为零. 于是我们有一串等式

$$\begin{aligned}
f(x)&=q_1(x)g(x)+r_1(x),\\
g(x)&=q_2(x)r_1(x)+r_2(x),\\
&\cdots,\\
r_{i-2}(x)&=q_i(x)r_{i-1}(x)+r_i(x),\\
&\cdots,\\
r_{s-3}(x)&=q_{s-1}(x)r_{s-2}(x)+r_{s-1}(x),\\
r_{s-2}(x)&=q_s(x)r_{s-1}(x)+r_s(x),\\
r_{s-1}(x)&=q_{s+1}(x)r_s(x)+0.
\end{aligned}$$

$r_s(x)$ 与 0 的最大公因式是 $r_s(x)$. 根据前面的说明，$r_s(x)$ 也就是 $r_s(x)$ 与 $r_{s-1}(x)$ 的一个最大公因式；同样的理由，逐步推上去，$r_s(x)$ 就是 $f(x)$ 与 $g(x)$ 的一个最大公因式.

由上面的倒数第二个等式，我们有

$$r_s(x)=r_{s-2}(x)-q_s(x)r_{s-1}(x).$$

再由倒数第三式 $r_{s-1}(x)=r_{s-3}(x)-q_{s-1}(x)r_{s-2}(x)$，代入上式可消去 $r_{s-1}(x)$，得到

$$r_s(x)=(1+q_s(x)q_{s-1}(x))r_{s-2}(x)-q_s(x)r_{s-3}(x).$$

然后根据同样的方法用它上面的等式逐个地消去 $r_{s-2}(x),\cdots,r_1(x)$，再并项就得到

$$r_s(x)=u(x)f(x)+v(x)g(x),$$

这就是定理中的(2)式. ▌

由最大公因式的定义不难看出，如果 $d_1(x)$，$d_2(x)$ 是 $f(x)$ 与 $g(x)$ 的两个最大公因式，那么一定有 $d_1(x)\mid d_2(x)$ 与 $d_2(x)\mid d_1(x)$，也就是 $d_1(x)=cd_2(x)$，$c\neq 0$. 这就是说，两个多项式的最大公因式在可以相差一个非零常数倍的意义下是唯一确定的. 我们知道，两个不全为零的多项式的最大公因式总是一个非零多项式. 在这个情形，我们约

定，用

$$(f(x),g(x))$$

来表示首项系数是 1 的那个最大公因式.

定理证明中用来求最大公因式的方法通常称为**辗转相除法**.

例　设

$$f(x)=x^4+3x^3-x^2-4x-3,\quad g(x)=3x^3+10x^2+2x-3,$$

求 $(f(x),g(x))$，并求 $u(x),v(x)$ 使

$$(f(x),g(x))=u(x)f(x)+v(x)g(x).$$

辗转相除法可按下面的格式来做：

	$g(x)$	$f(x)$	
$q_2(x)=$	$3x^3+10x^2+2x-3$	$x^4+3x^3-x^2-4x-3$	$\frac{1}{3}x-\frac{1}{9}$
$-\frac{27}{5}x+9$	$3x^3+15x^2+18x$	$x^4+\frac{10}{3}x^3+\frac{2}{3}x^2-x$	$=q_1(x)$
	$-5x^2-16x-3$	$-\frac{1}{3}x^3-\frac{5}{3}x^2-3x-3$	
	$-5x^2-25x-30$	$-\frac{1}{3}x^3-\frac{10}{9}x^2-\frac{2}{9}x+\frac{1}{3}$	
	$r_2(x)=9x+27$	$r_1(x)=-\frac{5}{9}x^2-\frac{25}{9}x-\frac{10}{3}$	$-\frac{5}{81}x-\frac{10}{81}$
		$-\frac{5}{9}x^2-\frac{5}{3}x$	$=q_3(x)$
		$-\frac{10}{9}x-\frac{10}{3}$	
		$-\frac{10}{9}x-\frac{10}{3}$	
		0	

用等式写出来，就是

$$f(x)=\left(\frac{1}{3}x-\frac{1}{9}\right)g(x)+\left(-\frac{5}{9}x^2-\frac{25}{9}x-\frac{10}{3}\right),$$

$$g(x)=\left(-\frac{27}{5}x+9\right)\left(-\frac{5}{9}x^2-\frac{25}{9}x-\frac{10}{3}\right)+(9x+27),$$

$$-\frac{5}{9}x^2-\frac{25}{9}x-\frac{10}{3}=\left(-\frac{5}{81}x-\frac{10}{81}\right)(9x+27).$$

因此

$$(f(x),g(x))=x+3.$$

而

$$9x+27=g(x)-\left(-\frac{27}{5}x+9\right)\left(-\frac{5}{9}x^2-\frac{25}{9}x-\frac{10}{3}\right)$$

$$=g(x)-\left(-\frac{27}{5}x+9\right)\left[f(x)-\left(\frac{1}{3}x-\frac{1}{9}\right)g(x)\right]$$

$$=\left(\frac{27}{5}x-9\right)f(x)+\left[1-\left(\frac{27}{5}x-9\right)\left(\frac{1}{3}x-\frac{1}{9}\right)\right]g(x)$$

$$=\left(\frac{27}{5}x-9\right)f(x)+\left(-\frac{9}{5}x^2+\frac{18}{5}x\right)g(x),$$

于是,令 $u(x)=\frac{3}{5}x-1$,$v(x)=-\frac{1}{5}x^2+\frac{2}{5}x$,就有

$$(f(x),g(x))=u(x)f(x)+v(x)g(x).$$

定义 7 $P[x]$ 中两个多项式 $f(x)$,$g(x)$ 称为**互素**(也称互质)**的**,如果 $(f(x),g(x))=1$.

显然,如果两个多项式互素,那么它们除去零次多项式外没有其他的公因式,反之亦然.

定理 3 $P[x]$ 中两个多项式 $f(x)$,$g(x)$ 互素的充要条件是有 $P[x]$ 中的多项式 $u(x)$,$v(x)$ 使

$$u(x)f(x)+v(x)g(x)=1.$$

证明 必要性是定理 2 的直接推论.

现在设有 $u(x)$,$v(x)$ 使

$$u(x)f(x)+v(x)g(x)=1,$$

而 $\varphi(x)$ 是 $f(x)$ 与 $g(x)$ 的一个最大公因式.于是 $\varphi(x)\mid f(x)$,$\varphi(x)\mid g(x)$,从而 $\varphi(x)\mid 1$,即 $f(x)$,$g(x)$ 互素. ▌

由此可以证明

定理 4 如果 $(f(x),g(x))=1$,且 $f(x)\mid g(x)h(x)$,那么

$$f(x)\mid h(x).$$

证明 由 $(f(x),g(x))=1$ 可知,有 $u(x)$,$v(x)$ 使

$$u(x)f(x)+v(x)g(x)=1.$$

等式两边乘 $h(x)$,得

$$u(x)f(x)h(x)+v(x)g(x)h(x)=h(x),$$

因为 $f(x)\mid g(x)h(x)$,所以 $f(x)$ 整除等式左端,从而

$$f(x)\mid h(x).$$ ▌

推论 如果 $f_1(x)\mid g(x)$,$f_2(x)\mid g(x)$,且 $(f_1(x),f_2(x))=1$,那么

$$f_1(x)f_2(x)\mid g(x).$$

证明 由 $f_1(x)\mid g(x)$ 有

$$g(x)=f_1(x)h_1(x).$$

因为 $f_2(x)\mid f_1(x)h_1(x)$,且 $(f_1(x),f_2(x))=1$,所以根据定理 4,有 $f_2(x)\mid h_1(x)$,即

$$h_1(x)=f_2(x)h_2(x),$$

代入上式即得

$$g(x)=f_1(x)f_2(x)h_2(x).$$

这就是说,

$$f_1(x)f_2(x) \mid g(x).$$ ▮

在上面，最大公因式与互素的概念都是对两个多项式定义的.事实上，对于任意多个多项式 $f_1(x),f_2(x),\cdots,f_s(x)(s\geqslant 2)$ 也同样可以定义最大公因式. $d(x)$ 称为 $f_1(x)$，$f_2(x),\cdots,f_s(x)(s\geqslant 2)$ 的一个最大公因式，如果 $d(x)$ 具有下面的性质：

1. $d(x)\mid f_i(x), i=1,2,\cdots,s$;

2. 如果 $\varphi(x)\mid f_i(x), i=1,2,\cdots,s$，那么 $\varphi(x)\mid d(x)$.

我们仍用符号 $(f_1(x),f_2(x),\cdots,f_s(x))$ 来表示首项系数为 1 的最大公因式.不难证明，$f_1(x),f_2(x),\cdots,f_s(x)$ 的最大公因式存在，而且当 $f_1(x),f_2(x),\cdots,f_s(x)$ 全不为零时，

$$((f_1(x),f_2(x),\cdots,f_{s-1}(x)),f_s(x))$$

就是 $f_1(x),f_2(x),\cdots,f_s(x)$ 的最大公因式，即

$$(f_1(x),f_2(x),\cdots,f_s(x))=((f_1(x),f_2(x),\cdots,f_{s-1}(x)),f_s(x)).$$

同样地，利用以上这个关系可以证明，存在多项式 $u_i(x), i=1,2,\cdots,s$，使

$$u_1(x)f_1(x)+u_2(x)f_2(x)+\cdots+u_s(x)f_s(x)=(f_1(x),f_2(x),\cdots,f_s(x)).$$

如果 $(f_1(x),f_2(x),\cdots,f_s(x))=1$，那么 $f_1(x),f_2(x),\cdots,f_s(x)$ 就称为互素的.同样地，有类似于定理 3 的结论.

这些证明全留给读者完成（见本章末补充题 4）.

§5　因式分解定理

在这一节，我们讨论多项式的因式分解.在中学所学代数里我们学过一些具体方法，把一个多项式分解为不能再分的因式的乘积.但那里并没有深入地讨论这个问题.那里所谓不能再分，常常只是我们自己看不出怎样再分下去的意思，并没有严格地论证它们确实不可再分.所谓不能再分的概念，其实不是绝对的，而是相对于系数所在的数域而言的.例如，在有理数域上，把 x^4-4 分解为

$$x^4-4=(x^2-2)(x^2+2)$$

的形式就不能再分了.但在数域 $\mathbf{Q}(\sqrt{2})$（参看本章 §1）上，或更扩大一些，在实数域上，就可以进一步分解成

$$x^4-4=(x-\sqrt{2})(x+\sqrt{2})(x^2+2).$$

而在复数域上，还可以更进一步分解成

$$x^4-4=(x-\sqrt{2})(x+\sqrt{2})(x-\sqrt{2}\mathrm{i})(x+\sqrt{2}\mathrm{i}).$$

由此可见，必须明确系数域后，所谓不能再分才有确切的含义.

在下面的讨论中，仍然选定一个数域 P 作为系数域，我们考虑数域 P 上的多项式环 $P[x]$ 中多项式的因式分解.

定义 8　数域 P 上次数不小于 1 的多项式 $p(x)$ 称为数域 P 上的**不可约多项式**，如果它不能表成数域 P 上的两个次数比 $p(x)$ 的次数低的多项式的乘积.

按照定义，一次多项式总是不可约多项式.

正如上面指出的，x^2+2 是实数域上的不可约多项式，但是它在复数域上可以分解成两个一次多项式的乘积，因而不是不可约的.这就说明了，一个多项式是否不可约是依赖于系数域的.

显然，不可约多项式 $p(x)$ 的因式只有非零常数与它自身的非零常数倍 $cp(x)$ $(c\neq 0)$ 这两种，此外就没有了.反过来，具有这个性质的次数不小于 1 的多项式一定是不可约的.由此可知，不可约多项式 $p(x)$ 与任一多项式 $f(x)$ 之间只可能有两种关系，或者 $p(x)\mid f(x)$ 或者 $(p(x),f(x))=1$.事实上，如果 $(p(x),f(x))=d(x)$，那么 $d(x)$ 或者是 1 或者是 $cp(x)$ $(c\neq 0)$.当 $d(x)=cp(x)$ 时，就有 $p(x)\mid f(x)$.

不可约多项式有下述的重要性质.

定理 5 如果 $p(x)$ 是一个不可约多项式，那么对于任意的两个多项式 $f(x)$，$g(x)$，由 $p(x)\mid f(x)g(x)$ 一定推出 $p(x)\mid f(x)$ 或者 $p(x)\mid g(x)$.

证明 如果 $p(x)\mid f(x)$，那么结论已经成立.

如果 $p(x)\nmid f(x)$，那么由以上说明可知

$$(p(x),f(x))=1.$$

于是由定理 4 即得 $p(x)\mid g(x)$. ▌

利用数学归纳法，这个定理可以推广为：如果不可约多项式 $p(x)$ 整除一些多项式 $f_1(x),f_2(x),\cdots,f_s(x)$ 的乘积 $f_1(x)f_2(x)\cdots f_s(x)$，那么 $p(x)$ 一定整除这些多项式之中的一个.

下面来证明这一章的主要定理.

因式分解及唯一性定理 数域 P 上每一个次数不小于 1 的多项式 $f(x)$ 都可以唯一地分解成数域 P 上一些不可约多项式的乘积. 所谓唯一性是说，如果有两个分解式

$$f(x)=p_1(x)p_2(x)\cdots p_s(x)=q_1(x)q_2(x)\cdots q_t(x),$$

那么必有 $s=t$，并且适当排列因式的次序后有

$$p_i(x)=c_iq_i(x),\quad i=1,2,\cdots,s,$$

其中 $c_i(i=1,2,\cdots,s)$ 是一些非零常数.

证明 先证分解式的存在.我们对 $f(x)$ 的次数作数学归纳法.

因为一次多项式都是不可约的，所以当 $n=1$ 时结论成立.

设 $\partial(f(x))=n$，并设结论对于次数低于 n 的多项式已经成立.

如果 $f(x)$ 是不可约多项式，那么结论是显然的.无妨设 $f(x)$ 不是不可约的，即有

$$f(x)=f_1(x)f_2(x),$$

其中 $f_1(x),f_2(x)$ 的次数都低于 n.由归纳假设 $f_1(x)$ 和 $f_2(x)$ 都可以分解成数域 P 上一些不可约多项式的乘积.把 $f_1(x),f_2(x)$ 的分解式合起来就得到 $f(x)$ 的一个分解式.

由归纳法原理，结论普遍成立.

再证唯一性.设 $f(x)$ 可以分解成不可约多项式的乘积

$$f(x)=p_1(x)p_2(x)\cdots p_s(x).$$

如果 $f(x)$ 还有另一个分解式

$$f(x)=q_1(x)q_2(x)\cdots q_t(x),$$

其中 $q_i(x)(i=1,2,\cdots,t)$ 都是不可约多项式，那么

$$f(x)=p_1(x)p_2(x)\cdots p_s(x)=q_1(x)q_2(x)\cdots q_t(x). \tag{1}$$

我们对 s 作数学归纳法.当 $s=1$ 时,$f(x)$ 是不可约多项式,由定义必有

$$s=t=1,$$

且

$$f(x)=p_1(x)=q_1(x).$$

现在设不可约因式的个数为 $s-1$ 时唯一性已证.

由(1)式,$p_1(x)\mid q_1(x)q_2(x)\cdots q_t(x)$,因此,$p_1(x)$ 必能除尽其中的一个,不妨设

$$p_1(x)\mid q_1(x).$$

因为 $q_1(x)$ 也是不可约多项式,所以有

$$p_1(x)=c_1q_1(x), \tag{2}$$

在(1)式两边消去 $q_1(x)$,就有

$$p_2(x)\cdots p_s(x)=c_1^{-1}q_2(x)\cdots q_t(x).$$

由归纳假设,有

$$s-1=t-1,\quad 即\ s=t, \tag{3}$$

并且适当排列次序之后有

$$p_2(x)=c'_2c_1^{-1}q_2(x),\quad 即\ p_2(x)=c_2q_2(x),$$
$$p_i(x)=c_iq_i(x),\quad i=3,4,\cdots,s. \tag{4}$$

(2)式,(3)式,(4)式合起来即为所要证的.这就证明了分解的唯一性. ▌

应该指出,因式分解定理虽然在理论上有其基本重要性,但是它并没有给出一个具体的分解多项式的方法.实际上,对于一般的情形,普遍可行的分解多项式的方法是不存在的.

在多项式 $f(x)$ 的分解式中,可以把每一个不可约因式的首项系数提出来,使它们成为首项系数为 1 的多项式,再把相同的不可约因式合并.于是 $f(x)$ 的分解式成为

$$f(x)=cp_1^{r_1}(x)p_2^{r_2}(x)\cdots p_s^{r_s}(x),$$

其中 c 是 $f(x)$ 的首项系数,$p_1(x),p_2(x),\cdots,p_s(x)$ 是不同的首项系数为 1 的不可约多项式,而 $r_1,r_2,\cdots,r_s$ 是正整数.这种分解式称为**标准分解式**.

如果已经有了两个多项式的标准分解式,我们就可以直接写出两个多项式的最大公因式.多项式 $f(x)$ 与 $g(x)$ 的最大公因式 $d(x)$ 就是那些同时在 $f(x)$ 与 $g(x)$ 的标准分解式中出现的不可约多项式方幂的乘积,所带的方幂的指数等于它在 $f(x)$ 与 $g(x)$ 中所带的方幂中的较小的一个.

由以上讨论可以看出,带余除法是一元多项式因式分解理论的基础.我们知道,整数也有带余除法,即

对于任意整数 $a,b(b\neq 0)$,都存在唯一的整数 q,r,使

$$a=qb+r,$$

其中 $0\leqslant r<|b|$.

整数的因式分解理论能够类似地得出,读者可以参考附录二进行自学.

§6 重因式

定义 9 不可约多项式 $p(x)$ 称为多项式 $f(x)$ 的 k **重因式**，如果 $p^k(x) \mid f(x)$，而 $p^{k+1}(x) \nmid f(x)$.

如果 $k=0$，那么 $p(x)$ 根本不是 $f(x)$ 的因式；如果 $k=1$，那么 $p(x)$ 称为 $f(x)$ 的**单因式**；如果 $k>1$，那么 $p(x)$ 称为 $f(x)$ 的**重因式**.

显然，如果 $f(x)$ 的标准分解式为

$$f(x)=cp_1^{r_1}(x)p_2^{r_2}(x)\cdots p_s^{r_s}(x),$$

那么 $p_1(x),p_2(x),\cdots,p_s(x)$ 分别是 $f(x)$ 的 r_1 重，r_2 重，$\cdots$，r_s 重因式.指数 $r_i=1$ 的那些不可约因式是单因式，指数 $r_i>1$ 的那些不可约因式是重因式.

因为没有一般的方法来求一个多项式的标准分解式，判别有没有重因式的问题就需要用另外的方法解决.

设有多项式

$$f(x)=a_nx^n+a_{n-1}x^{n-1}+\cdots+a_1x+a_0.$$

我们规定它的**微商**（也称导数）是

$$f'(x)=a_nnx^{n-1}+a_{n-1}(n-1)x^{n-2}+\cdots+a_1.$$

这种规定自然是来源于数学分析，但是在目前的情况下，我们只把它当作是一个形式的定义.通过直接的验证，可以得出关于多项式微商的基本公式：

$$(f(x)+g(x))'=f'(x)+g'(x),$$

$$(cf(x))'=cf'(x),$$

$$(f(x)g(x))'=f'(x)g(x)+f(x)g'(x),$$

$$(f^m(x))'=mf^{m-1}(x)f'(x).$$

同样可以定义**高阶微商**的概念.微商 $f'(x)$ 称为 $f(x)$ 的**一阶微商**，$f'(x)$ 的微商 $f''(x)$ 称为 $f(x)$ 的**二阶微商**，等等.$f(x)$ 的 k 阶微商记作 $f^{(k)}(x)$.

一个 $n(n\geqslant 1)$ 次多项式的微商是一个 $n-1$ 次多项式，它的 n 阶微商是一个常数，它的 $n+1$ 阶微商等于零.

定理 6 如果不可约多项式 $p(x)$ 是 $f(x)$ 的 $k(k\geqslant 1)$ 重因式，那么它是微商 $f'(x)$ 的 $k-1$ 重因式.

证明 由假设，$f(x)$ 可以分解为

$$f(x)=p^k(x)g(x),$$

其中 $p(x)$ 不能整除 $g(x)$.因此

$$f'(x)=p^{k-1}(x)(kg(x)p'(x)+p(x)g'(x)),$$

这说明 $p^{k-1}(x) \mid f'(x)$.如果令

$$h(x)=kg(x)p'(x)+p(x)g'(x),$$

那么 $p(x)$ 整除等式右端的第二项，但不能整除第一项，因此 $p(x)$ 不能整除 $h(x)$，从而 $p^k(x)$ 不能整除 $f'(x)$.这说明 $p(x)$ 是 $f'(x)$ 的 $k-1$ 重因式. ▌

推论 1 如果不可约多项式 $p(x)$ 是 $f(x)$ 的 $k(k\geqslant 1)$ 重因式，那么 $p(x)$ 是 $f(x)$，$f'(x)$，…，$f^{(k-1)}(x)$ 的因式，但不是 $f^{(k)}(x)$ 的因式.

证明 根据定理 6，对 k 作数学归纳法即得. ▌

推论 2 不可约多项式 $p(x)$ 是 $f(x)$ 的重因式的充要条件为 $p(x)$ 是 $f(x)$ 与 $f'(x)$ 的公因式.

证明 $f(x)$ 的重因式必定是 $f'(x)$ 的因式. 反过来，如果 $f(x)$ 的不可约因式也是 $f'(x)$ 的因式，那么它必定不是 $f(x)$ 的单因式. ▌

推论 3 多项式 $f(x)$ 没有重因式的充要条件是 $f(x)$ 与 $f'(x)$ 互素. ▌

这个推论表明，判别一个多项式有没有重因式，可以通过代数运算——辗转相除法来解决，这个方法甚至是机械的.

有些时候，特别是在讨论与解方程有关的问题时，我们常常希望所考虑的多项式没有重因式. 为此，以下的结果是有用的.

设 $f(x)$ 具有标准分解式

$$f(x)=cp_1^{r_1}(x)p_2^{r_2}(x)\cdots p_s^{r_s}(x).$$

根据定理 6，$f(x)$ 与 $f'(x)$ 的最大公因式必须具有标准分解式

$$p_1^{r_1-1}(x)p_2^{r_2-1}(x)\cdots p_s^{r_s-1}(x).$$

于是

$$\frac{f(x)}{(f(x),f'(x))}=cp_1(x)p_2(x)\cdots p_s(x).$$

这是一个没有重因式的多项式，但是它与 $f(x)$ 具有完全相同的不可约因式. 因此，这是一个去掉因式重数的有效办法.

§7 多项式函数

直到现在为止，我们始终是纯形式地讨论多项式，也就是把多项式看作形式的表达式. 在这一节，我们将从另一个观点，即函数的观点来考察多项式.

设

$$f(x)=a_nx^n+a_{n-1}x^{n-1}+\cdots+a_1x+a_0 \tag{1}$$

是 $P[x]$ 中的多项式，α 是 P 中的数，在 (1) 式中用 α 代 x 所得的数

$$a_n\alpha^n+a_{n-1}\alpha^{n-1}+\cdots+a_1\alpha+a_0$$

称为 $f(x)$ **当 $x=\alpha$ 时的值**，记作 $f(\alpha)$. 这样一来，多项式 $f(x)$ 就定义了一个数域 P 上的函数. 可以由一个多项式来定义的函数称为数域 P 上的**多项式函数**. 当 P 是实数域时，这就是数学分析中所讨论的多项式函数.

因为 x 在与数域 P 中的数进行运算时适合与数的运算相同的运算规律，所以不难看出，如果

$$h_1(x)=f(x)+g(x),\quad h_2(x)=f(x)g(x),$$

那么

$$h_1(\alpha)=f(\alpha)+g(\alpha), \quad h_2(\alpha)=f(\alpha)g(\alpha).$$

利用带余除法,我们得到下面常用的定理:

定理 7(余数定理) 用一次多项式 $x-\alpha$ 去除多项式 $f(x)$,所得的余式是一个常数,这个常数等于函数值 $f(\alpha)$.

证明 用 $x-\alpha$ 去除 $f(x)$,设商为 $q(x)$,余式为一常数 c,于是

$$f(x)=(x-\alpha)q(x)+c.$$

以 α 代 x,得

$$f(\alpha)=c. \blacksquare$$

如果 $f(x)$ 在 $x=\alpha$ 时函数值 $f(\alpha)=0$,那么 α 就称为 $f(x)$ 的一个**根**或**零点**.

由余数定理我们得到根与一次因式的关系:

推论 α 是 $f(x)$ 的根的充要条件是 $(x-\alpha)\mid f(x)$. $\blacksquare$

由这个关系,我们可以定义重根的概念.α 称为 $f(x)$ 的 k **重根**,如果 $x-\alpha$ 是 $f(x)$ 的 k 重因式.当 $k=1$ 时,α 称为**单根**;当$k>1$时,α 称为**重根**.

定理 8 $P[x]$ 中 $n(n\geqslant 0)$ 次多项式在数域 P 中的根不可能多于 n 个,重根按重数计算.

证明 对零次多项式定理显然成立.

设 $f(x)$ 是一个次数大于 0 的多项式.把 $f(x)$ 分解成不可约多项式的乘积.由上面的推论与根的重数的定义,显然 $f(x)$ 在数域P 中根的个数等于分解式中一次因式的个数,这个数目当然不超过 n. $\blacksquare$

在上面我们看到,每个多项式函数都可以由一个多项式来定义.不同的多项式会不会定义出相同的函数呢?这就是问,是否可能有

$$f(x)\neq g(x),$$

而对于 P 中所有的数 α 都有

$$f(\alpha)=g(\alpha)?$$

由定理 8 不难对这个问题给出一个否定的回答.

定理 9 如果多项式 $f(x)$,$g(x)$ 的次数都不大于 n,而它们对 $n+1$ 个不同的数 α_1,α_2,…,α_{n+1}有相同的值,即

$$f(\alpha_i)=g(\alpha_i), \quad i=1,2,\cdots,n+1,$$

那么 $f(x)=g(x)$.

证明 由定理的条件,有

$$f(\alpha_i)-g(\alpha_i)=0, \quad i=1,2,\cdots,n+1.$$

这就是说,多项式 $f(x)-g(x)$ 有 $n+1$ 个不同的根.如果$f(x)-g(x)\neq 0$,那么它就是一个次数不大于 n 的多项式,由定理 8,它不可能有 $n+1$ 个根.因此,$f(x)=g(x)$. $\blacksquare$

因为数域 P 中有无穷多个数,所以定理 9 说明了,不同的多项式定义的函数也不相同.如果两个多项式定义相同的函数,就称为恒等,上面的结论表明,多项式的恒等与多项式相等实际上是一致的.换句话说,数域上的多项式既可以作为形式表达式来处理,也可以作为函数来处理.但是应该指出,考虑到今后的应用与推广,把多项式看成形式表达式要方便些.

§8 复系数与实系数多项式的因式分解

以上我们讨论了在一般数域上多项式的因式分解问题，现在来看一下在复数域与实数域上多项式的因式分解.复数域与实数域既然都是数域，因此前面所得的结论对它们也是成立的.但是这两个数域又有它们的特殊性，所以某些结论就可以进一步具体化.

对于复数域，我们有下面重要的定理：

代数基本定理 每个次数不小于1的复系数多项式在复数域中有一根.

这个定理首先是由高斯(Gauss)于1797年首先证明的.由于当时代数学研究的主要对象为多项式理论，这个定理是关于多项式理论的非常有用、非常基本的结论，因而被命名成代数基本定理.它有多个证明(例如高斯就给出过四个证明)，都很复杂，并且或多或少地用到数学分析等其他领域的结论，这里我们不介绍它的证明.将来学过复变函数论后可以很简单地证明，本书附录三中给出利用数学分析性质的较简捷的证明.

利用根与一次因式的关系(本章§7定理7的推论)，代数基本定理显然可以等价地叙述为

每个次数不小于1的复系数多项式，在复数域上一定有一个一次因式.

由此可知，在复数域上所有次数大于1的多项式全是可约的.换句话说，不可约多项式只有一次多项式.于是，因式分解定理在复数域上可以叙述成

复系数多项式因式分解定理 每个次数不小于1的复系数多项式在复数域上都可以唯一地分解成一次因式的乘积.

因此，复系数多项式具有标准分解式

$$f(x)=a_n(x-\alpha_1)^{l_1}(x-\alpha_2)^{l_2}\cdots(x-\alpha_s)^{l_s},$$

其中 $\alpha_1,\alpha_2,\cdots,\alpha_s$ 是不同的复数，$l_1,l_2,\cdots,l_s$ 是正整数.标准分解式说明了每个 n 次复系数多项式恰有 n 个复根(重根按重数计算).

下面来讨论实系数多项式的分解.

对于实系数多项式，以下的事实是基本的：如果 α 是实系数多项式 $f(x)$ 的复根，那么 α 的共轭数 $\overline{\alpha}$ 也是 $f(x)$ 的根.因为设

$$f(x)=a_nx^n+a_{n-1}x^{n-1}+\cdots+a_0,$$

其中 $a_0,a_1,\cdots,a_n$ 是实数.由假设

$$f(\alpha)=a_n\alpha^n+a_{n-1}\alpha^{n-1}+\cdots+a_0=0.$$

两边取共轭数，有

$$0=\overline{f(\alpha)}=a_n\overline{\alpha}^n+a_{n-1}\overline{\alpha}^{n-1}+\cdots+a_0=f(\overline{\alpha}),$$

这就是说，$f(\overline{\alpha})=0$，$\overline{\alpha}$ 也是 $f(x)$ 的根.

由此可以证明

实系数多项式因式分解定理 每个次数不小于1的实系数多项式在实数域上都

可以唯一地分解成一次因式与二次不可约因式的乘积.

证明 定理对一次多项式显然成立.

假设定理对次数小于 n 的多项式已经证明.

设 $f(x)$ 是 n 次实系数多项式.由代数基本定理,$f(x)$ 有一复根 α.如果 α 是实数,那么

$$f(x)=(x-\alpha)f_1(x),$$

其中 $f_1(x)$ 是 $n-1$ 次实系数多项式.如果 α 不是实数,那么 $\overline{\alpha}$ 也是 $f(x)$ 的根且 $\overline{\alpha}\neq\alpha$.于是

$$f(x)=(x-\alpha)(x-\overline{\alpha})f_2(x).$$

显然 $(x-\alpha)(x-\overline{\alpha})=x^2-(\alpha+\overline{\alpha})x+\alpha\overline{\alpha}$ 是一实系数二次不可约多项式.从而 $f_2(x)$ 是 $n-2$ 次实系数多项式.由归纳假设,$f_1(x)$ 或 $f_2(x)$ 可以分解成一次与二次不可约多项式的乘积,因之 $f(x)$ 也可以如此分解. ▌

因此实系数多项式具有标准分解式

$$f(x)=a_n(x-c_1)^{l_1}\cdots(x-c_s)^{l_s}(x^2+p_1x+q_1)^{k_1}\cdots(x^2+p_rx+q_r)^{k_r},$$

其中 $c_1,\cdots,c_s,p_1,\cdots,p_r,q_1,\cdots,q_r$ 全是实数,$l_1,\cdots,l_s,k_1,\cdots,k_r$ 是正整数,并且 $x^2+p_ix+q_i(i=1,2,\cdots,r)$ 是不可约的,也就是适合条件 $p_i^2-4q_i<0,i=1,2,\cdots,r$.

代数基本定理虽然肯定了 n 次方程有 n 个复根,但是并没有给出根的一个具体的求法.高次方程求根的问题还远远没有解决.特别是在应用方面,方程求根是一个重要的问题,这个问题是相当复杂的,它构成了计算数学的一个分支,在这里我们就不讨论了.

§9 有理系数多项式

现在再来看有理数域上一元多项式的因式分解.作为因式分解定理的一个特殊情形,我们有,每个次数不小于 1 的有理系数多项式都能唯一地分解成不可约的有理系数多项式的乘积.但是对于任意一个给定的多项式,要具体地作出它的分解式却是一个很复杂的问题,即使要判别一个有理系数多项式是否可约也不是一个容易解决的问题,这一点是有理数域与实数域、复数域不同的.在复数域上只有一次多项式才是不可约的,而在实数域上不可约多项式只有一次的和某些二次的.我们不打算一般地来讨论这些问题,在这一节我们主要是指出有理系数多项式的两个重要的事实.第一,有理系数多项式的因式分解的问题,可以归结为整(数)系数多项式的因式分解问题,并进而解决求有理系数多项式的有理根的问题.第二,在有理系数多项式环中有任意次数的不可约多项式.

设

$$f(x)=a_nx^n+a_{n-1}x^{n-1}+\cdots+a_0$$

是一有理系数多项式.选取适当的整数 c 乘 $f(x)$,总可以使 $cf(x)$ 是一整系数多项式.如果 $cf(x)$ 的各项系数有公因子,就可以提出来,得到

$$cf(x)=dg(x),$$

也就是

$$f(x)=\frac{d}{c}g(x),$$

其中 $g(x)$ 是整系数多项式，且各项系数没有异于 ±1 的公因子. 例如，

$$\frac{2}{3}x^4-2x^2-\frac{2}{5}x=\frac{2}{15}(5x^4-15x^2-3x).$$

如果一个非零的整系数多项式 $g(x)=b_nx^n+b_{n-1}x^{n-1}+\cdots+b_0$ 的系数 $b_n,b_{n-1},\cdots,b_0$ 没有异于 ±1 的公因子，也就是说，它们是互素的，它就称为一个**本原多项式**. 上面的分析表明，任意一个非零的有理系数多项式 $f(x)$ 都可以表示成一个有理数 r 与一个本原多项式 $g(x)$ 的乘积，即

$$f(x)=rg(x).$$

可以证明，这种表示法除了差一个正负号是唯一的. 亦即，如果

$$f(x)=rg(x)=r_1g_1(x),$$

其中 $g(x)$，$g_1(x)$ 都是本原多项式，那么必有

$$r=\pm r_1,\quad g(x)=\pm g_1(x).$$

因为 $f(x)$ 与 $g(x)$ 只差一个常数倍，所以 $f(x)$ 的因式分解问题，可以归结为本原多项式 $g(x)$ 的因式分解问题. 下面我们进一步指出，一个本原多项式能否分解成两个次数较低的有理系数多项式的乘积与它能否分解成两个次数较低的整系数多项式的乘积的问题是一致的. 作为准备，我们先证

定理 10（高斯引理） 两个本原多项式的乘积还是本原多项式.

证明 设

$$f(x)=a_nx^n+a_{n-1}x^{n-1}+\cdots+a_0,\quad g(x)=b_mx^m+b_{m-1}x^{m-1}+\cdots+b_0$$

是两个本原多项式，而

$$h(x)=f(x)g(x)=d_{n+m}x^{n+m}+d_{n+m-1}x^{n+m-1}+\cdots+d_0$$

是它们的乘积. 我们用反证法. 如果 $h(x)$ 不是本原的，也就是说，$h(x)$ 的系数 d_{n+m}，d_{n+m-1}，$\cdots$，d_0 有一异于 ±1 的公因子，那么就有一个素数 p ①能整除 $h(x)$ 的每一个系数. 因为 $f(x)$ 是本原的，所以 p 不能同时整除 $f(x)$ 的每一个系数. 令 a_i 是第一个不能被 p 整除的系数，即

$$p\mid a_0,\quad \cdots,\quad p\mid a_{i-1},\quad p\nmid a_i.$$

同样地，$g(x)$ 也是本原的，令 b_j 是第一个不能被 p 整除的系数，即

$$p\mid b_0,\quad \cdots,\quad p\mid b_{j-1},\quad p\nmid b_j.$$

我们来看 $h(x)$ 的系数 d_{i+j}，由乘积定义

$$d_{i+j}=a_ib_j+a_{i+1}b_{j-1}+a_{i+2}b_{j-2}+\cdots+a_{i-1}b_{j+1}+a_{i-2}b_{j+2}+\cdots.$$

由上面的假设，p 整除等式左端的 d_{i+j}，p 整除右端 a_ib_j 以外的每一项，但是 p 不能整除 a_ib_j. 这是不可能的. 这就证明了 $h(x)$ 一定也是本原多项式. ▌

由此我们来证明

① 有些教材中素数也叫做质数.

定理 11 如果一非零的整系数多项式能够分解成两个次数较低的有理系数多项式的乘积，那么它一定能分解成两个次数较低的整系数多项式的乘积.

证明 设整系数多项式 $f(x)$ 有分解式

$$f(x)=g(x)h(x),$$

其中 $g(x),h(x)$ 是有理系数多项式，且

$$\partial(g(x))<\partial(f(x)),\quad \partial(h(x))<\partial(f(x)).$$

令

$$f(x)=af_1(x),\quad g(x)=rg_1(x),\quad h(x)=sh_1(x),$$

这里 $f_1(x),g_1(x),h_1(x)$ 都是本原多项式，a 是整数，r,s 是有理数. 于是

$$af_1(x)=rsg_1(x)h_1(x).$$

由定理 10，$g_1(x)h_1(x)$ 是本原多项式，从而

$$rs=\pm a,$$

这就是说，rs 是一整数. 因此，我们有

$$f(x)=(rsg_1(x))h_1(x).$$

这里 $rsg_1(x)$ 与 $h_1(x)$ 都是整系数多项式，且次数都低于 $f(x)$ 的次数. ▌

由定理的证明容易得出

推论 设 $f(x),g(x)$ 是整系数多项式，且 $g(x)$ 是本原的. 如果 $f(x)=g(x)h(x)$，其中 $h(x)$ 是有理系数多项式，那么 $h(x)$ 一定是整系数的. ▌

证明留给读者自己完成.

这个推论提供了一个求整系数多项式的全部有理根的方法.

定理 12 设

$$f(x)=a_nx^n+a_{n-1}x^{n-1}+\cdots+a_0$$

是一个整系数多项式，而 $\dfrac{r}{s}$ 是它的一个有理根，其中 r,s 互素，那么必有 $s\mid a_n,r\mid a_0$. 特别地，如果 $f(x)$ 的首项系数 $a_n=1$，那么 $f(x)$ 的有理根都是整根，而且是 a_0 的因子.

证明 因为 $\dfrac{r}{s}$ 是 $f(x)$ 的一个有理根. 因此在有理数域上

$$\left(x-\frac{r}{s}\right)\Bigg| f(x),$$

从而

$$(sx-r)\mid f(x).$$

因为 r,s 互素，所以 $sx-r$ 是一个本原多项式. 根据上述推论，

$$f(x)=(sx-r)(b_{n-1}x^{n-1}+b_{n-2}x^{n-2}+\cdots+b_0),$$

其中 $b_{n-1},b_{n-2},\cdots,b_0$ 都是整数. 比较两边系数，即得

$$a_n=sb_{n-1},\quad a_0=-rb_0.$$

因此

$$s\mid a_n,\quad r\mid a_0.$$ ▌

例 1 求方程

$$2x^4-x^3+2x-3=0$$

的有理根.

这个方程的有理根只可能是$\pm1,\pm3,\pm\frac{1}{2},\pm\frac{3}{2}$.用带余除法可以得出,除去 1 以外全不是它的根,因之这个方程的有理根只有 $x=1$.

例 2　证明

$$f(x)=x^3-5x+1$$

在有理数域上不可约.

如果$f(x)$可约,那么它至少有一个一次因子,也就是有一个有理根.但是$f(x)$的有理根只可能是±1.直接验算可知±1全不是根,因而$f(x)$在有理数域上不可约.

以上的讨论解决了我们提出的第一个问题,现在来解决第二个问题.首先我们来证明

定理 13(艾森斯坦(Eisenstein)判别法)　设

$$f(x)=a_nx^n+a_{n-1}x^{n-1}+\cdots+a_0$$

是一个整系数多项式.如果有一个素数 p,使得

1) $p\nmid a_n$;

2) $p\mid a_{n-1},a_{n-2},\cdots,a_0$;

3) $p^2\nmid a_0$,

那么$f(x)$在有理数域上是不可约的.

证明　如果$f(x)$在有理数域上可约,那么由定理 11,$f(x)$可以分解成两个次数较低的整系数多项式的乘积:

$$f(x)=(b_lx^l+b_{l-1}x^{l-1}+\cdots+b_0)(c_mx^m+c_{m-1}x^{m-1}+\cdots+c_0),\quad l,m<n,l+m=n.$$

于是

$$a_n=b_lc_m,\quad a_0=b_0c_0.$$

因为 $p\mid a_0$,所以 p 能整除 b_0 或 c_0.但是 $p^2\nmid a_0$,所以 p 不能同时整除 b_0 及 c_0.因此不妨假定 $p\mid b_0$ 但 $p\nmid c_0$.另一方面,因为$p\nmid a_n$,所以 $p\nmid b_l$.假设 $b_0,b_1,\cdots,b_l$ 中第一个不能被 p 整除的是 b_k.比较$f(x)$中 x^k 的系数,得等式

$$a_k=b_kc_0+b_{k-1}c_1+\cdots+b_0c_k.$$

其中 $a_k,b_{k-1},\cdots,b_0$ 都能被 p 整除,所以 b_kc_0 也必定能被 p 整除.但是 p 是一个素数,所以 b_k 与 c_0 中至少有一个能被 p 整除.这是一个矛盾.▌

根据定理 13,可知对于任意的 n,多项式

$$x^n+2$$

在有理数域上是不可约的.由此可见,在有理数域上,存在任意次数的不可约多项式.

§10　多元多项式

在前面我们讨论了一元多项式的基本性质.但是除去一元多项式外,还有含多个文字的多项式,即多元多项式,如 x^2-y^2,$x^3+y^3+z^3-3xyz$等.现在就来简单地介绍一下有

关多元多项式的一些概念.

设 P 是一个数域,$x_1,x_2,\cdots,x_n$ 是 n 个文字.形如

$$ax_1^{k_1}x_2^{k_2}\cdots x_n^{k_n} \tag{1}$$

的式子,其中 a 属于 P,$k_1,k_2,\cdots,k_n$ 是非负整数,称为一个**单项式**.

如果两个单项式中相同文字的幂全一样,那么它们就称为**同类项**.一些单项式的和

$$\sum_{k_1,k_2,\cdots,k_n} a_{k_1k_2\cdots k_n}x_1^{k_1}x_2^{k_2}\cdots x_n^{k_n} \tag{2}$$

就称为 n **元多项式**,或者简称**多项式**.

和一元多项式一样,n 元多项式也可以定义相等、相加、相减、相乘.例如,

$$(5x_1^3x_2x_3^2+4x_1^2x_2^2x_3)+(2x_1^2x_2^2x_3-x_1^4x_2x_3)=5x_1^3x_2x_3^2+6x_1^2x_2^2x_3-x_1^4x_2x_3,$$

$$(5x_1^3x_2x_3^2+4x_1^2x_2^2x_3)(2x_1^2x_2^2x_3-x_1^4x_2x_3)=10x_1^5x_2^3x_3^3-5x_1^7x_2^2x_3^3+8x_1^4x_2^4x_3^2-4x_1^6x_2^3x_3^2.$$

与一元的情况相仿,我们有

定义 10 所有系数在数域 P 中的 n 元多项式的全体,称为数域 P 上的 n **元多项式环**,记作

$$P[x_1,x_2,\cdots,x_n].$$

$k_1+k_2+\cdots+k_n$ 称为单项式(1)的**次数**.当一个多项式表成一些不同类的单项式的和之后,其中系数不为零的单项式的最高次数就称为这个**多项式的次数**.例如,多项式

$$3x_1^2x_2^2+2x_1x_2^2x_3+x_3^3$$

的次数为 4.

虽然多元多项式也有次数,但是与一元多项式的情况不同,我们并不能对多元多项式(2)中的单项式按次数给出一个自然排列的顺序,因为不同类的单项式可能有相同的次数.我们看到,一元多项式的降幂排法(或者升幂排法)对于许多问题的讨论是方便的.同样地,为了便于以后的讨论,我们对于多元多项式也引入一种排列顺序的方法,这种方法是模仿字典排列的原则得出的,因而称为**字典排列法**.

每一类单项式(1)都对应一个 n 元有序数组

$$(k_1,k_2,\cdots,k_n), \tag{3}$$

其中 k_i 为非负整数.这个对应是一一对应的.为了给出单项式之间一个排列顺序的方法,我们只要对于 n 元数组(3)定义一个先后顺序就行了.

如果数

$$k_1-l_1,\quad k_2-l_2,\quad \cdots,\quad k_n-l_n$$

中第一个不为零的数是正的,也就是说,有 $i\leqslant n$,使

$$k_1-l_1=0,\quad \cdots,\quad k_{i-1}-l_{i-1}=0,\quad k_i-l_i>0,$$

那么我们就称 n 元数组(3)**先于** n 元数组

$$(l_1,l_2,\cdots,l_n), \tag{4}$$

并记作

$$(k_1,k_2,\cdots,k_n)>(l_1,l_2,\cdots,l_n).$$

例如,

$$(1,3,2)>(1,2,4).$$

由定义立即看出,对于任意两个 n 元数组(3),(4),关系

$$(k_1,k_2,\cdots,k_n)>(l_1,l_2,\cdots,l_n),$$
$$(k_1,k_2,\cdots,k_n)=(l_1,l_2,\cdots,l_n),$$
$$(l_1,l_2,\cdots,l_n)>(k_1,k_2,\cdots,k_n)$$

中有且仅有一个成立.同时,关系“>”具有传递性,即如果

$$(k_1,k_2,\cdots,k_n)>(l_1,l_2,\cdots,l_n),$$
$$(l_1,l_2,\cdots,l_n)>(m_1,m_2,\cdots,m_n),$$

那么 $(k_1,k_2,\cdots,k_n)>(m_1,m_2,\cdots,m_n)$.事实上,由 $k_i-m_i=(k_i-l_i)+(l_i-m_i)$ 即得上面的结论.因之,这样的确给出了 n 元数组之间的一个顺序.相应地,单项式之间也就有了一个先后顺序.例如多项式

$$2x_1x_2^2x_3^2+x_1^2x_2+x_1^3$$

按字典排列法写出来就是

$$x_1^3+x_1^2x_2+2x_1x_2^2x_3^2.$$

按字典排列法写出来的第一个系数不为零的单项式称为多项式的**首项**.例如,x_1^3 就是上面这个多项式的首项.应该注意,首项不一定具有最大的次数.当 $n=1$ 时,字典排列法就归结为以前的降幂排法.

对于字典排列法,我们有

定理 14 当 $f(x_1,x_2,\cdots,x_n)\neq 0$,$g(x_1,x_2,\cdots,x_n)\neq 0$ 时,乘积

$$f(x_1,x_2,\cdots,x_n)g(x_1,x_2,\cdots,x_n)$$

的首项等于 $f(x_1,x_2,\cdots,x_n)$ 的首项与 $g(x_1,x_2,\cdots,x_n)$ 的首项的乘积.

证明 设 $f(x_1,x_2,\cdots,x_n)$ 的首项为

$$ax_1^{p_1}x_2^{p_2}\cdots x_n^{p_n},\quad a\neq 0,$$

$g(x_1,x_2,\cdots,x_n)$ 的首项为

$$bx_1^{q_1}x_2^{q_2}\cdots x_n^{q_n},\quad b\neq 0.$$

为了证明它们的积

$$abx_1^{p_1+q_1}x_2^{p_2+q_2}\cdots x_n^{p_n+q_n}$$

为 fg 的首项,只要证明

$$(p_1+q_1,p_2+q_2,\cdots,p_n+q_n)$$

先于乘积中其他单项式所对应的有序数组就行了.事实上,

$$f(x_1,x_2,\cdots,x_n)g(x_1,x_2,\cdots,x_n)$$

中其他单项式所对应的有序数组是

$$(p_1+k_1,p_2+k_2,\cdots,p_n+k_n),$$

或者

$$(l_1+q_1,l_2+q_2,\cdots,l_n+q_n),$$

或者

$$(l_1+k_1,l_2+k_2,\cdots,l_n+k_n),$$

其中

$$(p_1,p_2,\cdots,p_n)>(l_1,l_2,\cdots,l_n),$$
$$(q_1,q_2,\cdots,q_n)>(k_1,k_2,\cdots,k_n).$$

而

$$(p_1+q_1,p_2+q_2,\cdots,p_n+q_n)>(p_1+k_1,p_2+k_2,\cdots,p_n+k_n)$$

与

$$(p_1+q_1,p_2+q_2,\cdots,p_n+q_n)>(l_1+q_1,l_2+q_2,\cdots,l_n+q_n)$$

是显然的.

同样有

$$(l_1+q_1,l_2+q_2,\cdots,l_n+q_n)>(l_1+k_1,l_2+k_2,\cdots,l_n+k_n).$$

由传递性即得

$$(p_1+q_1,p_2+q_2,\cdots,p_n+q_n)>(l_1+k_1,l_2+k_2,\cdots,l_n+k_n).$$

这就证明了 $abx_1^{p_1+q_1}x_2^{p_2+q_2}\cdots x_n^{p_n+q_n}$ 不可能与乘积中其他的项同类而相消,且先于其他所有的项,因而它是首项. ▌

用数学归纳法立即得出

推论 1 如果 $f_i\neq 0(i=1,2,\cdots,m)$,那么 $f_1f_2\cdots f_m$ 的首项等于每个 f_i 的首项的乘积. ▌

定理 14 的结论显然包含着

推论 2 如果 $f(x_1,x_2,\cdots,x_n)\neq 0,g(x_1,x_2,\cdots,x_n)\neq 0$,那么

$$f(x_1,x_2,\cdots,x_n)g(x_1,x_2,\cdots,x_n)\neq 0.$$ ▌

多项式

$$f(x_1,x_2,\cdots,x_n)=\sum_{k_1,k_2,\cdots,k_n}a_{k_1k_2\cdots k_n}x_1^{k_1}x_2^{k_2}\cdots x_n^{k_n}$$

称为 m 次齐次多项式,如果其中每个单项式全是 m 次的.例如,

$$f(x_1,x_2,x_3)=2x_1x_2x_3^2+x_1^2x_2^2+3x_1^4$$

就是一个 4 次齐次多项式.

显然,两个齐次多项式的乘积仍是齐次多项式,它的次数就等于这两个多项式的次数之和.

任意一个 m 次多项式 $f(x_1,x_2,\cdots,x_n)$ 都可以唯一地表示成

$$f(x_1,x_2,\cdots,x_n)=\sum_{i=0}^{m}f_i(x_1,x_2,\cdots,x_n),$$

其中 $f_i(x_1,x_2,\cdots,x_n)$ 是 i 次齐次多项式.$f_i(x_1,x_2,\cdots,x_n)$ 称为 $f(x_1,x_2,\cdots,x_n)$ 的 **i 次齐次成分**.

如果

$$g(x_1,x_2,\cdots,x_n)=\sum_{j=0}^{l}g_j(x_1,x_2,\cdots,x_n)$$

是一个 l 次多项式,那么乘积

$$h(x_1,x_2,\cdots,x_n)=f(x_1,x_2,\cdots,x_n)g(x_1,x_2,\cdots,x_n)$$

的 k 次齐次成分 $h_k(x_1,x_2,\cdots,x_n)$ 为

$$h_k(x_1,x_2,\cdots,x_n)=\sum_{i+j=k}f_i(x_1,x_2,\cdots,x_n)g_j(x_1,x_2,\cdots,x_n),$$

特别地,$h(x_1,x_2,\cdots,x_n)$ 的最高次齐次成分为

$$h_{m+l}(x_1,x_2,\cdots,x_n)=f_m(x_1,x_2,\cdots,x_n)g_l(x_1,x_2,\cdots,x_n).$$

由此可知，对于多元多项式也有乘积的次数等于因子次数的和.

最后我们指出，与一元多项式一样，多元多项式也可以看作函数的表达式.设

$$f(x_1,x_2,\cdots,x_n)=\sum_{k_1,k_2,\cdots,k_n} a_{k_1k_2\cdots k_n}x_1^{k_1}x_2^{k_2}\cdots x_n^{k_n},$$

并设 $c_1,c_2,\cdots,c_n$ 是数域 P 中的数，我们称

$$f(c_1,c_2,\cdots,c_n)=\sum_{k_1,k_2,\cdots,k_n} a_{k_1k_2\cdots k_n}c_1^{k_1}c_2^{k_2}\cdots c_n^{k_n}$$

为 $f(x_1,x_2,\cdots,x_n)$ 在 $x_1=c_1,x_2=c_2,\cdots,x_n=c_n$ 处的值.显然，当

$$f(x_1,x_2,\cdots,x_n)+g(x_1,x_2,\cdots,x_n)=h(x_1,x_2,\cdots,x_n),$$
$$f(x_1,x_2,\cdots,x_n)g(x_1,x_2,\cdots,x_n)=p(x_1,x_2,\cdots,x_n)$$

时，我们有

$$f(c_1,c_2,\cdots,c_n)+g(c_1,c_2,\cdots,c_n)=h(c_1,c_2,\cdots,c_n),$$
$$f(c_1,c_2,\cdots,c_n)g(c_1,c_2,\cdots,c_n)=p(c_1,c_2,\cdots,c_n).$$

§11　对称多项式

对称多项式是多元多项式中常见的一种，本节就来介绍关于对称多项式的基本事实.对称多项式的来源之一以及它应用的一个重要方面，是一元多项式根的研究.因此我们从一元多项式的根与系数的关系开始.

设

$$f(x)=x^n+a_1x^{n-1}+\cdots+a_n \tag{1}$$

是 $P[x]$ 中的一个多项式.如果 $f(x)$ 在数域 P 中有 n 个根 $\alpha_1,\alpha_2,\cdots,\alpha_n$，那么 $f(x)$ 就可以分解成

$$f(x)=(x-\alpha_1)(x-\alpha_2)\cdots(x-\alpha_n). \tag{2}$$

把(2)式展开，与(1)式比较，即得根与系数的关系如下：

$$\begin{cases} -a_1=\alpha_1+\alpha_2+\cdots+\alpha_n, \\ a_2=\alpha_1\alpha_2+\alpha_1\alpha_3+\cdots+\alpha_{n-1}\alpha_n, \\ \cdots\cdots\cdots\cdots \\ (-1)^i a_i=\sum \alpha_{k_1}\alpha_{k_2}\cdots\alpha_{k_i}(\text{所有可能的 } i \text{ 个不同的 } \alpha_{k_j} \text{ 的乘积之和}), \\ \cdots\cdots\cdots\cdots \\ (-1)^n a_n=\alpha_1\alpha_2\cdots\alpha_n. \end{cases} \tag{3}$$

由此看出，系数是对称地依赖于方程的根的.换句话说，n 个 n 元多项式

$$\begin{cases} \sigma_1=x_1+x_2+\cdots+x_n, \\ \sigma_2=x_1x_2+x_1x_3+\cdots+x_{n-1}x_n, \\ \cdots\cdots\cdots\cdots \\ \sigma_n=x_1x_2\cdots x_n \end{cases} \tag{4}$$

是对称地依赖于文字 $x_1,x_2,\cdots,x_n$ 的.

为了一般地引入对称多项式的概念,我们需要把"对称"的意义弄清楚.

定义 11 如果 n 元多项式 $f(x_1,x_2,\cdots,x_n)$ 对于任意的 $i,j,1\leqslant i<j\leqslant n$,都有

$$f(x_1,\cdots,x_i,\cdots,x_j,\cdots,x_n)=f(x_1,\cdots,x_j,\cdots,x_i,\cdots,x_n),$$

那么称这个多项式为**对称多项式**.

这就是说,如果任意对换两个文字的位置,$f(x_1,x_2,\cdots,x_n)$ 恒不变,它就是一个对称多项式.

例如

$$f(x_1,x_2,x_3)=x_1^2x_2+x_2^2x_1+x_1^2x_3+x_3^2x_1+x_2^2x_3+x_3^2x_2$$

就是一个三元对称多项式.

当然,(4) 式中的 $\sigma_1,\sigma_2,\cdots,\sigma_n$ 都是 n 元对称多项式,它们称为**初等对称多项式**.

由对称多项式的定义可知,对称多项式的和、积以及对称多项式的多项式还是对称多项式.后一论断是说,如果 $f_1(x_1,x_2,\cdots,x_n),f_2(x_1,x_2,\cdots,x_n),\cdots,f_m(x_1,x_2,\cdots,x_n)$ 是 n 元对称多项式,而 $g(y_1,y_2,\cdots,y_m)$ 是任一多项式,那么

$$g(f_1,f_2,\cdots,f_m)=h(x_1,x_2,\cdots,x_n)$$

是 n 元对称多项式.

特别地,初等对称多项式的多项式还是对称多项式.关于对称多项式的基本事实就是,任一对称多项式都能表成初等对称多项式的多项式,即

定理 15 对于任意一个 n 元对称多项式 $f(x_1,x_2,\cdots,x_n)$,都有一个 n 元多项式 $\varphi(y_1,y_2,\cdots,y_n)$,使得

$$f(x_1,x_2,\cdots,x_n)=\varphi(\sigma_1,\sigma_2,\cdots,\sigma_n).$$

证明 设对称多项式 $f(x_1,x_2,\cdots,x_n)$ 的首项(按字典排列法)为

$$ax_1^{l_1}x_2^{l_2}\cdots x_n^{l_n},\quad a\neq 0. \tag{5}$$

我们指出,(5) 式作为对称多项式的首项,必有

$$l_1\geqslant l_2\geqslant\cdots\geqslant l_n\geqslant 0.$$

否则,设有

$$l_i<l_{i+1},$$

由于 $f(x_1,x_2,\cdots,x_n)$ 是对称的,所以 $f(x_1,x_2,\cdots,x_n)$ 在包含(5)式的同时必包含

$$ax_1^{l_1}\cdots x_i^{l_{i+1}}x_{i+1}^{l_i}\cdots x_n^{l_n},$$

这一项就应该先于(5)式,与首项的要求不符.

作对称多项式

$$\varphi_1=a\sigma_1^{l_1-l_2}\sigma_2^{l_2-l_3}\cdots\sigma_n^{l_n}. \tag{6}$$

因为 $\sigma_1,\sigma_2,\cdots,\sigma_n$ 的首项分别是 $x_1,x_1x_2,\cdots,x_1x_2\cdots x_n$,于是(6)式在展开之后,首项为

$$ax_1^{l_1-l_2}(x_1x_2)^{l_2-l_3}\cdots(x_1x_2\cdots x_n)^{l_n}=ax_1^{l_1}x_2^{l_2}\cdots x_n^{l_n}.$$

这就是说,$f(x_1,x_2,\cdots,x_n)$ 与(6)式有相同的首项,因而,对称多项式

$$f_1(x_1,x_2,\cdots,x_n)=f(x_1,x_2,\cdots,x_n)-a\sigma_1^{l_1-l_2}\sigma_2^{l_2-l_3}\cdots\sigma_n^{l_n}=f-\varphi_1$$

比 $f(x_1,x_2,\cdots,x_n)$ 有较"小"的首项.对 $f_1(x_1,x_2,\cdots,x_n)$ 重复上面的做法,并且继续做下去,我们就得到一系列的对称多项式

$$f,\quad f_1=f-\varphi_1,\quad f_2=f_1-\varphi_2,\quad \cdots. \tag{7}$$

它们的首项一个比一个“小”，其中 φ_i 是 $\sigma_1,\sigma_2,\cdots,\sigma_n$ 的多项式.设

$$bx_1^{p_1}x_2^{p_2}\cdots x_n^{p_n}$$

是(7)式中某一对称多项式的首项，于是(5)式要先于它，就有

$$l_1\geqslant p_1\geqslant p_2\geqslant\cdots\geqslant p_n\geqslant 0. \tag{8}$$

适合条件(8)的 n 元数组 $(p_1,p_2,\cdots,p_n)$ 只能有有限多个，因而(7)式中也只能有有限多个对称多项式不为零，即有正整数 h 使 $f_h=0$.这证明了

$$f(x_1,x_2,\cdots,x_n)=\varphi_1+\varphi_2+\cdots+\varphi_h$$

可以表成初等对称多项式的一些单项式的和，也就是说，$f(x_1,x_2,\cdots,x_n)$ 可以表成初等对称多项式的一个多项式. ▌

实际上，还可以证明，定理中的多项式 $\varphi(y_1,y_2,\cdots,y_n)$ 是被对称多项式 $f(x_1,x_2,\cdots,x_n)$ 唯一确定的.这个结果与定理 15 合在一起通常称为**对称多项式基本定理**.

应该看到，证明的过程就是把一个对称多项式具体表为初等对称多项式的多项式的过程.

例　把三元对称多项式 $x_1^3+x_2^3+x_3^3$ 表为 $\sigma_1,\sigma_2,\sigma_3$ 的多项式.

$x_1^3+x_2^3+x_3^3$ 的首项为 x_1^3，它所对应的有序数组为(3,0,0)，而

$$\sigma_1^{3-0}\sigma_2^{0-0}\sigma_3^0=\sigma_1^3.$$

作对称多项式

$$x_1^3+x_2^3+x_3^3-\sigma_1^3=-3(x_1^2x_2+x_2^2x_1+\cdots)-6x_1x_2x_3,$$

它的首项 $-3x_1^2x_2$ 对应的有序数组为(2,1,0)，而

$$-3\sigma_1\sigma_2=-3(x_1+x_2+x_3)(x_1x_2+x_2x_3+x_3x_1)=-3(x_1^2x_2+x_2^2x_1+\cdots)-9x_1x_2x_3.$$

因之

$$x_1^3+x_2^3+x_3^3-\sigma_1^3+3\sigma_1\sigma_2=3x_1x_2x_3=3\sigma_3,$$

于是

$$x_1^3+x_2^3+x_3^3=\sigma_1^3-3\sigma_1\sigma_2+3\sigma_3.$$

对 $x_1,x_2,\cdots,x_n$，差积的平方

$$D=\prod_{i<j}(x_i-x_j)^2$$

是一个重要的对称多项式.按对称多项式基本定理，D 可以表示成

$$a_1=-\sigma_1,a_2=\sigma_2,\cdots,a_k=(-1)^k\sigma_k,\cdots,a_n=(-1)^n\sigma_n$$

的多项式 $D(a_1,a_2,\cdots,a_n)$.由根与系数的关系知，$x_1,x_2,\cdots,x_n$ 是

$$f(x)=x^n+a_1x^{n-1}+\cdots+a_n \tag{9}$$

的根，容易看出 $D(a_1,a_2,\cdots,a_n)=0$ 是方程(9)在复数域中有重根的充要条件.我们称 $D(a_1,a_2,\cdots,a_n)$ 为一元多项式(9)的判别式.

按上面的方法，直接计算即得

$$x^2+a_1x+a_2$$

的判别式为

$$D=a_1^2-4a_2,$$

而

$$x^3+a_1x^2+a_2x+a_3$$

的判别式为

$$D=a_1^2a_2^2-4a_2^3-4a_1^3a_3-27a_3^2+18a_1a_2a_3.$$

习　　题

1. 用 $g(x)$ 除 $f(x)$，求商 $q(x)$ 与余式 $r(x)$：

1) $f(x)=x^3-3x^2-x-1, g(x)=3x^2-2x+1$；　2) $f(x)=x^4-2x+5, g(x)=x^2-x+2$.

2. m,p,q 适合什么条件时，有

1) $x^2+mx-1 \mid x^3+px+q$；　2) $x^2+mx+1 \mid x^4+px^2+q$.

3. 求 $g(x)$ 除 $f(x)$ 的商 $q(x)$ 与余式 $r(x)$：

1) $f(x)=2x^5-5x^3-8x, g(x)=x+3$；　2) $f(x)=x^3-x^2-x, g(x)=x-1+2\mathrm{i}$.

4. 把 $f(x)$ 表成 $x-x_0$ 的方幂和，即表成 $c_0+c_1(x-x_0)+c_2(x-x_0)^2+\cdots$ 的形式：

1) $f(x)=x^5, x_0=1$；　2) $f(x)=x^4-2x^2+3, x_0=-2$；

3) $f(x)=x^4+2\mathrm{i}x^3-(1+\mathrm{i})x^2-3x+7+\mathrm{i}, x_0=-\mathrm{i}$.

5. 求 $f(x)$ 与 $g(x)$ 的最大公因式：

1) $f(x)=x^4+x^3-3x^2-4x-1, g(x)=x^3+x^2-x-1$；

2) $f(x)=x^4-4x^3+1, g(x)=x^3-3x^2+1$；

3) $f(x)=x^4-10x^2+1, g(x)=x^4-4\sqrt{2}x^3+6x^2+4\sqrt{2}x+1$.

6. 求 $u(x), v(x)$，使 $u(x)f(x)+v(x)g(x)=(f(x),g(x))$：

1) $f(x)=x^4+2x^3-x^2-4x-2, g(x)=x^4+x^3-x^2-2x-2$；

2) $f(x)=4x^4-2x^3-16x^2+5x+9, g(x)=2x^3-x^2-5x+4$；

3) $f(x)=x^4-x^3-4x^2+4x+1, g(x)=x^2-x-1$.

7. 设 $f(x)=x^3+(1+t)x^2+2x+2u, g(x)=x^3+tx+u$ 的最大公因式是一个二次多项式，求 t,u 的值.

8. 证明：如果 $d(x)\mid f(x), d(x)\mid g(x)$，且 $d(x)$ 为 $f(x)$ 与 $g(x)$ 的一个组合，那么 $d(x)$ 是 $f(x)$ 与 $g(x)$ 的一个最大公因式.

9. 证明：$(f(x)h(x),g(x)h(x))=(f(x),g(x))h(x)$（$h(x)$ 的首项系数为 1）.

10. 如果 $f(x),g(x)$ 不全为零，证明：

$$\left(\frac{f(x)}{(f(x),g(x))},\frac{g(x)}{(f(x),g(x))}\right)=1.$$

11. 证明：如果 $f(x),g(x)$ 不全为零，且

$$u(x)f(x)+v(x)g(x)=(f(x),g(x)),$$

那么 $(u(x),v(x))=1$.

12. 证明：如果 $(f(x),g(x))=1, (f(x),h(x))=1$，那么

$$(f(x),g(x)h(x))=1.$$

13. 设 $f_1(x),f_2(x),\cdots,f_m(x),g_1(x),g_2(x),\cdots,g_n(x)$ 都是多项式,而且

$$(f_i(x),g_j(x))=1,\quad i=1,2,\cdots,m;j=1,2,\cdots,n.$$

求证:$(f_1(x)f_2(x)\cdots f_m(x),g_1(x)g_2(x)\cdots g_n(x))=1.$

14. 证明:如果 $(f(x),g(x))=1$,那么 $(f(x)g(x),f(x)+g(x))=1.$

15. 求多项式

$$f(x)=x^3+2x^2+2x+1,\quad g(x)=x^4+x^3+2x^2+x+1$$

的公共根.

16. 判别下列多项式有无重因式:

1) $f(x)=x^5-5x^4+7x^3-2x^2+4x-8$;　　2) $f(x)=x^4+4x^2-4x-3$.

17. 求 t 值使 $f(x)=x^3-3x^2+tx-1$ 有重根.

18. 求多项式 x^3+px+q 有重根的条件.

19. 如果 $(x-1)^2\mid Ax^4+Bx^2+1$,求 A,B.

20. 证明:$1+x+\frac{x^2}{2!}+\cdots+\frac{x^n}{n!}$ 不能有重根.

21. 如果 a 是 $f'''(x)$ 的一个 k 重根,证明:a 是

$$g(x)=\frac{x-a}{2}[f'(x)+f'(a)]-f(x)+f(a)$$

的一个 $k+3$ 重根.

22. 证明:x_0 是 $f(x)$ 的 k 重根的充要条件是 $f(x_0)=f'(x_0)=\cdots=f^{(k-1)}(x_0)=0$,而 $f^{(k)}(x_0)\neq 0$.

23. 举例说明断语"如果 α 是 $f'(x)$ 的 m 重根,那么 α 是 $f(x)$ 的 $m+1$ 重根"是不对的.

24. 证明:如果 $(x-1)\mid f(x^n)$,那么 $(x^n-1)\mid f(x^n)$.

25. 证明:如果 $(x^2+x+1)\mid f_1(x^3)+xf_2(x^3)$,那么

$$(x-1)\mid f_1(x),\quad (x-1)\mid f_2(x).$$

26. 将多项式 x^n-1 在复数范围内和在实数范围内因式分解.

27. 求下列多项式的有理根:

1) $x^3-6x^2+15x-14$;　　2) $4x^4-7x^2-5x-1$;

3) $x^5+x^4-6x^3-14x^2-11x-3$.

28. 判断下列多项式在有理数域上是否可约:

1) x^2+1;　　2) $x^4-8x^3+12x^2+2$;　　3) x^6+x^3+1;

4) x^p+px+1,p 为奇素数;　　5) $x^4+4kx+1$,k 为整数.

29. 用初等对称多项式表出下列对称多项式:

1) $x_1^2x_2+x_1x_2^2+x_1^2x_3+x_1x_3^2+x_2^2x_3+x_2x_3^2$;　　2) $(x_1+x_2)(x_1+x_3)(x_2+x_3)$;

3) $(x_1-x_2)^2(x_1-x_3)^2(x_2-x_3)^2$;　　4) $x_1^2x_2^2+x_1^2x_3^2+x_1^2x_4^2+x_2^2x_3^2+x_2^2x_4^2+x_3^2x_4^2$;

5) $(x_1x_2+x_3)(x_2x_3+x_1)(x_3x_1+x_2)$;

6) $(x_1+x_2+x_1x_2)(x_2+x_3+x_2x_3)(x_1+x_3+x_1x_3)$.

30. 用初等对称多项式表出下列 n 元对称多项式:

1) $\sum x_1^4$;　　2) $\sum x_1^2x_2x_3$;　　3) $\sum x_1^2x_2^2$;　　4) $\sum x_1^2x_2^2x_3x_4$.

（$\sum ax_1^{l_1}x_2^{l_2}\cdots x_n^{l_n}$ 表示所有由 $ax_1^{l_1}x_2^{l_2}\cdots x_n^{l_n}$ 经过对换得到的项的和.）

31. 设 $\alpha_1,\alpha_2,\alpha_3$ 是方程 $5x^3-6x^2+7x-8=0$ 的三个根，计算

$$(\alpha_1^2+\alpha_1\alpha_2+\alpha_2^2)(\alpha_2^2+\alpha_2\alpha_3+\alpha_3^2)(\alpha_1^2+\alpha_1\alpha_3+\alpha_3^2).$$

32. 证明：三次方程 $x^3+a_1x^2+a_2x+a_3=0$ 的三个根成等差数列的充要条件为

$$2a_1^3-9a_1a_2+27a_3=0.$$

补 充 题

1. 设 $f_1(x)=af(x)+bg(x)$，$g_1(x)=cf(x)+dg(x)$，且 $ad-bc\neq 0$. 证明：$(f(x),g(x))=(f_1(x),g_1(x))$.

2. 证明：只要 $\dfrac{f(x)}{(f(x),g(x))}$，$\dfrac{g(x)}{(f(x),g(x))}$ 的次数都大于零，就可以适当选择适合等式

$$u(x)f(x)+v(x)g(x)=(f(x),g(x))$$

的 $u(x)$ 与 $v(x)$，使

$$\partial(u(x))<\partial\left(\frac{g(x)}{(f(x),g(x))}\right),\quad \partial(v(x))<\partial\left(\frac{f(x)}{(f(x),g(x))}\right).$$

3. 证明：如果 $f(x)$ 与 $g(x)$ 互素，那么 $f(x^m)$ 与 $g(x^m)$ $(m\geqslant 1)$ 也互素.

4. 证明：如果 $f_1(x),f_2(x),\cdots,f_{s-1}(x)$ 的最大公因式存在，那么 $f_1(x),f_2(x),\cdots,f_{s-1}(x),f_s(x)$ 的最大公因式也存在，且当 $f_1(x),f_2(x),\cdots,f_s(x)$ 全不为零时有

$$(f_1(x),f_2(x),\cdots,f_{s-1}(x),f_s(x))=((f_1(x),f_2(x),\cdots,f_{s-1}(x)),f_s(x)).$$

再利用上式证明，存在多项式 $u_1(x),u_2(x),\cdots,u_s(x)$ 使

$$u_1(x)f_1(x)+u_2(x)f_2(x)+\cdots+u_s(x)f_s(x)=(f_1(x),f_2(x),\cdots,f_s(x)).$$

5. 多项式 $m(x)$ 称为多项式 $f(x),g(x)$ 的一个**最小公倍式**，如果

1) $f(x)\mid m(x)$，$g(x)\mid m(x)$；

2) $f(x),g(x)$ 的任意一个公倍式都是 $m(x)$ 的倍式.

我们以 $[f(x),g(x)]$ 表示首项系数是 1 的那个最小公倍式. 证明：如果 $f(x),g(x)$ 的首项系数都是 1，那么

$$[f(x),g(x)]=\frac{f(x)g(x)}{(f(x),g(x))}.$$

6. 证明定理 5 的逆：设 $p(x)$ 是次数大于零的多项式，如果对于任何多项式 $f(x)$，$g(x)$，由 $p(x)\mid f(x)g(x)$ 可以推出 $p(x)\mid f(x)$ 或者 $p(x)\mid g(x)$，那么 $p(x)$ 是不可约多项式.

7. 证明：次数大于 0 且首项系数为 1 的多项式 $f(x)$ 是一个不可约多项式的方幂的充要条件是，对任意的多项式 $g(x)$ 必有 $(f(x),g(x))=1$，或者对某一正整数 m，$f(x)\mid g^m(x)$.

8. 证明：次数大于 0 且首项系数为 1 的多项式 $f(x)$ 是一个不可约多项式的方幂的

充要条件是,对任意的多项式 $g(x)$,$h(x)$,由 $f(x)\mid g(x)h(x)$ 可以推出 $f(x)\mid g(x)$,或者对某一正整数 m,$f(x)\mid h^m(x)$.

9. 证明:$x^n+ax^{n-m}+b$ 不能有不为零的重数大于 2 的根.

10. 证明:如果 $f(x)\mid f(x^n)$,那么 $f(x)$ 的根只能是零或单位根.

11. 对于多项式 $g(x)$ 可以递归地定义 $g^{(k)}(x)=(g^{(k-1)}(x))'$,其中 $g^{(1)}(x)=g'(x)$.

1) 设 $f(x)=x^n+a_{n-1}x^{n-1}+\cdots+a_1x+a_0$. 证明:$f'(x)\mid f(x)$ 的充要条件是存在数域中的数 a,使得 $f(x)=(x-a)^n$.

2) 证明:满足 $\dfrac{g(x)}{g^{(k)}(x)}=c_kx^k+c_{k-1}x^{k-1}+\cdots+c_1x+c_0$ 的首一多项式 $g(x)$ 唯一.

12. 设 $a_1,a_2,\cdots,a_n$ 是 n 个不同的数,而

$$F(x)=(x-a_1)(x-a_2)\cdots(x-a_n).$$

证明:

1) $\displaystyle\sum_{i=1}^{n}\frac{F(x)}{(x-a_i)F'(a_i)}=1$;

2) 任意多项式 $f(x)$ 用 $F(x)$ 除所得的余式为 $\displaystyle\sum_{i=1}^{n}\frac{f(a_i)F(x)}{(x-a_i)F'(a_i)}$.

13. $a_1,a_2,\cdots,a_n$ 与 $F(x)$ 同上题,$b_1,b_2,\cdots,b_n$ 是任意 n 个数,显然

$$L(x)=\sum_{i=1}^{n}\frac{b_iF(x)}{(x-a_i)F'(a_i)}$$

适合条件

$$L(a_i)=b_i,\quad i=1,2,\cdots,n.$$

这称为**拉格朗日(Lagrange)插值公式**.

利用上面的公式求:

1) 一个次数小于 4 的多项式 $f(x)$,它适合条件 $f(2)=3,f(3)=-1,f(4)=0,f(5)=2$;

2) 一个二次多项式 $f(x)$,它在 $x=0,\dfrac{\pi}{2},\pi$ 处与函数 $\sin x$ 有相同的值;

3) 一个次数尽可能低的多项式 $f(x)$,使 $f(0)=1,f(1)=2,f(2)=5,f(3)=10$.

14. 设 $f(x)$ 是一个整系数多项式. 试证:如果 $f(0)$ 与 $f(1)$ 都是奇数,那么 $f(x)$ 不能有整数根.

15. 设 $x_1,x_2,\cdots,x_n$ 是方程 $x^n+a_1x^{n-1}+\cdots+a_n=0$ 的根. 证明:$x_2,x_3,\cdots,x_n$ 的对称多项式可以表成 x_1 与 $a_1,a_2,\cdots,a_{n-1}$ 的多项式.

16. $f(x)=(x-x_1)(x-x_2)\cdots(x-x_n)=x^n-\sigma_1x^{n-1}+\cdots+(-1)^n\sigma_n$,令 $s_k=x_1^k+x_2^k+\cdots+x_n^k(k=0,1,2,\cdots)$.

1) 证明:

$$x^{k+1}f'(x)=(s_0x^k+s_1x^{k-1}+\cdots+s_{k-1}x+s_k)f(x)+g(x),$$

其中 $\partial(g(x))<n$ 或 $g(x)=0$.

2) 由上式证明**牛顿(Newton)公式**

$$s_k-\sigma_1s_{k-1}+\sigma_2s_{k-2}+\cdots+(-1)^{k-1}\sigma_{k-1}s_1+(-1)^kk\sigma_k=0,\quad 1\leqslant k\leqslant n;$$

$$s_k-\sigma_1 s_{k-1}+\cdots+(-1)^n\sigma_n s_{k-n}=0,\quad k>n.$$

17. 根据牛顿公式用初等对称多项式表示 s_2,s_3,s_4,s_5,s_6 的表达式,给出用初等对称多项式表示 s_k 的公式.

18. 证明:如果对于某一个 6 次方程有 $s_1=s_3=0$,那么

$$\frac{s_7}{7}=\frac{s_5}{5}\cdot\frac{s_2}{2}.$$

19. 求一个 n 次方程使

$$s_1=s_2=\cdots=s_{n-1}=0.$$

20. 求一个 n 次方程使

$$s_2=s_3=\cdots=s_n=0.$$

学习指导

第二章 行列式

§1 引　　言

解方程是代数中一个基本的问题，特别是在中学所学代数中，解方程占有重要的地位.因此这个问题是读者所熟悉的.譬如说，如果我们知道了一段导线的电阻 R，以及它的两端的电位差 u，那么通过这段导线的电流强度 i，就可以由关系式

$$iR=u$$

求出来.这就是通常所谓解一元一次方程的问题.在中学所学代数中，我们解过一元、二元、三元以至四元一次方程组.这一章和下一章主要就是讨论一般的多元一次方程组，即**线性方程组**.这一章是引进行列式来解线性方程组，而下一章则在更一般的情况下来讨论解线性方程组的问题.

线性方程组的理论在数学中是基本的也是重要的内容.

对于二元线性方程组

$$\begin{cases}a_{11}x_1+a_{12}x_2=b_1,\\a_{21}x_1+a_{22}x_2=b_2,\end{cases}$$

当 $a_{11}a_{22}-a_{12}a_{21}\neq 0$ 时，此方程组有唯一解，即

$$x_1=\frac{b_1a_{22}-a_{12}b_2}{a_{11}a_{22}-a_{12}a_{21}},\quad x_2=\frac{a_{11}b_2-b_1a_{21}}{a_{11}a_{22}-a_{12}a_{21}}.$$

我们称 $a_{11}a_{22}-a_{12}a_{21}$ 为二阶行列式，用符号表示为

$$a_{11}a_{22}-a_{12}a_{21}=\begin{vmatrix}a_{11}&a_{12}\\a_{21}&a_{22}\end{vmatrix}.$$

于是上述解可以用二阶行列式叙述为：

当二阶行列式

$$\begin{vmatrix}a_{11}&a_{12}\\a_{21}&a_{22}\end{vmatrix}\neq 0$$

时，该方程组有唯一解，解为

$$x_1=\frac{\begin{vmatrix} b_1 & a_{12} \\ b_2 & a_{22} \end{vmatrix}}{\begin{vmatrix} a_{11} & a_{12} \\ a_{21} & a_{22} \end{vmatrix}},\quad x_2=\frac{\begin{vmatrix} a_{11} & b_1 \\ a_{21} & b_2 \end{vmatrix}}{\begin{vmatrix} a_{11} & a_{12} \\ a_{21} & a_{22} \end{vmatrix}}.$$

对于三元线性方程组有相仿的结论.设有三元线性方程组

$$\begin{cases} a_{11}x_1+a_{12}x_2+a_{13}x_3=b_1, \\ a_{21}x_1+a_{22}x_2+a_{23}x_3=b_2, \\ a_{31}x_1+a_{32}x_2+a_{33}x_3=b_3. \end{cases}$$

称代数式

$$a_{11}a_{22}a_{33}+a_{12}a_{23}a_{31}+a_{13}a_{21}a_{32}-a_{11}a_{23}a_{32}-a_{12}a_{21}a_{33}-a_{13}a_{22}a_{31}$$

为三阶行列式,用符号表示为

$$a_{11}a_{22}a_{33}+a_{12}a_{23}a_{31}+a_{13}a_{21}a_{32}-a_{11}a_{23}a_{32}-a_{12}a_{21}a_{33}-a_{13}a_{22}a_{31}=\begin{vmatrix} a_{11} & a_{12} & a_{13} \\ a_{21} & a_{22} & a_{23} \\ a_{31} & a_{32} & a_{33} \end{vmatrix}.$$

我们有:当三阶行列式

$$d=\begin{vmatrix} a_{11} & a_{12} & a_{13} \\ a_{21} & a_{22} & a_{23} \\ a_{31} & a_{32} & a_{33} \end{vmatrix}\neq 0$$

时,上述三元线性方程组有唯一解,解为

$$x_1=\frac{d_1}{d},\quad x_2=\frac{d_2}{d},\quad x_3=\frac{d_3}{d},$$

其中

$$d_1=\begin{vmatrix} b_1 & a_{12} & a_{13} \\ b_2 & a_{22} & a_{23} \\ b_3 & a_{32} & a_{33} \end{vmatrix},\quad d_2=\begin{vmatrix} a_{11} & b_1 & a_{13} \\ a_{21} & b_2 & a_{23} \\ a_{31} & b_3 & a_{33} \end{vmatrix},\quad d_3=\begin{vmatrix} a_{11} & a_{12} & b_1 \\ a_{21} & a_{22} & b_2 \\ a_{31} & a_{32} & b_3 \end{vmatrix}.$$

在这一章我们要把这个结果推广到 n 元线性方程组

$$\begin{cases} a_{11}x_1+a_{12}x_2+\cdots+a_{1n}x_n=b_1, \\ a_{21}x_1+a_{22}x_2+\cdots+a_{2n}x_n=b_2, \\ \cdots\cdots\cdots\cdots \\ a_{n1}x_1+a_{n2}x_2+\cdots+a_{nn}x_n=b_n \end{cases}$$

的情形.为此,我们首先要给出 n 阶行列式的定义并讨论它的性质,这就是本章的主要内容.

§2　排　　列

作为定义 n 阶行列式的准备,我们先来讨论一下排列的性质.

定义 1　由 $1,2,\cdots,n$ 组成的一个有序数组称为一个 n **阶排列**.

例如,2431 是一个 4 阶排列,45321 是一个 5 阶排列.我们知道,n 阶排列的总数是

$$n\cdot(n-1)\cdot(n-2)\cdot\cdots\cdot 2\cdot 1.$$

我们记

$$1\cdot 2\cdot\cdots\cdot(n-1)\cdot n=n!,$$

读为"n **阶乘**".例如,$4!=4\times3\times2\times1=24$,$5!=120$.$n!$随着 n 的增大迅速地增大.例如,$10!=3\ 628\ 800$.

显然 $12\cdots n$ 也是一个 n 阶排列.这个排列是按照递增的顺序排起来的,称为**自然顺序**,其他的排列都或多或少地破坏自然顺序.

定义 2 在一个排列中,如果一对数的前后位置与大小顺序相反,即前面的数大于后面的数,那么它们就称为一个**逆序**,一个排列中逆序的总数就称为这个排列的**逆序数**.

例如 2431 中,21,43,41,31 是逆序,2431 的逆序数就是 4.而 45321 的逆序数是 9.

排列 $j_1j_2\cdots j_n$ 的逆序数记作

$$\tau(j_1j_2\cdots j_n).$$

定义 3 逆序数为偶数的排列称为**偶排列**,逆序数为奇数的排列称为**奇排列**.

例如,2431 是偶排列,45321 是奇排列,$12\cdots n$ 的逆序数是零,因之是偶排列.

应该指出,我们同样可以考虑由任意 n 个不同的正整数所组成的排列,一般地也称为 n 阶排列.对这样一般的 n 阶排列,同样可以定义上面这些概念.

把一个排列中某两个数的位置互换,而其余的数不动,就得到另一个排列.这样一个变换称为一个**对换**.例如,经过 1,2 对换,排列 2431 就变成了 1432,排列 2134 就变成了 1234.显然,如果连续施行两次相同的对换,那么排列就还原了.由此得知,一个对换把全部 n 阶排列两两配对,使每两个配成对的 n 阶排列在这个对换下互变.

关于排列的奇偶性,我们有下面的基本事实.

定理 1 对换改变排列的奇偶性.

这就是说,经过一次对换,奇排列变成偶排列,偶排列变成奇排列.

证明 先看一个特殊的情形,即对换的两个数在排列中是相邻的情形.排列

$$\cdots jk\cdots \tag{1}$$

经过 j,k 对换变成

$$\cdots kj\cdots, \tag{2}$$

这里"…"表示那些不动的数.显然,在排列(1)中若 j,k 与其他的数构成逆序,则在排列(2)中仍然构成逆序;若不构成逆序则在排列(2)中也不构成逆序;不同的只是 j,k 的次序.如果原来 j,k 组成逆序,那么经过对换,逆序数就减少一个;如果原来 j,k 不组成逆序,那么经过对换,逆序数就增加一个.不论增加 1 还是减少 1,排列的逆序数的奇偶性总是变了.因之,在这个特殊的情形,定理是对的.

再看一般的情形.设排列为

$$\cdots ji_1i_2\cdots i_sk\cdots, \tag{3}$$

经过 j,k 对换,排列(3)变成

$$\cdots ki_1i_2\cdots i_sj\cdots. \tag{4}$$

不难看出,这样一个对换可以通过一系列的相邻数的对换来实现.从排列(3)出

发，把 k 与 i_s 对换，再与 i_{s-1} 对换……也就是说，把 k 一位一位地向左移动.经过 $s+1$ 次相邻位置的对换，排列(3)就变成

$$\cdots kji_1i_2\cdots i_s\cdots. \tag{5}$$

从排列(5)出发，再把 j 一位一位地向右移动，经过 s 次相邻位置的对换，排列(5)就变成了排列(4).因之，j,k 对换可以通过 $2s+1$ 次相邻位置的对换来实现.$2s+1$ 是奇数.相邻位置的对换改变排列的奇偶性.显然，奇数次这样的对换的最终结果还是改变奇偶性.▌

根据定理 1，可以证明以下重要结论.

推论　在全部 n 阶排列中，奇、偶排列的个数相等，各有 $n!/2$ 个.

证明　假设在全部 n 阶排列中共有 s 个奇排列，t 个偶排列.

将 s 个奇排列中的前两个数字对换，得到 s 个不同的偶排列，因此 $s\leqslant t$.同样可证 $t\leqslant s$.于是 $s=t$，即奇、偶排列的总数相等，各有 $n!/2$ 个.▌

定理 2　任意一个 n 阶排列与排列 $12\cdots n$ 都可以经过一系列对换互变，并且所作对换的个数与这个排列有相同的奇偶性.

证明　我们对排列的阶数 n 作数学归纳法，来证任意一个 n 阶排列都可以经过一系列对换变成 $12\cdots n$.

1 阶排列只有一个，结论显然成立.

假设结论对 $n-1$ 阶排列已经成立，现在来证对 n 阶排列的情形结论也成立.

设 $j_1j_2\cdots j_n$ 是一个 n 阶排列，如果 $j_n=n$，那么根据归纳假设，$n-1$ 阶排列 $j_1j_2\cdots j_{n-1}$ 可以经过一系列对换变成 $12\cdots(n-1)$，于是这一系列对换也就把 $j_1j_2\cdots j_n$ 变成 $12\cdots n$.如果 $j_n\neq n$，那么对 $j_1j_2\cdots j_n$ 作 j_n,n 对换，它就变成 $j_1'\cdots j_{n-1}'n$，这就归结成上面的情形，因此结论普遍成立.

相仿地，$12\cdots n$ 也可用一系列对换变成 $j_1j_2\cdots j_n$，因为 $12\cdots n$ 是偶排列，所以根据定理 1，所作对换的个数与排列 $j_1j_2\cdots j_n$ 有相同的奇偶性.▌

§3　n 阶行列式

我们现在来给出 n 阶行列式的定义.从这一节开始，我们总是取一固定的数域 P 作为基础，所谈到的数都是指这个数域 P 中的数，所考虑的行列式也都是数域 P 上的行列式，以后就不重复说明了.

在给出 n 阶行列式的定义之前，先来看一下二阶和三阶行列式的定义.我们有

$$\begin{vmatrix} a_{11} & a_{12} \\ a_{21} & a_{22} \end{vmatrix}=a_{11}a_{22}-a_{12}a_{21}, \tag{1}$$

$$\begin{vmatrix} a_{11} & a_{12} & a_{13} \\ a_{21} & a_{22} & a_{23} \\ a_{31} & a_{32} & a_{33} \end{vmatrix}=a_{11}a_{22}a_{33}+a_{12}a_{23}a_{31}+a_{13}a_{21}a_{32}-a_{13}a_{22}a_{31}-a_{12}a_{21}a_{33}-a_{11}a_{23}a_{32}. \tag{2}$$

从二阶和三阶行列式的定义中可以看出，它们都是一些乘积的代数和，而每一项乘积都是由行列式中位于不同行、不同列的元素构成的，并且展开式恰恰就是由所有这种可能的乘积组成. 当 $n=2$ 时，由不同行、不同列的元素构成的乘积只有 $a_{11}a_{22}$ 与 $a_{12}a_{21}$ 这两项，当 $n=3$ 时也不难看出只有(2)式中的 6 项. 这是二阶和三阶行列式的特征的一个方面. 另一方面，每一项乘积都带有符号. 这符号是按什么原则决定的呢？在三阶行列式的展开式(2)中，项的一般形式可以写成

$$a_{1j_1}a_{2j_2}a_{3j_3}, \tag{3}$$

其中 $j_1j_2j_3$ 是 1,2,3 的一个排列. 可以看出，当 $j_1j_2j_3$ 是偶排列时，对应的项在(2)式中带有正号，当 $j_1j_2j_3$ 是奇排列时带有负号. 二阶行列式显然也符合这个原则.

上面对二阶和三阶行列式的分析对于我们理解一般的定义是有帮助的. 下面就来给出 n 阶行列式的定义.

定义 4 n 阶行列式

$$\begin{vmatrix} a_{11} & a_{12} & \cdots & a_{1n} \\ a_{21} & a_{22} & \cdots & a_{2n} \\ \vdots & \vdots & & \vdots \\ a_{n1} & a_{n2} & \cdots & a_{nn} \end{vmatrix} \tag{4}$$

等于所有取自不同行、不同列的 n 个元素的乘积

$$a_{1j_1}a_{2j_2}\cdots a_{nj_n} \tag{5}$$

的代数和，这里 $j_1j_2\cdots j_n$ 是 $1,2,\cdots,n$ 的一个排列，每一项(5)都按下列规则带有符号：当 $j_1j_2\cdots j_n$ 是偶排列时，(5)式带有正号，当 $j_1j_2\cdots j_n$ 是奇排列时，(5)式带有负号. 这一定义可写成

$$\begin{vmatrix} a_{11} & a_{12} & \cdots & a_{1n} \\ a_{21} & a_{22} & \cdots & a_{2n} \\ \vdots & \vdots & & \vdots \\ a_{n1} & a_{n2} & \cdots & a_{nn} \end{vmatrix} = \sum_{j_1j_2\cdots j_n} (-1)^{\tau(j_1j_2\cdots j_n)} a_{1j_1}a_{2j_2}\cdots a_{nj_n}, \tag{6}$$

这里 $\sum\limits_{j_1j_2\cdots j_n}$ 表示对所有 n 阶排列求和.

定义表明，为了计算 n 阶行列式，首先作所有可能由位于不同行、不同列的元素构成的乘积. 把构成这些乘积的元素按行指标排成自然顺序，然后由列指标所成的排列的奇偶性来决定这一项的符号.

由定义立即看出，n 阶行列式是由 $n!$ 项组成的.

下面来看几个例子.

例 1 计算行列式

$$\begin{vmatrix} 0 & 0 & 0 & 1 \\ 0 & 0 & 2 & 0 \\ 0 & 3 & 0 & 0 \\ 4 & 0 & 0 & 0 \end{vmatrix}.$$

这是一个 4 阶行列式，在展开式中应该有 $4!=24$ 项. 但是由于出现很多的零，所以不等于零的项数就大大减少了. 因为 4 阶行列式中每个项是由 4 个元素相乘而得. 为了

所得的项不等于零,这 4 个元素必须都不等于零.现在这 4 个非零元素恰好位于不同行、不同列.所以它们的乘积是这个行列式唯一的一项.前面所带的符号为

$$(-1)^{\tau(4321)}=1.$$

所以

$$\begin{vmatrix} 0 & 0 & 0 & 1 \\ 0 & 0 & 2 & 0 \\ 0 & 3 & 0 & 0 \\ 4 & 0 & 0 & 0 \end{vmatrix}=1\times2\times3\times4=24.$$

例 2　计算上三角形行列式

$$\begin{vmatrix} a_{11} & a_{12} & \cdots & a_{1n} \\ 0 & a_{22} & \cdots & a_{2n} \\ \vdots & \vdots & & \vdots \\ 0 & 0 & \cdots & a_{nn} \end{vmatrix}. \tag{7}$$

我们先来看一下,形如(5)式的项有哪些不为零,然后再来决定它们的符号.项的一般形式为

$$a_{1j_1}a_{2j_2}\cdots a_{nj_n},$$

在行列式中第 n 行的元素除去 a_{nn} 以外全为零,因之,只要考虑 $j_n=n$ 的那些项.在第 $n-1$ 行中,除去 $a_{n-1,n-1}$,$a_{n-1,n}$ 外,其余的项全为零,因之,j_{n-1} 只有 $n-1$,n 这两个可能.由于 $j_n=n$,所以 j_{n-1} 就不能等于 n 了,从而 $j_{n-1}=n-1$.这样逐步推上去,不难看出,在展开式中除去

$$a_{11}a_{22}\cdots a_{nn}$$

这一项外,其余的项全是 0.而这一项的列指标所成的排列是一个偶排列,所以这一项带正号.于是

$$\begin{vmatrix} a_{11} & a_{12} & \cdots & a_{1n} \\ 0 & a_{22} & \cdots & a_{2n} \\ \vdots & \vdots & & \vdots \\ 0 & 0 & \cdots & a_{nn} \end{vmatrix}=a_{11}a_{22}\cdots a_{nn}. \tag{8}$$

换句话说,这个行列式就等于**主对角线**(从左上角到右下角这条对角线)上元素的乘积.作为(8)式的特殊情形,有

$$\begin{vmatrix} d_1 & 0 & \cdots & 0 \\ 0 & d_2 & \cdots & 0 \\ \vdots & \vdots & & \vdots \\ 0 & 0 & \cdots & d_n \end{vmatrix}=d_1d_2\cdots d_n, \tag{9}$$

$$\begin{vmatrix} 1 & 0 & \cdots & 0 \\ 0 & 1 & \cdots & 0 \\ \vdots & \vdots & & \vdots \\ 0 & 0 & \cdots & 1 \end{vmatrix}=1. \tag{10}$$

主对角线以外的元素全为零的行列式称为**对角形行列式**.(9)式说明了对角形行列式的值等于主对角线上元素的乘积.

容易看出,当行列式的元素全是数域 P 中的数时,它的值也是数域 P 中的一个数.

在行列式的定义中,为了决定每一项的正负号,我们把 n 个元素按行指标排起来.事实上,数的乘法是交换的,因而这 n 个元素的次序是可以任意写的,一般地,n 阶行列式中的项可以写成

$$a_{i_1j_1}a_{i_2j_2}\cdots a_{i_nj_n}, \tag{11}$$

其中 $i_1i_2\cdots i_n, j_1j_2\cdots j_n$ 是两个 n 阶排列.利用排列的性质,不难证明,(11)式的符号等于

$$(-1)^{\tau(i_1i_2\cdots i_n)+\tau(j_1j_2\cdots j_n)}. \tag{12}$$

事实上,为了根据定义来决定(11)的符号,就要把这 n 个元素重新排一下,使得它们的行指标成自然顺序,也就是排成

$$a_{1j_1'}a_{2j_2'}\cdots a_{nj_n'}. \tag{13}$$

于是它的符号是

$$(-1)^{\tau(j_1'j_2'\cdots j_n')}. \tag{14}$$

现在来证明,(12)式与(14)式是一致的.我们知道,由(11)式变到(13)式可以经过一系列元素的对换来实现.每作一次对换,元素的行指标与列指标所成的排列 $i_1i_2\cdots i_n$ 与 $j_1j_2\cdots j_n$ 就都同时作一次对换,也就是 $\tau(i_1i_2\cdots i_n)$ 与 $\tau(j_1j_2\cdots j_n)$ 同时改变奇偶性,因而它们的和

$$\tau(i_1i_2\cdots i_n)+\tau(j_1j_2\cdots j_n)$$

的奇偶性不改变.这就是说,对(11)式作一次元素的对换不改变(12)式的值.因此,在一系列对换之后有

$$(-1)^{\tau(i_1i_2\cdots i_n)+\tau(j_1j_2\cdots j_n)}=(-1)^{\tau(12\cdots n)+\tau(j_1'j_2'\cdots j_n')}=(-1)^{\tau(j_1'j_2'\cdots j_n')}.$$

这就证明了(12)式与(14)式是一致的.

例如,$a_{21}a_{32}a_{14}a_{43}$是 4 阶行列式中一项,$\tau(2314)=2$,$\tau(1243)=1$,于是它的符号应为$(-1)^{2+1}=-1$.如按行指标排列起来,就是 $a_{14}a_{21}a_{32}a_{43}$,$\tau(4123)=3$,因而它的符号也是$(-1)^3=-1$.

按(12)式来决定行列式中每一项的符号的好处在于,行指标与列指标的地位是**对称的**,因而为了决定每一项的符号,我们同样可以把每一项按列指标排起来,于是定义又可写成

$$\begin{vmatrix} a_{11} & a_{12} & \cdots & a_{1n} \\ a_{21} & a_{22} & \cdots & a_{2n} \\ \vdots & \vdots & & \vdots \\ a_{n1} & a_{n2} & \cdots & a_{nn} \end{vmatrix} = \sum_{i_1i_2\cdots i_n}(-1)^{\tau(i_1i_2\cdots i_n)}a_{i_11}a_{i_22}\cdots a_{i_nn}. \tag{15}$$

由此即得行列式的下列性质:

性质 1 行列互换,行列式不变.即

$$\begin{vmatrix} a_{11} & a_{12} & \cdots & a_{1n} \\ a_{21} & a_{22} & \cdots & a_{2n} \\ \vdots & \vdots & & \vdots \\ a_{n1} & a_{n2} & \cdots & a_{nn} \end{vmatrix} = \begin{vmatrix} a_{11} & a_{21} & \cdots & a_{n1} \\ a_{12} & a_{22} & \cdots & a_{n2} \\ \vdots & \vdots & & \vdots \\ a_{1n} & a_{2n} & \cdots & a_{nn} \end{vmatrix}. \tag{16}$$

事实上,元素 a_{ij} 在(16)式的右端位于第 j 行第 i 列,这就是说,i 是它的列指标,

j 是它的行指标.因之,把右端按(15)式展开就等于

$$\sum_{j_1j_2\cdots j_n}(-1)^{\tau(j_1j_2\cdots j_n)}a_{1j_1}a_{2j_2}\cdots a_{nj_n},$$

它正是左端按(6)式的展开式. ▌

(16)式中等式右边的行列式称为左边行列式的**转置行列式**.性质 1 说明行列式转置,值不变.

性质 1 表明,在行列式中行与列的地位是对称的,因之,凡是有关行的性质,对列也同样成立.例如,由(8)式即得下三角形的行列式

$$\begin{vmatrix} a_{11} & 0 & 0 & \cdots & 0 \\ a_{21} & a_{22} & 0 & \cdots & 0 \\ \vdots & \vdots & \vdots & & \vdots \\ a_{n1} & a_{n2} & a_{n3} & \cdots & a_{nn} \end{vmatrix} = a_{11}a_{22}\cdots a_{nn}. \tag{17}$$

下面我们所谈的行列式的性质大多是对行来说的,对于列也有相同的性质,就不重复了.

§4　n 阶行列式的性质

行列式的计算是一个重要的问题,也是一个很麻烦的问题.n 阶行列式一共有 $n!$ 项,计算它就需做 $n!(n-1)$ 个乘法.当 n 较大时,$n!$ 是一个相当大的数字.直接从定义来计算行列式几乎是不可能的事.因此我们有必要进一步讨论行列式的性质.利用这些性质可以化简行列式的计算.

在行列式的定义中,虽然每一项是 n 个元素的乘积,但是由于这 n 个元素是取自不同的行与列,所以对于某一确定的行中 n 个元素(譬如 $a_{i1},a_{i2},\cdots,a_{in}$)来说,每一项都含有其中的一个且只含有其中的一个元素.因之,n 阶行列式的 $n!$项可以分成 n 组,第一组的项都含有 a_{i1},第二组的项都含有 a_{i2},等等.再分别把第 i 行的元素提出来,就有

$$\begin{vmatrix} a_{11} & a_{12} & \cdots & a_{1n} \\ a_{21} & a_{22} & \cdots & a_{2n} \\ \vdots & \vdots & & \vdots \\ a_{n1} & a_{n2} & \cdots & a_{nn} \end{vmatrix} = a_{i1}A_{i1}+a_{i2}A_{i2}+\cdots+a_{in}A_{in}, \tag{1}$$

其中 A_{ij}代表那些含有 a_{ij}的项在提出公因子 a_{ij}之后的代数和.至于 A_{ij}究竟是哪些项的和,我们暂且不管,到 §6 再来讨论.从以上讨论可以知道,A_{ij}中不再含有第 i 行的元素,也就是 $A_{i1},A_{i2},\cdots,A_{in}$全与行列式中第 i 行的元素无关.由此即得

性质 2

$$\begin{vmatrix} a_{11} & a_{12} & \cdots & a_{1n} \\ \vdots & \vdots & & \vdots \\ ka_{i1} & ka_{i2} & \cdots & ka_{in} \\ \vdots & \vdots & & \vdots \\ a_{n1} & a_{n2} & \cdots & a_{nn} \end{vmatrix} = k\begin{vmatrix} a_{11} & a_{12} & \cdots & a_{1n} \\ \vdots & \vdots & & \vdots \\ a_{i1} & a_{i2} & \cdots & a_{in} \\ \vdots & \vdots & & \vdots \\ a_{n1} & a_{n2} & \cdots & a_{nn} \end{vmatrix}.$$

这就是说,一行的公因子可以提出去,或者说以一数乘行列式的一行就相当于用这个数乘此行列式.

事实上,由(1)式得

$$\begin{vmatrix} a_{11} & a_{12} & \cdots & a_{1n} \\ \vdots & \vdots & & \vdots \\ ka_{i1} & ka_{i2} & \cdots & ka_{in} \\ \vdots & \vdots & & \vdots \\ a_{n1} & a_{n2} & \cdots & a_{nn} \end{vmatrix} = ka_{i1}A_{i1}+ka_{i2}A_{i2}+\cdots+ka_{in}A_{in}$$

$$=k(a_{i1}A_{i1}+a_{i2}A_{i2}+\cdots+a_{in}A_{in})$$

$$=k\begin{vmatrix} a_{11} & a_{12} & \cdots & a_{1n} \\ \vdots & \vdots & & \vdots \\ a_{i1} & a_{i2} & \cdots & a_{in} \\ \vdots & \vdots & & \vdots \\ a_{n1} & a_{n2} & \cdots & a_{nn} \end{vmatrix}. \blacksquare$$

令 $k=0$ 就有,如果行列式中一行为零,那么行列式为零.

性质 3 $$\begin{vmatrix} a_{11} & a_{12} & \cdots & a_{1n} \\ \vdots & \vdots & & \vdots \\ b_1+c_1 & b_2+c_2 & \cdots & b_n+c_n \\ \vdots & \vdots & & \vdots \\ a_{n1} & a_{n2} & \cdots & a_{nn} \end{vmatrix} = \begin{vmatrix} a_{11} & a_{12} & \cdots & a_{1n} \\ \vdots & \vdots & & \vdots \\ b_1 & b_2 & \cdots & b_n \\ \vdots & \vdots & & \vdots \\ a_{n1} & a_{n2} & \cdots & a_{nn} \end{vmatrix} + \begin{vmatrix} a_{11} & a_{12} & \cdots & a_{1n} \\ \vdots & \vdots & & \vdots \\ c_1 & c_2 & \cdots & c_n \\ \vdots & \vdots & & \vdots \\ a_{n1} & a_{n2} & \cdots & a_{nn} \end{vmatrix}.$$

这就是说,如果某一行是两组数的和,那么这个行列式就等于两个行列式的和,而这两个行列式除这一行以外全与原来行列式的对应的行一样.

事实上,设这一行是第 i 行,于是

$$\begin{vmatrix} a_{11} & a_{12} & \cdots & a_{1n} \\ \vdots & \vdots & & \vdots \\ b_1+c_1 & b_2+c_2 & \cdots & b_n+c_n \\ \vdots & \vdots & & \vdots \\ a_{n1} & a_{n2} & \cdots & a_{nn} \end{vmatrix} = (b_1+c_1)A_{i1}+(b_2+c_2)A_{i2}+\cdots+(b_n+c_n)A_{in}$$

$$=(b_1A_{i1}+b_2A_{i2}+\cdots+b_nA_{in})+(c_1A_{i1}+c_2A_{i2}+\cdots+c_nA_{in})$$

$$=\begin{vmatrix} a_{11} & a_{12} & \cdots & a_{1n} \\ \vdots & \vdots & & \vdots \\ b_1 & b_2 & \cdots & b_n \\ \vdots & \vdots & & \vdots \\ a_{n1} & a_{n2} & \cdots & a_{nn} \end{vmatrix} + \begin{vmatrix} a_{11} & a_{12} & \cdots & a_{1n} \\ \vdots & \vdots & & \vdots \\ c_1 & c_2 & \cdots & c_n \\ \vdots & \vdots & & \vdots \\ a_{n1} & a_{n2} & \cdots & a_{nn} \end{vmatrix}. \blacksquare$$

性质 3 显然可以推广到某一行为多组数的和的情形,读者可以自己写出来.

再根据排列的性质,我们有

性质 4 如果行列式中有两行相同，那么行列式为零.所谓两行相同就是说两行的对应元素都相等.

证明 设行列式

$$\begin{vmatrix} a_{11} & a_{12} & \cdots & a_{1n} \\ \vdots & \vdots & & \vdots \\ a_{i1} & a_{i2} & \cdots & a_{in} \\ \vdots & \vdots & & \vdots \\ a_{k1} & a_{k2} & \cdots & a_{kn} \\ \vdots & \vdots & & \vdots \\ a_{n1} & a_{n2} & \cdots & a_{nn} \end{vmatrix} = \sum_{j_1 j_2 \cdots j_n} (-1)^{\tau(j_1 \cdots j_i \cdots j_k \cdots j_n)} a_{1j_1} \cdots a_{ij_i} \cdots a_{kj_k} \cdots a_{nj_n} \tag{2}$$

中第 i 行与第 k 行相同，即

$$a_{ij} = a_{kj}, \quad j = 1, 2, \cdots, n. \tag{3}$$

为了证明(2)式为零，只需证明(2)式的右端所出现的项全能两两相消就行了.事实上，与项

$$(-1)^{\tau(j_1 \cdots j_i \cdots j_k \cdots j_n)} a_{1j_1} \cdots a_{ij_i} \cdots a_{kj_k} \cdots a_{nj_n}$$

同时出现的还有

$$(-1)^{\tau(j_1 \cdots j_k \cdots j_i \cdots j_n)} a_{1j_1} \cdots a_{ij_k} \cdots a_{kj_i} \cdots a_{nj_n}.$$

比较这两项，由(3)式有

$$a_{ij_i} = a_{kj_i}, \quad a_{ij_k} = a_{kj_k}.$$

也就是说，这两项有相同的数值.但是排列

$$j_1 \cdots j_i \cdots j_k \cdots j_n \text{ 与 } j_1 \cdots j_k \cdots j_i \cdots j_n$$

相差一个对换，因而有相反的奇偶性，所以这两项的符号相反.易知，全部 n 阶排列可以按上述形式两两配对.因之，在(2)式的右端，对于每一项都有一数值相同但符号相反的项与之成对出现，从而行列式为零. ▌

由这三个性质我们不难推得行列式其他的一些性质.

性质 5 如果行列式中两行成比例，那么行列式为零.

证明

$$\begin{vmatrix} a_{11} & a_{12} & \cdots & a_{1n} \\ \vdots & \vdots & & \vdots \\ a_{i1} & a_{i2} & \cdots & a_{in} \\ \vdots & \vdots & & \vdots \\ ka_{i1} & ka_{i2} & \cdots & ka_{in} \\ \vdots & \vdots & & \vdots \\ a_{n1} & a_{n2} & \cdots & a_{nn} \end{vmatrix} = k \begin{vmatrix} a_{11} & a_{12} & \cdots & a_{1n} \\ \vdots & \vdots & & \vdots \\ a_{i1} & a_{i2} & \cdots & a_{in} \\ \vdots & \vdots & & \vdots \\ a_{i1} & a_{i2} & \cdots & a_{in} \\ \vdots & \vdots & & \vdots \\ a_{n1} & a_{n2} & \cdots & a_{nn} \end{vmatrix} = 0,$$

这里第一步是根据性质 2，第二步是根据性质 4. ▌

性质 6　把一行的倍数加到另一行,行列式不变.

设

$$\begin{vmatrix} a_{11} & a_{12} & \cdots & a_{1n} \\ \vdots & \vdots & & \vdots \\ a_{i1}+ca_{k1} & a_{i2}+ca_{k2} & \cdots & a_{in}+ca_{kn} \\ \vdots & \vdots & & \vdots \\ a_{k1} & a_{k2} & \cdots & a_{kn} \\ \vdots & \vdots & & \vdots \\ a_{n1} & a_{n2} & \cdots & a_{nn} \end{vmatrix} = \begin{vmatrix} a_{11} & a_{12} & \cdots & a_{1n} \\ \vdots & \vdots & & \vdots \\ a_{i1} & a_{i2} & \cdots & a_{in} \\ \vdots & \vdots & & \vdots \\ a_{k1} & a_{k2} & \cdots & a_{kn} \\ \vdots & \vdots & & \vdots \\ a_{n1} & a_{n2} & \cdots & a_{nn} \end{vmatrix} + \begin{vmatrix} a_{11} & a_{12} & \cdots & a_{1n} \\ \vdots & \vdots & & \vdots \\ ca_{k1} & ca_{k2} & \cdots & ca_{kn} \\ \vdots & \vdots & & \vdots \\ a_{k1} & a_{k2} & \cdots & a_{kn} \\ \vdots & \vdots & & \vdots \\ a_{n1} & a_{n2} & \cdots & a_{nn} \end{vmatrix}$$

$$= \begin{vmatrix} a_{11} & a_{12} & \cdots & a_{1n} \\ \vdots & \vdots & & \vdots \\ a_{i1} & a_{i2} & \cdots & a_{in} \\ \vdots & \vdots & & \vdots \\ a_{k1} & a_{k2} & \cdots & a_{kn} \\ \vdots & \vdots & & \vdots \\ a_{n1} & a_{n2} & \cdots & a_{nn} \end{vmatrix}.$$

这里第一步是根据性质 3,第二步是根据性质 5. ▌

根据性质 6 即得

性质 7　对换行列式中两行的位置,行列式反号.

证明

$$\begin{vmatrix} a_{11} & a_{12} & \cdots & a_{1n} \\ \vdots & \vdots & & \vdots \\ a_{i1} & a_{i2} & \cdots & a_{in} \\ \vdots & \vdots & & \vdots \\ a_{k1} & a_{k2} & \cdots & a_{kn} \\ \vdots & \vdots & & \vdots \\ a_{n1} & a_{n2} & \cdots & a_{nn} \end{vmatrix} = \begin{vmatrix} a_{11} & a_{12} & \cdots & a_{1n} \\ \vdots & \vdots & & \vdots \\ a_{i1}+a_{k1} & a_{i2}+a_{k2} & \cdots & a_{in}+a_{kn} \\ \vdots & \vdots & & \vdots \\ a_{k1} & a_{k2} & \cdots & a_{kn} \\ \vdots & \vdots & & \vdots \\ a_{n1} & a_{n2} & \cdots & a_{nn} \end{vmatrix}$$

$$= \begin{vmatrix} a_{11} & a_{12} & \cdots & a_{1n} \\ \vdots & \vdots & & \vdots \\ a_{i1}+a_{k1} & a_{i2}+a_{k2} & \cdots & a_{in}+a_{kn} \\ \vdots & \vdots & & \vdots \\ -a_{i1} & -a_{i2} & \cdots & -a_{in} \\ \vdots & \vdots & & \vdots \\ a_{n1} & a_{n2} & \cdots & a_{nn} \end{vmatrix}$$

$$
=\begin{vmatrix} a_{11} & a_{12} & \cdots & a_{1n} \\ \vdots & \vdots & & \vdots \\ a_{k1} & a_{k2} & \cdots & a_{kn} \\ \vdots & \vdots & & \vdots \\ -a_{i1} & -a_{i2} & \cdots & -a_{in} \\ \vdots & \vdots & & \vdots \\ a_{n1} & a_{n2} & \cdots & a_{nn} \end{vmatrix} = -\begin{vmatrix} a_{11} & a_{12} & \cdots & a_{1n} \\ \vdots & \vdots & & \vdots \\ a_{k1} & a_{k2} & \cdots & a_{kn} \\ \vdots & \vdots & & \vdots \\ a_{i1} & a_{i2} & \cdots & a_{in} \\ \vdots & \vdots & & \vdots \\ a_{n1} & a_{n2} & \cdots & a_{nn} \end{vmatrix}.
$$

这里第一步是把第 k 行加到第 i 行,第二步是把第 i 行的 -1 倍加到第 k 行,第三步是把第 k 行加到第 i 行,最后再把第 k 行的公因子 -1 提出. ▌

作为行列式性质的应用,我们来看下面两个例子.

例 1　计算 n 阶行列式

$$
d=\begin{vmatrix} a & b & b & \cdots & b \\ b & a & b & \cdots & b \\ b & b & a & \cdots & b \\ \vdots & \vdots & \vdots & & \vdots \\ b & b & b & \cdots & a \end{vmatrix}.
$$

这个行列式的特点是每一行有一个元素是 a,其余 $n-1$ 个元素是 b.根据性质 6,把第二列加到第一列,行列式不变,再把第三列加到第一列,行列式也不变……直到第 n 列也加到第一列,即得

$$
d=\begin{vmatrix} a+(n-1)b & b & b & \cdots & b \\ a+(n-1)b & a & b & \cdots & b \\ a+(n-1)b & b & a & \cdots & b \\ \vdots & \vdots & \vdots & & \vdots \\ a+(n-1)b & b & b & \cdots & a \end{vmatrix} = [a+(n-1)b]\begin{vmatrix} 1 & b & b & \cdots & b \\ 1 & a & b & \cdots & b \\ 1 & b & a & \cdots & b \\ \vdots & \vdots & \vdots & & \vdots \\ 1 & b & b & \cdots & a \end{vmatrix}.
$$

把第二行到第 n 行都分别加上第一行的 -1 倍,就有

$$
d=[a+(n-1)b]\begin{vmatrix} 1 & b & b & \cdots & b \\ 0 & a-b & 0 & \cdots & 0 \\ 0 & 0 & a-b & \cdots & 0 \\ \vdots & \vdots & \vdots & & \vdots \\ 0 & 0 & 0 & \cdots & a-b \end{vmatrix}.
$$

这是一个上三角形的行列式,根据 §3 例 2 得

$$
d=[a+(n-1)b](a-b)^{n-1}.
$$

例 2　一个 n 阶行列式,假设它的元素满足

$$
a_{ij}=-a_{ji},\quad i,j=1,2,\cdots,n, \tag{4}
$$

就称为反称行列式.我们来证明,奇数阶反称行列式等于 0.

由(4)式立即推知,$a_{ii}=-a_{ii}$,即

$$
a_{ii}=0,\quad i=1,2,\cdots,n.
$$

因此,此行列式明显地写出来就是

$$\begin{vmatrix} 0 & a_{12} & a_{13} & \cdots & a_{1n} \\ -a_{12} & 0 & a_{23} & \cdots & a_{2n} \\ -a_{13} & -a_{23} & 0 & \cdots & a_{3n} \\ \vdots & \vdots & \vdots & & \vdots \\ -a_{1n} & -a_{2n} & -a_{3n} & \cdots & 0 \end{vmatrix}.$$

由性质 1,2 有

$$d=\begin{vmatrix} 0 & a_{12} & a_{13} & \cdots & a_{1n} \\ -a_{12} & 0 & a_{23} & \cdots & a_{2n} \\ -a_{13} & -a_{23} & 0 & \cdots & a_{3n} \\ \vdots & \vdots & \vdots & & \vdots \\ -a_{1n} & -a_{2n} & -a_{3n} & \cdots & 0 \end{vmatrix}=\begin{vmatrix} 0 & -a_{12} & -a_{13} & \cdots & -a_{1n} \\ a_{12} & 0 & -a_{23} & \cdots & -a_{2n} \\ a_{13} & a_{23} & 0 & \cdots & -a_{3n} \\ \vdots & \vdots & \vdots & & \vdots \\ a_{1n} & a_{2n} & a_{3n} & \cdots & 0 \end{vmatrix}$$

$$=(-1)^n\begin{vmatrix} 0 & a_{12} & a_{13} & \cdots & a_{1n} \\ -a_{12} & 0 & a_{23} & \cdots & a_{2n} \\ -a_{13} & -a_{23} & 0 & \cdots & a_{3n} \\ \vdots & \vdots & \vdots & & \vdots \\ -a_{1n} & -a_{2n} & -a_{3n} & \cdots & 0 \end{vmatrix}=(-1)^n d,$$

当 n 为奇数时,得 $d=-d$,因而 $d=0$.

§5　行列式的计算

下面我们利用行列式的性质给出一个计算行列式的方法.

在 §3 我们看到,一个上三角形行列式

$$\begin{vmatrix} a_{11} & a_{12} & a_{13} & \cdots & a_{1n} \\ 0 & a_{22} & a_{23} & \cdots & a_{2n} \\ 0 & 0 & a_{33} & \cdots & a_{3n} \\ \vdots & \vdots & \vdots & & \vdots \\ 0 & 0 & 0 & \cdots & a_{nn} \end{vmatrix}$$

就等于它主对角线上元素的乘积

$$a_{11}a_{22}\cdots a_{nn}.$$

这个计算是很简单的.下面我们想办法把任意的 n 阶行列式化为上三角形行列式来计算.

为了便于叙述并考虑到以后的应用,我们引进矩阵及矩阵的初等行变换的概念.

定义 5　由 sn 个数排成的 s 行(横的) n 列(纵的)的表

$$\begin{pmatrix} a_{11} & a_{12} & \cdots & a_{1n} \\ a_{21} & a_{22} & \cdots & a_{2n} \\ \vdots & \vdots & & \vdots \\ a_{s1} & a_{s2} & \cdots & a_{sn} \end{pmatrix} \tag{1}$$

称为一个 $s\times n$ **矩阵**.

例如,

$$\begin{pmatrix} 1 & 0 & \frac{1}{2} & 2 \\ -1 & 2 & 1 & 0 \end{pmatrix}$$

是一个 2×4 矩阵,

$$\begin{pmatrix} 1 & 1 & 2\mathrm{i} \\ 0 & \mathrm{i} & 1 \\ 3 & 2 & 1 \end{pmatrix}$$

是一个 3×3 矩阵.

数 $a_{ij}(i=1,2,\cdots,s;j=1,2,\cdots,n)$ 称为矩阵(1)的 (i,j) **元素**,简称为**元**,i 称为元素 a_{ij} 的**行指标**,j 称为**列指标**.当一个矩阵的元素全是某一数域 P 中的数时,它就称为这一**数域 P 上的矩阵**.在上面所举的例子中,第一个是有理数域上的矩阵,第二个是复数域上的矩阵.

$n\times n$ 矩阵也称 n 阶**方阵**.一个 n 阶方阵

$$\boldsymbol{A}=\begin{pmatrix} a_{11} & a_{12} & \cdots & a_{1n} \\ a_{21} & a_{22} & \cdots & a_{2n} \\ \vdots & \vdots & & \vdots \\ a_{n1} & a_{n2} & \cdots & a_{nn} \end{pmatrix}$$

定义一个 n 阶行列式

$$\begin{vmatrix} a_{11} & a_{12} & \cdots & a_{1n} \\ a_{21} & a_{22} & \cdots & a_{2n} \\ \vdots & \vdots & & \vdots \\ a_{n1} & a_{n2} & \cdots & a_{nn} \end{vmatrix},$$

称为**矩阵 $\boldsymbol{A}$ 的行列式**,记作 $|\boldsymbol{A}|$.

下面来定义矩阵的初等行变换.

定义 6 所谓数域 P 上矩阵的**初等行变换**是指下列三种变换:

1) 以 P 中一个非零的数乘矩阵的某一行;

2) 把矩阵的某一行的 c 倍加到另一行,这里 c 是 P 中任意一个数;

3) 互换矩阵中两行的位置.

一般说来,一个矩阵经过初等行变换后,就变成了另一个矩阵.譬如说,把矩阵

$$\begin{pmatrix} 1 & 0 & 2 & 1 \\ 2 & 1 & 0 & 2 \\ -1 & 2 & 1 & 3 \end{pmatrix}$$

第 1 行的−2 倍加到第 2 行，就得到矩阵

$$\begin{pmatrix} 1 & 0 & 2 & 1 \\ 0 & 1 & -4 & 0 \\ -1 & 2 & 1 & 3 \end{pmatrix}.$$

当矩阵 $\boldsymbol{A}$ 经过初等行变换变成矩阵 $\boldsymbol{B}$ 时，我们写成

$$\boldsymbol{A}\to\boldsymbol{B}.$$

我们称形如

$$\begin{pmatrix} 0 & 1 & 2 & -1 \\ 0 & 0 & 0 & 1 \\ 0 & 0 & 0 & 0 \end{pmatrix},\quad \begin{pmatrix} 1 & 2 & 1 & -1 & 2 \\ 0 & 0 & 1 & 0 & 2 \\ 0 & 0 & 0 & 2 & 3 \end{pmatrix},\quad \begin{pmatrix} 1 & 0 & -1 \\ 0 & 2 & 1 \\ 0 & 0 & 3 \end{pmatrix}$$

的矩阵为**阶梯形矩阵**.它们的任一行从第一个元素起至该行的第一个非零元素所在的下方全为零；如果该行全为零，则它的下面的行也全为零.

可以证明，任意一个矩阵经过一系列初等行变换总能变成阶梯形矩阵.

事实上，设

$$\boldsymbol{A}=\begin{pmatrix} a_{11} & a_{12} & \cdots & a_{1n} \\ a_{21} & a_{22} & \cdots & a_{2n} \\ \vdots & \vdots & & \vdots \\ a_{s1} & a_{s2} & \cdots & a_{sn} \end{pmatrix}.$$

我们看第 1 列的元素 $a_{11},a_{21},\cdots,a_{s1}$，只要其中有一个不为零，用初等行变换 3)，总能使第 1 列的第 1 个元素不为零，然后从第 2 行开始，每一行都加上第 1 行的一个适当的倍数，于是第 1 列除去第 1 个元素外就全是零了.这就是说，经过一系列初等行变换后

$$\boldsymbol{A}\to\boldsymbol{J}_1=\begin{pmatrix} a'_{11} & a'_{12} & \cdots & a'_{1n} \\ 0 & a'_{22} & \cdots & a'_{2n} \\ \vdots & \vdots & & \vdots \\ 0 & a'_{s2} & \cdots & a'_{sn} \end{pmatrix}.$$

对于 $\boldsymbol{J}_1$ 中右下角的一块

$$\begin{pmatrix} a'_{22} & \cdots & a'_{2n} \\ \vdots & & \vdots \\ a'_{s2} & \cdots & a'_{sn} \end{pmatrix}$$

再重复以上的做法.如此做下去直到变成阶梯形为止.如果原来矩阵 $\boldsymbol{A}$ 中第 1 列的元素全为零，那么就依次考虑它的第 2 列的元素，等等.例如，设

$$\boldsymbol{A}=\begin{pmatrix} 0 & 0 & -1 & -1 & 2 \\ 1 & 4 & -1 & 0 & 2 \\ -1 & -4 & 2 & -1 & 0 \\ 2 & 8 & 1 & 1 & 0 \end{pmatrix}.$$

$$A\longrightarrow\begin{pmatrix}1&4&-1&0&2\\0&0&-1&-1&2\\-1&-4&2&-1&0\\2&8&1&1&0\end{pmatrix}\longrightarrow\begin{pmatrix}1&4&-1&0&2\\0&0&-1&-1&2\\0&0&1&-1&2\\0&0&3&1&-4\end{pmatrix}$$

$$\longrightarrow\begin{pmatrix}1&4&-1&0&2\\0&0&-1&-1&2\\0&0&0&-2&4\\0&0&0&-2&2\end{pmatrix}\longrightarrow\begin{pmatrix}1&4&-1&0&2\\0&0&-1&-1&2\\0&0&0&-2&4\\0&0&0&0&-2\end{pmatrix}.$$

这样就把 $\boldsymbol{A}$ 变成了一个阶梯形矩阵.

现在回过来讨论行列式的计算问题.一个 n 阶行列式可看作是由一个 n 阶方阵 $\boldsymbol{A}$ 决定的,对于矩阵可以作初等行变换,而行列式的性质 2,6,7 正是说明了方阵的初等行变换对于行列式的值的影响.每个方阵 $\boldsymbol{A}$ 总可以经过一系列的初等行变换变成阶梯形方阵 $\boldsymbol{J}$.由行列式性质 2,6,7,对方阵每作一次初等行变换,相应地,行列式或者不变,或者差一非零的倍数,也就是

$$|\boldsymbol{A}|=k|\boldsymbol{J}|,\quad k\neq 0.$$

显然,阶梯形方阵的行列式都是上三角形的,因此 $|\boldsymbol{J}|$ 是容易计算的.

例 计算

$$\begin{vmatrix}-2&5&-1&3\\1&-9&13&7\\3&-1&5&-5\\2&8&-7&-10\end{vmatrix}=-\begin{vmatrix}1&-9&13&7\\-2&5&-1&3\\3&-1&5&-5\\2&8&-7&-10\end{vmatrix}$$

$$=-\begin{vmatrix}1&-9&13&7\\0&-13&25&17\\0&26&-34&-26\\0&26&-33&-24\end{vmatrix}=-\begin{vmatrix}1&-9&13&7\\0&-13&25&17\\0&0&16&8\\0&0&17&10\end{vmatrix}$$

$$=-\begin{vmatrix}1&-9&13&7\\0&-13&25&17\\0&0&16&8\\0&0&0&\dfrac{3}{2}\end{vmatrix}=-(-13)\times16\times\frac{3}{2}=13\times8\times3=312.$$

这里第一步是互换第 1,2 两行,以下都是把一行的倍数加到另一行.

不难算出,用这个方法计算一个 n 阶的数字行列式只需要做$\dfrac{n^3+2n-3}{3}$次乘法和除法.特别地,当 n 比较大时,这个方法的优越性就更加明显了.同时还应该看到,这个方法完全是机械的,因而可以用计算机按这个方法来进行行列式的计算.

最后我们指出,对于矩阵我们同样地可以定义**初等列变换**,即

1. 以数域 P 中一非零的数乘矩阵的某一列;
2. 把矩阵的某一列的 c 倍加到另一列,这里 c 是 P 中任意一个数;
3. 互换矩阵中两列的位置.

为了计算行列式,我们也可以对矩阵进行初等列变换.有时候,同时用初等行变换和初等列变换,行列式的计算可以更简单些.

矩阵的初等行变换与初等列变换统称为**初等变换**.

§6 行列式按一行(列)展开

在§4我们看到,对于 n 阶行列式,有

$$\begin{vmatrix} a_{11} & a_{12} & \cdots & a_{1n} \\ \vdots & \vdots & & \vdots \\ a_{i1} & a_{i2} & \cdots & a_{in} \\ \vdots & \vdots & & \vdots \\ a_{n1} & a_{n2} & \cdots & a_{nn} \end{vmatrix} = a_{i1}A_{i1}+a_{i2}A_{i2}+\cdots+a_{in}A_{in}, \quad i=1,2,\cdots,n. \tag{1}$$

现在就来研究这些 $A_{ij}(i,j=1,2,\cdots,n)$ 究竟是什么,并用以将 n 阶行列式的计算降为较低阶的行列式的计算.

我们知道,三阶行列式可以通过二阶行列式表示:

$$\begin{vmatrix} a_{11} & a_{12} & a_{13} \\ a_{21} & a_{22} & a_{23} \\ a_{31} & a_{32} & a_{33} \end{vmatrix} = a_{11}\begin{vmatrix} a_{22} & a_{23} \\ a_{32} & a_{33} \end{vmatrix} - a_{12}\begin{vmatrix} a_{21} & a_{23} \\ a_{31} & a_{33} \end{vmatrix} + a_{13}\begin{vmatrix} a_{21} & a_{22} \\ a_{31} & a_{32} \end{vmatrix}. \tag{2}$$

与此相仿,A_{ij} 也是一些带有正、负号的 $n-1$ 阶行列式.为了说明这一点,我们引入

定义 7 在行列式

$$\begin{vmatrix} a_{11} & \cdots & a_{1j} & \cdots & a_{1n} \\ \vdots & & \vdots & & \vdots \\ a_{i1} & \cdots & a_{ij} & \cdots & a_{in} \\ \vdots & & \vdots & & \vdots \\ a_{n1} & \cdots & a_{nj} & \cdots & a_{nn} \end{vmatrix}$$

中划去元素 a_{ij} 所在的第 i 行与第 j 列,剩下的 $(n-1)^2$ 个元素按原来的排法构成一个 $n-1$ 阶的行列式

$$\begin{vmatrix} a_{11} & \cdots & a_{1,j-1} & a_{1,j+1} & \cdots & a_{1n} \\ \vdots & & \vdots & \vdots & & \vdots \\ a_{i-1,1} & \cdots & a_{i-1,j-1} & a_{i-1,j+1} & \cdots & a_{i-1,n} \\ a_{i+1,1} & \cdots & a_{i+1,j-1} & a_{i+1,j+1} & \cdots & a_{i+1,n} \\ \vdots & & \vdots & \vdots & & \vdots \\ a_{n1} & \cdots & a_{n,j-1} & a_{n,j+1} & \cdots & a_{nn} \end{vmatrix} \tag{3}$$

称为元素 a_{ij} 的**余子式**,记作 M_{ij}.

按这个定义,(2)式可以改写为

$$\begin{vmatrix} a_{11} & a_{12} & a_{13} \\ a_{21} & a_{22} & a_{23} \\ a_{31} & a_{32} & a_{33} \end{vmatrix} = a_{11}M_{11} - a_{12}M_{12} + a_{13}M_{13}.$$

下面就来证明

$$A_{ij} = (-1)^{i+j}M_{ij}. \tag{4}$$

为此,我们先由行列式的定义证明 n 阶与 $n-1$ 阶行列式的下面这个关系:

$$\begin{vmatrix} a_{11} & a_{12} & \cdots & a_{1,n-1} & a_{1n} \\ a_{21} & a_{22} & \cdots & a_{2,n-1} & a_{2n} \\ \vdots & \vdots & & \vdots & \vdots \\ a_{n-1,1} & a_{n-1,2} & \cdots & a_{n-1,n-1} & a_{n-1,n} \\ 0 & 0 & \cdots & 0 & 1 \end{vmatrix} = \begin{vmatrix} a_{11} & a_{12} & \cdots & a_{1,n-1} \\ a_{21} & a_{22} & \cdots & a_{2,n-1} \\ \vdots & \vdots & & \vdots \\ a_{n-1,1} & a_{n-1,2} & \cdots & a_{n-1,n-1} \end{vmatrix}. \tag{5}$$

事实上,(5)式左端行列式的展开式

$$\sum_{j_1j_2\cdots j_{n-1}j_n} (-1)^{\tau(j_1j_2\cdots j_{n-1}j_n)} a_{1j_1}a_{2j_2}\cdots a_{n-1,j_{n-1}}a_{nj_n}$$

中只有 $j_n=n$ 的项才可能不为零,而 $a_{nn}=1$,因此左端为

$$\sum_{j_1j_2\cdots j_{n-1}n} (-1)^{\tau(j_1j_2\cdots j_{n-1}n)} a_{1j_1}a_{2j_2}\cdots a_{n-1,j_{n-1}}.$$

显然 $j_1j_2\cdots j_{n-1}$ 是 $1,2,\cdots,n-1$ 的排列,且

$$\tau(j_1j_2\cdots j_{n-1}n) = \tau(j_1j_2\cdots j_{n-1}).$$

这就证明了(5)式.

为了证明(4)式,在(1)式中令

$$a_{i1} = \cdots = a_{i,j-1} = a_{i,j+1} = \cdots = a_{in} = 0, \quad a_{ij} = 1,$$

即得

$$A_{ij} = \begin{vmatrix} a_{11} & \cdots & a_{1,j-1} & a_{1j} & a_{1,j+1} & \cdots & a_{1n} \\ \vdots & & \vdots & \vdots & \vdots & & \vdots \\ a_{i-1,1} & \cdots & a_{i-1,j-1} & a_{i-1,j} & a_{i-1,j+1} & \cdots & a_{i-1,n} \\ 0 & \cdots & 0 & 1 & 0 & \cdots & 0 \\ a_{i+1,1} & \cdots & a_{i+1,j-1} & a_{i+1,j} & a_{i+1,j+1} & \cdots & a_{i+1,n} \\ \vdots & & \vdots & \vdots & \vdots & & \vdots \\ a_{n1} & \cdots & a_{n,j-1} & a_{nj} & a_{n,j+1} & \cdots & a_{nn} \end{vmatrix}$$

$$= (-1)^{n-i} \begin{vmatrix} a_{11} & \cdots & a_{1,j-1} & a_{1j} & a_{1,j+1} & \cdots & a_{1n} \\ \vdots & & \vdots & \vdots & \vdots & & \vdots \\ a_{i-1,1} & \cdots & a_{i-1,j-1} & a_{i-1,j} & a_{i-1,j+1} & \cdots & a_{i-1,n} \\ a_{i+1,1} & \cdots & a_{i+1,j-1} & a_{i+1,j} & a_{i+1,j+1} & \cdots & a_{i+1,n} \\ \vdots & & \vdots & \vdots & \vdots & & \vdots \\ a_{n1} & \cdots & a_{n,j-1} & a_{nj} & a_{n,j+1} & \cdots & a_{nn} \\ 0 & \cdots & 0 & 1 & 0 & \cdots & 0 \end{vmatrix}$$

$$=(-1)^{(n-i)+(n-j)}\begin{vmatrix} a_{11} & \cdots & a_{1,j-1} & a_{1,j+1} & \cdots & a_{1n} & a_{1j} \\ \vdots & & \vdots & \vdots & & \vdots & \vdots \\ a_{i-1,1} & \cdots & a_{i-1,j-1} & a_{i-1,j+1} & \cdots & a_{i-1,n} & a_{i-1,j} \\ a_{i+1,1} & \cdots & a_{i+1,j-1} & a_{i+1,j+1} & \cdots & a_{i+1,n} & a_{i+1,j} \\ \vdots & & \vdots & \vdots & & \vdots & \vdots \\ a_{n1} & \cdots & a_{n,j-1} & a_{n,j+1} & \cdots & a_{nn} & a_{nj} \\ 0 & \cdots & 0 & 0 & \cdots & 0 & 1 \end{vmatrix}$$

$$=(-1)^{2n-(i+j)}M_{ij}=(-1)^{i+j}M_{ij}.$$

这里第一步是依次地把第 i 行与它下面的一行对换，直到把它换到第 n 行为止，这样一共换了 $n-i$ 次，因之，行列式差一个符号 $(-1)^{n-i}$；第二步是同样地把第 j 列换到第 n 列；再利用(5)式与显然的关系 $(-1)^{2n-(i+j)}=(-1)^{i+j}$ 即得(4)式. ▌

定义 8 上面所提到的 A_{ij} 称为元素 a_{ij} 的**代数余子式**.

这样，公式(1)就是说，行列式等于某一行的元素分别与它们代数余子式的乘积之和. 在(1)式中，如果令第 i 行的元素等于另外一行，譬如说，第 k 行的元素，也就是

$$a_{ij}=a_{kj},\quad j=1,\cdots,n,k\neq i.$$

于是

$$a_{k1}A_{i1}+a_{k2}A_{i2}+\cdots+a_{kn}A_{in}=\begin{vmatrix} a_{11} & \cdots & a_{1n} \\ \vdots & & \vdots \\ a_{k1} & \cdots & a_{kn} \\ \vdots & & \vdots \\ a_{k1} & \cdots & a_{kn} \\ \vdots & & \vdots \\ a_{n1} & \cdots & a_{nn} \end{vmatrix}\begin{matrix} \\ \\ \text{第 } i \text{ 行} \\ \\ \\ \\ \\ \end{matrix}.$$

右端的行列式含有两个相同的行，应该为零，这就是说，在行列式中，一行的元素与另一行相应元素的代数余子式的乘积之和为零.

基于行列式中行与列的对称性，在以上的公式和讨论中把行换成列也一样. 综上所述，即得

定理 3 设

$$d=\begin{vmatrix} a_{11} & a_{12} & \cdots & a_{1n} \\ a_{21} & a_{22} & \cdots & a_{2n} \\ \vdots & \vdots & & \vdots \\ a_{n1} & a_{n2} & \cdots & a_{nn} \end{vmatrix},$$

A_{ij} 表示元素 a_{ij} 的代数余子式，则下列公式成立：

$$a_{k1}A_{i1}+a_{k2}A_{i2}+\cdots+a_{kn}A_{in}=\begin{cases} d, & k=i, \\ 0, & k\neq i; \end{cases}\tag{6}$$

$$a_{1l}A_{1j}+a_{2l}A_{2j}+\cdots+a_{nl}A_{nj}=\begin{cases} d, & l=j, \\ 0, & l\neq j. \end{cases}\tag{7}$$

用连加号简写为

$$\sum_{s=1}^{n} a_{ks}A_{is}=\begin{cases}d, & k=i,\\ 0, & k\neq i;\end{cases}$$

$$\sum_{s=1}^{n} a_{sl}A_{sj}=\begin{cases}d, & l=j,\\ 0, & l\neq j.\end{cases}$$ ▌

当 $n=3$ 时,公式(6)有明显的几何意义.如果把行列式的行看作向量在直角坐标系下的坐标,即设

$$\boldsymbol{\alpha}_1=(a_{11},a_{12},a_{13}),\quad \boldsymbol{\alpha}_2=(a_{21},a_{22},a_{23}),\quad \boldsymbol{\alpha}_3=(a_{31},a_{32},a_{33}),$$

那么

$$\boldsymbol{\alpha}_2\times\boldsymbol{\alpha}_3=(A_{11},A_{12},A_{13}).$$

于是

$$a_{11}A_{11}+a_{12}A_{12}+a_{13}A_{13}=\boldsymbol{\alpha}_1\cdot(\boldsymbol{\alpha}_2\times\boldsymbol{\alpha}_3),$$

$$a_{21}A_{11}+a_{22}A_{12}+a_{23}A_{13}=\boldsymbol{\alpha}_2\cdot(\boldsymbol{\alpha}_2\times\boldsymbol{\alpha}_3)=0,$$

$$a_{31}A_{11}+a_{32}A_{12}+a_{33}A_{13}=\boldsymbol{\alpha}_3\cdot(\boldsymbol{\alpha}_2\times\boldsymbol{\alpha}_3)=0.$$

在计算数字行列式时,直接应用展开式(6)或(7)不一定能简化计算,因为把一个 n 阶行列式的计算换成 n 个 $n-1$ 阶行列式的计算并不减少计算量,只是在行列式中某一行或某一列含有较多的零时,应用公式(6)或(7)才有意义.但这两个公式在理论上是重要的.

例 1　行列式

$$\begin{vmatrix}5&3&-1&2&0\\1&7&2&5&2\\0&-2&3&1&0\\0&-4&-1&4&0\\0&2&3&5&0\end{vmatrix}=(-1)^{2+5}2\begin{vmatrix}5&3&-1&2\\0&-2&3&1\\0&-4&-1&4\\0&2&3&5\end{vmatrix}=-2\times5\begin{vmatrix}-2&3&1\\-4&-1&4\\2&3&5\end{vmatrix}$$

$$=-10\begin{vmatrix}-2&3&1\\0&-7&2\\0&6&6\end{vmatrix}=(-10)\times(-2)\begin{vmatrix}-7&2\\6&6\end{vmatrix}$$

$$=20(-42-12)=-1\ 080.$$

这里第一步是按第 5 列展开,然后再按第一列展开,这样就归结到一个三阶行列式的计算.

例 2　行列式

$$d=\begin{vmatrix}1&1&1&\cdots&1\\a_1&a_2&a_3&\cdots&a_n\\a_1^2&a_2^2&a_3^2&\cdots&a_n^2\\\vdots&\vdots&\vdots&&\vdots\\a_1^{n-1}&a_2^{n-1}&a_3^{n-1}&\cdots&a_n^{n-1}\end{vmatrix}\tag{8}$$

称为 n 阶的**范德蒙德**(Vandermonde)行列式.我们来证明,对任意的 $n(n\geqslant2)$,n 阶

范德蒙德行列式等于 $a_1,a_2,\cdots,a_n$ 这 n 个数的所有可能的差 $a_i-a_j(1\leqslant j<i\leqslant n)$ 的乘积.

我们对 n 作数学归纳法.

当 $n=2$ 时,

$$\begin{vmatrix} 1 & 1 \\ a_1 & a_2 \end{vmatrix}=a_2-a_1,$$

结论是对的.设对于 $n-1$ 阶的范德蒙德行列式结论成立,现在来看 n 阶的情形.

在(8)式中,第 n 行减去第 $n-1$ 行的 a_1 倍,第 $n-1$ 行减去第$n-2$行的 a_1 倍.也就是由下而上依次地从每一行减去它上一行的 a_1 倍,有

$$d=\begin{vmatrix} 1 & 1 & 1 & \cdots & 1 \\ 0 & a_2-a_1 & a_3-a_1 & \cdots & a_n-a_1 \\ 0 & a_2^2-a_1a_2 & a_3^2-a_1a_3 & \cdots & a_n^2-a_1a_n \\ \vdots & \vdots & \vdots & & \vdots \\ 0 & a_2^{n-1}-a_1a_2^{n-2} & a_3^{n-1}-a_1a_3^{n-2} & \cdots & a_n^{n-1}-a_1a_n^{n-2} \end{vmatrix}$$

$$=\begin{vmatrix} a_2-a_1 & a_3-a_1 & \cdots & a_n-a_1 \\ a_2^2-a_1a_2 & a_3^2-a_1a_3 & \cdots & a_n^2-a_1a_n \\ \vdots & \vdots & & \vdots \\ a_2^{n-1}-a_1a_2^{n-2} & a_3^{n-1}-a_1a_3^{n-2} & \cdots & a_n^{n-1}-a_1a_n^{n-2} \end{vmatrix}$$

$$=(a_2-a_1)(a_3-a_1)\cdots(a_n-a_1)\begin{vmatrix} 1 & 1 & \cdots & 1 \\ a_2 & a_3 & \cdots & a_n \\ a_2^2 & a_3^2 & \cdots & a_n^2 \\ \vdots & \vdots & & \vdots \\ a_2^{n-2} & a_3^{n-2} & \cdots & a_n^{n-2} \end{vmatrix}.$$

后面这行列式是一个 $n-1$ 阶的范德蒙德行列式,根据归纳假设,它等于所有可能差 $a_i-a_j(2\leqslant j<i\leqslant n)$ 的乘积;而包含 a_1 的差全在前面出现了.因之,结论对 n 阶范德蒙德行列式也成立.根据数学归纳法,完成了证明. ▌

用连乘号这个结果可以简写为

$$\begin{vmatrix} 1 & 1 & \cdots & 1 \\ a_1 & a_2 & \cdots & a_n \\ a_1^2 & a_2^2 & \cdots & a_n^2 \\ \vdots & \vdots & & \vdots \\ a_1^{n-1} & a_2^{n-1} & \cdots & a_n^{n-1} \end{vmatrix}=\prod_{1\leqslant j<i\leqslant n}(a_i-a_j).$$

由这个结果立即得出,范德蒙德行列式为零的充要条件是 $a_1,a_2,\cdots,a_n$ 这 n 个数中至少有两个相等.

例 3 证明:

$$\begin{vmatrix} a_{11} & \cdots & a_{1k} & 0 & \cdots & 0 \\ \vdots & & \vdots & \vdots & & \vdots \\ a_{k1} & \cdots & a_{kk} & 0 & \cdots & 0 \\ c_{11} & \cdots & c_{1k} & b_{11} & \cdots & b_{1r} \\ \vdots & & \vdots & \vdots & & \vdots \\ c_{r1} & \cdots & c_{rk} & b_{r1} & \cdots & b_{rr} \end{vmatrix} = \begin{vmatrix} a_{11} & \cdots & a_{1k} \\ \vdots & & \vdots \\ a_{k1} & \cdots & a_{kk} \end{vmatrix} \begin{vmatrix} b_{11} & \cdots & b_{1r} \\ \vdots & & \vdots \\ b_{r1} & \cdots & b_{rr} \end{vmatrix}. \tag{9}$$

我们对 k 作数学归纳法.

当 $k=1$ 时,(9)式的左端为

$$\begin{vmatrix} a_{11} & 0 & \cdots & 0 \\ c_{11} & b_{11} & \cdots & b_{1r} \\ \vdots & \vdots & & \vdots \\ c_{r1} & b_{r1} & \cdots & b_{rr} \end{vmatrix}.$$

按第一行展开,就得到所要的结论.

假设(9)式对 $k=m-1$,即左端行列式的左上角是 $m-1$ 阶时已经成立,现在来看 $k=m$ 的情形,按第一行展开,有

$$\begin{vmatrix} a_{11} & \cdots & a_{1m} & 0 & \cdots & 0 \\ \vdots & & \vdots & \vdots & & \vdots \\ a_{m1} & \cdots & a_{mm} & 0 & \cdots & 0 \\ c_{11} & \cdots & c_{1m} & b_{11} & \cdots & b_{1r} \\ \vdots & & \vdots & \vdots & & \vdots \\ c_{r1} & \cdots & c_{rm} & b_{r1} & \cdots & b_{rr} \end{vmatrix}$$

$$=a_{11}\begin{vmatrix} a_{22} & \cdots & a_{2m} & 0 & \cdots & 0 \\ \vdots & & \vdots & \vdots & & \vdots \\ a_{m2} & \cdots & a_{mm} & 0 & \cdots & 0 \\ c_{12} & \cdots & c_{1m} & b_{11} & \cdots & b_{1r} \\ \vdots & & \vdots & \vdots & & \vdots \\ c_{r2} & \cdots & c_{rm} & b_{r1} & \cdots & b_{rr} \end{vmatrix}+\cdots+$$

$$(-1)^{1+i}a_{1i}\begin{vmatrix} a_{21} & \cdots & a_{2,i-1} & a_{2,i+1} & \cdots & a_{2m} & 0 & \cdots & 0 \\ \vdots & & \vdots & \vdots & & \vdots & \vdots & & \vdots \\ a_{m1} & \cdots & a_{m,i-1} & a_{m,i+1} & \cdots & a_{mm} & 0 & \cdots & 0 \\ c_{11} & \cdots & c_{1,i-1} & c_{1,i+1} & \cdots & c_{1m} & b_{11} & \cdots & b_{1r} \\ \vdots & & \vdots & \vdots & & \vdots & \vdots & & \vdots \\ c_{r1} & \cdots & c_{r,i-1} & c_{r,i+1} & \cdots & c_{rm} & b_{r1} & \cdots & b_{rr} \end{vmatrix}+\cdots+$$

$$
(-1)^{1+m}a_{1m}\begin{vmatrix} a_{21} & \cdots & a_{2,m-1} & 0 & \cdots & 0 \\ \vdots & & \vdots & \vdots & & \vdots \\ a_{m1} & \cdots & a_{m,m-1} & 0 & \cdots & 0 \\ c_{11} & \cdots & c_{1,m-1} & b_{11} & \cdots & b_{1r} \\ \vdots & & \vdots & \vdots & & \vdots \\ c_{r1} & \cdots & c_{r,m-1} & b_{r1} & \cdots & b_{rr} \end{vmatrix}
$$

$$
=\left[a_{11}\begin{vmatrix} a_{22} & \cdots & a_{2m} \\ \vdots & & \vdots \\ a_{m2} & \cdots & a_{mm} \end{vmatrix}+\cdots+(-1)^{1+i}a_{1i}\begin{vmatrix} a_{21} & \cdots & a_{2,i-1} & a_{2,i+1} & \cdots & a_{2m} \\ \vdots & & \vdots & \vdots & & \vdots \\ a_{m1} & \cdots & a_{m,i-1} & a_{m,i+1} & \cdots & a_{mm} \end{vmatrix}+\cdots+\right.
$$

$$
\left.(-1)^{1+m}a_{1m}\begin{vmatrix} a_{21} & \cdots & a_{2,m-1} \\ \vdots & & \vdots \\ a_{m1} & \cdots & a_{m,m-1} \end{vmatrix}\right]\begin{vmatrix} b_{11} & \cdots & b_{1r} \\ \vdots & & \vdots \\ b_{r1} & \cdots & b_{rr} \end{vmatrix}
$$

$$
=\begin{vmatrix} a_{11} & \cdots & a_{1m} \\ \vdots & & \vdots \\ a_{m1} & \cdots & a_{mm} \end{vmatrix}\begin{vmatrix} b_{11} & \cdots & b_{1r} \\ \vdots & & \vdots \\ b_{r1} & \cdots & b_{rr} \end{vmatrix}.
$$

这里第二个等号是用了归纳假设,最后一步是根据按一行展开的公式.

根据归纳法原理,(9)式普遍成立. ▌

§7　克拉默(Cramer)法则

现在我们来应用行列式解决线性方程组的问题.在这里只考虑方程个数与未知量的个数相等的情形.以后会看到,这是一个重要的情形.至于更一般的情形留到下一章讨论.下面我们将得出与二元和三元线性方程组相仿的公式.

本节的主要结果是

定理 4　如果线性方程组

$$
\begin{cases} a_{11}x_1+a_{12}x_2+\cdots+a_{1n}x_n=b_1, \\ a_{21}x_1+a_{22}x_2+\cdots+a_{2n}x_n=b_2, \\ \cdots\cdots\cdots\cdots \\ a_{n1}x_1+a_{n2}x_2+\cdots+a_{nn}x_n=b_n \end{cases} \tag{1}
$$

的系数矩阵

$$
\boldsymbol{A}=\begin{pmatrix} a_{11} & a_{12} & \cdots & a_{1n} \\ a_{21} & a_{22} & \cdots & a_{2n} \\ \vdots & \vdots & & \vdots \\ a_{n1} & a_{n2} & \cdots & a_{nn} \end{pmatrix} \tag{2}
$$

的行列式,即系数行列式

$$d=|\boldsymbol{A}|\neq 0,$$

那么线性方程组(1)有解,并且解是唯一的,解可以通过系数表为

$$x_1=\frac{d_1}{d},\quad x_2=\frac{d_2}{d},\quad \cdots,\quad x_n=\frac{d_n}{d},\tag{3}$$

其中 d_j 是把矩阵 $\boldsymbol{A}$ 中第 j 列换成方程组的常数项 $b_1,b_2,\cdots,b_n$ 所成的矩阵的行列式,即

$$d_j=\begin{vmatrix} a_{11} & \cdots & a_{1,j-1} & b_1 & a_{1,j+1} & \cdots & a_{1n} \\ a_{21} & \cdots & a_{2,j-1} & b_2 & a_{2,j+1} & \cdots & a_{2n} \\ \vdots & & \vdots & \vdots & \vdots & & \vdots \\ a_{n1} & \cdots & a_{n,j-1} & b_n & a_{n,j+1} & \cdots & a_{nn} \end{vmatrix},\quad j=1,2,\cdots,n.\tag{4}$$

定理中包含着三个结论:1°方程组有解;2°解是唯一的;3°解由公式(3)给出.这三个结论是有联系的,因此证明的步骤是:

1. 把$\left(\frac{d_1}{d},\frac{d_2}{d},\cdots,\frac{d_n}{d}\right)$代入方程组,验证它确是解;

2. 假如方程组有解,证明它的解必由公式(3)给出.

在下面的证明中,为了写起来简短些,我们将尽量用连加号$\sum$.连加号在前面我们已用过几次,这样的符号用熟了有很大方便.

证明 1. 把方程组(1)简写为

$$\sum_{j=1}^{n} a_{ij}x_j=b_i,\quad i=1,2,\cdots,n.\tag{5}$$

首先来证明(3)式的确是方程组(1)的解.把(3)式代入第 i 个方程,左端为

$$\sum_{j=1}^{n} a_{ij}\frac{d_j}{d}=\frac{1}{d}\sum_{j=1}^{n} a_{ij}d_j.\tag{6}$$

因为

$$d_j=b_1A_{1j}+b_2A_{2j}+\cdots+b_nA_{nj}=\sum_{s=1}^{n} b_sA_{sj},$$

所以

$$\begin{aligned}\frac{1}{d}\sum_{j=1}^{n} a_{ij}d_j &=\frac{1}{d}\sum_{j=1}^{n} a_{ij}\sum_{s=1}^{n} b_sA_{sj}=\frac{1}{d}\sum_{j=1}^{n}\sum_{s=1}^{n} a_{ij}A_{sj}b_s \\ &=\frac{1}{d}\sum_{s=1}^{n}\sum_{j=1}^{n} a_{ij}A_{sj}b_s=\frac{1}{d}\sum_{s=1}^{n}\left(\sum_{j=1}^{n} a_{ij}A_{sj}\right)b_s.\end{aligned}$$

根据定理 3 中公式(6),有

$$\frac{1}{d}\sum_{s=1}^{n}\left(\sum_{j=1}^{n} a_{ij}A_{sj}\right)b_s=\frac{1}{d}\cdot db_i=b_i.$$

这与第 i 个方程的右端一致.换句话说,把(3)式代入方程使它们同时变成恒等式,因而(3)式确为方程组(1)的解.

2. 设$(c_1,c_2,\cdots,c_n)$是方程组(1)的一个解,于是有 n 个恒等式

$$\sum_{j=1}^{n} a_{ij}c_j=b_i,\quad i=1,2,\cdots,n.\tag{7}$$

为了证明 $c_k=\frac{d_k}{d}$，我们取系数矩阵中第 k 列元素的代数余子式 $A_{1k},A_{2k},\cdots,A_{nk}$，用它们分别乘(7)式中 n 个恒等式，有

$$A_{ik}\sum_{j=1}^{n}a_{ij}c_j=b_iA_{ik},\quad i=1,2,\cdots,n,$$

这还是 n 个恒等式.把它们加起来，即得

$$\sum_{i=1}^{n}A_{ik}\sum_{j=1}^{n}a_{ij}c_j=\sum_{i=1}^{n}b_iA_{ik}.\tag{8}$$

等式右端等于在行列式 d 按第 k 列的展开式中把 a_{ik} 分别换成 b_i $(i=1,2,\cdots,n)$，因此，它等于把行列式 d 中第 k 列换成 $b_1,b_2,\cdots,b_n$ 所得的行列式，也就是 d_k.再来看(8)式的左端，即

$$\sum_{i=1}^{n}A_{ik}\sum_{j=1}^{n}a_{ij}c_j=\sum_{i=1}^{n}\sum_{j=1}^{n}a_{ij}A_{ik}c_j=\sum_{j=1}^{n}\sum_{i=1}^{n}a_{ij}A_{ik}c_j=\sum_{j=1}^{n}\left(\sum_{i=1}^{n}a_{ij}A_{ik}\right)c_j.$$

由上节定理 3 中公式(7)，

$$\sum_{i=1}^{n}a_{ij}A_{ik}=\begin{cases}d, & j=k,\\0, & j\neq k.\end{cases}$$

所以

$$\sum_{j=1}^{n}\left(\sum_{i=1}^{n}a_{ij}A_{ik}\right)c_j=dc_k.$$

于是，(8)式即为

$$dc_k=d_k,\quad k=1,2,\cdots,n.$$

也就是

$$c_k=\frac{d_k}{d},\quad k=1,2,\cdots,n.$$

这就是说，如果$(c_1,c_2,\cdots,c_n)$是方程组的一个解，那么它必为

$$\left(\frac{d_1}{d},\frac{d_2}{d},\cdots,\frac{d_n}{d}\right),\tag{9}$$

因而方程组最多有一组解. ▌

定理 4 通常称为**克拉默法则**.

例 1 解方程组

$$\begin{cases}2x_1+x_2-5x_3+x_4=8,\\x_1-3x_2-6x_4=9,\\2x_2-x_3+2x_4=-5,\\x_1+4x_2-7x_3+6x_4=0.\end{cases}$$

方程组的系数行列式

$$d=\begin{vmatrix}2&1&-5&1\\1&-3&0&-6\\0&2&-1&2\\1&4&-7&6\end{vmatrix}=27\neq 0,$$

因此可以应用克拉默法则.由于

$$d_1=\begin{vmatrix}8&1&-5&1\\9&-3&0&-6\\-5&2&-1&2\\0&4&-7&6\end{vmatrix}=81,$$

$$d_2=\begin{vmatrix}2&8&-5&1\\1&9&0&-6\\0&-5&-1&2\\1&0&-7&6\end{vmatrix}=-108,$$

$$d_3=\begin{vmatrix}2&1&8&1\\1&-3&9&-6\\0&2&-5&2\\1&4&0&6\end{vmatrix}=-27,$$

$$d_4=\begin{vmatrix}2&1&-5&8\\1&-3&0&9\\0&2&-1&-5\\1&4&-7&0\end{vmatrix}=27,$$

所以方程组的唯一解为 $x_1=3,x_2=-4,x_3=-1,x_4=1$.

应该注意,定理 4 所讨论的只是系数矩阵的行列式不为零的方程组,它只能应用于这种方程组;至于方程组的系数行列式为零的情形,将在下一章的一般情形中一并讨论.

常数项全为零的线性方程组称为**齐次线性方程组**.显然,齐次线性方程组总是有解的,因为(0,0,…,0)就是一个解,它称为**零解**.对于齐次线性方程组,我们关心的问题常常是,它除去零解以外还有没有其他解,或者说,它有没有**非零解**.对于方程个数与未知量个数相同的齐次线性方程组,应用克拉默法则就有

定理 5 如果齐次线性方程组

$$\begin{cases}a_{11}x_1+a_{12}x_2+\cdots+a_{1n}x_n=0,\\a_{21}x_1+a_{22}x_2+\cdots+a_{2n}x_n=0,\\\cdots\cdots\cdots\cdots\\a_{n1}x_1+a_{n2}x_2+\cdots+a_{nn}x_n=0\end{cases}\tag{10}$$

的系数矩阵的行列式 $|\boldsymbol{A}|\neq 0$,那么它只有零解.换句话说,如果方程组(10)有非零解,那么必有 $|\boldsymbol{A}|=0$.

证明 应用克拉默法则,因为行列式 d_j 中有一列为零,所以

$$d_j=0,\quad j=1,2,\cdots,n.$$

这就是说,它的唯一的解是

$$\left(\frac{d_1}{d},\frac{d_2}{d},\cdots,\frac{d_n}{d}\right)=(0,0,\cdots,0).\ \blacksquare$$

例 2 求 λ 在什么条件下,方程组

$$\begin{cases}\lambda x_1+x_2=0,\\ x_1+\lambda x_2=0\end{cases}$$

有非零解.

根据定理 5,如果方程组有非零解,那么系数行列式

$$\begin{vmatrix}\lambda & 1\\ 1 & \lambda\end{vmatrix}=\lambda^2-1=0,$$

所以 $\lambda=\pm1$.不难验证,当 $\lambda=\pm1$ 时,方程组确有非零解.

克拉默法则的意义主要在于它给出了解与系数的明显关系,这一点在以后许多问题的讨论中是重要的.但是用克拉默法则进行计算是不方便的,因为按这一法则解一个 n 个未知量 n 个方程的线性方程组就要计算 $n+1$ 个 n 阶行列式,这个计算量是很大的.

§8　拉普拉斯(Laplace)定理·行列式的乘法规则

这一节介绍行列式的拉普拉斯定理,这个定理可以看作行列式按一行展开公式的推广.

首先我们把余子式和代数余子式的概念加以推广.

定义 9　在 n 阶行列式 D 中任意选定 k 行 k 列 $(k\leqslant n)$,位于这些行和列的交点上的 k^2 个元素按原来的次序组成的 k 阶行列式 M,称为行列式 D 的 k **阶子式**.当 $k<n$ 时,在 D 中划去这 k 行 k 列后余下的元素按照原来的次序组成的 $n-k$ 阶行列式 M' 称为 k 阶子式 M 的**余子式**.

从定义立刻看出,M 也是 M' 的余子式,所以 M 和 M' 可以称为 D 的一对互余的子式.

例 1　在 4 阶行列式

$$D=\begin{vmatrix}1 & 2 & 1 & 4\\ 0 & -1 & 2 & 1\\ 0 & 0 & 2 & 1\\ 0 & 0 & 1 & 3\end{vmatrix}$$

中选定第 1,3 行,第 2,4 列得到一个二阶子式

$$M=\begin{vmatrix}2 & 4\\ 0 & 1\end{vmatrix},$$

M 的余子式为

$$M'=\begin{vmatrix}0 & 2\\ 0 & 1\end{vmatrix}.$$

例 2　在 5 阶行列式

$$D=\begin{vmatrix} a_{11} & a_{12} & a_{13} & a_{14} & a_{15} \\ a_{21} & a_{22} & a_{23} & a_{24} & a_{25} \\ \vdots & \vdots & \vdots & \vdots & \vdots \\ a_{51} & a_{52} & a_{53} & a_{54} & a_{55} \end{vmatrix}$$

中

$$M=\begin{vmatrix} a_{12} & a_{13} & a_{15} \\ a_{22} & a_{23} & a_{25} \\ a_{42} & a_{43} & a_{45} \end{vmatrix}$$

和

$$M'=\begin{vmatrix} a_{31} & a_{34} \\ a_{51} & a_{54} \end{vmatrix}$$

是一对互余的子式.

定义 10 设 D 的 k 阶子式 M 在 D 中所在的行、列指标分别是 $i_1,i_2,\cdots,i_k;j_1,j_2,\cdots,j_k$,则 M 的余子式 M' 前面加上符号 $(-1)^{(i_1+i_2+\cdots+i_k)+(j_1+j_2+\cdots+j_k)}$ 后称为 M 的**代数余子式**.

例如,上述例 1 中 M 的代数余子式是

$$(-1)^{(1+3)+(2+4)}M'=M',$$

上面例 2 中 M 的代数余子式为

$$(-1)^{(1+2+4)+(2+3+5)}M'=-M'.$$

因为 M 与 M' 位于行列式 D 中不同的行与列,所以我们有下述

引理 行列式 D 的任意一个子式 M 与它的代数余子式 A 的乘积中的每一项都是行列式 D 的展开式中的一项,而且符号也一致.

证明 我们首先讨论 M 位于行列式 D 的左上方的情形:

$$D=\left|\begin{array}{cccc:cccc} a_{11} & a_{12} & \cdots & a_{1k} & a_{1,k+1} & \cdots & a_{1n} \\ \vdots & \vdots & M & \vdots & \vdots & & \vdots \\ a_{k1} & a_{k2} & \cdots & a_{kk} & a_{k,k+1} & \cdots & a_{kn} \\ \hdashline a_{k+1,1} & a_{k+1,2} & \cdots & a_{k+1,k} & a_{k+1,k+1} & \cdots & a_{k+1,n} \\ \vdots & \vdots & & \vdots & \vdots & M' & \vdots \\ a_{n1} & a_{n2} & \cdots & a_{nk} & a_{n,k+1} & \cdots & a_{nn} \end{array}\right|.$$

此时 M 的代数余子式

$$A=(-1)^{(1+2+\cdots+k)+(1+2+\cdots+k)}M'=M'.$$

M 的每一项都可写作

$$a_{1\alpha_1}a_{2\alpha_2}\cdots a_{k\alpha_k},$$

其中 $\alpha_1\alpha_2\cdots\alpha_k$ 是 $1,2,\cdots,k$ 的一个排列,所以这一项前面所带的符号为 $(-1)^{\tau(\alpha_1\alpha_2\cdots\alpha_k)}$,$M'$ 中每一项都可写作

$$a_{k+1,\beta_{k+1}}a_{k+2,\beta_{k+2}}\cdots a_{n\beta_n},$$

其中 $\beta_{k+1}\beta_{k+2}\cdots\beta_n$ 是 $k+1,k+2,\cdots,n$ 的一个排列,这一项前面所带的符号是

$$(-1)^{\tau((\beta_{k+1}-k)(\beta_{k+2}-k)\cdots(\beta_n-k))}.$$

这两项的乘积是

$$a_{1\alpha_1}a_{2\alpha_2}\cdots a_{k\alpha_k}a_{k+1,\beta_{k+1}}\cdots a_{n\beta_n},$$

前面的符号是

$$(-1)^{\tau(\alpha_1\alpha_2\cdots\alpha_k)+\tau((\beta_{k+1}-k)(\beta_{k+2}-k)\cdots(\beta_n-k))}.$$

因为每个 β 比每个 α 都大,所以上述符号等于

$$(-1)^{\tau(\alpha_1\alpha_2\cdots\alpha_k\beta_{k+1}\cdots\beta_n)}.$$

因此这个乘积是行列式 D 中的一项而且符号相同.

下面来证明一般情形.设子式 M 位于 D 的第 $i_1,i_2,\cdots,i_k$ 行,第 $j_1,j_2,\cdots,j_k$ 列,这里

$$i_1<i_2<\cdots<i_k,j_1<j_2<\cdots<j_k.$$

变换 D 中行列的次序使 M 位于 D 的左上角.为此,先把第 i_1 行依次与第 i_1-1, $i_1-2,\cdots,2,1$ 行对换.这样经过了 i_1-1 次对换而将第 i_1 行换到第 1 行.再将 i_2 行依次与第 $i_2-1,i_2-2,\cdots,2$ 行对换而换到第 2 行,一共经过了 i_2-2 次对换.如此继续进行,一共经过了

$$(i_1-1)+(i_2-2)+\cdots+(i_k-k)=(i_1+i_2+\cdots+i_k)-(1+2+\cdots+k)$$

次行对换而把第 $i_1,i_2,\cdots,i_k$ 行依次换到第 $1,2,\cdots,k$ 行.

利用类似的列对换,可以将 M 的列换到第 $1,2,\cdots,k$ 列,一共作了

$$(j_1-1)+(j_2-2)+\cdots+(j_k-k)=(j_1+j_2+\cdots+j_k)-(1+2+\cdots+k)$$

次列对换.

我们用 D_1 表示这样变换后所得的新行列式,那么

$$D_1=(-1)^{(i_1+i_2+\cdots+i_k)-(1+2+\cdots+k)+(j_1+j_2+\cdots+j_k)-(1+2+\cdots+k)}D=(-1)^{i_1+i_2+\cdots+i_k+j_1+j_2+\cdots+j_k}D.$$

由此看出,D_1 和 D 的展开式中出现的项是一样的,只是每一项都相差符号$(-1)^{i_1+\cdots+i_k+j_1+\cdots+j_k}$.

现在 M 位于 D_1 的左上角,它在 D_1 中的余子式与代数余子式都是 M',所以 MM' 中每一项都是 D_1 中的一项而且符号一致.但是

$$MA=(-1)^{i_1+\cdots+i_k+j_1+\cdots+j_k}MM',$$

所以 MA 中每一项都与 D 中一项相等而且符号一致. ▌

定理 6(拉普拉斯定理) 设在行列式 D 中任意取定了 $k(1\leqslant k\leqslant n-1)$ 个行.由这 k 行元素所组成的一切 k 阶子式与它们的代数余子式的乘积的和等于行列式 D.

证明 设 D 中取定 k 行后得到的子式为 $M_1,M_2,\cdots,M_t$,它们的代数余子式分别为 $A_1,A_2,\cdots,A_t$,定理要求证明

$$D=M_1A_1+M_2A_2+\cdots+M_tA_t.$$

根据引理,M_iA_i 中每一项都是 D 中一项而且符号相同.而且 M_iA_i 和 $M_jA_j(i\neq j)$ 无公共项.因此为了证明定理,只要证明等式两边项数相等就可以了.显然等式左边共有 $n!$ 项,为了计算右边的项数,首先来求出 t.根据子式的取法知道

$$t=\mathrm{C}_n^k=\frac{n!}{k!\ (n-k)!}.$$

因为 M_i 中共有 $k!$ 项,A_i 中共有 $(n-k)!$ 项.所以右边共有

$$tk!\ (n-k)!\ =n!$$

项.定理得证. ▌

例 3　在行列式

$$D=\begin{vmatrix}1&2&1&4\\0&-1&2&1\\1&0&1&3\\0&1&3&1\end{vmatrix}$$

中取定第 1,2 行,得到 6 个子式:

$$M_1=\begin{vmatrix}1&2\\0&-1\end{vmatrix},\quad M_2=\begin{vmatrix}1&1\\0&2\end{vmatrix},\quad M_3=\begin{vmatrix}1&4\\0&1\end{vmatrix},$$

$$M_4=\begin{vmatrix}2&1\\-1&2\end{vmatrix},\quad M_5=\begin{vmatrix}2&4\\-1&1\end{vmatrix},\quad M_6=\begin{vmatrix}1&4\\2&1\end{vmatrix}.$$

它们对应的代数余子式为

$$A_1=(-1)^{(1+2)+(1+2)}M_1'=M_1',\qquad A_2=(-1)^{(1+2)+(1+3)}M_2'=-M_2',$$

$$A_3=(-1)^{(1+2)+(1+4)}M_3'=M_3',\qquad A_4=(-1)^{(1+2)+(2+3)}M_4'=M_4',$$

$$A_5=(-1)^{(1+2)+(2+4)}M_5'=-M_5',\qquad A_6=(-1)^{(1+2)+(3+4)}M_6'=M_6'.$$

根据拉普拉斯定理,

$$\begin{aligned}D&=M_1A_1+M_2A_2+\cdots+M_6A_6\\&=\begin{vmatrix}1&2\\0&-1\end{vmatrix}\begin{vmatrix}1&3\\3&1\end{vmatrix}-\begin{vmatrix}1&1\\0&2\end{vmatrix}\begin{vmatrix}0&3\\1&1\end{vmatrix}+\begin{vmatrix}1&4\\0&1\end{vmatrix}\begin{vmatrix}0&1\\1&3\end{vmatrix}+\\&\quad\begin{vmatrix}2&1\\-1&2\end{vmatrix}\begin{vmatrix}1&3\\0&1\end{vmatrix}-\begin{vmatrix}2&4\\-1&1\end{vmatrix}\begin{vmatrix}1&1\\0&3\end{vmatrix}+\begin{vmatrix}1&4\\2&1\end{vmatrix}\begin{vmatrix}1&0\\0&1\end{vmatrix}\\&=(-1)\times(-8)-2\times(-3)+1\times(-1)+5\times1-6\times3+(-7)\times1\\&=8+6-1+5-18-7=-7.\end{aligned}$$

从这个例子来看,利用拉普拉斯定理来计算行列式一般是不方便的.这个定理主要是在理论方面应用.

利用拉普拉斯定理,可以证明

定理 7　两个 n 阶行列式

$$D_1=\begin{vmatrix}a_{11}&a_{12}&\cdots&a_{1n}\\a_{21}&a_{22}&\cdots&a_{2n}\\\vdots&\vdots&&\vdots\\a_{n1}&a_{n2}&\cdots&a_{nn}\end{vmatrix}$$

和

$$D_2=\begin{vmatrix}b_{11}&b_{12}&\cdots&b_{1n}\\b_{21}&b_{22}&\cdots&b_{2n}\\\vdots&\vdots&&\vdots\\b_{n1}&b_{n2}&\cdots&b_{nn}\end{vmatrix}$$

的乘积等于一个 n 阶行列式

$$C=\begin{vmatrix} c_{11} & c_{12} & \cdots & c_{1n} \\ c_{21} & c_{22} & \cdots & c_{2n} \\ \vdots & \vdots & & \vdots \\ c_{n1} & c_{n2} & \cdots & c_{nn} \end{vmatrix},$$

其中 c_{ij} 是 D_1 的第 i 行元素分别与 D_2 的第 j 列对应元素乘积之和，即

$$c_{ij}=a_{i1}b_{1j}+a_{i2}b_{2j}+\cdots+a_{in}b_{nj}.$$

证明 作一个 $2n$ 阶行列式

$$D=\begin{vmatrix} a_{11} & a_{12} & \cdots & a_{1n} & 0 & 0 & \cdots & 0 \\ a_{21} & a_{22} & \cdots & a_{2n} & 0 & 0 & \cdots & 0 \\ \vdots & \vdots & & \vdots & \vdots & \vdots & & \vdots \\ a_{n1} & a_{n2} & \cdots & a_{nn} & 0 & 0 & \cdots & 0 \\ -1 & 0 & \cdots & 0 & b_{11} & b_{12} & \cdots & b_{1n} \\ 0 & -1 & \cdots & 0 & b_{21} & b_{22} & \cdots & b_{2n} \\ \vdots & \vdots & & \vdots & \vdots & \vdots & & \vdots \\ 0 & 0 & \cdots & -1 & b_{n1} & b_{n2} & \cdots & b_{nn} \end{vmatrix}.$$

根据拉普拉斯定理，将 D 按前 n 行展开.则因 D 中前 n 行除去左上角那个 n 阶子式外，其余的 n 阶子式都等于零.所以

$$D=\begin{vmatrix} a_{11} & a_{12} & \cdots & a_{1n} \\ a_{21} & a_{22} & \cdots & a_{2n} \\ \vdots & \vdots & & \vdots \\ a_{n1} & a_{n2} & \cdots & a_{nn} \end{vmatrix}\cdot\begin{vmatrix} b_{11} & b_{12} & \cdots & b_{1n} \\ b_{21} & b_{22} & \cdots & b_{2n} \\ \vdots & \vdots & & \vdots \\ b_{n1} & b_{n2} & \cdots & b_{nn} \end{vmatrix}=D_1D_2.$$

现在来证 $D=C$.对 D 作初等行变换.将第 $n+1$ 行的 a_{11} 倍，第 $n+2$ 行的 a_{12} 倍……第 $2n$ 行的 a_{1n} 倍加到第一行，得

$$D=\begin{vmatrix} 0 & 0 & \cdots & 0 & c_{11} & c_{12} & \cdots & c_{1n} \\ a_{21} & a_{22} & \cdots & a_{2n} & 0 & 0 & \cdots & 0 \\ \vdots & \vdots & & \vdots & \vdots & \vdots & & \vdots \\ a_{n1} & a_{n2} & \cdots & a_{nn} & 0 & 0 & \cdots & 0 \\ -1 & 0 & \cdots & 0 & b_{11} & b_{12} & \cdots & b_{1n} \\ 0 & -1 & \cdots & 0 & b_{21} & b_{22} & \cdots & b_{2n} \\ \vdots & \vdots & & \vdots & \vdots & \vdots & & \vdots \\ 0 & 0 & \cdots & -1 & b_{n1} & b_{n2} & \cdots & b_{nn} \end{vmatrix}.$$

再依次将第 $n+1$ 行的 $a_{k1}(k=2,3,\cdots,n)$ 倍，第 $n+2$ 行的 a_{k2} 倍……第 $2n$ 行的 a_{kn} 倍加到第 k 行，就得

$$D=\begin{vmatrix} 0 & 0 & \cdots & 0 & c_{11} & c_{12} & \cdots & c_{1n} \\ 0 & 0 & \cdots & 0 & c_{21} & c_{22} & \cdots & c_{2n} \\ \vdots & \vdots & & \vdots & \vdots & \vdots & & \vdots \\ 0 & 0 & \cdots & 0 & c_{n1} & c_{n2} & \cdots & c_{nn} \\ -1 & 0 & \cdots & 0 & b_{11} & b_{12} & \cdots & b_{1n} \\ 0 & -1 & \cdots & 0 & b_{21} & b_{22} & \cdots & b_{2n} \\ \vdots & \vdots & & \vdots & \vdots & \vdots & & \vdots \\ 0 & 0 & \cdots & -1 & b_{n1} & b_{n2} & \cdots & b_{nn} \end{vmatrix}.$$

这个行列式的前 n 行也只可能有一个 n 阶子式不为零,因此由拉普拉斯定理

$$D=\begin{vmatrix} c_{11} & c_{12} & \cdots & c_{1n} \\ c_{21} & c_{22} & \cdots & c_{2n} \\ \vdots & \vdots & & \vdots \\ c_{n1} & c_{n2} & \cdots & c_{nn} \end{vmatrix}\cdot(-1)^{(1+2+\cdots+n)+(n+1+n+2+\cdots+2n)}\begin{vmatrix} -1 & 0 & \cdots & 0 \\ 0 & -1 & \cdots & 0 \\ \vdots & \vdots & & \vdots \\ 0 & 0 & \cdots & -1 \end{vmatrix}=C.$$

定理得证. ▌

上述定理也称为行列式的乘法定理.它的意义到第四章 §3 中就完全清楚了.

习　题

1. 判定以下 9 阶排列的逆序数,从而判定它们的奇偶性:

1) 134782695;　　2) 217986354;　　3) 987654321.

2. 选择 i 与 k,使

1) $1274i56k9$ 成偶排列;　　2) $1i25k4897$ 成奇排列.

3. 写出把排列 12435 变成排列 25341 的那些对换.

4. 判定排列 $n(n-1)\cdots21$ 的逆序数,并讨论它的奇偶性.

5. 如果排列 $x_1x_2\cdots x_{n-1}x_n$ 的逆序数为 k,排列 $x_nx_{n-1}\cdots x_2x_1$ 的逆序数是多少?

6. 在 6 阶行列式的展开式中,$a_{23}a_{31}a_{42}a_{56}a_{14}a_{65}$,$a_{32}a_{43}a_{14}a_{51}a_{66}a_{25}$这两项带有什么符号?

7. 写出 4 阶行列式中所有带有负号并且包含因子 a_{23}的项.

8. 设 $A=\begin{vmatrix} a_{11} & a_{12} & a_{13} & a_{14} \\ a_{21} & a_{22} & a_{23} & a_{24} \\ a_{31} & a_{32} & a_{33} & a_{34} \\ a_{41} & a_{42} & a_{43} & a_{44} \end{vmatrix}$ 为 4 阶行列式,$A_{ij}(1\leqslant i,j\leqslant 4)$为$(i,j)$元素的代数余子式.写出下列算式为哪些行列式:

1) $\sum\limits_{j_1j_2j_3j_4}(-1)^{\tau(j_1j_2j_3j_4)}a_{1j_1}b_{2j_2}a_{3j_3}a_{4j_4}$;

2) $\sum\limits_{j_1j_2j_3j_4}(-1)^{\tau(j_1j_2j_3j_4)}a_{1j_1}a_{3j_2}a_{2j_3}a_{4j_4}$;

3) $a_{31}A_{21}+a_{32}A_{22}+a_{33}A_{23}+a_{34}A_{24}$;

4) $a_{13}A_{12}+a_{23}A_{22}+a_{33}A_{32}+a_{43}A_{42}$;

5) $\sum\limits_{j_1j_2j_3j_4}(-1)^{\tau(j_1j_2j_3j_4)}a_{j_11}b_{j_22}a_{j_33}a_{j_44}$,

其中 $\sum\limits_{j_1j_2j_3j_4}$ 表示对所有 4 阶排列的求和.

9. 按定义计算下列行列式:

1) $\begin{vmatrix} 0 & 0 & \cdots & 0 & 1 \\ 0 & 0 & \cdots & 2 & 0 \\ \vdots & \vdots & & \vdots & \vdots \\ 0 & n-1 & \cdots & 0 & 0 \\ n & 0 & \cdots & 0 & 0 \end{vmatrix}$;　　2) $\begin{vmatrix} 0 & 1 & 0 & \cdots & 0 \\ 0 & 0 & 2 & \cdots & 0 \\ \vdots & \vdots & \vdots & & \vdots \\ 0 & 0 & 0 & \cdots & n-1 \\ n & 0 & 0 & \cdots & 0 \end{vmatrix}$;

3) $\begin{vmatrix} 0 & \cdots & 0 & 1 & 0 \\ 0 & \cdots & 2 & 0 & 0 \\ \vdots & & \vdots & \vdots & \vdots \\ n-1 & \cdots & 0 & 0 & 0 \\ 0 & \cdots & 0 & 0 & n \end{vmatrix}$.

10. 由行列式定义证明:

$$\begin{vmatrix} a_1 & a_2 & a_3 & a_4 & a_5 \\ b_1 & b_2 & b_3 & b_4 & b_5 \\ c_1 & c_2 & 0 & 0 & 0 \\ d_1 & d_2 & 0 & 0 & 0 \\ e_1 & e_2 & 0 & 0 & 0 \end{vmatrix}=0.$$

11. 由行列式定义计算

$$f(x)=\begin{vmatrix} 2x & x & 1 & 2 \\ 1 & x & 1 & -1 \\ 3 & 2 & x & 1 \\ 1 & 1 & 1 & x \end{vmatrix}$$

中 x^4 与 x^3 的系数,并说明理由.

12. 由

$$\begin{vmatrix} 1 & 1 & \cdots & 1 \\ 1 & 1 & \cdots & 1 \\ \vdots & \vdots & & \vdots \\ 1 & 1 & \cdots & 1 \end{vmatrix}=0,$$

证明奇、偶排列各半.

13. 设

$$P(x)=\begin{vmatrix} 1 & x & x^2 & \cdots & x^{n-1} \\ 1 & a_1 & a_1^2 & \cdots & a_1^{n-1} \\ \vdots & \vdots & \vdots & & \vdots \\ 1 & a_{n-1} & a_{n-1}^2 & \cdots & a_{n-1}^{n-1} \end{vmatrix},$$

其中 $a_1,a_2,\cdots,a_{n-1}$ 是互不相同的数.

1) 由行列式定义,说明 $P(x)$ 是一个 $n-1$ 次多项式;

2) 由行列式性质,求 $P(x)$ 的根.

14. 计算下列行列式:

1) $\begin{vmatrix} 246 & 427 & 327 \\ 1\,014 & 543 & 443 \\ -342 & 721 & 621 \end{vmatrix}$;　　2) $\begin{vmatrix} x & y & x+y \\ y & x+y & x \\ x+y & x & y \end{vmatrix}$;

3) $\begin{vmatrix} 3 & 1 & 1 & 1 \\ 1 & 3 & 1 & 1 \\ 1 & 1 & 3 & 1 \\ 1 & 1 & 1 & 3 \end{vmatrix}$;　　4) $\begin{vmatrix} 1 & 2 & 3 & 4 \\ 2 & 3 & 4 & 1 \\ 3 & 4 & 1 & 2 \\ 4 & 1 & 2 & 3 \end{vmatrix}$;

5) $\begin{vmatrix} 1+x & 1 & 1 & 1 \\ 1 & 1-x & 1 & 1 \\ 1 & 1 & 1+y & 1 \\ 1 & 1 & 1 & 1-y \end{vmatrix}$;

6) $\begin{vmatrix} a^2 & (a+1)^2 & (a+2)^2 & (a+3)^2 \\ b^2 & (b+1)^2 & (b+2)^2 & (b+3)^2 \\ c^2 & (c+1)^2 & (c+2)^2 & (c+3)^2 \\ d^2 & (d+1)^2 & (d+2)^2 & (d+3)^2 \end{vmatrix}$.

15. 证明:

$$\begin{vmatrix} b+c & c+a & a+b \\ b_1+c_1 & c_1+a_1 & a_1+b_1 \\ b_2+c_2 & c_2+a_2 & a_2+b_2 \end{vmatrix}=2\begin{vmatrix} a & b & c \\ a_1 & b_1 & c_1 \\ a_2 & b_2 & c_2 \end{vmatrix}.$$

16. 算出下列行列式的全部代数余子式:

1) $\begin{vmatrix} 1 & 2 & 1 & 4 \\ 0 & -1 & 2 & 1 \\ 0 & 0 & 2 & 1 \\ 0 & 0 & 0 & 3 \end{vmatrix}$;　　2) $\begin{vmatrix} 1 & -1 & 2 \\ 3 & 2 & 1 \\ 0 & 1 & 4 \end{vmatrix}$.

17. 计算下列行列式：

1) $\begin{vmatrix} 1 & 1 & 1 & 1 \\ 2 & 1 & 1 & -3 \\ 1 & 2 & 2 & 5 \\ 4 & 3 & 2 & 1 \end{vmatrix}$；

2) $\begin{vmatrix} 1 & \frac{1}{2} & 1 & 1 \\ -\frac{1}{3} & 1 & 2 & 1 \\ \frac{1}{3} & 1 & -1 & \frac{1}{2} \\ -1 & 1 & 0 & \frac{1}{2} \end{vmatrix}$；

3) $\begin{vmatrix} 0 & 1 & 2 & -1 & 4 \\ 2 & 0 & 1 & 2 & 1 \\ -1 & 3 & 5 & 1 & 2 \\ 3 & 3 & 1 & 2 & 1 \\ 2 & 1 & 0 & 3 & 5 \end{vmatrix}$；

4) $\begin{vmatrix} 1 & \frac{1}{2} & 0 & 1 & -1 \\ 2 & 0 & -1 & 1 & 2 \\ 3 & 2 & 1 & \frac{1}{2} & 0 \\ 1 & -1 & 0 & 1 & 2 \\ 2 & 1 & 3 & 0 & \frac{1}{2} \end{vmatrix}$.

18. 计算下列 n 阶行列式：

1) $\begin{vmatrix} x & y & 0 & \cdots & 0 & 0 \\ 0 & x & y & \cdots & 0 & 0 \\ \vdots & \vdots & \vdots & & \vdots & \vdots \\ 0 & 0 & 0 & \cdots & x & y \\ y & 0 & 0 & \cdots & 0 & x \end{vmatrix}$；

2) $\begin{vmatrix} a_1-b_1 & a_1-b_2 & \cdots & a_1-b_n \\ a_2-b_1 & a_2-b_2 & \cdots & a_2-b_n \\ \vdots & \vdots & & \vdots \\ a_n-b_1 & a_n-b_2 & \cdots & a_n-b_n \end{vmatrix}$；

3) $\begin{vmatrix} x_1-m & x_2 & \cdots & x_n \\ x_1 & x_2-m & \cdots & x_n \\ \vdots & \vdots & & \vdots \\ x_1 & x_2 & \cdots & x_n-m \end{vmatrix}$；

4) $\begin{vmatrix} 1 & 2 & 2 & \cdots & 2 \\ 2 & 2 & 2 & \cdots & 2 \\ 2 & 2 & 3 & \cdots & 2 \\ \vdots & \vdots & \vdots & & \vdots \\ 2 & 2 & 2 & \cdots & n \end{vmatrix}$；

5) $\begin{vmatrix} 1 & 2 & 3 & \cdots & n-1 & n \\ 1 & -1 & 0 & \cdots & 0 & 0 \\ 0 & 2 & -2 & \cdots & 0 & 0 \\ \vdots & \vdots & \vdots & & \vdots & \vdots \\ 0 & 0 & 0 & \cdots & n-1 & 1-n \end{vmatrix}$.

19. 证明：

1) $\begin{vmatrix} a_0 & 1 & 1 & \cdots & 1 \\ 1 & a_1 & 0 & \cdots & 0 \\ 1 & 0 & a_2 & \cdots & 0 \\ \vdots & \vdots & \vdots & & \vdots \\ 1 & 0 & 0 & \cdots & a_n \end{vmatrix} = a_1a_2\cdots a_n\left(a_0-\sum_{i=1}^{n}\frac{1}{a_i}\right)$；

2) $\begin{vmatrix} x & 0 & 0 & \cdots & 0 & a_0 \\ -1 & x & 0 & \cdots & 0 & a_1 \\ 0 & -1 & x & \cdots & 0 & a_2 \\ \vdots & \vdots & \vdots & & \vdots & \vdots \\ 0 & 0 & 0 & \cdots & x & a_{n-2} \\ 0 & 0 & 0 & \cdots & -1 & x+a_{n-1} \end{vmatrix} = x^n+a_{n-1}x^{n-1}+\cdots+a_1x+a_0$;

3) $\begin{vmatrix} \alpha+\beta & \alpha\beta & 0 & \cdots & 0 & 0 \\ 1 & \alpha+\beta & \alpha\beta & \cdots & 0 & 0 \\ 0 & 1 & \alpha+\beta & \cdots & 0 & 0 \\ \vdots & \vdots & \vdots & & \vdots & \vdots \\ 0 & 0 & 0 & \cdots & 1 & \alpha+\beta \end{vmatrix} = \dfrac{\alpha^{n+1}-\beta^{n+1}}{\alpha-\beta}$;

4) $\begin{vmatrix} \cos\alpha & 1 & 0 & \cdots & 0 & 0 \\ 1 & 2\cos\alpha & 1 & \cdots & 0 & 0 \\ 0 & 1 & 2\cos\alpha & \cdots & 0 & 0 \\ \vdots & \vdots & \vdots & & \vdots & \vdots \\ 0 & 0 & 0 & \cdots & 1 & 2\cos\alpha \end{vmatrix} = \cos n\alpha$;

5) $\begin{vmatrix} 1+a_1 & 1 & 1 & \cdots & 1 & 1 \\ 1 & 1+a_2 & 1 & \cdots & 1 & 1 \\ 1 & 1 & 1+a_3 & \cdots & 1 & 1 \\ \vdots & \vdots & \vdots & & \vdots & \vdots \\ 1 & 1 & 1 & \cdots & 1 & 1+a_n \end{vmatrix} = a_1a_2\cdots a_n\left(1+\sum_{i=1}^{n}\dfrac{1}{a_i}\right)$.

20. 已知

$$\begin{vmatrix} x & y & z & x+y+z \\ 3 & 0 & 2 & 0 \\ 1 & 1 & 1 & 1 \\ 2 & 2 & 2 & 1 \end{vmatrix} = \frac{1}{2},$$

计算行列式

$$\begin{vmatrix} x-y & y & z-x & x+y+z \\ 3 & 0 & -1 & 0 \\ y-x & 2-y & x-z & 2-x-y-z \\ 3 & 2 & -1 & 1 \end{vmatrix}.$$

21. 在 $2n$ 阶行列式 D_{2n} 中，主对角线上元素都是 a，次对角线（从右上角到左下角这条对角线）上元素都是 b，其余元素都是 0. 计算行列式 D_{2n}.

22. 用克拉默法则解下列线性方程组：

1) $\begin{cases} 2x_1-x_2+3x_3+2x_4=6, \\ 3x_1-3x_2+3x_3+2x_4=5, \\ 3x_1-x_2-x_3+2x_4=3, \\ 3x_1-x_2+3x_3-x_4=4; \end{cases}$

2) $\begin{cases} x_1+2x_2+3x_3-2x_4=6, \\ 2x_1-x_2-2x_3-3x_4=8, \\ 3x_1+2x_2-x_3+2x_4=4, \\ 2x_1-3x_2+2x_3+x_4=-8; \end{cases}$

3) $\begin{cases} x_1+2x_2-2x_3+4x_4-x_5=-1, \\ 2x_1-x_2+3x_3-4x_4+2x_5=8, \\ 3x_1+x_2-x_3+2x_4-x_5=3, \\ 4x_1+3x_2+4x_3+2x_4+2x_5=-2, \\ x_1-x_2-x_3+2x_4-3x_5=-3; \end{cases}$　　4) $\begin{cases} 5x_1+6x_2=1, \\ x_1+5x_2+6x_3=0, \\ x_2+5x_3+6x_4=0, \\ x_3+5x_4+6x_5=0, \\ x_4+5x_5=1. \end{cases}$

23. 设 $a_1,a_2,\cdots,a_n$ 是数域 P 中互不相同的数，$b_1,b_2,\cdots,b_n$ 是数域 P 中任一组给定的数.用克拉默法则证明：存在唯一的数域 P 上的多项式 $f(x)=c_0x^{n-1}+c_1x^{n-2}+\cdots+c_{n-1}$，使

$$f(a_i)=b_i,\quad i=1,2,\cdots,n.$$

24. 设水银密度 h 与温度 t 的关系为

$$h=a_0+a_1t+a_2t^2+a_3t^3.$$

由实验测定得以下数据：

t/℃	0	10	20	30
h/(g·cm^{-3})	13.60	13.57	13.55	13.52

求当 $t=15$℃，40℃时水银密度（精确到小数点后两位）.

补　充　题

1. 求

$$\sum_{j_1j_2\cdots j_n}\begin{vmatrix} a_{1j_1} & a_{1j_2} & \cdots & a_{1j_n} \\ a_{2j_1} & a_{2j_2} & \cdots & a_{2j_n} \\ \vdots & \vdots & & \vdots \\ a_{nj_1} & a_{nj_2} & \cdots & a_{nj_n} \end{vmatrix},$$

这里 $\sum\limits_{j_1j_2\cdots j_n}$ 是对所有 n 阶排列求和.

2. 证明：

$$\frac{\mathrm{d}}{\mathrm{d}t}\begin{vmatrix} a_{11}(t) & a_{12}(t) & \cdots & a_{1n}(t) \\ a_{21}(t) & a_{22}(t) & \cdots & a_{2n}(t) \\ \vdots & \vdots & & \vdots \\ a_{n1}(t) & a_{n2}(t) & \cdots & a_{nn}(t) \end{vmatrix}=\sum_{j=1}^{n}\begin{vmatrix} a_{11}(t) & \cdots & \frac{\mathrm{d}}{\mathrm{d}t}a_{1j}(t) & \cdots & a_{1n}(t) \\ a_{21}(t) & \cdots & \frac{\mathrm{d}}{\mathrm{d}t}a_{2j}(t) & \cdots & a_{2n}(t) \\ \vdots & & \vdots & & \vdots \\ a_{n1}(t) & \cdots & \frac{\mathrm{d}}{\mathrm{d}t}a_{nj}(t) & \cdots & a_{nn}(t) \end{vmatrix}.$$

3. 证明：

1) $$\begin{vmatrix} a_{11}+x & a_{12}+x & \cdots & a_{1n}+x \\ a_{21}+x & a_{22}+x & \cdots & a_{2n}+x \\ \vdots & \vdots & & \vdots \\ a_{n1}+x & a_{n2}+x & \cdots & a_{nn}+x \end{vmatrix} = \begin{vmatrix} a_{11} & a_{12} & \cdots & a_{1n} \\ a_{21} & a_{22} & \cdots & a_{2n} \\ \vdots & \vdots & & \vdots \\ a_{n1} & a_{n2} & \cdots & a_{nn} \end{vmatrix} + x\sum_{i=1}^{n}\sum_{j=1}^{n} A_{ij},$$

其中 A_{ij} 是 a_{ij} 的代数余子式；

2) $$\sum_{i=1}^{n}\sum_{j=1}^{n} A_{ij} = \begin{vmatrix} a_{11}-a_{12} & a_{12}-a_{13} & \cdots & a_{1,n-1}-a_{1n} & 1 \\ a_{21}-a_{22} & a_{22}-a_{23} & \cdots & a_{2,n-1}-a_{2n} & 1 \\ \vdots & \vdots & & \vdots & \vdots \\ a_{n1}-a_{n2} & a_{n2}-a_{n3} & \cdots & a_{n,n-1}-a_{nn} & 1 \end{vmatrix}.$$

4. 计算下列 n 阶行列式：

1) $$\begin{vmatrix} 1 & 2 & 3 & \cdots & n \\ 2 & 3 & 4 & \cdots & 1 \\ 3 & 4 & 5 & \cdots & 2 \\ \vdots & \vdots & \vdots & & \vdots \\ n & 1 & 2 & \cdots & n-1 \end{vmatrix};$$

2) $$\begin{vmatrix} \lambda & a & a & a & \cdots & a \\ b & \alpha & \beta & \beta & \cdots & \beta \\ b & \beta & \alpha & \beta & \cdots & \beta \\ b & \beta & \beta & \alpha & \cdots & \beta \\ \vdots & \vdots & \vdots & \vdots & & \vdots \\ b & \beta & \beta & \beta & \cdots & \alpha \end{vmatrix};$$

3) $$\begin{vmatrix} x & a & a & \cdots & a & a \\ -a & x & a & \cdots & a & a \\ -a & -a & x & \cdots & a & a \\ \vdots & \vdots & \vdots & & \vdots & \vdots \\ -a & -a & -a & \cdots & -a & x \end{vmatrix};$$

4) $$\begin{vmatrix} x & y & y & \cdots & y & y \\ z & x & y & \cdots & y & y \\ z & z & x & \cdots & y & y \\ \vdots & \vdots & \vdots & & \vdots & \vdots \\ z & z & z & \cdots & x & y \\ z & z & z & \cdots & z & x \end{vmatrix};$$

5) $$\begin{vmatrix} 1 & 1 & \cdots & 1 \\ x_1 & x_2 & \cdots & x_n \\ x_1^2 & x_2^2 & \cdots & x_n^2 \\ \vdots & \vdots & & \vdots \\ x_1^{n-2} & x_2^{n-2} & \cdots & x_n^{n-2} \\ x_1^n & x_2^n & \cdots & x_n^n \end{vmatrix}.$$

5. 计算 $f(x+1)-f(x)$，其中

$$f(x)=\begin{vmatrix} 1 & 0 & 0 & 0 & \cdots & 0 & x \\ 1 & 2 & 0 & 0 & \cdots & 0 & x^2 \\ 1 & 3 & 3 & 0 & \cdots & 0 & x^3 \\ \vdots & \vdots & \vdots & \vdots & & \vdots & \vdots \\ 1 & n & \mathrm{C}_n^2 & \mathrm{C}_n^3 & \cdots & \mathrm{C}_n^{n-1} & x^n \\ 1 & n+1 & \mathrm{C}_{n+1}^2 & \mathrm{C}_{n+1}^3 & \cdots & \mathrm{C}_{n+1}^{n-1} & x^{n+1} \end{vmatrix}.$$

6. 图 2.1 表示一电路网络，每条线上标出的数字是电阻（单位：Ω），E 点接地，由 X,Y,U,Z 点通入的电流皆为 100 A，求这四点的电位.（用基尔霍夫定律.）

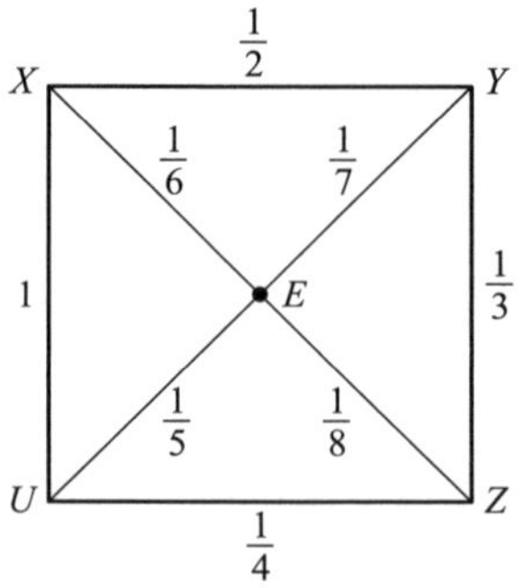

图 2.1

7. 设 $x_0,x_1,\cdots,x_{n-1}$ 为 n 个文字，计算行列式

$$\begin{vmatrix} x_0 & x_{n-1} & \cdots & x_1 \\ x_1 & x_0 & \cdots & x_2 \\ \vdots & \vdots & & \vdots \\ x_{n-1} & x_{n-2} & \cdots & x_0 \end{vmatrix}.$$

8. 判断行列式

$$\begin{vmatrix} 1 & 2 & \cdots & n-2 & n-1 & n \\ 2^2 & 3^2 & \cdots & (n-1)^2 & n^2 & (n+1)^2 \\ 3^3 & 4^3 & \cdots & n^3 & (n+1)^3 & (n+1)^3 \\ 4^4 & 5^4 & \cdots & (n+1)^4 & (n+1)^4 & (n+1)^4 \\ \vdots & \vdots & & \vdots & \vdots & \vdots \\ n^n & (n+1)^n & \cdots & (n+1)^n & (n+1)^n & (n+1)^n \end{vmatrix}$$

是否等于 0.

学习指导

第三章
线性方程组

§1 消 元 法

现在来讨论一般线性方程组.所谓一般线性方程组是指形式为

$$\begin{cases} a_{11}x_1+a_{12}x_2+\cdots+a_{1n}x_n=b_1, \\ a_{21}x_1+a_{22}x_2+\cdots+a_{2n}x_n=b_2, \\ \cdots\cdots\cdots\cdots \\ a_{s1}x_1+a_{s2}x_2+\cdots+a_{sn}x_n=b_s \end{cases} \tag{1}$$

的方程组,其中 $x_1,x_2,\cdots,x_n$ 代表 n 个未知量,s 是方程的个数,$a_{ij}(i=1,2,\cdots,s;j=1,2,\cdots,n)$ 称为方程组的**系数**,$b_j(j=1,2,\cdots,s)$ 称为**常数项**.方程组中未知量的个数 n 与方程的个数 s 不一定相等.系数 a_{ij} 的第一个指标 i 表示它在第 i 个方程,第二个指标 j 表示它是 x_j 的系数.

所谓方程组(1)的一个**解**,就是指由 n 个数 $k_1,k_2,\cdots,k_n$ 组成的有序数组$(k_1,k_2,\cdots,k_n)$,当 $x_1,x_2,\cdots,x_n$ 分别用 $k_1,k_2,\cdots,k_n$ 代入后,方程组(1)中每个等式都变成恒等式.方程组(1)的解的全体称为它的**解集合**.解方程组实际上就是找出它全部的解,或者说,求出它的解集合.如果两个方程组有相同的解集合,它们就称为**同解的**.

显然,如果知道了一个线性方程组的全部系数和常数项,那么这个线性方程组就基本上确定了.确切地说,线性方程组(1)可以用矩阵

$$\begin{pmatrix} a_{11} & a_{12} & \cdots & a_{1n} & b_1 \\ a_{21} & a_{22} & \cdots & a_{2n} & b_2 \\ \vdots & \vdots & & \vdots & \vdots \\ a_{s1} & a_{s2} & \cdots & a_{sn} & b_s \end{pmatrix} \tag{2}$$

来表示.实际上,有了矩阵(2)之后,除去代表未知量的文字外,线性方程组(1)就确定了,而采用什么文字来代表未知量当然不是实质性的.在中学所学代数里我们学过用加减消元法和代入消元法解二元、三元线性方程组.实际上,这个方法比用行列式解方程组更具有普遍性.下面就来介绍如何用一般消元法解一般线性方程组.

先看一个例子.

例如,解方程组

$$\begin{cases}2x_1-\ x_2+3x_3=1,\\4x_1+2x_2+5x_3=4,\\2x_1+\ x_2+2x_3=5.\end{cases}$$

第二个方程减去第一个方程的 2 倍,第三个方程减去第一个方程,就变成

$$\begin{cases}2x_1-x_2+3x_3=1,\\\quad 4x_2-\ x_3=2,\\\quad 2x_2-\ x_3=4.\end{cases}$$

第二个方程减去第三个方程的 2 倍,把第二、第三两个方程的次序互换,即得

$$\begin{cases}2x_1-x_2+3x_3=1,\\\quad 2x_2-\ x_3=4,\\\qquad\quad x_3=-6.\end{cases}$$

这样,我们就容易求出方程组的解为(9,-1,-6).

分析一下消元法,不难看出,它实际上是反复地对方程组进行变换,而所作的变换也只是由以下三种基本的变换所构成:

1. 用一非零的数乘某一方程;
2. 把一个方程的倍数加到另一个方程;
3. 互换两个方程的位置.

于是,我们给出

定义 1 变换 1,2,3 称为线性方程组的**初等变换**.

消元的过程就是反复施行初等变换的过程.下面证明,初等变换总是把方程组变成**同解的方程组**.我们只对第二种初等变换来证明.

对方程组

$$\begin{cases}a_{11}x_1+a_{12}x_2+\cdots+a_{1n}x_n=b_1,\\a_{21}x_1+a_{22}x_2+\cdots+a_{2n}x_n=b_2,\\\qquad\cdots\cdots\cdots\cdots\\a_{s1}x_1+a_{s2}x_2+\cdots+a_{sn}x_n=b_s\end{cases}\tag{1}$$

进行第二种初等变换.为简便起见,不妨设把第二个方程的 k 倍加到第一个方程,得到新方程组

$$\begin{cases}(a_{11}+ka_{21})x_1+(a_{12}+ka_{22})x_2+\cdots+(a_{1n}+ka_{2n})x_n=b_1+kb_2,\\a_{21}x_1+a_{22}x_2+\cdots+a_{2n}x_n=b_2,\\\qquad\cdots\cdots\cdots\cdots\\a_{s1}x_1+a_{s2}x_2+\cdots+a_{sn}x_n=b_s.\end{cases}\tag{3}$$

现在设$(c_1,c_2,\cdots,c_n)$是方程组(1)的任一解.因方程组(1)与(3)的后 $s-1$ 个方程是一样的,所以$(c_1,c_2,\cdots,c_n)$满足方程组(3)的后 $s-1$ 个方程.又$(c_1,c_2,\cdots,c_n)$满足方程组(1)的前两个方程

$$a_{11}c_1+a_{12}c_2+\cdots+a_{1n}c_n=b_1,$$
$$a_{21}c_1+a_{22}c_2+\cdots+a_{2n}c_n=b_2.$$

把第二式的两边乘 k,再与第一式相加,即为

$$(a_{11}+ka_{21})c_1+(a_{12}+ka_{22})c_2+\cdots+(a_{1n}+ka_{2n})c_n=b_1+kb_2.$$

故 $(c_1,c_2,\cdots,c_n)$ 又满足方程组(3)的第一个方程，因而是方程组(3)的解.类似地可证方程组(3)的任一解也是方程组(1)的解.这就证明了方程组(1)与(3)是同解的.

对另外两种初等变换，证明由读者去做.

下面我们来说明，如何利用初等变换来解一般的线性方程组.

对于方程组(1)，首先检查 x_1 的系数.如果 x_1 的系数 $a_{11},a_{21},\cdots,a_{s1}$ 全为零，那么方程组(1)对 x_1 没有任何限制，x_1 就可以取任意值，而方程组(1)可以看作 $x_2,x_3,\cdots,x_n$ 的方程组来解.如果 x_1 的系数不全为零，那么利用初等变换 3，可以设 $a_{11}\neq 0$.利用初等变换 2，分别把第一个方程的 $-\dfrac{a_{i1}}{a_{11}}$ 倍加到第 i 个方程 $(i=2,3,\cdots,s)$.于是方程组(1)就变成

$$\begin{cases} a_{11}x_1+a_{12}x_2+\cdots+a_{1n}x_n=b_1, \\ \qquad a'_{22}x_2+\cdots+a'_{2n}x_n=b'_2, \\ \qquad \cdots\cdots\cdots\cdots \\ \qquad a'_{s2}x_2+\cdots+a'_{sn}x_n=b'_s, \end{cases} \tag{4}$$

其中

$$a'_{ij}=a_{ij}-\frac{a_{i1}}{a_{11}}a_{1j},\quad i=2,3,\cdots,s;j=2,3,\cdots,n.$$

这样，解方程组(1)的问题就归结为解方程组

$$\begin{cases} a'_{22}x_2+\cdots+a'_{2n}x_n=b'_2, \\ \cdots\cdots\cdots\cdots \\ a'_{s2}x_2+\cdots+a'_{sn}x_n=b'_s \end{cases} \tag{5}$$

的问题.显然，方程组(5)的一个解代入方程组(4)的第一个方程就确定出 x_1 的值，这就得出方程组(4)的一个解；而方程组(4)的解显然都是方程组(5)的解.这就是说，方程组(4)有解的充要条件为方程组(5)有解，而方程组(4)与(1)是同解的，因之，方程组(1)有解的充要条件为方程组(5)有解.

对方程组(5)再按上面的考虑进行变换，并且这样一步步做下去，最后就得到一个**阶梯形**方程组.为了讨论起来方便，不妨设所得的方程组为

$$\begin{cases} c_{11}x_1+c_{12}x_2+\cdots+c_{1r}x_r+\cdots+c_{1n}x_n=d_1, \\ \qquad c_{22}x_2+\cdots+c_{2r}x_r+\cdots+c_{2n}x_n=d_2, \\ \qquad \cdots\cdots\cdots\cdots \\ \qquad c_{rr}x_r+\cdots+c_{rn}x_n=d_r, \\ \qquad 0=d_{r+1}, \\ \qquad 0=0, \\ \qquad \cdots\cdots\cdots\cdots \\ \qquad 0=0, \end{cases} \tag{6}$$

其中 $c_{ii}\neq 0,i=1,2,\cdots,r$.方程组(6)中的“0=0”这样一些恒等式可能不出现，也可能出现，这时去掉它们也不影响方程组(6)的解.而且方程组(1)与(6)是同解的.

现在考察方程组(6)的解的情况.

如方程组(6)中有方程 $0=d_{r+1}$，而 $d_{r+1}\neq 0$.这时不管 $x_1,x_2,\cdots,x_n$ 取什么值都不能使它成为等式.故方程组(6)无解，因而方程组(1)无解.

当 $d_{r+1}=0$ 或方程组(6)中根本没有“0=0”的方程时，分两种情况：

1. $r=n$.这时阶梯形方程组为

$$\begin{cases} c_{11}x_1+c_{12}x_2+\cdots+c_{1n}x_n=d_1, \\ \qquad c_{22}x_2+\cdots+c_{2n}x_n=d_2, \\ \qquad\qquad \cdots\cdots\cdots\cdots \\ \qquad\qquad c_{nn}x_n=d_n, \end{cases} \tag{7}$$

其中 $c_{ii}\neq 0(i=1,2,\cdots,n)$.由最后一个方程开始，$x_n,x_{n-1},\cdots,x_1$ 的值就可以逐个地、唯一地确定了.在这个情形，方程组(7)也就是方程组(1)有唯一的解.

例 1 上面讨论过的方程组

$$\begin{cases} 2x_1-\ x_2+3x_3=1, \\ 4x_1+2x_2+5x_3=4, \\ 2x_1+\ x_2+2x_3=5 \end{cases}$$

经过一系列初等变换后，它变成了阶梯形方程组

$$\begin{cases} 2x_1-x_2+3x_3=1, \\ \qquad 4x_2-\ x_3=2, \\ \qquad\qquad x_3=-6. \end{cases}$$

把 $x_3=-6$ 代入第二个方程，得

$$x_2=-1.$$

再把 $x_3=-6,x_2=-1$ 代入第一个方程，即得

$$x_1=9.$$

这就是说，上述方程组有唯一的解(9,-1,-6).

2. $r<n$.这时阶梯形方程组为

$$\begin{cases} c_{11}x_1+c_{12}x_2+\cdots+c_{1r}x_r+c_{1,r+1}x_{r+1}+\cdots+c_{1n}x_n=d_1, \\ \qquad c_{22}x_2+\cdots+c_{2r}x_r+c_{2,r+1}x_{r+1}+\cdots+c_{2n}x_n=d_2, \\ \qquad\qquad \cdots\cdots\cdots\cdots \\ \qquad\qquad c_{rr}x_r+c_{r,r+1}x_{r+1}+\cdots+c_{rn}x_n=d_r, \end{cases}$$

其中 $c_{ii}\neq 0,i=1,2,\cdots,r$，把它改写成

$$\begin{cases} c_{11}x_1+c_{12}x_2+\cdots+c_{1r}x_r=d_1-c_{1,r+1}x_{r+1}-\cdots-c_{1n}x_n, \\ \qquad c_{22}x_2+\cdots+c_{2r}x_r=d_2-c_{2,r+1}x_{r+1}-\cdots-c_{2n}x_n, \\ \qquad\qquad \cdots\cdots\cdots\cdots \\ \qquad\qquad c_{rr}x_r=d_r-c_{r,r+1}x_{r+1}-\cdots-c_{rn}x_n. \end{cases} \tag{8}$$

由此可见，任给 $x_{r+1},\cdots,x_n$ 一组值，就唯一地确定出 $x_1,x_2,\cdots,x_r$ 的值，也就是确定出方程组(8)的一个解.一般地，由方程组(8)我们可以把 $x_1,x_2,\cdots,x_r$ 通过 $x_{r+1},\cdots,x_n$ 表示出来，这样一组表达式称为方程组(1)的**一般解**，而 $x_{r+1},\cdots,x_n$ 称为一组**自由未知量**.

例 2 解方程组

$$\begin{cases}2x_1-\ x_2+3x_3=1,\\4x_1-2x_2+5x_3=4,\\2x_1-\ x_2+4x_3=-1.\end{cases}\tag{9}$$

用初等变换消去 x_1，得

$$\begin{cases}2x_1-x_2+3x_3=1,\\ \qquad\qquad -x_3=2,\\ \qquad\qquad x_3=-2.\end{cases}$$

再施行一次初等变换，得

$$\begin{cases}2x_1-x_2+3x_3=1,\\ \qquad\qquad x_3=-2.\end{cases}$$

改写一下，得

$$\begin{cases}2x_1+3x_3=1+x_2,\\ \qquad x_3=-2.\end{cases}$$

最后得

$$\begin{cases}x_1=\dfrac{1}{2}(7+x_2),\\x_3=-2.\end{cases}$$

这就是方程组(9)的一般解，其中 x_2 是自由未知量.

从这个例子看出，一般线性方程组化成阶梯形不一定就是方程组(6)的样子，但是只要把方程组中的某些项调动一下总可以化成方程组(6)的样子.

应该看到，$r>n$ 的情形是不可能出现的.

以上就是用消元法解线性方程组的整个过程.总起来说就是，首先用初等变换化线性方程组为阶梯形方程组，把最后的一些恒等式“0=0”（如果出现的话）去掉.如果剩下的方程中最后的一个等式是零等于一非零的数，那么方程组无解，否则有解.在有解的情况下，如果阶梯形方程组中方程的个数 r 等于未知量的个数，那么方程组有唯一的解；如果阶梯形方程组中方程的个数 r 小于未知量的个数，那么方程组就有无穷多个解.

把以上结果应用到齐次线性方程组，就有

定理 1 在齐次线性方程组

$$\begin{cases}a_{11}x_1+a_{12}x_2+\cdots+a_{1n}x_n=0,\\a_{21}x_1+a_{22}x_2+\cdots+a_{2n}x_n=0,\\ \cdots\cdots\cdots\cdots\\a_{s1}x_1+a_{s2}x_2+\cdots+a_{sn}x_n=0\end{cases}$$

中，如果 $s<n$，那么它必有非零解.

证明 显然，方程组在化成阶梯形方程组之后，方程的个数不会超过原方程组中方程的个数，即

$$r\leqslant s<n.$$

由 $r<n$ 得知,它的解不是唯一的,因而必有非零解. ▌

矩阵

$$\begin{pmatrix} a_{11} & a_{12} & \cdots & a_{1n} & b_1 \\ a_{21} & a_{22} & \cdots & a_{2n} & b_2 \\ \vdots & \vdots & & \vdots & \vdots \\ a_{s1} & a_{s2} & \cdots & a_{sn} & b_s \end{pmatrix} \tag{10}$$

称为线性方程组(1)的**增广矩阵**.显然,用初等变换化方程组(1)成阶梯形就相当于用初等行变换化增广矩阵(10)成阶梯形矩阵.因此,解线性方程组的第一步工作可以通过矩阵来进行,而从化成的阶梯形矩阵就可以判别方程组有解还是无解,在有解的情形,回到阶梯形方程组去解.

例 3　解

$$\begin{cases} 2x_1 - x_2 + 3x_3 = 1, \\ 4x_1 - 2x_2 + 5x_3 = 4, \\ 2x_1 - x_2 + 4x_3 = 0. \end{cases}$$

对它的增广矩阵作初等行变换

$$\begin{pmatrix} 2 & -1 & 3 & 1 \\ 4 & -2 & 5 & 4 \\ 2 & -1 & 4 & 0 \end{pmatrix} \longrightarrow \begin{pmatrix} 2 & -1 & 3 & 1 \\ 0 & 0 & -1 & 2 \\ 0 & 0 & 1 & -1 \end{pmatrix} \longrightarrow \begin{pmatrix} 2 & -1 & 3 & 1 \\ 0 & 0 & -1 & 2 \\ 0 & 0 & 0 & 1 \end{pmatrix}.$$

从最后一行(0 0 0 1)可以看出原方程组无解.

§2　n 维向量空间

上一节我们介绍了消元法,对于具体地解线性方程组,消元法是一个最有效和最基本的方法.但是,有时候需要直接从原方程组来看它是否有解,这样,消元法就不能用了.同时,用消元法化方程组成阶梯形,剩下来的方程的个数是否唯一确定呢,这个问题也是没有解决的.这些问题就要求我们对线性方程组还要作进一步的研究.

显然,一个线性方程组的解的情况是被方程组中方程之间的关系所规定的.譬如说,在 §1 方程组(9)

$$\begin{cases} 2x_1 - x_2 + 3x_3 = 1, \\ 4x_1 - 2x_2 + 5x_3 = 4, \\ 2x_1 - x_2 + 4x_3 = -1 \end{cases}$$

中,第一个方程的 3 倍减去第二个方程就等于第三个方程,这就是说,第三个方程可以去掉而不影响方程组的解.在那里用初等变换得到的阶梯形方程组中只含有两个方程正是反映了这个情况.可以认为,初等变换是揭露方程之间的关系的一种方法.因此,为了直接从原来的线性方程组来讨论它解的情况,我们有必要来研究方程之间的关系.

一个 n 元方程

$$a_1x_1+a_2x_2+\cdots+a_nx_n=b$$

可以用 $n+1$ 元有序数组

$$(a_1,a_2,\cdots,a_n,b)$$

来代表,所谓方程之间的关系实际上就是代表它们的 $n+1$ 元有序数组之间的关系.因此,我们先来讨论多元有序数组.

应该指出,多元有序数组不只是可以代表线性方程,而且还与其他方面有极其广泛的联系.在解析几何中我们已经看到,有些事物的性质不能用一个数来刻画.例如,为了刻画一点在平面上的位置需要两个数,一点在空间中的位置需要 3 个数,也就是要知道它们的坐标.又如力学中的力、速度、加速度等,由于它们既有大小,又有方向,用一个数也不能刻画它们,在取定坐标系之后,它们可以用三个数来刻画.几何中向量的概念正是它们的抽象.但是,还有不少东西用三个数来刻画是不够的,如一个 n 元方程组的解由 n 个数组成,而这 n 个数作为方程组的解是一个整体,分开来谈是没有意义的.在几何上这样的例子也是不少的.为了刻画一个球的大小和位置,需要知道它中心的坐标(3 个数)以及它的半径,也就是说,球的大小和位置需要 4 个数来刻画.至于一个刚体的位置的确定就需要 6 个数了.事实上,如果我们在刚体中取定一个点以及过这一点的一根轴,那么刚体的位置就决定于这一点的坐标(三个数)、轴的方向(两个数——它的方向余弦中的两个)以及刚体绕这根轴转动的角度(一个数).在国民经济的问题中,我们也会碰到这种情况.譬如,一个工厂生产好几种产品,于是为了说明这个工厂的产量,就需要同时指出每种产品的产量;又如一个工厂的原料是来自好多地方,于是一个原料的采购计划就需要同时指出从每个原料产地的采购量.总之,这样的例子是举不胜举的,作为它们的一个共同的抽象,我们就有

定义 2　所谓数域 P 上一个 n **维向量**就是由数域 P 中 n 个数组成的有序数组

$$(a_1,a_2,\cdots,a_n),\tag{1}$$

a_i 称为向量(1)的**分量**.

几何上的向量可以认为是它的特殊情形,即 $n=2,3$ 且 P 为实数域的情形.在 $n>3$ 时,n 维向量就没有直观的几何意义了.我们所以仍然称它为向量,一方面固然是由于它包括通常的向量作为特殊情形,另一方面也由于它与通常的向量一样可以定义运算,并且有许多运算性质是共同的,因而采取这样一个几何的名词有好处.

以后我们用小写希腊字母 $\boldsymbol{\alpha},\boldsymbol{\beta},\boldsymbol{\gamma},\cdots$ 来代表向量.

定义 3　如果 n 维向量

$$\boldsymbol{\alpha}=(a_1,a_2,\cdots,a_n),\quad \boldsymbol{\beta}=(b_1,b_2,\cdots,b_n)$$

的对应分量都相等,即

$$a_i=b_i,\quad i=1,2,\cdots,n,$$

就称这两个向量是**相等的**,记作 $\boldsymbol{\alpha}=\boldsymbol{\beta}$.

n 维向量之间的基本关系是用向量的加法和数量乘法表达的.

定义 4　向量

$$\boldsymbol{\gamma}=(a_1+b_1,a_2+b_2,\cdots,a_n+b_n)$$

称为向量

$$\boldsymbol{\alpha}=(a_1,a_2,\cdots,a_n),\quad \boldsymbol{\beta}=(b_1,b_2,\cdots,b_n)$$

的**和**,记作

$$\boldsymbol{\gamma}=\boldsymbol{\alpha}+\boldsymbol{\beta}.$$

由定义立即推出

交换律:$\boldsymbol{\alpha}+\boldsymbol{\beta}=\boldsymbol{\beta}+\boldsymbol{\alpha}$. (2)

结合律:$\boldsymbol{\alpha}+(\boldsymbol{\beta}+\boldsymbol{\gamma})=(\boldsymbol{\alpha}+\boldsymbol{\beta})+\boldsymbol{\gamma}$. (3)

定义 5 分量全为零的向量

$$(0,0,\cdots 0)$$

称为**零向量**,记作 $\mathbf{0}$;向量 $(-a_1,-a_2,\cdots,-a_n)$ 称为向量 $\boldsymbol{\alpha}=(a_1,a_2,\cdots,a_n)$ 的**负向量**,记作 $-\boldsymbol{\alpha}$.

显然,对于所有的 $\boldsymbol{\alpha}$,都有

$$\boldsymbol{\alpha}+\mathbf{0}=\boldsymbol{\alpha}, \tag{4}$$

$$\boldsymbol{\alpha}+(-\boldsymbol{\alpha})=\mathbf{0}. \tag{5}$$

(2)—(5)式是向量加法的四条基本运算规律.

利用负向量,我们可以定义向量的减法.

定义 6 $\boldsymbol{\alpha}-\boldsymbol{\beta}=\boldsymbol{\alpha}+(-\boldsymbol{\beta})$.

定义 7 设 k 为数域 P 中的数,向量

$$(ka_1,ka_2,\cdots,ka_n)$$

称为向量 $\boldsymbol{\alpha}=(a_1,a_2,\cdots,a_n)$ 与数 k 的**数量乘积**,记作 $k\boldsymbol{\alpha}$.

由定义立即推出

$$k(\boldsymbol{\alpha}+\boldsymbol{\beta})=k\boldsymbol{\alpha}+k\boldsymbol{\beta}, \tag{6}$$

$$(k+l)\boldsymbol{\alpha}=k\boldsymbol{\alpha}+l\boldsymbol{\alpha}, \tag{7}$$

$$k(l\boldsymbol{\alpha})=(kl)\boldsymbol{\alpha}, \tag{8}$$

$$1\boldsymbol{\alpha}=\boldsymbol{\alpha}. \tag{9}$$

(6)—(9)式是关于数量乘法的四条基本运算规则.由(6)—(9)式或者由定义不难推出

$$0\boldsymbol{\alpha}=\mathbf{0}, \tag{10}$$

$$(-1)\boldsymbol{\alpha}=-\boldsymbol{\alpha}, \tag{11}$$

$$k\mathbf{0}=\mathbf{0}. \tag{12}$$

如果 $k\neq 0,\boldsymbol{\alpha}\neq\mathbf{0}$,那么

$$k\boldsymbol{\alpha}\neq\mathbf{0}. \tag{13}$$

定义 8 以数域 P 中的数作为分量的 n 维向量的全体,同时考虑到定义在它们上面的加法和数量乘法,称为数域 P 上的 n 维**向量空间**.

当 $n=3$ 时,三维实向量空间可以认为就是几何空间中全体向量所成的空间.

以上已把数域 P 上全体 n 维向量的集合组成一个有加法和数量乘法的代数结构,即数域 P 上 n 维向量空间.在以后的几节中将进一步讨论它的性质,并用这些性质描述和解决线性方程组中的一些问题.

向量通常写成一行

$$\boldsymbol{\alpha}=(a_1,a_2,\cdots,a_n).$$

有时候也可以写成一列

$$\boldsymbol{\alpha}=\begin{pmatrix}a_1\\a_2\\\vdots\\a_n\end{pmatrix}.$$

为了区别,前者称为**行向量**,后者称为**列向量**.它们的区别只是写法上的不同.

§3 线性相关性

以下我们总是在一固定的数域 P 上的 n 维向量空间中进行讨论,不再每次说明了.

在这一节我们来进一步研究向量之间的关系.两个向量之间最简单的关系是成比例.所谓向量 $\boldsymbol{\alpha}$ 与 $\boldsymbol{\beta}$ 成比例就是说有一数 k,使

$$\boldsymbol{\alpha}=k\boldsymbol{\beta}.$$

在多个向量之间,成比例的关系表现为线性组合.

定义 9 向量 $\boldsymbol{\alpha}$ 称为向量组 $\boldsymbol{\beta}_1,\boldsymbol{\beta}_2,\cdots,\boldsymbol{\beta}_s$ 的一个**线性组合**,如果有数域 P 中的数 $k_1,k_2,\cdots,k_s$,使

$$\boldsymbol{\alpha}=k_1\boldsymbol{\beta}_1+k_2\boldsymbol{\beta}_2+\cdots+k_s\boldsymbol{\beta}_s.$$

例如,§1 的方程组(9)的三个方程可以用向量

$$\boldsymbol{\alpha}_1=(2,-1,3,1),\quad \boldsymbol{\alpha}_2=(4,-2,5,4),\quad \boldsymbol{\alpha}_3=(2,-1,4,-1)$$

来代表.我们知道,第三个方程等于第一个方程的 3 倍减去第二个方程,这等价于 $\boldsymbol{\alpha}_3=3\boldsymbol{\alpha}_1-\boldsymbol{\alpha}_2$. 这个等式表示 $\boldsymbol{\alpha}_3$ 是 $\boldsymbol{\alpha}_1,\boldsymbol{\alpha}_2$ 的一个线性组合.

又如,任意一个 n 维向量 $\boldsymbol{\alpha}=(a_1,a_2,\cdots,a_n)$ 都是向量组

$$\begin{cases}\boldsymbol{\varepsilon}_1=(1,0,\cdots,0),\\ \boldsymbol{\varepsilon}_2=(0,1,\cdots,0),\\ \quad\cdots,\\ \boldsymbol{\varepsilon}_n=(0,0,\cdots,1)\end{cases}\tag{1}$$

的一个线性组合.因为

$$\boldsymbol{\alpha}=a_1\boldsymbol{\varepsilon}_1+a_2\boldsymbol{\varepsilon}_2+\cdots+a_n\boldsymbol{\varepsilon}_n.$$

向量 $\boldsymbol{\varepsilon}_1,\boldsymbol{\varepsilon}_2,\cdots,\boldsymbol{\varepsilon}_n$ 称为 n **维单位向量**.

由定义可以立即看出,零向量是任一向量组的线性组合(只要取系数全为 0 就行了).

当向量 $\boldsymbol{\alpha}$ 是向量组 $\boldsymbol{\beta}_1,\boldsymbol{\beta}_2,\cdots,\boldsymbol{\beta}_s$ 的一个线性组合时,我们也说 $\boldsymbol{\alpha}$ 可以经向量组 $\boldsymbol{\beta}_1,\boldsymbol{\beta}_2,\cdots,\boldsymbol{\beta}_s$ **线性表出**.

定义 10 如果向量组 $\boldsymbol{\alpha}_1,\boldsymbol{\alpha}_2,\cdots,\boldsymbol{\alpha}_t$ 中每一个向量 $\boldsymbol{\alpha}_i(i=1,2,\cdots,t)$ 都可以经向量组 $\boldsymbol{\beta}_1,\boldsymbol{\beta}_2,\cdots,\boldsymbol{\beta}_s$ 线性表出,那么向量组 $\boldsymbol{\alpha}_1,\boldsymbol{\alpha}_2,\cdots,\boldsymbol{\alpha}_t$ 就称为可以经向量组 $\boldsymbol{\beta}_1,\boldsymbol{\beta}_2,\cdots,\boldsymbol{\beta}_s$ **线性表出**. 如果两个向量组互相可以线性表出,它们就称为**等价**.

例如,设

$$\boldsymbol{\alpha}_1=(1,1,1),\quad \boldsymbol{\alpha}_2=(1,2,0);$$
$$\boldsymbol{\beta}_1=(1,0,2),\quad \boldsymbol{\beta}_2=(0,1,-1),$$

则向量组 $\boldsymbol{\alpha}_1,\boldsymbol{\alpha}_2$ 与向量组 $\boldsymbol{\beta}_1,\boldsymbol{\beta}_2$ 是等价的.

由定义不难证明,每一个向量组都可以经它自身线性表出.同时,如果向量组 $\boldsymbol{\alpha}_1,\boldsymbol{\alpha}_2,\cdots,\boldsymbol{\alpha}_t$ 可以经向量组 $\boldsymbol{\beta}_1,\boldsymbol{\beta}_2,\cdots,\boldsymbol{\beta}_s$ 线性表出,向量组 $\boldsymbol{\beta}_1,\boldsymbol{\beta}_2,\cdots,\boldsymbol{\beta}_s$ 可以经向量组 $\boldsymbol{\gamma}_1,\boldsymbol{\gamma}_2,\cdots,\boldsymbol{\gamma}_p$ 线性表出,那么向量组 $\boldsymbol{\alpha}_1,\boldsymbol{\alpha}_2,\cdots,\boldsymbol{\alpha}_t$ 可以经向量组 $\boldsymbol{\gamma}_1,\boldsymbol{\gamma}_2,\cdots,\boldsymbol{\gamma}_p$ 线性表出.

事实上,如果

$$\boldsymbol{\alpha}_i=\sum_{j=1}^{s}k_{ij}\boldsymbol{\beta}_j,\quad i=1,2,\cdots,t,$$

$$\boldsymbol{\beta}_j=\sum_{m=1}^{p}l_{jm}\boldsymbol{\gamma}_m,\quad j=1,2,\cdots,s,$$

则

$$\boldsymbol{\alpha}_i=\sum_{j=1}^{s}k_{ij}\sum_{m=1}^{p}l_{jm}\boldsymbol{\gamma}_m=\sum_{m=1}^{p}\Big(\sum_{j=1}^{s}k_{ij}l_{jm}\Big)\boldsymbol{\gamma}_m,\quad i=1,2,\cdots,t.$$

这就是说,向量组 $\boldsymbol{\alpha}_1,\boldsymbol{\alpha}_2,\cdots,\boldsymbol{\alpha}_t$ 中每一个向量都可以经向量组 $\boldsymbol{\gamma}_1,\boldsymbol{\gamma}_2,\cdots,\boldsymbol{\gamma}_p$ 线性表出,因而向量组 $\boldsymbol{\alpha}_1,\boldsymbol{\alpha}_2,\cdots,\boldsymbol{\alpha}_t$ 可以经向量组 $\boldsymbol{\gamma}_1,\boldsymbol{\gamma}_2,\cdots,\boldsymbol{\gamma}_p$线性表出.

由上述的结论,得知向量组之间的等价有以下性质:

1. **自反性**:每一个向量组都与它自身等价.

2. **对称性**:如果向量组 $\boldsymbol{\alpha}_1,\boldsymbol{\alpha}_2,\cdots,\boldsymbol{\alpha}_s$ 与 $\boldsymbol{\beta}_1,\boldsymbol{\beta}_2,\cdots,\boldsymbol{\beta}_t$ 等价,那么向量组 $\boldsymbol{\beta}_1,\boldsymbol{\beta}_2,\cdots,\boldsymbol{\beta}_t$ 也与 $\boldsymbol{\alpha}_1,\boldsymbol{\alpha}_2,\cdots,\boldsymbol{\alpha}_s$ 等价.

3. **传递性**:如果向量组 $\boldsymbol{\alpha}_1,\boldsymbol{\alpha}_2,\cdots,\boldsymbol{\alpha}_s$ 与 $\boldsymbol{\beta}_1,\boldsymbol{\beta}_2,\cdots,\boldsymbol{\beta}_t$ 等价,$\boldsymbol{\beta}_1,\boldsymbol{\beta}_2,\cdots,\boldsymbol{\beta}_t$ 与 $\boldsymbol{\gamma}_1,\boldsymbol{\gamma}_2,\cdots,\boldsymbol{\gamma}_p$ 等价,那么向量组 $\boldsymbol{\alpha}_1,\boldsymbol{\alpha}_2,\cdots,\boldsymbol{\alpha}_s$ 与 $\boldsymbol{\gamma}_1,\boldsymbol{\gamma}_2,\cdots,\boldsymbol{\gamma}_p$ 等价.

定义 11 如果向量组 $\boldsymbol{\alpha}_1,\boldsymbol{\alpha}_2,\cdots,\boldsymbol{\alpha}_s(s\geqslant 2)$ 中有一个向量可以由其余的向量线性表出,那么向量组 $\boldsymbol{\alpha}_1,\boldsymbol{\alpha}_2,\cdots,\boldsymbol{\alpha}_s$ 称为**线性相关**.

例如,向量组 $\boldsymbol{\alpha}_1=(2,-1,3,1)$,$\boldsymbol{\alpha}_2=(4,-2,5,4)$,$\boldsymbol{\alpha}_3=(2,-1,4,-1)$是线性相关的,因为

$$3\boldsymbol{\alpha}_1-\boldsymbol{\alpha}_2=\boldsymbol{\alpha}_3.$$

从定义可以看出,任意一个包含零向量的向量组一定是线性相关的.还可看出,向量组 $\boldsymbol{\alpha}_1,\boldsymbol{\alpha}_2$ 线性相关就表示 $\boldsymbol{\alpha}_1=k\boldsymbol{\alpha}_2$ 或者$\boldsymbol{\alpha}_2=k\boldsymbol{\alpha}_1$(这两个式子不一定能同时成立).在 P 为实数域,并且是三维的情形,这就表示向量 $\boldsymbol{\alpha}_1$ 与 $\boldsymbol{\alpha}_2$ 共线.三个向量 $\boldsymbol{\alpha}_1,\boldsymbol{\alpha}_2,\boldsymbol{\alpha}_3$ 线性相关的几何意义就是它们共面,因为由定义,其中一个向量是另外两个的线性组合,譬如

$$\boldsymbol{\alpha}_1=k\boldsymbol{\alpha}_2+l\boldsymbol{\alpha}_3,$$

这就是说,$\boldsymbol{\alpha}_1$ 在 $\boldsymbol{\alpha}_2$ 与 $\boldsymbol{\alpha}_3$ 所在的平面上.

向量组的线性相关的定义还可以用另一个说法:

定义 11′ 向量组 $\boldsymbol{\alpha}_1,\boldsymbol{\alpha}_2,\cdots,\boldsymbol{\alpha}_s(s\geqslant 1)$ 称为**线性相关**,如果有数域 P 中不全为零的数 $k_1,k_2,\cdots,k_s$,使

$$k_1\boldsymbol{\alpha}_1+k_2\boldsymbol{\alpha}_2+\cdots+k_s\boldsymbol{\alpha}_s=\mathbf{0}.$$

现在我们来证明这两个定义在 $s\geqslant 2$ 的时候是一致的.

如果向量组 $\boldsymbol{\alpha}_1,\boldsymbol{\alpha}_2,\cdots,\boldsymbol{\alpha}_s$ 按定义 11 是线性相关的,那么其中有一个向量是其余向量的线性组合,譬如说,

$$\boldsymbol{\alpha}_s=k_1\boldsymbol{\alpha}_1+k_2\boldsymbol{\alpha}_2+\cdots+k_{s-1}\boldsymbol{\alpha}_{s-1},$$

把它改写一下,就有

$$k_1\boldsymbol{\alpha}_1+k_2\boldsymbol{\alpha}_2+\cdots+k_{s-1}\boldsymbol{\alpha}_{s-1}+(-1)\boldsymbol{\alpha}_s=\mathbf{0}.$$

因为数 $k_1,k_2,\cdots,k_{s-1},-1$ 不全为零(至少 $-1\neq 0$),所以按定义 11′,这个向量组线性相关.

反过来,如果向量组 $\boldsymbol{\alpha}_1,\boldsymbol{\alpha}_2,\cdots,\boldsymbol{\alpha}_s$ 按定义 11′线性相关,即有不全为零的数 $k_1,k_2,\cdots,k_s$,使

$$k_1\boldsymbol{\alpha}_1+k_2\boldsymbol{\alpha}_2+\cdots+k_s\boldsymbol{\alpha}_s=\mathbf{0}.$$

因为 $k_1,k_2,\cdots,k_s$ 不全为零,不妨设 $k_s\neq 0$,于是上式可以改写为

$$\boldsymbol{\alpha}_s=-\frac{k_1}{k_s}\boldsymbol{\alpha}_1-\frac{k_2}{k_s}\boldsymbol{\alpha}_2-\cdots-\frac{k_{s-1}}{k_s}\boldsymbol{\alpha}_{s-1}.$$

这就是说,向量 $\boldsymbol{\alpha}_s$ 可以经其余的向量线性表出,所以此向量组按定义 11 也线性相关.

定义 12 一向量组 $\boldsymbol{\alpha}_1,\boldsymbol{\alpha}_2,\cdots,\boldsymbol{\alpha}_s(s\geqslant 1)$ 不线性相关,即没有不全为零的数 $k_1,k_2,\cdots,k_s$,使

$$k_1\boldsymbol{\alpha}_1+k_2\boldsymbol{\alpha}_2+\cdots+k_s\boldsymbol{\alpha}_s=\mathbf{0},$$

就称为**线性无关**;或者说,一向量组 $\boldsymbol{\alpha}_1,\boldsymbol{\alpha}_2,\cdots,\boldsymbol{\alpha}_s$ 称为线性无关,如果由

$$k_1\boldsymbol{\alpha}_1+k_2\boldsymbol{\alpha}_2+\cdots+k_s\boldsymbol{\alpha}_s=\mathbf{0}$$

可以推出

$$k_1=k_2=\cdots=k_s=0.$$

由定义立即得出,如果一向量组的一部分线性相关,那么这个向量组就线性相关.设向量组为 $\boldsymbol{\alpha}_1,\boldsymbol{\alpha}_2,\cdots,\boldsymbol{\alpha}_s,\cdots,\boldsymbol{\alpha}_r(s\leqslant r)$,其中一部分,譬如说,$\boldsymbol{\alpha}_1,\boldsymbol{\alpha}_2,\cdots,\boldsymbol{\alpha}_s$ 线性相关,即有不全为零的数 $k_1,k_2,\cdots,k_s$,使

$$k_1\boldsymbol{\alpha}_1+k_2\boldsymbol{\alpha}_2+\cdots+k_s\boldsymbol{\alpha}_s=\mathbf{0}.$$

由上式显然有

$$k_1\boldsymbol{\alpha}_1+k_2\boldsymbol{\alpha}_2+\cdots+k_s\boldsymbol{\alpha}_s+0\boldsymbol{\alpha}_{s+1}+\cdots+0\boldsymbol{\alpha}_r=\mathbf{0}.$$

因为 $k_1,k_2,\cdots,k_s$ 不全为零,所以 $k_1,k_2,\cdots,k_s,0,\cdots,0$ 也不全为零,因而 $\boldsymbol{\alpha}_1,\boldsymbol{\alpha}_2,\cdots,\boldsymbol{\alpha}_r$ 线性相关.

换个说法,如果一向量组线性无关,那么它的任何一个非空的部分组也线性无关.特别地,由于两个成比例的向量是线性相关的,所以线性无关的向量组中一定不能包含两个成比例的向量.

定义 11′包含了由一个向量构成的向量组的情形.按定义,向量组 $\boldsymbol{\alpha}$ 线性相关就表示有 $k\neq 0$(因为只有一个数,所以不全为零就是它不等于零),使

$$k\boldsymbol{\alpha}=\mathbf{0}.$$

由数乘的性质推知 $\boldsymbol{\alpha}=\mathbf{0}$.因此,向量组 $\boldsymbol{\alpha}$ 线性相关就表示 $\boldsymbol{\alpha}=\mathbf{0}$.

不难看出,由 n 维单位向量 $\boldsymbol{\varepsilon}_1,\boldsymbol{\varepsilon}_2,\cdots,\boldsymbol{\varepsilon}_n$ 组成的向量组是线性无关的.事实上,由

$$k_1\boldsymbol{\varepsilon}_1+k_2\boldsymbol{\varepsilon}_2+\cdots+k_n\boldsymbol{\varepsilon}_n=\mathbf{0},$$

也就是由

$$k_1(1,0,\cdots,0)+k_2(0,1,\cdots,0)+\cdots+k_n(0,0,\cdots,1)=(k_1,k_2,\cdots,k_n)=(0,0,\cdots,0)$$

可以推出

$$k_1=k_2=\cdots=k_n=0.$$

这就是说,$\boldsymbol{\varepsilon}_1,\boldsymbol{\varepsilon}_2,\cdots,\boldsymbol{\varepsilon}_n$ 线性无关.

具体判断一个向量组是线性相关还是线性无关的问题可以归结为解方程组的问题.我们先考察已经碰到过的例子,判断向量组 $\boldsymbol{\alpha}_1=(2,-1,3,1)$,$\boldsymbol{\alpha}_2=(4,-2,5,4)$,$\boldsymbol{\alpha}_3=(2,-1,4,-1)$是否线性相关.

可取 x_1,x_2,x_3 为未知数,建立方程式

$$x_1\boldsymbol{\alpha}_1+x_2\boldsymbol{\alpha}_2+x_3\boldsymbol{\alpha}_3=\mathbf{0},$$

看它是否有 x_1,x_2,x_3 的不全为零的解.这是向量等式,按各个分量分别写出方程,就成为方程组

$$\begin{cases}2x_1+4x_2+2x_3=0,\\-x_1-2x_2\quad-x_3=0,\\3x_1+5x_2+4x_3=0,\\\ x_1+4x_2\quad-x_3=0.\end{cases}$$

前面的含向量的方程有无非零解等价于这个方程组有无非零解.可以用消元法解这个方程组.它有无限多解,当然有非零解.故 $\boldsymbol{\alpha}_1,\boldsymbol{\alpha}_2,\boldsymbol{\alpha}_3$ 线性相关.特别的一组解,可取为$(x_1,x_2,x_3)=(3,-1,-1)$.即 $3\boldsymbol{\alpha}_1-\boldsymbol{\alpha}_2-\boldsymbol{\alpha}_3=\mathbf{0}$,或 $\boldsymbol{\alpha}_3=3\boldsymbol{\alpha}_1-\boldsymbol{\alpha}_2$.这是前面已指出过的结果.

一般地,要判别一个向量组

$$\boldsymbol{\alpha}_i=(a_{i1},a_{i2},\cdots,a_{in}),\quad i=1,2,\cdots,s \tag{2}$$

是否线性相关,根据定义 11′,就是看方程

$$x_1\boldsymbol{\alpha}_1+x_2\boldsymbol{\alpha}_2+\cdots+x_s\boldsymbol{\alpha}_s=\mathbf{0} \tag{3}$$

有无非零解.(3)式按分量写出来就是

$$\begin{cases}a_{11}x_1+a_{21}x_2+\cdots+a_{s1}x_s=0,\\a_{12}x_1+a_{22}x_2+\cdots+a_{s2}x_s=0,\\\qquad\cdots\cdots\cdots\cdots\\a_{1n}x_1+a_{2n}x_2+\cdots+a_{sn}x_s=0.\end{cases} \tag{4}$$

因之,**向量组 $\boldsymbol{\alpha}_1,\boldsymbol{\alpha}_2,\cdots,\boldsymbol{\alpha}_s$ 线性无关的充要条件是齐次线性方程组(4)只有零解.**

从这里很容易看出,**如果向量组(2)线性无关,那么在每一个向量上添一个分量所得到的 $n+1$ 维的向量组**

$$\boldsymbol{\beta}_i=(a_{i1},a_{i2},\cdots,a_{in},a_{i,n+1}),\quad i=1,2,\cdots,s \tag{5}$$

也线性无关.

事实上,与向量组(5)相对应的齐次线性方程组为

$$
\begin{cases}
a_{11}x_1 + a_{21}x_2 + \cdots + a_{s1}x_s = 0, \\
a_{12}x_1 + a_{22}x_2 + \cdots + a_{s2}x_s = 0, \\
\cdots\cdots\cdots\cdots \\
a_{1n}x_1 + a_{2n}x_2 + \cdots + a_{sn}x_s = 0, \\
a_{1,n+1}x_1 + a_{2,n+1}x_2 + \cdots + a_{s,n+1}x_s = 0.
\end{cases} \tag{6}
$$

显然，方程组(6)的解全是方程组(4)的解，如果方程组(4)只有零解，那么方程组(6)也只有零解.

这个结果当然可以推广到添几个分量的情形.

利用§1的定理1，即得向量组的一个基本性质.

定理 2 设 $\boldsymbol{\alpha}_1,\boldsymbol{\alpha}_2,\cdots,\boldsymbol{\alpha}_r$ 与 $\boldsymbol{\beta}_1,\boldsymbol{\beta}_2,\cdots,\boldsymbol{\beta}_s$ 是两个向量组.如果

1） 向量组 $\boldsymbol{\alpha}_1,\boldsymbol{\alpha}_2,\cdots,\boldsymbol{\alpha}_r$ 可以经 $\boldsymbol{\beta}_1,\boldsymbol{\beta}_2,\cdots,\boldsymbol{\beta}_s$ 线性表出；

2） $r>s$，

那么向量组 $\boldsymbol{\alpha}_1,\boldsymbol{\alpha}_2,\cdots,\boldsymbol{\alpha}_r$ 必线性相关.

证明 由1)有

$$\boldsymbol{\alpha}_i = \sum_{j=1}^{s} t_{ji}\boldsymbol{\beta}_j, \qquad i=1,2,\cdots,r.$$

为了证明 $\boldsymbol{\alpha}_1,\boldsymbol{\alpha}_2,\cdots,\boldsymbol{\alpha}_r$ 线性相关，只要证可以找到不全为零的数 $k_1,k_2,\cdots,k_r$，使

$$k_1\boldsymbol{\alpha}_1+k_2\boldsymbol{\alpha}_2+\cdots+k_r\boldsymbol{\alpha}_r=\mathbf{0}.$$

为此，我们作线性组合

$$x_1\boldsymbol{\alpha}_1+x_2\boldsymbol{\alpha}_2+\cdots+x_r\boldsymbol{\alpha}_r = \sum_{i=1}^{r} x_i \sum_{j=1}^{s} t_{ji}\boldsymbol{\beta}_j = \sum_{i=1}^{r}\sum_{j=1}^{s} t_{ji}x_i\boldsymbol{\beta}_j = \sum_{j=1}^{s}\Big(\sum_{i=1}^{r} t_{ji}x_i\Big)\boldsymbol{\beta}_j.$$

如果我们能找到不全为零的数 $x_1,x_2,\cdots,x_r$，使 $\boldsymbol{\beta}_1,\boldsymbol{\beta}_2,\cdots,\boldsymbol{\beta}_s$ 的系数全为零，那就证明了 $\boldsymbol{\alpha}_1,\boldsymbol{\alpha}_2,\cdots,\boldsymbol{\alpha}_r$ 的线性相关性.这一点是能够做到的，因为由2)，即 $r>s$，齐次方程组

$$
\begin{cases}
t_{11}x_1+t_{12}x_2+\cdots+t_{1r}x_r=0, \\
t_{21}x_1+t_{22}x_2+\cdots+t_{2r}x_r=0, \\
\cdots\cdots\cdots\cdots \\
t_{s1}x_1+t_{s2}x_2+\cdots+t_{sr}x_r=0
\end{cases}
$$

中未知量的个数大于方程的个数，根据§1定理1，它有非零解. ▌

把定理2换个说法，即得

推论 1 如果向量组 $\boldsymbol{\alpha}_1,\boldsymbol{\alpha}_2,\cdots,\boldsymbol{\alpha}_r$ 可以经向量组 $\boldsymbol{\beta}_1,\boldsymbol{\beta}_2,\cdots,\boldsymbol{\beta}_s$ 线性表出，且 $\boldsymbol{\alpha}_1,\boldsymbol{\alpha}_2,\cdots,\boldsymbol{\alpha}_r$ 线性无关，那么 $r\leqslant s$. ▌

直接应用定理2，即得

推论 2 任意 $n+1$ 个 n 维向量必线性相关.

事实上，每个 n 维向量都可以经 n 维单位向量 $\boldsymbol{\varepsilon}_1,\boldsymbol{\varepsilon}_2,\cdots,\boldsymbol{\varepsilon}_n$ 线性表出，且 $n+1>n$，因而必线性相关. ▌

由推论1，得

推论 3 两个线性无关的等价的向量组，必含有相同个数的向量. ▌

定理2的几何意义是清楚的：在三维向量的情形，如果 $s=2$，那么可以经向量组

$\boldsymbol{\beta}_1,\boldsymbol{\beta}_2$ 线性表出的向量当然都在 $\boldsymbol{\beta}_1,\boldsymbol{\beta}_2$ 所在的平面上,因而这些向量是共面的,也就是,当 $r>2$ 时,这些向量线性相关.两个向量组 $\boldsymbol{\alpha}_1,\boldsymbol{\alpha}_2$ 与 $\boldsymbol{\beta}_1,\boldsymbol{\beta}_2$ 等价,就意味着它们在同一平面上.

定义 13 一向量组的一个部分组称为一个**极大线性无关组**,如果这个部分组本身是线性无关的,并且从这向量组中任意添一个向量(如果还有的话),所得的部分向量组都线性相关.

例如,在向量组 $\boldsymbol{\alpha}_1=(2,-1,3,1)$,$\boldsymbol{\alpha}_2=(4,-2,5,4)$,$\boldsymbol{\alpha}_3=(2,-1,4,-1)$ 中,由 $\boldsymbol{\alpha}_1$,$\boldsymbol{\alpha}_2$ 组成的部分组就是一个极大线性无关组.首先,$\boldsymbol{\alpha}_1,\boldsymbol{\alpha}_2$ 线性无关,因为由

$$\begin{aligned}k_1\boldsymbol{\alpha}_1+k_2\boldsymbol{\alpha}_2&=k_1(2,-1,3,1)+k_2(4,-2,5,4)\\&=(2k_1+4k_2,-k_1-2k_2,3k_1+5k_2,k_1+4k_2)=(0,0,0,0),\end{aligned}$$

就有 $k_1=k_2=0$.同时我们知道,$\boldsymbol{\alpha}_1,\boldsymbol{\alpha}_2,\boldsymbol{\alpha}_3$ 线性相关.不难看出,$\boldsymbol{\alpha}_2,\boldsymbol{\alpha}_3$ 也是一个极大线性无关组(请读者验证一下).

应该看到,一个线性无关向量组的极大线性无关组就是这个向量组自身.

极大线性无关组的一个基本性质是,任意一个极大线性无关组都与向量组本身等价.

事实上,设向量组为 $\boldsymbol{\alpha}_1,\boldsymbol{\alpha}_2,\cdots,\boldsymbol{\alpha}_s,\cdots,\boldsymbol{\alpha}_r$,而 $\boldsymbol{\alpha}_1,\boldsymbol{\alpha}_2,\cdots,\boldsymbol{\alpha}_s$ 是它的一个极大线性无关组.所谓等价就是它们可以互相线性表出.因为 $\boldsymbol{\alpha}_1,\boldsymbol{\alpha}_2,\cdots,\boldsymbol{\alpha}_s$ 是 $\boldsymbol{\alpha}_1,\boldsymbol{\alpha}_2,\cdots,\boldsymbol{\alpha}_r$ 的一部分,当然可以经这个向量组线性表出,即

$$\boldsymbol{\alpha}_i=0\boldsymbol{\alpha}_1+\cdots+1\boldsymbol{\alpha}_i+0\boldsymbol{\alpha}_{i+1}+\cdots+0\boldsymbol{\alpha}_r,\quad i=1,2,\cdots,s.$$

因此,问题在于 $\boldsymbol{\alpha}_1,\boldsymbol{\alpha}_2,\cdots,\boldsymbol{\alpha}_s,\cdots,\boldsymbol{\alpha}_r$ 是否可以经 $\boldsymbol{\alpha}_1,\boldsymbol{\alpha}_2,\cdots,\boldsymbol{\alpha}_s$ 线性表出.向量 $\boldsymbol{\alpha}_1$,$\boldsymbol{\alpha}_2,\cdots,\boldsymbol{\alpha}_s$ 中每一个都可以经 $\boldsymbol{\alpha}_1,\boldsymbol{\alpha}_2,\cdots,\boldsymbol{\alpha}_s$ 线性表出是显然的.现在来看 $\boldsymbol{\alpha}_{s+1},\cdots,\boldsymbol{\alpha}_r$ 中的向量,设 $\boldsymbol{\alpha}_j$ 是这样一个向量.由极大线性无关组 $\boldsymbol{\alpha}_1,\boldsymbol{\alpha}_2,\cdots,\boldsymbol{\alpha}_s$ 的极大性,向量组 $\boldsymbol{\alpha}_1$,$\boldsymbol{\alpha}_2,\cdots,\boldsymbol{\alpha}_s,\boldsymbol{\alpha}_j$ 线性相关,也就是说,有不全为零的数 $k_1,k_2,\cdots,k_s,l$,使

$$k_1\boldsymbol{\alpha}_1+k_2\boldsymbol{\alpha}_2+\cdots+k_s\boldsymbol{\alpha}_s+l\boldsymbol{\alpha}_j=\mathbf{0}.$$

因为 $\boldsymbol{\alpha}_1,\boldsymbol{\alpha}_2,\cdots,\boldsymbol{\alpha}_s$ 是线性无关的,可证必有 $l\neq0$.否则,设 $l=0$,那么 $k_1,k_2,\cdots,k_s$ 就不全为零,于是 $\boldsymbol{\alpha}_1,\boldsymbol{\alpha}_2,\cdots,\boldsymbol{\alpha}_s$ 线性相关,这与假设矛盾.由 $l\neq0$,上式可以改写为

$$\boldsymbol{\alpha}_j=-\frac{k_1}{l}\boldsymbol{\alpha}_1-\frac{k_2}{l}\boldsymbol{\alpha}_2-\cdots-\frac{k_s}{l}\boldsymbol{\alpha}_s,\quad s<j\leqslant r.$$

这就是说,$\boldsymbol{\alpha}_j(s<j\leqslant r)$ 可以经 $\boldsymbol{\alpha}_1,\boldsymbol{\alpha}_2,\cdots,\boldsymbol{\alpha}_s$ 线性表出.于是证明了向量组与它的极大线性无关组的等价性.

由上面的例子可以看到,向量组的极大线性无关组不是唯一的.但是每一个极大线性无关组都与向量组本身等价,因而,一向量组的任意两个极大线性无关组都是等价的.虽然极大线性无关组可以有很多,但是由定理 2 的推论 3,立即得出

定理 3 一向量组的极大线性无关组都含有相同个数的向量. ▌

定理 3 表明,极大线性无关组所含向量的个数与极大线性无关组的选择无关,它直接反映了向量组本身的性质.因此,我们有

定义 14 向量组的极大线性无关组所含向量的个数称为这个向量组的**秩**.

例如,向量组 $\boldsymbol{\alpha}_1=(2,-1,3,1)$,$\boldsymbol{\alpha}_2=(4,-2,5,4)$,$\boldsymbol{\alpha}_3=(2,-1,4,-1)$ 的秩就是 2.

因为线性无关的向量组就是它自身的极大线性无关组,所以一向量组线性无关的充要条件为它的秩与它所含向量的个数相同.

我们知道，每一向量组都与它的极大线性无关组等价.由等价的传递性可知，任意两个等价向量组的极大线性无关组也等价.所以等价的向量组必有相同的秩.

还要指出：含有非零向量的向量组一定有极大线性无关组，且任意一个无关的部分向量组都能扩充成一个极大线性无关组（见习题 9）.全部由零向量组成的向量组没有极大线性无关组.我们规定这样的向量组的秩为零.

现在把上面的概念与方程组的解的关系进行联系.给定一个方程组

$$\begin{cases} a_{11}x_1+a_{12}x_2+\cdots+a_{1n}x_n=d_1, & (A_1)\\ a_{21}x_1+a_{22}x_2+\cdots+a_{2n}x_n=d_2, & (A_2)\\ \cdots\cdots\cdots\cdots & \\ a_{s1}x_1+a_{s2}x_2+\cdots+a_{sn}x_n=d_s, & (A_s)\end{cases}$$

各个方程所对应的向量分别是 $\boldsymbol{\alpha}_1=(a_{11},a_{12},\cdots,a_{1n},d_1)$，$\boldsymbol{\alpha}_2=(a_{21},a_{22},\cdots,a_{2n},d_2)$，$\cdots$，$\boldsymbol{\alpha}_s=(a_{s1},a_{s2},\cdots,a_{sn},d_s)$.设有另一方程

$$b_1x_1+b_2x_2+\cdots+b_nx_n=d, \tag{B}$$

它对应的向量为 $\boldsymbol{\beta}=(b_1,b_2,\cdots,b_n,d)$.则 $\boldsymbol{\beta}$ 是 $\boldsymbol{\alpha}_1,\boldsymbol{\alpha}_2,\cdots,\boldsymbol{\alpha}_s$ 的线性组合，$\boldsymbol{\beta}=l_1\boldsymbol{\alpha}_1+l_2\boldsymbol{\alpha}_2+\cdots+l_s\boldsymbol{\alpha}_s$ 当且仅当 $(B)=l_1(A_1)+l_2(A_2)+\cdots+l_s(A_s)$，即方程 (B) 是方程 (A_1)，(A_2)，$\cdots$，(A_s) 的线性组合.容易验证，方程组 (A_1)，(A_2)，$\cdots$，(A_s) 的解一定满足方程 (B).进一步设方程组

$$\begin{cases} b_{11}x_1+b_{12}x_2+\cdots+b_{1n}x_n=c_1, & (B_1)\\ b_{21}x_1+b_{22}x_2+\cdots+b_{2n}x_n=c_2, & (B_2)\\ \cdots\cdots\cdots\cdots & \\ b_{r1}x_1+b_{r2}x_2+\cdots+b_{rn}x_n=c_r, & (B_r)\end{cases}$$

它的方程所对应的向量为 $\boldsymbol{\beta}_1,\boldsymbol{\beta}_2,\cdots,\boldsymbol{\beta}_r$.若 $\boldsymbol{\beta}_1,\boldsymbol{\beta}_2,\cdots,\boldsymbol{\beta}_r$ 可经 $\boldsymbol{\alpha}_1,\boldsymbol{\alpha}_2,\cdots,\boldsymbol{\alpha}_s$ 线性表出，则方程组 (A_1)，(A_2)，$\cdots$，(A_s) 的解是方程组 (B_1)，(B_2)，$\cdots$，(B_r) 的解.再进一步，当 $\boldsymbol{\alpha}_1,\boldsymbol{\alpha}_2,\cdots,\boldsymbol{\alpha}_s$ 与 $\boldsymbol{\beta}_1,\boldsymbol{\beta}_2,\cdots,\boldsymbol{\beta}_r$ 等价时，两个方程组同解.

§4 矩阵的秩

在上一节我们定义了向量组的秩.如果我们把矩阵的每一行看成一个向量，那么矩阵就可以认为是由这些行向量组成的.同样地，如果把每一列看成一个向量，那么矩阵也可以认为是由列向量组成的.

定义 15 所谓矩阵的**行秩**就是指矩阵的行向量组的秩，矩阵的**列秩**就是矩阵的列向量组的秩.

例如，矩阵

$$\boldsymbol{A}=\begin{pmatrix}1&1&3&1\\0&2&-1&4\\0&0&0&5\\0&0&0&0\end{pmatrix}$$

的行向量组是

$$\boldsymbol{\alpha}_1=(1,1,3,1),\quad \boldsymbol{\alpha}_2=(0,2,-1,4),$$
$$\boldsymbol{\alpha}_3=(0,0,0,5),\quad \boldsymbol{\alpha}_4=(0,0,0,0).$$

可以证明，$\boldsymbol{\alpha}_1,\boldsymbol{\alpha}_2,\boldsymbol{\alpha}_3$ 是向量组 $\boldsymbol{\alpha}_1,\boldsymbol{\alpha}_2,\boldsymbol{\alpha}_3,\boldsymbol{\alpha}_4$ 的一个极大线性无关组.事实上，由

$$k_1\boldsymbol{\alpha}_1+k_2\boldsymbol{\alpha}_2+k_3\boldsymbol{\alpha}_3=\mathbf{0},$$

即

$$\begin{aligned}&k_1(1,1,3,1)+k_2(0,2,-1,4)+k_3(0,0,0,5)\\=&(k_1,k_1+2k_2,3k_1-k_2,k_1+4k_2+5k_3)=(0,0,0,0),\end{aligned}$$

可得 $k_1=k_2=k_3=0$，这就证明了 $\boldsymbol{\alpha}_1,\boldsymbol{\alpha}_2,\boldsymbol{\alpha}_3$ 线性无关.因为 $\boldsymbol{\alpha}_4$ 是零向量，所以把 $\boldsymbol{\alpha}_4$ 添进去就线性相关了，因此，向量组 $\boldsymbol{\alpha}_1,\boldsymbol{\alpha}_2,\boldsymbol{\alpha}_3,\boldsymbol{\alpha}_4$ 的秩为 3，也就是说，矩阵 $\boldsymbol{A}$ 的行秩为 3.$\boldsymbol{A}$ 的列向量组是

$$\boldsymbol{\beta}_1=(1,0,0,0),\quad \boldsymbol{\beta}_2=(1,2,0,0),$$
$$\boldsymbol{\beta}_3=(3,-1,0,0),\quad \boldsymbol{\beta}_4=(1,4,5,0).$$

用同样的方法可证，$\boldsymbol{\beta}_1,\boldsymbol{\beta}_2,\boldsymbol{\beta}_4$ 线性无关，而 $\boldsymbol{\beta}_3=\dfrac{7}{2}\boldsymbol{\beta}_1-\dfrac{1}{2}\boldsymbol{\beta}_2$，所以把 $\boldsymbol{\beta}_3$ 添进去就线性相关了.因之，$\boldsymbol{\beta}_1,\boldsymbol{\beta}_2,\boldsymbol{\beta}_4$ 是向量组 $\boldsymbol{\beta}_1,\boldsymbol{\beta}_2,\boldsymbol{\beta}_3,\boldsymbol{\beta}_4$ 的一个极大线性无关组，于是向量组 $\boldsymbol{\beta}_1,\boldsymbol{\beta}_2,\boldsymbol{\beta}_3,\boldsymbol{\beta}_4$ 的秩为 3.换句话说，矩阵 $\boldsymbol{A}$ 的列秩也是 3.

矩阵的行秩等于列秩，这一点不是偶然的.实际上与 $\boldsymbol{A}$ 中的一些“子行列式”密切相关.我们引入

定义 16　在 $s\times n$ 矩阵 $\boldsymbol{A}$ 中任意选定 k 行和 k 列，位于这些选定的行和列的交点上的 k^2 个元素按原来的次序所组成的 k 阶行列式，称为 $\boldsymbol{A}$ 的 k **阶子式**.

在定义中，当然有 $k\leqslant\min(s,n)$，这里 $\min(s,n)$ 表示 s,n 中较小的一个数.

例 1　在矩阵

$$\boldsymbol{A}=\begin{pmatrix}1&1&3&1\\0&2&-1&4\\0&0&0&5\\0&0&0&0\end{pmatrix}$$

中，选第 1,3 行和第 3,4 列，它们交点上的元素所成的二阶行列式

$$\begin{vmatrix}3&1\\0&5\end{vmatrix}=15$$

就是一个二阶子式.又如选第 1,2,3 行和第 1,2,4 列，相应的三阶子式就是

$$\begin{vmatrix}1&1&1\\0&2&4\\0&0&5\end{vmatrix}=10.$$

由于行和列的选法很多，所以 k 阶子式也是很多的.

定义 17　矩阵 $\boldsymbol{A}$ 中最高阶非零子式的阶数称为矩阵 $\boldsymbol{A}$ 的秩.当 $\boldsymbol{A}$ 为零矩阵时称 $\boldsymbol{A}$ 的秩为零.

若 $\boldsymbol{A}$ 的秩为 r，则所有 r 阶以上的子式（如果有的话）全为零，当然所有 $r+1$ 阶子式（如果有的话）为零.反之，若 $\boldsymbol{A}$ 的所有 $r+1$ 阶子式全为零，且有一个 r 阶子式不为

零,则由行列式的展开定理,$\boldsymbol{A}$ 的所有 $r+2$ 阶子式,所有 $r+3$ 阶子式……所有 r 阶以上的子式皆为零.故 $\boldsymbol{A}$ 的最高阶非零子式的阶数为 r,即 $\boldsymbol{A}$ 的秩为 r.

我们来证明本节的主要结果.

定理 4 $\boldsymbol{A}$ 的秩 $=\boldsymbol{A}$ 的列秩 $=\boldsymbol{A}$ 的行秩.

证明 设 $\boldsymbol{A}$ 的秩为 r,必有 $\boldsymbol{A}$ 的一个 r 阶子式不为零,而所有 $r+1$ 阶子式皆为零.我们只证 $r=\boldsymbol{A}$ 的列秩,而 $r=\boldsymbol{A}$ 的行秩的证明是类似的.

设

$$\boldsymbol{A}=\begin{pmatrix} a_{11} & a_{12} & \cdots & a_{1n} \\ a_{21} & a_{22} & \cdots & a_{2n} \\ \vdots & \vdots & & \vdots \\ a_{s1} & a_{s2} & \cdots & a_{sn} \end{pmatrix},$$

且不妨设前 r 列有 r 阶子式不为零.(否则可经过变换列的次序来达到这一点,前后两个矩阵的列向量组是一样的,它们有相同的列秩.)设 $\boldsymbol{A}$ 的一个 r 阶非零子式为

$$d=\begin{vmatrix} a_{i_1 1} & a_{i_1 2} & \cdots & a_{i_1 r} \\ a_{i_2 1} & a_{i_2 2} & \cdots & a_{i_2 r} \\ \vdots & \vdots & & \vdots \\ a_{i_r 1} & a_{i_r 2} & \cdots & a_{i_r r} \end{vmatrix}\neq 0.$$

下面来证 $\boldsymbol{A}$ 的前 r 列是线性无关的,我们先证 d 中的 r 个列向量线性无关.由 $d\neq 0$ 及克拉默法则,方程组

$$\begin{cases} a_{i_1 1}x_1+a_{i_1 2}x_2+\cdots+a_{i_1 r}x_r=0, \\ a_{i_2 1}x_1+a_{i_2 2}x_2+\cdots+a_{i_2 r}x_r=0, \\ \cdots\cdots\cdots\cdots \\ a_{i_r 1}x_1+a_{i_r 2}x_2+\cdots+a_{i_r r}x_r=0 \end{cases}$$

只有零解,因此,d 中 r 个列向量线性无关.而 $\boldsymbol{A}$ 的前 r 个列向量

$$\boldsymbol{\alpha}_1=\begin{pmatrix} a_{11} \\ \vdots \\ a_{i_1 1} \\ \vdots \\ a_{i_2 1} \\ \vdots \\ a_{i_r 1} \\ \vdots \\ a_{s1} \end{pmatrix},\quad \boldsymbol{\alpha}_2=\begin{pmatrix} a_{12} \\ \vdots \\ a_{i_1 2} \\ \vdots \\ a_{i_2 2} \\ \vdots \\ a_{i_r 2} \\ \vdots \\ a_{s2} \end{pmatrix},\quad \cdots,\quad \boldsymbol{\alpha}_r=\begin{pmatrix} a_{1r} \\ \vdots \\ a_{i_1 r} \\ \vdots \\ a_{i_2 r} \\ \vdots \\ a_{i_r r} \\ \vdots \\ a_{sr} \end{pmatrix} \tag{1}$$

是由 d 的 r 个列向量同时添加了 $s-r$ 个分量而得,当然还是线性无关的.

再证 $\boldsymbol{A}$ 的任一列向量都可经列向量组(1)线性表出.任取 $\boldsymbol{A}$ 的一个列向量

$$\boldsymbol{\alpha}_j=\begin{pmatrix}a_{1j}\\a_{2j}\\\vdots\\a_{sj}\end{pmatrix},\quad r+1\leqslant j\leqslant n,$$

仍由 $d\neq0$ 及克拉默法则,方程组

$$\begin{cases}a_{i_11}x_1+a_{i_12}x_2+\cdots+a_{i_1r}x_r=a_{i_1j},\\a_{i_21}x_1+a_{i_22}x_2+\cdots+a_{i_2r}x_r=a_{i_2j},\\\cdots\cdots\cdots\cdots\\a_{i_r1}x_1+a_{i_r2}x_2+\cdots+a_{i_rr}x_r=a_{i_rj}\end{cases}$$

有唯一解,即有 $l_1,l_2,\cdots,l_r$,使

$$\begin{pmatrix}a_{i_1j}\\a_{i_2j}\\\vdots\\a_{i_rj}\end{pmatrix}=l_1\begin{pmatrix}a_{i_11}\\a_{i_21}\\\vdots\\a_{i_r1}\end{pmatrix}+l_2\begin{pmatrix}a_{i_12}\\a_{i_22}\\\vdots\\a_{i_r2}\end{pmatrix}+\cdots+l_r\begin{pmatrix}a_{i_1r}\\a_{i_2r}\\\vdots\\a_{i_rr}\end{pmatrix}.\tag{2}$$

作 $\boldsymbol{A}$ 的几次初等列变换,使它的第 j 列成为

$$\boldsymbol{\alpha}_j-l_1\boldsymbol{\alpha}_1-l_2\boldsymbol{\alpha}_2-\cdots-l_r\boldsymbol{\alpha}_r\xlongequal{\text{记作}}\begin{pmatrix}b_{11}\\\vdots\\b_{i_11}\\\vdots\\b_{i_21}\\\vdots\\b_{i_r1}\\\vdots\\b_{s1}\end{pmatrix}.$$

由(2)式知 $b_{i_11}=b_{i_21}=\cdots=b_{i_r1}=0$.若我们能证明所有 $b_{i1}=0(1\leqslant i\leqslant s)$,则

$$\boldsymbol{\alpha}_j-l_1\boldsymbol{\alpha}_1-l_2\boldsymbol{\alpha}_2-\cdots-l_r\boldsymbol{\alpha}_r=\boldsymbol{0},$$

即 $\boldsymbol{A}$ 的任一列向量 $\boldsymbol{\alpha}_j$ 是 $\boldsymbol{\alpha}_1,\boldsymbol{\alpha}_2,\cdots,\boldsymbol{\alpha}_r$ 的线性组合,因而 $\boldsymbol{\alpha}_1,\boldsymbol{\alpha}_2,\cdots,\boldsymbol{\alpha}_r$ 是 $\boldsymbol{A}$ 的列向量组的极大线性无关组.这就证明了

$$\boldsymbol{A}\text{ 的列秩}=r=\boldsymbol{A}\text{ 的秩}.$$

为证 $i\neq i_1,i_2,\cdots,i_r$ 时,所有 $b_{i1}=0$,取 $\boldsymbol{A}$ 的第 $i_1,i_2,\cdots,i_r$ 行,第 i 行与第 $1,2,\cdots,r$ 列,第 j 列的交点组成的 $r+1$ 阶子式,它应为零.把第 i 行从子式中变换到第 1 行,第 j 列变换到第 1 列,得到的新 $r+1$ 阶子式仍为零,即

$$\begin{vmatrix} a_{ij} & a_{i1} & a_{i2} & \cdots & a_{ir} \\ a_{i_1j} & a_{i_11} & a_{i_12} & \cdots & a_{i_1r} \\ a_{i_2j} & a_{i_21} & a_{i_22} & \cdots & a_{i_2r} \\ \vdots & \vdots & \vdots & & \vdots \\ a_{i_rj} & a_{i_r1} & a_{i_r2} & \cdots & a_{i_rr} \end{vmatrix} = 0.$$

再将它的第 1 列依次减去第 2 列的 l_1 倍，第 3 列的 l_2 倍……第 $r+1$ 列的 l_r 倍，由(2)则得到

$$\begin{vmatrix} b_{i1} & a_{i1} & a_{i2} & \cdots & a_{ir} \\ 0 & a_{i_11} & a_{i_12} & \cdots & a_{i_1r} \\ 0 & a_{i_21} & a_{i_22} & \cdots & a_{i_2r} \\ \vdots & \vdots & \vdots & & \vdots \\ 0 & a_{i_r1} & a_{i_r2} & \cdots & a_{i_rr} \end{vmatrix} = b_{i1}d = 0.$$

又由 $d\neq 0$，得所有 $i\neq i_1, i_2, \cdots, i_r$ 时，$b_{i1}=0$. 定理证毕. ▌

从证明中看出，秩为 r 的矩阵 $\boldsymbol{A}$ 中 r 阶非零子式所在的 r 个列向量(行向量)是它的列向量组(行向量组)的一个极大线性无关组.

推论 1 矩阵的初等列变换和初等行变换皆不改变该矩阵的秩、列秩和行秩.

证明 只对初等列变换证明. 设矩阵 $\boldsymbol{A}$ 经初等列变换变成矩阵 $\boldsymbol{B}$. 易验证它们列向量组等价，故不改变 $\boldsymbol{A}$ 的列秩. 于是，

$\boldsymbol{A}$ 的行秩 $=\boldsymbol{A}$ 的秩 $=\boldsymbol{A}$ 的列秩 $=\boldsymbol{B}$ 的列秩 $=\boldsymbol{B}$ 的秩 $=\boldsymbol{B}$ 的行秩. ▌

下面我们介绍用初等变换求矩阵的秩和它的列向量组的极大线性无关组的一个方法(推论 3).

对矩阵 $\boldsymbol{A}$ 用初等变换化成阶梯形矩阵

$$\boldsymbol{B} = \begin{pmatrix} 0 & \cdots & 0 & b_{1i_1} & \cdots & b_{1i_2} & \cdots & b_{1i_r} & \cdots & b_{1n} \\ 0 & \cdots & 0 & 0 & \cdots & b_{2i_2} & \cdots & b_{2i_r} & \cdots & b_{2n} \\ \vdots & & \vdots & \vdots & & \vdots & & \vdots & & \vdots \\ 0 & \cdots & 0 & 0 & \cdots & 0 & \cdots & b_{ri_r} & \cdots & b_{rn} \\ 0 & \cdots & 0 & 0 & \cdots & 0 & \cdots & 0 & \cdots & 0 \\ \vdots & & \vdots & \vdots & & \vdots & & \vdots & & \vdots \\ 0 & \cdots & 0 & 0 & \cdots & 0 & \cdots & 0 & \cdots & 0 \end{pmatrix}, \tag{3}$$

其中 $b_{1i_1}, b_{2i_2}, \cdots, b_{ri_r}\neq 0$，每个 $b_{li_l}(l=1,2,\cdots,r)$ 的左面及下面皆为零. 它的前 r 行和第 $i_1, i_2, \cdots, i_r$ 列的交点组成 r 阶非零子式(实际上它的值为 $b_{1i_1}b_{2i_2}\cdots b_{ri_r}$)，它的所有 $r+1$ 阶子式皆为零(因 $\boldsymbol{B}$ 中仅有 r 个非零行，每个 $r+1$ 阶子式中至少含有一行全为零)，故秩$(\boldsymbol{A})=$秩$(\boldsymbol{B})=r$.

推论 2 矩阵 $\boldsymbol{A}$ 的秩等于 $\boldsymbol{A}$ 在初等行变换下的阶梯形矩阵中非零行的数目. ▌

推论 3 设矩阵 $\boldsymbol{A}$ 在初等行变换下的阶梯形是(3)式中的矩阵 $\boldsymbol{B}$，则 $\boldsymbol{A}$ 的第 $i_1, i_2, \cdots, i_r$ 列组成它的列向量组的一个极大线性无关组.

证明　令 $\boldsymbol{A}_1,\boldsymbol{B}_1$ 分别是由 $\boldsymbol{A}$ 及 $\boldsymbol{B}$ 的第 $i_1,i_2,\cdots,i_r$ 列组成的矩阵.显然,$\boldsymbol{B}_1$ 是由 $\boldsymbol{A}_1$ 经初等行变换得来的,它们有相同的列秩.即 $\boldsymbol{A}_1$ 的列秩 $=\boldsymbol{B}_1$ 的列秩 $=r$.于是 $\boldsymbol{A}_1$ 的列向量组即 $\boldsymbol{A}$ 的第 $i_1,i_2,\cdots,i_r$ 列是 $\boldsymbol{A}$ 的 r 个线性无关的列向量.又秩$(\boldsymbol{A})=r$,这个部分组必为 $\boldsymbol{A}$ 的一个极大线性无关组.

推论 4　设

$$\boldsymbol{A}=\begin{pmatrix} a_{11} & a_{12} & \cdots & a_{1n} \\ a_{21} & a_{22} & \cdots & a_{2n} \\ \vdots & \vdots & & \vdots \\ a_{n1} & a_{n2} & \cdots & a_{nn} \end{pmatrix},$$

则 $\boldsymbol{A}$ 的列向量组(行向量组)线性相关的充要条件是 $|\boldsymbol{A}|=0$;$\boldsymbol{A}$ 的列向量组(行向量组)线性无关的充要条件是 $|\boldsymbol{A}|\neq 0$.

证明　$\boldsymbol{A}$ 的最高阶子式的阶数为 n. $\boldsymbol{A}$ 的列向量组(行向量组)线性相关 $\Leftrightarrow$ 秩$(\boldsymbol{A})<n\Leftrightarrow$ 最高阶子式(n 阶)$|\boldsymbol{A}|=0$. ▌

例 2　求向量组

$$(2,4,2),\quad(-1,-2,-1),\quad(3,5,4),\quad(1,4,0)$$

的一个极大线性无关组.

将它们按列排成一个矩阵 $\boldsymbol{A}$,用初等行变换将 $\boldsymbol{A}$ 化成阶梯形,即

$$\boldsymbol{A}=\begin{pmatrix} 2 & -1 & 3 & 1 \\ 4 & -2 & 5 & 4 \\ 2 & -1 & 4 & 0 \end{pmatrix}\to\begin{pmatrix} 2 & -1 & 3 & 1 \\ 0 & 0 & -1 & 2 \\ 0 & 0 & 1 & -1 \end{pmatrix}\to\begin{pmatrix} 2 & -1 & 3 & 1 \\ 0 & 0 & -1 & 2 \\ 0 & 0 & 0 & 1 \end{pmatrix}.$$

由推论 2、推论 3 知秩$(\boldsymbol{A})=3$,第 1,3,4 列组成一个极大线性无关组.

当方程组的系数矩阵是方阵时,上面关于矩阵秩的结论还有些重要的推论.

定理 5　齐次线性方程组

$$\begin{cases} a_{11}x_1+a_{12}x_2+\cdots+a_{1n}x_n=0, \\ a_{21}x_1+a_{22}x_2+\cdots+a_{2n}x_n=0, \\ \cdots\cdots\cdots\cdots \\ a_{n1}x_1+a_{n2}x_2+\cdots+a_{nn}x_n=0 \end{cases} \tag{4}$$

有非零解的充要条件是它的系数矩阵

$$\boldsymbol{A}=\begin{pmatrix} a_{11} & a_{12} & \cdots & a_{1n} \\ a_{21} & a_{22} & \cdots & a_{2n} \\ \vdots & \vdots & & \vdots \\ a_{n1} & a_{n2} & \cdots & a_{nn} \end{pmatrix}$$

的行列式 $|\boldsymbol{A}|=0$;方程组(4)只有零解的充要条件是 $|\boldsymbol{A}|\neq 0$.

证明　方程组(4)有非零解 $\Leftrightarrow\boldsymbol{A}$ 的列向量组线性相关,而方程组(4)只有零解 $\Leftrightarrow\boldsymbol{A}$ 的列向量组线性无关.再利用上面的推论 4,定理可得证. ▌

定理 6(克拉默法则及其逆定理)　线性方程组

$$\begin{cases} a_{11}x_1+a_{12}x_2+\cdots+a_{1n}x_n=b_1, \\ a_{21}x_1+a_{22}x_2+\cdots+a_{2n}x_n=b_2, \\ \cdots\cdots\cdots\cdots \\ a_{n1}x_1+a_{n2}x_2+\cdots+a_{nn}x_n=b_n \end{cases} \tag{5}$$

有唯一解的充要条件是它的系数矩阵

$$A=\begin{pmatrix} a_{11} & a_{12} & \cdots & a_{1n} \\ a_{21} & a_{22} & \cdots & a_{2n} \\ \vdots & \vdots & & \vdots \\ a_{n1} & a_{n2} & \cdots & a_{nn} \end{pmatrix}$$

的行列式 $|A|\neq 0$.

证明 充分性是克拉默法则,属于已证明的结论.

必要性.设方程组(5)有唯一解$(c_1,c_2,\cdots,c_n)$,考察与它相应的齐次线性方程组(4).若它有非零解$(d_1,d_2,\cdots,d_n)$,则易验证$(c_1+d_1,c_2+d_2,\cdots,c_n+d_n)$也是方程组(5)的解,且与$(c_1,c_2,\cdots,c_n)$不相等.这与方程组(5)有唯一解矛盾,故方程组(4)只有零解,由定理 5 得 $|A|\neq 0$. ▌

应用举例 平板在热平衡下的温度分布.

一块平板在处于热平衡状态时,物理上可推导出并能观察测量得到下列规律:设 P 是平板内的一个点,C 是板内以 P 为圆心的一个圆(任意的),则 P 点的温度是圆上温度的平均值.进一步可知,板内温度分布由板的边界上温度决定.但实际计算板上热平衡时每点的温度是有难度的.

我们只限于求板内有限个点处的近似的温度.这可以化为求解线性方程组的问题.

图 3.1 中我们作出一个网格图,边界上和内部都画出网格点.边界上各网格点上预设了温度.每个内部网格点上的温度都是相邻格点上温度取平均值,这些值都是近似值.缩小网格间距时会近似得更准确些.

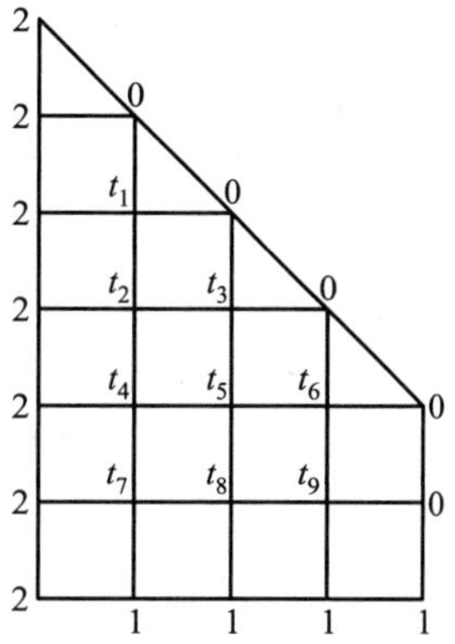

图 3.1

共有 9 个内点,其温度分别为 $t_1,t_2,\cdots,t_9$,写出它们与相邻点上温度的关系就得到由下列 9 个方程组成的线性方程组:

$$t_1=\frac{1}{4}(t_2+2+0+0),\qquad t_2=\frac{1}{4}(t_1+t_3+t_4+2),\qquad t_3=\frac{1}{4}(t_2+t_5+0+0),$$

$$t_4=\frac{1}{4}(t_2+t_5+t_7+2),\qquad t_5=\frac{1}{4}(t_3+t_4+t_6+t_8),\qquad t_6=\frac{1}{4}(t_5+t_9+0+0),$$

$$t_7=\frac{1}{4}(t_4+t_8+1+2),\qquad t_8=\frac{1}{4}(t_5+t_7+t_9+1),\qquad t_9=\frac{1}{4}(t_6+t_8+0+1),$$

即

$$\begin{cases}
-t_1+\frac{1}{4}t_2 = -\frac{1}{2}, \\
\frac{1}{4}t_1 \quad -t_2+\frac{1}{4}t_3+\frac{1}{4}t_4 = -\frac{1}{2}, \\
\frac{1}{4}t_2 \quad -t_3 \quad +\frac{1}{4}t_5 = 0, \\
\frac{1}{4}t_2 \quad -t_4+\frac{1}{4}t_5 \quad +\frac{1}{4}t_7 = -\frac{1}{2}, \\
\frac{1}{4}t_3+\frac{1}{4}t_4 \quad -t_5+\frac{1}{4}t_6 \quad +\frac{1}{4}t_8 = 0, \\
\frac{1}{4}t_5 \quad -t_6 \quad +\frac{1}{4}t_9 = 0, \\
\frac{1}{4}t_4 \quad -t_7+\frac{1}{4}t_8 = -\frac{3}{4}, \\
\frac{1}{4}t_5 \quad +\frac{1}{4}t_7 \quad -t_8+\frac{1}{4}t_9 = -\frac{1}{4}, \\
\frac{1}{4}t_6 \quad +\frac{1}{4}t_8 \quad -t_9 = -\frac{1}{4},
\end{cases} \tag{6}$$

记它的系数矩阵为 $\boldsymbol{M}_{9\times 9}$.

如果把网格的间距减小一半,可画出 49 个内点.就要解 49 个方程的方程组,但得的解就更近于实际值.

平板在热平衡下的温度分布是由边界上的温度唯一决定的.我们可以证明方程组(6)的解的唯一性.

由定理 6 只要证 $|\boldsymbol{M}|\neq 0$,再由定理 5 只要证明方程组(6)对应的齐次方程组只有零解.(这实际上是,如果在平板的边界上预设每个网格点上的温度皆为零度,则热平衡时平板内每个网格点上的温度皆为零度.)

设取定方程组(6)对应的齐次方程组的一个解,对平板的任一组内点 $a,b,c,d,e,\cdots$,这个解(就是各网格点上的温度)在其上的值为 $t_a,t_b,t_c,t_d,t_e,\cdots$.设内点 a 处的 $|t_a|$ 在平板的所有网格点处温度的绝对值上取极大值①.又设 b,c,d,e 是 a 的四个相邻点,则 $t_a=\frac{1}{4}(t_b+t_c+t_d+t_e)$.我们有 $|t_a|\leqslant\frac{1}{4}(|t_b|+|t_c|+|t_d|+|t_e|)$.又 $|t_a|$ 是极大值,则有 $|t_a|\geqslant|t_b|,|t_c|,|t_d|,|t_e|$.于是

$$\begin{aligned}0&\geqslant(|t_b|-|t_a|)+(|t_c|-|t_a|)+(|t_d|-|t_a|)+(|t_e|-|t_a|)\\&=4\left[\frac{1}{4}(|t_b|+|t_c|+|t_d|+|t_e|)-|t_a|\right]\geqslant 0.\end{aligned}$$

由此得 $|t_a|=|t_b|=|t_c|=|t_d|=|t_e|$.即与 a 相邻格点上温度的绝对值也是极大值.如相邻格点有一个是边界点,比如 t_e,则 $|t_a|=|t_e|=0$.任意内点 j,$|t_j|\leqslant|t_a|=0$,故

① 因边界上点的温度是零,其绝对值是最小值,故在平板的网格某内点 a 上一定会取到温度绝对值的极大值 $|t_a|$.

$t_j=0$,即全部内格点上温度为零.

如 b,c,d,e 中无边界点,皆为内点,可在上、下、左、右四个方向中固定一个方向,比如是向右.将 a 移动到右面方向上的相邻内格点,取作新的 a.继续向右移动几次后的内点的温度的绝对值仍是极大值,但它有边界格点作为相邻格点.就证明了每个内部格点上的温度都是零度.即方程组(6)对应的齐次方程组只有零解,而方程组(6)有唯一解.

§5 线性方程组有解判别定理

在有了向量和矩阵的理论准备之后,我们现在可以来分析一下线性方程组的问题,给出线性方程组有解的判别条件.

设线性方程组为

$$\begin{cases}a_{11}x_1+a_{12}x_2+\cdots+a_{1n}x_n=b_1,\\ a_{21}x_1+a_{22}x_2+\cdots+a_{2n}x_n=b_2,\\ \cdots\cdots\cdots\cdots\\ a_{s1}x_1+a_{s2}x_2+\cdots+a_{sn}x_n=b_s.\end{cases}\tag{1}$$

引入向量

$$\boldsymbol{\alpha}_1=\begin{pmatrix}a_{11}\\a_{21}\\\vdots\\a_{s1}\end{pmatrix},\quad \boldsymbol{\alpha}_2=\begin{pmatrix}a_{12}\\a_{22}\\\vdots\\a_{s2}\end{pmatrix},\quad \cdots,\quad \boldsymbol{\alpha}_n=\begin{pmatrix}a_{1n}\\a_{2n}\\\vdots\\a_{sn}\end{pmatrix},\quad \boldsymbol{\beta}=\begin{pmatrix}b_1\\b_2\\\vdots\\b_s\end{pmatrix},\tag{2}$$

于是线性方程组(1)可以改写成向量方程

$$x_1\boldsymbol{\alpha}_1+x_2\boldsymbol{\alpha}_2+\cdots+x_n\boldsymbol{\alpha}_n=\boldsymbol{\beta}.\tag{3}$$

显然,线性方程组(1)有解的充要条件为向量 $\boldsymbol{\beta}$ 可以表成向量组 $\boldsymbol{\alpha}_1,\boldsymbol{\alpha}_2,\cdots,\boldsymbol{\alpha}_n$ 的线性组合.用秩的概念,方程组(1)有解的条件可以叙述如下:

定理 7(线性方程组有解判别定理) 线性方程组(1)有解的充要条件为它的系数矩阵

$$\boldsymbol{A}=\begin{pmatrix}a_{11}&a_{12}&\cdots&a_{1n}\\a_{21}&a_{22}&\cdots&a_{2n}\\\vdots&\vdots&&\vdots\\a_{s1}&a_{s2}&\cdots&a_{sn}\end{pmatrix}$$

与增广矩阵

$$\overline{\boldsymbol{A}}=\begin{pmatrix}a_{11}&a_{12}&\cdots&a_{1n}&b_1\\a_{21}&a_{22}&\cdots&a_{2n}&b_2\\\vdots&\vdots&&\vdots&\vdots\\a_{s1}&a_{s2}&\cdots&a_{sn}&b_s\end{pmatrix}$$

有相同的秩.

证明 先证必要性.设线性方程组(1)有解,就是说,$\boldsymbol{\beta}$ 可以经向量组 $\boldsymbol{\alpha}_1,\boldsymbol{\alpha}_2,\cdots,\boldsymbol{\alpha}_n$ 线性表出.由此立即推出,向量组 $\boldsymbol{\alpha}_1,\boldsymbol{\alpha}_2,\cdots,\boldsymbol{\alpha}_n$ 与向量组 $\boldsymbol{\alpha}_1,\boldsymbol{\alpha}_2,\cdots,\boldsymbol{\alpha}_n,\boldsymbol{\beta}$ 等价,因而有相同的秩.这两个向量组分别是矩阵 $\boldsymbol{A}$ 与 $\overline{\boldsymbol{A}}$ 的列向量组.因此,矩阵 $\boldsymbol{A}$ 与 $\overline{\boldsymbol{A}}$ 有相同的秩.

再证充分性.设矩阵 $\boldsymbol{A}$ 与 $\overline{\boldsymbol{A}}$ 有相同的秩,就是说,它们的列向量组 $\boldsymbol{\alpha}_1,\boldsymbol{\alpha}_2,\cdots,\boldsymbol{\alpha}_n$ 与 $\boldsymbol{\alpha}_1,\boldsymbol{\alpha}_2,\cdots,\boldsymbol{\alpha}_n,\boldsymbol{\beta}$ 有相同的秩,令它们的秩为 r.$\boldsymbol{\alpha}_1,\boldsymbol{\alpha}_2,\cdots,\boldsymbol{\alpha}_n$ 中的极大线性无关组是由 r 个向量组成,无妨设 $\boldsymbol{\alpha}_1,\boldsymbol{\alpha}_2,\cdots,\boldsymbol{\alpha}_r$ 是它的一个极大线性无关组.显然 $\boldsymbol{\alpha}_1,\boldsymbol{\alpha}_2,\cdots,\boldsymbol{\alpha}_r$ 也是向量组 $\boldsymbol{\alpha}_1,\boldsymbol{\alpha}_2,\cdots,\boldsymbol{\alpha}_n,\boldsymbol{\beta}$ 的一个极大线性无关组,因此向量 $\boldsymbol{\beta}$ 可以经 $\boldsymbol{\alpha}_1,\boldsymbol{\alpha}_2,\cdots,\boldsymbol{\alpha}_r$ 线性表出.既然 $\boldsymbol{\beta}$ 可以经 $\boldsymbol{\alpha}_1,\boldsymbol{\alpha}_2,\cdots,\boldsymbol{\alpha}_r$ 线性表出,当然它可以经 $\boldsymbol{\alpha}_1,\boldsymbol{\alpha}_2,\cdots,\boldsymbol{\alpha}_n$ 线性表出.因此,方程组(1)有解. ▌

应该指出,这个判别条件与以前的消元法是一致的.我们知道,用消元法解线性方程组(1)的第一步就是用初等行变换把增广矩阵 $\overline{\boldsymbol{A}}$ 化成阶梯形.这个阶梯形矩阵在适当调动前 n 列的顺序之后可能有两种情形:

$$\begin{pmatrix} c_{11} & c_{12} & \cdots & c_{1r} & \cdots & c_{1n} & d_1 \\ 0 & c_{22} & \cdots & c_{2r} & \cdots & c_{2n} & d_2 \\ \vdots & \vdots & & \vdots & & \vdots & \vdots \\ 0 & 0 & \cdots & c_{rr} & \cdots & c_{rn} & d_r \\ 0 & 0 & \cdots & 0 & \cdots & 0 & d_{r+1} \\ 0 & 0 & \cdots & 0 & \cdots & 0 & 0 \\ \vdots & \vdots & & \vdots & & \vdots & \vdots \\ 0 & 0 & \cdots & 0 & \cdots & 0 & 0 \end{pmatrix}$$

或者

$$\begin{pmatrix} c_{11} & c_{12} & \cdots & c_{1r} & \cdots & c_{1n} & d_1 \\ 0 & c_{22} & \cdots & c_{2r} & \cdots & c_{2n} & d_2 \\ \vdots & \vdots & & \vdots & & \vdots & \vdots \\ 0 & 0 & \cdots & c_{rr} & \cdots & c_{rn} & d_r \\ 0 & 0 & \cdots & 0 & \cdots & 0 & 0 \\ 0 & 0 & \cdots & 0 & \cdots & 0 & 0 \\ \vdots & \vdots & & \vdots & & \vdots & \vdots \\ 0 & 0 & \cdots & 0 & \cdots & 0 & 0 \end{pmatrix},$$

其中 $c_{ii}\neq 0, i=1,2,\cdots,r, d_{r+1}\neq 0$.在前一种情形,我们说原方程组无解,而在后一种情形方程组有解.实际上,把这个阶梯形矩阵中最后一列去掉,那就是线性方程组(1)的系数矩阵 $\boldsymbol{A}$ 经过初等行变换所化成的阶梯形.这就是说,当系数矩阵与增广矩阵的秩相等时,方程组有解;当增广矩阵的秩等于系数矩阵的秩加 1 时,方程组无解.

以上的说明也可以认为是判别定理的另一个证明.

根据克拉默法则,也可以给出一般线性方程组的一个解法.这个解法有时在理论上是有用的.

设线性方程组(1)有解，矩阵 $\boldsymbol{A}$ 与 $\overline{\boldsymbol{A}}$ 的秩都等于 r，而 D 是矩阵 $\boldsymbol{A}$ 的一个不为零的 r 阶子式(当然它也是 $\overline{\boldsymbol{A}}$ 的一个不为零的子式)，为了方便起见，无妨设 D 位于 $\boldsymbol{A}$ 的左上角.

显然，在这种情况下，$\overline{\boldsymbol{A}}$ 的前 r 行就是一个极大线性无关组，第 $r+1,\cdots,s$ 行都可以经它们线性表出.因此，方程组(1)与

$$\begin{cases}a_{11}x_1+\cdots+a_{1r}x_r+\cdots+a_{1n}x_n=b_1,\\a_{21}x_1+\cdots+a_{2r}x_r+\cdots+a_{2n}x_n=b_2,\\\qquad\cdots\cdots\cdots\cdots\\a_{r1}x_1+\cdots+a_{rr}x_r+\cdots+a_{rn}x_n=b_r\end{cases}\tag{4}$$

同解.

当 $r=n$ 时，由克拉默法则，方程组(4)有唯一解，也就是方程组(1)有唯一解.

当 $r<n$ 时，将方程组(4)改写为

$$\begin{cases}a_{11}x_1+\cdots+a_{1r}x_r=b_1-a_{1,r+1}x_{r+1}-\cdots-a_{1n}x_n,\\a_{21}x_1+\cdots+a_{2r}x_r=b_2-a_{2,r+1}x_{r+1}-\cdots-a_{2n}x_n,\\\qquad\cdots\cdots\cdots\cdots\\a_{r1}x_1+\cdots+a_{rr}x_r=b_r-a_{r,r+1}x_{r+1}-\cdots-a_{rn}x_n.\end{cases}\tag{5}$$

(5)式作为 $x_1,x_2,\cdots,x_r$ 的一个方程组，它的系数行列式 $D\neq 0$.由克拉默法则，对于 $x_{r+1},\cdots,x_n$ 的任意一组值，方程组(5)，也就是方程组(1)，都有唯一的解.$x_{r+1},\cdots,x_n$ 就是方程组(1)的一组自由未知量.对方程组(5)用克拉默法则，可以解出 $x_1,x_2,\cdots,x_r$，即

$$\begin{cases}x_1=d_1'+c_{1,r+1}'x_{r+1}+\cdots+c_{1n}'x_n,\\x_2=d_2'+c_{2,r+1}'x_{r+1}+\cdots+c_{2n}'x_n,\\\qquad\cdots\cdots\cdots\cdots\\x_r=d_r'+c_{r,r+1}'x_{r+1}+\cdots+c_{rn}'x_n.\end{cases}\tag{6}$$

(6)式就是方程组(1)的一般解.

§ 6　线性方程组解的结构

在解决了线性方程组有解的判别条件之后，我们进一步来讨论线性方程组解的结构.在方程组的解是唯一的情况下，当然没有什么结构问题.在有多个解的情况下，所谓解的结构问题就是解与解之间的关系问题.下面我们将证明，虽然在这时有无穷多个解，但是全部的解都可以用有限多个解表示出来.这就是本节要讨论的问题和要得到的主要结果.下面的讨论当然都是对于有解的情况说的，这一点就不再每次都说明了.

上面我们提到，n 元线性方程组的解是 n 维向量，在解不是唯一的情况下，作为方程组的解的这些向量之间有什么关系呢？我们先看齐次方程组的情形.设

$$\begin{cases}a_{11}x_1+a_{12}x_2+\cdots+a_{1n}x_n=0,\\a_{21}x_1+a_{22}x_2+\cdots+a_{2n}x_n=0,\\\cdots\cdots\cdots\cdots\\a_{s1}x_1+a_{s2}x_2+\cdots+a_{sn}x_n=0\end{cases}\tag{1}$$

是一齐次线性方程组,它的解所成的集合具有下面两个重要性质:

1. 两个解的和还是方程组的解.

设$(k_1,k_2,\cdots,k_n)$与$(l_1,l_2,\cdots,l_n)$是方程组(1)的两个解.这就是说,把它们代入方程组,每个方程成恒等式,即

$$\sum_{j=1}^{n}a_{ij}k_j=0,\quad i=1,2,\cdots,s,$$

$$\sum_{j=1}^{n}a_{ij}l_j=0,\quad i=1,2,\cdots,s.$$

把两个解的和

$$(k_1+l_1,k_2+l_2,\cdots,k_n+l_n)\tag{2}$$

代入方程组,得

$$\sum_{j=1}^{n}a_{ij}(k_j+l_j)=\sum_{j=1}^{n}a_{ij}k_j+\sum_{j=1}^{n}a_{ij}l_j=0+0=0,\quad i=1,2,\cdots,s.$$

这说明(2)式确实是方程组的解. ▌

2. 一个解的倍数还是方程组的解.

设$(k_1,k_2,\cdots,k_n)$是方程组(1)的一个解,不难看出$(ck_1,ck_2,\cdots,ck_n)$还是方程组(1)的解,因为

$$\sum_{j=1}^{n}a_{ij}(ck_j)=c\sum_{j=1}^{n}a_{ij}k_j=c\cdot 0=0,\quad i=1,2,\cdots,s. \text{▌}$$

从几何上看,这两个性质是清楚的.当$n=3$时,每个齐次方程表示一个过原点的平面.于是方程组的解,也就是这些平面的交,如果不只是原点的话,就是一条过原点的直线或一个过原点的平面.以原点为起点,而端点在这样的直线或平面上的向量显然具有上述的性质.

对于齐次线性方程组,综合以上两点即得,解的线性组合还是方程组的解.这个性质说明了,如果方程组有几个解,那么这些解的所有可能的线性组合就给出了很多的解.基于这个事实,我们要问:齐次线性方程组的全部解是否能够通过它的有限的几个解的线性组合给出来?回答是肯定的.为此,我们引入下面的定义.

定义 18 齐次线性方程组(1)的一组解$\boldsymbol{\eta}_1,\boldsymbol{\eta}_2,\cdots,\boldsymbol{\eta}_t$称为方程组(1)的一个**基础解系**,如果

1) 方程组(1)的任意一个解都能表成$\boldsymbol{\eta}_1,\boldsymbol{\eta}_2,\cdots,\boldsymbol{\eta}_t$的线性组合;

2) $\boldsymbol{\eta}_1,\boldsymbol{\eta}_2,\cdots,\boldsymbol{\eta}_t$线性无关.

应该注意,定义18中的2)是为了保证基础解系中没有多余的解.事实上,如果$\boldsymbol{\eta}_1,\boldsymbol{\eta}_2,\cdots,\boldsymbol{\eta}_t$线性相关,也就是其中有一个可以表成其他的解的线性组合,譬如说,$\boldsymbol{\eta}_t$可以表成$\boldsymbol{\eta}_1,\boldsymbol{\eta}_2,\cdots,\boldsymbol{\eta}_{t-1}$的线性组合,那么$\boldsymbol{\eta}_1,\boldsymbol{\eta}_2,\cdots,\boldsymbol{\eta}_{t-1}$显然也具有1).

现在就来证明,齐次线性方程组的确有基础解系.

定理 8 在齐次线性方程组有非零解的情况下,它有基础解系,并且基础解系所含解的个数等于 $n-r$,这里 r 表示系数矩阵的秩(以下将看到,$n-r$ 也就是自由未知量的个数).

定理的证明事实上就是一个具体找基础解系的方法.

证明 设方程组(1)的系数矩阵的秩为 r,无妨设左上角的 r 阶子式不等于零.于是按§5最后的分析,方程组(1)与§5方程组(4)同解,后者可以改写成

$$\begin{cases} a_{11}x_1+\cdots+a_{1r}x_r=-a_{1,r+1}x_{r+1}-\cdots-a_{1n}x_n, \\ a_{21}x_1+\cdots+a_{2r}x_r=-a_{2,r+1}x_{r+1}-\cdots-a_{2n}x_n, \\ \cdots\cdots\cdots\cdots \\ a_{r1}x_1+\cdots+a_{rr}x_r=-a_{r,r+1}x_{r+1}-\cdots-a_{rn}x_n. \end{cases} \tag{3}$$

如果 $r=n$,那么方程组没有自由未知量,方程组(3)的右端全为零.这时方程组只有零解,当然也就不存在基础解系.以下设$r<n$.

我们知道,把自由未知量的任意一组值$(c_{r+1},\cdots,c_n)$代入方程组(3),就唯一地确定了方程组(3)——也就是方程组(1)的一个解.换句话说,方程组(1)的任意两个解,只要自由未知量的值一样,这两个解就完全一样.特别地,如果在一个解中,自由未知量的值全为零,那么这个解一定就是零解.

在方程组(3)中我们分别用 $n-r$ 组数

$$(1,0,\cdots,0),\quad (0,1,\cdots,0),\quad \cdots,\quad (0,0,\cdots,1) \tag{4}$$

来代自由未知量$(x_{r+1},x_{r+2},\cdots,x_n)$,就得出方程组(3)——也就是方程组(1)的 $n-r$ 个解,设为

$$\begin{cases} \boldsymbol{\eta}_1=(c_{11},\cdots,c_{1r},1,0,\cdots,0), \\ \boldsymbol{\eta}_2=(c_{21},\cdots,c_{2r},0,1,\cdots,0), \\ \cdots\cdots\cdots\cdots \\ \boldsymbol{\eta}_{n-r}=(c_{n-r,1},\cdots,c_{n-r,r},0,0,\cdots,1). \end{cases} \tag{5}$$

我们现在来证明,(5)式就是一个基础解系.首先证明 $\boldsymbol{\eta}_1,\boldsymbol{\eta}_2,\cdots,\boldsymbol{\eta}_{n-r}$线性无关.事实上,如果

$$k_1\boldsymbol{\eta}_1+k_2\boldsymbol{\eta}_2+\cdots+k_{n-r}\boldsymbol{\eta}_{n-r}=\mathbf{0},$$

即

$$k_1\boldsymbol{\eta}_1+k_2\boldsymbol{\eta}_2+\cdots+k_{n-r}\boldsymbol{\eta}_{n-r}=(*,\cdots,*,k_1,k_2,\cdots,k_{n-r})=(0,\cdots,0,0,0,\cdots,0).$$

比较最后 $n-r$ 个分量,得

$$k_1=k_2=\cdots=k_{n-r}=0.$$

因此,$\boldsymbol{\eta}_1,\boldsymbol{\eta}_2,\cdots,\boldsymbol{\eta}_{n-r}$线性无关.

再证明方程组(1)的任意一个解都可以经 $\boldsymbol{\eta}_1,\boldsymbol{\eta}_2,\cdots,\boldsymbol{\eta}_{n-r}$线性表出.设

$$\boldsymbol{\eta}=(c_1,\cdots,c_r,c_{r+1},c_{r+2},\cdots,c_n) \tag{6}$$

是方程组(1)的一个解.由于 $\boldsymbol{\eta}_1,\boldsymbol{\eta}_2,\cdots,\boldsymbol{\eta}_{n-r}$是(1)的解,所以线性组合

$$c_{r+1}\boldsymbol{\eta}_1+c_{r+2}\boldsymbol{\eta}_2+\cdots+c_n\boldsymbol{\eta}_{n-r} \tag{7}$$

也是方程组(1)的一个解.比较(7)式和(6)式的最后 $n-r$ 个分量得知,自由未知量有相同的值,从而这两个解完全一样,即

$$\boldsymbol{\eta}=c_{r+1}\boldsymbol{\eta}_1+c_{r+2}\boldsymbol{\eta}_2+\cdots+c_n\boldsymbol{\eta}_{n-r}. \tag{8}$$

这就是说,任意一个解 $\boldsymbol{\eta}$ 都能表成 $\boldsymbol{\eta}_1,\boldsymbol{\eta}_2,\cdots,\boldsymbol{\eta}_{n-r}$ 的线性组合.综合以上两点,我们就证明了 $\boldsymbol{\eta}_1,\boldsymbol{\eta}_2,\cdots,\boldsymbol{\eta}_{n-r}$ 确为方程组(1)的一个基础解系,因而齐次线性方程组的确有基础解系.证明中具体给出的这个基础解系是由 $n-r$ 个解组成.至于其他的基础解系,由定义,一定与这个基础解系等价,同时它们又都是线性无关的,因而有相同个数的向量.这就是定理的第二部分. ▌

由定义容易看出,任何一个线性无关的与某一个基础解系等价的向量组都是基础解系(读者自己证明).

下面来看一般线性方程组的解的结构.如果把一般线性方程组

$$\begin{cases}a_{11}x_1+a_{12}x_2+\cdots+a_{1n}x_n=b_1,\\a_{21}x_1+a_{22}x_2+\cdots+a_{2n}x_n=b_2,\\\cdots\cdots\cdots\cdots\\a_{s1}x_1+a_{s2}x_2+\cdots+a_{sn}x_n=b_s\end{cases} \tag{9}$$

的常数项换成0,就得到齐次方程组(1).方程组(1)称为方程组(9)的**导出组**.方程组(9)的解与它的导出组(1)的解之间有密切的关系:

1. 线性方程组(9)的两个解的差是它的导出组(1)的解.

设 $(k_1,k_2,\cdots,k_n)$,$(l_1,l_2,\cdots,l_n)$ 是方程组(9)的两个解,即

$$\sum_{j=1}^{n}a_{ij}k_j=b_i,\quad \sum_{j=1}^{n}a_{ij}l_j=b_i,\quad i=1,2,\cdots,s.$$

它们的差是

$$(k_1-l_1,k_2-l_2,\cdots,k_n-l_n).$$

显然有

$$\sum_{j=1}^{n}a_{ij}(k_j-l_j)=\sum_{j=1}^{n}a_{ij}k_j-\sum_{j=1}^{n}a_{ij}l_j=b_i-b_i=0,\quad i=1,2,\cdots,s.$$

这就是说,$(k_1-l_1,k_2-l_2,\cdots,k_n-l_n)$ 是导出组(1)的一个解. ▌

2. 线性方程组(9)的一个解与它的导出组(1)的一个解之和还是这个线性方程组的一个解.

设 $(k_1,k_2,\cdots,k_n)$ 是方程组(9)的一个解,即

$$\sum_{j=1}^{n}a_{ij}k_j=b_i,\quad i=1,2,\cdots,s.$$

又设 $(l_1,l_2,\cdots,l_n)$ 是导出组(1)的一个解,即

$$\sum_{j=1}^{n}a_{ij}l_j=0,\quad i=1,2,\cdots,s.$$

显然

$$\sum_{j=1}^{n}a_{ij}(k_j+l_j)=\sum_{j=1}^{n}a_{ij}k_j+\sum_{j=1}^{n}a_{ij}l_j=b_i+0=b_i,\quad i=1,2,\cdots,s. ▌$$

由这两点我们很容易证明下面定理:

定理 9 如果 $\boldsymbol{\gamma}_0$ 是方程组(9)的一个特解,那么方程组(9)的任意一个解 $\boldsymbol{\gamma}$ 都可以表成

$$\boldsymbol{\gamma}=\boldsymbol{\gamma}_0+\boldsymbol{\eta},\tag{10}$$

其中 $\boldsymbol{\eta}$ 是导出组(1)的一个解.因此,对于方程组(9)的任意一个特解 $\boldsymbol{\gamma}_0$,当 $\boldsymbol{\eta}$ 取遍它的导出组的全部解时,(10)式就给出方程组(9)的全部解.

证明 显然

$$\boldsymbol{\gamma}=\boldsymbol{\gamma}_0+(\boldsymbol{\gamma}-\boldsymbol{\gamma}_0),$$

由上面的 1,$\boldsymbol{\gamma}-\boldsymbol{\gamma}_0$ 是导出组(1)的一个解,令

$$\boldsymbol{\gamma}-\boldsymbol{\gamma}_0=\boldsymbol{\eta},$$

就得到定理的结论.既然方程组(9)的任意一个解都能表成(10)式的形式,由 2,在 $\boldsymbol{\eta}$ 取遍方程组(1)的全部解的时候,

$$\boldsymbol{\gamma}=\boldsymbol{\gamma}_0+\boldsymbol{\eta}$$

就取遍方程组(9)的全部解. ▌

定理 9 说明了,为了找出一线性方程组的全部解,我们只要找出它的一个特殊的解以及它的导出组的全部解就行了.导出组是一个齐次方程组,在上面我们已经看到,一个齐次线性方程组的解的全体可以用基础解系来表出.因此,根据定理我们可以用导出组的基础解系来表出一般方程组的一般解:如果 $\boldsymbol{\gamma}_0$ 是方程组(9)的一个特解,$\boldsymbol{\eta}_1,\boldsymbol{\eta}_2,\cdots,\boldsymbol{\eta}_{n-r}$ 是其导出组的一个基础解系,那么方程组(9)的任意一个解 $\boldsymbol{\gamma}$ 都可以表成

$$\boldsymbol{\gamma}=\boldsymbol{\gamma}_0+k_1\boldsymbol{\eta}_1+k_2\boldsymbol{\eta}_2+\cdots+k_{n-r}\boldsymbol{\eta}_{n-r}.$$

推论 在方程组(9)有解的条件下,解是唯一的充要条件是它的导出组(1)只有零解.

证明 充分性.如果方程组(9)有两个不同的解,那么它的差就是导出组的一个非零解.因之,如果导出组只有零解,那么方程组有唯一解.

必要性.如果导出组有非零解,那么这个解与方程组(9)的一个解(因为它有解)的和就是方程组(9)的另一个解,也就是说,方程组(9)不止一个解.因之,如果方程组(9)有唯一的解,那么它的导出组只有零解. ▌

线性方程组的理论与解析几何中关于平面与直线的讨论有密切的关系.我们来看线性方程组

$$\begin{cases}a_{11}x_1+a_{12}x_2+a_{13}x_3=b_1,\\a_{21}x_1+a_{22}x_2+a_{23}x_3=b_2,\end{cases}\tag{11}$$

其中每一个方程表示一个平面,线性方程组(11)有没有解的问题就相当于这两个平面有没有交点的问题.我们知道,两个平面只有在平行而不重合的情形没有交点.方程组(11)的系数矩阵与增广矩阵分别是

$$\boldsymbol{A}=\begin{pmatrix}a_{11}&a_{12}&a_{13}\\a_{21}&a_{22}&a_{23}\end{pmatrix},\quad \overline{\boldsymbol{A}}=\begin{pmatrix}a_{11}&a_{12}&a_{13}&b_1\\a_{21}&a_{22}&a_{23}&b_2\end{pmatrix},$$

它们的秩可能是 1 或者 2.有三个可能的情形:

1. 秩($\boldsymbol{A}$)= 1,秩($\overline{\boldsymbol{A}}$)= 1.这就是 $\boldsymbol{A}$ 的两行成比例,因而这两个平面平行.又因为 $\overline{\boldsymbol{A}}$ 的两行也成比例,所以这两个平面重合.方程组有解.

2. 秩($\boldsymbol{A}$)= 1,秩($\overline{\boldsymbol{A}}$)= 2.这就是说,两个平面平行而不重合.方程组无解.

3. 秩($\boldsymbol{A}$)= 2.这时 $\overline{\boldsymbol{A}}$ 的秩一定也是 2.在几何上就是这两个平面不平行,因而一定相交.方程组有解.

下面再来看看线性方程组的解的几何意义.设矩阵 $\boldsymbol{A}$ 的秩为 2,这时一般解中有一个自由未知量,譬如说是 x_3,一般解的形式为

$$\begin{cases}x_1=d_1+c_1x_3,\\x_2=d_2+c_2x_3.\end{cases}\tag{12}$$

从几何上看,两个不平行的平面相交成一条直线.把(12)式改写一下就是直线的点向式方程

$$\frac{x_1-d_1}{c_1}=\frac{x_2-d_2}{c_2}=x_3.$$

如果引入参数 t,令 $x_3=t$,(12)式就成为

$$\begin{cases}x_1=d_1+c_1t,\\x_2=d_2+c_2t,\\x_3=t.\end{cases}\tag{13}$$

这就是直线的参数方程.

方程组(11)的导出方程组是

$$\begin{cases}a_{11}x_1+a_{12}x_2+a_{13}x_3=0,\\a_{21}x_1+a_{22}x_2+a_{23}x_3=0.\end{cases}\tag{14}$$

从几何上看,这是两个分别与方程组(11)中平面平行的且过原点的平面,因而它们的交线过原点且与直线(12)平行.既然与直线(12)平行,也就是有相同的方向,所以这条直线的参数方程就是

$$\begin{cases}x_1=c_1t,\\x_2=c_2t,\\x_3=t.\end{cases}\tag{15}$$

(13)式与(15)式正说明了线性方程组(11)与它导出方程组(14)的解之间的关系.

*§7　二元高次方程组

现在我们利用已经建立起来的线性方程组的理论给出一个解二元高次方程组的一般方法.为了这个目的,我们先讨论一下两个一元多项式有非常数的公因式的条件.

根据第一章的结果,可以证明:

引理　设

$$f(x)=a_0x^n+a_1x^{n-1}+\cdots+a_n,\tag{1}$$

$$g(x)=b_0x^m+b_1x^{m-1}+\cdots+b_m\tag{2}$$

是数域 P 上的两个非零的多项式,它们的系数 a_0,b_0 不全为零.于是 $f(x)$ 与 $g(x)$ 在 $P[x]$ 中有非常数的公因式的充要条件是,在 $P[x]$ 中存在非零的次数小于 m 的多项式 $u(x)$ 与次数小于 n 的多项式 $v(x)$,使

$$u(x)f(x)=v(x)g(x).$$

证明 先证必要性.如果 $f(x)$ 与 $g(x)$ 有非常数的公因式 $d(x)$,即

$$f(x)=d(x)f_1(x), \quad g(x)=d(x)g_1(x),$$

其中 $\partial(f_1(x))<n$,$\partial(g_1(x))<m$,那么取 $u(x)=g_1(x)$,$v(x)=f_1(x)$,显然就有

$$u(x)f(x)=d(x)f_1(x)g_1(x)=v(x)g(x).$$

再证充分性.为了确定起见,不妨设 $a_0\neq 0$,也就是说,$f(x)$ 是一 n 次多项式.假定有 $u(x)$,$v(x)$ 使

$$u(x)f(x)=v(x)g(x), \tag{3}$$

其中 $\partial(u(x))<m$,$\partial(v(x))<n$.令

$$(f(x),v(x))=d(x),$$

于是

$$f(x)=d(x)f_1(x), \quad v(x)=d(x)v_1(x).$$

代入(3)式,得

$$d(x)u(x)f_1(x)=d(x)v_1(x)g(x),$$

消去 $d(x)$,有

$$u(x)f_1(x)=v_1(x)g(x). \tag{4}$$

因为 $d(x)\mid v(x)$,所以 $d(x)$ 的次数小于 n,因而 $f_1(x)$ 的次数大于零.我们知道 $(f_1(x),v_1(x))=1$①,于是由(4)式,即

$$f_1(x)\mid v_1(x)g(x),$$

得

$$f_1(x)\mid g(x).$$

这就是说,$f(x)$ 与 $g(x)$ 有一非常数的公因式 $f_1(x)$. ▌

下面再来把引理中的条件改变一下.令

$$u(x)=u_0x^{m-1}+u_1x^{m-2}+\cdots+u_{m-1}, \quad v(x)=v_0x^{n-1}+v_1x^{n-2}+\cdots+v_{n-1}.$$

由多项式相等的定义,等式

$$u(x)f(x)=v(x)g(x) \tag{5}$$

就是左、右两端对应系数相等,即

$$\begin{cases} a_0u_0 = b_0v_0, \\ a_1u_0+a_0u_1 = b_1v_0+b_0v_1, \\ a_2u_0+a_1u_1+a_0u_2 = b_2v_0+b_1v_1+b_0v_2, \\ \cdots\cdots\cdots\cdots \\ a_nu_{m-2}+a_{n-1}u_{m-1} = b_mv_{n-2}+b_{m-1}v_{n-1}, \\ a_nu_{m-1} = b_mv_{n-1}. \end{cases} \tag{6}$$

如果把方程组(6)看成一个关于未知量 $u_0,u_1,\cdots,u_{m-1},v_0,v_1,\cdots,v_{n-1}$ 的方程组,那么它是一个含 $m+n$ 个未知量,$m+n$ 个方程的齐次线性方程组.显然,引理中的条件:"在 $P[x]$ 中存在非零的次数小于 m 的多项式 $u(x)$ 与次数小于 n 的多项式 $v(x)$ 使(5)式成立"就相当于说,齐次线性方程组(6)有非零解.

---

① 参看第一章习题 10.

我们知道,齐次线性方程组(6)有非零解的充要条件为它的系数矩阵的行列式等于零.

把线性方程组(6)的系数矩阵的行列互换,再把后边的 n 行反号,取行列式就得

$$\begin{matrix} m\text{ 行}\left\{\begin{matrix} \\ \\ \\ \\ \end{matrix}\right. \\ n\text{ 行}\left\{\begin{matrix} \\ \\ \\ \\ \end{matrix}\right. \end{matrix}\begin{vmatrix} a_0 & a_1 & a_2 & \cdots & a_n & & & \\ & a_0 & a_1 & \cdots & a_{n-1} & a_n & & \\ & & & \cdots\cdots\cdots\cdots & & & & \\ & & & a_0 & a_1 & & \cdots & a_n \\ b_0 & b_1 & b_2 & \cdots & b_m & & & \\ & b_0 & b_1 & \cdots & b_{m-1} & b_m & & \\ & & & \cdots\cdots\cdots\cdots & & & & \\ & & & b_0 & b_1 & & \cdots & b_m \end{vmatrix}. \tag{7}$$

对任意多项式

$$f(x)=a_0x^n+a_1x^{n-1}+\cdots+a_n,\quad g(x)=b_0x^m+b_1x^{m-1}+\cdots+b_m$$

(它们可以为零多项式),我们称行列式(7)为它们的**结式**,记作 $R(f,g)$.综合以上分析,就可证明

定理 10 设

$$f(x)=a_0x^n+a_1x^{n-1}+\cdots+a_n,\quad g(x)=b_0x^m+b_1x^{m-1}+\cdots+b_m$$

是 $P[x]$ 中两个多项式,$m,n>0$,于是它们的结式 $R(f,g)=0$ 的充要条件是 $f(x)$ 与 $g(x)$ 在 $P[x]$ 中有非常数的公因式或者它们的第一个系数 a_0,b_0 全为零.

证明 如 a_0,b_0 全为零,或 $f(x),g(x)$ 有一个为零,则 $R(f,g)=0$.如 $f(x)$ 与 $g(x)$ 全不为零且有非常数公因式,由引理有 $u(x),v(x),\partial(u(x))<m,\partial(v(x))<n$,使 $u(x)\cdot f(x)=v(x)g(x)$.于是方程组(6)有非零解.也得 $R(f,g)=0$.

反之,设 $R(f,g)=0$.若 $f(x),g(x)$ 中有一为零多项式,则定理显然成立.在 $f(x)$,$g(x)$ 都不为零,且 a_0,b_0 不全为零时,由 $R(f,g)=0$,则方程组(6)有非零解.知有

$$u(x)=u_0x^{m-1}+u_1x^{m-2}+\cdots+u_{m-1},\quad v(x)=v_0x^{n-1}+v_1x^{n-2}+\cdots+v_{n-1},$$

$u(x),v(x)$ 不全为零使 $u(x)f(x)=v(x)g(x)$.因 $f(x),g(x)$ 全不为零,必有 $u(x),v(x)$ 全不为零.所以 $\partial(u(x))<m,\partial(v(x))<n$.由引理,$f(x),g(x)$ 有非常数公因式.此外就是 $a_0=0,b_0=0$ 的情况.定理得证. ▌

当 P 是复数域时,两个多项式有非常数公因式与有公共根是一致的.因此对复数域上多项式 $f(x),g(x),R(f,g)=0$ 的充要条件为 $f(x),g(x)$ 在复数域中有公共根或它们的第一个系数全为零.

结式还提供了解二元高次方程组的一个一般的方法.设 $f(x,y),g(x,y)$ 是两个复系数的二元多项式,我们来求方程组

$$\begin{cases} f(x,y)=0, \\ g(x,y)=0 \end{cases} \tag{8}$$

在复数域中的全部解.$f(x,y)$ 与 $g(x,y)$ 可以写成

$$f(x,y)=a_0(y)x^n+a_1(y)x^{n-1}+\cdots+a_n(y),$$

$$g(x,y)=b_0(y)x^m+b_1(y)x^{m-1}+\cdots+b_m(y),$$

其中 $a_i(y),b_j(y)(i=0,1,\cdots,n;j=0,1,\cdots,m)$ 是 y 的多项式.把 $f(x,y)$ 与 $g(x,y)$ 看作 x 的多项式,令

$$R_x(f,g)=\begin{vmatrix} a_0(y) & a_1(y) & a_2(y) & \cdots & a_n(y) & & & \\ & a_0(y) & a_1(y) & \cdots & a_{n-1}(y) & a_n(y) & & \\ & & & \cdots\cdots\cdots & & & & \\ & & & a_0(y) & a_1(y) & & \cdots & a_n(y) \\ b_0(y) & b_1(y) & b_2(y) & \cdots & b_m(y) & & & \\ & b_0(y) & b_1(y) & \cdots & b_{m-1}(y) & b_m(y) & & \\ & & & \cdots\cdots\cdots & & & & \\ & & & b_0(y) & b_1(y) & & \cdots & b_m(y) \end{vmatrix},$$

这是一个 y 的复系数多项式.

由定理 10 即得下面定理:

定理 11　如果 (x_0,y_0) 是方程组(8)的一个复数解,那么 y_0 就是 $R_x(f,g)$ 的一个根;反过来,如果 y_0 是 $R_x(f,g)$ 的一个复根,那么 $a_0(y_0)=b_0(y_0)=0$,或者存在一个复数 x_0 使 (x_0,y_0) 是方程组(8)的一个解. ▌

由此可知,为了解方程组(8),我们先求高次方程 $R_x(f,g)=0$ 的全部根,把 $R_x(f,g)=0$ 的每个根代入方程组(8),再求 x 的值.这样,我们就得到(8)的全部解.

例　解方程组

$$\begin{cases} y^2-7xy+4x^2+13x-2y-3=0, \\ y^2-14xy+9x^2+28x-4y-5=0. \end{cases} \tag{9}$$

把方程组(9)改写一下,

$$\begin{cases} y^2-(7x+2)y+(4x^2+13x-3)=0, \\ y^2-(14x+4)y+(9x^2+28x-5)=0. \end{cases}$$

于是

$$R_y(f,g)=\begin{vmatrix} 1 & -7x-2 & 4x^2+13x-3 & 0 \\ 0 & 1 & -7x-2 & 4x^2+13x-3 \\ 1 & -14x-4 & 9x^2+28x-5 & 0 \\ 0 & 1 & -14x-4 & 9x^2+28x-5 \end{vmatrix}$$

$$=\begin{vmatrix} 1 & -7x-2 & 4x^2+13x-3 & 0 \\ 0 & 1 & -7x-2 & 4x^2+13x-3 \\ 0 & -7x-2 & 5x^2+15x-2 & 0 \\ 0 & 0 & -7x-2 & 5x^2+15x-2 \end{vmatrix}$$

$$=\begin{vmatrix} 1 & -7x-2 & 4x^2+13x-3 \\ -7x-2 & 5x^2+15x-2 & 0 \\ 0 & -7x-2 & 5x^2+15x-2 \end{vmatrix}$$

$$=\begin{vmatrix} 1 & 0 & -x^2-2x-1 \\ -7x-2 & 5x^2+15x-2 & 0 \\ 0 & -7x-2 & 5x^2+15x-2 \end{vmatrix}$$

$$
\begin{aligned}
&=(5x^2+15x-2)^2-(7x+2)^2(x+1)^2\\
&=(5x^2+15x-2-7x^2-9x-2)(5x^2+15x-2+7x^2+9x+2)\\
&=-24(x^2-3x+2)(x^2+2x)\\
&=-24x(x-1)(x-2)(x+2).
\end{aligned}
$$

$R_y(f,g)$ 的 4 个根是

$$x=0,1,2,-2.$$

用 $x=0$ 代入方程组(9),得

$$\begin{cases}y^2-2y-3=0,\\ y^2-4y-5=0.\end{cases}$$

这两个方程的公共根是 $y=-1$,因之 $(0,-1)$ 是(9)的一个解.

用同样的方法可得方程组(9)的另外三个解是 $(1,2)$,$(2,3)$ 与 $(-2,1)$.这四个解就是方程组(9)的全部解.

与一元方程相仿,方程组(8)的解的个数与多项式 $f(x,y)$,$g(x,y)$ 的次数也有一定的关系.由于讨论起来比较复杂,在这里就不谈了.

习　　题

1. 用消元法解下列线性方程组:

1) $\begin{cases}x_1+3x_2+5x_3-4x_4=1,\\ x_1+3x_2+2x_3-2x_4+x_5=-1,\\ x_1-2x_2+x_3-x_4-x_5=3,\\ x_1-4x_2+x_3+x_4-x_5=3,\\ x_1+2x_2+x_3-x_4+x_5=-1;\end{cases}$

2) $\begin{cases}x_1+2x_2-3x_4+2x_5=1,\\ x_1-x_2-3x_3+x_4-3x_5=2,\\ 2x_1-3x_2+4x_3-5x_4+2x_5=7,\\ 9x_1-9x_2+6x_3-16x_4+2x_5=25;\end{cases}$

3) $\begin{cases}x_1-2x_2+3x_3-4x_4=4,\\ x_2-x_3+x_4=-3,\\ x_1+3x_2+x_4=1,\\ -7x_2+3x_3+x_4=-3;\end{cases}$

4) $\begin{cases}3x_1+4x_2-5x_3+7x_4=0,\\ 2x_1-3x_2+3x_3-2x_4=0,\\ 4x_1+11x_2-13x_3+16x_4=0,\\ 7x_1-2x_2+x_3+3x_4=0;\end{cases}$

5) $\begin{cases}2x_1+x_2-x_3+x_4=1,\\ 3x_1-2x_2+2x_3-3x_4=2,\\ 5x_1+x_2-x_3+2x_4=-1,\\ 2x_1-x_2+x_3-3x_4=4;\end{cases}$

6) $\begin{cases}x_1+2x_2+3x_3-x_4=1,\\ 3x_1+2x_2+x_3-x_4=1,\\ 2x_1+3x_2+x_3+x_4=1,\\ 2x_1+2x_2+2x_3-x_4=1,\\ 5x_1+5x_2+2x_3=2.\end{cases}$

2. 把向量 $\boldsymbol{\beta}$ 表成向量 $\boldsymbol{\alpha}_1,\boldsymbol{\alpha}_2,\boldsymbol{\alpha}_3,\boldsymbol{\alpha}_4$ 的线性组合:

1) $\boldsymbol{\beta}=(1,2,1,1)$,$\boldsymbol{\alpha}_1=(1,1,1,1)$,$\boldsymbol{\alpha}_2=(1,1,-1,-1)$,$\boldsymbol{\alpha}_3=(1,-1,1,-1)$,$\boldsymbol{\alpha}_4=(1,-1,-1,1)$;

2）$\boldsymbol{\beta}=(0,0,0,1)$，$\boldsymbol{\alpha}_1=(1,1,0,1)$，$\boldsymbol{\alpha}_2=(2,1,3,1)$，$\boldsymbol{\alpha}_3=(1,1,0,0)$，$\boldsymbol{\alpha}_4=(0,1,-1,-1)$.

3. 证明：如果向量组 $\boldsymbol{\alpha}_1,\boldsymbol{\alpha}_2,\cdots,\boldsymbol{\alpha}_r$ 线性无关，而 $\boldsymbol{\alpha}_1,\boldsymbol{\alpha}_2,\cdots,\boldsymbol{\alpha}_r,\boldsymbol{\beta}$ 线性相关，则向量 $\boldsymbol{\beta}$ 可以经 $\boldsymbol{\alpha}_1,\boldsymbol{\alpha}_2,\cdots,\boldsymbol{\alpha}_r$ 线性表出.

4. 设 $\boldsymbol{\alpha}_i=(a_{i1},a_{i2},\cdots,a_{in})$ $(i=1,2,\cdots,n)$. 证明：如果行列式 $|a_{ij}|\neq 0$，那么 $\boldsymbol{\alpha}_1,\boldsymbol{\alpha}_2,\cdots,\boldsymbol{\alpha}_n$ 线性无关.

5. 设 $t_1,t_2,\cdots,t_r$ 是互不相同的数，$r\leqslant n$. 证明：$\boldsymbol{\alpha}_i=(1,t_i,t_i^2,\cdots,t_i^{n-1})$ $(i=1,2,\cdots,r)$ 是线性无关的.

6. 设 $\boldsymbol{\alpha}_1,\boldsymbol{\alpha}_2,\boldsymbol{\alpha}_3$ 线性无关. 证明：$\boldsymbol{\alpha}_1+\boldsymbol{\alpha}_2,\boldsymbol{\alpha}_2+\boldsymbol{\alpha}_3,\boldsymbol{\alpha}_3+\boldsymbol{\alpha}_1$ 也线性无关.

7. 已知 $\boldsymbol{\alpha}_1,\boldsymbol{\alpha}_2,\cdots,\boldsymbol{\alpha}_s$ 的秩为 r. 证明：$\boldsymbol{\alpha}_1,\boldsymbol{\alpha}_2,\cdots,\boldsymbol{\alpha}_s$ 中任意 r 个线性无关的向量都构成它的一个极大线性无关组.

8. 设 $\boldsymbol{\alpha}_1,\boldsymbol{\alpha}_2,\cdots,\boldsymbol{\alpha}_s$ 的秩为 r，$\boldsymbol{\alpha}_{i_1},\boldsymbol{\alpha}_{i_2},\cdots,\boldsymbol{\alpha}_{i_r}$ 是 $\boldsymbol{\alpha}_1,\boldsymbol{\alpha}_2,\cdots,\boldsymbol{\alpha}_s$ 中的 r 个向量，使得 $\boldsymbol{\alpha}_1,\boldsymbol{\alpha}_2,\cdots,\boldsymbol{\alpha}_s$ 中每个向量都可以经它们线性表出. 证明：$\boldsymbol{\alpha}_{i_1},\boldsymbol{\alpha}_{i_2},\cdots,\boldsymbol{\alpha}_{i_r}$ 是 $\boldsymbol{\alpha}_1,\boldsymbol{\alpha}_2,\cdots,\boldsymbol{\alpha}_s$ 的一个极大线性无关组.

9. 证明：一个向量组的任意一个线性无关组都可以扩充成一个极大线性无关组.

10. 设 $\boldsymbol{\alpha}_1=(1,-1,2,4)$，$\boldsymbol{\alpha}_2=(0,3,1,2)$，$\boldsymbol{\alpha}_3=(3,0,7,14)$，$\boldsymbol{\alpha}_4=(1,-1,2,0)$，$\boldsymbol{\alpha}_5=(2,1,5,6)$.

1）证明：$\boldsymbol{\alpha}_1,\boldsymbol{\alpha}_2$ 线性无关；

2）把 $\boldsymbol{\alpha}_1,\boldsymbol{\alpha}_2$ 扩充成一极大线性无关组.

11. 求下列向量组的极大线性无关组与秩：

1）$\boldsymbol{\alpha}_1=(6,4,1,-1,2)$，$\boldsymbol{\alpha}_2=(1,0,2,3,-4)$，$\boldsymbol{\alpha}_3=(1,4,-9,-16,22)$，$\boldsymbol{\alpha}_4=(7,1,0,-1,3)$；

2）$\boldsymbol{\alpha}_1=(1,-1,2,4)$，$\boldsymbol{\alpha}_2=(0,3,1,2)$，$\boldsymbol{\alpha}_3=(3,0,7,14)$，$\boldsymbol{\alpha}_4=(1,-1,2,0)$，$\boldsymbol{\alpha}_5=(2,1,5,6)$.

12. 证明：如果向量组（Ⅰ）可以经向量组（Ⅱ）线性表出，那么（Ⅰ）的秩不超过（Ⅱ）的秩.

13. 设 $\boldsymbol{\alpha}_1,\boldsymbol{\alpha}_2,\cdots,\boldsymbol{\alpha}_n$ 是一组 n 维向量，已知单位向量 $\boldsymbol{\varepsilon}_1,\boldsymbol{\varepsilon}_2,\cdots,\boldsymbol{\varepsilon}_n$ 可以经它们线性表出. 证明：$\boldsymbol{\alpha}_1,\boldsymbol{\alpha}_2,\cdots,\boldsymbol{\alpha}_n$ 线性无关.

14. 设 $\boldsymbol{\alpha}_1,\boldsymbol{\alpha}_2,\cdots,\boldsymbol{\alpha}_n$ 是一组 n 维向量. 证明：$\boldsymbol{\alpha}_1,\boldsymbol{\alpha}_2,\cdots,\boldsymbol{\alpha}_n$ 线性无关的充要条件是任一 n 维向量都可以经它们线性表出.

15. 已知向量组 $\boldsymbol{\alpha}_1,\boldsymbol{\alpha}_2,\boldsymbol{\alpha}_3,\boldsymbol{\alpha}_4$ 和线性无关的向量组 $\boldsymbol{\beta}_1,\boldsymbol{\beta}_2,\boldsymbol{\beta}_3$ 满足关系

$$\begin{cases}\boldsymbol{\beta}_1-2\boldsymbol{\beta}_2-\boldsymbol{\beta}_3=\boldsymbol{\alpha}_1,\\-3\boldsymbol{\beta}_1+\boldsymbol{\beta}_2-7\boldsymbol{\beta}_3=\boldsymbol{\alpha}_2,\\5\boldsymbol{\beta}_1-3\boldsymbol{\beta}_2+9\boldsymbol{\beta}_3=\boldsymbol{\alpha}_3,\\-2\boldsymbol{\beta}_1+\boldsymbol{\beta}_2-4\boldsymbol{\beta}_3=\boldsymbol{\alpha}_4.\end{cases}$$

求出满足 $l_1\boldsymbol{\alpha}_1+l_2\boldsymbol{\alpha}_2+l_3\boldsymbol{\alpha}_3+l_4\boldsymbol{\alpha}_4=\boldsymbol{0}$ 的所有向量 (l_1,l_2,l_3,l_4).

16. 证明：线性方程组

$$\begin{cases}a_{11}x_1+a_{12}x_2+\cdots+a_{1n}x_n=b_1,\\ a_{21}x_1+a_{22}x_2+\cdots+a_{2n}x_n=b_2,\\ \cdots\cdots\cdots\cdots\\ a_{n1}x_1+a_{n2}x_2+\cdots+a_{nn}x_n=b_n\end{cases}$$

对任何 $b_1,b_2,\cdots,b_n$ 都有解的充要条件是系数行列式 $|a_{ij}|\neq 0$.

17. 已知向量组 $\boldsymbol{\alpha}_1,\boldsymbol{\alpha}_2,\cdots,\boldsymbol{\alpha}_r$ 与 $\boldsymbol{\alpha}_1,\boldsymbol{\alpha}_2,\cdots,\boldsymbol{\alpha}_r,\boldsymbol{\alpha}_{r+1},\cdots,\boldsymbol{\alpha}_s$ 有相同的秩. 证明：$\boldsymbol{\alpha}_1,\boldsymbol{\alpha}_2,\cdots,\boldsymbol{\alpha}_r$ 与 $\boldsymbol{\alpha}_1,\boldsymbol{\alpha}_2,\cdots,\boldsymbol{\alpha}_r,\boldsymbol{\alpha}_{r+1},\cdots,\boldsymbol{\alpha}_s$ 等价.

18. 设 $\boldsymbol{\beta}_1=\boldsymbol{\alpha}_2+\boldsymbol{\alpha}_3+\cdots+\boldsymbol{\alpha}_r,\boldsymbol{\beta}_2=\boldsymbol{\alpha}_1+\boldsymbol{\alpha}_3+\cdots+\boldsymbol{\alpha}_r,\cdots,\boldsymbol{\beta}_r=\boldsymbol{\alpha}_1+\boldsymbol{\alpha}_2+\cdots+\boldsymbol{\alpha}_{r-1}$. 证明：$\boldsymbol{\beta}_1,\boldsymbol{\beta}_2,\cdots,\boldsymbol{\beta}_r$ 与 $\boldsymbol{\alpha}_1,\boldsymbol{\alpha}_2,\cdots,\boldsymbol{\alpha}_r$ 有相同的秩.

19. 计算下列矩阵的秩：

1) $\begin{pmatrix}0&1&1&-1&2\\0&2&-2&-2&0\\0&-1&-1&1&1\\1&1&0&1&-1\end{pmatrix}$;　　2) $\begin{pmatrix}1&-1&2&1&0\\2&-2&4&-2&0\\3&0&6&-1&1\\0&3&0&0&1\end{pmatrix}$;

3) $\begin{pmatrix}14&12&6&8&2\\6&104&21&9&17\\7&6&3&4&1\\35&30&15&20&5\end{pmatrix}$;　　4) $\begin{pmatrix}1&0&0&1&4\\0&1&0&2&5\\0&0&1&3&6\\1&2&3&14&32\\4&5&6&32&77\end{pmatrix}$;

5) $\begin{pmatrix}1&0&1&0&0\\1&1&0&0&0\\0&1&1&0&0\\0&0&1&1&0\\0&1&0&1&1\end{pmatrix}$.

20. 讨论 λ,a,b 取什么值时下列方程组有解，并求解：

1) $\begin{cases}\lambda x_1+x_2+x_3=1,\\ x_1+\lambda x_2+x_3=\lambda,\\ x_1+x_2+\lambda x_3=\lambda^2;\end{cases}$

2) $\begin{cases}(\lambda+3)x_1+x_2+2x_3=\lambda,\\ \lambda x_1+(\lambda-1)x_2+x_3=2\lambda,\\ 3(\lambda+1)x_1+\lambda x_2+(\lambda+3)x_3=3;\end{cases}$

3) $\begin{cases}ax_1+x_2+x_3=4,\\ x_1+bx_2+x_3=3,\\ x_1+2bx_2+x_3=4.\end{cases}$

21. 求下列齐次线性方程组的一个基础解系,并用它表出全部解:

1) $\begin{cases} x_1+x_2+x_3+x_4+x_5=0, \\ 3x_1+2x_2+x_3+x_4-3x_5=0, \\ x_2+2x_3+2x_4+6x_5=0, \\ 5x_1+4x_2+3x_3+3x_4-x_5=0; \end{cases}$
2) $\begin{cases} x_1+x_2-3x_4-x_5=0, \\ x_1-x_2+2x_3-x_4=0, \\ 4x_1-2x_2+6x_3+3x_4-4x_5=0, \\ 2x_1+4x_2-2x_3+4x_4-7x_5=0; \end{cases}$

3) $\begin{cases} x_1-2x_2+x_3+x_4-x_5=0, \\ 2x_1+x_2-x_3-x_4-x_5=0, \\ x_1+7x_2-5x_3-5x_4+5x_5=0, \\ 3x_1-x_2-2x_3+x_4-x_5=0; \end{cases}$
4) $\begin{cases} x_1-2x_2+x_3-x_4+x_5=0, \\ 2x_1+x_2-x_3+2x_4-3x_5=0, \\ 3x_1-2x_2-x_3+x_4-2x_5=0, \\ 2x_1-5x_2+x_3-2x_4+2x_5=0. \end{cases}$

22. 用导出组的基础解系表出第 1 题 1),4),6) 小题中线性方程组的全部解.

23. a,b 取什么值时,线性方程组

$$\begin{cases} x_1+x_2+x_3+x_4+x_5=1, \\ 3x_1+2x_2+x_3+x_4-3x_5=a, \\ x_2+2x_3+2x_4+6x_5=3, \\ 5x_1+4x_2+3x_3+3x_4-x_5=b \end{cases}$$

有解? 在有解的情形,求一般解.

24. 设 $x_1-x_2=a_1,x_2-x_3=a_2,x_3-x_4=a_3,x_4-x_5=a_4,x_5-x_1=a_5$. 证明:方程组有解的充要条件为

$$\sum_{i=1}^{5} a_i=0.$$

在有解的情形,求出它的一般解.

25. 证明:与基础解系等价的线性无关向量组也是基础解系.

26. 设齐次线性方程组

$$\begin{cases} a_{11}x_1+a_{12}x_2+\cdots+a_{1n}x_n=0, \\ a_{21}x_1+a_{22}x_2+\cdots+a_{2n}x_n=0, \\ \cdots\cdots\cdots\cdots \\ a_{s1}x_1+a_{s2}x_2+\cdots+a_{sn}x_n=0 \end{cases}$$

的系数矩阵的秩为 r. 证明:方程组的任意 $n-r$ 个线性无关的解都是它的一个基础解系.

27. 证明:如果 $\boldsymbol{\eta}_1,\boldsymbol{\eta}_2,\cdots,\boldsymbol{\eta}_t$ 是一线性方程组的解,那么 $u_1\boldsymbol{\eta}_1+u_2\boldsymbol{\eta}_2+\cdots+u_t\boldsymbol{\eta}_t$(其中 $u_1+u_2+\cdots+u_t=1$)也是一个解.

28. 多项式 $f(x)=2x^3-3x^2+\lambda x+3$ 与 $g(x)=x^3+\lambda x+1$ 在 λ 取什么值时,有公共根?

29. 解下列联立方程:

1) $\begin{cases} 5y^2-6xy+5x^2-16=0, \\ y^2-xy+2x^2-y-x-4=0; \end{cases}$
2) $\begin{cases} x^2+y^2+4x-2y+3=0, \\ x^2+4xy-y^2+10y-9=0; \end{cases}$

3） $\begin{cases} y^2+(x-4)y+x^2-2x+3=0, \\ y^3-5y^2+(x+7)y+x^3-x^2-5x-3=0. \end{cases}$

30. 已知线性方程组

$$\begin{cases} (2\lambda+1)x_1-\lambda x_2+(\lambda+1)x_3=\lambda-1, \\ (\lambda-2)x_1+(\lambda-1)x_2+(\lambda-2)x_3=\lambda, \\ (2\lambda-1)x_1+(\lambda-1)x_2+(2\lambda-1)x_3=\lambda. \end{cases}$$

1）λ 取何值时，该线性方程组有唯一解？

2）λ 取何值时，该线性方程组无解？

3）λ 取何值时，该线性方程组有无穷多解？并写出它的全部解.

补　充　题

1. 假设向量 $\boldsymbol{\beta}$ 可以经向量组 $\boldsymbol{\alpha}_1,\boldsymbol{\alpha}_2,\cdots,\boldsymbol{\alpha}_r$ 线性表出，证明：表示法是唯一的充要条件是 $\boldsymbol{\alpha}_1,\boldsymbol{\alpha}_2,\cdots,\boldsymbol{\alpha}_r$ 线性无关.

2. 设 $\boldsymbol{\alpha}_1,\boldsymbol{\alpha}_2,\cdots,\boldsymbol{\alpha}_r$ 是一组线性无关的向量，$\boldsymbol{\beta}_i=\sum\limits_{j=1}^{r}a_{ij}\boldsymbol{\alpha}_j,i=1,2,\cdots,r$. 证明：$\boldsymbol{\beta}_1,\boldsymbol{\beta}_2,\cdots,\boldsymbol{\beta}_r$ 线性无关的充要条件是

$$\begin{vmatrix} a_{11} & a_{12} & \cdots & a_{1r} \\ a_{21} & a_{22} & \cdots & a_{2r} \\ \vdots & \vdots & & \vdots \\ a_{r1} & a_{r2} & \cdots & a_{rr} \end{vmatrix} \neq 0.$$

3. 证明：$\boldsymbol{\alpha}_1,\boldsymbol{\alpha}_2,\cdots,\boldsymbol{\alpha}_s$（其中 $\boldsymbol{\alpha}_1\neq\mathbf{0}$）线性相关的充要条件是至少有一 $\boldsymbol{\alpha}_i(1<i\leqslant s)$ 可以经 $\boldsymbol{\alpha}_1,\boldsymbol{\alpha}_2,\cdots,\boldsymbol{\alpha}_{i-1}$ 线性表出.

4. 已知两向量组有相同的秩，且其中之一可以经另一个线性表出. 证明：这两个向量组等价.

5. 设向量组 $\boldsymbol{\alpha}_1,\boldsymbol{\alpha}_2,\cdots,\boldsymbol{\alpha}_s$ 的秩为 r，在其中任取 m 个向量 $\boldsymbol{\alpha}_{i_1},\boldsymbol{\alpha}_{i_2},\cdots,\boldsymbol{\alpha}_{i_m}$. 证明：此向量组的秩不小于 $r+m-s$.

6. 设向量组 $\boldsymbol{\alpha}_1,\boldsymbol{\alpha}_2,\cdots,\boldsymbol{\alpha}_s;\boldsymbol{\beta}_1,\boldsymbol{\beta}_2,\cdots,\boldsymbol{\beta}_t;\boldsymbol{\alpha}_1,\boldsymbol{\alpha}_2,\cdots,\boldsymbol{\alpha}_s,\boldsymbol{\beta}_1,\boldsymbol{\beta}_2,\cdots,\boldsymbol{\beta}_t$ 的秩分别为 r_1,r_2,r_3. 证明：

$$\max(r_1,r_2)\leqslant r_3\leqslant r_1+r_2.$$

7. 线性方程组

$$\begin{cases} a_{11}x_1+a_{12}x_2+\cdots+a_{1n}x_n=0, \\ a_{21}x_1+a_{22}x_2+\cdots+a_{2n}x_n=0, \\ \cdots\cdots\cdots\cdots \\ a_{n-1,1}x_1+a_{n-1,2}x_2+\cdots+a_{n-1,n}x_n=0 \end{cases}$$

的系数矩阵为

$$A=\begin{pmatrix} a_{11} & a_{12} & \cdots & a_{1n} \\ a_{21} & a_{22} & \cdots & a_{2n} \\ \vdots & \vdots & & \vdots \\ a_{n-1,1} & a_{n-1,2} & \cdots & a_{n-1,n} \end{pmatrix},$$

设 M_i 是矩阵 A 中划去第 i 列剩下的 $(n-1)\times(n-1)$ 矩阵的行列式.证明:

1) $(M_1,-M_2,\cdots,(-1)^{n-1}M_n)$ 是方程组的一个解;

2) 如果 A 的秩为 $n-1$,那么方程组的解全是 $(M_1,-M_2,\cdots,(-1)^{n-1}M_n)$ 的倍数.

8. 设 $\boldsymbol{\alpha}_i=(a_{i1},a_{i2},\cdots,a_{in})\ (i=1,2,\cdots,s)$,$\boldsymbol{\beta}=(b_1,b_2,\cdots,b_n)$.证明:如果线性方程组

$$\begin{cases} a_{11}x_1+a_{12}x_2+\cdots+a_{1n}x_n=0, \\ a_{21}x_1+a_{22}x_2+\cdots+a_{2n}x_n=0, \\ \cdots\cdots\cdots\cdots \\ a_{s1}x_1+a_{s2}x_2+\cdots+a_{sn}x_n=0 \end{cases}$$

的解全是方程 $b_1x_1+b_2x_2+\cdots+b_nx_n=0$ 的解,那么 $\boldsymbol{\beta}$ 可以经 $\boldsymbol{\alpha}_1,\boldsymbol{\alpha}_2,\cdots,\boldsymbol{\alpha}_s$ 线性表出.

9. 设 $\boldsymbol{\eta}_0$ 是线性方程组的一个解,$\boldsymbol{\eta}_1,\boldsymbol{\eta}_2,\cdots,\boldsymbol{\eta}_t$ 是它的导出组的一个基础解系,令

$$\boldsymbol{\gamma}_1=\boldsymbol{\eta}_0,\quad \boldsymbol{\gamma}_2=\boldsymbol{\eta}_1+\boldsymbol{\eta}_0,\quad \cdots,\quad \boldsymbol{\gamma}_{t+1}=\boldsymbol{\eta}_t+\boldsymbol{\eta}_0.$$

证明:线性方程组的任意一个解 $\boldsymbol{\gamma}$ 都可以表成

$$\boldsymbol{\gamma}=u_1\boldsymbol{\gamma}_1+u_2\boldsymbol{\gamma}_2+\cdots+u_{t+1}\boldsymbol{\gamma}_{t+1},$$

其中 $u_1+u_2+\cdots+u_{t+1}=1$.

10. 设

$$A=\begin{pmatrix} a_{11} & a_{12} & \cdots & a_{1n} \\ a_{21} & a_{22} & \cdots & a_{2n} \\ \vdots & \vdots & & \vdots \\ a_{n1} & a_{n2} & \cdots & a_{nn} \end{pmatrix}$$

为一实数域上的矩阵.证明:

1) 如果 $|a_{ii}|>\sum\limits_{j\neq i}|a_{ij}|$,$i=1,2,\cdots,n$,那么 $|A|\neq 0$;

2) 如果 $a_{ii}>\sum\limits_{j\neq i}|a_{ij}|$,$i=1,2,\cdots,n$,那么 $|A|>0$.

11. 求出通过点 $M_1(1,0,0)$,$M_2(1,1,0)$,$M_3(1,1,1)$,$M_4(0,1,1)$ 的球面的方程.

12. 求出通过点 $M_1(0,0)$,$M_2(1,0)$,$M_3(2,1)$,$M_4(1,1)$,$M_5(1,4)$ 的二次曲线的方程.

13. 求下列曲线的直角坐标方程:

1) $x=t^2-t+1,y=2t^2+t-3$; 2) $x=\dfrac{2t+1}{t^2+1},\quad y=\dfrac{t^2+2t-1}{t^2+1}$.

14. 求下列多项式的结式:

1) $\dfrac{x^5-1}{x-1}$ 与 $\dfrac{x^7-1}{x-1}$; 2) x^n+x+1 与 x^2-3x+2; 3) x^n+1 与 $(x-1)^n$.

15. 设线性方程组 $\sum_{i=1}^{n} x_i\boldsymbol{\alpha}_i=\boldsymbol{\beta}$，其中列向量 $\boldsymbol{\alpha}_i(i=1,2,\cdots,n)$，$\boldsymbol{\beta}\in P^m$. 证明：第 k 个列向量 $\boldsymbol{\alpha}_k$ 不能经其余列向量线性表出的充要条件是任何解 $\boldsymbol{X}$ 的第 k 个分量 x_k 取同一值.

16. 一般情况下，一个向量组的极大线性无关组不唯一. 请确定什么向量组的极大线性无关组唯一？

17. 设非齐次线性方程组

$$\begin{cases}a_{11}x_1+a_{12}x_2+\cdots+a_{1n}x_n=b_1,\\ a_{21}x_1+a_{22}x_2+\cdots+a_{2n}x_n=b_2,\\ \cdots\cdots\cdots\cdots\\ a_{s1}x_1+a_{s2}x_2+\cdots+a_{sn}x=b_s\end{cases}$$

的系数矩阵为 $\boldsymbol{A}$，常数项向量为 $\boldsymbol{\beta}$.

1）若方程组有解且秩$(\boldsymbol{A})=r$，则方程组的解向量中最多有多少个线性无关解？

2）若方程组对任意非零 s 维列向量 $\boldsymbol{\beta}$ 都有解，求秩$(\boldsymbol{A})$.

18. 设行列式

$$\begin{vmatrix}\zeta_{11} & \zeta_{21} & \cdots & \zeta_{n1}\\ \zeta_{12} & \zeta_{22} & \cdots & \zeta_{n2}\\ \vdots & \vdots & & \vdots\\ \zeta_{1n} & \zeta_{2n} & \cdots & \zeta_{nn}\end{vmatrix}\neq 0.$$

1）证明满足方程组

$$\sum_{i=1}^{n} x_{ijl}\zeta_{it}=\zeta_{jt}\zeta_{lt},\quad 1\leqslant j,l,t\leqslant n$$

的未知量 x_{ijl} 存在且唯一；

2）求出 $x_{ijl}(1\leqslant i,j,l\leqslant n)$ 的值.

19. $f_1,f_2,\cdots,f_r$ 是定义在正整数集 $\mathbf{N}_+$ 上取值于数域 P 的函数，证明：不存在一组不全为零的数 $l_1,l_2,\cdots,l_r$，使得 $l_1f_1+l_2f_2+\cdots+l_rf_r$ 为零函数的充要条件是，存在 $i_1,i_2,\cdots,i_r\in\mathbf{N}_+$，使得矩阵

$$\begin{pmatrix}f_1(i_1) & f_1(i_2) & \cdots & f_1(i_r)\\ f_2(i_1) & f_2(i_2) & \cdots & f_2(i_r)\\ \vdots & \vdots & & \vdots\\ f_r(i_1) & f_r(i_2) & \cdots & f_r(i_r)\end{pmatrix}$$

的秩为 r.

20. 在一个与外界隔绝的岛上，有 A_1,A_2,A_3,A_4,A_5 五个生产部门供给岛上居民所有的生活需求. 每个部门产品数量都换算成标准单位，设

$$\boldsymbol{M}=\begin{pmatrix} 0.1 & 0.2 & 0.05 & 0.1 & 0.05 \\ 0.3 & 0.1 & 0.2 & 0.2 & 0.1 \\ 0.05 & 0.1 & 0.3 & 0.1 & 0.2 \\ 0.1 & 0.2 & 0.1 & 0.3 & 0.1 \\ 0.05 & 0.1 & 0.2 & 0.1 & 0.3 \end{pmatrix},$$

其中 $\boldsymbol{M}$ 的 (i,j) 元素表示 A_j 部门生产 1 个单位产品所需 A_i 部门产品的单位数.若全岛居民每年需要 A_1,A_2,A_3,A_4,A_5 各部门的产品分别为 100 单位、200 单位、300 单位、150 单位、250 单位，则五个部门各生产多少单位的产品才能恰好满足全岛居民每年的需要？

学习指导

第四章 矩阵

§1 矩阵概念的一些背景

在线性方程组的讨论中我们看到,线性方程组的一些重要性质反映在它的系数矩阵和增广矩阵的性质上,并且解方程组的过程也表现为变换这些矩阵的过程.除线性方程组之外,还有大量的各种各样的问题也都提出矩阵的概念,并且这些问题的研究常常反映为有关矩阵的某些方面的研究,甚至于有些性质完全不同的、表面上完全没有联系的问题,归结成矩阵问题以后却是相同的.这就使矩阵成为数学中一个极其重要的应用广泛的概念,因而也就使矩阵成为代数特别是线性代数的一个主要研究对象.这一章的目的是引入矩阵的运算,并讨论它们的一些基本性质.

为了使读者对矩阵的概念以及下面要讨论的问题的背景有些了解,我们来介绍一些提出矩阵概念的问题.当然,由于篇幅和目前知识的限制,介绍的方面有很大局限性.

1. 在解析几何中考虑坐标变换时,如果只考虑坐标系的转轴(逆时针方向转轴),那么平面直角坐标变换的公式为

$$\begin{cases}x=x'\cos\theta-y'\sin\theta,\\ y=x'\sin\theta+y'\cos\theta,\end{cases}\tag{1}$$

其中 θ 为 x 轴与 x'轴的夹角.显然,新旧坐标之间的关系,完全可以通过公式中系数所排成的 2×2 矩阵

$$\begin{pmatrix}\cos\theta & -\sin\theta\\ \sin\theta & \cos\theta\end{pmatrix}\tag{2}$$

表示出来.通常,矩阵(2)称为坐标变换(1)的矩阵.在空间的情形,保持原点不动的仿射坐标系的变换有公式

$$\begin{cases}x=a_{11}x'+a_{12}y'+a_{13}z',\\ y=a_{21}x'+a_{22}y'+a_{23}z',\\ z=a_{31}x'+a_{32}y'+a_{33}z'.\end{cases}\tag{3}$$

同样地,矩阵

$$\begin{pmatrix} a_{11} & a_{12} & a_{13} \\ a_{21} & a_{22} & a_{23} \\ a_{31} & a_{32} & a_{33} \end{pmatrix} \tag{4}$$

就称为坐标变换(3)的矩阵.

2. 二次曲线的一般方程为

$$ax^2+2bxy+cy^2+2dx+2ey+f=0. \tag{5}$$

方程(5)的左端可以用表

	x	y	1
x	a	b	d
y	b	c	e
1	d	e	f

来表示,其中每一个数就是它所在的行和列所对应的 x,y 或 1 的乘积的系数,而方程(5)的左端就是按这样的约定所形成的项的和.换句话说,只要规定了 $x,y,1$ 的次序,二次方程(5)的左端就可以简单地用矩阵

$$\begin{pmatrix} a & b & d \\ b & c & e \\ d & e & f \end{pmatrix} \tag{6}$$

来表示.通常(6)式称为二次曲线(5)的矩阵.以后我们会看到,这种表示法不只是形式的.事实上,矩阵(6)的行列式就是解析几何中二次曲线的不变量 I_3,这表明了矩阵(6)的性质确实反映了它所表示的二次曲线的性质.

3. 在讨论国民经济的数学问题中也常常用到矩阵.例如,假设在某一地区,某一种物资,比如说煤,有 s 个产地 $A_1,A_2,\cdots,A_s$ 和 n 个销地 $B_1,B_2,\cdots,B_n$,那么一个调运方案就可用一个矩阵

$$\begin{pmatrix} a_{11} & a_{12} & \cdots & a_{1n} \\ a_{21} & a_{22} & \cdots & a_{2n} \\ \vdots & \vdots & & \vdots \\ a_{s1} & a_{s2} & \cdots & a_{sn} \end{pmatrix}$$

来表示,其中 a_{ij}表示由产地 A_i 运到销地 B_j 的数量.

4. n 维向量也可以看成矩阵的特殊情形.n 维行向量就是 $1\times n$ 矩阵,n 维列向量就是 $n\times 1$ 矩阵.

以后我们用大写的拉丁字母 $\boldsymbol{A},\boldsymbol{B},\cdots$,或者

$$(a_{ij}),\ (b_{ij}),\cdots$$

来代表矩阵.

有时候,为了指明所讨论的矩阵的行数和列数,可以把 $s\times n$ 矩阵写成 $\boldsymbol{A}_{s\times n},\boldsymbol{B}_{s\times n},\cdots$,或者

$$(a_{ij})_{s\times n},\quad (b_{ij})_{s\times n},\cdots.$$

(注意矩阵的符号与行列式的符号的区别.)

设 $\boldsymbol{A}=(a_{ij})_{m\times n}$,$\boldsymbol{B}=(b_{ij})_{l\times k}$,如果 $m=l$,$n=k$,且 $a_{ij}=b_{ij}$,对 $i=1,2,\cdots,m$;$j=1,2\cdots,n$ 都成立,我们就说 $\boldsymbol{A}=\boldsymbol{B}$.即只有完全一样的矩阵才叫做相等.

§2 矩阵的运算

现在我们来定义矩阵的运算,可以认为它们是矩阵之间一些最基本的关系.下面要定义的运算是矩阵的加法、乘法、矩阵与数的乘法以及矩阵的转置.

为了确定起见,我们取定一个数域 P,以下所讨论的矩阵全是由数域 P 中的数组成的.

1. 加法

定义 1 设

$$\boldsymbol{A}=(a_{ij})_{s\times n}=\begin{pmatrix} a_{11} & a_{12} & \cdots & a_{1n}\\ a_{21} & a_{22} & \cdots & a_{2n}\\ \vdots & \vdots & & \vdots\\ a_{s1} & a_{s2} & \cdots & a_{sn}\end{pmatrix},$$

$$\boldsymbol{B}=(b_{ij})_{s\times n}=\begin{pmatrix} b_{11} & b_{12} & \cdots & b_{1n}\\ b_{21} & b_{22} & \cdots & b_{2n}\\ \vdots & \vdots & & \vdots\\ b_{s1} & b_{s2} & \cdots & b_{sn}\end{pmatrix}$$

是两个 $s\times n$ 矩阵,则矩阵

$$\boldsymbol{C}=(c_{ij})_{s\times n}=(a_{ij}+b_{ij})_{s\times n}=\begin{pmatrix} a_{11}+b_{11} & a_{12}+b_{12} & \cdots & a_{1n}+b_{1n}\\ a_{21}+b_{21} & a_{22}+b_{22} & \cdots & a_{2n}+b_{2n}\\ \vdots & \vdots & & \vdots\\ a_{s1}+b_{s1} & a_{s2}+b_{s2} & \cdots & a_{sn}+b_{sn}\end{pmatrix}$$

称为 $\boldsymbol{A}$ 和 $\boldsymbol{B}$ 的**和**,记作

$$\boldsymbol{C}=\boldsymbol{A}+\boldsymbol{B}.$$

矩阵的加法就是矩阵对应的元素相加.当然,相加的矩阵必须要有相同的行数和列数,这样的矩阵称为**同型矩阵**.由于矩阵的加法归结为它们的元素的加法,也就是数的加法,所以不难验证,它有

结合律:$\boldsymbol{A}+(\boldsymbol{B}+\boldsymbol{C})=(\boldsymbol{A}+\boldsymbol{B})+\boldsymbol{C}$;

交换律:$\boldsymbol{A}+\boldsymbol{B}=\boldsymbol{B}+\boldsymbol{A}$.

元素全为零的矩阵称为**零矩阵**，记作 $\boldsymbol{O}_{s\times n}$，在不致引起含混的时候，可简单地记作 $\boldsymbol{O}$. 显然，对所有的 $\boldsymbol{A}$，

$$\boldsymbol{A}+\boldsymbol{O}=\boldsymbol{A}.$$

矩阵

$$\begin{pmatrix} -a_{11} & -a_{12} & \cdots & -a_{1n} \\ -a_{21} & -a_{22} & \cdots & -a_{2n} \\ \vdots & \vdots & & \vdots \\ -a_{s1} & -a_{s2} & \cdots & -a_{sn} \end{pmatrix}$$

称为矩阵 $\boldsymbol{A}$ 的**负矩阵**，记作 $-\boldsymbol{A}$. 显然有

$$\boldsymbol{A}+(-\boldsymbol{A})=\boldsymbol{O}.$$

矩阵的**减法**定义为

$$\boldsymbol{A}-\boldsymbol{B}=\boldsymbol{A}+(-\boldsymbol{B}).$$

例如，在§1 我们看到，某一种物资如果有 s 个产地，n 个销地，那么一个调运方案就可表示为一个 $s\times n$ 矩阵，矩阵中的元素 a_{ij} 表示由产地 A_i 运到销地 B_j 的这种物资的数量，比如说吨数. 如果从这些产地还有另一种物资要运到这些销地，那么，这种物资的调运方案也可表示为一个 $s\times n$ 矩阵. 于是从产地到销地的总的运输量也表示为一个矩阵. 显然，这个矩阵就等于上面两个矩阵的和.

根据矩阵加法的定义，应用关于向量组的秩的性质，很容易看出

$$\text{秩}(\boldsymbol{A}+\boldsymbol{B})\leqslant\text{秩}(\boldsymbol{A})+\text{秩}(\boldsymbol{B}).$$

2. 乘法

在给出乘法定义之前，我们先看一个引出矩阵乘法的问题.

设 x_1,x_2,x_3,x_4 和 y_1,y_2,y_3 是两组变量，它们之间的关系为

$$\begin{cases} x_1=a_{11}y_1+a_{12}y_2+a_{13}y_3, \\ x_2=a_{21}y_1+a_{22}y_2+a_{23}y_3, \\ x_3=a_{31}y_1+a_{32}y_2+a_{33}y_3, \\ x_4=a_{41}y_1+a_{42}y_2+a_{43}y_3. \end{cases} \tag{1}$$

又如 z_1,z_2 是第三组变量，它们与 y_1,y_2,y_3 的关系为

$$\begin{cases} y_1=b_{11}z_1+b_{12}z_2, \\ y_2=b_{21}z_1+b_{22}z_2, \\ y_3=b_{31}z_1+b_{32}z_2. \end{cases} \tag{2}$$

由(1)式和(2)式不难得出 x_1,x_2,x_3,x_4 与 z_1,z_2 的关系：

$$\begin{aligned} x_i &= \sum_{k=1}^{3} a_{ik}y_k = \sum_{k=1}^{3} a_{ik}\Big(\sum_{j=1}^{2} b_{kj}z_j\Big) = \sum_{k=1}^{3}\sum_{j=1}^{2} a_{ik}b_{kj}z_j \\ &= \sum_{j=1}^{2}\sum_{k=1}^{3} a_{ik}b_{kj}z_j = \sum_{j=1}^{2}\Big(\sum_{k=1}^{3} a_{ik}b_{kj}\Big)z_j, \quad i=1,2,3,4. \end{aligned} \tag{3}$$

如果我们用

$$x_i=\sum_{j=1}^{2} c_{ij}z_j, \quad i=1,2,3,4 \tag{4}$$

来表示 x_1,x_2,x_3,x_4 与 z_1,z_2 的关系，比较(3)式和(4)式，就有

$$c_{ij}=\sum_{k=1}^{3}a_{ik}b_{kj},\quad i=1,2,3,4;j=1,2. \tag{5}$$

用矩阵的表示法，我们可以说，如果矩阵

$$\boldsymbol{A}=(a_{ik})_{4\times3},\quad \boldsymbol{B}=(b_{kj})_{3\times2}$$

分别表示变量 x_1,x_2,x_3,x_4 与 y_1,y_2,y_3 以及 y_1,y_2,y_3 与 z_1,z_2 之间的关系，那么表示 x_1,x_2,x_3,x_4 与 z_1,z_2 之间的关系的矩阵

$$\boldsymbol{C}=(c_{ij})_{4\times2}$$

就由公式(5)确定.矩阵 $\boldsymbol{C}$ 称为矩阵 $\boldsymbol{A}$ 与 $\boldsymbol{B}$ 的乘积，记作

$$\boldsymbol{C}=\boldsymbol{AB}.$$

一般地，我们有

定义 2 设

$$\boldsymbol{A}=(a_{ik})_{s\times n},\quad \boldsymbol{B}=(b_{kj})_{n\times m},$$

那么矩阵

$$\boldsymbol{C}=(c_{ij})_{s\times m},$$

其中

$$c_{ij}=a_{i1}b_{1j}+a_{i2}b_{2j}+\cdots+a_{in}b_{nj}=\sum_{k=1}^{n}a_{ik}b_{kj}, \tag{6}$$

称为 $\boldsymbol{A}$ 与 $\boldsymbol{B}$ 的**乘积**，记作

$$\boldsymbol{C}=\boldsymbol{AB}.$$

由矩阵乘法的定义可以看出，矩阵 $\boldsymbol{A}$ 与 $\boldsymbol{B}$ 的乘积 $\boldsymbol{C}$ 的第 i 行第 j 列的元素等于第一个矩阵 $\boldsymbol{A}$ 的第 i 行与第二个矩阵 $\boldsymbol{B}$ 的第 j 列的对应元素乘积的和. 当然，在乘积的定义中，我们要求第二个矩阵的行数与第一个矩阵的列数相等.

例 1 设

$$\boldsymbol{A}=\begin{pmatrix}1&0&-1&2\\-1&1&3&0\\0&5&-1&4\end{pmatrix},\quad \boldsymbol{B}=\begin{pmatrix}0&3&4\\1&2&1\\3&1&-1\\-1&2&1\end{pmatrix},$$

那么

$$\boldsymbol{C}=\boldsymbol{AB}=\begin{pmatrix}1&0&-1&2\\-1&1&3&0\\0&5&-1&4\end{pmatrix}\begin{pmatrix}0&3&4\\1&2&1\\3&1&-1\\-1&2&1\end{pmatrix}=\begin{pmatrix}-5&6&7\\10&2&-6\\-2&17&10\end{pmatrix}.$$

乘积的矩阵中各个元素是根据公式(6)得出的，例如，第二行第一列的元素 10 是矩阵 $\boldsymbol{A}$ 的第二行元素与矩阵 $\boldsymbol{B}$ 的第一列对应元素乘积之和，即

$$(-1)\times0+1\times1+3\times3+0\times(-1)=10.$$

其余可类似得到.

例 2 如果 $\boldsymbol{A}=(a_{ij})_{s\times n}$ 是一线性方程组的系数矩阵，而

$$X=\begin{pmatrix}x_1\\x_2\\\vdots\\x_n\end{pmatrix},\quad B=\begin{pmatrix}b_1\\b_2\\\vdots\\b_s\end{pmatrix}$$

分别是未知量和常数项所成的 $n\times1$ 和 $s\times1$ 矩阵，那么线性方程组就可以写成矩阵的形式

$$AX=B.$$

例 3 在空间中作一坐标系的转轴.设由坐标系 (x_1,y_1,z_1) 到 (x_2,y_2,z_2) 的坐标变换的矩阵为

$$A=\begin{pmatrix}a_{11}&a_{12}&a_{13}\\a_{21}&a_{22}&a_{23}\\a_{31}&a_{32}&a_{33}\end{pmatrix},$$

如果令

$$X_1=\begin{pmatrix}x_1\\y_1\\z_1\end{pmatrix},\quad X_2=\begin{pmatrix}x_2\\y_2\\z_2\end{pmatrix},$$

那么坐标变换的公式可以写成

$$X_1=AX_2.$$

如果再作一次坐标系的转轴.设由第二个坐标系 (x_2,y_2,z_2) 到第三个坐标系 (x_3,y_3,z_3) 的坐标变换公式为

$$X_2=BX_3,$$

其中

$$B=\begin{pmatrix}b_{11}&b_{12}&b_{13}\\b_{21}&b_{22}&b_{23}\\b_{31}&b_{32}&b_{33}\end{pmatrix},\quad X_3=\begin{pmatrix}x_3\\y_3\\z_3\end{pmatrix}.$$

那么不难看出，由第一个坐标系到第三个坐标系的坐标变换的矩阵即为

$$C=AB.$$

矩阵的乘法适合结合律. 设

$$A=(a_{ij})_{s\times n},\quad B=(b_{jk})_{n\times m},\quad C=(c_{kl})_{m\times r},$$

我们证明

$$(AB)C=A(BC).$$

令

$$V=AB=(v_{ik})_{s\times m},\quad W=BC=(w_{jl})_{n\times r},$$

其中

$$v_{ik}=\sum_{j=1}^{n}a_{ij}b_{jk},\quad i=1,2,\cdots,s;k=1,2,\cdots,m,$$

$$w_{jl}=\sum_{k=1}^{m}b_{jk}c_{kl},\quad j=1,2,\cdots,n;l=1,2,\cdots,r.$$

因为

$$(AB)C=VC$$

中 VC 的第 i 行第 l 列元素为

$$\sum_{k=1}^{m} v_{ik}c_{kl}=\sum_{k=1}^{m}\left(\sum_{j=1}^{n} a_{ij}b_{jk}\right)c_{kl}=\sum_{k=1}^{m}\sum_{j=1}^{n} a_{ij}b_{jk}c_{kl}, \tag{7}$$

而

$$A(BC)=AW$$

中 AW 的第 i 行第 l 列元素为

$$\sum_{j=1}^{n} a_{ij}w_{jl}=\sum_{j=1}^{n} a_{ij}\left(\sum_{k=1}^{m} b_{jk}c_{kl}\right)=\sum_{j=1}^{n}\sum_{k=1}^{m} a_{ij}b_{jk}c_{kl}. \tag{8}$$

由于双重连加号可以交换次序，所以(7)式与(8)式的结果是一样的，这就证明了结合律.

但是，矩阵的乘法不适合交换律，即一般说来，

$$AB\neq BA.$$

这是由于，一方面在乘积中要求第一个因子的列数等于第二个因子的行数，否则没有意义.所以，当 AB 有意义时，BA 不一定有意义.另一方面即使 AB 与 BA 都有意义，它们的阶数也不一定相等，因为乘积的行数等于第一个因子的行数，列数等于第二个因子的列数.如上面例 1 中，AB 是一 3×3 矩阵，而 BA 是一 4×4 矩阵.即使相乘的矩阵都是 $n\times n$ 矩阵，这时，AB 与 BA 都有意义，而且都是 $n\times n$ 矩阵，它们也不一定相等.例如，

$$A=\begin{pmatrix}1&1\\-1&-1\end{pmatrix},\quad B=\begin{pmatrix}1&-1\\-1&1\end{pmatrix},$$

$$AB=\begin{pmatrix}1&1\\-1&-1\end{pmatrix}\begin{pmatrix}1&-1\\-1&1\end{pmatrix}=\begin{pmatrix}0&0\\0&0\end{pmatrix},$$

而

$$BA=\begin{pmatrix}1&-1\\-1&1\end{pmatrix}\begin{pmatrix}1&1\\-1&-1\end{pmatrix}=\begin{pmatrix}2&2\\-2&-2\end{pmatrix}.$$

在这个例子中我们还看到，两个不为零的矩阵的乘积可以是零，这是矩阵乘法的一个特点.由此还可得出矩阵乘法的消去律不成立.即当 $AB=AC$ 时不一定有 $B=C$.读者由上面的例子的启发可以举出类似的例子.

定义 3　主对角线上的元素全是 1，其余元素全是 0 的 $n\times n$ 矩阵

$$\begin{pmatrix}1&0&\cdots&0\\0&1&\cdots&0\\\vdots&\vdots&&\vdots\\0&0&\cdots&1\end{pmatrix}$$

称为 n 阶**单位矩阵**，记作 E_n，或者在不致引起含混的时候简单记作 E.显然有

$$A_{s\times n}E_n=A_{s\times n},\qquad E_sA_{s\times n}=A_{s\times n}.$$

矩阵的乘法和加法还适合分配律，即

$$A(B+C)=AB+AC, \tag{9}$$

$$(B+C)A=BA+CA. \tag{10}$$

这两个式子的证明留给读者自己来做.应该指出,由于矩阵的乘法不适合交换律,所以(9)式与(10)式是两条不同的规律.

我们还可以定义矩阵的方幂.设 A 是一 $n\times n$ 矩阵,定义

$$\begin{cases}A^1=A,\\ A^{k+1}=A^kA.\end{cases}$$

换句话说,A^k 就是 k 个 A 连乘.当然,方幂只能对行数与列数相等的矩阵来定义.由乘法的结合律,不难证明,

$$A^kA^l=A^{k+l},\quad (A^k)^l=A^{kl},$$

这里 k,l 是任意正整数.证明留给读者去做.因为矩阵乘法不适合交换律,所以 $(AB)^k$ 与 A^kB^k 一般地不相等.

3. 数量乘法

定义 4 矩阵

$$\begin{pmatrix}ka_{11} & ka_{12} & \cdots & ka_{1n}\\ ka_{21} & ka_{22} & \cdots & ka_{2n}\\ \vdots & \vdots & & \vdots\\ ka_{s1} & ka_{s2} & \cdots & ka_{sn}\end{pmatrix}$$

称为矩阵 $A=(a_{ij})_{s\times n}$ 与数 k 的**数量乘积**,记作 kA.换句话说,用数 k 乘矩阵就是把矩阵的每个元素都乘上 k.

不难验证,数量乘积适合以下的规律:

$$(k+l)A=kA+lA, \tag{11}$$

$$k(A+B)=kA+kB, \tag{12}$$

$$k(lA)=(kl)A, \tag{13}$$

$$1A=A, \tag{14}$$

$$k(AB)=(kA)B=A(kB). \tag{15}$$

我们只证明等式(15),其余留给读者证明.设

$$A=(a_{ij})_{s\times n},\quad B=(b_{jt})_{n\times m},$$

在 $k(AB),(kA)B,A(kB)$ 中,(i,t) 元素依次为

$$k\sum_{j=1}^{n}a_{ij}b_{jt},\quad \sum_{j=1}^{n}(ka_{ij})b_{jt}=k\sum_{j=1}^{n}a_{ij}b_{jt},\quad \sum_{j=1}^{n}a_{ij}(kb_{jt})=k\sum_{j=1}^{n}a_{ij}b_{jt}.$$

显然它们是一样的,这就证明了等式(15).

矩阵

$$kE=\begin{pmatrix}k & 0 & \cdots & 0\\ 0 & k & \cdots & 0\\ \vdots & \vdots & & \vdots\\ 0 & 0 & \cdots & k\end{pmatrix}$$

通常称为**数量矩阵**.作为(15)的特殊情形,如果 A 是一 $n\times n$ 矩阵,那么有

$$kA=(kE)A=A(kE).$$

这个式子说明,数量矩阵与所有的 $n\times n$ 矩阵作乘法是可交换的.可以证明:如果一个 n 阶矩阵与所有 n 阶矩阵作乘法是可交换的,那么这个矩阵一定是数量矩阵(参看习题7).再有

$$kE+lE=(k+l)E,\quad (kE)(lE)=(kl)E,$$

这就是说,数量矩阵的加法与乘法完全归结为数的加法与乘法.

4. 转置

把一矩阵 A 的行列互换,所得到的矩阵称为 A 的转置,记作 A^{T}.可确切地定义如下:

定义 5 设

$$A=\begin{pmatrix} a_{11} & a_{12} & \cdots & a_{1n} \\ a_{21} & a_{22} & \cdots & a_{2n} \\ \vdots & \vdots & & \vdots \\ a_{s1} & a_{s2} & \cdots & a_{sn} \end{pmatrix},$$

所谓 A 的**转置**就是指矩阵

$$A^{\mathrm{T}}=\begin{pmatrix} a_{11} & a_{21} & \cdots & a_{s1} \\ a_{12} & a_{22} & \cdots & a_{s2} \\ \vdots & \vdots & & \vdots \\ a_{1n} & a_{2n} & \cdots & a_{sn} \end{pmatrix}.$$

显然,$s\times n$ 矩阵的转置是 $n\times s$ 矩阵.

矩阵的转置适合以下的规律:

$$(A^{\mathrm{T}})^{\mathrm{T}}=A, \tag{16}$$

$$(A+B)^{\mathrm{T}}=A^{\mathrm{T}}+B^{\mathrm{T}}, \tag{17}$$

$$(AB)^{\mathrm{T}}=B^{\mathrm{T}}A^{\mathrm{T}}, \tag{18}$$

$$(kA)^{\mathrm{T}}=kA^{\mathrm{T}}. \tag{19}$$

(16)式表示两次转置就还原,这是显然的.(17)式和(19)式也很容易验证.现在来看一下(18)式.设

$$A=\begin{pmatrix} a_{11} & a_{12} & \cdots & a_{1n} \\ a_{21} & a_{22} & \cdots & a_{2n} \\ \vdots & \vdots & & \vdots \\ a_{s1} & a_{s2} & \cdots & a_{sn} \end{pmatrix},\quad B=\begin{pmatrix} b_{11} & b_{12} & \cdots & b_{1m} \\ b_{21} & b_{22} & \cdots & b_{2m} \\ \vdots & \vdots & & \vdots \\ b_{n1} & b_{n2} & \cdots & b_{nm} \end{pmatrix}.$$

AB 中 (i,j) 元素为

$$\sum_{k=1}^{n} a_{ik}b_{kj},$$

所以 $(AB)^{\mathrm{T}}$ 中 (i,j) 元素就是

$$\sum_{k=1}^{n} a_{jk}b_{ki}. \tag{20}$$

其次，B^{T} 中 (i,k) 元素是 b_{ki}，A^{T} 中 (k,j) 元素是 a_{jk}，因之，$B^{T}A^{T}$ 中 (i,j) 元素即为

$$\sum_{k=1}^{n} b_{ki}a_{jk} = \sum_{k=1}^{n} a_{jk}b_{ki}. \tag{21}$$

比较(20)式和(21)式即得(18)式.

例 4　设

$$A=(1,-1,2),\quad B=\begin{pmatrix}2&-1&0\\1&1&3\\4&2&1\end{pmatrix}.$$

于是

$$AB=(1,-1,2)\begin{pmatrix}2&-1&0\\1&1&3\\4&2&1\end{pmatrix}=(9,2,-1),$$

$$A^{T}=\begin{pmatrix}1\\-1\\2\end{pmatrix},\quad B^{T}=\begin{pmatrix}2&1&4\\-1&1&2\\0&3&1\end{pmatrix}.$$

所以

$$B^{T}A^{T}=\begin{pmatrix}2&1&4\\-1&1&2\\0&3&1\end{pmatrix}\begin{pmatrix}1\\-1\\2\end{pmatrix}=\begin{pmatrix}9\\2\\-1\end{pmatrix}=(9,2,-1)^{T}=(AB)^{T}.$$

§3　矩阵乘积的行列式与秩

在这一节我们来看一下矩阵乘积的行列式与秩和它的因子的行列式与秩的关系.

关于乘积的行列式有

定理 1　设 A,B 是数域 P 上的两个 $n\times n$ 矩阵，那么

$$|AB| = |A|\,|B|, \tag{1}$$

即矩阵乘积的行列式等于它的因子的行列式的乘积.

证明　这是第二章 §8 中已经证明了的结论. ▌

用数学归纳法，定理 1 不难推广到多个因子的情形，即有

推论 1　设 $A_1,A_2,\cdots,A_m$ 都是数域 P 上的 $n\times n$ 矩阵，于是

$$|A_1A_2\cdots A_m| = |A_1|\,|A_2|\cdots|A_m|. ▌$$

定义 6　数域 P 上的 $n\times n$ 矩阵 A 称为**非退化的**，如果 $|A|\neq 0$；否则称为**退化的**.

显然，一个 $n\times n$ 矩阵是非退化的充要条件是它的秩等于 n.

从定理 1，立刻推出

推论 2　设 $\boldsymbol{A},\boldsymbol{B}$ 是数域 P 上 $n\times n$ 矩阵,矩阵 $\boldsymbol{AB}$ 为退化的充要条件是 $\boldsymbol{A},\boldsymbol{B}$ 中至少有一个是退化的. ▌

关于矩阵乘积的秩,我们有

定理 2　设 $\boldsymbol{A}$ 是数域 P 上 $n\times m$ 矩阵,$\boldsymbol{B}$ 是数域 P 上 $m\times s$ 矩阵,于是

$$秩(\boldsymbol{AB})\leqslant \min(秩(\boldsymbol{A}),秩(\boldsymbol{B})),\tag{2}$$

即乘积的秩不超过各因子的秩.

证明　为了证明(2)式,只需要证明秩$(\boldsymbol{AB})\leqslant$秩$(\boldsymbol{A})$,同时秩$(\boldsymbol{AB})\leqslant$秩$(\boldsymbol{B})$.现在来分别证明这两个不等式.

设

$$\boldsymbol{A}=\begin{pmatrix} a_{11} & a_{12} & \cdots & a_{1m}\\ a_{21} & a_{22} & \cdots & a_{2m}\\ \vdots & \vdots & & \vdots\\ a_{n1} & a_{n2} & \cdots & a_{nm}\end{pmatrix},\quad \boldsymbol{B}=\begin{pmatrix} b_{11} & b_{12} & \cdots & b_{1s}\\ b_{21} & b_{22} & \cdots & b_{2s}\\ \vdots & \vdots & & \vdots\\ b_{m1} & b_{m2} & \cdots & b_{ms}\end{pmatrix}.$$

令 $\boldsymbol{B}_1,\boldsymbol{B}_2,\cdots,\boldsymbol{B}_m$ 表示 $\boldsymbol{B}$ 的行向量,$\boldsymbol{C}_1,\boldsymbol{C}_2,\cdots,\boldsymbol{C}_n$ 表示 $\boldsymbol{AB}$ 的行向量.由计算可知,$\boldsymbol{C}_i$ 的第 j 个分量和 $a_{i1}\boldsymbol{B}_1+a_{i2}\boldsymbol{B}_2+\cdots+a_{im}\boldsymbol{B}_m$ 的第 j 个分量都等于 $\sum\limits_{k=1}^{m}a_{ik}b_{kj}$,因而

$$\boldsymbol{C}_i=a_{i1}\boldsymbol{B}_1+a_{i2}\boldsymbol{B}_2+\cdots+a_{im}\boldsymbol{B}_m,\quad i=1,2,\cdots,n,$$

即矩阵 $\boldsymbol{AB}$ 的行向量组 $\boldsymbol{C}_1,\boldsymbol{C}_2,\cdots,\boldsymbol{C}_n$ 可以经矩阵 $\boldsymbol{B}$ 的行向量组线性表出.所以 $\boldsymbol{AB}$ 的秩不能超过 $\boldsymbol{B}$ 的秩(参看第三章习题 12),也就是说,

$$秩(\boldsymbol{AB})\leqslant秩(\boldsymbol{B}).$$

同样地,令 $\boldsymbol{A}_1,\boldsymbol{A}_2,\cdots,\boldsymbol{A}_m$ 表示 $\boldsymbol{A}$ 的列向量,$\boldsymbol{D}_1,\boldsymbol{D}_2,\cdots,\boldsymbol{D}_s$ 表示 $\boldsymbol{AB}$ 的列向量.由计算可知,

$$\boldsymbol{D}_i=b_{1i}\boldsymbol{A}_1+b_{2i}\boldsymbol{A}_2+\cdots+b_{mi}\boldsymbol{A}_m,\quad i=1,2,\cdots,s.$$

这个式子表明,矩阵 $\boldsymbol{AB}$ 的列向量组可以经矩阵 $\boldsymbol{A}$ 的列向量组线性表出,因而前者的秩不可能超过后者的秩,这就是说,

$$秩(\boldsymbol{AB})\leqslant秩(\boldsymbol{A}).\ ▌$$

用数学归纳法,定理 2 不难推广到多个因子的情形,即有

推论　如果 $\boldsymbol{A}=\boldsymbol{A}_1\boldsymbol{A}_2\cdots\boldsymbol{A}_t$,那么

$$秩(\boldsymbol{A})\leqslant\min_{1\leqslant j\leqslant t}秩(\boldsymbol{A}_j).\ ▌$$

§4　矩阵的逆

在 §2 我们看到,矩阵与复数相仿,有加、减、乘三种运算.矩阵的乘法是否也和复数一样有逆运算呢?这就是本节所要讨论的问题.

这一节讨论的矩阵,如不特别说明,都是 $n\times n$ 矩阵.

我们知道,对于任意的 n 阶方阵 $\boldsymbol{A}$ 都有

$$\boldsymbol{AE}=\boldsymbol{EA}=\boldsymbol{A},$$

其中 $\boldsymbol{E}$ 是 n 阶单位矩阵.因之,从乘法的角度来看,n 阶单位矩阵在 n 阶方阵中的地位类似于 1 在复数中的地位.一个复数 $a\neq0$ 的倒数 a^{-1}可以用等式

$$aa^{-1}=1$$

来刻画,相仿地,我们引入

定义 7 n 阶方阵 $\boldsymbol{A}$ 称为**可逆的**,如果有 n 阶方阵 $\boldsymbol{B}$,使得

$$\boldsymbol{AB}=\boldsymbol{BA}=\boldsymbol{E}, \tag{1}$$

其中 $\boldsymbol{E}$ 是 n 阶单位矩阵.

首先我们指出,由于矩阵的乘法规则,只有方阵才能满足(1)式(读者自己证明).其次,对于任意的矩阵 $\boldsymbol{A}$,适合等式(1)的矩阵 $\boldsymbol{B}$ 是唯一的(如果有的话).事实上,假设 $\boldsymbol{B}_1,\boldsymbol{B}_2$ 是两个适合(1)式的矩阵,就有

$$\boldsymbol{B}_1=\boldsymbol{B}_1\boldsymbol{E}=\boldsymbol{B}_1(\boldsymbol{AB}_2)=(\boldsymbol{B}_1\boldsymbol{A})\boldsymbol{B}_2=\boldsymbol{EB}_2=\boldsymbol{B}_2.$$

定义 8 如果矩阵 $\boldsymbol{B}$ 适合(1)式,那么 $\boldsymbol{B}$ 就称为 $\boldsymbol{A}$ 的**逆矩阵**,记作 $\boldsymbol{A}^{-1}$.

下面要解决的问题是:在什么条件下矩阵 $\boldsymbol{A}$ 是可逆的? 如果 $\boldsymbol{A}$ 可逆,怎样求 $\boldsymbol{A}^{-1}$?

定义 9 设 A_{ij}是矩阵

$$\boldsymbol{A}=\begin{pmatrix} a_{11} & a_{12} & \cdots & a_{1n} \\ a_{21} & a_{22} & \cdots & a_{2n} \\ \vdots & \vdots & & \vdots \\ a_{n1} & a_{n2} & \cdots & a_{nn} \end{pmatrix}$$

中元素 a_{ij}的代数余子式,矩阵

$$\boldsymbol{A}^*=\begin{pmatrix} A_{11} & A_{21} & \cdots & A_{n1} \\ A_{12} & A_{22} & \cdots & A_{n2} \\ \vdots & \vdots & & \vdots \\ A_{1n} & A_{2n} & \cdots & A_{nn} \end{pmatrix}$$

称为 $\boldsymbol{A}$ 的**伴随矩阵**.

由行列式按一行(列)展开的公式立即得出

$$\boldsymbol{AA}^*=\boldsymbol{A}^*\boldsymbol{A}=\begin{pmatrix} d & 0 & \cdots & 0 \\ 0 & d & \cdots & 0 \\ \vdots & \vdots & & \vdots \\ 0 & 0 & \cdots & d \end{pmatrix}=d\boldsymbol{E}, \tag{2}$$

其中 $d=|\boldsymbol{A}|$.

如果 $d=|\boldsymbol{A}|\neq0$,那么由(2)式得

$$\boldsymbol{A}\left(\frac{1}{d}\boldsymbol{A}^*\right)=\left(\frac{1}{d}\boldsymbol{A}^*\right)\boldsymbol{A}=\boldsymbol{E}. \tag{3}$$

定理 3 矩阵 $\boldsymbol{A}$ 是可逆的充要条件是 $\boldsymbol{A}$ 非退化,而

$$\boldsymbol{A}^{-1}=\frac{1}{d}\boldsymbol{A}^* \quad (d=|\boldsymbol{A}|\neq0).$$

证明 当 $d=|\boldsymbol{A}|\neq0$ 时,由(3)式可知,$\boldsymbol{A}$ 可逆,且

$$\boldsymbol{A}^{-1}=\frac{1}{d}\boldsymbol{A}^*. \tag{4}$$

反过来,如果 $\boldsymbol{A}$ 可逆,那么有 $\boldsymbol{A}^{-1}$ 使

$$\boldsymbol{A}\boldsymbol{A}^{-1}=\boldsymbol{E}.$$

两边取行列式,得

$$|\boldsymbol{A}|\,|\boldsymbol{A}^{-1}|=|\boldsymbol{E}|=1,\tag{5}$$

因而 $|\boldsymbol{A}|\neq 0$,即 $\boldsymbol{A}$ 非退化. ▌

根据定理 3 容易看出,对于 n 阶方阵 $\boldsymbol{A},\boldsymbol{B}$,如果

$$\boldsymbol{A}\boldsymbol{B}=\boldsymbol{E},$$

那么 $\boldsymbol{A},\boldsymbol{B}$ 就都是可逆的并且它们互为逆矩阵.

定理 3 不但给出了一矩阵可逆的条件,同时也给出了求逆矩阵的公式(4).按这个公式来求逆矩阵,计算量一般是非常大的.在以后我们将给出另一种求法.

由(5)式可以看出,如果 $d=|\boldsymbol{A}|\neq 0$,那么

$$|\boldsymbol{A}^{-1}|=d^{-1}.$$

推论　如果矩阵 $\boldsymbol{A},\boldsymbol{B}$ 可逆,那么 $\boldsymbol{A}^{\mathrm{T}}$ 与 $\boldsymbol{A}\boldsymbol{B}$ 也可逆,且

$$(\boldsymbol{A}^{\mathrm{T}})^{-1}=(\boldsymbol{A}^{-1})^{\mathrm{T}},\quad (\boldsymbol{A}\boldsymbol{B})^{-1}=\boldsymbol{B}^{-1}\boldsymbol{A}^{-1}.$$

证明　由定理即得推论的前一半,现在来证后一半.由

$$\boldsymbol{A}\boldsymbol{A}^{-1}=\boldsymbol{A}^{-1}\boldsymbol{A}=\boldsymbol{E}$$

两边取转置,有

$$(\boldsymbol{A}^{-1})^{\mathrm{T}}\boldsymbol{A}^{\mathrm{T}}=\boldsymbol{A}^{\mathrm{T}}(\boldsymbol{A}^{-1})^{\mathrm{T}}=\boldsymbol{E}^{\mathrm{T}}=\boldsymbol{E},$$

因此

$$(\boldsymbol{A}^{\mathrm{T}})^{-1}=(\boldsymbol{A}^{-1})^{\mathrm{T}}.$$

由

$$(\boldsymbol{A}\boldsymbol{B})(\boldsymbol{B}^{-1}\boldsymbol{A}^{-1})=(\boldsymbol{B}^{-1}\boldsymbol{A}^{-1})(\boldsymbol{A}\boldsymbol{B})=\boldsymbol{E}$$

即得

$$(\boldsymbol{A}\boldsymbol{B})^{-1}=\boldsymbol{B}^{-1}\boldsymbol{A}^{-1}.$$ ▌

利用矩阵的逆,可以给出克拉默法则的另一种推导法.线性方程组

$$\begin{cases}a_{11}x_1+a_{12}x_2+\cdots+a_{1n}x_n=b_1,\\ a_{21}x_1+a_{22}x_2+\cdots+a_{2n}x_n=b_2,\\ \cdots\cdots\cdots\cdots\\ a_{n1}x_1+a_{n2}x_2+\cdots+a_{nn}x_n=b_n\end{cases}$$

可以写成(§2 例 2)

$$\boldsymbol{A}\boldsymbol{X}=\boldsymbol{B}.\tag{6}$$

如果 $|\boldsymbol{A}|\neq 0$,那么 $\boldsymbol{A}$ 可逆.用

$$\boldsymbol{X}=\boldsymbol{A}^{-1}\boldsymbol{B}$$

代入方程组(6),得恒等式 $\boldsymbol{A}(\boldsymbol{A}^{-1}\boldsymbol{B})=\boldsymbol{B}$,这就是说,$\boldsymbol{A}^{-1}\boldsymbol{B}$ 是一个解.

如果

$$\boldsymbol{X}=\boldsymbol{C}$$

是方程组(6)的一个解,那么由

$$\boldsymbol{A}\boldsymbol{C}=\boldsymbol{B}$$

得

$$A^{-1}(AC)=A^{-1}B,$$

即

$$C=A^{-1}B.$$

这就是说,解 $X=A^{-1}B$ 是唯一的.用 A^{-1} 的公式(4)代入,乘出来就是克拉默法则中给出的公式.

联系到可逆矩阵,关于矩阵乘积的秩有

定理 4 设 A 是一个 $s\times n$ 矩阵;如果 P 是 $s\times s$ 可逆矩阵,Q 是 $n\times n$ 可逆矩阵,那么

$$\text{秩}(A)=\text{秩}(PA)=\text{秩}(AQ).$$

证明 令

$$B=PA,$$

由定理 2 得

$$\text{秩}(B)\leqslant\text{秩}(A);$$

但是由

$$A=P^{-1}B,$$

又有

$$\text{秩}(A)\leqslant\text{秩}(B).$$

所以

$$\text{秩}(A)=\text{秩}(B)=\text{秩}(PA).$$

另一个等式可以同样地证明. ▌

§5 矩阵的分块

在这一节,我们来介绍一个在处理阶数较高的矩阵时常用的方法,即矩阵的分块.有时候,我们把一个大矩阵看成是由一些小矩阵组成的,就如矩阵是由数组成的一样.特别在运算中,把这些小矩阵当作数一样来处理.这就是所谓**矩阵的分块**.

为了说明这个方法,下面看一个例子.在矩阵

$$A=\left(\begin{array}{cc:cc}1&0&0&0\\0&1&0&0\\\hdashline -1&2&1&0\\1&1&0&1\end{array}\right)=\begin{pmatrix}E_2&O\\A_1&E_2\end{pmatrix}$$

中,E_2 表示 2 阶单位矩阵,而

$$A_1=\begin{pmatrix}-1&2\\1&1\end{pmatrix},\quad O=\begin{pmatrix}0&0\\0&0\end{pmatrix}.$$

在矩阵

$$B=\left(\begin{array}{cc:cc}1&0&3&2\\-1&2&0&1\\\hdashline 1&0&4&1\\-1&-1&2&0\end{array}\right)=\begin{pmatrix}B_{11}&B_{12}\\B_{21}&B_{22}\end{pmatrix}$$

中,

$$\boldsymbol{B}_{11}=\begin{pmatrix}1&0\\-1&2\end{pmatrix},\quad \boldsymbol{B}_{12}=\begin{pmatrix}3&2\\0&1\end{pmatrix},\quad \boldsymbol{B}_{21}=\begin{pmatrix}1&0\\-1&-1\end{pmatrix},\quad \boldsymbol{B}_{22}=\begin{pmatrix}4&1\\2&0\end{pmatrix}.$$

在计算 $\boldsymbol{AB}$ 时,把 $\boldsymbol{A},\boldsymbol{B}$ 都看成是由这些小矩阵组成的,即按 2 阶矩阵来运算.于是

$$\boldsymbol{AB}=\begin{pmatrix}\boldsymbol{E}_2&\boldsymbol{O}\\\boldsymbol{A}_1&\boldsymbol{E}_2\end{pmatrix}\begin{pmatrix}\boldsymbol{B}_{11}&\boldsymbol{B}_{12}\\\boldsymbol{B}_{21}&\boldsymbol{B}_{22}\end{pmatrix}=\begin{pmatrix}\boldsymbol{B}_{11}&\boldsymbol{B}_{12}\\\boldsymbol{A}_1\boldsymbol{B}_{11}+\boldsymbol{B}_{21}&\boldsymbol{A}_1\boldsymbol{B}_{12}+\boldsymbol{B}_{22}\end{pmatrix},$$

其中

$$\begin{aligned}\boldsymbol{A}_1\boldsymbol{B}_{11}+\boldsymbol{B}_{21}&=\begin{pmatrix}-1&2\\1&1\end{pmatrix}\begin{pmatrix}1&0\\-1&2\end{pmatrix}+\begin{pmatrix}1&0\\-1&-1\end{pmatrix}\\&=\begin{pmatrix}-3&4\\0&2\end{pmatrix}+\begin{pmatrix}1&0\\-1&-1\end{pmatrix}=\begin{pmatrix}-2&4\\-1&1\end{pmatrix},\\\boldsymbol{A}_1\boldsymbol{B}_{12}+\boldsymbol{B}_{22}&=\begin{pmatrix}-1&2\\1&1\end{pmatrix}\begin{pmatrix}3&2\\0&1\end{pmatrix}+\begin{pmatrix}4&1\\2&0\end{pmatrix}\\&=\begin{pmatrix}-3&0\\3&3\end{pmatrix}+\begin{pmatrix}4&1\\2&0\end{pmatrix}=\begin{pmatrix}1&1\\5&3\end{pmatrix}.\end{aligned}$$

因此

$$\boldsymbol{AB}=\begin{pmatrix}1&0&3&2\\-1&2&0&1\\-2&4&1&1\\-1&1&5&3\end{pmatrix}.$$

不难验证,直接按 4 阶矩阵乘积的定义来做,结果是一样的.

一般地说,设 $\boldsymbol{A}=(a_{ik})_{s\times n},\boldsymbol{B}=(b_{kj})_{n\times m}$,把 $\boldsymbol{A},\boldsymbol{B}$ 分成一些小矩阵

$$\boldsymbol{A}=\begin{matrix}&n_1&n_2&\cdots&n_l\\s_1&\boldsymbol{A}_{11}&\boldsymbol{A}_{12}&\cdots&\boldsymbol{A}_{1l}\\s_2&\boldsymbol{A}_{21}&\boldsymbol{A}_{22}&\cdots&\boldsymbol{A}_{2l}\\\vdots&\vdots&\vdots&&\vdots\\s_t&\boldsymbol{A}_{t1}&\boldsymbol{A}_{t2}&\cdots&\boldsymbol{A}_{tl}\end{matrix},\tag{1}$$

$$\boldsymbol{B}=\begin{matrix}&m_1&m_2&\cdots&m_r\\n_1&\boldsymbol{B}_{11}&\boldsymbol{B}_{12}&\cdots&\boldsymbol{B}_{1r}\\n_2&\boldsymbol{B}_{21}&\boldsymbol{B}_{22}&\cdots&\boldsymbol{B}_{2r}\\\vdots&\vdots&\vdots&&\vdots\\n_l&\boldsymbol{B}_{l1}&\boldsymbol{B}_{l2}&\cdots&\boldsymbol{B}_{lr}\end{matrix},\tag{2}$$

其中每个 $\boldsymbol{A}_{ij}$ 是 $s_i\times n_j$ 小矩阵,每个 $\boldsymbol{B}_{ij}$ 是 $n_i\times m_j$ 小矩阵.于是有

$$\boldsymbol{C}=\boldsymbol{AB}=\begin{matrix}&m_1&m_2&\cdots&m_r\\s_1&\boldsymbol{C}_{11}&\boldsymbol{C}_{12}&\cdots&\boldsymbol{C}_{1r}\\s_2&\boldsymbol{C}_{21}&\boldsymbol{C}_{22}&\cdots&\boldsymbol{C}_{2r}\\\vdots&\vdots&\vdots&&\vdots\\s_t&\boldsymbol{C}_{t1}&\boldsymbol{C}_{t2}&\cdots&\boldsymbol{C}_{tr}\end{matrix},\tag{3}$$

其中

$$C_{pq}=A_{p1}B_{1q}+A_{p2}B_{2q}+\cdots+A_{pl}B_{lq}=\sum_{k=1}^{l}A_{pk}B_{kq},\quad p=1,2,\cdots,t;q=1,2,\cdots,r.\tag{4}$$

这个结果由矩阵乘积的定义直接验证即得,就不详细说明了.

应该注意,在分块矩阵(1),(2)中,矩阵 $\boldsymbol{A}$ 的列的分法必须与矩阵 $\boldsymbol{B}$ 的行的分法一致.

以下会看到,分块乘法有许多方便之处.常常在分块之后,矩阵间相互的关系看得更清楚.

实际上,在证明关于矩阵乘积的秩的定理时,我们已经用了矩阵分块的想法.在那里,用 $\boldsymbol{B}_1,\boldsymbol{B}_2,\cdots,\boldsymbol{B}_m$ 表示 $\boldsymbol{B}$ 的行向量,于是

$$\boldsymbol{B}=\begin{pmatrix}\boldsymbol{B}_1\\\boldsymbol{B}_2\\\vdots\\\boldsymbol{B}_m\end{pmatrix},$$

这就是 $\boldsymbol{B}$ 的一种分块.按分块相乘,就有

$$\boldsymbol{AB}=\begin{pmatrix}a_{11}\boldsymbol{B}_1+a_{12}\boldsymbol{B}_2+\cdots+a_{1m}\boldsymbol{B}_m\\a_{21}\boldsymbol{B}_1+a_{22}\boldsymbol{B}_2+\cdots+a_{2m}\boldsymbol{B}_m\\\vdots\\a_{n1}\boldsymbol{B}_1+a_{n2}\boldsymbol{B}_2+\cdots+a_{nm}\boldsymbol{B}_m\end{pmatrix}.$$

用这个式子很容易看出 $\boldsymbol{AB}$ 的行向量组是 $\boldsymbol{B}$ 的行向量组的线性组合;将 $\boldsymbol{AB}$ 进行另一种分块乘法,从结果中可容易看出 $\boldsymbol{AB}$ 的列向量组是 $\boldsymbol{A}$ 的列向量组的线性组合(读者自己做一下).

作为另一个例子,我们来求矩阵

$$\boldsymbol{D}=\begin{pmatrix}a_{11}&\cdots&a_{1k}&0&\cdots&0\\\vdots&&\vdots&\vdots&&\vdots\\a_{k1}&\cdots&a_{kk}&0&\cdots&0\\c_{11}&\cdots&c_{1k}&b_{11}&\cdots&b_{1r}\\\vdots&&\vdots&\vdots&&\vdots\\c_{r1}&\cdots&c_{rk}&b_{r1}&\cdots&b_{rr}\end{pmatrix}=\begin{pmatrix}\boldsymbol{A}&\boldsymbol{O}\\\boldsymbol{C}&\boldsymbol{B}\end{pmatrix}$$

的逆矩阵,其中 $\boldsymbol{A},\boldsymbol{B}$ 分别是 k 阶和 r 阶的可逆矩阵,$\boldsymbol{C}$ 是 $r\times k$ 矩阵,$\boldsymbol{O}$ 是 $k\times r$ 零矩阵.

首先,因为

$$|\boldsymbol{D}|=|\boldsymbol{A}|\,|\boldsymbol{B}|,$$

所以当 $\boldsymbol{A},\boldsymbol{B}$ 可逆时,$\boldsymbol{D}$ 也可逆.设

$$\boldsymbol{D}^{-1}=\begin{pmatrix}\boldsymbol{X}_{11}&\boldsymbol{X}_{12}\\\boldsymbol{X}_{21}&\boldsymbol{X}_{22}\end{pmatrix},$$

于是

$$\begin{pmatrix} \boldsymbol{A} & \boldsymbol{O} \\ \boldsymbol{C} & \boldsymbol{B} \end{pmatrix}\begin{pmatrix} \boldsymbol{X}_{11} & \boldsymbol{X}_{12} \\ \boldsymbol{X}_{21} & \boldsymbol{X}_{22} \end{pmatrix}=\begin{pmatrix} \boldsymbol{E}_k & \boldsymbol{O} \\ \boldsymbol{O} & \boldsymbol{E}_r \end{pmatrix},$$

其中 $\boldsymbol{E}_k,\boldsymbol{E}_r$ 分别表示 k 阶和 r 阶单位矩阵.乘出并比较等式两边,得

$$\begin{cases} \boldsymbol{AX}_{11}=\boldsymbol{E}_k, \\ \boldsymbol{AX}_{12}=\boldsymbol{O}, \\ \boldsymbol{CX}_{11}+\boldsymbol{BX}_{21}=\boldsymbol{O}, \\ \boldsymbol{CX}_{12}+\boldsymbol{BX}_{22}=\boldsymbol{E}_r. \end{cases}$$

由第一、二式得

$$\boldsymbol{X}_{11}=\boldsymbol{A}^{-1},\quad \boldsymbol{X}_{12}=\boldsymbol{A}^{-1}\boldsymbol{O}=\boldsymbol{O},$$

代入第四式,得

$$\boldsymbol{X}_{22}=\boldsymbol{B}^{-1},$$

代入第三式,得

$$\boldsymbol{BX}_{21}=-\boldsymbol{CX}_{11}=-\boldsymbol{CA}^{-1},\quad \boldsymbol{X}_{21}=-\boldsymbol{B}^{-1}\boldsymbol{CA}^{-1}.$$

因此

$$\boldsymbol{D}^{-1}=\begin{pmatrix} \boldsymbol{A}^{-1} & \boldsymbol{O} \\ -\boldsymbol{B}^{-1}\boldsymbol{CA}^{-1} & \boldsymbol{B}^{-1} \end{pmatrix}.$$

特别地,当 $\boldsymbol{C}=\boldsymbol{O}$ 时,有

$$\begin{pmatrix} \boldsymbol{A} & \boldsymbol{O} \\ \boldsymbol{O} & \boldsymbol{B} \end{pmatrix}^{-1}=\begin{pmatrix} \boldsymbol{A}^{-1} & \boldsymbol{O} \\ \boldsymbol{O} & \boldsymbol{B}^{-1} \end{pmatrix}.$$

形如

$$\begin{pmatrix} a_1 & 0 & \cdots & 0 \\ 0 & a_2 & \cdots & 0 \\ \vdots & \vdots & & \vdots \\ 0 & 0 & \cdots & a_l \end{pmatrix}$$

的矩阵,其中 $a_i(i=1,2,\cdots,l)$ 是数,通常称为**对角矩阵**,而形如

$$\begin{pmatrix} \boldsymbol{A}_1 & & & \boldsymbol{O} \\ & \boldsymbol{A}_2 & & \\ & & \ddots & \\ \boldsymbol{O} & & & \boldsymbol{A}_l \end{pmatrix}$$

的矩阵,其中 $\boldsymbol{A}_i(i=1,2,\cdots,l)$ 是 $n_i\times n_i$ 矩阵,通常称为**准对角矩阵**.当然,准对角矩阵包括对角矩阵作为特殊情形.

对于两个有相同分块的准对角矩阵

$$\boldsymbol{A}=\begin{pmatrix} \boldsymbol{A}_1 & & & \boldsymbol{O} \\ & \boldsymbol{A}_2 & & \\ & & \ddots & \\ \boldsymbol{O} & & & \boldsymbol{A}_l \end{pmatrix},\quad \boldsymbol{B}=\begin{pmatrix} \boldsymbol{B}_1 & & & \boldsymbol{O} \\ & \boldsymbol{B}_2 & & \\ & & \ddots & \\ \boldsymbol{O} & & & \boldsymbol{B}_l \end{pmatrix},$$

如果它们相应的分块是同阶的,那么显然有

$$\boldsymbol{AB}=\begin{pmatrix}\boldsymbol{A}_1\boldsymbol{B}_1 & & & \boldsymbol{O}\\ & \boldsymbol{A}_2\boldsymbol{B}_2 & & \\ & & \ddots & \\ \boldsymbol{O} & & & \boldsymbol{A}_l\boldsymbol{B}_l\end{pmatrix},\quad \boldsymbol{A}+\boldsymbol{B}=\begin{pmatrix}\boldsymbol{A}_1+\boldsymbol{B}_1 & & & \boldsymbol{O}\\ & \boldsymbol{A}_2+\boldsymbol{B}_2 & & \\ & & \ddots & \\ \boldsymbol{O} & & & \boldsymbol{A}_l+\boldsymbol{B}_l\end{pmatrix},$$

它们还是准对角矩阵.

其次,如果 $\boldsymbol{A}_1,\boldsymbol{A}_2,\cdots,\boldsymbol{A}_l$ 都是可逆矩阵,那么

$$\begin{pmatrix}\boldsymbol{A}_1 & & & \boldsymbol{O}\\ & \boldsymbol{A}_2 & & \\ & & \ddots & \\ \boldsymbol{O} & & & \boldsymbol{A}_l\end{pmatrix}^{-1}=\begin{pmatrix}\boldsymbol{A}_1^{-1} & & & \boldsymbol{O}\\ & \boldsymbol{A}_2^{-1} & & \\ & & \ddots & \\ \boldsymbol{O} & & & \boldsymbol{A}_l^{-1}\end{pmatrix}.$$

§6　初等矩阵

这一节我们来建立矩阵的初等变换与矩阵乘法的联系,并在这个基础上,给出用初等变换求逆矩阵的方法.

定义 10　由单位矩阵 $\boldsymbol{E}$ 经过一次初等变换得到的矩阵称为**初等矩阵**.

显然,初等矩阵都是方阵,每个初等变换都有一个与之相应的初等矩阵.互换矩阵 $\boldsymbol{E}$ 的第 i 行与第 j 行的位置,得

$$\boldsymbol{P}(i,j)=\begin{pmatrix}1 & & & & & & & & \\ & \ddots & & & & & & & \\ & & 1 & & & & & & \\ & & & 0 & \cdots & 1 & & & \\ & & & & 1 & & & & \\ & & & \vdots & \ddots & \vdots & & & \\ & & & & 1 & & & & \\ & & & 1 & \cdots & 0 & & & \\ & & & & & & 1 & & \\ & & & & & & & \ddots & \\ & & & & & & & & 1\end{pmatrix}\begin{matrix}\\ \\ \\ \text{第 } i \text{ 行}\\ \\ \\ \\ \text{第 } j \text{ 行}\\ \\ \\ \\ \end{matrix},$$

用数域 P 中非零数 c 乘 $\boldsymbol{E}$ 的第 i 行,有

$$\boldsymbol{P}(i(c))=\begin{pmatrix}1 & & & & & & \\ & \ddots & & & & & \\ & & 1 & & & & \\ & & & c & & & \\ & & & & 1 & & \\ & & & & & \ddots & \\ & & & & & & 1\end{pmatrix}\text{第 } i \text{ 行},$$

把矩阵 $\boldsymbol{E}$ 的第 j 行的 k 倍加到第 i 行,有

$$\boldsymbol{P}(i,j(k))=\begin{pmatrix}1 & & & & & & \\ & \ddots & & & & & \\ & & 1 & \cdots & k & & \\ & & & \ddots & \vdots & & \\ & & & & 1 & & \\ & & & & & \ddots & \\ & & & & & & 1\end{pmatrix}\begin{matrix} \\ \\ 第\,i\,行 \\ \\ 第\,j\,行 \\ \\ \\ \end{matrix}.$$

（其中 $1\ \cdots\ k$ 所在两列分别为第 i 列、第 j 列）

同样可以得到与列变换相应的初等矩阵.应该指出,对单位矩阵作一次初等列变换所得到的矩阵也包括在上面所列举的这三类矩阵之中.譬如说,把 $\boldsymbol{E}$ 的第 i 列的 k 倍加到第 j 列,我们仍然得到 $\boldsymbol{P}(i,j(k))$.因之,这三类矩阵就是全部的初等矩阵.

利用矩阵乘法的定义,立即可以得到

引理 对一个 $s\times n$ 矩阵 $\boldsymbol{A}$ 作一初等行变换就相当于在 $\boldsymbol{A}$ 的左边乘相应的 $s\times s$ 初等矩阵,对 $\boldsymbol{A}$ 作一初等列变换就相当于在 $\boldsymbol{A}$ 的右边乘相应的 $n\times n$ 初等矩阵.

证明 我们只看行变换的情形,列变换的情形可同样证明.令 $\boldsymbol{B}=(b_{ij})$ 为任意一个 $s\times s$ 矩阵,$\boldsymbol{A}_1,\boldsymbol{A}_2,\cdots,\boldsymbol{A}_s$ 为 $\boldsymbol{A}$ 的行向量.由矩阵的分块乘法,得

$$\boldsymbol{BA}=\begin{pmatrix}b_{11}\boldsymbol{A}_1+b_{12}\boldsymbol{A}_2+\cdots+b_{1s}\boldsymbol{A}_s\\ b_{21}\boldsymbol{A}_1+b_{22}\boldsymbol{A}_2+\cdots+b_{2s}\boldsymbol{A}_s\\ \vdots\\ b_{s1}\boldsymbol{A}_1+b_{s2}\boldsymbol{A}_2+\cdots+b_{ss}\boldsymbol{A}_s\end{pmatrix},$$

特别,令 $\boldsymbol{B}=\boldsymbol{P}(i,j)$,得

$$\boldsymbol{P}(i,j)\boldsymbol{A}=\begin{pmatrix}\boldsymbol{A}_1\\ \vdots\\ \boldsymbol{A}_j\\ \vdots\\ \boldsymbol{A}_i\\ \vdots\\ \boldsymbol{A}_s\end{pmatrix}\begin{matrix} \\ \\ 第\,i\,行\\ \\ 第\,j\,行\\ \\ \\ \end{matrix},$$

这相当于把 $\boldsymbol{A}$ 的第 i 行与第 j 行互换.令 $\boldsymbol{B}=\boldsymbol{P}(i(c))$,得

$$\boldsymbol{P}(i(c))\boldsymbol{A}=\begin{pmatrix}\boldsymbol{A}_1\\ \vdots\\ c\boldsymbol{A}_i\\ \vdots\\ \boldsymbol{A}_s\end{pmatrix}\begin{matrix} \\ \\ 第\,i\,行, \\ \\ \\ \end{matrix}$$

这相当于用 c 乘 $\boldsymbol{A}$ 的第 i 行.令 $\boldsymbol{B}=\boldsymbol{P}(i,j(k))$,得

$$\boldsymbol{P}(i,j(k))\boldsymbol{A}=\begin{pmatrix}\boldsymbol{A}_1\\ \vdots\\ \boldsymbol{A}_i+k\boldsymbol{A}_j\\ \vdots\\ \boldsymbol{A}_j\\ \vdots\\ \boldsymbol{A}_s\end{pmatrix}\begin{matrix}\\ \\ \text{第 } i \text{ 行}\\ \\ \text{第 } j \text{ 行}\\ \\ \\ \end{matrix},$$

这相当于把 $\boldsymbol{A}$ 的第 j 行的 k 倍加到第 i 行. ▌

不难看出,初等矩阵都是可逆的,它们的逆矩阵还是初等矩阵.事实上,

$$\boldsymbol{P}(i,j)^{-1}=\boldsymbol{P}(i,j),\quad \boldsymbol{P}(i(c))^{-1}=\boldsymbol{P}(i(c^{-1})),\quad \boldsymbol{P}(i,j(k))^{-1}=\boldsymbol{P}(i,j(-k)).$$

在第二章 §5 我们看到,用初等行变换可以化简矩阵.如果同时用行与列的初等变换,那么矩阵还可以进一步化简.为了方便,我们引入

定义 11 矩阵 $\boldsymbol{A}$ 与 $\boldsymbol{B}$ 称为**等价的**,如果 $\boldsymbol{B}$ 可以由 $\boldsymbol{A}$ 经过一系列初等变换得到.

等价是矩阵间的一种关系.不难证明,它具有自反性、对称性与传递性.

定理 5 任意一个 $s\times n$ 矩阵 $\boldsymbol{A}$ 都与一形如

$$\begin{pmatrix}1&0&\cdots&0&\cdots&0\\0&1&\cdots&0&\cdots&0\\ \vdots&\vdots&&\vdots&&\vdots\\0&0&\cdots&1&\cdots&0\\0&0&\cdots&0&\cdots&0\\ \vdots&\vdots&&\vdots&&\vdots\\0&0&\cdots&0&\cdots&0\end{pmatrix}$$

的矩阵等价,它称为矩阵 $\boldsymbol{A}$ 的标准形,主对角线上 1 的个数等于 $\boldsymbol{A}$ 的秩(1 的个数可以是零).

证明 如果 $\boldsymbol{A}=\boldsymbol{O}$,那么它已经是标准形了.以下无妨假定 $\boldsymbol{A}\neq\boldsymbol{O}$.经过初等变换,$\boldsymbol{A}$ 一定可以变成一左上角元素不为零的矩阵.

当 $a_{11}\neq 0$ 时,把其余的行减去第一行的 $a_{11}^{-1}a_{i1}(i=2,3,\cdots,s)$ 倍,其余的列减去第一列的 $a_{11}^{-1}a_{1j}(j=2,3,\cdots,n)$ 倍.然后,用 a_{11}^{-1} 乘第一行,$\boldsymbol{A}$ 就变成

$$\begin{pmatrix}1&0&\cdots&0\\0&&&\\ \vdots&&\boldsymbol{A}_1&\\0&&&\end{pmatrix}.$$

$\boldsymbol{A}_1$ 是一个 $(s-1)\times(n-1)$ 的矩阵.对 $\boldsymbol{A}_1$ 再重复以上的步骤,这样下去就可得出所要的标准形.

显然,标准形矩阵的秩就等于它主对角线上 1 的个数.而初等变换不改变矩阵的秩,所以 1 的个数也就是矩阵 $\boldsymbol{A}$ 的秩. ▌

例 1 用初等变换将矩阵

$$A=\begin{pmatrix}1&1&3&1\\1&3&2&5\\2&2&6&7\\2&4&5&6\end{pmatrix}$$

化为标准形.

解

$$A\longrightarrow\begin{pmatrix}1&1&3&1\\0&2&-1&4\\0&0&0&5\\0&2&-1&4\end{pmatrix}\longrightarrow\begin{pmatrix}1&0&0&0\\0&2&-1&4\\0&0&0&5\\0&2&-1&4\end{pmatrix}\longrightarrow\begin{pmatrix}1&0&0&0\\0&2&-1&4\\0&0&0&5\\0&0&0&0\end{pmatrix}$$

$$\longrightarrow\begin{pmatrix}1&0&0&0\\0&2&0&0\\0&0&0&5\\0&0&0&0\end{pmatrix}\longrightarrow\begin{pmatrix}1&0&0&0\\0&1&0&0\\0&0&0&1\\0&0&0&0\end{pmatrix}\longrightarrow\begin{pmatrix}1&0&0&0\\0&1&0&0\\0&0&1&0\\0&0&0&0\end{pmatrix}.$$

根据引理,对一矩阵作初等变换就相当于用相应的初等矩阵去乘这个矩阵.因此,矩阵 $\boldsymbol{A},\boldsymbol{B}$ 等价的充要条件是有初等矩阵 $\boldsymbol{P}_1,\boldsymbol{P}_2,\cdots,\boldsymbol{P}_l,\boldsymbol{Q}_1,\boldsymbol{Q}_2,\cdots,\boldsymbol{Q}_t$,使

$$\boldsymbol{A}=\boldsymbol{P}_1\boldsymbol{P}_2\cdots\boldsymbol{P}_l\boldsymbol{B}\boldsymbol{Q}_1\boldsymbol{Q}_2\cdots\boldsymbol{Q}_t. \qquad (1)$$

n 阶可逆矩阵的秩为 n,所以可逆矩阵的标准形为单位矩阵;反过来显然也是对的.由(1)式即得

定理 6 n 阶矩阵 $\boldsymbol{A}$ 为可逆的充要条件是它能表成一些初等矩阵的乘积:

$$\boldsymbol{A}=\boldsymbol{Q}_1\boldsymbol{Q}_2\cdots\boldsymbol{Q}_m. \blacksquare \qquad (2)$$

由此即得

推论 1 两个 $s\times n$ 矩阵 $\boldsymbol{A},\boldsymbol{B}$ 等价的充要条件为,存在可逆的 s 阶矩阵 $\boldsymbol{P}$ 与可逆的 n 阶矩阵 $\boldsymbol{Q}$ 使

$$\boldsymbol{A}=\boldsymbol{PBQ}. \blacksquare$$

把(2)式改写一下,有

$$\boldsymbol{Q}_m^{-1}\cdots\boldsymbol{Q}_2^{-1}\boldsymbol{Q}_1^{-1}\boldsymbol{A}=\boldsymbol{E}. \qquad (3)$$

因为初等矩阵的逆矩阵还是初等矩阵,同时在矩阵 $\boldsymbol{A}$ 的左边乘初等矩阵就相当于对 $\boldsymbol{A}$ 作初等行变换,所以(3)式说明了

推论 2 可逆矩阵总可以经过一系列初等行变换化成单位矩阵. $\blacksquare$

以上的讨论提供了一个求逆矩阵的方法.设 $\boldsymbol{A}$ 是一 n 阶可逆矩阵 .由推论 2,有一系列初等矩阵 $\boldsymbol{P}_1,\boldsymbol{P}_2,\cdots,\boldsymbol{P}_m$ 使

$$\boldsymbol{P}_m\cdots\boldsymbol{P}_2\boldsymbol{P}_1\boldsymbol{A}=\boldsymbol{E}, \qquad (4)$$

由(4)式即得

$$\boldsymbol{A}^{-1}=\boldsymbol{P}_m\cdots\boldsymbol{P}_2\boldsymbol{P}_1=\boldsymbol{P}_m\cdots\boldsymbol{P}_2\boldsymbol{P}_1\boldsymbol{E}. \qquad (5)$$

(4)式和(5)式说明,如果用一系列初等行变换把可逆矩阵 $\boldsymbol{A}$ 化成单位矩阵,那么同样地用这一系列初等行变换去化单位矩阵,就得到 $\boldsymbol{A}^{-1}$.

把 $\boldsymbol{A},\boldsymbol{E}$ 这两个 $n\times n$ 矩阵凑在一起,作成一个 $n\times 2n$ 矩阵

$$(\boldsymbol{A}\quad \boldsymbol{E}),$$

按矩阵的分块乘法,(4)式和(5)式可以合并写成

$$\boldsymbol{P}_m\cdots\boldsymbol{P}_2\boldsymbol{P}_1(\boldsymbol{A}\quad \boldsymbol{E})=(\boldsymbol{P}_m\cdots\boldsymbol{P}_2\boldsymbol{P}_1\boldsymbol{A}\quad \boldsymbol{P}_m\cdots\boldsymbol{P}_2\boldsymbol{P}_1\boldsymbol{E})=(\boldsymbol{E}\quad \boldsymbol{A}^{-1}). \tag{6}$$

(6)式提供了一个具体求逆矩阵的方法. 作 $n\times 2n$ 矩阵$(\boldsymbol{A}\quad \boldsymbol{E})$,用初等行变换把它的左边一半化成 $\boldsymbol{E}$,这时,右边的一半就是 $\boldsymbol{A}^{-1}$.

例 2 设

$$\boldsymbol{A}=\begin{pmatrix}0&1&2\\1&1&4\\2&-1&0\end{pmatrix},$$

求 $\boldsymbol{A}^{-1}$.

$$\begin{pmatrix}0&1&2&1&0&0\\1&1&4&0&1&0\\2&-1&0&0&0&1\end{pmatrix}\longrightarrow\begin{pmatrix}1&1&4&0&1&0\\0&1&2&1&0&0\\2&-1&0&0&0&1\end{pmatrix}$$

$$\longrightarrow\begin{pmatrix}1&1&4&0&1&0\\0&1&2&1&0&0\\0&-3&-8&0&-2&1\end{pmatrix}\longrightarrow\begin{pmatrix}1&1&4&0&1&0\\0&1&2&1&0&0\\0&0&-2&3&-2&1\end{pmatrix}$$

$$\longrightarrow\begin{pmatrix}1&1&4&0&1&0\\0&1&0&4&-2&1\\0&0&-2&3&-2&1\end{pmatrix}\longrightarrow\begin{pmatrix}1&1&0&6&-3&2\\0&1&0&4&-2&1\\0&0&-2&3&-2&1\end{pmatrix}$$

$$\longrightarrow\begin{pmatrix}1&0&0&2&-1&1\\0&1&0&4&-2&1\\0&0&-2&3&-2&1\end{pmatrix}\longrightarrow\begin{pmatrix}1&0&0&2&-1&1\\0&1&0&4&-2&1\\0&0&1&-\dfrac{3}{2}&1&-\dfrac{1}{2}\end{pmatrix}.$$

于是

$$\boldsymbol{A}^{-1}=\begin{pmatrix}2&-1&1\\4&-2&1\\-\dfrac{3}{2}&1&-\dfrac{1}{2}\end{pmatrix}.$$

当然,同样可以证明,可逆矩阵也能用初等列变换化成单位矩阵,这就给出了用初等列变换求逆矩阵的方法.

§7 分块乘法的初等变换及应用举例

将分块乘法与初等变换结合是矩阵运算中极重要的手段.

现将某个单位矩阵进行如下分块:

$$\begin{pmatrix}\boldsymbol{E}_m&\boldsymbol{O}\\\boldsymbol{O}&\boldsymbol{E}_n\end{pmatrix}.$$

对它进行两行(列)对换,某一行(列)左乘(右乘)一个矩阵 $\boldsymbol{P}$,一行(列)加上另一行(列)的 $\boldsymbol{P}$(矩阵)倍数,就可得到如下类型的一些矩阵:

$$\begin{pmatrix} \boldsymbol{O} & \boldsymbol{E}_n \\ \boldsymbol{E}_m & \boldsymbol{O} \end{pmatrix},\quad \begin{pmatrix} \boldsymbol{P} & \boldsymbol{O} \\ \boldsymbol{O} & \boldsymbol{E}_n \end{pmatrix},\quad \begin{pmatrix} \boldsymbol{E}_m & \boldsymbol{O} \\ \boldsymbol{O} & \boldsymbol{P} \end{pmatrix},\quad \begin{pmatrix} \boldsymbol{E}_m & \boldsymbol{P} \\ \boldsymbol{O} & \boldsymbol{E}_n \end{pmatrix},\quad \begin{pmatrix} \boldsymbol{E}_m & \boldsymbol{O} \\ \boldsymbol{P} & \boldsymbol{E}_n \end{pmatrix}.$$

和初等矩阵与初等变换的关系一样,用这些矩阵左乘任意一个分块矩阵

$$\begin{pmatrix} \boldsymbol{A} & \boldsymbol{B} \\ \boldsymbol{C} & \boldsymbol{D} \end{pmatrix},$$

只要分块乘法能够进行,其结果就是对它进行相应的变换,即

$$\begin{pmatrix} \boldsymbol{O} & \boldsymbol{E}_m \\ \boldsymbol{E}_n & \boldsymbol{O} \end{pmatrix}\begin{pmatrix} \boldsymbol{A} & \boldsymbol{B} \\ \boldsymbol{C} & \boldsymbol{D} \end{pmatrix}=\begin{pmatrix} \boldsymbol{C} & \boldsymbol{D} \\ \boldsymbol{A} & \boldsymbol{B} \end{pmatrix}, \tag{1}$$

$$\begin{pmatrix} \boldsymbol{P} & \boldsymbol{O} \\ \boldsymbol{O} & \boldsymbol{E}_n \end{pmatrix}\begin{pmatrix} \boldsymbol{A} & \boldsymbol{B} \\ \boldsymbol{C} & \boldsymbol{D} \end{pmatrix}=\begin{pmatrix} \boldsymbol{PA} & \boldsymbol{PB} \\ \boldsymbol{C} & \boldsymbol{D} \end{pmatrix}, \tag{2}$$

$$\begin{pmatrix} \boldsymbol{E}_m & \boldsymbol{O} \\ \boldsymbol{P} & \boldsymbol{E}_n \end{pmatrix}\begin{pmatrix} \boldsymbol{A} & \boldsymbol{B} \\ \boldsymbol{C} & \boldsymbol{D} \end{pmatrix}=\begin{pmatrix} \boldsymbol{A} & \boldsymbol{B} \\ \boldsymbol{C}+\boldsymbol{PA} & \boldsymbol{D}+\boldsymbol{PB} \end{pmatrix}. \tag{3}$$

同样地,用它们右乘任一矩阵,进行分块乘法时也有相应的结果,我们不写出了.

在(3)式中,适当选择 $\boldsymbol{P}$,可使 $\boldsymbol{C}+\boldsymbol{PA}=\boldsymbol{O}$.例如 $\boldsymbol{A}$ 可逆时,选 $\boldsymbol{P}=-\boldsymbol{CA}^{-1}$,则 $\boldsymbol{C}+\boldsymbol{PA}=\boldsymbol{O}$.于是(3)式的右端成为

$$\begin{pmatrix} \boldsymbol{A} & \boldsymbol{B} \\ \boldsymbol{O} & \boldsymbol{D}-\boldsymbol{CA}^{-1}\boldsymbol{B} \end{pmatrix}.$$

这种形状的矩阵在求行列式、逆矩阵和解决其他问题时是比较方便的,因此(3)式中的运算非常有用.

下面举些例子看看这些公式的应用.

例 1

$$\boldsymbol{T}=\begin{pmatrix} \boldsymbol{A} & \boldsymbol{O} \\ \boldsymbol{C} & \boldsymbol{D} \end{pmatrix},$$

$\boldsymbol{A},\boldsymbol{D}$ 可逆,求 $\boldsymbol{T}^{-1}$.

由

$$\begin{pmatrix} \boldsymbol{E}_m & \boldsymbol{O} \\ -\boldsymbol{CA}^{-1} & \boldsymbol{E}_n \end{pmatrix}\begin{pmatrix} \boldsymbol{A} & \boldsymbol{O} \\ \boldsymbol{C} & \boldsymbol{D} \end{pmatrix}=\begin{pmatrix} \boldsymbol{A} & \boldsymbol{O} \\ \boldsymbol{O} & \boldsymbol{D} \end{pmatrix}$$

及

$$\begin{pmatrix} \boldsymbol{A} & \boldsymbol{O} \\ \boldsymbol{O} & \boldsymbol{D} \end{pmatrix}^{-1}=\begin{pmatrix} \boldsymbol{A}^{-1} & \boldsymbol{O} \\ \boldsymbol{O} & \boldsymbol{D}^{-1} \end{pmatrix},$$

易知

$$\boldsymbol{T}^{-1}=\begin{pmatrix} \boldsymbol{A}^{-1} & \boldsymbol{O} \\ \boldsymbol{O} & \boldsymbol{D}^{-1} \end{pmatrix}\begin{pmatrix} \boldsymbol{E}_m & \boldsymbol{O} \\ -\boldsymbol{CA}^{-1} & \boldsymbol{E}_n \end{pmatrix}=\begin{pmatrix} \boldsymbol{A}^{-1} & \boldsymbol{O} \\ -\boldsymbol{D}^{-1}\boldsymbol{CA}^{-1} & \boldsymbol{D}^{-1} \end{pmatrix}.$$

例 2

$$\boldsymbol{T}_1=\begin{pmatrix} \boldsymbol{A} & \boldsymbol{B} \\ \boldsymbol{C} & \boldsymbol{D} \end{pmatrix},$$

设 T_1 可逆,D 可逆,试证 $(A-BD^{-1}C)^{-1}$ 存在,并求 T_1^{-1}.

由

$$\begin{pmatrix} E_m & -BD^{-1} \\ O & E_n \end{pmatrix}\begin{pmatrix} A & B \\ C & D \end{pmatrix}=\begin{pmatrix} A-BD^{-1}C & O \\ C & D \end{pmatrix},$$

而右端仍可逆,故 $(A-BD^{-1}C)^{-1}$ 存在.

再由例 1,知

$$T_1^{-1}=\begin{pmatrix} (A-BD^{-1}C)^{-1} & O \\ -D^{-1}C(A-BD^{-1}C)^{-1} & D^{-1} \end{pmatrix}\begin{pmatrix} E_m & -BD^{-1} \\ O & E_n \end{pmatrix}$$

$$=\begin{pmatrix} (A-BD^{-1}C)^{-1} & -(A-BD^{-1}C)^{-1}BD^{-1} \\ -D^{-1}C(A-BD^{-1}C)^{-1} & D^{-1}C(A-BD^{-1}C)^{-1}BD^{-1}+D^{-1} \end{pmatrix}.$$

例 3 证明行列式的乘积公式 $|AB|=|A|\,|B|$.

设 A,B 为 $n\times n$ 矩阵,作

$$\begin{pmatrix} E_n & A \\ O & E_n \end{pmatrix}\begin{pmatrix} A & O \\ -E_n & B \end{pmatrix}=\begin{pmatrix} O & AB \\ -E_n & B \end{pmatrix}. \tag{4}$$

令

$$P_{ij}=\begin{pmatrix} E_n & E_{ij} \\ O & E_n \end{pmatrix}, \quad i,j=1,2,\cdots,n,$$

其中 E_{ij} 为 $n\times n$ 矩阵,除了第 i 行第 j 列元素为 a_{ij} 外,其他元素皆为零.故由初等矩阵与初等变换的关系,易得

$$P_{11}P_{12}\cdots P_{1n}\cdots P_{n1}P_{n2}\cdots P_{nn}\begin{pmatrix} E_n & O \\ O & E_n \end{pmatrix}=\begin{pmatrix} E_n & A \\ O & E_n \end{pmatrix}.$$

又由 P_{ij} 所对应的初等变换是某行加上另外一行的倍数,它不改变行列式的值,于是

$$\left|\begin{pmatrix} E_n & A \\ O & E_n \end{pmatrix}\begin{pmatrix} A & O \\ -E_n & B \end{pmatrix}\right|=\left|P_{11}P_{12}\cdots P_{1n}\cdots P_{n1}P_{n2}\cdots P_{nn}\begin{pmatrix} A & O \\ -E_n & B \end{pmatrix}\right|$$

$$=\begin{vmatrix} A & O \\ -E_n & B \end{vmatrix}=|A|\,|B|.\text{(第二章 §6 例 3.)}$$

但(4)式的右端可经 n 个两列对换变成

$$\begin{pmatrix} AB & O \\ B & -E_n \end{pmatrix},$$

故

$$\begin{vmatrix} O & AB \\ -E_n & B \end{vmatrix}=(-1)^n\begin{vmatrix} AB & O \\ B & -E_n \end{vmatrix}=(-1)^n|AB|\,|-E_n|=|AB|.$$

这就证明了

$$|A|\,|B|=|AB|.$$

例 4 设 $A=(a_{ij})_{n\times n}$,且

$$\begin{vmatrix} a_{11} & \cdots & a_{1k} \\ \vdots & & \vdots \\ a_{k1} & \cdots & a_{kk} \end{vmatrix} \neq 0, \quad 1 \leqslant k \leqslant n,$$

则有可逆下三角形矩阵 $\boldsymbol{B}_{n\times n}$ 使

$$\boldsymbol{BA}=\text{上三角形矩阵}.$$

证明 对 n 作数学归纳法.当 $n=1$ 时,一阶矩阵既是上三角形的又是下三角形的.故命题自然成立.

设对 $n-1$ 命题为真,我们来看

$$\boldsymbol{A}_1=\begin{pmatrix} a_{11} & \cdots & a_{1,n-1} \\ \vdots & & \vdots \\ a_{n-1,1} & \cdots & a_{n-1,n-1} \end{pmatrix},$$

它仍满足命题中所设的条件.由归纳假设,有下三角形矩阵 $(\boldsymbol{B}_1)_{(n-1)\times(n-1)}$ 满足

$$\boldsymbol{B}_1\boldsymbol{A}_1=\text{上三角形矩阵}.$$

对 $\boldsymbol{A}$ 作如下分块:

$$\boldsymbol{A}=\begin{pmatrix} \boldsymbol{A}_1 & \boldsymbol{\beta} \\ \boldsymbol{\alpha} & a_{nn} \end{pmatrix},$$

则

$$\begin{pmatrix} \boldsymbol{E} & \boldsymbol{0} \\ -\boldsymbol{\alpha}\boldsymbol{A}_1^{-1} & 1 \end{pmatrix}\begin{pmatrix} \boldsymbol{A}_1 & \boldsymbol{\beta} \\ \boldsymbol{\alpha} & a_{nn} \end{pmatrix}=\begin{pmatrix} \boldsymbol{A}_1 & \boldsymbol{\beta} \\ \boldsymbol{0} & -\boldsymbol{\alpha}\boldsymbol{A}_1^{-1}\boldsymbol{\beta}+a_{nn} \end{pmatrix}.$$

再作

$$\begin{pmatrix} \boldsymbol{B}_1 & \boldsymbol{0} \\ \boldsymbol{0} & 1 \end{pmatrix}\begin{pmatrix} \boldsymbol{A}_1 & \boldsymbol{\beta} \\ \boldsymbol{0} & -\boldsymbol{\alpha}\boldsymbol{A}_1^{-1}\boldsymbol{\beta}+a_{nn} \end{pmatrix}=\begin{pmatrix} \boldsymbol{B}_1\boldsymbol{A}_1 & \boldsymbol{B}_1\boldsymbol{\beta} \\ \boldsymbol{0} & -\boldsymbol{\alpha}\boldsymbol{A}_1^{-1}\boldsymbol{\beta}+a_{nn} \end{pmatrix}.$$

这时矩阵已成为上三角形了.将两次乘法结合起来就得到

$$\boldsymbol{B}=\begin{pmatrix} \boldsymbol{B}_1 & \boldsymbol{0} \\ \boldsymbol{0} & 1 \end{pmatrix}\begin{pmatrix} \boldsymbol{E} & \boldsymbol{0} \\ -\boldsymbol{\alpha}\boldsymbol{A}_1^{-1} & 1 \end{pmatrix}=\begin{pmatrix} \boldsymbol{B}_1 & \boldsymbol{0} \\ -\boldsymbol{\alpha}\boldsymbol{A}_1^{-1} & 1 \end{pmatrix},$$

此即所要求的下三角形矩阵.

习 题

1. 设

1) $\boldsymbol{A}=\begin{pmatrix} 3 & 1 & 1 \\ 2 & 1 & 2 \\ 1 & 2 & 3 \end{pmatrix}$, $\boldsymbol{B}=\begin{pmatrix} 1 & 1 & -1 \\ 2 & -1 & 0 \\ 1 & 0 & 1 \end{pmatrix}$;

2) $\boldsymbol{A}=\begin{pmatrix} a & b & c \\ c & b & a \\ 1 & 1 & 1 \end{pmatrix}$, $\boldsymbol{B}=\begin{pmatrix} 1 & a & c \\ 1 & b & b \\ 1 & c & a \end{pmatrix}$,

计算 $\boldsymbol{AB}$,$\boldsymbol{AB}-\boldsymbol{BA}$.

2. 计算:

1) $\begin{pmatrix} 2 & 1 & 1 \\ 3 & 1 & 0 \\ 0 & 1 & 2 \end{pmatrix}^2$;

2) $\begin{pmatrix} 3 & 2 \\ -4 & -2 \end{pmatrix}^5$;

3) $\begin{pmatrix} 1 & 1 \\ 0 & 1 \end{pmatrix}^n$;

4) $\begin{pmatrix} \cos\varphi & -\sin\varphi \\ \sin\varphi & \cos\varphi \end{pmatrix}^n$;

5) $(2,3,-1)\begin{pmatrix} 1 \\ -1 \\ -1 \end{pmatrix}$, $\begin{pmatrix} 1 \\ -1 \\ -1 \end{pmatrix}(2,3,-1)$;

6) $(x,y,1)\begin{pmatrix} a_{11} & a_{12} & b_1 \\ a_{12} & a_{22} & b_2 \\ b_1 & b_2 & c \end{pmatrix}\begin{pmatrix} x \\ y \\ 1 \end{pmatrix}$;

7) $\begin{pmatrix} 1 & -1 & -1 & -1 \\ -1 & 1 & -1 & -1 \\ -1 & -1 & 1 & -1 \\ -1 & -1 & -1 & 1 \end{pmatrix}^2$, $\begin{pmatrix} 1 & -1 & -1 & -1 \\ -1 & 1 & -1 & -1 \\ -1 & -1 & 1 & -1 \\ -1 & -1 & -1 & 1 \end{pmatrix}^n$;

8) $\begin{pmatrix} \lambda & 1 & 0 \\ 0 & \lambda & 1 \\ 0 & 0 & \lambda \end{pmatrix}^n$.

3. 若 $f(\lambda)=a_0\lambda^m+a_1\lambda^{m-1}+\cdots+a_m$,$\boldsymbol{A}$ 是一个 $n\times n$ 矩阵,定义 $f(\boldsymbol{A})=a_0\boldsymbol{A}^m+a_1\boldsymbol{A}^{m-1}+\cdots+a_m\boldsymbol{E}$.设

1) $f(\lambda)=\lambda^2-\lambda-1$,$\boldsymbol{A}=\begin{pmatrix} 2 & 1 & 1 \\ 3 & 1 & 2 \\ 1 & -1 & 0 \end{pmatrix}$;

2) $f(\lambda)=\lambda^2-5\lambda+3$,$\boldsymbol{A}=\begin{pmatrix} 2 & -1 \\ -3 & 3 \end{pmatrix}$.

试求 $f(\boldsymbol{A})$.

4. 如果 $\boldsymbol{AB}=\boldsymbol{BA}$,矩阵 $\boldsymbol{B}$ 就称为与矩阵 $\boldsymbol{A}$ **可交换**.设

1) $\boldsymbol{A}=\begin{pmatrix} 1 & 1 \\ 0 & 1 \end{pmatrix}$; 2) $\boldsymbol{A}=\begin{pmatrix} 1 & 0 & 0 \\ 0 & 1 & 2 \\ 3 & 1 & 2 \end{pmatrix}$; 3) $\boldsymbol{A}=\begin{pmatrix} 0 & 1 & 0 \\ 0 & 0 & 1 \\ 0 & 0 & 0 \end{pmatrix}$,

分别求所有与 $\boldsymbol{A}$ 可交换的矩阵.

5. 设

$$A=\begin{pmatrix} a_1 & 0 & \cdots & 0 \\ 0 & a_2 & \cdots & 0 \\ \vdots & \vdots & & \vdots \\ 0 & 0 & \cdots & a_n \end{pmatrix},$$

其中 $a_i \neq a_j (i\neq j, i,j=1,2,\cdots,n)$. 证明：与 $\boldsymbol{A}$ 可交换的矩阵只能是对角矩阵.

6. 设

$$\boldsymbol{A}=\begin{pmatrix} a_1\boldsymbol{E}_1 & & & \boldsymbol{O} \\ & a_2\boldsymbol{E}_2 & & \\ & & \ddots & \\ \boldsymbol{O} & & & a_r\boldsymbol{E}_r \end{pmatrix},$$

其中 $a_i \neq a_j (i\neq j, i,j=1,2,\cdots,r)$, $\boldsymbol{E}_i$ 是 n_i 阶单位矩阵, $\sum_{i=1}^{r} n_i=n$. 证明：与 $\boldsymbol{A}$ 可交换的矩阵只能是准对角矩阵

$$\begin{pmatrix} \boldsymbol{A}_1 & & & \boldsymbol{O} \\ & \boldsymbol{A}_2 & & \\ & & \ddots & \\ \boldsymbol{O} & & & \boldsymbol{A}_r \end{pmatrix},$$

其中 $\boldsymbol{A}_i, i=1,2,\cdots,r$, 是 n_i 阶矩阵.

7. 用 $\boldsymbol{E}_{ij}$ 表示第 i 行第 j 列的元素为 1, 而其余元素全为零的 $n\times n$ 矩阵, 而 $\boldsymbol{A}=(a_{ij})_{n\times n}$. 证明：

1） 如果 $\boldsymbol{AE}_{12}=\boldsymbol{E}_{12}\boldsymbol{A}$, 那么当 $k\neq 1$ 时 $a_{k1}=0$, 当 $k\neq 2$ 时 $a_{2k}=0$;

2） 如果 $\boldsymbol{AE}_{ij}=\boldsymbol{E}_{ij}\boldsymbol{A}$, 那么当 $k\neq i$ 时 $a_{ki}=0$, 当 $k\neq j$ 时 $a_{jk}=0$, 且 $a_{ii}=a_{jj}$;

3） 如果 $\boldsymbol{A}$ 与所有的 n 阶矩阵可交换, 那么 $\boldsymbol{A}$ 一定是数量矩阵, 即 $\boldsymbol{A}=a\boldsymbol{E}$.

8. 如果 $\boldsymbol{AB}=\boldsymbol{BA}, \boldsymbol{AC}=\boldsymbol{CA}$, 证明：$\boldsymbol{A}(\boldsymbol{B}+\boldsymbol{C})=(\boldsymbol{B}+\boldsymbol{C})\boldsymbol{A}, \boldsymbol{A}(\boldsymbol{BC})=(\boldsymbol{BC})\boldsymbol{A}$.

9. 如果 $\boldsymbol{A}=\frac{1}{2}(\boldsymbol{B}+\boldsymbol{E})$, 证明：$\boldsymbol{A}^2=\boldsymbol{A}$ 当且仅当 $\boldsymbol{B}^2=\boldsymbol{E}$.

10. 矩阵 $\boldsymbol{A}$ 称为**对称**的, 如果 $\boldsymbol{A}^{\mathrm{T}}=\boldsymbol{A}$. 证明：如果 $\boldsymbol{A}$ 是实对称矩阵且 $\boldsymbol{A}^2=\boldsymbol{O}$, 那么 $\boldsymbol{A}=\boldsymbol{O}$.

11. 设 $\boldsymbol{A},\boldsymbol{B}$ 都是 $n\times n$ 对称矩阵. 证明：$\boldsymbol{AB}$ 也对称当且仅当 $\boldsymbol{A},\boldsymbol{B}$ 可交换.

12. 矩阵 $\boldsymbol{A}$ 称为**反称**的, 如果 $\boldsymbol{A}^{\mathrm{T}}=-\boldsymbol{A}$. 证明：任一 $n\times n$ 矩阵都可表为一对称矩阵与一反称矩阵之和.

13. 设 $s_k=x_1^k+x_2^k+\cdots+x_n^k, k=0,1,2,\cdots, a_{ij}=s_{i+j-2}, i,j=1,2,\cdots,n$. 证明：行列式

$$|a_{ij}|=\prod_{i<j}(x_i-x_j)^2.$$

14. 设 $\boldsymbol{A}$ 是 $n\times n$ 矩阵. 证明：存在一个 $n\times n$ 非零矩阵 $\boldsymbol{B}$, 使 $\boldsymbol{AB}=\boldsymbol{O}$ 的充要条件是 $|\boldsymbol{A}|=0$.

15. 设 $\boldsymbol{A}$ 是 $n\times n$ 矩阵.证明:如果对任一 n 维向量 $\boldsymbol{X}=\begin{pmatrix}x_1\\x_2\\\vdots\\x_n\end{pmatrix}$ 都有 $\boldsymbol{AX}=\boldsymbol{0}$,那么 $\boldsymbol{A}=\boldsymbol{O}$.

16. 设 $\boldsymbol{B}$ 为一 $r\times r$ 矩阵,$\boldsymbol{C}$ 为一 $r\times n$ 矩阵,且秩$(\boldsymbol{C})=r$.证明:

1) 如果 $\boldsymbol{BC}=\boldsymbol{O}$,那么 $\boldsymbol{B}=\boldsymbol{O}$;

2) 如果 $\boldsymbol{BC}=\boldsymbol{C}$,那么 $\boldsymbol{B}=\boldsymbol{E}$.

17. 证明:

$$\text{秩}(\boldsymbol{A}+\boldsymbol{B})\leqslant\text{秩}(\boldsymbol{A})+\text{秩}(\boldsymbol{B}).$$

18. 设 $\boldsymbol{A},\boldsymbol{B}$ 为 $n\times n$ 矩阵.证明:如果 $\boldsymbol{AB}=\boldsymbol{O}$,那么

$$\text{秩}(\boldsymbol{A})+\text{秩}(\boldsymbol{B})\leqslant n.$$

19. 证明:如果 $\boldsymbol{A}^k=\boldsymbol{O}$,那么

$$(\boldsymbol{E}-\boldsymbol{A})^{-1}=\boldsymbol{E}+\boldsymbol{A}+\boldsymbol{A}^2+\cdots+\boldsymbol{A}^{k-1}.$$

20. 求下列 $\boldsymbol{A}^{-1}$:

1) $\boldsymbol{A}=\begin{pmatrix}a&b\\c&d\end{pmatrix},ad-bc=1$;

2) $\boldsymbol{A}=\begin{pmatrix}1&1&-1\\2&1&0\\1&-1&0\end{pmatrix}$;

3) $\boldsymbol{A}=\begin{pmatrix}2&2&3\\1&-1&0\\-1&2&1\end{pmatrix}$;

4) $\boldsymbol{A}=\begin{pmatrix}1&2&3&4\\2&3&1&2\\1&1&1&-1\\1&0&-2&-6\end{pmatrix}$;

5) $\boldsymbol{A}=\begin{pmatrix}1&1&1&1\\1&1&-1&-1\\1&-1&1&-1\\1&-1&-1&1\end{pmatrix}$;

6) $\boldsymbol{A}=\begin{pmatrix}3&3&-4&-3\\0&6&1&1\\5&4&2&1\\2&3&3&2\end{pmatrix}$;

7) $\boldsymbol{A}=\begin{pmatrix}1&3&-5&7\\0&1&2&-3\\0&0&1&2\\0&0&0&1\end{pmatrix}$;

8) $\boldsymbol{A}=\begin{pmatrix}2&1&0&0\\3&2&0&0\\5&7&1&8\\-1&-3&-1&-6\end{pmatrix}$;

9) $\boldsymbol{A}=\begin{pmatrix}0&0&1&-1\\0&3&1&4\\2&7&6&-1\\1&2&2&-1\end{pmatrix}$;

10) $\boldsymbol{A}=\begin{pmatrix}2&1&0&0&0\\0&2&1&0&0\\0&0&2&1&0\\0&0&0&2&1\\0&0&0&0&2\end{pmatrix}$.

21. 设

$$\boldsymbol{X}=\begin{pmatrix}\boldsymbol{O}&\boldsymbol{A}\\\boldsymbol{C}&\boldsymbol{O}\end{pmatrix},$$

已知 $\boldsymbol{A}^{-1},\boldsymbol{C}^{-1}$存在,求 $\boldsymbol{X}^{-1}$.

22. 设

$$X=\begin{pmatrix}0 & a_1 & 0 & \cdots & 0 & 0\\ 0 & 0 & a_2 & \cdots & 0 & 0\\ \vdots & \vdots & \vdots & & \vdots & \vdots\\ 0 & 0 & 0 & \cdots & 0 & a_{n-1}\\ a_n & 0 & 0 & \cdots & 0 & 0\end{pmatrix},$$

其中 $a_i\neq 0(i=1,2,\cdots,n)$，求 X^{-1}.

23. 求下列矩阵 X：

1) $\begin{pmatrix}2 & 5\\ 1 & 3\end{pmatrix}X=\begin{pmatrix}4 & -6\\ 2 & 1\end{pmatrix}$；

2) $\begin{pmatrix}1 & 1 & -1\\ 0 & 2 & 2\\ 1 & -1 & 0\end{pmatrix}X=\begin{pmatrix}1 & -1 & 1\\ 1 & 1 & 0\\ 2 & 1 & 1\end{pmatrix}$；

3) $\begin{pmatrix}1 & 1 & 1 & \cdots & 1 & 1\\ 0 & 1 & 1 & \cdots & 1 & 1\\ 0 & 0 & 1 & \cdots & 1 & 1\\ \vdots & \vdots & \vdots & & \vdots & \vdots\\ 0 & 0 & 0 & \cdots & 0 & 1\end{pmatrix}_{n\times n}X=\begin{pmatrix}2 & 1 & 0 & \cdots & 0 & 0\\ 1 & 2 & 1 & \cdots & 0 & 0\\ 0 & 1 & 2 & \cdots & 0 & 0\\ \vdots & \vdots & \vdots & & \vdots & \vdots\\ 0 & 0 & 0 & \cdots & 1 & 2\end{pmatrix}_{n\times n}$；

4) $X\begin{pmatrix}1 & 1 & -1\\ 0 & 2 & 2\\ 1 & -1 & 0\end{pmatrix}=\begin{pmatrix}1 & -1 & 1\\ 1 & 1 & 0\\ 2 & 1 & 1\end{pmatrix}$.

24. 证明：

1) 如果 A 可逆对称（反称），那么 A^{-1} 也对称（反称）；

2) 不存在奇数阶的可逆反称矩阵.

25. 矩阵 $A=(a_{ij})$ 称为上（下）三角形矩阵，如果当 $i>j(i<j)$ 时有 $a_{ij}=0$. 证明：

1) 两个上（下）三角形矩阵的乘积仍是上（下）三角形矩阵；

2) 可逆的上（下）三角形矩阵的逆仍是上（下）三角形矩阵.

26. 证明：

$$|A^*|=|A|^{n-1},$$

其中 A 是 $n\times n$ 矩阵（$n\geqslant 2$）.

27. 证明：如果 A 是 $n\times n(n\geqslant 2)$ 矩阵，那么

$$秩(A^*)=\begin{cases}n, & 秩(A)=n,\\ 1, & 秩(A)=n-1,\\ 0, & 秩(A)<n-1.\end{cases}$$

28. 用下列两种方法：

1) 初等变换；

2) 按 A 中的划分，利用分块乘法的初等变换（注意各小块矩阵的特点），求矩阵

$$A=\left(\begin{array}{cc:cc}1&1&1&1\\1&-1&1&-1\\ \hdashline 1&1&-1&-1\\1&-1&-1&1\end{array}\right)$$

的逆矩阵.

29. 设 $\boldsymbol{A},\boldsymbol{B}$ 分别是 $n\times m$ 和 $m\times n$ 矩阵. 证明:

$$\begin{vmatrix}\boldsymbol{E}_m & \boldsymbol{B}\\ \boldsymbol{A} & \boldsymbol{E}_n\end{vmatrix}=|\boldsymbol{E}_n-\boldsymbol{AB}|=|\boldsymbol{E}_m-\boldsymbol{BA}|.$$

30. 设 $\boldsymbol{A},\boldsymbol{B}$ 如上题,$\lambda\neq0$. 证明:

$$|\lambda\boldsymbol{E}_n-\boldsymbol{AB}|=\lambda^{n-m}|\lambda\boldsymbol{E}_m-\boldsymbol{BA}|.$$

31. 设数域 P 上 n 阶矩阵 $\boldsymbol{C}=(\boldsymbol{\varepsilon}_n,\boldsymbol{\varepsilon}_1,\boldsymbol{\varepsilon}_2,\cdots,\boldsymbol{\varepsilon}_{n-1})$, 其中 $\boldsymbol{\varepsilon}_j(j=1,2,\cdots,n)$ 表示第 j 个分量为 1, 其余分量为 0 的 n 维列向量,求 $\boldsymbol{C}^m$, 其中 m 为任意正整数.

补 充 题

1. 设 $\boldsymbol{A}$ 是 $n\times n$ 矩阵,秩$(\boldsymbol{A})=1$.证明:

1) $\boldsymbol{A}=\begin{pmatrix}a_1\\a_2\\ \vdots\\a_n\end{pmatrix}(b_1,b_2,\cdots,b_n)$;　　2) $\boldsymbol{A}^2=k\boldsymbol{A}$.

2. 设 $\boldsymbol{A}$ 是 2×2 矩阵. 证明:如果 $\boldsymbol{A}^l=\boldsymbol{O},l\geqslant2$,那么 $\boldsymbol{A}^2=\boldsymbol{O}$.

3. 设 $\boldsymbol{A}$ 是 $n\times n$ 矩阵. 证明:如果 $\boldsymbol{A}^2=\boldsymbol{E}$,那么

$$\text{秩}(\boldsymbol{A}+\boldsymbol{E})+\text{秩}(\boldsymbol{A}-\boldsymbol{E})=n.$$

4. 设 $\boldsymbol{A}$ 是 $n\times n$ 矩阵,且 $\boldsymbol{A}^2=\boldsymbol{A}$. 证明:

$$\text{秩}(\boldsymbol{A})+\text{秩}(\boldsymbol{A}-\boldsymbol{E})=n.$$

5. 证明:

$$(\boldsymbol{A}^*)^*=|\boldsymbol{A}|^{n-2}\boldsymbol{A},$$

其中 $\boldsymbol{A}$ 是 $n\times n(n>2)$ 矩阵.

6. 设 $\boldsymbol{A},\boldsymbol{B},\boldsymbol{C},\boldsymbol{D}$ 都是 $n\times n$ 矩阵,且 $|\boldsymbol{A}|\neq0,\boldsymbol{AC}=\boldsymbol{CA}$. 证明:

$$\begin{vmatrix}\boldsymbol{A}&\boldsymbol{B}\\ \boldsymbol{C}&\boldsymbol{D}\end{vmatrix}=|\boldsymbol{AD}-\boldsymbol{CB}|.$$

7. 设 $\boldsymbol{A}$ 是一 $n\times n$ 矩阵,且秩$(\boldsymbol{A})=r$. 证明:存在一 $n\times n$ 可逆矩阵 $\boldsymbol{P}$,使 $\boldsymbol{PAP}^{-1}$ 的后 $n-r$ 行全为零.

8. 1) 把矩阵

$$\begin{pmatrix}a&0\\0&a^{-1}\end{pmatrix}$$

表成形如

$$\begin{pmatrix}1 & x\\0 & 1\end{pmatrix} \quad 与 \quad \begin{pmatrix}1 & 0\\x & 1\end{pmatrix} \tag{1}$$

的矩阵的乘积.

2）设

$$\boldsymbol{A}=\begin{pmatrix}a & b\\c & d\end{pmatrix}$$

为一复矩阵，$|\boldsymbol{A}|=1$. 证明：$\boldsymbol{A}$ 可以表成形如(1)式的矩阵的乘积.

9. 设 $\boldsymbol{A}$ 是一 $n\times n$ 矩阵，$|\boldsymbol{A}|=1$. 证明：$\boldsymbol{A}$ 可以表成 $\boldsymbol{P}(i,j(k))$ 这一类初等矩阵的乘积.

10. 设 $\boldsymbol{A}=(a_{ij})_{s\times n}$，$\boldsymbol{B}=(b_{ij})_{n\times m}$. 证明：

$$秩(\boldsymbol{AB})\geqslant 秩(\boldsymbol{A})+秩(\boldsymbol{B})-n.$$

11. 矩阵的列（行）向量组如果是线性无关的，就称该矩阵为**列（行）满秩**的. 证明：设 $\boldsymbol{A}$ 是 $m\times r$ 矩阵，则 $\boldsymbol{A}$ 是列满秩的充要条件为存在 $m\times m$ 可逆矩阵 $\boldsymbol{P}$，使

$$\boldsymbol{A}=\boldsymbol{P}\begin{pmatrix}\boldsymbol{E}_r\\\boldsymbol{O}\end{pmatrix}.$$

同样地，$\boldsymbol{A}$ 为行满秩的充要条件为存在 $r\times r$ 可逆矩阵 $\boldsymbol{Q}$，使

$$\boldsymbol{A}=(\boldsymbol{E}_m \quad \boldsymbol{O})\boldsymbol{Q}.$$

12. 证明：设 $m\times n$ 矩阵 $\boldsymbol{A}$ 的秩为 r，则有 $m\times r$ 列满秩矩阵 $\boldsymbol{P}$ 和 $r\times n$ 行满秩矩阵 $\boldsymbol{Q}$，使 $\boldsymbol{A}=\boldsymbol{PQ}$.

13. 定义数域 P 上的 n 阶方阵 $\boldsymbol{X}_{ij}(\alpha)=\boldsymbol{E}+\alpha\boldsymbol{E}_{ij}$，其中 $\alpha\in P$，$\boldsymbol{E}$ 为单位矩阵，$\boldsymbol{E}_{ij}$ 为 (i,j) 元素为 1，其他元素为 0 的方阵. 证明：当 $n\geqslant 2$ 时，对于任意 $\alpha\in P$，$1\leqslant i\neq j\leqslant n$，总存在 n 阶可逆矩阵 $\boldsymbol{R}$，$\boldsymbol{T}$，使得 $\boldsymbol{X}_{ij}(\alpha)=\boldsymbol{R}^{-1}\boldsymbol{T}^{-1}\boldsymbol{RT}$.

14. 1）证明：对于数域 P 上任意 $n+1$ 个 n 阶方阵 $\boldsymbol{A}_1,\boldsymbol{A}_2,\cdots,\boldsymbol{A}_{n+1}$，总能找到不全为零的数 $k_1,k_2,\cdots,k_{n+1}\in P$，使得矩阵 $k_1\boldsymbol{A}_1+k_2\boldsymbol{A}_2+\cdots+k_{n+1}\boldsymbol{A}_{n+1}$ 的秩小于 n；

2）对于数域 P 上任意 $n(n>1)$ 个 n 阶方阵 $\boldsymbol{A}_1,\boldsymbol{A}_2,\cdots,\boldsymbol{A}_n$，是否总有不全为零的数 $k_1,k_2,\cdots,k_n\in P$，使得矩阵 $k_1\boldsymbol{A}_1+k_2\boldsymbol{A}_2+\cdots+k_n\boldsymbol{A}_n$ 的秩小于 n?

15. 设矩阵

$$\boldsymbol{A}(x,a,n)=\begin{pmatrix}x & a & a & \cdots & a\\a & x & a & \cdots & a\\a & a & x & \cdots & a\\\vdots & \vdots & \vdots & & \vdots\\a & a & a & \cdots & x\end{pmatrix}_{n\times n},$$

于是有等式 $\boldsymbol{A}(x,a,n)\boldsymbol{A}(y,b,n)=\boldsymbol{A}(z,c,n)$ 成立.

1）试用 x,y,a,b 表示 z,c；

2）判断矩阵 $\boldsymbol{A}(0,1,4)$ 是否可逆，若可逆求出其逆矩阵.

16. 设矩阵 $\boldsymbol{A}=(a_{ij})$ 和 $\boldsymbol{Q}$ 均为 n 阶方阵，矩阵 $\boldsymbol{Q}$ 为若干 $\boldsymbol{P}(i,j)$ 这类初等矩阵的乘积，令 $\boldsymbol{B}=\boldsymbol{QAQ}^{\mathrm{T}}$. 判断：$a_{ij}$ 在 $\boldsymbol{A}$ 中的代数余子式 $\boldsymbol{A}_{ij}$ 是否等于 a_{ij} 在 $\boldsymbol{B}$ 中的代数余子式?

若相等,给出证明;若不相等,举出反例.

17. 设 B 为数域 P 上所有 n 阶可逆上三角形矩阵的集合.对于 $1\leqslant i\leqslant n-1$,设 $\boldsymbol{N}_i=\boldsymbol{P}(i,i+1)$.令 $B_i=\{\boldsymbol{N}_i\boldsymbol{M}\boldsymbol{N}_i\mid \boldsymbol{M}\in B\}$.证明:集合 B 不等于任意一个集合 $B_i(1\leqslant i\leqslant n-1)$.

18. 设 $\boldsymbol{A}$ 为 n 阶方阵,$\boldsymbol{A}$ 的每一行每一列恰好有一个元素为 1 或者为 -1,其余元素均为 0.证明:必存在正整数 k,使得 $\boldsymbol{A}^k=\boldsymbol{E}$.

19. 设 $\boldsymbol{M}$ 为 n 阶可逆矩阵.证明:存在一个 n 阶可逆上三角形矩阵 $\boldsymbol{B}$,使得矩阵 $\boldsymbol{BM}$ 具有如下性质:对于任意 $1\leqslant i\leqslant n$,都存在 $\boldsymbol{BM}$ 的一行,该行前 $i-1$ 个位置为 0 且第 i 个位置不为 0.

20. 设整数 $n\geqslant 4$,$\boldsymbol{A}$ 是一个数域 P 上的 $n\times(n+1)$ 矩阵,$\boldsymbol{A}_j(1\leqslant j\leqslant n+1)$ 是去掉 $\boldsymbol{A}$ 中第 j 列的 n 阶方阵,$|\boldsymbol{A}_j|$ 表示 $\boldsymbol{A}_j$ 的行列式,$|\boldsymbol{A}_3|\,|\boldsymbol{A}_4|\neq 0$. 证明:$\dfrac{|\boldsymbol{A}_1|^3|\boldsymbol{A}_2|}{|\boldsymbol{A}_3|^2|\boldsymbol{A}_4|^2}$在矩阵 $\boldsymbol{A}$ 的初等行变换下保持不变.

学习指导

第五章 二次型

§1 二次型及其矩阵表示

在解析几何中，我们看到，当坐标原点与中心重合时，一个有心二次曲线的一般方程是

$$ax^2+2bxy+cy^2=f. \tag{1}$$

为了便于研究这个二次曲线的几何性质，我们可以选择适当的角度 θ，作转轴（反时针方向转轴）

$$\begin{cases}x=x'\cos\theta-y'\sin\theta,\\y=x'\sin\theta+y'\cos\theta,\end{cases} \tag{2}$$

把方程(1)化成标准方程.在二次曲面的研究中也有类似的情况.

(1)式的左端是一个二次齐次多项式.从代数的观点看，所谓化标准方程就是用变量的线性替换(2)化简一个二次齐次多项式，使它只含有平方项.二次齐次多项式不但在几何中出现，而且在数学的其他分支以及物理、力学中也常常会碰到.这一章就是来介绍它的一些最基本的性质.

设 P 是一数域，一个系数在数域 P 中的 $x_1,x_2,\cdots,x_n$ 的二次齐次多项式

$$f(x_1,x_2,\cdots,x_n)=a_{11}x_1^2+2a_{12}x_1x_2+\cdots+2a_{1n}x_1x_n+a_{22}x_2^2+\cdots+2a_{2n}x_2x_n+\cdots+a_{nn}x_n^2 \tag{3}$$

称为**数域 P 上的一个 n 元二次型**，或者，在不致引起混淆时简称**二次型**.例如

$$x_1^2+x_1x_2+3x_1x_3+2x_2^2+4x_2x_3+3x_3^2$$

就是有理数域上的一个三元二次型.为了以后讨论上的方便，在二次型(3)中，$x_ix_j(i<j)$ 的系数写成 $2a_{ij}$，而不简单地写成 a_{ij}.

和在几何中一样，在处理许多其他问题时也常常希望通过变量的线性替换来简化有关的二次型.为此，我们引入

定义 1 设 $x_1,x_2,\cdots,x_n;y_1,y_2,\cdots,y_n$ 是两组文字，系数在数域 P 中的一组关系式

$$\begin{cases}x_1=c_{11}y_1+c_{12}y_2+\cdots+c_{1n}y_n,\\x_2=c_{21}y_1+c_{22}y_2+\cdots+c_{2n}y_n,\\\quad\cdots\cdots\cdots\cdots\\x_n=c_{n1}y_1+c_{n2}y_2+\cdots+c_{nn}y_n\end{cases} \tag{4}$$

称为由 $x_1,x_2,\cdots,x_n$ 到 $y_1,y_2,\cdots,y_n$ 的一个**线性替换**,或简称线性替换.如果系数行列式

$$\begin{vmatrix} c_{11} & c_{12} & \cdots & c_{1n} \\ c_{21} & c_{22} & \cdots & c_{2n} \\ \vdots & \vdots & & \vdots \\ c_{n1} & c_{n2} & \cdots & c_{nn} \end{vmatrix} \neq 0,$$

那么线性替换(4)就称为**非退化的**.

如果把(2)式看作线性替换,那么它就是非退化的,因为

$$\begin{vmatrix} \cos\theta & -\sin\theta \\ \sin\theta & \cos\theta \end{vmatrix} = 1 \neq 0.$$

不难看出,如果把(4)式代入多项式(3),那么得到的 $y_1,y_2,\cdots,y_n$ 的多项式仍然是二次齐次的.换句话说,线性替换把二次型变成二次型.研究二次型在非退化的线性替换下的变化情况就是本章的主要目的.

在讨论二次型时,矩阵是一个有力的工具,因此我们先把二次型与线性替换用矩阵来表示.

令

$$a_{ji}=a_{ij}, \quad i<j.$$

由于

$$x_ix_j=x_jx_i,$$

所以二次型(3)可以写成

$$\begin{aligned} f(x_1,x_2,\cdots,x_n) &= a_{11}x_1^2+a_{12}x_1x_2+\cdots+a_{1n}x_1x_n+a_{21}x_2x_1+a_{22}x_2^2+\cdots+a_{2n}x_2x_n+\cdots+ \\ &\quad a_{n1}x_nx_1+a_{n2}x_nx_2+\cdots+a_{nn}x_n^2 \\ &= \sum_{i=1}^{n}\sum_{j=1}^{n} a_{ij}x_ix_j. \end{aligned} \tag{5}$$

把(5)式的系数排成一个 $n\times n$ 矩阵

$$\boldsymbol{A}=\begin{pmatrix} a_{11} & a_{12} & \cdots & a_{1n} \\ a_{21} & a_{22} & \cdots & a_{2n} \\ \vdots & \vdots & & \vdots \\ a_{n1} & a_{n2} & \cdots & a_{nn} \end{pmatrix}, \tag{6}$$

它就称为**二次型(5)的矩阵**.因为 $a_{ij}=a_{ji}(i,j=1,\cdots,n)$,所以

$$\boldsymbol{A}=\boldsymbol{A}^{\mathrm{T}}.$$

我们把这样的矩阵称为对称矩阵,因此,二次型的矩阵都是对称的.

令

$$\boldsymbol{X}=\begin{pmatrix} x_1 \\ x_2 \\ \vdots \\ x_n \end{pmatrix}.$$

于是，二次型可以用矩阵的乘积表示为

$$\begin{aligned}\boldsymbol{X}^{\mathrm{T}}\boldsymbol{AX} &= (x_1,x_2,\cdots,x_n)\begin{pmatrix} a_{11} & a_{12} & \cdots & a_{1n} \\ a_{21} & a_{22} & \cdots & a_{2n} \\ \vdots & \vdots & & \vdots \\ a_{n1} & a_{n2} & \cdots & a_{nn}\end{pmatrix}\begin{pmatrix} x_1 \\ x_2 \\ \vdots \\ x_n\end{pmatrix} \\ &= (x_1,x_2,\cdots,x_n)\begin{pmatrix} a_{11}x_1+a_{12}x_2+\cdots+a_{1n}x_n \\ a_{21}x_1+a_{22}x_2+\cdots+a_{2n}x_n \\ \vdots \\ a_{n1}x_1+a_{n2}x_2+\cdots+a_{nn}x_n\end{pmatrix} \\ &= \sum_{i=1}^{n}\sum_{j=1}^{n} a_{ij}x_ix_j \text{①}.\end{aligned}$$

故

$$f(x_1,x_2,\cdots,x_n)=\boldsymbol{X}^{\mathrm{T}}\boldsymbol{AX}.$$

应该看到，二次型(3)的矩阵 $\boldsymbol{A}$ 的元素，当 $i\neq j$ 时，$a_{ij}=a_{ji}$ 正是它的 x_ix_j 项的系数的一半，而 a_{ii} 是 x_i^2 项的系数，因此二次型和它的矩阵是相互唯一决定的. 由此还能得到，若二次型

$$f(x_1,x_2,\cdots,x_n)=\boldsymbol{X}^{\mathrm{T}}\boldsymbol{AX}=\boldsymbol{X}^{\mathrm{T}}\boldsymbol{BX}$$

且 $\boldsymbol{A}^{\mathrm{T}}=\boldsymbol{A}, \boldsymbol{B}^{\mathrm{T}}=\boldsymbol{B}$，则 $\boldsymbol{A}=\boldsymbol{B}$.

令

$$\boldsymbol{C}=\begin{pmatrix} c_{11} & c_{12} & \cdots & c_{1n} \\ c_{21} & c_{22} & \cdots & c_{2n} \\ \vdots & \vdots & & \vdots \\ c_{n1} & c_{n2} & \cdots & c_{nn}\end{pmatrix},\quad \boldsymbol{Y}=\begin{pmatrix} y_1 \\ y_2 \\ \vdots \\ y_n\end{pmatrix}.$$

于是线性替换(4)可以写成

$$\begin{pmatrix} x_1 \\ x_2 \\ \vdots \\ x_n\end{pmatrix}=\begin{pmatrix} c_{11} & c_{12} & \cdots & c_{1n} \\ c_{21} & c_{22} & \cdots & c_{2n} \\ \vdots & \vdots & & \vdots \\ c_{n1} & c_{n2} & \cdots & c_{nn}\end{pmatrix}\begin{pmatrix} y_1 \\ y_2 \\ \vdots \\ y_n\end{pmatrix},$$

或者

$$\boldsymbol{X}=\boldsymbol{CY}.$$

我们知道，经过一个非退化的线性替换，二次型还是变成二次型. 现在就来看一下，替换后的二次型与原来的二次型之间有什么关系，也就是说，找出替换后的二次型的矩阵与原二次型的矩阵之间的关系.

设

$$f(x_1,x_2,\cdots,x_n)=\boldsymbol{X}^{\mathrm{T}}\boldsymbol{AX},\quad \boldsymbol{A}=\boldsymbol{A}^{\mathrm{T}} \tag{7}$$

是一个二次型，作非退化线性替换

---

① 这里我们把一阶矩阵(a)与数 a 同等看待.

$$X=CY, \tag{8}$$

我们得到一个 $y_1,y_2,\cdots,y_n$ 的二次型

$$Y^{\mathrm{T}}BY.$$

现在来看矩阵 B 与 A 的关系.

把线性替换(8)代入二次型(7),有

$$f(x_1,x_2,\cdots,x_n)=X^{\mathrm{T}}AX=(CY)^{\mathrm{T}}A(CY)=Y^{\mathrm{T}}C^{\mathrm{T}}ACY=Y^{\mathrm{T}}(C^{\mathrm{T}}AC)Y=Y^{\mathrm{T}}BY.$$

容易看出,矩阵 $C^{\mathrm{T}}AC$ 也是对称的.事实上,

$$(C^{\mathrm{T}}AC)^{\mathrm{T}}=C^{\mathrm{T}}A^{\mathrm{T}}C=C^{\mathrm{T}}AC.$$

由此,即得

$$B=C^{\mathrm{T}}AC.$$

这就是前后两个二次型的矩阵的关系.与之相应,我们引入

定义 2 数域 P 上 $n\times n$ 矩阵 A,B 称为**合同的**,如果有数域 P 上的 $n\times n$ 可逆矩阵 C,使

$$B=C^{\mathrm{T}}AC.$$

由矩阵 A 到矩阵 $C^{\mathrm{T}}AC$ 的变换称为矩阵的一个**合同变换**.

合同是矩阵之间的一个关系.不难看出,合同关系具有

1. 自反性:$A=E^{\mathrm{T}}AE$;
2. 对称性:由 $B=C^{\mathrm{T}}AC$ 即得 $A=(C^{-1})^{\mathrm{T}}BC^{-1}$;
3. 传递性:由 $A_1=C_1^{\mathrm{T}}AC_1$ 和 $A_2=C_2^{\mathrm{T}}A_1C_2$ 即得

$$A_2=(C_1C_2)^{\mathrm{T}}A(C_1C_2).$$

因之,经过非退化线性替换,新二次型的矩阵与原二次型的矩阵是合同的.这样,我们就把二次型的变换通过矩阵表示出来,为以下的讨论提供了有力的工具.

最后指出,在变换二次型时,我们总是要求所作的线性替换是非退化的.从几何上看,这一点是自然的,因为坐标变换一定是非退化的.一般地,当线性替换

$$X=CY$$

是非退化的时,由上面的关系即得

$$Y=C^{-1}X.$$

这也是一个线性替换,它把所得的二次型还原.这样就使我们从所得二次型的性质可以推知原来二次型的一些性质.

§2 标 准 形

现在来讨论用非退化的线性替换化简二次型的问题.

可以认为,二次型中最简单的一种是只包含平方项的二次型

$$d_1x_1^2+d_2x_2^2+\cdots+d_nx_n^2. \tag{1}$$

这一节的主要结果是

定理 1 数域 P 上任意一个二次型都可以经过非退化的线性替换变成平方和(1)的形式.

证明　下面的证明实际上是一个具体地把二次型化成平方和的方法，这就是中学里学过的“配方法”.

我们对变量的个数 n 作数学归纳法.

对于 $n=1$，二次型就是

$$f(x_1)=a_{11}x_1^2,$$

这已经是平方和了.现假设对 $n-1$ 元的二次型，定理的结论成立.再设

$$f(x_1,x_2,\cdots,x_n)=\sum_{i=1}^{n}\sum_{j=1}^{n}a_{ij}x_ix_j,\quad a_{ij}=a_{ji}.$$

分三种情形来讨论：

1. $a_{ii}(i=1,2,\cdots,n)$ 中至少有一个不为零，例如 $a_{11}\neq 0$.这时

$$\begin{aligned}f(x_1,x_2,\cdots,x_n)&=a_{11}x_1^2+\sum_{j=2}^{n}a_{1j}x_1x_j+\sum_{i=2}^{n}a_{i1}x_ix_1+\sum_{i=2}^{n}\sum_{j=2}^{n}a_{ij}x_ix_j\\&=a_{11}x_1^2+2\sum_{j=2}^{n}a_{1j}x_1x_j+\sum_{i=2}^{n}\sum_{j=2}^{n}a_{ij}x_ix_j\\&=a_{11}\left(x_1+\sum_{j=2}^{n}a_{11}^{-1}a_{1j}x_j\right)^2-a_{11}^{-1}\left(\sum_{j=2}^{n}a_{1j}x_j\right)^2+\sum_{i=2}^{n}\sum_{j=2}^{n}a_{ij}x_ix_j\\&=a_{11}\left(x_1+\sum_{j=2}^{n}a_{11}^{-1}a_{1j}x_j\right)^2+\sum_{i=2}^{n}\sum_{j=2}^{n}b_{ij}x_ix_j,\end{aligned}$$

其中

$$\sum_{i=2}^{n}\sum_{j=2}^{n}b_{ij}x_ix_j=-a_{11}^{-1}\left(\sum_{j=2}^{n}a_{1j}x_j\right)^2+\sum_{i=2}^{n}\sum_{j=2}^{n}a_{ij}x_ix_j$$

是一个 $x_2,x_3,\cdots,x_n$ 的二次型.令

$$\begin{cases}y_1=x_1+\sum\limits_{j=2}^{n}a_{11}^{-1}a_{1j}x_j,\\y_2=x_2,\\\quad\cdots\cdots\cdots\cdots\\y_n=x_n,\end{cases}$$

即

$$\begin{cases}x_1=y_1-\sum\limits_{j=2}^{n}a_{11}^{-1}a_{1j}y_j,\\x_2=y_2,\\\quad\cdots\cdots\cdots\cdots\\x_n=y_n,\end{cases}$$

这是一个非退化线性替换，它使

$$f(x_1,x_2,\cdots,x_n)=a_{11}y_1^2+\sum_{i=2}^{n}\sum_{j=2}^{n}b_{ij}y_iy_j.$$

由归纳假设，对 $\sum\limits_{i=2}^{n}\sum\limits_{j=2}^{n}b_{ij}y_iy_j$ 有非退化线性替换

$$\begin{cases} z_2 = c_{22}y_2 + c_{23}y_3 + \cdots + c_{2n}y_n, \\ z_3 = c_{32}y_2 + c_{33}y_3 + \cdots + c_{3n}y_n, \\ \cdots\cdots\cdots\cdots \\ z_n = c_{n2}y_2 + c_{n3}y_3 + \cdots + c_{nn}y_n, \end{cases}$$

使它变成平方和

$$d_2z_2^2 + d_3z_3^2 + \cdots + d_nz_n^2.$$

于是非退化线性替换

$$\begin{cases} z_1 = y_1, \\ z_2 = c_{22}y_2 + \cdots + c_{2n}y_n, \\ \cdots\cdots\cdots\cdots \\ z_n = c_{n2}y_2 + \cdots + c_{nn}y_n \end{cases}$$

就使

$$f(x_1, x_2, \cdots, x_n) = a_{11}z_1^2 + d_2z_2^2 + \cdots + d_nz_n^2,$$

即变成平方和了.根据归纳法原理,定理得证.

2. 所有 $a_{ii}=0$,但是至少有一 $a_{1j}\neq 0(j>1)$,不失普遍性,设 $a_{12}\neq 0$.令

$$\begin{cases} x_1 = z_1 + z_2, \\ x_2 = z_1 - z_2, \\ x_3 = z_3, \\ \cdots\cdots\cdots\cdots \\ x_n = z_n. \end{cases}$$

它是非退化线性替换,且使

$$f(x_1, x_2, \cdots, x_n) = 2a_{12}x_1x_2 + \cdots = 2a_{12}(z_1+z_2)(z_1-z_2) + \cdots = 2a_{12}z_1^2 - 2a_{12}z_2^2 + \cdots,$$

这时上式右端是 $z_1, z_2, \cdots, z_n$ 的二次型,且 z_1^2 的系数不为零,属于第一种情况,定理成立.

3. $a_{11}=a_{12}=\cdots=a_{1n}=0$.由于对称性,有

$$a_{21}=a_{31}=\cdots=a_{n1}=0.$$

这时

$$f(x_1, x_2, \cdots, x_n) = \sum_{i=2}^{n}\sum_{j=2}^{n} a_{ij}x_ix_j$$

是 $n-1$ 元二次型,根据归纳假设,它能用非退化线性替换变成平方和.

这样我们就完成了定理的证明. ▌

不难看出,二次型(1)的矩阵是对角矩阵,即

$$d_1x_1^2 + d_2x_2^2 + \cdots + d_nx_n^2 = (x_1, x_2, \cdots, x_n)\begin{pmatrix} d_1 & 0 & \cdots & 0 \\ 0 & d_2 & \cdots & 0 \\ \vdots & \vdots & & \vdots \\ 0 & 0 & \cdots & d_n \end{pmatrix}\begin{pmatrix} x_1 \\ x_2 \\ \vdots \\ x_n \end{pmatrix}.$$

反过来,矩阵为对角形的二次型就只含有平方项.按上一节的讨论,经过非退化的线性替换,二次型的矩阵变到一个合同的矩阵,因此,用矩阵的语言,定理 1 可以叙述为

定理 2　在数域 P 上,任意一个对称矩阵都合同于一对角矩阵. ▌

定理 2 也就是说,对于任意一个对称矩阵 $\boldsymbol{A}$,都可以找到一个可逆矩阵 $\boldsymbol{C}$,使

$$\boldsymbol{C}^{\mathrm{T}}\boldsymbol{A}\boldsymbol{C}$$

是对角矩阵.

二次型 $f(x_1,x_2,\cdots,x_n)$ 经过非退化线性替换所变成的平方和称为 $f(x_1,x_2,\cdots,x_n)$ 的一个**标准形**.

例 1　化二次型

$$f(x_1,x_2,x_3)=2x_1x_2+2x_1x_3-6x_2x_3$$

为标准形.

作非退化线性替换

$$\begin{cases}x_1=y_1+y_2,\\x_2=y_1-y_2,\\x_3=y_3,\end{cases}$$

则

$$\begin{aligned}f(x_1,x_2,x_3)&=2(y_1+y_2)(y_1-y_2)+2(y_1+y_2)y_3-6(y_1-y_2)y_3\\&=2y_1^2-2y_2^2-4y_1y_3+8y_2y_3=2(y_1-y_3)^2-2y_3^2-2y_2^2+8y_2y_3.\end{aligned}$$

再令

$$\begin{cases}z_1=y_1-y_3,\\z_2=y_2,\\z_3=y_3,\end{cases}$$

即

$$\begin{cases}y_1=z_1+z_3,\\y_2=z_2,\\y_3=z_3,\end{cases}$$

则

$$\begin{aligned}f(x_1,x_2,x_3)&=2z_1^2-2z_2^2+8z_2z_3-2z_3^2\\&=2z_1^2-2(z_2-2z_3)^2+8z_3^2-2z_3^2\\&=2z_1^2-2(z_2-2z_3)^2+6z_3^2.\end{aligned}$$

最后令

$$\begin{cases}w_1=z_1,\\w_2=z_2-2z_3,\\w_3=z_3,\end{cases}$$

即

$$\begin{cases}z_1=w_1,\\z_2=w_2+2w_3,\\z_3=w_3,\end{cases}$$

则

$$f(x_1,x_2,x_3)=2w_1^2-2w_2^2+6w_3^2$$

是平方和,而这几次线性替换的结果相当于作一个总的线性替换

$$\begin{pmatrix}x_1\\x_2\\x_3\end{pmatrix}=\begin{pmatrix}1&1&0\\1&-1&0\\0&0&1\end{pmatrix}\begin{pmatrix}1&0&1\\0&1&0\\0&0&1\end{pmatrix}\begin{pmatrix}1&0&0\\0&1&2\\0&0&1\end{pmatrix}\begin{pmatrix}w_1\\w_2\\w_3\end{pmatrix}=\begin{pmatrix}1&1&3\\1&-1&-1\\0&0&1\end{pmatrix}\begin{pmatrix}w_1\\w_2\\w_3\end{pmatrix}.$$

前面所讲的配方法的过程,可以用矩阵写出来.我们按前面的每一种情况写出相应的矩阵.

1. $a_{11}\neq 0$.这时的线性替换为

$$\begin{cases}x_1=y_1-\sum\limits_{j=2}^{n}a_{11}^{-1}a_{1j}y_j,\\x_2=y_2,\\\cdots\cdots\cdots\cdots\\x_n=y_n.\end{cases}$$

令

$$\boldsymbol{C}_1=\begin{pmatrix}1&-a_{11}^{-1}a_{12}&\cdots&-a_{11}^{-1}a_{1n}\\0&1&\cdots&0\\\vdots&\vdots&&\vdots\\0&0&\cdots&1\end{pmatrix},$$

则上述线性替换相应于合同变换

$$\boldsymbol{A}\to\boldsymbol{C}_1^{\mathrm T}\boldsymbol{A}\boldsymbol{C}_1.$$

为计算 $\boldsymbol{C}_1^{\mathrm T}\boldsymbol{A}\boldsymbol{C}_1$,可令

$$\boldsymbol{\alpha}=(a_{12},\cdots,a_{1n}),\quad \boldsymbol{A}_1=\begin{pmatrix}a_{22}&\cdots&a_{2n}\\\vdots&&\vdots\\a_{n2}&\cdots&a_{nn}\end{pmatrix}.$$

于是 $\boldsymbol{A}$ 和 $\boldsymbol{C}_1$ 可写成分块矩阵

$$\boldsymbol{A}=\begin{pmatrix}a_{11}&\boldsymbol{\alpha}\\\boldsymbol{\alpha}^{\mathrm T}&\boldsymbol{A}_1\end{pmatrix},\quad \boldsymbol{C}_1=\begin{pmatrix}1&-a_{11}^{-1}\boldsymbol{\alpha}\\\boldsymbol{0}&\boldsymbol{E}_{n-1}\end{pmatrix},$$

其中 $\boldsymbol{E}_{n-1}$ 为 $n-1$ 阶单位矩阵.这样

$$\begin{aligned}\boldsymbol{C}_1^{\mathrm T}\boldsymbol{A}\boldsymbol{C}_1&=\begin{pmatrix}1&\boldsymbol{0}\\-a_{11}^{-1}\boldsymbol{\alpha}^{\mathrm T}&\boldsymbol{E}_{n-1}\end{pmatrix}\begin{pmatrix}a_{11}&\boldsymbol{\alpha}\\\boldsymbol{\alpha}^{\mathrm T}&\boldsymbol{A}_1\end{pmatrix}\begin{pmatrix}1&-a_{11}^{-1}\boldsymbol{\alpha}\\\boldsymbol{0}&\boldsymbol{E}_{n-1}\end{pmatrix}\\&=\begin{pmatrix}a_{11}&\boldsymbol{\alpha}\\\boldsymbol{0}&\boldsymbol{A}_1-a_{11}^{-1}\boldsymbol{\alpha}^{\mathrm T}\boldsymbol{\alpha}\end{pmatrix}\begin{pmatrix}1&-a_{11}^{-1}\boldsymbol{\alpha}\\\boldsymbol{0}&\boldsymbol{E}_{n-1}\end{pmatrix}=\begin{pmatrix}a_{11}&\boldsymbol{0}\\\boldsymbol{0}&\boldsymbol{A}_1-a_{11}^{-1}\boldsymbol{\alpha}^{\mathrm T}\boldsymbol{\alpha}\end{pmatrix}.\end{aligned}$$

矩阵 $\boldsymbol{A}_1-a_{11}^{-1}\boldsymbol{\alpha}^{\mathrm T}\boldsymbol{\alpha}$ 是一个$(n-1)\times(n-1)$对称矩阵,由归纳假设,有$(n-1)\times(n-1)$可逆矩阵 $\boldsymbol{G}$,使

$$\boldsymbol{G}^{\mathrm T}(\boldsymbol{A}_1-a_{11}^{-1}\boldsymbol{\alpha}^{\mathrm T}\boldsymbol{\alpha})\boldsymbol{G}=\boldsymbol{D}$$

成对角形.令

$$\boldsymbol{C}_2=\begin{pmatrix}1&\boldsymbol{0}\\\boldsymbol{0}&\boldsymbol{G}\end{pmatrix},$$

于是

$$C_2^{\mathrm{T}}C_1^{\mathrm{T}}AC_1C_2=\begin{pmatrix}1 & \mathbf{0}\\ \mathbf{0} & G^{\mathrm{T}}\end{pmatrix}\begin{pmatrix}a_{11} & \mathbf{0}\\ \mathbf{0} & A_1-a_{11}^{-1}\boldsymbol{\alpha}^{\mathrm{T}}\boldsymbol{\alpha}\end{pmatrix}\begin{pmatrix}1 & \mathbf{0}\\ \mathbf{0} & G\end{pmatrix}=\begin{pmatrix}a_{11} & \mathbf{0}\\ \mathbf{0} & D\end{pmatrix},$$

这是一个对角矩阵,我们所要的可逆矩阵就是

$$C=C_1C_2.$$

2. $a_{11}=0$,但有一个 $a_{ii}\neq 0$.

这时,只要把 A 的第 1 行与第 i 行互换,再把第 1 列与第 i 列互换,就归结成上面的情形,根据初等矩阵与初等变换的关系,取

$$C_1=P(1,i)=\begin{pmatrix}0 & 0 & \cdots & 0 & 1 & 0 & \cdots & 0\\ 0 & 1 & \cdots & 0 & 0 & 0 & \cdots & 0\\ \vdots & \vdots & & \vdots & \vdots & \vdots & & \vdots\\ 0 & 0 & \cdots & 1 & 0 & 0 & \cdots & 0\\ 1 & 0 & \cdots & 0 & 0 & 0 & \cdots & 0\\ 0 & 0 & \cdots & 0 & 0 & 1 & \cdots & 0\\ \vdots & \vdots & & \vdots & \vdots & \vdots & & \vdots\\ 0 & 0 & \cdots & 0 & 0 & 0 & \cdots & 1\end{pmatrix}\text{第 } i \text{ 行},$$

第 i 列

显然

$$P(1,i)^{\mathrm{T}}=P(1,i).$$

合同变换

$$C_1^{\mathrm{T}}AC_1=P(1,i)AP(1,i)$$

就是把 A 的第 1 行与第 i 行互换,再把第 1 列与第 i 列互换的结果.因此,$C_1^{\mathrm{T}}AC_1$ 左上角第一个元素就是 a_{ii},这样就归结到第 1 种情形.

3. $a_{ii}=0(i=1,2,\cdots,n)$,但有一 $a_{1j}\neq 0(j>1)$.

与上一种情形类似,作合同变换

$$P(2,j)^{\mathrm{T}}AP(2,j)$$

可以把 a_{1j}搬到第 1 行第 2 列的位置,这样就变成了配方法中的第 2 种情况.与那里的线性替换相对应,取

$$C_1=\begin{pmatrix}1 & 1 & 0 & \cdots & 0\\ 1 & -1 & 0 & \cdots & 0\\ 0 & 0 & 1 & \cdots & 0\\ \vdots & \vdots & \vdots & & \vdots\\ 0 & 0 & 0 & \cdots & 1\end{pmatrix},$$

于是 $C_1^{\mathrm{T}}AC_1$ 的左上角就是

$$\begin{pmatrix}2a_{12} & 0\\ 0 & -2a_{12}\end{pmatrix},$$

也就归结到第 1 种情形.

4. $a_{1j}=0(j=1,2,\cdots,n)$.

由对称性,$a_{j1}(j=1,\cdots,n)$也全为零.于是

$$A=\begin{pmatrix}0 & \mathbf{0}\\ \mathbf{0} & A_1\end{pmatrix},$$

A_1 是 $n-1$ 阶对称矩阵.由归纳假设,有$(n-1)\times(n-1)$可逆矩阵 G,使

$$G^{\mathrm{T}}A_1G$$

成对角形.取

$$C=\begin{pmatrix}1 & \mathbf{0}\\ \mathbf{0} & G\end{pmatrix},$$

$C^{\mathrm{T}}AC$ 就成对角形.

例 2 化二次型

$$f(x_1,x_2,x_3)=2x_1x_2+2x_1x_3-6x_2x_3$$

成标准形.

$f(x_1,x_2,x_3)$的矩阵为

$$A=\begin{pmatrix}0 & 1 & 1\\ 1 & 0 & -3\\ 1 & -3 & 0\end{pmatrix}.$$

取

$$C_1=\begin{pmatrix}1 & 1 & 0\\ 1 & -1 & 0\\ 0 & 0 & 1\end{pmatrix},$$

$$A_1=C_1^{\mathrm{T}}AC_1=\begin{pmatrix}1 & 1 & 0\\ 1 & -1 & 0\\ 0 & 0 & 1\end{pmatrix}\begin{pmatrix}0 & 1 & 1\\ 1 & 0 & -3\\ 1 & -3 & 0\end{pmatrix}\begin{pmatrix}1 & 1 & 0\\ 1 & -1 & 0\\ 0 & 0 & 1\end{pmatrix}=\begin{pmatrix}2 & 0 & -2\\ 0 & -2 & 4\\ -2 & 4 & 0\end{pmatrix}.$$

再取

$$C_2=\begin{pmatrix}1 & 0 & 1\\ 0 & 1 & 0\\ 0 & 0 & 1\end{pmatrix},$$

$$A_2=C_2^{\mathrm{T}}A_1C_2=\begin{pmatrix}1 & 0 & 0\\ 0 & 1 & 0\\ 1 & 0 & 1\end{pmatrix}\begin{pmatrix}2 & 0 & -2\\ 0 & -2 & 4\\ -2 & 4 & 0\end{pmatrix}\begin{pmatrix}1 & 0 & 1\\ 0 & 1 & 0\\ 0 & 0 & 1\end{pmatrix}=\begin{pmatrix}2 & 0 & 0\\ 0 & -2 & 4\\ 0 & 4 & -2\end{pmatrix}.$$

再取

$$C_3=\begin{pmatrix}1 & 0 & 0\\ 0 & 1 & 2\\ 0 & 0 & 1\end{pmatrix},$$

$$A_3=C_3^{\mathrm{T}}A_2C_3=\begin{pmatrix}1 & 0 & 0\\ 0 & 1 & 0\\ 0 & 2 & 1\end{pmatrix}\begin{pmatrix}2 & 0 & 0\\ 0 & -2 & 4\\ 0 & 4 & -2\end{pmatrix}\begin{pmatrix}1 & 0 & 0\\ 0 & 1 & 2\\ 0 & 0 & 1\end{pmatrix}=\begin{pmatrix}2 & 0 & 0\\ 0 & -2 & 0\\ 0 & 0 & 6\end{pmatrix}.$$

A_3 已是对角矩阵,因此令

$$\boldsymbol{C}=\boldsymbol{C}_1\boldsymbol{C}_2\boldsymbol{C}_3=\begin{pmatrix}1&1&0\\1&-1&0\\0&0&1\end{pmatrix}\begin{pmatrix}1&0&1\\0&1&0\\0&0&1\end{pmatrix}\begin{pmatrix}1&0&0\\0&1&2\\0&0&1\end{pmatrix}=\begin{pmatrix}1&1&3\\1&-1&-1\\0&0&1\end{pmatrix},$$

就有

$$\boldsymbol{C}^{\mathrm{T}}\boldsymbol{A}\boldsymbol{C}=\begin{pmatrix}2&0&0\\0&-2&0\\0&0&6\end{pmatrix}.$$

作非退化线性替换

$$\boldsymbol{X}=\boldsymbol{C}\boldsymbol{Y},$$

即得

$$f(x_1,x_2,x_3)=2y_1^2-2y_2^2+6y_3^2.$$

§3 唯 一 性

我们看到，经过非退化线性替换，二次型的矩阵变成一个与之合同的矩阵. 由第四章 §4 定理 4，合同的矩阵有相同的秩，这就是说，经过非退化线性替换之后，二次型矩阵的秩是不变的. 标准形的矩阵是对角矩阵，而对角矩阵的秩就等于它对角线上不为零的元素的个数. 因此，在一个二次型的标准形中，系数不为零的平方项的个数是唯一确定的，与所作的非退化线性替换无关，二次型矩阵的秩有时就称为二次型的秩.

至于标准形中的系数，就不是唯一确定的. 譬如上一节的例子，二次型 $2x_1x_2+2x_1x_3-6x_2x_3$ 经过线性替换

$$\begin{pmatrix}x_1\\x_2\\x_3\end{pmatrix}=\begin{pmatrix}1&1&3\\1&-1&-1\\0&0&1\end{pmatrix}\begin{pmatrix}y_1\\y_2\\y_3\end{pmatrix}$$

得到标准形

$$2y_1^2-2y_2^2+6y_3^2,$$

而经过线性替换

$$\begin{pmatrix}x_1\\x_2\\x_3\end{pmatrix}=\begin{pmatrix}1&-\frac{1}{2}&1\\1&\frac{1}{2}&-\frac{1}{3}\\0&0&\frac{1}{3}\end{pmatrix}\begin{pmatrix}w_1\\w_2\\w_3\end{pmatrix}$$

就得到另一个标准形

$$2w_1^2-\frac{1}{2}w_2^2+\frac{2}{3}w_3^2.$$

这就说明，在一般的数域内，二次型的标准形不是唯一的，而与所作的非退化线性替换有关.

下面只就复数域和实数域的情形来进一步讨论唯一性的问题.先看复数域的情形.

设 $f(x_1,x_2,\cdots,x_n)$ 是一复数域上的二次型（以后都简称为复二次型）.由本章定理 1，经过一适当的非退化线性替换后，$f(x_1,x_2,\cdots,x_n)$ 变成标准形.不妨假定它的标准形是

$$d_1y_1^2+d_2y_2^2+\cdots+d_ry_r^2,\quad d_i\neq 0,\quad i=1,2,\cdots,r, \tag{1}$$

其中 r 是 $f(x_1,x_2,\cdots,x_n)$ 的矩阵的秩.因为在复数域中，复数总可以开平方，我们再作一非退化线性替换

$$\begin{cases} y_1=\dfrac{1}{\sqrt{d_1}}z_1, \\ \cdots\cdots\cdots\cdots \\ y_r=\dfrac{1}{\sqrt{d_r}}z_r, \\ y_{r+1}=z_{r+1}, \\ \cdots\cdots\cdots\cdots \\ y_n=z_n, \end{cases} \tag{2}$$

(1) 式就变成

$$z_1^2+z_2^2+\cdots+z_r^2. \tag{3}$$

(3) 式称为复二次型 $f(x_1,x_2,\cdots,x_n)$ 的**规范形**.显然，规范形完全被二次型矩阵的秩 r 所决定，因此有

定理 3 任意一个复二次型，经过一适当的非退化线性替换可以变成规范形，并且规范形是唯一的. ▌

定理 3 换个说法就是，任一复对称矩阵合同于一个形为

$$\begin{pmatrix} 1 & & & & & \\ & \ddots & & & & \\ & & 1 & & & \\ & & & 0 & & \\ & & & & \ddots & \\ & & & & & 0 \end{pmatrix}$$

的对角矩阵.从而有两个复对称矩阵合同的充要条件是它们的秩相等.

再来看实数域的情形.

设 $f(x_1,x_2,\cdots,x_n)$ 是一实数域上的二次型（以后都简称为实二次型）.由本章定理 1，经过一适当的非退化线性替换，再适当排列文字的次序，可使 $f(x_1,x_2,\cdots,x_n)$ 变成标准形

$$d_1y_1^2+\cdots+d_py_p^2-d_{p+1}y_{p+1}^2-\cdots-d_ry_r^2, \tag{4}$$

其中 $d_i>0(i=1,2,\cdots,r)$；r 是 $f(x_1,x_2,\cdots,x_n)$ 的矩阵的秩. 因为在实数域中，正实数总可以开平方，所以再作一非退化线性替换

$$\begin{cases} y_1=\dfrac{1}{\sqrt{d_1}}z_1, \\ \cdots\cdots\cdots\cdots \\ y_r=\dfrac{1}{\sqrt{d_r}}z_r, \\ y_{r+1}=z_{r+1}, \\ \cdots\cdots\cdots\cdots \\ y_n=z_n, \end{cases} \tag{5}$$

(4)式就变成

$$z_1^2+\cdots+z_p^2-z_{p+1}^2-\cdots-z_r^2. \tag{6}$$

(6)式称为实二次型 $f(x_1,x_2,\cdots,x_n)$ 的**规范形**. 显然，规范形完全被 r,p 这两个数所决定.

定理 4　任意一个实二次型，经过一适当的非退化线性替换可以变成规范形，并且规范形是唯一的.

证明　定理的前一半在上面已经证明，下面来证唯一性.

设实二次型 $f(x_1,x_2,\cdots,x_n)$ 经过非退化线性替换

$$\boldsymbol{X}=\boldsymbol{BY}$$

化成规范形

$$f(x_1,x_2,\cdots,x_n)=y_1^2+\cdots+y_p^2-y_{p+1}^2-\cdots-y_r^2,$$

而经过非退化线性替换

$$\boldsymbol{X}=\boldsymbol{CZ}$$

也化成规范形

$$f(x_1,x_2,\cdots,x_n)=z_1^2+\cdots+z_q^2-z_{q+1}^2-\cdots-z_r^2.$$

现在来证 $p=q$.

用反证法. 设 $p>q$.

由以上假设，我们有

$$y_1^2+\cdots+y_p^2-y_{p+1}^2-\cdots-y_r^2=z_1^2+\cdots+z_q^2-z_{q+1}^2-\cdots-z_r^2, \tag{7}$$

其中

$$\boldsymbol{Z}=\boldsymbol{C}^{-1}\boldsymbol{BY}. \tag{8}$$

令

$$\boldsymbol{C}^{-1}\boldsymbol{B}=\boldsymbol{G}=\begin{pmatrix} g_{11} & g_{12} & \cdots & g_{1n} \\ g_{21} & g_{22} & \cdots & g_{2n} \\ \vdots & \vdots & & \vdots \\ g_{n1} & g_{n2} & \cdots & g_{nn} \end{pmatrix},$$

于是把(8)式写出来就是

$$\begin{cases} z_1 = g_{11}y_1 + g_{12}y_2 + \cdots + g_{1n}y_n, \\ z_2 = g_{21}y_1 + g_{22}y_2 + \cdots + g_{2n}y_n, \\ \cdots\cdots\cdots\cdots \\ z_n = g_{n1}y_1 + g_{n2}y_2 + \cdots + g_{nn}y_n. \end{cases} \tag{9}$$

考虑齐次线性方程组

$$\begin{cases} g_{11}y_1 + g_{12}y_2 + \cdots + g_{1n}y_n = 0, \\ \cdots\cdots\cdots\cdots \\ g_{q1}y_1 + g_{q2}y_2 + \cdots + g_{qn}y_n = 0, \\ y_{p+1} = 0, \\ \cdots\cdots\cdots\cdots \\ y_n = 0. \end{cases} \tag{10}$$

方程组(10)含有 n 个未知量,而含有

$$q+(n-p)=n-(p-q)<n$$

个方程,由第三章 §1 定理 1,方程组(10)有非零解.令

$$(k_1, \cdots, k_p, k_{p+1}, \cdots, k_n)$$

是方程组(10)的一个非零解.显然

$$k_{p+1} = \cdots = k_n = 0.$$

因此,把它代入(7)式的左端,得到的值为

$$k_1^2 + k_2^2 + \cdots + k_p^2 > 0,$$

通过(9)式把它代入(7)式的右端,因为它是方程组(10)的解,故有

$$z_1 = \cdots = z_q = 0.$$

所以得到的值为

$$-z_{q+1}^2 - \cdots - z_r^2 \leqslant 0,$$

这是一个矛盾,它说明假设 $p>q$ 是不对的.因此我们证明了 $p \leqslant q$.

同理可证 $q \leqslant p$,从而 $p=q$.这就证明了规范形的唯一性. ▌

这个定理通常称为**惯性定理**.

定义 3 在实二次型 $f(x_1, x_2, \cdots, x_n)$ 的规范形中,正平方项的个数 p 称为 $f(x_1, x_2, \cdots, x_n)$ 的**正惯性指数**;负平方项的个数 $r-p$ 称为 $f(x_1, x_2, \cdots, x_n)$ 的**负惯性指数**;它们的差 $p-(r-p)=2p-r$ 称为 $f(x_1, x_2, \cdots, x_n)$ 的**符号差**.

应该指出,虽然实二次型的标准形不是唯一的,但是由上面化成规范形的过程可以看出,标准形中系数为正的平方项的个数与规范形中正平方项的个数是一致的.因此,惯性定理也可以叙述为:实二次型的标准形中系数为正的平方项的个数是唯一确定的,它等于正惯性指数,而系数为负的平方项的个数就等于负惯性指数.

对于矩阵,我们有类似定理 2 的结论.

定理 5 1) 任一复对称矩阵 $\boldsymbol{A}$ 都合同于一个下述形式的对角矩阵:

$$\begin{pmatrix}1 & & & & & & \\ & 1 & & & & & \\ & & \ddots & & & & \\ & & & 1 & & & \\ & & & & 0 & & \\ & & & & & \ddots & \\ & & & & & & 0\end{pmatrix},$$

其中对角线上 1 的个数 r 等于 $\boldsymbol{A}$ 的秩；

2）任一实对称矩阵 $\boldsymbol{A}$ 都合同于一个下述形式的对角矩阵：

$$\begin{pmatrix}1 & & & & & & & & \\ & \ddots & & & & & & & \\ & & 1 & & & & & & \\ & & & -1 & & & & & \\ & & & & \ddots & & & & \\ & & & & & -1 & & & \\ & & & & & & 0 & & \\ & & & & & & & \ddots & \\ & & & & & & & & 0\end{pmatrix},$$

其中对角线上 1 的个数 p 及 -1 的个数 $r-p$（r 是 $\boldsymbol{A}$ 的秩）都是唯一确定的，分别称为 $\boldsymbol{A}$ 的**正**、**负惯性指数**，它们的差 $2p-r$ 称为 $\boldsymbol{A}$ 的**符号差**. ▌

§4　正定二次型

在实二次型中，正定二次型占有特殊的地位.作为本章的结束，我们给出它的定义以及常用的判别条件.

定义 4　实二次型 $f(x_1,x_2,\cdots,x_n)$ 称为**正定的**，如果对于任意一组不全为零的实数 $c_1,c_2,\cdots,c_n$，都有 $f(c_1,c_2,\cdots,c_n)>0$.

显然，二次型

$$f(x_1,x_2,\cdots,x_n)=x_1^2+x_2^2+\cdots+x_n^2$$

是正定的，因为只有在 $c_1=c_2=\cdots=c_n=0$ 时，$c_1^2+c_2^2+\cdots+c_n^2$ 才为零.一般地，读者不难验证，实二次型

$$f(x_1,x_2,\cdots,x_n)=d_1x_1^2+d_2x_2^2+\cdots+d_nx_n^2$$

是正定的当且仅当 $d_i>0(i=1,2,\cdots,n)$.

设实二次型

$$f(x_1,x_2,\cdots,x_n)=\sum_{i=1}^{n}\sum_{j=1}^{n}a_{ij}x_ix_j,\quad a_{ij}=a_{ji} \tag{1}$$

是正定的,经过非退化实线性替换

$$X=CY \tag{2}$$

变成二次型

$$g(y_1,y_2,\cdots,y_n)=\sum_{i=1}^{n}\sum_{j=1}^{n}b_{ij}y_iy_j,\quad b_{ij}=b_{ji}. \tag{3}$$

我们指出,$y_1,y_2,\cdots,y_n$ 的二次型 $g(y_1,y_2,\cdots,y_n)$ 也是正定的,或者说,对于任意一组不全为零的实数 $k_1,k_2,\cdots,k_n$,都有$g(k_1,k_2,\cdots,k_n)>0$.事实上,令

$$y_1=k_1,\quad y_2=k_2,\quad \cdots,\quad y_n=k_n,$$

代入(2)式的右端,就得 $x_1,x_2,\cdots,x_n$ 对应的一组值.譬如说是 $c_1,c_2,\cdots,c_n$,这就是说,

$$\begin{pmatrix}c_1\\c_2\\\vdots\\c_n\end{pmatrix}=C\begin{pmatrix}k_1\\k_2\\\vdots\\k_n\end{pmatrix}.$$

因为 C 可逆,就有

$$\begin{pmatrix}k_1\\k_2\\\vdots\\k_n\end{pmatrix}=C^{-1}\begin{pmatrix}c_1\\c_2\\\vdots\\c_n\end{pmatrix}.$$

所以当 $k_1,k_2,\cdots,k_n$ 是一组不全为零的实数时,$c_1,c_2,\cdots,c_n$ 也是一组不全为零的实数.显然

$$g(k_1,k_2,\cdots,k_n)=f(c_1,c_2,\cdots,c_n)>0.$$

因为二次型(3)也可以经过非退化实线性替换

$$Y=C^{-1}X$$

变到二次型(1),所以按同样理由,当二次型(3)正定时,二次型(1)也正定.这就是说,非退化实线性替换保持正定性不变,由此即得

定理 6 n 元实二次型 $f(x_1,x_2,\cdots,x_n)$ 是正定的充要条件是它的正惯性指数等于 n.

证明 设二次型 $f(x_1,x_2,\cdots,x_n)$ 经过非退化实线性替换变成标准形

$$d_1y_1^2+d_2y_2^2+\cdots+d_ny_n^2. \tag{4}$$

上面的讨论表明,$f(x_1,x_2,\cdots,x_n)$ 正定当且仅当二次型(4)是正定的,而我们知道,二次型(4)是正定的当且仅当 $d_i>0(i=1,2,\cdots,n)$,即正惯性指数为 n. ▌

定理 6 说明,正定二次型 $f(x_1,x_2,\cdots,x_n)$ 的规范形为

$$y_1^2+y_2^2+\cdots+y_n^2. \tag{5}$$

定义 5 实对称矩阵 A 称为**正定的**,如果二次型

$$X^{\mathrm{T}}AX$$

正定.

因为二次型(5)的矩阵是单位矩阵 E,所以一个实对称矩阵是正定的当且仅当它与单位矩阵合同,由此得

推论 正定矩阵的行列式大于零.

证明 设 $\boldsymbol{A}$ 是一正定矩阵.因为 $\boldsymbol{A}$ 与单位矩阵合同,所以有可逆矩阵 $\boldsymbol{C}$,使

$$\boldsymbol{A}=\boldsymbol{C}^{\mathrm{T}}\boldsymbol{E}\boldsymbol{C}=\boldsymbol{C}^{\mathrm{T}}\boldsymbol{C}.$$

两边取行列式,就有

$$|\boldsymbol{A}|=|\boldsymbol{C}^{\mathrm{T}}|\,|\boldsymbol{C}|=|\boldsymbol{C}|^2>0. \blacksquare$$

有时我们需要直接从二次型的矩阵来判别这个二次型是不是正定的,而不希望通过它的规范形.下面就来解决这个问题.为此,引入

定义 6 子式

$$H_i=\begin{vmatrix} a_{11} & a_{12} & \cdots & a_{1i} \\ a_{21} & a_{22} & \cdots & a_{2i} \\ \vdots & \vdots & & \vdots \\ a_{i1} & a_{i2} & \cdots & a_{ii} \end{vmatrix}, \quad i=1,2,\cdots,n$$

称为矩阵 $\boldsymbol{A}=(a_{ij})_{n\times n}$ 的**顺序主子式**.

定理 7 实二次型

$$f(x_1,x_2,\cdots,x_n)=\sum_{i=1}^{n}\sum_{j=1}^{n}a_{ij}x_ix_j=\boldsymbol{X}^{\mathrm{T}}\boldsymbol{A}\boldsymbol{X}$$

是正定的充要条件为矩阵 $\boldsymbol{A}$ 的顺序主子式全大于零.

证明 先证必要性.设二次型

$$f(x_1,x_2,\cdots,x_n)=\sum_{i=1}^{n}\sum_{j=1}^{n}a_{ij}x_ix_j$$

是正定的.对于每个 $k(1\leqslant k\leqslant n)$,令

$$f_k(x_1,x_2,\cdots,x_k)=\sum_{i=1}^{k}\sum_{j=1}^{k}a_{ij}x_ix_j.$$

我们来证 f_k 是一个 k 元的正定二次型.对于任意一组不全为零的实数 $c_1,c_2,\cdots,c_k$,有

$$f_k(c_1,c_2,\cdots,c_k)=\sum_{i=1}^{k}\sum_{j=1}^{k}a_{ij}c_ic_j=f(c_1,c_2,\cdots,c_k,0,\cdots,0)>0.$$

因此 $f_k(x_1,x_2,\cdots,x_k)$ 是正定的.由上面的推论,f_k 的矩阵的行列式

$$\begin{vmatrix} a_{11} & \cdots & a_{1k} \\ \vdots & & \vdots \\ a_{k1} & \cdots & a_{kk} \end{vmatrix}>0, \quad k=1,\cdots,n.$$

这就证明了矩阵 $\boldsymbol{A}$ 的顺序主子式全大于零.

再证充分性.对 n 作数学归纳法.

当 $n=1$ 时,

$$f(x_1)=a_{11}x_1^2,$$

由条件 $a_{11}>0$,显然有 $f(x_1)$ 是正定的.

假设充分性的论断对于 $n-1$ 元二次型已经成立,现在来证 n 元的情形.

令

$$\boldsymbol{A}_1=\begin{pmatrix} a_{11} & \cdots & a_{1,n-1} \\ \vdots & & \vdots \\ a_{n-1,1} & \cdots & a_{n-1,n-1} \end{pmatrix}, \quad \boldsymbol{\alpha}=\begin{pmatrix} a_{1n} \\ \vdots \\ a_{n-1,n} \end{pmatrix},$$

于是矩阵 $\boldsymbol{A}$ 可以分块写成

$$\boldsymbol{A}=\begin{pmatrix}\boldsymbol{A}_1 & \boldsymbol{\alpha}\\ \boldsymbol{\alpha}^{\mathrm{T}} & a_{nn}\end{pmatrix}.$$

既然 $\boldsymbol{A}$ 的顺序主子式全大于零,当然 $\boldsymbol{A}_1$ 的顺序主子式也全大于零.由归纳假设,$\boldsymbol{A}_1$ 是正定矩阵,换句话说,有 $n-1$ 阶可逆矩阵 $\boldsymbol{G}$,使

$$\boldsymbol{G}^{\mathrm{T}}\boldsymbol{A}_1\boldsymbol{G}=\boldsymbol{E}_{n-1},$$

其中 $\boldsymbol{E}_{n-1}$表示 $n-1$ 阶单位矩阵.令

$$\boldsymbol{C}_1=\begin{pmatrix}\boldsymbol{G} & \boldsymbol{0}\\ \boldsymbol{0} & 1\end{pmatrix},$$

于是

$$\boldsymbol{C}_1^{\mathrm{T}}\boldsymbol{A}\boldsymbol{C}_1=\begin{pmatrix}\boldsymbol{G}^{\mathrm{T}} & \boldsymbol{0}\\ \boldsymbol{0} & 1\end{pmatrix}\begin{pmatrix}\boldsymbol{A}_1 & \boldsymbol{\alpha}\\ \boldsymbol{\alpha}^{\mathrm{T}} & a_{nn}\end{pmatrix}\begin{pmatrix}\boldsymbol{G} & \boldsymbol{0}\\ \boldsymbol{0} & 1\end{pmatrix}=\begin{pmatrix}\boldsymbol{E}_{n-1} & \boldsymbol{G}^{\mathrm{T}}\boldsymbol{\alpha}\\ \boldsymbol{\alpha}^{\mathrm{T}}\boldsymbol{G} & a_{nn}\end{pmatrix}.$$

再令

$$\boldsymbol{C}_2=\begin{pmatrix}\boldsymbol{E}_{n-1} & -\boldsymbol{G}^{\mathrm{T}}\boldsymbol{\alpha}\\ \boldsymbol{0} & 1\end{pmatrix},$$

有

$$\boldsymbol{C}_2^{\mathrm{T}}\boldsymbol{C}_1^{\mathrm{T}}\boldsymbol{A}\boldsymbol{C}_1\boldsymbol{C}_2=\begin{pmatrix}\boldsymbol{E}_{n-1} & \boldsymbol{0}\\ -\boldsymbol{\alpha}^{\mathrm{T}}\boldsymbol{G} & 1\end{pmatrix}\begin{pmatrix}\boldsymbol{E}_{n-1} & \boldsymbol{G}^{\mathrm{T}}\boldsymbol{\alpha}\\ \boldsymbol{\alpha}^{\mathrm{T}}\boldsymbol{G} & a_{nn}\end{pmatrix}\begin{pmatrix}\boldsymbol{E}_{n-1} & -\boldsymbol{G}^{\mathrm{T}}\boldsymbol{\alpha}\\ \boldsymbol{0} & 1\end{pmatrix}=\begin{pmatrix}\boldsymbol{E}_{n-1} & \boldsymbol{0}\\ \boldsymbol{0} & a_{nn}-\boldsymbol{\alpha}^{\mathrm{T}}\boldsymbol{G}\boldsymbol{G}^{\mathrm{T}}\boldsymbol{\alpha}\end{pmatrix}.$$

令

$$\boldsymbol{C}=\boldsymbol{C}_1\boldsymbol{C}_2,\quad a_{nn}-\boldsymbol{\alpha}^{\mathrm{T}}\boldsymbol{G}\boldsymbol{G}^{\mathrm{T}}\boldsymbol{\alpha}=a,$$

就有

$$\boldsymbol{C}^{\mathrm{T}}\boldsymbol{A}\boldsymbol{C}=\begin{pmatrix}1 & & & \\ & \ddots & & \\ & & 1 & \\ & & & a\end{pmatrix}.$$

两边取行列式得

$$|\boldsymbol{C}|^2|\boldsymbol{A}|=a.$$

由条件有 $|\boldsymbol{A}|>0$,因此 $a>0$.显然

$$\begin{pmatrix}1 & & & \\ & \ddots & & \\ & & 1 & \\ & & & a\end{pmatrix}=\begin{pmatrix}1 & & & \\ & \ddots & & \\ & & 1 & \\ & & & \sqrt{a}\end{pmatrix}\begin{pmatrix}1 & & & \\ & \ddots & & \\ & & 1 & \\ & & & 1\end{pmatrix}\begin{pmatrix}1 & & & \\ & \ddots & & \\ & & 1 & \\ & & & \sqrt{a}\end{pmatrix}.$$

这就是说,矩阵 $\boldsymbol{A}$ 与单位矩阵合同,因此,$\boldsymbol{A}$ 是正定矩阵,或者说,二次型 $f(x_1,x_2,\cdots,x_n)$ 是正定的.

根据归纳法原理,充分性得证. ▌

例 判别二次型

$$f(x_1,x_2,x_3)=5x_1^2+x_2^2+5x_3^2+4x_1x_2-8x_1x_3-4x_2x_3$$

是否正定.

$f(x_1,x_2,x_3)$的矩阵为

$$\begin{pmatrix} 5 & 2 & -4 \\ 2 & 1 & -2 \\ -4 & -2 & 5 \end{pmatrix},$$

它的顺序主子式

$$5>0,\quad \begin{vmatrix} 5 & 2 \\ 2 & 1 \end{vmatrix}>0,\quad \begin{vmatrix} 5 & 2 & -4 \\ 2 & 1 & -2 \\ -4 & -2 & 5 \end{vmatrix}>0,$$

因此,$f(x_1,x_2,x_3)$是正定的.

与正定性平行,还有下面的概念.

定义 7 设$f(x_1,x_2,\cdots,x_n)$是一实二次型,对于任意一组不全为零的实数c_1,$c_2,\cdots,c_n$,如果都有$f(c_1,c_2,\cdots,c_n)<0$,那么$f(x_1,x_2,\cdots,x_n)$称为**负定的**;如果都有$f(c_1,c_2,\cdots,c_n)\geqslant 0$,那么$f(x_1,x_2,\cdots,x_n)$称为**半正定的**;如果都有$f(c_1,c_2,\cdots,c_n)\leqslant 0$,那么$f(x_1,x_2,\cdots,x_n)$称为**半负定的**;如果它既不是半正定又不是半负定,那么$f(x_1,x_2,\cdots,x_n)$就称为**不定的**.

由定理 7 不难得出负定二次型的判别条件.这是因为当$f(x_1,x_2,\cdots,x_n)$是负定时,$-f(x_1,x_2,\cdots,x_n)$就是正定的.

至于半正定性,我们有

定理 8 对于实二次型$f(x_1,\cdots,x_n)=\boldsymbol{X}^{\mathrm{T}}\boldsymbol{A}\boldsymbol{X}$,其中$\boldsymbol{A}$是实对称的,下列条件等价:

1) $f(x_1,\cdots,x_n)$是半正定的;

2) 它的正惯性指数与秩相等;

3) 有实可逆矩阵$\boldsymbol{C}$,使

$$\boldsymbol{C}^{\mathrm{T}}\boldsymbol{A}\boldsymbol{C}=\begin{pmatrix} d_1 & & & \\ & d_2 & & \\ & & \ddots & \\ & & & d_n \end{pmatrix},$$

其中$d_i\geqslant 0(i=1,2,\cdots,n)$;

4) 有实矩阵$\boldsymbol{C}$,使

$$\boldsymbol{A}=\boldsymbol{C}^{\mathrm{T}}\boldsymbol{C};$$

5) $\boldsymbol{A}$的所有主子式(行指标与列指标相同的子式)皆大于或等于零.(留作习题.) ▌

注意,在5)中,仅有顺序主子式大于或等于零是不能保证半正定性的.比如

$$f(x_1,x_2)=-x_2^2=(x_1,x_2)\begin{pmatrix} 0 & 0 \\ 0 & -1 \end{pmatrix}\begin{pmatrix} x_1 \\ x_2 \end{pmatrix}$$

就是一个反例.

习　题

1. （Ⅰ）用非退化线性替换化下列二次型为标准形，并利用矩阵验算所得结果：

1）$-4x_1x_2+2x_1x_3+2x_2x_3$；

2）$x_1^2+2x_1x_2+2x_2^2+4x_2x_3+4x_3^2$；

3）$x_1^2-3x_2^2-2x_1x_2+2x_1x_3-6x_2x_3$；

4）$8x_1x_4+2x_3x_4+2x_2x_3+8x_2x_4$；

5）$x_1x_2+x_1x_3+x_1x_4+x_2x_3+x_2x_4+x_3x_4$；

6）$x_1^2+2x_2^2+x_4^2+4x_1x_2+4x_1x_3+2x_1x_4+2x_2x_3+2x_2x_4+2x_3x_4$；

7）$x_1^2+x_2^2+x_3^2+x_4^2+2x_1x_2+2x_2x_3+2x_3x_4$.

（Ⅱ）把上述二次型进一步化为规范形，分实系数、复系数两种情形；并写出所作的非退化线性替换.

2. 证明：秩等于 r 的对称矩阵可以表成 r 个秩等于 1 的对称矩阵之和.

3. 证明：

$$\begin{pmatrix} \lambda_1 & & & \\ & \lambda_2 & & \\ & & \ddots & \\ & & & \lambda_n \end{pmatrix} \text{与} \begin{pmatrix} \lambda_{i_1} & & & \\ & \lambda_{i_2} & & \\ & & \ddots & \\ & & & \lambda_{i_n} \end{pmatrix}$$

合同，其中 $i_1i_2\cdots i_n$ 是 $1,2,\cdots,n$ 的一个排列.

4. 设 $\boldsymbol{A}$ 是一个 n 阶矩阵. 证明：

1）$\boldsymbol{A}$ 是反称矩阵当且仅当对任意一个 n 维向量 $\boldsymbol{X}$，有 $\boldsymbol{X}^{\mathrm{T}}\boldsymbol{A}\boldsymbol{X}=0$；

2）如果 $\boldsymbol{A}$ 是对称矩阵，且对任意一个 n 维向量 $\boldsymbol{X}$ 有 $\boldsymbol{X}^{\mathrm{T}}\boldsymbol{A}\boldsymbol{X}=0$，那么 $\boldsymbol{A}=\boldsymbol{O}$.

5. 如果把 n 阶实对称矩阵按合同分类，即两个 n 阶实对称矩阵属于同一类当且仅当它们合同，问共有几类？

6. 证明：一个实二次型可以分解成两个实系数的一次齐次多项式的乘积的充要条件是，它的秩等于 2 和符号差等于 0，或者秩等于 1.

7. 判别下列二次型是否正定：

1）$99x_1^2-12x_1x_2+48x_1x_3+130x_2^2-60x_2x_3+71x_3^2$；

2）$10x_1^2+8x_1x_2+24x_1x_3+2x_2^2-28x_2x_3+x_3^2$；

3）$\sum\limits_{i=1}^{n} x_i^2 + \sum\limits_{1\leqslant i<j\leqslant n} x_ix_j$；

4）$\sum\limits_{i=1}^{n} x_i^2 + \sum\limits_{i=1}^{n-1} x_ix_{i+1}$.

8. t 取什么值时，下列二次型是正定的：

1）$x_1^2+x_2^2+5x_3^2+2tx_1x_2-2x_1x_3+4x_2x_3$；

2) $x_1^2+4x_2^2+x_3^2+2tx_1x_2+10x_1x_3+6x_2x_3$.

9. 证明:如果 $\boldsymbol{A}$ 是正定矩阵,那么 $\boldsymbol{A}$ 的主子式全大于零.

10. 设 $\boldsymbol{A}$ 是实对称矩阵.证明:当实数 t 充分大之后,$t\boldsymbol{E}+\boldsymbol{A}$ 是正定矩阵.

11. 证明:如果 $\boldsymbol{A}$ 是正定矩阵,那么 $\boldsymbol{A}^{-1}$ 也是正定矩阵.

12. 设 $\boldsymbol{A}$ 为一个 n 阶实对称矩阵,且 $|\boldsymbol{A}|<0$. 证明:必存在 n 维实向量 $\boldsymbol{X}\neq\boldsymbol{0}$,使 $\boldsymbol{X}^{\mathrm{T}}\boldsymbol{A}\boldsymbol{X}<0$.

13. 如果 $\boldsymbol{A},\boldsymbol{B}$ 都是 n 阶正定矩阵,证明:$\boldsymbol{A}+\boldsymbol{B}$ 也是正定矩阵.

14. 证明:二次型 $f(x_1,x_2,\cdots,x_n)$ 是半正定的充要条件是它的正惯性指数与秩相等.

15. 证明:$n\sum\limits_{i=1}^{n}x_i^2-\left(\sum\limits_{i=1}^{n}x_i\right)^2$ 是半正定的.

16. 设 $f(x_1,x_2,\cdots,x_n)=\boldsymbol{X}^{\mathrm{T}}\boldsymbol{A}\boldsymbol{X}$ 是一实二次型.已知有 n 维实向量 $\boldsymbol{X}_1,\boldsymbol{X}_2$,使

$$\boldsymbol{X}_1^{\mathrm{T}}\boldsymbol{A}\boldsymbol{X}_1>0,\quad \boldsymbol{X}_2^{\mathrm{T}}\boldsymbol{A}\boldsymbol{X}_2<0.$$

证明:必存在 n 维实向量 $\boldsymbol{X}_0\neq\boldsymbol{0}$,使 $\boldsymbol{X}_0^{\mathrm{T}}\boldsymbol{A}\boldsymbol{X}_0=0$.

17. 设 $\boldsymbol{A}$ 是一实矩阵. 证明:秩$(\boldsymbol{A}^{\mathrm{T}}\boldsymbol{A})=$ 秩$(\boldsymbol{A})$.

补　充　题

1. 用非退化线性替换化下列二次型为标准形,并用矩阵验算所得结果:

1) $x_1x_{2n}+x_2x_{2n-1}+\cdots+x_nx_{n+1}$;　2) $x_1x_2+x_2x_3+\cdots+x_{n-1}x_n$;

3) $\sum\limits_{i=1}^{n}x_i^2+\sum\limits_{1\leqslant i<j\leqslant n}x_ix_j$;　4) $\sum\limits_{i=1}^{n}(x_i-\bar{x})^2$,其中 $\bar{x}=\dfrac{x_1+x_2+\cdots+x_n}{n}$.

2. 设实二次型

$$f(x_1,x_2,\cdots,x_n)=\sum_{i=1}^{s}(a_{i1}x_1+a_{i2}x_2+\cdots+a_{in}x_n)^2.$$

证明:$f(x_1,x_2,\cdots,x_n)$ 的秩等于矩阵

$$\boldsymbol{A}=\begin{pmatrix}a_{11}&a_{12}&\cdots&a_{1n}\\a_{21}&a_{22}&\cdots&a_{2n}\\\vdots&\vdots&&\vdots\\a_{s1}&a_{s2}&\cdots&a_{sn}\end{pmatrix}$$

的秩.

3. 设 $f(x_1,x_2,\cdots,x_n)=l_1^2+l_2^2+\cdots+l_p^2-l_{p+1}^2-\cdots-l_{p+q}^2$,其中 $l_i(i=1,2,\cdots,p+q)$ 是 $x_1,x_2,\cdots,x_n$ 的一次齐次式.证明:$f(x_1,x_2,\cdots,x_n)$ 的正惯性指数不大于 p,负惯性指数不大于 q.

4. 设

$$A=\begin{pmatrix}A_{11} & A_{12}\\ A_{21} & A_{22}\end{pmatrix}$$

是一对称矩阵,且 $|A_{11}|\neq 0$. 证明:存在 $T=\begin{pmatrix}E & X\\ O & E\end{pmatrix}$,使

$$T^{\mathrm{T}}AT=\begin{pmatrix}A_{11} & O\\ O & *\end{pmatrix},$$

其中 $*$ 表示一个阶数与 A_{22} 相同的矩阵.

5. 设 A 是反称矩阵. 证明:A 合同于矩阵

$$\begin{pmatrix}0 & 1 & & & & & & & & \\ -1 & 0 & & & & & & & & \\ & & 0 & 1 & & & & & & \\ & & -1 & 0 & & & & & & \\ & & & & \ddots & & & & & \\ & & & & & 0 & 1 & & & \\ & & & & & -1 & 0 & & & \\ & & & & & & & 0 & & \\ & & & & & & & & \ddots & \\ & & & & & & & & & 0\end{pmatrix}.$$

6. 设 A 是 n 阶实对称矩阵. 证明:存在一正实数 c,使对任一 n 维实向量 X,都有

$$|X^{\mathrm{T}}AX|\leqslant cX^{\mathrm{T}}X.$$

7. 主对角线上元素全是 1 的上三角形矩阵称为特殊上三角形矩阵.

1) 设 A 是一对称矩阵,T 为特殊上三角形矩阵,而 $B=T^{\mathrm{T}}AT$,证明:A 与 B 对应的顺序主子式有相同的值;

2) 证明:如果对称矩阵 A 的顺序主子式全不为 0,那么一定有一特殊上三角形矩阵 T,使 $T^{\mathrm{T}}AT$ 成对角形;

3) 利用以上结果证明定理 7 的充分性.

8. 证明:

1) 如果 $\sum_{i=1}^{n}\sum_{j=1}^{n}a_{ij}x_ix_j\ (a_{ij}=a_{ji})$ 是正定二次型,那么

$$f(y_1,y_2,\cdots,y_n)=\begin{vmatrix}a_{11} & a_{12} & \cdots & a_{1n} & y_1\\ a_{21} & a_{22} & \cdots & a_{2n} & y_2\\ \vdots & \vdots & & \vdots & \vdots\\ a_{n1} & a_{n2} & \cdots & a_{nn} & y_n\\ y_1 & y_2 & \cdots & y_n & 0\end{vmatrix}$$

是负定二次型;

2）如果 $\boldsymbol{A}$ 是正定矩阵，那么

$$|\boldsymbol{A}| \leqslant a_{nn} H_{n-1},$$

这里 H_{n-1} 是 $\boldsymbol{A}$ 的 $n-1$ 阶顺序主子式；

3）如果 $\boldsymbol{A}$ 是正定矩阵，那么

$$|\boldsymbol{A}| \leqslant a_{11} a_{22} \cdots a_{nn};$$

4）如果 $\boldsymbol{T}=(t_{ij})_{n\times n}$ 是实可逆矩阵，那么

$$|\boldsymbol{T}|^2 \leqslant \prod_{i=1}^{n} (t_{1i}^2 + t_{2i}^2 + \cdots + t_{ni}^2).$$

9. 证明：实对称矩阵 $\boldsymbol{A}$ 是半正定的充要条件是 $\boldsymbol{A}$ 的一切主子式全大于或等于零.

10. 已知二次型 $f(x_1,x_2,x_3)=3x_1^2+4x_2^2+3x_3^2+2x_1x_3$. 证明：对于任意非零实向量 $\boldsymbol{v}=(a,b,c)$，$\dfrac{f(\boldsymbol{v})}{\boldsymbol{v}\boldsymbol{v}^{\mathrm{T}}}$ 的最小值为 2.

11. 设 $\boldsymbol{M}$ 是 n 阶方阵，(i,j) 元素是 i 和 j 的最大公因数，其中 $1\leqslant i,j\leqslant n$. 证明：矩阵 $\boldsymbol{M}$ 是正定矩阵.

12. 设 n 为正整数，$\boldsymbol{A}$ 为 n 阶半正定实对称矩阵. 证明：对任意的 n 维实列向量 $\boldsymbol{\alpha}$，$\boldsymbol{\beta}$，都有

$$(\boldsymbol{\alpha}^{\mathrm{T}}, \boldsymbol{A}\boldsymbol{\beta})^2 \leqslant (\boldsymbol{\alpha}^{\mathrm{T}}\boldsymbol{A}\boldsymbol{\alpha})(\boldsymbol{\beta}^{\mathrm{T}}\boldsymbol{A}\boldsymbol{\beta}).$$

13. 设 $\boldsymbol{A}$ 为实对称正定矩阵. 证明：必存在唯一主对角线上元素都是正数的下三角形矩阵 $\boldsymbol{L}$，使得 $\boldsymbol{A}=\boldsymbol{L}\boldsymbol{L}^{\mathrm{T}}$.

学习指导

第六章 线性空间

§1　集合·映射

作为本章的预备知识,在这一节我们先来介绍一些基本概念,主要是集合和映射的概念.熟悉这些基本概念不但对于代数的学习是必要的,对于一般数学的学习也是不可少的.

集合是数学中最基本的概念之一.简单地说,所谓集合就是指作为整体看的一堆东西.例如,一个班就是由一些同学组成的集合;一个线性方程组解的全体组成一个集合,即所谓解集合.又如在几何中,我们通常是把点看作基本的对象,这样,一条直线就是一个由点组成的集合;一条曲线、一个平面也都是由一些点组成的集合.组成集合的东西称为这个集合的**元素**.我们用

$$a \in M$$

表示 a 是集合 M 的元素,读为 a 属于 M.用

$$a \notin M$$

表示 a 不是集合 M 的元素,读为 a 不属于 M.

所谓给出一个集合就是规定这个集合是由哪些元素组成的.因此给出一个集合的方式不外两种,一种是列举出它全部的元素,一种是给出这个集合的元素所具有的特征性质.例如,M 是由数 1,2,3 组成的集合,记作

$$M=\{1,2,3\},$$

这就是列举它全部的元素;适合方程$\dfrac{x^2}{a^2}+\dfrac{y^2}{b^2}=1$ 的全部点的集合,或某一个线性方程组的解集合,这就是给出集合元素的特征性质.由无穷多个元素组成的集合是不可能用列举法给出的.

关于用性质定义的集合,我们引进一种记法.设 M 是具有某些性质的全部元素所组成的集合,就可写成

$$M=\{a \mid a\text{ 具有的性质}\}.$$

例如,适合方程$\dfrac{x^2}{a^2}+\dfrac{y^2}{b^2}=1$ 的全部点的集合 M 可写成

$$M=\left\{(x,y)\ \middle|\ \frac{x^2}{a^2}+\frac{y^2}{b^2}=1\right\}.$$

又例如,两个多项式 $f(x)$, $g(x)$ 的公因式的集合可写成

$$M=\left\{d(x)\ \middle|\ d(x)\mid f(x),d(x)\mid g(x)\right\}.$$

不包含任何元素的集合称为**空集合**.例如,一个无解的线性方程组的解集合就是空集合.把空集合也看作集合,这一点与通常的习惯不很一致,但是在数学上有好处,同时也不是完全没有道理的,正如我们把 0 也看作数一样.

如果两个集合 M 与 N 含有完全相同的元素,即 $a\in M$ 当且仅当 $a\in N$,那么它们就称为**相等**,记作

$$M=N.$$

如果集合 M 的元素全是集合 N 的元素,即由 $a\in M$ 可以推出 $a\in N$,那么 M 就称为 N 的**子集合**,记作

$$M\subset N \quad 或 \quad N\supset M.$$

例如,全体偶数组成的集合是全体整数组成的集合的子集合.按定义,每个集合都是它自身的子集合.我们规定,空集合是任一集合的子集合.

两个集合 M 和 N 如果同时满足 $M\subset N$ 和 $N\subset M$,则 M 和 N 相等.

设 M,N 是两个集合,既属于 M 又属于 N 的全体元素所成的集合称为 M 与 N 的**交**,记作

$$M\cap N.$$

例如,方程 $2x-y=1$ 的解集合与方程 $x-2y=2$ 的解集合的交就是方程组

$$\begin{cases}2x-y=1,\\ x-2y=2\end{cases}$$

的解集合.显然有

$$M\cap N\subset M,\quad M\cap N\subset N.$$

属于集合 M 或者属于集合 N 的全体元素所成的集合称为 M 与 N 的**并**,记作

$$M\cup N.$$

例如,

$$\{1,2,3\}\cup\{2,3,4\}=\{1,2,3,4\}.$$

显然有

$$M\cup N\supset M,\quad M\cup N\supset N.$$

上面介绍了有关集合的一些概念,下面再来介绍映射的概念.

设 M 与 M'是两个集合,所谓集合 M 到集合 M'的一个**映射**就是指一个法则,它使 M 中每一个元素 a 都有 M'中一个确定的元素 a'与之对应.如果映射 σ 使元素 $a'\in M'$ 与元素 $a\in M$ 对应,那么就记作

$$\sigma(a)=a',$$

a'称为 a 在映射 σ 下的**像**,而 a 称为 a'在映射 σ 下的一个**原像**.

M 到 M 自身的映射,有时也称为 M 到自身的**变换**.

集合 M 到集合 M'的两个映射 σ 及 τ,若对 M 的每个元素 a 都有 $\sigma(a)=\tau(a)$,则

称它们**相等**,记作 $\sigma=\tau$.

下面来看几个例子.

例 1 M 是全体整数的集合,M'是全体偶数的集合,定义

$$\sigma(n)=2n,\ n\in M.$$

这是 M 到 M'的一个映射.

例 2 M 是数域 P 上全体 n 阶矩阵的集合,定义

$$\sigma_1(\boldsymbol{A})=|\boldsymbol{A}|,\quad \boldsymbol{A}\in M.$$

这是 M 到 P 的一个映射.

例 3 M 是数域 P 上全体 n 阶矩阵的集合,定义

$$\sigma_2(a)=a\boldsymbol{E},\quad a\in P.$$

这是 P 到 M 的一个映射.

例 4 对于 $f(x)\in P[x]$,定义

$$\sigma(f(x))=f'(x).$$

这是 $P[x]$到自身的一个映射.

例 5 设 M,M'是两个非空的集合,a_0 是 M'中一个固定的元素,定义

$$\sigma(a)=a_0,\ a\in M.$$

即 σ 把 M 的每个元素都映到 a_0,这是 M 到 M'的一个映射.

例 6 设 M 是一集合,定义

$$\sigma(a)=a,\ a\in M.$$

即 σ 把每个元素映到它自身,称为集合 M 的**恒等映射**或**单位映射**,记作 1_M.在不致引起混淆时,也可以简单地记作 1.

例 7 任意一个定义在全体实数上的函数

$$y=f(x)$$

都是实数集合到自身的映射.因此,函数可以认为是映射的一个特殊情形.

对于映射我们可以定义乘法.设 σ,τ 分别是集合 M 到 M',M'到 M''的映射,**乘积** $\tau\sigma$ 定义为

$$(\tau\sigma)(a)=\tau(\sigma(a)),\quad a\in M,$$

即相继施行 σ 和 τ 的结果,$\tau\sigma$ 是 M 到 M''的一个映射.例如,上面例 2 与例 3 中映射的乘积 $\sigma_2\sigma_1$ 就把每个 n 阶矩阵 $\boldsymbol{A}$ 映到数量矩阵 $|\boldsymbol{A}|\boldsymbol{E}$,它是全体 n 阶矩阵的集合到自身的一个映射.又如,对于集合 M 到 M'的任意一个映射 σ 显然都有

$$1_{M'}\sigma=\sigma 1_M=\sigma.$$

映射的乘法适合结合律.设 σ,τ,ψ 分别是集合 M 到 M',M'到 M'',M''到 M'''的映射,映射乘法的结合律就是

$$(\psi\tau)\sigma=\psi(\tau\sigma).$$

等式两端显然都是 M 到 M'''的映射,要证明它们相等,只需要证明它们对于 M 中每个元素的作用都相同,即

$$(\psi\tau)\sigma(a)=\psi(\tau\sigma)(a),\quad \text{对每个 } a\in M.$$

由定义

$$(\psi\tau)\sigma(a)=(\psi\tau)(\sigma(a))=\psi(\tau(\sigma(a))),$$

$$\psi(\tau\sigma)(a)=\psi((\tau\sigma)(a))=\psi(\tau(\sigma(a))).$$

这就证明了结合律.

设 σ 是集合 M 到 M'的一个映射,我们用

$$\sigma(M)$$

代表 M 在映射 σ 下像的全体,称为 M 在映射 σ 下的像集合.显然

$$\sigma(M)\subset M'.$$

如果 $\sigma(M)=M'$,映射 σ 就称为**映上的**或**满射**.如例 1 中的映射,对 M'中任一元素,即任一偶数 $2n$,因有 $\sigma(n)=2n$,故 M'中任一元素都是 M 中的某一元素在映射 σ 下的像,即 $\sigma(M)\supset M'$.又自然有 $\sigma(M)\subset M'$,所以 $\sigma(M)=M'$,即 σ 是满射.读者可同样证明例 2,4,6 中的映射是满射,而例 3 中的映射当 $n\geqslant 2$ 时则不是满射.

如果在映射 σ 下,M 中不同元素的像也一定不同,即由 $a_1\neq a_2$ 一定有 $\sigma(a_1)\neq\sigma(a_2)$,那么映射 σ 就称为 1-1 的或**单射**.如例 1 中 σ,当 $n,m\in M,n\neq m$ 时有 $2n\neq 2m$.所以 $\sigma(n)\neq\sigma(m)$,即 σ 是单射.读者可同样证明例 3,6 中的映射是单射,而例 2,4 中的映射则不是.

一个映射如果既是单射又是满射就称为 1-1 **对应**或**双射**.如例 1 和例 6 中的映射都是双射.显然,对于由有限多个元素组成的集合,即所谓有限集合来说,两个集合之间存在双射的充要条件是它们所含元素的个数相同.于是对有限集合 M 及其子集 $M'\neq M$,M 与 M'就不能建立双射.但对无限集合就不一定如此.例如例 1 中的映射是一个双射,但 M'是 M 的一个真子集.

对于 M 到 M'的双射 σ 我们可以自然地定义它的**逆映射**,记作 σ^{-1}.因为 σ 是满射,所以 M'中每个元素都有原像,又因为 σ 是单射,所以 M'中每个元素只有一个原像,当 $\sigma(a)=a'$时,我们定义

$$\sigma^{-1}(a')=a.$$

显然,σ^{-1}是 M'到 M 的一个双射,并且

$$\sigma^{-1}\sigma=1_M,\quad \sigma\sigma^{-1}=1_{M'}.$$

不难证明,如果 σ,τ 分别是 M 到 M',M'到 M''的双射,那么乘积 $\tau\sigma$ 就是 M 到 M''的一个双射.证明留给读者去完成.

§2　线性空间的定义与简单性质

线性空间是线性代数最基本的概念之一.这一节我们来介绍它的定义,并讨论它的一些最简单的性质.线性空间也是我们碰到的第一个抽象的概念.为了说明它的来源,在引入定义之前,先看几个熟知的例子.

例 1　在解析几何中,我们讨论过三维空间中的向量.向量的基本属性是可以按平行四边形法则相加,也可以与实数作数量乘法.我们看到,不少几何和力学对象的性质是可以通过向量的这两种运算来描述的.

例 2　为了解线性方程组,我们讨论过以 n 元有序数组$(a_1,a_2,\cdots,a_n)$作为元素

的 n 维向量空间. 对于它们, 也有加法和数量乘法, 那就是

$$(a_1,a_2,\cdots,a_n)+(b_1,b_2,\cdots,b_n)=(a_1+b_1,a_2+b_2,\cdots,a_n+b_n),$$

$$k(a_1,a_2,\cdots,a_n)=(ka_1,ka_2,\cdots,ka_n).$$

例 3　对于函数, 也可以定义加法和函数与实数的数量乘法. 譬如说, 考虑全体定义在区间 $[a,b]$ 上的连续函数. 我们知道, 连续函数的和是连续函数, 连续函数与实数的数量乘积还是连续函数.

从这些例子中我们看到, 所考虑的对象虽然完全不同, 但是它们有一个共同点, 那就是它们都有加法和数量乘法这两种运算. 当然, 随着对象不同, 这两种运算的定义也是不同的. 为了抓住它们的共同点, 把它们统一起来加以研究, 我们引入线性空间的概念.

在第一个例子中, 我们用实数和向量相乘. 在第二个例子中用什么数和向量相乘, 就要看具体情况. 例如, 在有理数域中解线性方程组时, 用有理数去作数量乘法就已经足够了, 而在复数域中解线性方程组时, 就需要用复数去作运算. 可见, 不同的对象与不同的数域相联系. 当我们引入抽象的线性空间的概念时, 也必须选定一个确定的数域作为基础.

定义 1　设 V 是一个非空集合, P 是一个数域. 在集合 V 的元素之间定义了一种代数运算, 叫做**加法**; 这就是说, 给出了一个法则, 对于 V 中任意两个元素 $\boldsymbol{\alpha}$ 与 $\boldsymbol{\beta}$, 在 V 中都有唯一的一个元素 $\boldsymbol{\gamma}$ 与它们对应, 称为 $\boldsymbol{\alpha}$ 与 $\boldsymbol{\beta}$ 的**和**, 记作 $\boldsymbol{\gamma}=\boldsymbol{\alpha}+\boldsymbol{\beta}$. 在数域 P 与集合 V 的元素之间还定义了一种运算, 叫做**数量乘法**; 这就是说, 对于数域 P 中任一数 k 与 V 中任一元素 $\boldsymbol{\alpha}$, 在 V 中都有唯一的一个元素 $\boldsymbol{\delta}$ 与它们对应, 称为 k 与 $\boldsymbol{\alpha}$ 的**数量乘积**, 记作 $\boldsymbol{\delta}=k\boldsymbol{\alpha}$. 如果加法与数量乘法满足下述规则, 那么 V 称为数域 P 上的**线性空间**.

加法满足下面四条规则:

1) $\boldsymbol{\alpha}+\boldsymbol{\beta}=\boldsymbol{\beta}+\boldsymbol{\alpha}$;

2) $(\boldsymbol{\alpha}+\boldsymbol{\beta})+\boldsymbol{\gamma}=\boldsymbol{\alpha}+(\boldsymbol{\beta}+\boldsymbol{\gamma})$;

3) 在 V 中有一元素 $\mathbf{0}$, 对于 V 中任一元素 $\boldsymbol{\alpha}$ 都有

$$\mathbf{0}+\boldsymbol{\alpha}=\boldsymbol{\alpha}$$

(具有这个性质的元素 $\mathbf{0}$ 称为 V 的**零元素**);

4) 对于 V 中每一元素 $\boldsymbol{\alpha}$, 都有 V 中的元素 $\boldsymbol{\beta}$, 使得

$$\boldsymbol{\alpha}+\boldsymbol{\beta}=\mathbf{0}$$

($\boldsymbol{\beta}$ 称为 $\boldsymbol{\alpha}$ 的**负元素**).

数量乘法满足下面两条规则:

5) $1\boldsymbol{\alpha}=\boldsymbol{\alpha}$;

6) $k(l\boldsymbol{\alpha})=(kl)\boldsymbol{\alpha}$.

数量乘法与加法满足下面两条规则:

7) $(k+l)\boldsymbol{\alpha}=k\boldsymbol{\alpha}+l\boldsymbol{\alpha}$;

8) $k(\boldsymbol{\alpha}+\boldsymbol{\beta})=k\boldsymbol{\alpha}+k\boldsymbol{\beta}$.

在以上规则中, k,l 等表示数域 P 中的任意数; $\boldsymbol{\alpha},\boldsymbol{\beta},\boldsymbol{\gamma}$ 等表示集合 V 中任意元素.

由定义, 几何空间中全部向量组成的集合是一个实数域上的线性空间. 分量属于数域 P 的全体 n 元数组构成数域 P 上的一个线性空间, 这个线性空间我们用 P^n 来

表示.

下面再来举几个例子.

例 4　数域 P 上一元多项式环 $P[x]$,按通常的多项式加法和数与多项式的乘法,构成一个数域 P 上的线性空间.如果只考虑其中次数小于 n 的多项式,再添上零多项式也构成数域 P 上的一个线性空间,用 $P[x]_n$ 表示.

例 5　元素属于数域 P 的 $m\times n$ 矩阵,按矩阵的加法和矩阵与数的数量乘法,构成数域 P 上的一个线性空间,用 $P^{m\times n}$ 表示.

例 6　全体实函数,按函数的加法和数与函数的数量乘法,构成一个实数域上的线性空间.

例 7　数域 P 按照本身的加法与乘法,即构成一个自身上的线性空间.

线性空间的元素也称为**向量**.当然,这里所谓向量比几何中所谓向量的含义要广泛得多.线性空间有时也称为**向量空间**.以下我们经常是用黑体的小写希腊字母 $\boldsymbol{\alpha},\boldsymbol{\beta},\boldsymbol{\gamma},\cdots$ 代表线性空间 V 中的元素,用小写的拉丁字母 $a,b,c,\cdots$ 代表数域 P 中的数.

下面我们直接从定义来证明线性空间的一些简单性质.

1. 零元素是唯一的.

假设 $\mathbf{0}_1,\mathbf{0}_2$ 是线性空间 V 中的两个零元素.我们来证 $\mathbf{0}_1=\mathbf{0}_2$.考虑和

$$\mathbf{0}_1+\mathbf{0}_2.$$

由于 $\mathbf{0}_1$ 是零元素,所以 $\mathbf{0}_1+\mathbf{0}_2=\mathbf{0}_2$.又由于 $\mathbf{0}_2$ 也是零元素,所以

$$\mathbf{0}_1+\mathbf{0}_2=\mathbf{0}_2+\mathbf{0}_1=\mathbf{0}_1.$$

于是

$$\mathbf{0}_1=\mathbf{0}_1+\mathbf{0}_2=\mathbf{0}_2.$$

这就证明了零元素的唯一性. ▌

2. 负元素是唯一的.

这就是说,适合条件 $\boldsymbol{\alpha}+\boldsymbol{\beta}=\mathbf{0}$ 的元素 $\boldsymbol{\beta}$ 是被元素 $\boldsymbol{\alpha}$ 唯一决定的.

假设 $\boldsymbol{\alpha}$ 有两个负元素 $\boldsymbol{\beta}$ 与 $\boldsymbol{\gamma}$,

$$\boldsymbol{\alpha}+\boldsymbol{\beta}=\mathbf{0},\quad \boldsymbol{\alpha}+\boldsymbol{\gamma}=\mathbf{0}.$$

那么

$$\boldsymbol{\beta}=\boldsymbol{\beta}+\mathbf{0}=\boldsymbol{\beta}+(\boldsymbol{\alpha}+\boldsymbol{\gamma})=(\boldsymbol{\beta}+\boldsymbol{\alpha})+\boldsymbol{\gamma}=\mathbf{0}+\boldsymbol{\gamma}=\boldsymbol{\gamma}. ▌$$

向量 $\boldsymbol{\alpha}$ 的负元素记作 $-\boldsymbol{\alpha}$.

利用负元素,我们定义**减法**如下:

$$\boldsymbol{\alpha}-\boldsymbol{\beta}=\boldsymbol{\alpha}+(-\boldsymbol{\beta}).$$

3. $0\boldsymbol{\alpha}=\mathbf{0},k\mathbf{0}=\mathbf{0},(-1)\boldsymbol{\alpha}=-\boldsymbol{\alpha}$.

我们先来证 $0\boldsymbol{\alpha}=\mathbf{0}$.因为

$$\boldsymbol{\alpha}+0\boldsymbol{\alpha}=1\boldsymbol{\alpha}+0\boldsymbol{\alpha}=(1+0)\boldsymbol{\alpha}=1\boldsymbol{\alpha}=\boldsymbol{\alpha}.$$

两边加上 $-\boldsymbol{\alpha}$ 即得

$$0\boldsymbol{\alpha}=\mathbf{0}.$$

再证第三个等式.我们有

$$\boldsymbol{\alpha}+(-1)\boldsymbol{\alpha}=1\boldsymbol{\alpha}+(-1)\boldsymbol{\alpha}=(1-1)\boldsymbol{\alpha}=0\boldsymbol{\alpha}=\mathbf{0}.$$

两边加上 $-\boldsymbol{\alpha}$ 即得

$$(-1)\boldsymbol{\alpha}=-\boldsymbol{\alpha}.$$

$k\mathbf{0}=\mathbf{0}$ 的证明留给读者去完成. ▌

4. 如果 $k\boldsymbol{\alpha}=\mathbf{0}$,那么 $k=0$ 或者 $\boldsymbol{\alpha}=\mathbf{0}$.

假设 $k\neq 0$,于是一方面

$$k^{-1}(k\boldsymbol{\alpha})=k^{-1}\mathbf{0}=\mathbf{0}.$$

而另一方面

$$k^{-1}(k\boldsymbol{\alpha})=(k^{-1}k)\boldsymbol{\alpha}=1\boldsymbol{\alpha}=\boldsymbol{\alpha}.$$

由此即得 $\boldsymbol{\alpha}=\mathbf{0}$. ▌

§3 维数·基与坐标

定义 2 设 V 是数域 P 上的一个线性空间,$\boldsymbol{\alpha}_1,\boldsymbol{\alpha}_2,\cdots,\boldsymbol{\alpha}_r(r\geqslant 1)$ 是 V 中一组向量,$k_1,k_2,\cdots,k_r$ 是数域 P 中的数,那么向量

$$\boldsymbol{\alpha}=k_1\boldsymbol{\alpha}_1+k_2\boldsymbol{\alpha}_2+\cdots+k_r\boldsymbol{\alpha}_r$$

称为向量组 $\boldsymbol{\alpha}_1,\boldsymbol{\alpha}_2,\cdots,\boldsymbol{\alpha}_r$ 的一个**线性组合**.此时我们也说向量 $\boldsymbol{\alpha}$ 可以经向量组 $\boldsymbol{\alpha}_1,\boldsymbol{\alpha}_2,\cdots,\boldsymbol{\alpha}_r$ **线性表出**.

定义 3 设

$$\boldsymbol{\alpha}_1,\boldsymbol{\alpha}_2,\cdots,\boldsymbol{\alpha}_r; \tag{1}$$

$$\boldsymbol{\beta}_1,\boldsymbol{\beta}_2,\cdots,\boldsymbol{\beta}_s \tag{2}$$

是 V 中两个向量组.如果向量组(1)中每个向量都可以经向量组(2)线性表出,那么称向量组(1)可以经向量组(2)线性表出.如果向量组(1)与(2)可以互相线性表出,那么向量组(1)与(2)称为**等价**的.

定义 4 线性空间 V 中向量 $\boldsymbol{\alpha}_1,\boldsymbol{\alpha}_2,\cdots,\boldsymbol{\alpha}_r(r\geqslant 1)$ 称为**线性相关**,如果在数域 P 中有 r 个不全为零的数 $k_1,k_2,\cdots,k_r$,使

$$k_1\boldsymbol{\alpha}_1+k_2\boldsymbol{\alpha}_2+\cdots+k_r\boldsymbol{\alpha}_r=\mathbf{0}. \tag{3}$$

如果向量 $\boldsymbol{\alpha}_1,\boldsymbol{\alpha}_2,\cdots,\boldsymbol{\alpha}_r$ 不线性相关,就称为**线性无关**.换句话说,向量组 $\boldsymbol{\alpha}_1,\boldsymbol{\alpha}_2,\cdots,\boldsymbol{\alpha}_r$ 称为线性无关,如果等式(3)只有在 $k_1=k_2=\cdots=k_r=0$ 时才成立.

以上定义是大家过去已经熟悉的,它们是逐字逐句地重复了 n 元数组相应概念的定义.不仅如此,在第三章中,从这些定义出发对 n 元数组所作的那些论证也完全可以搬到数域 P 上的抽象的线性空间中来并得出相同的结论.我们不再重复这些论证,只是把几个常用的结论叙述如下:

1. 单个向量 $\boldsymbol{\alpha}$ 是线性相关的充要条件是 $\boldsymbol{\alpha}=\mathbf{0}$.两个以上的向量 $\boldsymbol{\alpha}_1,\boldsymbol{\alpha}_2,\cdots,\boldsymbol{\alpha}_r$ 线性相关的充要条件是其中有一个向量是其余向量的线性组合.

2. 如果向量组 $\boldsymbol{\alpha}_1,\boldsymbol{\alpha}_2,\cdots,\boldsymbol{\alpha}_r$ 线性无关,而且可以经 $\boldsymbol{\beta}_1,\boldsymbol{\beta}_2,\cdots,\boldsymbol{\beta}_s$ 线性表出,那么 $r\leqslant s$.

由此推出,两个等价的线性无关的向量组,必定含有相同个数的向量.

3. 如果向量组 $\boldsymbol{\alpha}_1,\boldsymbol{\alpha}_2,\cdots,\boldsymbol{\alpha}_r$ 线性无关,但向量组 $\boldsymbol{\alpha}_1,\boldsymbol{\alpha}_2,\cdots,\boldsymbol{\alpha}_r,\boldsymbol{\beta}$ 线性相关,那么

$\boldsymbol{\beta}$ 可以经 $\boldsymbol{\alpha}_1,\boldsymbol{\alpha}_2,\cdots,\boldsymbol{\alpha}_r$ 线性表出,而且表法是唯一的.

我们知道,对于几何空间中的向量,线性无关的向量最多是 3 个,而任意 4 个向量都是线性相关的.对于 n 元数组所成的向量空间,有 n 个线性无关的向量,而任意 $n+1$ 个向量都是线性相关的.在一个线性空间中,究竟最多能有几个线性无关的向量,显然是线性空间的一个重要属性.我们引入

定义 5 如果在线性空间 V 中有 n 个线性无关的向量,但是没有更多数目的线性无关的向量,那么 V 就称为 n **维的**;如果在 V 中可以找到任意多个线性无关的向量,那么 V 就称为**无限维**的.

按照这个定义,不难看出,几何空间中向量所成的线性空间是三维的;n 元数组所成的空间是 n 维的;由所有实系数多项式所成的实线性空间是无限维的,因为对于任意的 n,都有 n 个线性无关的向量

$$1,x,\cdots,x^{n-1}.$$

无限维空间是一个专门研究的对象,它与有限维空间有比较大的差别.但是上面提到的线性表出、线性相关、线性无关等性质,只要不涉及维数和基,就对无限维空间成立.在本课程中,我们主要讨论有限维空间.

在解析几何中我们看到,为了研究向量的性质,引入坐标是一个重要的步骤.对于有限维线性空间,坐标同样是一个有力的工具.

定义 6 在 n 维线性空间 V 中,n 个线性无关的向量 $\boldsymbol{\varepsilon}_1,\boldsymbol{\varepsilon}_2,\cdots,\boldsymbol{\varepsilon}_n$ 称为 V 的一组**基**.设 $\boldsymbol{\alpha}$ 是 V 中任一向量,于是 $\boldsymbol{\varepsilon}_1,\boldsymbol{\varepsilon}_2,\cdots,\boldsymbol{\varepsilon}_n,\boldsymbol{\alpha}$ 线性相关,因此 $\boldsymbol{\alpha}$ 可以经 $\boldsymbol{\varepsilon}_1,\boldsymbol{\varepsilon}_2,\cdots,\boldsymbol{\varepsilon}_n$ 线性表出,即

$$\boldsymbol{\alpha}=a_1\boldsymbol{\varepsilon}_1+a_2\boldsymbol{\varepsilon}_2+\cdots+a_n\boldsymbol{\varepsilon}_n,$$

其中系数 $a_1,a_2,\cdots,a_n$ 是被向量 $\boldsymbol{\alpha}$ 和基 $\boldsymbol{\varepsilon}_1,\boldsymbol{\varepsilon}_2,\cdots,\boldsymbol{\varepsilon}_n$ 唯一确定的,这组数就称为 $\boldsymbol{\alpha}$ 在基 $\boldsymbol{\varepsilon}_1,\boldsymbol{\varepsilon}_2,\cdots,\boldsymbol{\varepsilon}_n$ 下的**坐标**,记作 $(a_1,a_2,\cdots,a_n)$.

由以上定义看来,在给出空间 V 的一组基之前,必须先确定空间 V 的维数.实际上,这两个问题常常是同时解决的.

定理 1 如果在线性空间 V 中有 n 个线性无关的向量 $\boldsymbol{\alpha}_1,\boldsymbol{\alpha}_2,\cdots,\boldsymbol{\alpha}_n$,且 V 中任一向量都可以经它们线性表出,那么 V 是 n 维的,而 $\boldsymbol{\alpha}_1,\boldsymbol{\alpha}_2,\cdots,\boldsymbol{\alpha}_n$ 就是 V 的一组基.

证明 既然 $\boldsymbol{\alpha}_1,\boldsymbol{\alpha}_2,\cdots,\boldsymbol{\alpha}_n$ 是线性无关的,那么 V 的维数至少是 n.为了证明 V 是 n 维的,只需证 V 中任意 $n+1$ 个向量必定线性相关.设

$$\boldsymbol{\beta}_1,\boldsymbol{\beta}_2,\cdots,\boldsymbol{\beta}_{n+1}$$

是 V 中任意 $n+1$ 个向量,它们可以经 $\boldsymbol{\alpha}_1,\boldsymbol{\alpha}_2,\cdots,\boldsymbol{\alpha}_n$ 线性表出.假如它们线性无关,就有 $n+1\leqslant n$,于是得出矛盾. ▌

下面我们来看几个例子.

例 1 在线性空间 $P[x]_n$ 中,

$$1,x,x^2,\cdots,x^{n-1}$$

是 n 个线性无关的向量,而且每一个次数小于 n 的数域 P 上的多项式都可以经它们线性表出,所以 $P[x]_n$ 是 n 维的,而 $1,x,\cdots,x^{n-1}$ 就是它的一组基.

在这组基下,多项式 $f(x)=a_0+a_1x+\cdots+a_{n-1}x^{n-1}$ 的坐标就是它的系数 $(a_0,a_1,\cdots,a_{n-1})$.

如果在 V 中取另外一组基

$$\varepsilon_1'=1,\quad \varepsilon_2'=x-a,\quad \cdots,\quad \varepsilon_n'=(x-a)^{n-1}.$$

那么按泰勒展开公式

$$f(x)=f(a)+f'(a)(x-a)+\cdots+\frac{f^{(n-1)}(a)}{(n-1)!}(x-a)^{n-1}.$$

因此,$f(x)$ 在基 $\varepsilon_1',\varepsilon_2',\cdots,\varepsilon_n'$ 下的坐标是

$$\left(f(a),f'(a),\cdots,\frac{f^{(n-1)}(a)}{(n-1)!}\right).$$

例 2 在 n 维空间 P^n 中,显然

$$\begin{cases}\varepsilon_1=(1,0,\cdots,0),\\ \varepsilon_2=(0,1,\cdots,0),\\ \qquad\cdots,\\ \varepsilon_n=(0,0,\cdots,1)\end{cases}$$

是一组基.对每一个向量 $\alpha=(a_1,a_2,\cdots,a_n)$,都有

$$\alpha=a_1\varepsilon_1+a_2\varepsilon_2+\cdots+a_n\varepsilon_n.$$

所以 $(a_1,a_2,\cdots,a_n)$ 就是向量 α 在这组基下的坐标.

不难证明,

$$\begin{cases}\varepsilon_1'=(1,1,\cdots,1),\\ \varepsilon_2'=(0,1,\cdots,1),\\ \qquad\cdots,\\ \varepsilon_n'=(0,0,\cdots,1)\end{cases}$$

是 P^n 中 n 个线性无关的向量.在基 $\varepsilon_1',\varepsilon_2',\cdots,\varepsilon_n'$ 下,对于向量 $\alpha=(a_1,a_2,\cdots,a_n)$,有

$$\alpha=a_1\varepsilon_1'+(a_2-a_1)\varepsilon_2'+\cdots+(a_n-a_{n-1})\varepsilon_n'.$$

因此,α 在基 $\varepsilon_1',\varepsilon_2',\cdots,\varepsilon_n'$ 下的坐标为

$$(a_1,a_2-a_1,\cdots,a_n-a_{n-1}).$$

例 3 如果把复数域看作是自身上的线性空间,那么它是一维的,数 1 就是一组基;如果看作是实数域上的线性空间,那么就是二维的,数 1 与 i 就是一组基.这个例子告诉我们,维数是和所考虑的数域有关的.

应用举例　斐波那契数列及基的概念的应用.

实数序列 $(h_n)=(h_0,h_1,h_2,\cdots)$ 满足 $h_0=h_1=1$,且

$$h_n=h_{n-2}+h_{n-1},\quad n\geqslant 2,\tag{4}$$

这个序列称为斐波那契数列,它是由 h_0,h_1 及递推关系(4)所决定的.易见所有 h_n 都是正整数.能否找到一个统一的表达式来计算所有的 h_n 呢?

下面我们用线性空间和基为工具来解决它,以后我们在第七章 §5 末尾利用矩阵的对角化的工具给出这问题的另一种解法.

我们将所有满足递推关系(4)的序列的集合记作 $V(\mathbf{R})$.两个序列 (h_n),$(h_n')\in V(\mathbf{R})$,$k\in\mathbf{R}$,令 $l_n=h_n+h_n'$,$k_n=kh_n(n=0,1,2,\cdots)$.(l_n),(k_n) 仍满足关系(4),即 (l_n),$(k_n)\in V(\mathbf{R})$,记 $(l_n)=(h_n)+(h_n')$,称为 (h_n) 与 (h_n') 的和.又记 $(k_n)=k(h_n)$,称

为(h_n)的k倍.这就在$V(\mathbf{R})$中定义了加法和数量乘法.和有限维向量空间P^n一样,$V(\mathbf{R})$构成实数域$\mathbf{R}$上线性空间.虽然它的元素是无限序列,但下面可证它是$\mathbf{R}$上二维空间.首先对$(h_n),(h'_n)\in V(\mathbf{R})$有,$(h_n)=(h'_n)$(即$h_n=h'_n,n=0,1,2,\cdots$)当且仅当$h_0=h'_0,h_1=h'_1$.这是由于(4),若$h_0=h'_0,h_1=h'_1$,则所有$h_n=h'_n(n=0,1,2,\cdots)$.

其次在$\mathbf{R}^2$中选任一基(k_0,k_1)及(k'_0,k'_1),它们用递推公式(4)决定了两个序列$(k_n),(k'_n)\in V(\mathbf{R})$.由于$(k_0,k_1)$与$(k'_0,k'_1)$无关,故$(k_n),(k'_n)$无关.任一$(h_n)\in V(\mathbf{R})$,因$(k_0,k_1)$与$(k'_0,k'_1)$是$\mathbf{R}^2$的基,必有$a_0,a_1$,使$(h_0,h_1)=a_0(k_0,k_1)+a_1(k'_0,k'_1)$.由$a_0(k_n)+a_1(k'_n)\in V(\mathbf{R})$,它的第1,2个元素正是$h_0,h_1$,$(h_n)$也是$V(\mathbf{R})$中元素,它和$a_0(k_n)+a_1(k'_n)$的最前两个元素相等,故$(h_n)=a_0(k_n)+a_1(k'_n)$.这就证明$(k_n)$,$(k'_n)$是$V(\mathbf{R})$的基,故$V(\mathbf{R})$是二维空间.

下面我们设法找出$V(\mathbf{R})$的一组具体的基.我们试着从等比数列中来寻找,即试找非零$q\in\mathbf{R}$,令$h_n=q^n$,使

$$h_n=h_{n-1}+h_{n-2},\quad n\geqslant 2.$$

它即为

$$q^n=q^{n-1}+q^{n-2},\quad n\geqslant 2.$$

它成立当且仅当

$$q^2-q-1=0.$$

此方程有两个解

$$q_1=\frac{1+\sqrt{5}}{2},\quad q_2=\frac{1-\sqrt{5}}{2}.$$

得到$V(\mathbf{R})$中的两个序列$(q_1^n),(q_2^n)$(由$q_i^n=q_i^{n-1}+q_i^{n-2}$,$(q_i^n)\in V(\mathbf{R}),i=1,2$).又

$$(q_1^0,q_1^1)=\left(1,\frac{1+\sqrt{5}}{2}\right),\quad (q_2^0,q_2^1)=\left(1,\frac{1-\sqrt{5}}{2}\right)$$

是$\mathbf{R}^2$的基,故(q_1^n)和(q_2^n)是$V(\mathbf{R})$的基.

现在可以求出斐波那契数列(h_n)中每个h_n了.令

$$\begin{cases}1=h_0=a_1\cdot 1+a_2\cdot 1,\\ 1=h_1=a_1\cdot\dfrac{1+\sqrt{5}}{2}+a_2\cdot\dfrac{1-\sqrt{5}}{2}.\end{cases}$$

解出它,得

$$a_1=\frac{1+\sqrt{5}}{2\sqrt{5}},\quad a_2=\frac{-1+\sqrt{5}}{2\sqrt{5}}.$$

于是h_n的一般公式是$h_n=a_1q_1^n+a_2q_2^n$,即

$$h_n=\frac{1+\sqrt{5}}{2\sqrt{5}}\left(\frac{1+\sqrt{5}}{2}\right)^n+\frac{-1+\sqrt{5}}{2\sqrt{5}}\left(\frac{1-\sqrt{5}}{2}\right)^n=\frac{1}{\sqrt{5}}\left[\left(\frac{1+\sqrt{5}}{2}\right)^{n+1}-\left(\frac{1-\sqrt{5}}{2}\right)^{n+1}\right].$$

由此例可看出线性空间的基在解决某些问题中的作用.

§4 基变换与坐标变换

在 n 维线性空间中，任意 n 个线性无关的向量都可以取作空间的基.对不同的基，同一个向量的坐标一般是不同的. §3 的例子已经说明了这一点.现在我们来看，随着基的改变，向量的坐标是怎样变化的.

设 $\boldsymbol{\varepsilon}_1,\boldsymbol{\varepsilon}_2,\cdots,\boldsymbol{\varepsilon}_n$ 与 $\boldsymbol{\varepsilon}_1',\boldsymbol{\varepsilon}_2',\cdots,\boldsymbol{\varepsilon}_n'$ 是 n 维线性空间 V 中两组基，它们的关系是

$$\begin{cases}\boldsymbol{\varepsilon}_1'=a_{11}\boldsymbol{\varepsilon}_1+a_{21}\boldsymbol{\varepsilon}_2+\cdots+a_{n1}\boldsymbol{\varepsilon}_n,\\ \boldsymbol{\varepsilon}_2'=a_{12}\boldsymbol{\varepsilon}_1+a_{22}\boldsymbol{\varepsilon}_2+\cdots+a_{n2}\boldsymbol{\varepsilon}_n,\\ \quad\cdots\cdots\cdots\cdots\\ \boldsymbol{\varepsilon}_n'=a_{1n}\boldsymbol{\varepsilon}_1+a_{2n}\boldsymbol{\varepsilon}_2+\cdots+a_{nn}\boldsymbol{\varepsilon}_n.\end{cases}\tag{1}$$

设向量 $\boldsymbol{\xi}$ 在这两组基下的坐标分别是 $(x_1,x_2,\cdots,x_n)$ 与 $(x_1',x_2',\cdots,x_n')$，即

$$\boldsymbol{\xi}=x_1\boldsymbol{\varepsilon}_1+x_2\boldsymbol{\varepsilon}_2+\cdots+x_n\boldsymbol{\varepsilon}_n=x_1'\boldsymbol{\varepsilon}_1'+x_2'\boldsymbol{\varepsilon}_2'+\cdots+x_n'\boldsymbol{\varepsilon}_n'.\tag{2}$$

现在的问题就是找出 $(x_1,x_2,\cdots,x_n)$ 与 $(x_1',x_2',\cdots,x_n')$ 的关系.

首先我们指出，(1)式中各式的系数

$$(a_{1j},a_{2j},\cdots,a_{nj}),\quad j=1,2,\cdots,n$$

实际上就是第二组基向量 $\boldsymbol{\varepsilon}_j'(j=1,2,\cdots,n)$ 在第一组基 $\boldsymbol{\varepsilon}_1,\boldsymbol{\varepsilon}_2,\cdots,\boldsymbol{\varepsilon}_n$ 下的坐标.向量 $\boldsymbol{\varepsilon}_1',\boldsymbol{\varepsilon}_2',\cdots,\boldsymbol{\varepsilon}_n'$ 的线性无关性就保证了(1)式中系数矩阵的行列式不为零(试直接验证).换句话说，这个矩阵是可逆的.

为了写起来方便，我们引入一种形式的写法.把向量

$$\boldsymbol{\xi}=x_1\boldsymbol{\varepsilon}_1+x_2\boldsymbol{\varepsilon}_2+\cdots+x_n\boldsymbol{\varepsilon}_n$$

写成

$$\boldsymbol{\xi}=(\boldsymbol{\varepsilon}_1,\boldsymbol{\varepsilon}_2,\cdots,\boldsymbol{\varepsilon}_n)\begin{pmatrix}x_1\\x_2\\\vdots\\x_n\end{pmatrix},\tag{3}$$

也就是把基写成一个 $1\times n$ 矩阵，把向量的坐标写成一个 $n\times 1$ 矩阵，而把向量看作是这两个矩阵的乘积.我们所以说这种写法是“形式的”，在于这里是以向量作为矩阵的元素，一般说来没有意义.不过在这个特殊的情况下，这种约定的用法是不会出毛病的.

相仿地，(1)式可以写成

$$(\boldsymbol{\varepsilon}_1',\boldsymbol{\varepsilon}_2',\cdots,\boldsymbol{\varepsilon}_n')=(\boldsymbol{\varepsilon}_1,\boldsymbol{\varepsilon}_2,\cdots,\boldsymbol{\varepsilon}_n)\begin{pmatrix}a_{11}&a_{12}&\cdots&a_{1n}\\a_{21}&a_{22}&\cdots&a_{2n}\\\vdots&\vdots&&\vdots\\a_{n1}&a_{n2}&\cdots&a_{nn}\end{pmatrix}.\tag{4}$$

矩阵

$$A=\begin{pmatrix} a_{11} & a_{12} & \cdots & a_{1n} \\ a_{21} & a_{22} & \cdots & a_{2n} \\ \vdots & \vdots & & \vdots \\ a_{n1} & a_{n2} & \cdots & a_{nn} \end{pmatrix}$$

称为由基 $\boldsymbol{\varepsilon}_1,\boldsymbol{\varepsilon}_2,\cdots,\boldsymbol{\varepsilon}_n$ 到 $\boldsymbol{\varepsilon}_1',\boldsymbol{\varepsilon}_2',\cdots,\boldsymbol{\varepsilon}_n'$ 的**过渡矩阵**,它是可逆的.

在利用形式写法来作计算之前,我们首先指出这种写法所具有的一些运算规律.

设 $\boldsymbol{\alpha}_1,\boldsymbol{\alpha}_2,\cdots,\boldsymbol{\alpha}_n$ 和 $\boldsymbol{\beta}_1,\boldsymbol{\beta}_2,\cdots,\boldsymbol{\beta}_n$ 是 V 中两个向量组,$\boldsymbol{A}=(a_{ij})$,$\boldsymbol{B}=(b_{ij})$是两个 $n\times n$ 矩阵,那么

$$((\boldsymbol{\alpha}_1,\boldsymbol{\alpha}_2,\cdots,\boldsymbol{\alpha}_n)\boldsymbol{A})\boldsymbol{B}=(\boldsymbol{\alpha}_1,\boldsymbol{\alpha}_2,\cdots,\boldsymbol{\alpha}_n)(\boldsymbol{AB}),$$

$$(\boldsymbol{\alpha}_1,\boldsymbol{\alpha}_2,\cdots,\boldsymbol{\alpha}_n)\boldsymbol{A}+(\boldsymbol{\alpha}_1,\boldsymbol{\alpha}_2,\cdots,\boldsymbol{\alpha}_n)\boldsymbol{B}=(\boldsymbol{\alpha}_1,\boldsymbol{\alpha}_2,\cdots,\boldsymbol{\alpha}_n)(\boldsymbol{A}+\boldsymbol{B}),$$

$$(\boldsymbol{\alpha}_1,\boldsymbol{\alpha}_2,\cdots,\boldsymbol{\alpha}_n)\boldsymbol{A}+(\boldsymbol{\beta}_1,\boldsymbol{\beta}_2,\cdots,\boldsymbol{\beta}_n)\boldsymbol{A}=(\boldsymbol{\alpha}_1+\boldsymbol{\beta}_1,\boldsymbol{\alpha}_2+\boldsymbol{\beta}_2,\cdots,\boldsymbol{\alpha}_n+\boldsymbol{\beta}_n)\boldsymbol{A}.$$

这些等式的验证是非常容易的,我们把它留给读者.

现在回到本节所要解决的问题上来.由(2)式有

$$\boldsymbol{\xi}=(\boldsymbol{\varepsilon}_1',\boldsymbol{\varepsilon}_2',\cdots,\boldsymbol{\varepsilon}_n')\begin{pmatrix} x_1' \\ x_2' \\ \vdots \\ x_n' \end{pmatrix}.$$

将(4)式代入,得

$$\boldsymbol{\xi}=(\boldsymbol{\varepsilon}_1,\boldsymbol{\varepsilon}_2,\cdots,\boldsymbol{\varepsilon}_n)\begin{pmatrix} a_{11} & a_{12} & \cdots & a_{1n} \\ a_{21} & a_{22} & \cdots & a_{2n} \\ \vdots & \vdots & & \vdots \\ a_{n1} & a_{n2} & \cdots & a_{nn} \end{pmatrix}\begin{pmatrix} x_1' \\ x_2' \\ \vdots \\ x_n' \end{pmatrix}.$$

与(3)式比较,由基向量的线性无关性,得

$$\begin{pmatrix} x_1 \\ x_2 \\ \vdots \\ x_n \end{pmatrix}=\begin{pmatrix} a_{11} & a_{12} & \cdots & a_{1n} \\ a_{21} & a_{22} & \cdots & a_{2n} \\ \vdots & \vdots & & \vdots \\ a_{n1} & a_{n2} & \cdots & a_{nn} \end{pmatrix}\begin{pmatrix} x_1' \\ x_2' \\ \vdots \\ x_n' \end{pmatrix},\tag{5}$$

或者

$$\begin{pmatrix} x_1' \\ x_2' \\ \vdots \\ x_n' \end{pmatrix}=\begin{pmatrix} a_{11} & a_{12} & \cdots & a_{1n} \\ a_{21} & a_{22} & \cdots & a_{2n} \\ \vdots & \vdots & & \vdots \\ a_{n1} & a_{n2} & \cdots & a_{nn} \end{pmatrix}^{-1}\begin{pmatrix} x_1 \\ x_2 \\ \vdots \\ x_n \end{pmatrix}.\tag{6}$$

(5)式与(6)式给出了在基变换(4)下,向量的坐标变换公式.

例　在§3 例 2 中,我们有

$$(\boldsymbol{\varepsilon}_1',\boldsymbol{\varepsilon}_2',\cdots,\boldsymbol{\varepsilon}_n')=(\boldsymbol{\varepsilon}_1,\boldsymbol{\varepsilon}_2,\cdots,\boldsymbol{\varepsilon}_n)\begin{pmatrix} 1 & 0 & \cdots & 0 \\ 1 & 1 & \cdots & 0 \\ \vdots & \vdots & & \vdots \\ 1 & 1 & \cdots & 1 \end{pmatrix}.$$

这里

$$A=\begin{pmatrix}1&0&\cdots&0\\1&1&\cdots&0\\\vdots&\vdots&&\vdots\\1&1&\cdots&1\end{pmatrix}$$

就是过渡矩阵.不难得出

$$A^{-1}=\begin{pmatrix}1&0&0&\cdots&0\\-1&1&0&\cdots&0\\0&-1&1&\cdots&0\\\vdots&\vdots&\vdots&&\vdots\\0&0&0&\cdots&1\end{pmatrix}.$$

因此

$$\begin{pmatrix}x_1'\\x_2'\\\vdots\\x_n'\end{pmatrix}=\begin{pmatrix}1&0&0&\cdots&0\\-1&1&0&\cdots&0\\0&-1&1&\cdots&0\\\vdots&\vdots&\vdots&&\vdots\\0&0&0&\cdots&1\end{pmatrix}\begin{pmatrix}x_1\\x_2\\\vdots\\x_n\end{pmatrix},$$

也就是

$$x_1'=x_1,\quad x_i'=x_i-x_{i-1},\quad i=2,\cdots,n,$$

与§3所得出的结果是一致的.

§5 线性子空间

在通常的三维几何空间中,考虑一个通过原点的平面.不难看出,这个平面上的所有向量对于加法和数量乘法组成一个二维的线性空间.这就是说,它一方面是三维几何空间的一个部分,同时它对于原来的运算也构成一个线性空间.

定义 7 数域 P 上线性空间 V 的一个非空子集合 W 称为 V 的一个**线性子空间**(或简称子空间),如果 W 对于 V 的两种运算也构成数域 P 上的线性空间.

下面我们来分析一下,一个非空子集合要满足什么条件才能成为子空间.

设 W 是 V 的子集合.因为 V 是线性空间,所以对于原有的运算,W 中的向量满足线性空间定义中的规则 1),2),5),6),7),8)是显然的.为了使 W 自身构成一线性空间,主要的条件是要求 W 对于 V 中原有运算具有封闭性,以及规则 3)与 4)成立.现在把这些条件列在下面:

1. 如果 W 中包含向量 $\boldsymbol{\alpha}$,那么 W 就一定同时包含域 P 中的数 k 与 $\boldsymbol{\alpha}$ 的数量乘积 $k\boldsymbol{\alpha}$.

2. 如果 W 中包含向量 $\boldsymbol{\alpha}$ 与 $\boldsymbol{\beta}$,那么 W 就同时包含 $\boldsymbol{\alpha}$ 与 $\boldsymbol{\beta}$ 的和 $\boldsymbol{\alpha}+\boldsymbol{\beta}$.

3. $\mathbf{0}$ 在 W 中.

4. 如果 W 中包含向量 $\boldsymbol{\alpha}$,那么 $-\boldsymbol{\alpha}$ 也在 W 中.

不难看出 3,4 两个条件是多余的,它们已经包含在条件 1 中作为 $k=0$ 与 -1 这两个特殊情形.因此,我们得到

定理 2 如果线性空间 V 的非空子集合 W 对于 V 的两种运算是封闭的,也就是满足上面的条件 1,2,那么 W 就是一个子空间. ▌

既然线性子空间本身也是一个线性空间,上面我们引入的概念,如维数、基、坐标等,当然也可以应用到线性子空间上.因为在线性子空间中不可能比在整个空间中有更多数目的线性无关的向量.所以,任何一个线性子空间的维数不能超过整个空间的维数.

下面来看几个例子.

例 1 在线性空间中,由单个的零向量所组成的子集合是一个线性子空间,它叫做**零子空间**.

例 2 线性空间 V 本身也是 V 的一个子空间.

在线性空间中,零子空间和线性空间本身这两个子空间有时候叫做**平凡子空间**,而其他的线性子空间叫做**非平凡子空间**.

例 3 在全体实函数组成的空间中,所有的实系数多项式组成一个子空间.

例 4 $P[x]_n$ 是线性空间 $P[x]$ 的子空间.

例 5 在线性空间 P^n 中,齐次线性方程组

$$\begin{cases}a_{11}x_1+a_{12}x_2+\cdots+a_{1n}x_n=0,\\ a_{21}x_1+a_{22}x_2+\cdots+a_{2n}x_n=0,\\ \cdots\cdots\cdots\cdots\\ a_{s1}x_1+a_{s2}x_2+\cdots+a_{sn}x_n=0\end{cases}$$

的全部解向量组成一个子空间,这个子空间叫做齐次线性方程组的**解空间**.不难看出,解空间的基就是方程组的基础解系,它的维数等于 $n-r$,其中 r 为系数矩阵的秩.

设 $\boldsymbol{\alpha}_1,\boldsymbol{\alpha}_2,\cdots,\boldsymbol{\alpha}_r$ 是线性空间 V 中一组向量,不难看出,这组向量所有可能的线性组合

$$k_1\boldsymbol{\alpha}_1+k_2\boldsymbol{\alpha}_2+\cdots+k_r\boldsymbol{\alpha}_r$$

所成的集合是非空的,而且对两种运算封闭,因而是 V 的一个子空间,这个子空间叫做**由 $\boldsymbol{\alpha}_1,\boldsymbol{\alpha}_2,\cdots,\boldsymbol{\alpha}_r$ 生成的子空间**,记作

$$L(\boldsymbol{\alpha}_1,\boldsymbol{\alpha}_2,\cdots,\boldsymbol{\alpha}_r).$$

由子空间的定义可知,如果 V 的一个子空间包含向量 $\boldsymbol{\alpha}_1,\boldsymbol{\alpha}_2,\cdots,\boldsymbol{\alpha}_r$,那么就一定包含它们所有的线性组合,也就是说,一定包含 $L(\boldsymbol{\alpha}_1,\boldsymbol{\alpha}_2,\cdots,\boldsymbol{\alpha}_r)$ 作为子空间.

在有限维线性空间中,任意一个子空间都可以这样得到.事实上,设 W 是 V 的一个子空间,W 当然也是有限维的.设 $\boldsymbol{\alpha}_1,\boldsymbol{\alpha}_2,\cdots,\boldsymbol{\alpha}_r$ 是 W 的一组基,就有

$$W=L(\boldsymbol{\alpha}_1,\boldsymbol{\alpha}_2,\cdots,\boldsymbol{\alpha}_r).$$

关于子空间我们有以下常用的结果.

定理 3 1) 两个向量组生成相同子空间的充要条件是这两个向量组等价;

2) $L(\boldsymbol{\alpha}_1,\boldsymbol{\alpha}_2,\cdots,\boldsymbol{\alpha}_r)$ 的维数等于向量组 $\boldsymbol{\alpha}_1,\boldsymbol{\alpha}_2,\cdots,\boldsymbol{\alpha}_r$ 的秩.

证明 1) 设 $\boldsymbol{\alpha}_1,\boldsymbol{\alpha}_2,\cdots,\boldsymbol{\alpha}_r$ 与 $\boldsymbol{\beta}_1,\boldsymbol{\beta}_2,\cdots,\boldsymbol{\beta}_s$ 是两个向量组.如果

$$L(\boldsymbol{\alpha}_1,\boldsymbol{\alpha}_2,\cdots,\boldsymbol{\alpha}_r)=L(\boldsymbol{\beta}_1,\boldsymbol{\beta}_2,\cdots,\boldsymbol{\beta}_s),$$

那么每个向量 $\boldsymbol{\alpha}_i(i=1,2,\cdots,r)$ 作为 $L(\boldsymbol{\beta}_1,\boldsymbol{\beta}_2,\cdots,\boldsymbol{\beta}_s)$ 中的向量都可以经 $\boldsymbol{\beta}_1,\boldsymbol{\beta}_2,\cdots,\boldsymbol{\beta}_s$ 线性表出；同样每个向量 $\boldsymbol{\beta}_j(j=1,2,\cdots,s)$ 作为 $L(\boldsymbol{\alpha}_1,\boldsymbol{\alpha}_2,\cdots,\boldsymbol{\alpha}_r)$ 中的向量也都可以经 $\boldsymbol{\alpha}_1,\boldsymbol{\alpha}_2,\cdots,\boldsymbol{\alpha}_r$ 线性表出，因而这两个向量组等价.

如果这两个向量组等价，那么凡是可以经 $\boldsymbol{\alpha}_1,\boldsymbol{\alpha}_2,\cdots,\boldsymbol{\alpha}_r$ 线性表出的向量都可以经 $\boldsymbol{\beta}_1,\boldsymbol{\beta}_2,\cdots,\boldsymbol{\beta}_s$ 线性表出，反过来也一样，因而$L(\boldsymbol{\alpha}_1,\boldsymbol{\alpha}_2,\cdots,\boldsymbol{\alpha}_r)=L(\boldsymbol{\beta}_1,\boldsymbol{\beta}_2,\cdots,\boldsymbol{\beta}_s)$.

2）设向量组 $\boldsymbol{\alpha}_1,\boldsymbol{\alpha}_2,\cdots,\boldsymbol{\alpha}_r$ 的秩是 s，而 $\boldsymbol{\alpha}_1,\boldsymbol{\alpha}_2,\cdots,\boldsymbol{\alpha}_s(s\leqslant r)$ 是它的一个极大线性无关组.因为 $\boldsymbol{\alpha}_1,\boldsymbol{\alpha}_2,\cdots,\boldsymbol{\alpha}_r$ 与 $\boldsymbol{\alpha}_1,\boldsymbol{\alpha}_2,\cdots,\boldsymbol{\alpha}_s$ 等价，所以 $L(\boldsymbol{\alpha}_1,\boldsymbol{\alpha}_2,\cdots,\boldsymbol{\alpha}_r)=L(\boldsymbol{\alpha}_1,\boldsymbol{\alpha}_2,\cdots,\boldsymbol{\alpha}_s)$.由定理 1，$\boldsymbol{\alpha}_1,\boldsymbol{\alpha}_2,\cdots,\boldsymbol{\alpha}_s$ 就是$L(\boldsymbol{\alpha}_1,\boldsymbol{\alpha}_2,\cdots,\boldsymbol{\alpha}_r)$的一组基，因而 $L(\boldsymbol{\alpha}_1,\boldsymbol{\alpha}_2,\cdots,\boldsymbol{\alpha}_r)$的维数就是 s. ▌

定理 4　设 W 是数域 P 上 n 维线性空间 V 的一个 m 维子空间，$\boldsymbol{\alpha}_1,\boldsymbol{\alpha}_2,\cdots,\boldsymbol{\alpha}_m$ 是 W 的一组基，那么这组向量必定可扩充为整个空间的基.也就是说，在 V 中必定可以找到 $n-m$ 个向量 $\boldsymbol{\alpha}_{m+1},\boldsymbol{\alpha}_{m+2},\cdots,\boldsymbol{\alpha}_n$，使得 $\boldsymbol{\alpha}_1,\boldsymbol{\alpha}_2,\cdots,\boldsymbol{\alpha}_n$ 是 V 的一组基.

证明　对维数差 $n-m$ 作数学归纳法，当 $n-m=0$ 时，定理显然成立，因为 $\boldsymbol{\alpha}_1,\boldsymbol{\alpha}_2,\cdots,\boldsymbol{\alpha}_m$ 已经是 V 的基.现在假定 $n-m=k$ 时定理成立，我们考虑 $n-m=k+1$ 的情形.

既然 $\boldsymbol{\alpha}_1,\boldsymbol{\alpha}_2,\cdots,\boldsymbol{\alpha}_m$ 还不是 V 的一组基，它又是线性无关的，那么在 V 中必定有一个向量 $\boldsymbol{\alpha}_{m+1}$不能经 $\boldsymbol{\alpha}_1,\boldsymbol{\alpha}_2,\cdots,\boldsymbol{\alpha}_m$ 线性表出，把 $\boldsymbol{\alpha}_{m+1}$添加进去 $\boldsymbol{\alpha}_1,\boldsymbol{\alpha}_2,\cdots,\boldsymbol{\alpha}_m,\boldsymbol{\alpha}_{m+1}$必定是线性无关的（参看 §3 中的第三个结论）.由定理 3，子空间 $L(\boldsymbol{\alpha}_1,\boldsymbol{\alpha}_2,\cdots,\boldsymbol{\alpha}_m,\boldsymbol{\alpha}_{m+1})$是 $m+1$ 维的.因为 $n-(m+1)=(n-m)-1=k+1-1=k$，由归纳假设，$L(\boldsymbol{\alpha}_1,\boldsymbol{\alpha}_2,\cdots,\boldsymbol{\alpha}_m,\boldsymbol{\alpha}_{m+1})$的基 $\boldsymbol{\alpha}_1,\boldsymbol{\alpha}_2,\cdots,\boldsymbol{\alpha}_m,\boldsymbol{\alpha}_{m+1}$可以扩充为整个空间的基.

根据归纳法原理，定理得证. ▌

§6　子空间的交与和

在这一节，我们来介绍子空间的两种运算——交与和.

定理 5　如果 V_1,V_2 是线性空间 V 的两个子空间，那么它们的交 $V_1\cap V_2$ 也是 V 的子空间.

证明　首先，由 $\mathbf{0}\in V_1,\mathbf{0}\in V_2$，可知 $\mathbf{0}\in V_1\cap V_2$，因而 $V_1\cap V_2$ 是非空的.其次，如果 $\boldsymbol{\alpha},\boldsymbol{\beta}\in V_1\cap V_2$，即 $\boldsymbol{\alpha},\boldsymbol{\beta}\in V_1$，而且 $\boldsymbol{\alpha},\boldsymbol{\beta}\in V_2$，那么 $\boldsymbol{\alpha}+\boldsymbol{\beta}\in V_1$，$\boldsymbol{\alpha}+\boldsymbol{\beta}\in V_2$，因此 $\boldsymbol{\alpha}+\boldsymbol{\beta}\in V_1\cap V_2$.对数量乘积可以同样地证明.所以 $V_1\cap V_2$ 是 V 的子空间. ▌

由集合的交的定义可以看出，子空间的交适合下列运算规律：

交换律：$V_1\cap V_2=V_2\cap V_1$；

结合律：$(V_1\cap V_2)\cap V_3=V_1\cap(V_2\cap V_3)$.

由结合律，我们可以定义多个子空间的交

$$V_1\cap V_2\cap\cdots\cap V_s=\bigcap_{i=1}^{s}V_i,$$

它也是子空间.

定义 8 设 V_1,V_2 是线性空间 V 的子空间,所谓 V_1 与 V_2 的**和**,是指由所有能表示成 $\boldsymbol{\alpha}_1+\boldsymbol{\alpha}_2$,而 $\boldsymbol{\alpha}_1\in V_1,\boldsymbol{\alpha}_2\in V_2$ 的向量组成的子集合,记作 V_1+V_2.

定理 6 如果 V_1,V_2 是 V 的子空间,那么它们的和 V_1+V_2 也是 V 的子空间.

证明 首先,V_1+V_2 显然是非空的.其次,如果 $\boldsymbol{\alpha},\boldsymbol{\beta}\in V_1+V_2$,即

$$\boldsymbol{\alpha}=\boldsymbol{\alpha}_1+\boldsymbol{\alpha}_2,\quad \boldsymbol{\alpha}_1\in V_1,\boldsymbol{\alpha}_2\in V_2,$$
$$\boldsymbol{\beta}=\boldsymbol{\beta}_1+\boldsymbol{\beta}_2,\quad \boldsymbol{\beta}_1\in V_1,\boldsymbol{\beta}_2\in V_2.$$

那么

$$\boldsymbol{\alpha}+\boldsymbol{\beta}=(\boldsymbol{\alpha}_1+\boldsymbol{\beta}_1)+(\boldsymbol{\alpha}_2+\boldsymbol{\beta}_2).$$

又因 V_1,V_2 是子空间,故有

$$\boldsymbol{\alpha}_1+\boldsymbol{\beta}_1\in V_1,\quad \boldsymbol{\alpha}_2+\boldsymbol{\beta}_2\in V_2.$$

因此

$$\boldsymbol{\alpha}+\boldsymbol{\beta}\in V_1+V_2.$$

同样地,

$$k\boldsymbol{\alpha}=k\boldsymbol{\alpha}_1+k\boldsymbol{\alpha}_2\in V_1+V_2.$$

所以 V_1+V_2 是 V 的子空间. ▍

由定义不难看出,子空间的和适合下列运算规律:

交换律:$V_1+V_2=V_2+V_1$

结合律:$(V_1+V_2)+V_3=V_1+(V_2+V_3)$.

由结合律,我们可以定义多个子空间的和

$$V_1+V_2+\cdots+V_s=\sum_{i=1}^{s}V_i.$$

它是由所有表示成

$$\boldsymbol{\alpha}_1+\boldsymbol{\alpha}_2+\cdots+\boldsymbol{\alpha}_s,\quad \boldsymbol{\alpha}_i\in V_i,\quad i=1,2,\cdots,s$$

的向量组成的子空间.

不难证明,关于子空间的交与和有以下结论:

1. 设 V_1,V_2,W 都是子空间,那么由 $W\subset V_1$ 与 $W\subset V_2$ 可推出 $W\subset V_1\cap V_2$;而由 $W\supset V_1$ 与 $W\supset V_2$ 可推出 $W\supset V_1+V_2$.

2. 对于子空间 V_1 与 V_2,以下三个论断是等价的:

1) $V_1\subset V_2$;

2) $V_1\cap V_2=V_1$;

3) $V_1+V_2=V_2$.

这些结论的证明留给读者.

下面来看几个例子.

例 1 在三维几何空间中,用 V_1 表示一条通过原点的直线,V_2 表示一张通过原点而且与 V_1 垂直的平面,那么 V_1 与 V_2 的交是 $\{\mathbf{0}\}$,而 V_1 与 V_2 的和是整个空间.

例 2 在线性空间 P^n 中,用 V_1 与 V_2 分别表示齐次方程组

$$\begin{cases}a_{11}x_1+a_{12}x_2+\cdots+a_{1n}x_n=0,\\ a_{21}x_1+a_{22}x_2+\cdots+a_{2n}x_n=0,\\ \qquad\cdots\cdots\cdots\cdots\\ a_{s1}x_1+a_{s2}x_2+\cdots+a_{sn}x_n=0\end{cases}$$

与

$$\begin{cases}b_{11}x_1+b_{12}x_2+\cdots+b_{1n}x_n=0,\\ b_{21}x_1+b_{22}x_2+\cdots+b_{2n}x_n=0,\\ \cdots\cdots\cdots\cdots\\ b_{t1}x_1+b_{t2}x_2+\cdots+b_{tn}x_n=0\end{cases}$$

的解空间,那么 $V_1\cap V_2$ 就是齐次方程组

$$\begin{cases}a_{11}x_1+a_{12}x_2+\cdots+a_{1n}x_n=0,\\ \cdots\cdots\cdots\cdots\\ a_{s1}x_1+a_{s2}x_2+\cdots+a_{sn}x_n=0,\\ b_{11}x_1+b_{12}x_2+\cdots+b_{1n}x_n=0,\\ \cdots\cdots\cdots\cdots\\ b_{t1}x_1+b_{t2}x_2+\cdots+b_{tn}x_n=0\end{cases}$$

的解空间.

例 3 在一个线性空间 V 中,我们有

$$L(\boldsymbol{\alpha}_1,\boldsymbol{\alpha}_2,\cdots,\boldsymbol{\alpha}_s)+L(\boldsymbol{\beta}_1,\boldsymbol{\beta}_2,\cdots,\boldsymbol{\beta}_t)=L(\boldsymbol{\alpha}_1,\boldsymbol{\alpha}_2,\cdots,\boldsymbol{\alpha}_s,\boldsymbol{\beta}_1,\boldsymbol{\beta}_2,\cdots,\boldsymbol{\beta}_t).$$

关于两个子空间的交与和的维数,有以下的定理.

定理 7(维数公式) 如果 V_1,V_2 是线性空间 V 的两个子空间,那么

$$维(V_1)+维(V_2)=维(V_1+V_2)+维(V_1\cap V_2).$$

证明 设 V_1,V_2 的维数分别是 n_1,n_2,$V_1\cap V_2$ 的维数是 m.取 $V_1\cap V_2$ 的一组基

$$\boldsymbol{\alpha}_1,\boldsymbol{\alpha}_2,\cdots,\boldsymbol{\alpha}_m.$$

如果 $m=0$,这个基是空集,下面的讨论中 $\boldsymbol{\alpha}_1,\boldsymbol{\alpha}_2,\cdots,\boldsymbol{\alpha}_m$ 不出现,但讨论同样能进行.由定理 4,它可以扩充成 V_1 的一组基

$$\boldsymbol{\alpha}_1,\boldsymbol{\alpha}_2,\cdots,\boldsymbol{\alpha}_m,\boldsymbol{\beta}_1,\boldsymbol{\beta}_2,\cdots,\boldsymbol{\beta}_{n_1-m}.$$

也可以扩充成 V_2 的一组基

$$\boldsymbol{\alpha}_1,\boldsymbol{\alpha}_2,\cdots,\boldsymbol{\alpha}_m,\boldsymbol{\gamma}_1,\boldsymbol{\gamma}_2,\cdots,\boldsymbol{\gamma}_{n_2-m}.$$

我们来证明,向量组

$$\boldsymbol{\alpha}_1,\boldsymbol{\alpha}_2,\cdots,\boldsymbol{\alpha}_m,\boldsymbol{\beta}_1,\boldsymbol{\beta}_2,\cdots,\boldsymbol{\beta}_{n_1-m},\boldsymbol{\gamma}_1,\boldsymbol{\gamma}_2,\cdots,\boldsymbol{\gamma}_{n_2-m}\tag{1}$$

是 V_1+V_2 的一组基.这样 V_1+V_2 的维数就等于 n_1+n_2-m,因而维数公式成立.

因为

$$V_1=L(\boldsymbol{\alpha}_1,\boldsymbol{\alpha}_2,\cdots,\boldsymbol{\alpha}_m,\boldsymbol{\beta}_1,\boldsymbol{\beta}_2,\cdots,\boldsymbol{\beta}_{n_1-m}),\quad V_2=L(\boldsymbol{\alpha}_1,\boldsymbol{\alpha}_2,\cdots,\boldsymbol{\alpha}_m,\boldsymbol{\gamma}_1,\boldsymbol{\gamma}_2,\cdots,\boldsymbol{\gamma}_{n_2-m}),$$

所以

$$V_1+V_2=L(\boldsymbol{\alpha}_1,\boldsymbol{\alpha}_2,\cdots,\boldsymbol{\alpha}_m,\boldsymbol{\beta}_1,\boldsymbol{\beta}_2,\cdots,\boldsymbol{\beta}_{n_1-m},\boldsymbol{\gamma}_1,\boldsymbol{\gamma}_2,\cdots,\boldsymbol{\gamma}_{n_2-m}).$$

现在来证明向量组(1)是线性无关的.假设有等式

$$k_1\boldsymbol{\alpha}_1+k_2\boldsymbol{\alpha}_2+\cdots+k_m\boldsymbol{\alpha}_m+p_1\boldsymbol{\beta}_1+p_2\boldsymbol{\beta}_2+\cdots+p_{n_1-m}\boldsymbol{\beta}_{n_1-m}+q_1\boldsymbol{\gamma}_1+q_2\boldsymbol{\gamma}_2+\cdots+q_{n_2-m}\boldsymbol{\gamma}_{n_2-m}=\mathbf{0},$$

令

$$\boldsymbol{\alpha}=k_1\boldsymbol{\alpha}_1+k_2\boldsymbol{\alpha}_2+\cdots+k_m\boldsymbol{\alpha}_m+p_1\boldsymbol{\beta}_1+p_2\boldsymbol{\beta}_2+\cdots+p_{n_1-m}\boldsymbol{\beta}_{n_1-m}=-q_1\boldsymbol{\gamma}_1-q_2\boldsymbol{\gamma}_2-\cdots-q_{n_2-m}\boldsymbol{\gamma}_{n_2-m}.$$

由第一个等式,$\boldsymbol{\alpha}\in V_1$;而由第二个等式看出,$\boldsymbol{\alpha}\in V_2$.于是,$\boldsymbol{\alpha}\in V_1\cap V_2$,即 $\boldsymbol{\alpha}$ 可以经 $\boldsymbol{\alpha}_1$,$\boldsymbol{\alpha}_2,\cdots,\boldsymbol{\alpha}_m$ 线性表出.令 $\boldsymbol{\alpha}=l_1\boldsymbol{\alpha}_1+l_2\boldsymbol{\alpha}_2+\cdots+l_m\boldsymbol{\alpha}_m$,则

$$l_1\boldsymbol{\alpha}_1+l_2\boldsymbol{\alpha}_2+\cdots+l_m\boldsymbol{\alpha}_m+q_1\boldsymbol{\gamma}_1+q_2\boldsymbol{\gamma}_2+\cdots+q_{n_2-m}\boldsymbol{\gamma}_{n_2-m}=\mathbf{0}.$$

由于 $\boldsymbol{\alpha}_1,\boldsymbol{\alpha}_2,\cdots,\boldsymbol{\alpha}_m,\boldsymbol{\gamma}_1,\boldsymbol{\gamma}_2,\cdots,\boldsymbol{\gamma}_{n_2-m}$ 线性无关，得 $l_1=l_2=\cdots=l_m=q_1=q_2=\cdots=q_{n_2-m}=0$，因而 $\boldsymbol{\alpha}=\mathbf{0}$. 从而有

$$k_1\boldsymbol{\alpha}_1+k_2\boldsymbol{\alpha}_2+\cdots+k_m\boldsymbol{\alpha}_m+p_1\boldsymbol{\beta}_1+p_2\boldsymbol{\beta}_2+\cdots+p_{n_1-m}\boldsymbol{\beta}_{n_1-m}=\mathbf{0}.$$

由于 $\boldsymbol{\alpha}_1,\boldsymbol{\alpha}_2,\cdots,\boldsymbol{\alpha}_m,\boldsymbol{\beta}_1,\boldsymbol{\beta}_2,\cdots,\boldsymbol{\beta}_{n_1-m}$ 线性无关，又得

$$k_1=k_2=\cdots=k_m=p_1=p_2=\cdots=p_{n_1-m}=0.$$

这就证明了 $\boldsymbol{\alpha}_1,\boldsymbol{\alpha}_2,\cdots,\boldsymbol{\alpha}_m,\boldsymbol{\beta}_1,\boldsymbol{\beta}_2,\cdots,\boldsymbol{\beta}_{n_1-m},\boldsymbol{\gamma}_1,\boldsymbol{\gamma}_2,\cdots,\boldsymbol{\gamma}_{n_2-m}$ 线性无关，因而它是 V_1+V_2 的一组基，故维数公式成立. ▌

从维数公式可以看到，和的维数往往要比维数的和来得小. 例如，在三维几何空间中，两张通过原点的不同的平面之和是整个三维空间，而其维数之和却等于 4. 由此说明这两张平面的交是一维的直线.

一般地，我们有

推论 如果 n 维线性空间 V 中两个子空间 V_1,V_2 的维数之和大于 n，那么 V_1,V_2 必含有非零的公共向量.

证明 由假设，

$$维(V_1+V_2)+维(V_1\cap V_2)=维(V_1)+维(V_2)>n.$$

但因 V_1+V_2 是 V 的子空间而有

$$维(V_1+V_2)\leqslant n,$$

所以

$$维(V_1\cap V_2)>0.$$

这就是说，$V_1\cap V_2$ 中含有非零向量. ▌

§7 子空间的直和

子空间的直和是子空间的和的一个重要的特殊情形.

定义 9 设 V_1,V_2 是线性空间 V 的子空间，如果和 V_1+V_2 中每个向量 $\boldsymbol{\alpha}$ 的分解式

$$\boldsymbol{\alpha}=\boldsymbol{\alpha}_1+\boldsymbol{\alpha}_2,\qquad \boldsymbol{\alpha}_1\in V_1,\boldsymbol{\alpha}_2\in V_2,$$

是唯一的，这个和就称为**直和**，记作 $V_1\oplus V_2$.

在 §6 的例 1 中子空间的和就是直和.

定理 8 和 V_1+V_2 是直和的充要条件是等式

$$\boldsymbol{\alpha}_1+\boldsymbol{\alpha}_2=\mathbf{0},\quad \boldsymbol{\alpha}_i\in V_i,\quad i=1,2$$

只有在 $\boldsymbol{\alpha}_i$ 全为零向量时才成立.

证明 定理的条件实际上就是：零向量的分解式是唯一的. 因而这个条件显然是必要的. 下面来证这个条件的充分性.

设 $\boldsymbol{\alpha}\in V_1+V_2$，它有两个分解式

$$\boldsymbol{\alpha}=\boldsymbol{\alpha}_1+\boldsymbol{\alpha}_2=\boldsymbol{\beta}_1+\boldsymbol{\beta}_2,\quad \boldsymbol{\alpha}_i,\boldsymbol{\beta}_i\in V_i,\quad i=1,2.$$

于是

$$(\boldsymbol{\alpha}_1-\boldsymbol{\beta}_1)+(\boldsymbol{\alpha}_2-\boldsymbol{\beta}_2)=\mathbf{0}.$$

其中 $\boldsymbol{\alpha}_i-\boldsymbol{\beta}_i\in V_i(i=1,2)$.由定理的条件,应有

$$\boldsymbol{\alpha}_i-\boldsymbol{\beta}_i=\mathbf{0},\qquad \boldsymbol{\alpha}_i=\boldsymbol{\beta}_i,\quad i=1,2.$$

这就是说,向量 $\boldsymbol{\alpha}$ 的分解式是唯一的. ▌

推论　和 V_1+V_2 为直和的充要条件是

$$V_1\cap V_2=\{\mathbf{0}\}.$$

证明　先证条件的充分性.假设有等式

$$\boldsymbol{\alpha}_1+\boldsymbol{\alpha}_2=\mathbf{0},\quad \boldsymbol{\alpha}_i\in V_i,\quad i=1,2,$$

那么

$$\boldsymbol{\alpha}_1=-\boldsymbol{\alpha}_2\in V_1\cap V_2.$$

由假设

$$\boldsymbol{\alpha}_1=\boldsymbol{\alpha}_2=\mathbf{0}.$$

这就证明了 V_1+V_2 是直和.

再证必要性.任取向量 $\boldsymbol{\alpha}\in V_1\cap V_2$,于是零向量可以表成

$$\mathbf{0}=\boldsymbol{\alpha}+(-\boldsymbol{\alpha}),\qquad \boldsymbol{\alpha}\in V_1,-\boldsymbol{\alpha}\in V_2.$$

因为是直和,所以 $\boldsymbol{\alpha}=-\boldsymbol{\alpha}=\mathbf{0}$.这就证明了

$$V_1\cap V_2=\{\mathbf{0}\}. ▌$$

定理 9　设 V_1,V_2 是 V 的子空间,令 $W=V_1+V_2$,则

$$W=V_1\oplus V_2$$

的充要条件为

$$维(W)=维(V_1)+维(V_2).\tag{1}$$

证明　因为

$$维(W)+维(V_1\cap V_2)=维(V_1)+维(V_2),\tag{2}$$

而由前面定理 8 的推论知 V_1+V_2 为直和的充要条件是 $V_1\cap V_2=\{\mathbf{0}\}$,这是与维$(V_1\cap V_2)=0$ 等价的,也就与维$(W)=$维$(V_1)+$维(V_2)等价.这就证明了定理. ▌

定理 10　设 U 是线性空间 V 的一个子空间,那么一定存在一个子空间 W,使 $V=U\oplus W$.

证明　取 U 的一组基 $\boldsymbol{\alpha}_1,\boldsymbol{\alpha}_2,\cdots,\boldsymbol{\alpha}_m$.把它扩充为 V 的一组基 $\boldsymbol{\alpha}_1,\cdots,\boldsymbol{\alpha}_m,\boldsymbol{\alpha}_{m+1},\cdots,\boldsymbol{\alpha}_n$.令

$$W=L(\boldsymbol{\alpha}_{m+1},\cdots,\boldsymbol{\alpha}_n).$$

W 即满足要求. ▌

子空间的直和的概念可以推广到多个子空间的情形.

定义 10　设 $V_1,V_2,\cdots,V_s$ 都是线性空间 V 的子空间.如果和 $V_1+V_2+\cdots+V_s$ 中每个向量 $\boldsymbol{\alpha}$ 的分解式

$$\boldsymbol{\alpha}=\boldsymbol{\alpha}_1+\boldsymbol{\alpha}_2+\cdots+\boldsymbol{\alpha}_s,\quad \boldsymbol{\alpha}_i\in V_i,\quad i=1,2,\cdots,s$$

是唯一的,这个和就称为**直和**,记作 $V_1\oplus V_2\oplus\cdots\oplus V_s$.

和两个子空间的直和一样,我们有

定理 11　$V_1,V_2,\cdots,V_s$ 是 V 的一些子空间,下面这些条件是等价的:

1）$W=\sum_{i=1}^{s} V_i$ 是直和；

2）零向量的表法唯一；

3）$V_i \cap \sum_{j\neq i} V_j=\{\mathbf{0}\}$，　$i=1,2,\cdots,s$；

4）维$(W)=\sum_{i=1}^{s}$ 维(V_i).

这个定理的证明和 $s=2$ 的情形基本一样，这里就不再重复了. ▌

§8　线性空间的同构

设 $\boldsymbol{\varepsilon}_1,\boldsymbol{\varepsilon}_2,\cdots,\boldsymbol{\varepsilon}_n$ 是线性空间 V 的一组基，在这组基下，V 中每个向量都有确定的坐标，而向量的坐标可以看成 P^n 的元素. 因此，向量与它的坐标之间的对应实质上就是 V 到 P^n 的一个映射. 显然，这个映射是单射与满射，换句话说，坐标给出了线性空间 V 与 P^n 的一个双射. 这个对应的重要性表现在它与运算的关系上. 设

$$\boldsymbol{\alpha}=a_1\boldsymbol{\varepsilon}_1+a_2\boldsymbol{\varepsilon}_2+\cdots+a_n\boldsymbol{\varepsilon}_n,\quad \boldsymbol{\beta}=b_1\boldsymbol{\varepsilon}_1+b_2\boldsymbol{\varepsilon}_2+\cdots+b_n\boldsymbol{\varepsilon}_n.$$

即向量 $\boldsymbol{\alpha},\boldsymbol{\beta}$ 的坐标分别是 $(a_1,a_2,\cdots,a_n)$，$(b_1,b_2,\cdots,b_n)$，那么

$$\boldsymbol{\alpha}+\boldsymbol{\beta}=(a_1+b_1)\boldsymbol{\varepsilon}_1+(a_2+b_2)\boldsymbol{\varepsilon}_2+\cdots+(a_n+b_n)\boldsymbol{\varepsilon}_n,$$

$$k\boldsymbol{\alpha}=ka_1\boldsymbol{\varepsilon}_1+ka_2\boldsymbol{\varepsilon}_2+\cdots+ka_n\boldsymbol{\varepsilon}_n.$$

于是向量 $\boldsymbol{\alpha}+\boldsymbol{\beta}$，$k\boldsymbol{\alpha}$ 的坐标分别是

$$(a_1+b_1,a_2+b_2,\cdots,a_n+b_n)=(a_1,a_2,\cdots,a_n)+(b_1,b_2,\cdots,b_n),$$

$$(ka_1,ka_2,\cdots,ka_n)=k(a_1,a_2,\cdots,a_n).$$

以上的式子说明在向量用坐标表示之后，它们的运算就可以归结为它们坐标的运算. 因而线性空间 V 的讨论也就可以归结为 P^n 的讨论. 为了确切地说明这一点，先引入下列定义.

定义 11　数域 P 上两个线性空间 V 与 V' 称为**同构**的，如果由 V 到 V' 有一个双射 σ，具有以下性质：

1）$\sigma(\boldsymbol{\alpha}+\boldsymbol{\beta})=\sigma(\boldsymbol{\alpha})+\sigma(\boldsymbol{\beta})$；

2）$\sigma(k\boldsymbol{\alpha})=k\sigma(\boldsymbol{\alpha})$，

其中 $\boldsymbol{\alpha},\boldsymbol{\beta}$ 是 V 中任意向量，k 是 P 中任意数. 这样的映射 σ 称为**同构映射**.

前面的讨论说明在 n 维线性空间 V 中取定一组基后，向量与它的坐标之间的对应就是 V 到 P^n 的一个同构映射. 因而，数域 P 上任意一个 n 维线性空间都与 P^n 同构.

由定义可以看出，同构映射 σ 具有下列基本性质：

1. $\sigma(\mathbf{0})=\mathbf{0}$，$\sigma(-\boldsymbol{\alpha})=-\sigma(\boldsymbol{\alpha})$.

在定义 11 的 2) 中分别取 $k=0,-1$ 即得. ▌

2. $\sigma(k_1\boldsymbol{\alpha}_1+k_2\boldsymbol{\alpha}_2+\cdots+k_r\boldsymbol{\alpha}_r)=k_1\sigma(\boldsymbol{\alpha}_1)+k_2\sigma(\boldsymbol{\alpha}_2)+\cdots+k_r\sigma(\boldsymbol{\alpha}_r)$.

这是定义 11 的 1) 与 2) 结合的结果. ▌

3. V 中向量组 $\boldsymbol{\alpha}_1,\boldsymbol{\alpha}_2,\cdots,\boldsymbol{\alpha}_r$ 线性相关的充要条件是，它们的像 $\sigma(\boldsymbol{\alpha}_1),\sigma(\boldsymbol{\alpha}_2),\cdots$，

$\sigma(\boldsymbol{\alpha}_r)$线性相关.

因为由

$$k_1\boldsymbol{\alpha}_1+k_2\boldsymbol{\alpha}_2+\cdots+k_r\boldsymbol{\alpha}_r=\mathbf{0}$$

可得

$$k_1\sigma(\boldsymbol{\alpha}_1)+k_2\sigma(\boldsymbol{\alpha}_2)+\cdots+k_r\sigma(\boldsymbol{\alpha}_r)=\mathbf{0}.$$

反过来，由

$$k_1\sigma(\boldsymbol{\alpha}_1)+k_2\sigma(\boldsymbol{\alpha}_2)+\cdots+k_r\sigma(\boldsymbol{\alpha}_r)=\mathbf{0}$$

有

$$\sigma(k_1\boldsymbol{\alpha}_1+k_2\boldsymbol{\alpha}_2+\cdots+k_r\boldsymbol{\alpha}_r)=\mathbf{0}.$$

因为 σ 是 1-1 的，只有 $\sigma(\mathbf{0})=\mathbf{0}$，所以

$$k_1\boldsymbol{\alpha}_1+k_2\boldsymbol{\alpha}_2+\cdots+k_r\boldsymbol{\alpha}_r=\mathbf{0}. \blacksquare$$

因为维数就是空间中线性无关向量的最大个数，所以由同构映射的性质可以推知，同构的线性空间有相同的维数.

4. 如果 V_1 是 V 的一个线性子空间，那么 V_1 在 σ 下的像集合

$$\sigma(V_1)=\{\sigma(\boldsymbol{\alpha})\mid\alpha\in V_1\}$$

是 $\sigma(V)$的子空间，并且 V_1 与 $\sigma(V_1)$维数相同.

5. 同构映射的逆映射以及两个同构映射的乘积还是同构映射.

设 σ 是线性空间 V 到 V'的同构映射，显然逆映射 σ^{-1}是 V'到 V 的一个双射.我们来证 σ^{-1}还适合定义 11 的条件 1)，2).

令 $\boldsymbol{\alpha}',\boldsymbol{\beta}'$是 V'中任意两个向量，于是

$$\begin{aligned}\sigma\sigma^{-1}(\boldsymbol{\alpha}'+\boldsymbol{\beta}')&=\boldsymbol{\alpha}'+\boldsymbol{\beta}'=\sigma\sigma^{-1}(\boldsymbol{\alpha}')+\sigma\sigma^{-1}(\boldsymbol{\beta}')\\&=\sigma(\sigma^{-1}(\boldsymbol{\alpha}')+\sigma^{-1}(\boldsymbol{\beta}')).\end{aligned}$$

两边用 σ^{-1}作用，即得

$$\sigma^{-1}(\boldsymbol{\alpha}'+\boldsymbol{\beta}')=\sigma^{-1}(\boldsymbol{\alpha}')+\sigma^{-1}(\boldsymbol{\beta}').$$

条件 2)可以同样地证明.

再设 σ 和 τ 分别是线性空间 V 到 V'和 V'到 V''的同构映射，我们来证乘积 $\tau\sigma$ 是 V 到 V''的一个同构映射.

显然，$\tau\sigma$ 是单射与满射.由

$$\tau\sigma(\boldsymbol{\alpha}+\boldsymbol{\beta})=\tau(\sigma(\boldsymbol{\alpha})+\sigma(\boldsymbol{\beta}))=\tau\sigma(\boldsymbol{\alpha})+\tau\sigma(\boldsymbol{\beta}),$$

$$\tau\sigma(k\boldsymbol{\alpha})=\tau(k\sigma(\boldsymbol{\alpha}))=k\tau\sigma(\boldsymbol{\alpha})$$

看出，$\tau\sigma$ 还适合定义 11 的条件 1)，2)，因而是同构映射. ▌

因为任一线性空间 V 到自身的恒等映射显然是一同构映射，所以性质 5 表明，同构作为线性空间之间的一种关系，具有自反性、对称性与传递性.

既然数域 P 上任意一个 n 维线性空间都与 P^n 同构，由同构的对称性与传递性即得，数域 P 上任意两个 n 维线性空间都同构.

综上所述，我们有

定理 12　数域 P 上两个有限维线性空间同构的充要条件是它们有相同的维数. ▌

在线性空间的抽象讨论中，我们并没有考虑线性空间的元素是什么，也没有考虑其中运算是怎样定义的，而只涉及线性空间在所定义的运算下的代数性质.从这个观

点看来,同构的线性空间是可以不加区别的.因之,定理 12 说明了,维数是有限维线性空间的唯一的本质特征.

特别地,每一个数域 P 上 n 维线性空间都与 n 元数组所成的空间 P^n 同构,而同构的空间有相同的性质.由此可知,我们以前所得到的关于 n 元数组的一些结论,在一般的线性空间中也是成立的,而不必要一一重新证明.

习　　题

1. 设 $M\subset N$. 证明:

$$M\cap N=M,\quad M\cup N=N.$$

2. 证明:

$$M\cap(N\cup L)=(M\cap N)\cup(M\cap L),$$
$$M\cup(N\cap L)=(M\cup N)\cap(M\cup L).$$

3. 检验下列集合对于所指的线性运算是否构成实数域上的线性空间:

1) 次数等于 $n(n\geqslant 1)$ 的实系数多项式的全体,对于多项式的加法和数量乘法;

2) 设 $\boldsymbol{A}$ 是一个 $n\times n$ 实矩阵,$\boldsymbol{A}$ 的实系数多项式 $f(\boldsymbol{A})$ 的全体,对于矩阵的加法和数量乘法;

3) 全体 n 阶实对称(反称,上三角形)矩阵,对于矩阵的加法和数量乘法;

4) 平面上不平行于某一向量的全部向量所成的集合,对于向量的加法和数量乘法;

5) 全体实数的二元数列,对于如下定义的运算①:

$$(a_1,b_1)\oplus(a_2,b_2)=(a_1+a_2,b_1+b_2+a_1a_2),$$
$$k\circ(a_1,b_1)=\left(ka_1,kb_1+\frac{k(k-1)}{2}a_1^2\right);$$

6) 平面上全体向量,对于通常的加法和如下定义的数量乘法:

$$k\circ\boldsymbol{\alpha}=\boldsymbol{0};$$

7) 集合与加法同 6),数量乘法定义为

$$k\circ\boldsymbol{\alpha}=\boldsymbol{\alpha};$$

8) 全体正实数 $\mathbf{R}^+$,加法与数量乘法定义为

$$a\oplus b=ab,\quad k\circ a=a^k.$$

4. 在线性空间中,证明:

1) $k\boldsymbol{0}=\boldsymbol{0}$;　　2) $k(\boldsymbol{\alpha}-\boldsymbol{\beta})=k\boldsymbol{\alpha}-k\boldsymbol{\beta}$.

5. 证明:在实函数空间中,$1,\cos^2t,\cos 2t$ 是线性相关的.

6. 证明:如果 $f_1(x),f_2(x),f_3(x)$ 是线性空间 $P[x]$ 中三个互素的多项式,但其中任

① 为了与通常的加法、乘法区别,这里我们分别用"$\oplus$"与"$\circ$"来代表所定义的向量加法与数量乘法.下同.

意两个都不互素,那么它们线性无关.

7. 在 P^4 中,设

1) $\boldsymbol{\varepsilon}_1=(1,1,1,1)$, $\boldsymbol{\varepsilon}_2=(1,1,-1,-1)$, $\boldsymbol{\varepsilon}_3=(1,-1,1,-1)$,

$\boldsymbol{\varepsilon}_4=(1,-1,-1,1)$, $\boldsymbol{\xi}=(1,2,1,1)$;

2) $\boldsymbol{\varepsilon}_1=(1,1,0,1)$, $\boldsymbol{\varepsilon}_2=(2,1,3,1)$, $\boldsymbol{\varepsilon}_3=(1,1,0,0)$,

$\boldsymbol{\varepsilon}_4=(0,1,-1,-1)$, $\boldsymbol{\xi}=(0,0,0,1)$,

求向量 $\boldsymbol{\xi}$ 在基 $\boldsymbol{\varepsilon}_1,\boldsymbol{\varepsilon}_2,\boldsymbol{\varepsilon}_3,\boldsymbol{\varepsilon}_4$ 下的坐标.

8. 求下列线性空间的维数与一组基:

1) 数域 P 上的空间 $P^{n\times n}$;

2) $P^{n\times n}$ 中全体对称(反称、上三角形)矩阵构成的数域 P 上的空间;

3) 第 3 题 8) 中的空间;

4) 实数域上由矩阵 $\boldsymbol{A}$ 的全体实系数多项式构成的空间,其中

$$\boldsymbol{A}=\begin{pmatrix}1&0&0\\0&\omega&0\\0&0&\omega^2\end{pmatrix},\quad \omega=\frac{-1+\sqrt{3}\,\mathrm{i}}{2}.$$

9. 在 P^4 中,求由基 $\boldsymbol{\varepsilon}_1,\boldsymbol{\varepsilon}_2,\boldsymbol{\varepsilon}_3,\boldsymbol{\varepsilon}_4$ 到基 $\boldsymbol{\eta}_1,\boldsymbol{\eta}_2,\boldsymbol{\eta}_3,\boldsymbol{\eta}_4$ 的过渡矩阵,并求向量 $\boldsymbol{\xi}$ 在所指基下的坐标.设

1) $\begin{cases}\boldsymbol{\varepsilon}_1=(1,0,0,0),\\\boldsymbol{\varepsilon}_2=(0,1,0,0),\\\boldsymbol{\varepsilon}_3=(0,0,1,0),\\\boldsymbol{\varepsilon}_4=(0,0,0,1),\end{cases}$ $\begin{cases}\boldsymbol{\eta}_1=(2,1,-1,1),\\\boldsymbol{\eta}_2=(0,3,1,0),\\\boldsymbol{\eta}_3=(5,3,2,1),\\\boldsymbol{\eta}_4=(6,6,1,3),\end{cases}$

$\boldsymbol{\xi}=(x_1,x_2,x_3,x_4)$ 在 $\boldsymbol{\eta}_1,\boldsymbol{\eta}_2,\boldsymbol{\eta}_3,\boldsymbol{\eta}_4$ 下的坐标;

2) $\begin{cases}\boldsymbol{\varepsilon}_1=(1,2,-1,0),\\\boldsymbol{\varepsilon}_2=(1,-1,1,1),\\\boldsymbol{\varepsilon}_3=(-1,2,1,1),\\\boldsymbol{\varepsilon}_4=(-1,-1,0,1),\end{cases}$ $\begin{cases}\boldsymbol{\eta}_1=(2,1,0,1),\\\boldsymbol{\eta}_2=(0,1,2,2),\\\boldsymbol{\eta}_3=(-2,1,1,2),\\\boldsymbol{\eta}_4=(1,3,1,2),\end{cases}$

$\boldsymbol{\xi}=(1,0,0,0)$ 在 $\boldsymbol{\varepsilon}_1,\boldsymbol{\varepsilon}_2,\boldsymbol{\varepsilon}_3,\boldsymbol{\varepsilon}_4$ 下的坐标;

3) $\begin{cases}\boldsymbol{\varepsilon}_1=(1,1,1,1),\\\boldsymbol{\varepsilon}_2=(1,1,-1,-1),\\\boldsymbol{\varepsilon}_3=(1,-1,1,-1),\\\boldsymbol{\varepsilon}_4=(1,-1,-1,1),\end{cases}$ $\begin{cases}\boldsymbol{\eta}_1=(1,1,0,1),\\\boldsymbol{\eta}_2=(2,1,3,1),\\\boldsymbol{\eta}_3=(1,1,0,0),\\\boldsymbol{\eta}_4=(0,1,-1,-1),\end{cases}$

$\boldsymbol{\xi}=(1,0,0,-1)$ 在 $\boldsymbol{\eta}_1,\boldsymbol{\eta}_2,\boldsymbol{\eta}_3,\boldsymbol{\eta}_4$ 下的坐标.

10. 继第 9 题 1),求一非零向量 $\boldsymbol{\xi}$,它在基 $\boldsymbol{\varepsilon}_1,\boldsymbol{\varepsilon}_2,\boldsymbol{\varepsilon}_3,\boldsymbol{\varepsilon}_4$ 与 $\boldsymbol{\eta}_1,\boldsymbol{\eta}_2,\boldsymbol{\eta}_3,\boldsymbol{\eta}_4$ 下有相同的坐标.

11. 证明:实数域作为它自身上的线性空间与第 3 题 8) 中的空间同构.

12. 设 V_1,V_2 都是线性空间 V 的子空间,且 $V_1\subset V_2$. 证明:如果 V_1 的维数和 V_2 的维数相等,那么 $V_1=V_2$.

13. 设 $\boldsymbol{A}\in P^{n\times n}$.

1）证明：全体与 $\boldsymbol{A}$ 可交换的矩阵组成 $P^{n\times n}$ 的一子空间，记作 $C(\boldsymbol{A})$；

2）当 $\boldsymbol{A}=\boldsymbol{E}$ 时，求 $C(\boldsymbol{A})$；

3）当

$$\boldsymbol{A}=\begin{pmatrix}1&0&0&\cdots&0\\0&2&0&\cdots&0\\\vdots&\vdots&\vdots&&\vdots\\0&0&0&\cdots&n\end{pmatrix}$$

时，求 $C(\boldsymbol{A})$ 的维数和一组基.

14. 设

$$\boldsymbol{A}=\begin{pmatrix}1&0&0\\0&1&0\\3&1&2\end{pmatrix},$$

求 $P^{3\times 3}$ 中全体与 $\boldsymbol{A}$ 可交换的矩阵所成子空间的维数和一组基.

15. 如果 $c_1\boldsymbol{\alpha}+c_2\boldsymbol{\beta}+c_3\boldsymbol{\gamma}=\boldsymbol{0}$，且 $c_1c_3\neq 0$，证明：$L(\boldsymbol{\alpha},\boldsymbol{\beta})=L(\boldsymbol{\beta},\boldsymbol{\gamma})$.

16. 在 P^4 中，求由向量 $\boldsymbol{\alpha}_i(i=1,2,3,4)$ 生成的子空间的基与维数. 设

1）$\begin{cases}\boldsymbol{\alpha}_1=(2,1,3,1),\\\boldsymbol{\alpha}_2=(1,2,0,1),\\\boldsymbol{\alpha}_3=(-1,1,-3,0),\\\boldsymbol{\alpha}_4=(1,1,1,1);\end{cases}$　　2）$\begin{cases}\boldsymbol{\alpha}_1=(2,1,3,-1),\\\boldsymbol{\alpha}_2=(-1,1,-3,1),\\\boldsymbol{\alpha}_3=(4,5,3,-1),\\\boldsymbol{\alpha}_4=(1,5,-3,1).\end{cases}$

17. 在 P^4 中，求由齐次方程组

$$\begin{cases}3x_1+2x_2-5x_3+4x_4=0,\\3x_1-x_2+3x_3-3x_4=0,\\3x_1+5x_2-13x_3+11x_4=0\end{cases}$$

确定的解空间的基与维数.

18. 求由向量 $\boldsymbol{\alpha}_i$ 生成的子空间与由向量 $\boldsymbol{\beta}_i$ 生成的子空间的交的基和维数. 设

1）$\begin{cases}\boldsymbol{\alpha}_1=(1,2,1,0),\\\boldsymbol{\alpha}_2=(-1,1,1,1),\end{cases}$　　$\begin{cases}\boldsymbol{\beta}_1=(2,-1,0,1),\\\boldsymbol{\beta}_2=(1,-1,3,7);\end{cases}$

2）$\begin{cases}\boldsymbol{\alpha}_1=(1,1,0,0),\\\boldsymbol{\alpha}_2=(1,0,1,1),\end{cases}$　　$\begin{cases}\boldsymbol{\beta}_1=(0,0,1,1),\\\boldsymbol{\beta}_2=(0,1,1,0);\end{cases}$

3）$\begin{cases}\boldsymbol{\alpha}_1=(1,2,-1,-2),\\\boldsymbol{\alpha}_2=(3,1,1,1),\\\boldsymbol{\alpha}_3=(-1,0,1,-1),\end{cases}$　　$\begin{cases}\boldsymbol{\beta}_1=(2,5,-6,-5),\\\boldsymbol{\beta}_2=(-1,2,-7,3).\end{cases}$

19. 设 V_1 与 V_2 分别是齐次方程组 $x_1+x_2+\cdots+x_n=0$ 与 $x_1=x_2=\cdots=x_n$ 的解空间. 证明：$P^n=V_1\oplus V_2$.

20. 证明：如果 $V=V_1\oplus V_2$，$V_1=V_{11}\oplus V_{12}$，那么 $V=V_{11}\oplus V_{12}\oplus V_2$.

21. 证明：每一个 n 维线性空间都可以表示成 n 个一维子空间的直和.

22. 证明：和 $\sum_{i=1}^{s} V_i$ 是直和的充要条件是

$$V_i \cap \sum_{j=1}^{i-1} V_j = \{\mathbf{0}\}, \quad i=2,3,\cdots,s.$$

23. 在给定了空间直角坐标系的三维空间中，所有自原点引出的向量添上零向量构成一个三维线性空间 $\mathbf{R}^3$.

1）问所有终点都在一个平面上的向量是否为子空间？

2）设有过原点的三条直线，这三条直线上的全部向量分别成为三个子空间 L_1，L_2，L_3. 问 L_1+L_2，$L_1+L_2+L_3$ 能构成哪些类型的子空间，试全部列举出来.

3）就用几何空间的例子来说明：若 U,V,X,Y 是子空间，满足 $U+V=X$，$X\supset Y$，是否一定有 $Y=(Y\cap U)+(Y\cap V)$.

补 充 题

1. 1）证明：在 $P[x]_n$ 中，多项式

$$f_i=(x-a_1)\cdots(x-a_{i-1})(x-a_{i+1})\cdots(x-a_n), \quad i=1,2,\cdots,n$$

是一组基，其中 $a_1,a_2,\cdots,a_n$ 是互不相同的数；

2）在 1）中，取 $a_1,a_2,\cdots,a_n$ 是全体 n 次单位根，求由基 $1,x,\cdots,x^{n-1}$ 到基 $f_1,f_2,\cdots,f_n$ 的过渡矩阵.

2. 设 $\boldsymbol{\alpha}_1,\boldsymbol{\alpha}_2,\cdots,\boldsymbol{\alpha}_n$ 是 n 维线性空间 V 的一组基，$\boldsymbol{A}$ 是一 $n\times s$ 矩阵，

$$(\boldsymbol{\beta}_1,\boldsymbol{\beta}_2,\cdots,\boldsymbol{\beta}_s)=(\boldsymbol{\alpha}_1,\boldsymbol{\alpha}_2,\cdots,\boldsymbol{\alpha}_n)\boldsymbol{A}.$$

证明：$L(\boldsymbol{\beta}_1,\boldsymbol{\beta}_2,\cdots,\boldsymbol{\beta}_s)$ 的维数等于 $\boldsymbol{A}$ 的秩.

3. 设 $f(x_1,x_2,\cdots,x_n)$ 是一秩为 n 的二次型. 证明：存在 $\mathbf{R}^n$ 的一个

$$\frac{1}{2}(n-|s|)$$

维子空间 V_1（其中 s 为符号差），使对任一 $(x_1,x_2,\cdots,x_n)\in V_1$ 有 $f(x_1,x_2,\cdots,x_n)=0$.

4. 设 V_1,V_2 是线性空间 V 的两个非平凡的子空间. 证明：在 V 中存在 $\boldsymbol{\alpha}$ 使 $\boldsymbol{\alpha}\notin V_1$，$\boldsymbol{\alpha}\notin V_2$ 同时成立.

5. 设 $V_1,V_2,\cdots,V_s$ 是线性空间 V 的 s 个非平凡的子空间. 证明：V 中至少有一向量不属于 $V_1,V_2,\cdots,V_s$ 中任意一个.

6. 设 V 是以 0 为极限的实数数列全体，即

$$V=\{\{a_n\}\mid a_n\in\mathbf{R},\lim_{n\to\infty}a_n=0\}.$$

在 V 中定义加法与数乘运算：$\{a_n\}+\{b_n\}=\{a_n+b_n\}$，$k\{a_n\}=\{ka_n\}$，$k\in\mathbf{R}$. 证明：$V$ 是 $\mathbf{R}$ 上的无限维线性空间.

7. 设 $su(2)$ 是满足 $\overline{\boldsymbol{X}}^{\mathrm{T}}=-\boldsymbol{X}$ 且 $\operatorname{tr}\boldsymbol{X}=0$ 的二阶复方阵的集合.证明：$su(2)$ 为实数域 $\mathbf{R}$ 上的线性空间，但不是复数域 $\mathbf{C}$ 上的线性空间.

8. 数域 P 上形如

$$\begin{pmatrix} a_1 & a_2 & a_3 & \cdots & a_n \\ a_n & a_1 & a_2 & \cdots & a_{n-1} \\ \vdots & \vdots & \vdots & & \vdots \\ a_2 & a_3 & a_4 & \cdots & a_1 \end{pmatrix}$$

的 n 阶方阵称为循环矩阵.设 U 是数域 P 上所有 n 阶循环矩阵组成的集合.证明：U 是 $P^{n\times n}$ 的一个子空间，并求出 U 的维数和一组基.

9. 设 $F(P)$ 为 $P^{n\times n}(n\geqslant 2)$ 上的所有映射 $f:P^{n\times n}\to P$ 关于如下加法和数乘运算构成的线性空间：

$$(f+g)(\boldsymbol{A})=f(\boldsymbol{A})+g(\boldsymbol{A}),\quad (kf)(\boldsymbol{A})=kf(\boldsymbol{A}),$$

其中 $f,g\in F(P)$，$k\in P$，$\boldsymbol{A}\in P^{n\times n}$.称映射 $f\in F(P)$ 为列线性函数，如果 f 对矩阵的每一列都是线性的，即对任意 n 阶方阵 $(\boldsymbol{\beta}_1,\boldsymbol{\beta}_2,\cdots,\boldsymbol{\beta}_n)$ 都有

$$\begin{aligned} & f(\boldsymbol{\beta}_1,\cdots,\boldsymbol{\beta}_{j-1},\boldsymbol{\beta}_j+\boldsymbol{\beta},\boldsymbol{\beta}_{j+1},\cdots,\boldsymbol{\beta}_n) \\ = & f(\boldsymbol{\beta}_1,\cdots,\boldsymbol{\beta}_{j-1},\boldsymbol{\beta}_j,\boldsymbol{\beta}_{j+1},\cdots,\boldsymbol{\beta}_n)+f(\boldsymbol{\beta}_1,\cdots,\boldsymbol{\beta}_{j-1},\boldsymbol{\beta},\boldsymbol{\beta}_{j+1},\cdots,\boldsymbol{\beta}_n) \end{aligned}$$

和

$$f(\boldsymbol{\beta}_1,\cdots,\boldsymbol{\beta}_{j-1},k\boldsymbol{\beta}_j,\boldsymbol{\beta}_{j+1},\cdots,\boldsymbol{\beta}_n)=kf(\boldsymbol{\beta}_1,\cdots,\boldsymbol{\beta}_{j-1},\boldsymbol{\beta}_j,\boldsymbol{\beta}_{j+1},\cdots,\boldsymbol{\beta}_n),\quad k\in P$$

成立，其中 $\boldsymbol{\beta}$ 为 P^n 中任意向量.若 $\boldsymbol{A}\in P^{n\times n}$ 有两列向量相同时必有 $f(\boldsymbol{A})=0$，则称 f 为反称的.设 $\Lambda(P)$ 为 $F(P)$ 中所有反称列线性函数构成的集合.证明：$\Lambda(P)$ 是 $F(P)$ 的一个子空间，并求 $\Lambda(P)$ 的维数和一组基.

10. 设 V_1,V_2,V_3 为线性空间 V 的子空间.证明：

$$维(V_1\cap V_2)+维((V_1+V_2)\cap V_3)=维(V_2\cap V_3)+维((V_2+V_3)\cap V_1).$$

学习指导

第七章
线性变换

§1 线性变换的定义

上一章我们看到，数域 P 上任意一个 n 维线性空间都与 P^n 同构，因之，有限维线性空间的结构可以认为是完全清楚了. 线性空间是某一类事物从量的方面的一个抽象. 我们认识客观事物，固然要弄清它们单个的和总体的性质，但是更重要的是研究它们之间的各种各样的联系. 在线性空间中，事物之间的联系就反映为线性空间的映射. 线性空间 V 到自身的映射通常称为 V 的一个**变换**. 这一章中要讨论的线性变换就是最简单的，同时也可以认为是最基本的一种变换，正如线性函数是最简单的和最基本的函数一样. 线性变换是线性代数的一个主要研究对象.

下面如果不特别声明，所考虑的都是某一固定的数域 P 上的线性空间.

定义 1 线性空间 V 的一个变换 $\mathscr{A}$ 称为**线性变换**，如果对于 V 中任意的元素 $\boldsymbol{\alpha},\boldsymbol{\beta}$ 和数域 P 中任意数 k，都有

$$\mathscr{A}(\boldsymbol{\alpha}+\boldsymbol{\beta})=\mathscr{A}(\boldsymbol{\alpha})+\mathscr{A}(\boldsymbol{\beta}),\quad \mathscr{A}(k\boldsymbol{\alpha})=k\,\mathscr{A}(\boldsymbol{\alpha}). \tag{1}$$

以后我们一般用花体拉丁字母 $\mathscr{A},\mathscr{B},\cdots$ 代表 V 的变换，$\mathscr{A}(\boldsymbol{\alpha})$ 或 $\mathscr{A}\boldsymbol{\alpha}$ 代表元素 $\boldsymbol{\alpha}$ 在变换 $\mathscr{A}$ 下的像.

定义中等式(1)所表示的性质，有时也说成线性变换保持向量的加法与数量乘法.

下面我们来看几个简单的例子，它们表明线性变换这个概念是有丰富的内容的.

例 1 平面上的向量构成实数域上的二维线性空间. 把平面围绕坐标原点按逆时针方向旋转 θ 角，就是一个线性变换，我们用 $\mathscr{I}_\theta$ 表示. 如果平面上一个向量 $\boldsymbol{\alpha}$ 在直角坐标系下的坐标是 (x,y)，那么像 $\mathscr{I}_\theta(\boldsymbol{\alpha})$ 的坐标，即 $\boldsymbol{\alpha}$ 旋转 θ 角之后的坐标 (x',y') 是按照公式

$$\begin{pmatrix} x' \\ y' \end{pmatrix}=\begin{pmatrix} \cos\theta & -\sin\theta \\ \sin\theta & \cos\theta \end{pmatrix}\begin{pmatrix} x \\ y \end{pmatrix}$$

来计算的. 同样地，空间中绕轴的旋转也是一个线性变换.

例 2 设 $\boldsymbol{\alpha}$ 是几何空间中一固定的非零向量，把每个向量 $\boldsymbol{\zeta}$ 变到它在 $\boldsymbol{\alpha}$ 上的内射影的变换也是一个线性变换，以 $\Pi_{\boldsymbol{\alpha}}$ 表示它. 用公式表示就是

$$\Pi_{\boldsymbol{\alpha}}(\boldsymbol{\zeta})=\frac{(\boldsymbol{\alpha},\boldsymbol{\zeta})}{(\boldsymbol{\alpha},\boldsymbol{\alpha})}\boldsymbol{\alpha},$$

其中$(\boldsymbol{\alpha},\boldsymbol{\zeta})$,$(\boldsymbol{\alpha},\boldsymbol{\alpha})$表示向量的内积.

例 3 线性空间 V 中的**恒等变换**或称**单位变换**$\mathscr{E}$,即

$$\mathscr{E}(\boldsymbol{\alpha})=\boldsymbol{\alpha},\quad \boldsymbol{\alpha}\in V,$$

以及**零变换**$\mathscr{O}$,即

$$\mathscr{O}(\boldsymbol{\alpha})=\mathbf{0},\quad \boldsymbol{\alpha}\in V,$$

它们都是线性变换.

例 4 设 V 是数域 P 上的线性空间,k 是 P 中某个数,定义 V 的变换为

$$\boldsymbol{\alpha}\to k\boldsymbol{\alpha},\qquad \boldsymbol{\alpha}\in V.$$

不难证明,这是一个线性变换,称为由数 k 决定的**数乘变换**,可用$\mathscr{K}$表示.显然,当 $k=1$ 时,我们便得恒等变换,当 $k=0$ 时,便得零变换.

例 5 在线性空间 $P[x]$或者 $P[x]_n$ 中,求微商是一个线性变换.这个变换通常用$\mathscr{D}$代表,即

$$\mathscr{D}(f(x))=f'(x).$$

例 6 定义在闭区间$[a,b]$上的全体连续函数组成实数域上一线性空间,以 $C(a,b)$代表.在这个空间中,变换

$$\mathscr{J}(f(x))=\int_a^x f(t)\,\mathrm{d}t$$

是一线性变换.

不难直接从定义推出线性变换的以下简单性质:

1. 设$\mathscr{A}$是 V 的线性变换,则$\mathscr{A}(\mathbf{0})=\mathbf{0}$,$\mathscr{A}(-\boldsymbol{\alpha})=-\mathscr{A}(\boldsymbol{\alpha})$.这是因为

$$\mathscr{A}(\mathbf{0})=\mathscr{A}(0\boldsymbol{\alpha})=0\mathscr{A}(\boldsymbol{\alpha})=\mathbf{0},$$

$$\mathscr{A}(-\boldsymbol{\alpha})=\mathscr{A}((-1)\boldsymbol{\alpha})=(-1)\mathscr{A}(\boldsymbol{\alpha})=-\mathscr{A}(\boldsymbol{\alpha}).$$

2. 线性变换保持线性组合与线性关系式不变.换句话说,如果 $\boldsymbol{\beta}$ 是 $\boldsymbol{\alpha}_1,\boldsymbol{\alpha}_2,\cdots,\boldsymbol{\alpha}_r$ 的线性组合,即

$$\boldsymbol{\beta}=k_1\boldsymbol{\alpha}_1+k_2\boldsymbol{\alpha}_2+\cdots+k_r\boldsymbol{\alpha}_r,$$

那么经过线性变换$\mathscr{A}$之后,$\mathscr{A}(\boldsymbol{\beta})$是$\mathscr{A}(\boldsymbol{\alpha}_1)$,$\mathscr{A}(\boldsymbol{\alpha}_2)$,$\cdots$,$\mathscr{A}(\boldsymbol{\alpha}_r)$同样的线性组合,即

$$\mathscr{A}(\boldsymbol{\beta})=k_1\mathscr{A}(\boldsymbol{\alpha}_1)+k_2\mathscr{A}(\boldsymbol{\alpha}_2)+\cdots+k_r\mathscr{A}(\boldsymbol{\alpha}_r).$$

又如果 $\boldsymbol{\alpha}_1,\boldsymbol{\alpha}_2,\cdots,\boldsymbol{\alpha}_r$ 之间有一线性关系式

$$k_1\boldsymbol{\alpha}_1+k_2\boldsymbol{\alpha}_2+\cdots+k_r\boldsymbol{\alpha}_r=\mathbf{0},$$

那么它们的像之间也有同样的关系

$$k_1\mathscr{A}(\boldsymbol{\alpha}_1)+k_2\mathscr{A}(\boldsymbol{\alpha}_2)+\cdots+k_r\mathscr{A}(\boldsymbol{\alpha}_r)=\mathbf{0}.$$

以上两点,根据定义不难验证,由此即得

3. 线性变换把线性相关的向量组变成线性相关的向量组.

但应该注意,3 的逆是不对的,线性变换可能把线性无关的向量组也变成线性相关的向量组.例如零变换就是这样.

更一般地,可以定义数域 P 上两个线性空间 V 和 V'之间保持向量加法和数量乘法的映射.

定义 2 线性空间 V 到线性空间 V' 的一个映射 $\mathscr{A}$ 称为**线性映射**，如果对于 V 中元素 $\boldsymbol{\alpha},\boldsymbol{\beta}$ 和数域 P 中任意数 k，都有

$$\mathscr{A}(\boldsymbol{\alpha}+\boldsymbol{\beta})=\mathscr{A}(\boldsymbol{\alpha})+\mathscr{A}(\boldsymbol{\beta}),\quad \mathscr{A}(k\boldsymbol{\alpha})=k\mathscr{A}(\boldsymbol{\alpha}).$$

线性变换是特殊的线性映射.线性映射是研究两个线性空间关系的重要工具.研究线性映射的方法类似于线性变换，本章以线性变换为主要研究对象.

§2 线性变换的运算

在这一节，我们来介绍线性变换的运算及其简单性质.

首先，线性空间的线性变换作为映射的特殊情形当然可以定义乘法.设 $\mathscr{A},\mathscr{B}$ 是线性空间 V 的两个线性变换，定义它们的**乘积** $\mathscr{A}\mathscr{B}$ 为

$$(\mathscr{A}\mathscr{B})(\boldsymbol{\alpha})=\mathscr{A}(\mathscr{B}(\boldsymbol{\alpha})),\quad \boldsymbol{\alpha}\in V.$$

容易证明，线性变换的乘积也是线性变换. 事实上，

$$\begin{aligned}(\mathscr{A}\mathscr{B})(\boldsymbol{\alpha}+\boldsymbol{\beta})&=\mathscr{A}(\mathscr{B}(\boldsymbol{\alpha}+\boldsymbol{\beta}))=\mathscr{A}(\mathscr{B}(\boldsymbol{\alpha})+\mathscr{B}(\boldsymbol{\beta}))\\&=\mathscr{A}(\mathscr{B}(\boldsymbol{\alpha}))+\mathscr{A}(\mathscr{B}(\boldsymbol{\beta}))=(\mathscr{A}\mathscr{B})(\boldsymbol{\alpha})+(\mathscr{A}\mathscr{B})(\boldsymbol{\beta}),\end{aligned}$$

$$(\mathscr{A}\mathscr{B})(k\boldsymbol{\alpha})=\mathscr{A}(\mathscr{B}(k\boldsymbol{\alpha}))=\mathscr{A}(k\mathscr{B}(\boldsymbol{\alpha}))=k\mathscr{A}(\mathscr{B}(\boldsymbol{\alpha}))=k(\mathscr{A}\mathscr{B})(\boldsymbol{\alpha}).$$

这说明 $\mathscr{A}\mathscr{B}$ 是线性变换.

既然一般映射的乘法适合结合律，线性变换的乘法当然也适合结合律，即

$$(\mathscr{A}\mathscr{B})\mathscr{C}=\mathscr{A}(\mathscr{B}\mathscr{C}).$$

但线性变换的乘法一般是不可交换的.例如，在实数域 $\mathbf{R}$ 上的线性空间 $R[x]$ 中，线性变换

$$\mathscr{D}(f(x))=f'(x),\quad \mathscr{J}(f(x))=\int_0^x f(t)\,\mathrm{d}t$$

的乘积 $\mathscr{D}\mathscr{J}=\mathscr{E}$，但一般 $\mathscr{J}\mathscr{D}\neq\mathscr{E}$.

对于乘法，单位变换 $\mathscr{E}$ 有特殊的地位.对于任意线性变换 $\mathscr{A}$，都有

$$\mathscr{E}\mathscr{A}=\mathscr{A}\mathscr{E}=\mathscr{A}.$$

其次，对于线性变换还可以定义**加法**.设 $\mathscr{A},\mathscr{B}$ 是线性空间 V 的两个线性变换，定义它们的**和** $\mathscr{A}+\mathscr{B}$ 为

$$(\mathscr{A}+\mathscr{B})(\boldsymbol{\alpha})=\mathscr{A}(\boldsymbol{\alpha})+\mathscr{B}(\boldsymbol{\alpha}),\quad \boldsymbol{\alpha}\in V.$$

容易证明，线性变换的和还是线性变换.事实上，

$$\begin{aligned}(\mathscr{A}+\mathscr{B})(\boldsymbol{\alpha}+\boldsymbol{\beta})&=\mathscr{A}(\boldsymbol{\alpha}+\boldsymbol{\beta})+\mathscr{B}(\boldsymbol{\alpha}+\boldsymbol{\beta})\\&=(\mathscr{A}(\boldsymbol{\alpha})+\mathscr{A}(\boldsymbol{\beta}))+(\mathscr{B}(\boldsymbol{\alpha})+\mathscr{B}(\boldsymbol{\beta}))\\&=(\mathscr{A}(\boldsymbol{\alpha})+\mathscr{B}(\boldsymbol{\alpha}))+(\mathscr{A}(\boldsymbol{\beta})+\mathscr{B}(\boldsymbol{\beta}))\\&=(\mathscr{A}+\mathscr{B})(\boldsymbol{\alpha})+(\mathscr{A}+\mathscr{B})(\boldsymbol{\beta}),\\(\mathscr{A}+\mathscr{B})(k\boldsymbol{\alpha})&=\mathscr{A}(k\boldsymbol{\alpha})+\mathscr{B}(k\boldsymbol{\alpha})=k\mathscr{A}(\boldsymbol{\alpha})+k\mathscr{B}(\boldsymbol{\alpha})\\&=k(\mathscr{A}(\boldsymbol{\alpha})+\mathscr{B}(\boldsymbol{\alpha}))=k(\mathscr{A}+\mathscr{B})(\boldsymbol{\alpha}).\end{aligned}$$

这就说明 $\mathscr{A}+\mathscr{B}$ 是线性变换.

不难证明，线性变换的加法适合结合律与交换律，即

$$\mathscr{A}+(\mathscr{B}+\mathscr{C})=(\mathscr{A}+\mathscr{B})+\mathscr{C},\quad \mathscr{A}+\mathscr{B}=\mathscr{B}+\mathscr{A}.$$

证明留给读者完成.

对于加法,零变换$\mathscr{O}$有着特殊的地位.它与所有线性变换$\mathscr{A}$的和仍等于$\mathscr{A}$,即

$$\mathscr{A}+\mathscr{O}=\mathscr{A}.$$

对于每个线性变换$\mathscr{A}$,我们可以定义它的负变换$-\mathscr{A}$:

$$(-\mathscr{A})(\boldsymbol{\alpha})=-\mathscr{A}(\boldsymbol{\alpha}),\quad \boldsymbol{\alpha}\in V.$$

容易看出,负变换$-\mathscr{A}$也是线性的,且

$$\mathscr{A}+(-\mathscr{A})=\mathscr{O}.$$

线性变换的乘法对加法有左右分配律,即

$$\mathscr{A}(\mathscr{B}+\mathscr{C})=\mathscr{A}\mathscr{B}+\mathscr{A}\mathscr{C},\quad (\mathscr{B}+\mathscr{C})\mathscr{A}=\mathscr{B}\mathscr{A}+\mathscr{C}\mathscr{A}.$$

事实上,

$$\begin{aligned}(\mathscr{A}(\mathscr{B}+\mathscr{C}))(\boldsymbol{\alpha})&=\mathscr{A}((\mathscr{B}+\mathscr{C})(\boldsymbol{\alpha}))=\mathscr{A}(\mathscr{B}(\boldsymbol{\alpha})+\mathscr{C}(\boldsymbol{\alpha}))=\mathscr{A}(\mathscr{B}(\boldsymbol{\alpha}))+\mathscr{A}(\mathscr{C}(\boldsymbol{\alpha}))\\&=(\mathscr{A}\mathscr{B})(\boldsymbol{\alpha})+(\mathscr{A}\mathscr{C})(\boldsymbol{\alpha})=(\mathscr{A}\mathscr{B}+\mathscr{A}\mathscr{C})(\boldsymbol{\alpha}).\end{aligned}$$

这就证明了左分配律.右分配律可以类似地证明.

在上一节例 4 中我们看到,数域 P 中每个数 k 都决定一个数乘变换$\mathscr{K}$.利用线性变换的乘法,可以定义数域 P 中的数与线性变换的**数量乘法**为

$$k\mathscr{A}=\mathscr{K}\mathscr{A},$$

即

$$(k\mathscr{A})(\boldsymbol{\alpha})=\mathscr{K}(\mathscr{A}(\boldsymbol{\alpha}))=\mathscr{K}\mathscr{A}(\boldsymbol{\alpha}),$$

当然,$k\mathscr{A}$还是线性变换.容易看出,线性变换的数量乘法适合以下规律:

$$(kl)\mathscr{A}=k(l\mathscr{A}),\quad (k+l)\mathscr{A}=k\mathscr{A}+l\mathscr{A},$$

$$k(\mathscr{A}+\mathscr{B})=k\mathscr{A}+k\mathscr{B},\quad 1\mathscr{A}=\mathscr{A}.$$

对于线性变换,我们已经定义了乘法、加法与数量乘法三种运算.由加法与数量乘法的性质可知,线性空间 V 上全体线性变换,对于如上定义的加法与数量乘法,也构成数域 P 上一个线性空间.

V 的变换$\mathscr{A}$称为可逆的,如果有 V 的变换$\mathscr{B}$存在,使

$$\mathscr{A}\mathscr{B}=\mathscr{B}\mathscr{A}=\mathscr{E}.$$

这时,变换$\mathscr{B}$称为$\mathscr{A}$的**逆变换**,记作$\mathscr{A}^{-1}$.现在来证明,如果线性变换$\mathscr{A}$是可逆的,那么它的逆变换$\mathscr{A}^{-1}$也是线性变换.事实上,

$$\begin{aligned}\mathscr{A}^{-1}(\boldsymbol{\alpha}+\boldsymbol{\beta})&=\mathscr{A}^{-1}[(\mathscr{A}\mathscr{A}^{-1})(\boldsymbol{\alpha})+(\mathscr{A}\mathscr{A}^{-1})(\boldsymbol{\beta})]\\&=\mathscr{A}^{-1}[\mathscr{A}(\mathscr{A}^{-1}(\boldsymbol{\alpha}))+\mathscr{A}(\mathscr{A}^{-1}(\boldsymbol{\beta}))]\\&=\mathscr{A}^{-1}[\mathscr{A}(\mathscr{A}^{-1}(\boldsymbol{\alpha})+\mathscr{A}^{-1}(\boldsymbol{\beta}))]\\&=(\mathscr{A}^{-1}\mathscr{A})(\mathscr{A}^{-1}(\boldsymbol{\alpha})+\mathscr{A}^{-1}(\boldsymbol{\beta}))=\mathscr{A}^{-1}(\boldsymbol{\alpha})+\mathscr{A}^{-1}(\boldsymbol{\beta}),\\\mathscr{A}^{-1}(k\boldsymbol{\alpha})&=\mathscr{A}^{-1}(k(\mathscr{A}\mathscr{A}^{-1})(\boldsymbol{\alpha}))=\mathscr{A}^{-1}(k(\mathscr{A}(\mathscr{A}^{-1}(\boldsymbol{\alpha}))))\\&=\mathscr{A}^{-1}(\mathscr{A}(k\mathscr{A}^{-1}(\boldsymbol{\alpha})))=(\mathscr{A}^{-1}\mathscr{A})(k\mathscr{A}^{-1}(\boldsymbol{\alpha}))=k\mathscr{A}^{-1}(\boldsymbol{\alpha}).\end{aligned}$$

这就说明$\mathscr{A}^{-1}$是线性变换.

最后,我们引进线性变换的多项式的概念.

既然线性变换的乘法满足结合律,当若干个线性变换$\mathscr{A}$重复相乘时,其最终结果是完全确定的,与乘积的结合方法无关.因此当 n 个(n 是正整数)线性变换$\mathscr{A}$相乘时,

我们就可以用

$$\overbrace{\mathscr{A}\mathscr{A}\cdots\mathscr{A}}^{n\text{个}}$$

来表示,称为$\mathscr{A}$的 n 次幂,简单地记作$\mathscr{A}^n$.此外,作为定义,令

$$\mathscr{A}^0=\mathscr{E}.$$

根据线性变换幂的定义,可以推出指数法则:

$$\mathscr{A}^{m+n}=\mathscr{A}^m\mathscr{A}^n,\quad (\mathscr{A}^m)^n=\mathscr{A}^{mn},\quad m,n\geqslant 0.$$

当线性变换$\mathscr{A}$可逆时,定义$\mathscr{A}$的负整数幂为

$$\mathscr{A}^{-n}=(\mathscr{A}^{-1})^n,\quad n\text{ 是正整数}.$$

这时,指数法则可以推广到负整数幂的情形.

值得注意的是,线性变换乘积的指数法则不成立,即一般说来

$$(\mathscr{A}\mathscr{B})^n\neq\mathscr{A}^n\mathscr{B}^n.$$

设

$$f(x)=a_mx^m+a_{m-1}x^{m-1}+\cdots+a_0$$

是 $P[x]$ 中一多项式,$\mathscr{A}$是 V 的一线性变换,我们定义

$$f(\mathscr{A})=a_m\mathscr{A}^m+a_{m-1}\mathscr{A}^{m-1}+\cdots+a_0\mathscr{E}.$$

显然,$f(\mathscr{A})$是一线性变换,它称为**线性变换$\mathscr{A}$的多项式**.

不难验证,如果在 $P[x]$ 中,

$$h(x)=f(x)+g(x),\quad p(x)=f(x)g(x),$$

那么

$$h(\mathscr{A})=f(\mathscr{A})+g(\mathscr{A}),\quad p(\mathscr{A})=f(\mathscr{A})g(\mathscr{A}).$$

特别地,

$$f(\mathscr{A})g(\mathscr{A})=g(\mathscr{A})f(\mathscr{A}).$$

即同一个线性变换的多项式的乘法是可交换的.

下面的例子表明,线性变换之间的一些关系可以通过线性变换的运算表示出来.

例 1　在三维几何空间中,对于某一向量 $\boldsymbol{\alpha}$ 的内射影 $\Pi_{\boldsymbol{\alpha}}$ 是一个线性变换(图 7.1). $\Pi_{\boldsymbol{\alpha}}$ 可以用公式表示为(§1 例 2)

$$\Pi_{\boldsymbol{\alpha}}(\boldsymbol{\zeta})=\frac{(\boldsymbol{\alpha},\boldsymbol{\zeta})}{(\boldsymbol{\alpha},\boldsymbol{\alpha})}\boldsymbol{\alpha},$$

其中$(\boldsymbol{\alpha},\boldsymbol{\zeta})$,$(\boldsymbol{\alpha},\boldsymbol{\alpha})$表示向量的内积.

从图 7.2 不难看到,$\boldsymbol{\zeta}$ 在以 $\boldsymbol{\alpha}$ 为法向量的平面 x 上的内射影$\Pi_x(\boldsymbol{\zeta})$可以用公式

$$\Pi_x(\boldsymbol{\zeta})=\boldsymbol{\zeta}-\Pi_{\boldsymbol{\alpha}}(\boldsymbol{\zeta})$$

表示.因此

$$\Pi_x=\mathscr{E}-\Pi_{\boldsymbol{\alpha}},$$

这里$\mathscr{E}$是恒等变换.

$\boldsymbol{\zeta}$ 对于平面 x 的反射$\mathscr{R}_x$ 也是一个线性变换,它的像(图 7.2)由公式

$$\mathscr{R}_x(\boldsymbol{\zeta})=\boldsymbol{\zeta}-2\Pi_{\boldsymbol{\alpha}}(\boldsymbol{\zeta})$$

给出.因此

$$\mathscr{R}_x=\mathscr{E}-2\Pi_{\boldsymbol{\alpha}}.$$

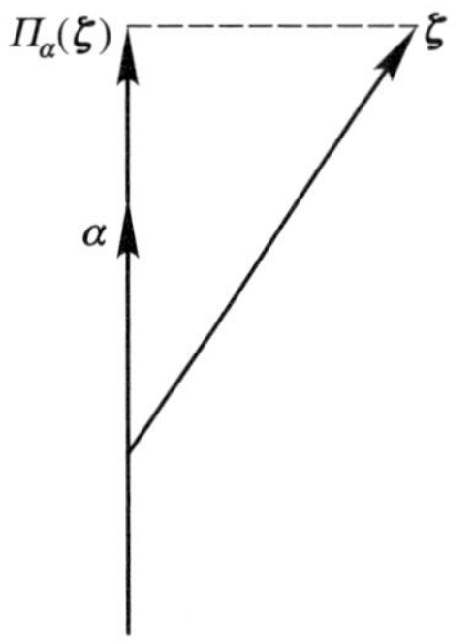

图 7.1

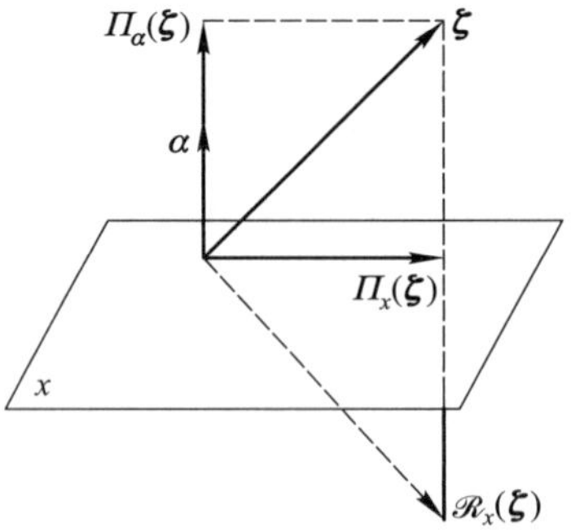

图 7.2

设 $\boldsymbol{\alpha},\boldsymbol{\beta}$ 是空间的两个向量.显然,$\boldsymbol{\alpha}$ 与 $\boldsymbol{\beta}$ 互相垂直的充要条件为

$$\Pi_{\boldsymbol{\alpha}}\Pi_{\boldsymbol{\beta}}=\mathscr{O}.$$

例 2　在线性空间 $P[\lambda]_n$ 中,求微商是一个线性变换,用$\mathscr{D}$表示(§1 例 5).显然有

$$\mathscr{D}^n=\mathscr{O}.$$

其次,平移

$$f(\lambda)\to f(\lambda+a),\quad a\in P$$

也是一个线性变换,用$\mathscr{S}_a$ 表示.根据泰勒展开式

$$f(\lambda+a)=f(\lambda)+af'(\lambda)+\frac{a^2}{2!}f''(\lambda)+\cdots+\frac{a^{n-1}}{(n-1)!}f^{(n-1)}(\lambda),$$

因之,$\mathscr{S}_a$ 实质上是$\mathscr{D}$的多项式,即

$$\mathscr{S}_a=\mathscr{E}+a\mathscr{D}+\frac{a^2}{2!}\mathscr{D}^2+\cdots+\frac{a^{n-1}}{(n-1)!}\mathscr{D}^{n-1}.$$

§3　线性变换的矩阵

设 V 是数域 P 上 n 维线性空间,$\boldsymbol{\varepsilon}_1,\boldsymbol{\varepsilon}_2,\cdots,\boldsymbol{\varepsilon}_n$ 是 V 的一组基,现在我们来建立线性变换与矩阵的关系.

空间 V 中任一向量 $\boldsymbol{\xi}$ 可以经 $\boldsymbol{\varepsilon}_1,\boldsymbol{\varepsilon}_2,\cdots,\boldsymbol{\varepsilon}_n$ 线性表出,即有关系式

$$\boldsymbol{\xi}=x_1\boldsymbol{\varepsilon}_1+x_2\boldsymbol{\varepsilon}_2+\cdots+x_n\boldsymbol{\varepsilon}_n,\tag{1}$$

其中系数是唯一确定的,它们就是 $\boldsymbol{\xi}$ 在这组基下的坐标.由于线性变换保持线性关系不变,因而在 $\boldsymbol{\xi}$ 的像$\mathscr{A}\boldsymbol{\xi}$ 与基的像$\mathscr{A}\boldsymbol{\varepsilon}_1,\mathscr{A}\boldsymbol{\varepsilon}_2,\cdots,\mathscr{A}\boldsymbol{\varepsilon}_n$ 之间也必然有相同的关系,即

$$\mathscr{A}\boldsymbol{\xi}=\mathscr{A}(x_1\boldsymbol{\varepsilon}_1+x_2\boldsymbol{\varepsilon}_2+\cdots+x_n\boldsymbol{\varepsilon}_n)=x_1\mathscr{A}\boldsymbol{\varepsilon}_1+x_2\mathscr{A}\boldsymbol{\varepsilon}_2+\cdots+x_n\mathscr{A}\boldsymbol{\varepsilon}_n.\tag{2}$$

上式表明,如果我们知道了基 $\boldsymbol{\varepsilon}_1,\boldsymbol{\varepsilon}_2,\cdots,\boldsymbol{\varepsilon}_n$ 的像,那么线性空间中任意一个向量 $\boldsymbol{\xi}$ 的像也就知道了,或者说

1. 设 $\boldsymbol{\varepsilon}_1,\boldsymbol{\varepsilon}_2,\cdots,\boldsymbol{\varepsilon}_n$ 是线性空间 V 的一组基.如果线性变换$\mathscr{A}$与$\mathscr{B}$在这组基上的作用相同,即

$$\mathscr{A}\boldsymbol{\varepsilon}_i=\mathscr{B}\boldsymbol{\varepsilon}_i,\quad i=1,2,\cdots,n,$$

那么$\mathscr{A}=\mathscr{B}$.

证明 $\mathscr{A}$与$\mathscr{B}$相等的意义是它们对每个向量的作用相同.因此,我们就是要证明对任一向量$\boldsymbol{\xi}$,等式$\mathscr{A}\boldsymbol{\xi}=\mathscr{B}\boldsymbol{\xi}$成立.而由(2)式及假设,即得

$$\mathscr{A}\boldsymbol{\xi}=x_1\mathscr{A}\boldsymbol{\varepsilon}_1+x_2\mathscr{A}\boldsymbol{\varepsilon}_2+\cdots+x_n\mathscr{A}\boldsymbol{\varepsilon}_n=x_1\mathscr{B}\boldsymbol{\varepsilon}_1+x_2\mathscr{B}\boldsymbol{\varepsilon}_2+\cdots+x_n\mathscr{B}\boldsymbol{\varepsilon}_n=\mathscr{B}\boldsymbol{\xi}.\ \blacksquare$$

结论1的意义就是,一个线性变换完全被它在一组基上的作用所决定.下面我们进一步指出,基向量的像却完全可以是任意的,也就是说

2. 设$\boldsymbol{\varepsilon}_1,\boldsymbol{\varepsilon}_2,\cdots,\boldsymbol{\varepsilon}_n$是线性空间$V$的一组基.对于任意一组向量$\boldsymbol{\alpha}_1,\boldsymbol{\alpha}_2,\cdots,\boldsymbol{\alpha}_n$,一定有一个线性变换$\mathscr{A}$,使

$$\mathscr{A}\boldsymbol{\varepsilon}_i=\boldsymbol{\alpha}_i,\quad i=1,2,\cdots,n.\tag{3}$$

证明 我们来作出所要的线性变换.设

$$\boldsymbol{\xi}=\sum_{i=1}^{n}x_i\boldsymbol{\varepsilon}_i$$

是线性空间V的任意一个向量,我们定义V的变换$\mathscr{A}$为

$$\mathscr{A}\boldsymbol{\xi}=\sum_{i=1}^{n}x_i\boldsymbol{\alpha}_i.\tag{4}$$

下面来证明变换$\mathscr{A}$是线性的.

在V中任取两个向量,

$$\boldsymbol{\beta}=\sum_{i=1}^{n}b_i\boldsymbol{\varepsilon}_i,\quad \boldsymbol{\gamma}=\sum_{i=1}^{n}c_i\boldsymbol{\varepsilon}_i.$$

于是

$$\boldsymbol{\beta}+\boldsymbol{\gamma}=\sum_{i=1}^{n}(b_i+c_i)\boldsymbol{\varepsilon}_i,\quad k\boldsymbol{\beta}=\sum_{i=1}^{n}kb_i\boldsymbol{\varepsilon}_i,\quad k\in P.$$

按所定义的$\mathscr{A}$的表达式(4),有

$$\mathscr{A}(\boldsymbol{\beta}+\boldsymbol{\gamma})=\sum_{i=1}^{n}(b_i+c_i)\boldsymbol{\alpha}_i=\sum_{i=1}^{n}b_i\boldsymbol{\alpha}_i+\sum_{i=1}^{n}c_i\boldsymbol{\alpha}_i=\mathscr{A}\boldsymbol{\beta}+\mathscr{A}\boldsymbol{\gamma},$$

$$\mathscr{A}(k\boldsymbol{\beta})=\sum_{i=1}^{n}kb_i\boldsymbol{\alpha}_i=k\sum_{i=1}^{n}b_i\boldsymbol{\alpha}_i=k\mathscr{A}\boldsymbol{\beta}.$$

因此,$\mathscr{A}$是线性变换.再来证$\mathscr{A}$满足(3)式.因为

$$\boldsymbol{\varepsilon}_i=0\boldsymbol{\varepsilon}_1+\cdots+0\boldsymbol{\varepsilon}_{i-1}+1\boldsymbol{\varepsilon}_i+0\boldsymbol{\varepsilon}_{i+1}+\cdots+0\boldsymbol{\varepsilon}_n,\quad i=1,2,\cdots,n,$$

所以

$$\mathscr{A}\boldsymbol{\varepsilon}_i=0\boldsymbol{\alpha}_1+\cdots+0\boldsymbol{\alpha}_{i-1}+1\boldsymbol{\alpha}_i+0\boldsymbol{\alpha}_{i+1}+\cdots+0\boldsymbol{\alpha}_n=\boldsymbol{\alpha}_i,\quad i=1,2,\cdots,n.\ \blacksquare$$

综合以上两点,得

定理1 设$\boldsymbol{\varepsilon}_1,\boldsymbol{\varepsilon}_2,\cdots,\boldsymbol{\varepsilon}_n$是线性空间$V$的一组基,$\boldsymbol{\alpha}_1,\boldsymbol{\alpha}_2,\cdots,\boldsymbol{\alpha}_n$是$V$中任意$n$个向量.存在唯一的线性变换$\mathscr{A}$,使

$$\mathscr{A}\boldsymbol{\varepsilon}_i=\boldsymbol{\alpha}_i,\quad i=1,2,\cdots,n.\ \blacksquare$$

有了以上的讨论,我们就可以来建立线性变换与矩阵的联系.

定义3 设$\boldsymbol{\varepsilon}_1,\boldsymbol{\varepsilon}_2,\cdots,\boldsymbol{\varepsilon}_n$是数域$P$上$n$维线性空间$V$的一组基,$\mathscr{A}$是$V$中的一个线性变换.基向量的像可以经基线性表出,即

$$\begin{cases}\mathscr{A}\boldsymbol{\varepsilon}_1=a_{11}\boldsymbol{\varepsilon}_1+a_{21}\boldsymbol{\varepsilon}_2+\cdots+a_{n1}\boldsymbol{\varepsilon}_n,\\ \mathscr{A}\boldsymbol{\varepsilon}_2=a_{12}\boldsymbol{\varepsilon}_1+a_{22}\boldsymbol{\varepsilon}_2+\cdots+a_{n2}\boldsymbol{\varepsilon}_n,\\ \cdots\cdots\cdots\cdots\\ \mathscr{A}\boldsymbol{\varepsilon}_n=a_{1n}\boldsymbol{\varepsilon}_1+a_{2n}\boldsymbol{\varepsilon}_2+\cdots+a_{nn}\boldsymbol{\varepsilon}_n.\end{cases}$$

用矩阵来表示就是

$$\mathscr{A}(\boldsymbol{\varepsilon}_1,\boldsymbol{\varepsilon}_2,\cdots,\boldsymbol{\varepsilon}_n)=(\mathscr{A}\boldsymbol{\varepsilon}_1,\mathscr{A}\boldsymbol{\varepsilon}_2,\cdots,\mathscr{A}\boldsymbol{\varepsilon}_n)=(\boldsymbol{\varepsilon}_1,\boldsymbol{\varepsilon}_2,\cdots,\boldsymbol{\varepsilon}_n)\boldsymbol{A},\tag{5}$$

其中

$$\boldsymbol{A}=\begin{pmatrix}a_{11}&a_{12}&\cdots&a_{1n}\\a_{21}&a_{22}&\cdots&a_{2n}\\\vdots&\vdots&&\vdots\\a_{n1}&a_{n2}&\cdots&a_{nn}\end{pmatrix}.$$

矩阵 $\boldsymbol{A}$ 称为 $\mathscr{A}$ **在基** $\boldsymbol{\varepsilon}_1,\boldsymbol{\varepsilon}_2,\cdots,\boldsymbol{\varepsilon}_n$ **下的矩阵**.

例 1　设 $\boldsymbol{\varepsilon}_1,\boldsymbol{\varepsilon}_2,\cdots,\boldsymbol{\varepsilon}_m$ 是 $n(n>m)$ 维线性空间 V 的子空间 W 的一组基，把它扩充为 V 的一组基 $\boldsymbol{\varepsilon}_1,\boldsymbol{\varepsilon}_2,\cdots,\boldsymbol{\varepsilon}_n$.定义线性变换 $\mathscr{A}$ 如下：

$$\begin{cases}\mathscr{A}\boldsymbol{\varepsilon}_i=\boldsymbol{\varepsilon}_i, & i=1,2,\cdots,m,\\ \mathscr{A}\boldsymbol{\varepsilon}_i=\boldsymbol{0}, & i=m+1,\cdots,n.\end{cases}$$

如此确定的线性变换 $\mathscr{A}$ 称为对子空间 W 的一个**投影**.不难证明

$$\mathscr{A}^2=\mathscr{A},$$

投影 $\mathscr{A}$ 在基 $\boldsymbol{\varepsilon}_1,\boldsymbol{\varepsilon}_2,\cdots,\boldsymbol{\varepsilon}_n$ 下的矩阵是

$$\begin{pmatrix}1&&&&&&\\&1&&&&&\\&&\ddots&&&&\\&&&1&&&\\&&&&0&&\\&&&&&\ddots&\\&&&&&&0\end{pmatrix}\begin{matrix}\left.\vphantom{\begin{matrix}1\\1\\\ddots\\1\end{matrix}}\right\}m\text{ 行}\\ \\ \\ \\ \end{matrix}.$$

（前 m 列，m 列）

这样，在取定一组基之后，我们就建立了由数域 P 上的 n 维线性空间 V 的线性变换到数域 P 上的 $n\times n$ 矩阵的一个映射.前面的结论 1 说明这个映射是单射，结论 2 说明这个映射是满射. 换句话说，我们在这二者之间建立了一个双射.这个对应的重要性表现在它保持运算，即有

定理 2　设 $\boldsymbol{\varepsilon}_1,\boldsymbol{\varepsilon}_2,\cdots,\boldsymbol{\varepsilon}_n$ 是数域 P 上 n 维线性空间 V 的一组基，在这组基下，每个线性变换按公式(5)对应一个 $n\times n$ 矩阵. 这个对应具有以下的性质：

1）线性变换的和对应于矩阵的和；

2）线性变换的乘积对应于矩阵的乘积；

3）线性变换的数量乘积对应于矩阵的数量乘积；

4）可逆的线性变换与可逆矩阵对应，且逆变换对应于逆矩阵.

证明　设 $\mathscr{A},\mathscr{B}$ 是两个线性变换，它们在基 $\boldsymbol{\varepsilon}_1,\boldsymbol{\varepsilon}_2,\cdots,\boldsymbol{\varepsilon}_n$ 下的矩阵分别是 $\boldsymbol{A},\boldsymbol{B}$，即

$$\mathscr{A}(\boldsymbol{\varepsilon}_1,\boldsymbol{\varepsilon}_2,\cdots,\boldsymbol{\varepsilon}_n)=(\boldsymbol{\varepsilon}_1,\boldsymbol{\varepsilon}_2,\cdots,\boldsymbol{\varepsilon}_n)\boldsymbol{A},$$
$$\mathscr{B}(\boldsymbol{\varepsilon}_1,\boldsymbol{\varepsilon}_2,\cdots,\boldsymbol{\varepsilon}_n)=(\boldsymbol{\varepsilon}_1,\boldsymbol{\varepsilon}_2,\cdots,\boldsymbol{\varepsilon}_n)\boldsymbol{B}.$$

1）由

$$\begin{aligned}(\mathscr{A}+\mathscr{B})(\boldsymbol{\varepsilon}_1,\boldsymbol{\varepsilon}_2,\cdots,\boldsymbol{\varepsilon}_n)&=\mathscr{A}(\boldsymbol{\varepsilon}_1,\boldsymbol{\varepsilon}_2,\cdots,\boldsymbol{\varepsilon}_n)+\mathscr{B}(\boldsymbol{\varepsilon}_1,\boldsymbol{\varepsilon}_2,\cdots,\boldsymbol{\varepsilon}_n)\\&=(\boldsymbol{\varepsilon}_1,\boldsymbol{\varepsilon}_2,\cdots,\boldsymbol{\varepsilon}_n)\boldsymbol{A}+(\boldsymbol{\varepsilon}_1,\boldsymbol{\varepsilon}_2,\cdots,\boldsymbol{\varepsilon}_n)\boldsymbol{B}\\&=(\boldsymbol{\varepsilon}_1,\boldsymbol{\varepsilon}_2,\cdots,\boldsymbol{\varepsilon}_n)(\boldsymbol{A}+\boldsymbol{B})\end{aligned}$$

可知，在基 $\boldsymbol{\varepsilon}_1,\boldsymbol{\varepsilon}_2,\cdots,\boldsymbol{\varepsilon}_n$ 下，线性变换 $\mathscr{A}+\mathscr{B}$ 的矩阵是 $\boldsymbol{A}+\boldsymbol{B}$.

2）相仿地，

$$\begin{aligned}(\mathscr{A}\mathscr{B})(\boldsymbol{\varepsilon}_1,\boldsymbol{\varepsilon}_2,\cdots,\boldsymbol{\varepsilon}_n)&=\mathscr{A}(\mathscr{B}(\boldsymbol{\varepsilon}_1,\boldsymbol{\varepsilon}_2,\cdots,\boldsymbol{\varepsilon}_n))=\mathscr{A}((\boldsymbol{\varepsilon}_1,\boldsymbol{\varepsilon}_2,\cdots,\boldsymbol{\varepsilon}_n)\boldsymbol{B})\\&=(\mathscr{A}(\boldsymbol{\varepsilon}_1,\boldsymbol{\varepsilon}_2,\cdots,\boldsymbol{\varepsilon}_n))\boldsymbol{B}=(\boldsymbol{\varepsilon}_1,\boldsymbol{\varepsilon}_2,\cdots,\boldsymbol{\varepsilon}_n)\boldsymbol{A}\boldsymbol{B}.\end{aligned}$$

因此，在基 $\boldsymbol{\varepsilon}_1,\boldsymbol{\varepsilon}_2,\cdots,\boldsymbol{\varepsilon}_n$ 下，线性变换 $\mathscr{A}\mathscr{B}$ 的矩阵是 $\boldsymbol{A}\boldsymbol{B}$.

3）因为

$$(k\boldsymbol{\varepsilon}_1,k\boldsymbol{\varepsilon}_2,\cdots,k\boldsymbol{\varepsilon}_n)=(\boldsymbol{\varepsilon}_1,\boldsymbol{\varepsilon}_2,\cdots,\boldsymbol{\varepsilon}_n)k\boldsymbol{E},$$

所以数乘变换 $\mathscr{K}$ 在任何一组基下都对应于数量矩阵 $k\boldsymbol{E}$. 由此可知，数量乘积 $k\mathscr{A}$ 对应于矩阵的数量乘积 $k\boldsymbol{A}$.

4）单位变换 $\mathscr{E}$ 对应于单位矩阵，因之，等式

$$\mathscr{A}\mathscr{B}=\mathscr{B}\mathscr{A}=\mathscr{E}$$

与等式

$$\boldsymbol{A}\boldsymbol{B}=\boldsymbol{B}\boldsymbol{A}=\boldsymbol{E}$$

相对应，从而可逆线性变换与可逆矩阵对应，而且逆变换与逆矩阵对应. ▌

定理 2 说明数域 P 上 n 维线性空间 V 的全部线性变换组成的集合 $L(V)$ 对于线性变换的加法与数量乘法构成 P 上一个线性空间，与数域 P 上 n 阶方阵构成的线性空间 $P^{n\times n}$ 同构.

利用线性变换的矩阵可以直接计算一个向量的像.

定理 3 设线性变换 $\mathscr{A}$ 在基 $\boldsymbol{\varepsilon}_1,\boldsymbol{\varepsilon}_2,\cdots,\boldsymbol{\varepsilon}_n$ 下的矩阵是 $\boldsymbol{A}$，向量 $\boldsymbol{\xi}$ 在基 $\boldsymbol{\varepsilon}_1,\boldsymbol{\varepsilon}_2,\cdots,\boldsymbol{\varepsilon}_n$ 下的坐标是 $(x_1,x_2,\cdots,x_n)$，则 $\mathscr{A}\boldsymbol{\xi}$ 在基 $\boldsymbol{\varepsilon}_1,\boldsymbol{\varepsilon}_2,\cdots,\boldsymbol{\varepsilon}_n$ 下的坐标 $(y_1,y_2,\cdots,y_n)$ 可以按公式

$$\begin{pmatrix}y_1\\y_2\\\vdots\\y_n\end{pmatrix}=\boldsymbol{A}\begin{pmatrix}x_1\\x_2\\\vdots\\x_n\end{pmatrix}$$

计算.

证明 由假设

$$\boldsymbol{\xi}=(\boldsymbol{\varepsilon}_1,\boldsymbol{\varepsilon}_2,\cdots,\boldsymbol{\varepsilon}_n)\begin{pmatrix}x_1\\x_2\\\vdots\\x_n\end{pmatrix}.$$

于是

$$\mathscr{A}\boldsymbol{\xi}=(\mathscr{A}\boldsymbol{\varepsilon}_1,\mathscr{A}\boldsymbol{\varepsilon}_2,\cdots,\mathscr{A}\boldsymbol{\varepsilon}_n)\begin{pmatrix}x_1\\x_2\\\vdots\\x_n\end{pmatrix}=(\boldsymbol{\varepsilon}_1,\boldsymbol{\varepsilon}_2,\cdots,\boldsymbol{\varepsilon}_n)\boldsymbol{A}\begin{pmatrix}x_1\\x_2\\\vdots\\x_n\end{pmatrix}.$$

另一方面,由假设

$$\mathscr{A}\boldsymbol{\xi}=(\boldsymbol{\varepsilon}_1,\boldsymbol{\varepsilon}_2,\cdots,\boldsymbol{\varepsilon}_n)\begin{pmatrix}y_1\\y_2\\\vdots\\y_n\end{pmatrix},$$

由于 $\boldsymbol{\varepsilon}_1,\boldsymbol{\varepsilon}_2,\cdots,\boldsymbol{\varepsilon}_n$ 线性无关,所以

$$\begin{pmatrix}y_1\\y_2\\\vdots\\y_n\end{pmatrix}=\boldsymbol{A}\begin{pmatrix}x_1\\x_2\\\vdots\\x_n\end{pmatrix}.\ \blacksquare$$

线性变换的矩阵是与空间中一组基联系在一起的.一般说来,随着基的改变,同一个线性变换就有不同的矩阵.为了利用矩阵来研究线性变换,我们有必要弄清楚线性变换的矩阵是如何随着基的改变而改变的.

定理 4　设线性空间 V 中线性变换 $\mathscr{A}$ 在两组基

$$\boldsymbol{\varepsilon}_1,\boldsymbol{\varepsilon}_2,\cdots,\boldsymbol{\varepsilon}_n, \tag{6}$$

$$\boldsymbol{\eta}_1,\boldsymbol{\eta}_2,\cdots,\boldsymbol{\eta}_n \tag{7}$$

下的矩阵分别为 $\boldsymbol{A}$ 和 $\boldsymbol{B}$,从基(6)到(7)的过渡矩阵是 $\boldsymbol{X}$,于是 $\boldsymbol{B}=\boldsymbol{X}^{-1}\boldsymbol{A}\boldsymbol{X}$.

证明　已知

$$(\mathscr{A}\boldsymbol{\varepsilon}_1,\mathscr{A}\boldsymbol{\varepsilon}_2,\cdots,\mathscr{A}\boldsymbol{\varepsilon}_n)=(\boldsymbol{\varepsilon}_1,\boldsymbol{\varepsilon}_2,\cdots,\boldsymbol{\varepsilon}_n)\boldsymbol{A},$$
$$(\mathscr{A}\boldsymbol{\eta}_1,\mathscr{A}\boldsymbol{\eta}_2,\cdots,\mathscr{A}\boldsymbol{\eta}_n)=(\boldsymbol{\eta}_1,\boldsymbol{\eta}_2,\cdots,\boldsymbol{\eta}_n)\boldsymbol{B},$$
$$(\boldsymbol{\eta}_1,\boldsymbol{\eta}_2,\cdots,\boldsymbol{\eta}_n)=(\boldsymbol{\varepsilon}_1,\boldsymbol{\varepsilon}_2,\cdots,\boldsymbol{\varepsilon}_n)\boldsymbol{X}.$$

于是

$$\begin{aligned}(\mathscr{A}\boldsymbol{\eta}_1,\mathscr{A}\boldsymbol{\eta}_2,\cdots,\mathscr{A}\boldsymbol{\eta}_n)&=\mathscr{A}(\boldsymbol{\eta}_1,\boldsymbol{\eta}_2,\cdots,\boldsymbol{\eta}_n)=\mathscr{A}[(\boldsymbol{\varepsilon}_1,\boldsymbol{\varepsilon}_2,\cdots,\boldsymbol{\varepsilon}_n)\boldsymbol{X}]\\&=[\mathscr{A}(\boldsymbol{\varepsilon}_1,\boldsymbol{\varepsilon}_2,\cdots,\boldsymbol{\varepsilon}_n)]\boldsymbol{X}=(\mathscr{A}\boldsymbol{\varepsilon}_1,\mathscr{A}\boldsymbol{\varepsilon}_2,\cdots,\mathscr{A}\boldsymbol{\varepsilon}_n)\boldsymbol{X}\\&=(\boldsymbol{\varepsilon}_1,\boldsymbol{\varepsilon}_2,\cdots,\boldsymbol{\varepsilon}_n)\boldsymbol{A}\boldsymbol{X}=(\boldsymbol{\eta}_1,\boldsymbol{\eta}_2,\cdots,\boldsymbol{\eta}_n)\boldsymbol{X}^{-1}\boldsymbol{A}\boldsymbol{X}.\end{aligned}$$

由此即得

$$\boldsymbol{B}=\boldsymbol{X}^{-1}\boldsymbol{A}\boldsymbol{X}.\ \blacksquare$$

定理 4 告诉我们,同一个线性变换 $\mathscr{A}$ 在不同基下的矩阵之间的关系.这个基本关系在以后的讨论中是重要的.现在,我们对于矩阵引进相应的定义.

定义 4　设 $\boldsymbol{A},\boldsymbol{B}$ 为数域 P 上两个 n 阶矩阵,如果可以找到数域 P 上的 n 阶可逆矩阵 $\boldsymbol{X}$,使得 $\boldsymbol{B}=\boldsymbol{X}^{-1}\boldsymbol{A}\boldsymbol{X}$,就说 $\boldsymbol{A}$ **相似**于 $\boldsymbol{B}$,记作 $\boldsymbol{A}\sim\boldsymbol{B}$.

相似是矩阵之间的一种关系,这种关系具有下面三个性质:

1. 自反性:$\boldsymbol{A}\sim\boldsymbol{A}$.

这是因为 $\boldsymbol{A}=\boldsymbol{E}^{-1}\boldsymbol{A}\boldsymbol{E}$.

2. 对称性：如果 $\boldsymbol{A}\sim\boldsymbol{B}$，那么 $\boldsymbol{B}\sim\boldsymbol{A}$.

如果 $\boldsymbol{A}\sim\boldsymbol{B}$，那么有 $\boldsymbol{X}$ 使 $\boldsymbol{B}=\boldsymbol{X}^{-1}\boldsymbol{A}\boldsymbol{X}$. 令 $\boldsymbol{Y}=\boldsymbol{X}^{-1}$，就有 $\boldsymbol{A}=\boldsymbol{X}\boldsymbol{B}\boldsymbol{X}^{-1}=\boldsymbol{Y}^{-1}\boldsymbol{B}\boldsymbol{Y}$，所以 $\boldsymbol{B}\sim\boldsymbol{A}$.

3. 传递性：如果 $\boldsymbol{A}\sim\boldsymbol{B}$，$\boldsymbol{B}\sim\boldsymbol{C}$，那么 $\boldsymbol{A}\sim\boldsymbol{C}$.

已知有 $\boldsymbol{X},\boldsymbol{Y}$ 使 $\boldsymbol{B}=\boldsymbol{X}^{-1}\boldsymbol{A}\boldsymbol{X}$，$\boldsymbol{C}=\boldsymbol{Y}^{-1}\boldsymbol{B}\boldsymbol{Y}$. 令 $\boldsymbol{Z}=\boldsymbol{X}\boldsymbol{Y}$，就有 $\boldsymbol{C}=\boldsymbol{Y}^{-1}\boldsymbol{X}^{-1}\boldsymbol{A}\boldsymbol{X}\boldsymbol{Y}=\boldsymbol{Z}^{-1}\boldsymbol{A}\boldsymbol{Z}$，因之 $\boldsymbol{A}\sim\boldsymbol{C}$.

有了矩阵相似的概念之后，定理 4 可以补充成

定理 5 线性变换在不同基下所对应的矩阵是相似的. 反过来，如果两个矩阵相似，那么它们可以看作同一个线性变换在两组基下所对应的矩阵.

证明 前一部分已经为定理 4 证明. 现在证明后一部分. 设 n 阶矩阵 $\boldsymbol{A}$ 和 $\boldsymbol{B}$ 相似. $\boldsymbol{A}$ 可以看作 n 维线性空间 V 中一个线性变换 $\mathscr{A}$ 在基 $\boldsymbol{\varepsilon}_1,\boldsymbol{\varepsilon}_2,\cdots,\boldsymbol{\varepsilon}_n$ 下的矩阵. 因为 $\boldsymbol{B}=\boldsymbol{X}^{-1}\boldsymbol{A}\boldsymbol{X}$，令

$$(\boldsymbol{\eta}_1,\boldsymbol{\eta}_2,\cdots,\boldsymbol{\eta}_n)=(\boldsymbol{\varepsilon}_1,\boldsymbol{\varepsilon}_2,\cdots,\boldsymbol{\varepsilon}_n)\boldsymbol{X}.$$

显然，$\boldsymbol{\eta}_1,\boldsymbol{\eta}_2,\cdots,\boldsymbol{\eta}_n$ 也是一组基，$\mathscr{A}$ 在这组基下的矩阵就是 $\boldsymbol{B}$. ▌

矩阵的相似对于运算有下面的性质.

如果 $\boldsymbol{B}_1=\boldsymbol{X}^{-1}\boldsymbol{A}_1\boldsymbol{X}$，$\boldsymbol{B}_2=\boldsymbol{X}^{-1}\boldsymbol{A}_2\boldsymbol{X}$，那么

$$\boldsymbol{B}_1+\boldsymbol{B}_2=\boldsymbol{X}^{-1}(\boldsymbol{A}_1+\boldsymbol{A}_2)\boldsymbol{X},\quad \boldsymbol{B}_1\boldsymbol{B}_2=\boldsymbol{X}^{-1}(\boldsymbol{A}_1\boldsymbol{A}_2)\boldsymbol{X}.$$

由此可知，如果 $\boldsymbol{B}=\boldsymbol{X}^{-1}\boldsymbol{A}\boldsymbol{X}$，且 $f(x)$ 是数域 P 上一多项式，那么

$$f(\boldsymbol{B})=\boldsymbol{X}^{-1}f(\boldsymbol{A})\boldsymbol{X}.$$

以上事实的证明留给读者. 利用矩阵相似的这个性质可以简化矩阵的计算.

例 2 设 V 是数域 P 上一个二维线性空间，$\boldsymbol{\varepsilon}_1,\boldsymbol{\varepsilon}_2$ 是一组基，线性变换 $\mathscr{A}$ 在 $\boldsymbol{\varepsilon}_1,\boldsymbol{\varepsilon}_2$ 下的矩阵是

$$\begin{pmatrix}2&1\\-1&0\end{pmatrix}.$$

现在来计算 $\mathscr{A}$ 在 V 的另一组基 $\boldsymbol{\eta}_1,\boldsymbol{\eta}_2$ 下的矩阵，这里

$$(\boldsymbol{\eta}_1,\boldsymbol{\eta}_2)=(\boldsymbol{\varepsilon}_1,\boldsymbol{\varepsilon}_2)\begin{pmatrix}1&-1\\-1&2\end{pmatrix}.$$

由定理 4，$\mathscr{A}$ 在 $\boldsymbol{\eta}_1,\boldsymbol{\eta}_2$ 下的矩阵为

$$\begin{aligned}\begin{pmatrix}1&-1\\-1&2\end{pmatrix}^{-1}\begin{pmatrix}2&1\\-1&0\end{pmatrix}\begin{pmatrix}1&-1\\-1&2\end{pmatrix}&=\begin{pmatrix}2&1\\1&1\end{pmatrix}\begin{pmatrix}2&1\\-1&0\end{pmatrix}\begin{pmatrix}1&-1\\-1&2\end{pmatrix}\\&=\begin{pmatrix}3&2\\1&1\end{pmatrix}\begin{pmatrix}1&-1\\-1&2\end{pmatrix}=\begin{pmatrix}1&1\\0&1\end{pmatrix}.\end{aligned}$$

显然

$$\begin{pmatrix}1&1\\0&1\end{pmatrix}^k=\begin{pmatrix}1&k\\0&1\end{pmatrix}.$$

再利用上面得到的关系

$$\begin{pmatrix}1&-1\\-1&2\end{pmatrix}^{-1}\begin{pmatrix}2&1\\-1&0\end{pmatrix}\begin{pmatrix}1&-1\\-1&2\end{pmatrix}=\begin{pmatrix}1&1\\0&1\end{pmatrix},$$

即

$$\begin{pmatrix} 2 & 1 \\ -1 & 0 \end{pmatrix} = \begin{pmatrix} 1 & -1 \\ -1 & 2 \end{pmatrix} \begin{pmatrix} 1 & 1 \\ 0 & 1 \end{pmatrix} \begin{pmatrix} 1 & -1 \\ -1 & 2 \end{pmatrix}^{-1},$$

我们可以得到

$$\begin{aligned} \begin{pmatrix} 2 & 1 \\ -1 & 0 \end{pmatrix}^k &= \begin{pmatrix} 1 & -1 \\ -1 & 2 \end{pmatrix} \begin{pmatrix} 1 & 1 \\ 0 & 1 \end{pmatrix}^k \begin{pmatrix} 1 & -1 \\ -1 & 2 \end{pmatrix}^{-1} \\ &= \begin{pmatrix} 1 & -1 \\ -1 & 2 \end{pmatrix} \begin{pmatrix} 1 & k \\ 0 & 1 \end{pmatrix} \begin{pmatrix} 2 & 1 \\ 1 & 1 \end{pmatrix} \\ &= \begin{pmatrix} 1 & k-1 \\ -1 & 2-k \end{pmatrix} \begin{pmatrix} 2 & 1 \\ 1 & 1 \end{pmatrix} = \begin{pmatrix} k+1 & k \\ -k & -k+1 \end{pmatrix}. \end{aligned}$$

§4　特征值与特征向量

我们知道,在有限维线性空间中,取了一组基之后,线性变换就可以用矩阵来表示.为了利用矩阵来研究线性变换,对于每个给定的线性变换,我们希望能找到一组基,使得它的矩阵具有最简单的形式.从现在开始,我们主要讨论,在适当地选择基之后,一个线性变换的矩阵可以化成什么样的简单形式.为了这个目的,先介绍特征值和特征向量的概念,它们对于线性变换的研究具有基本的重要性.

定义 5　设 $\mathscr{A}$ 是数域 P 上线性空间 V 的一个线性变换,如果对于数域 P 中一数 λ_0,存在一个非零向量 $\boldsymbol{\xi}$,使得

$$\mathscr{A}\boldsymbol{\xi} = \lambda_0 \boldsymbol{\xi}, \tag{1}$$

那么 λ_0 称为 $\mathscr{A}$ 的一个**特征值**,而 $\boldsymbol{\xi}$ 称为 $\mathscr{A}$ 的属于特征值 λ_0 的一个**特征向量**.

从几何上来看,特征向量的方向经过线性变换后,保持在同一条直线上,这时或者方向不变($\lambda_0>0$),或者方向相反($\lambda_0<0$),至于 $\lambda_0=0$ 时,特征向量就被线性变换变成 $\mathbf{0}$.

如果 $\boldsymbol{\xi}$ 是线性变换 $\mathscr{A}$ 的属于特征值 λ_0 的特征向量,那么 $\boldsymbol{\xi}$ 的任意一个非零倍数 $k\boldsymbol{\xi}$ 也是 $\mathscr{A}$ 的属于 λ_0 的特征向量.因为从(1)式可以推出

$$\mathscr{A}(k\boldsymbol{\xi}) = \lambda_0 (k\boldsymbol{\xi}).$$

这说明特征向量不是被特征值所唯一决定的.相反,特征值却是被特征向量所唯一决定的,因为,一个特征向量只能属于一个特征值.

现在来给出寻找特征值和特征向量的方法.设 V 是数域 P 上 n 维线性空间,$\boldsymbol{\varepsilon}_1, \boldsymbol{\varepsilon}_2, \cdots, \boldsymbol{\varepsilon}_n$ 是它的一组基,线性变换 $\mathscr{A}$ 在这组基下的矩阵是 $\boldsymbol{A}$.设 λ_0 是特征值,它的一个特征向量 $\boldsymbol{\xi}$ 在 $\boldsymbol{\varepsilon}_1, \boldsymbol{\varepsilon}_2, \cdots, \boldsymbol{\varepsilon}_n$ 下的坐标是 $x_{01}, x_{02}, \cdots, x_{0n}$,则 $\mathscr{A}\boldsymbol{\xi}$ 的坐标是

$$\boldsymbol{A} \begin{pmatrix} x_{01} \\ x_{02} \\ \vdots \\ x_{0n} \end{pmatrix}.$$

$\lambda_0\boldsymbol{\xi}$ 的坐标是

$$\lambda_0\begin{pmatrix}x_{01}\\x_{02}\\\vdots\\x_{0n}\end{pmatrix}.$$

因此(1)式相当于坐标之间的等式

$$\boldsymbol{A}\begin{pmatrix}x_{01}\\x_{02}\\\vdots\\x_{0n}\end{pmatrix}=\lambda_0\begin{pmatrix}x_{01}\\x_{02}\\\vdots\\x_{0n}\end{pmatrix}\tag{2}$$

或

$$(\lambda_0\boldsymbol{E}-\boldsymbol{A})\begin{pmatrix}x_{01}\\x_{02}\\\vdots\\x_{0n}\end{pmatrix}=\boldsymbol{0}.$$

这说明特征向量 $\boldsymbol{\xi}$ 的坐标$(x_{01},x_{02},\cdots,x_{0n})$满足齐次方程组

$$\begin{cases}a_{11}x_1+a_{12}x_2+\cdots+a_{1n}x_n=\lambda_0x_1,\\a_{21}x_1+a_{22}x_2+\cdots+a_{2n}x_n=\lambda_0x_2,\\\qquad\cdots\cdots\cdots\cdots\\a_{n1}x_1+a_{n2}x_2+\cdots+a_{nn}x_n=\lambda_0x_n,\end{cases}$$

即

$$\begin{cases}(\lambda_0-a_{11})x_1-a_{12}x_2-\cdots-a_{1n}x_n=0,\\-a_{21}x_1+(\lambda_0-a_{22})x_2-\cdots-a_{2n}x_n=0,\\\qquad\cdots\cdots\cdots\cdots\\-a_{n1}x_1-a_{n2}x_2-\cdots+(\lambda_0-a_{nn})x_n=0.\end{cases}\tag{3}$$

由于 $\boldsymbol{\xi}\neq\boldsymbol{0}$,所以它的坐标 $x_{01},x_{02},\cdots,x_{0n}$ 不全为零,即齐次方程组有非零解.我们知道,齐次线性方程组(3)有非零解的充要条件是它的系数行列式为零,即

$$|\lambda_0\boldsymbol{E}-\boldsymbol{A}|=\begin{vmatrix}\lambda_0-a_{11}&-a_{12}&\cdots&-a_{1n}\\-a_{21}&\lambda_0-a_{22}&\cdots&-a_{2n}\\\vdots&\vdots&&\vdots\\-a_{n1}&-a_{n2}&\cdots&\lambda_0-a_{nn}\end{vmatrix}=0.$$

我们引入以下的定义.

定义 6 设 $\boldsymbol{A}$ 是数域 P 上一 n 阶矩阵,λ 是一个文字. 矩阵 $\lambda\boldsymbol{E}-\boldsymbol{A}$ 的行列式

$$|\lambda \boldsymbol{E}-\boldsymbol{A}|=\begin{vmatrix}\lambda-a_{11} & -a_{12} & \cdots & -a_{1n}\\ -a_{21} & \lambda-a_{22} & \cdots & -a_{2n}\\ \vdots & \vdots & & \vdots\\ -a_{n1} & -a_{n2} & \cdots & \lambda-a_{nn}\end{vmatrix} \tag{4}$$

称为 $\boldsymbol{A}$ 的**特征多项式**,这是数域 P 上的一个 n 次多项式.

上面的分析说明,如果 λ_0 是线性变换 $\mathscr{A}$ 的特征值,那么 λ_0 一定是矩阵 $\boldsymbol{A}$ 的特征多项式的一个根;反过来,如果 λ_0 是矩阵 $\boldsymbol{A}$ 的特征多项式在数域 P 中的一个根,即 $|\lambda_0\boldsymbol{E}-\boldsymbol{A}|=0$,那么齐次线性方程组(3)就有非零解.这时,如果 $(x_{01},x_{02},\cdots,x_{0n})$ 是方程组(3)的一个非零解,那么非零向量

$$\boldsymbol{\xi}=x_{01}\boldsymbol{\varepsilon}_1+x_{02}\boldsymbol{\varepsilon}_2+\cdots+x_{0n}\boldsymbol{\varepsilon}_n$$

满足(1)式,即 λ_0 是线性变换 $\mathscr{A}$ 的一个特征值,$\boldsymbol{\xi}$ 就是属于特征值 λ_0 的一个特征向量.

因此,确定一个线性变换 $\mathscr{A}$ 的特征值与特征向量的方法可以分成以下几步:

1. 在线性空间 V 中取一组基 $\boldsymbol{\varepsilon}_1,\boldsymbol{\varepsilon}_2,\cdots,\boldsymbol{\varepsilon}_n$,写出 $\mathscr{A}$ 在这组基下的矩阵 $\boldsymbol{A}$;

2. 求出 $\boldsymbol{A}$ 的特征多项式 $|\lambda\boldsymbol{E}-\boldsymbol{A}|$ 在数域 P 中全部的根,它们也就是线性变换 $\mathscr{A}$ 的全部特征值;

3. 把所求得的特征值逐个地代入方程组(3),对于每一个特征值,解方程组(3),求出一组基础解系,它们就是属于这个特征值的几个线性无关的特征向量在基 $\boldsymbol{\varepsilon}_1,\boldsymbol{\varepsilon}_2,\cdots,\boldsymbol{\varepsilon}_n$ 下的坐标,这样,我们也就求出了属于每个特征值的全部线性无关的特征向量.①

矩阵 $\boldsymbol{A}$ 的特征多项式的根也称为 $\boldsymbol{A}$ 的特征值,而相应的线性方程组(3)的解也就称为 $\boldsymbol{A}$ 的属于这个特征值的特征向量.

例 1 在 n 维线性空间中,数乘变换 $\mathscr{K}$ 在任意一组基下的矩阵都是 $k\boldsymbol{E}$,它的特征多项式是

$$|\lambda\boldsymbol{E}-k\boldsymbol{E}|=(\lambda-k)^n.$$

因此,数乘变换 $\mathscr{K}$ 的特征值只有 k.由定义可知,每个非零向量都是属于数乘变换 $\mathscr{K}$ 的特征向量.

例 2 设线性变换 $\mathscr{A}$ 在基 $\boldsymbol{\varepsilon}_1,\boldsymbol{\varepsilon}_2,\boldsymbol{\varepsilon}_3$ 下的矩阵是

$$\boldsymbol{A}=\begin{pmatrix}1&2&2\\2&1&2\\2&2&1\end{pmatrix},$$

求 $\mathscr{A}$ 的特征值与特征向量.

因为特征多项式为

$$|\lambda\boldsymbol{E}-\boldsymbol{A}|=\begin{vmatrix}\lambda-1&-2&-2\\-2&\lambda-1&-2\\-2&-2&\lambda-1\end{vmatrix}=(\lambda+1)^2(\lambda-5).$$

---

① 这里的方法在理论上是可行的,但当 n 较大或矩阵的元素较为复杂时,此法就很麻烦了,须用计算数学中的一些专门方法.

所以特征值是-1(二重)和5.

把特征值-1代入齐次方程组

$$\begin{cases}(\lambda-1)x_1-2x_2-2x_3=0,\\-2x_1+(\lambda-1)x_2-2x_3=0,\\-2x_1-2x_2+(\lambda-1)x_3=0,\end{cases}$$

得到

$$\begin{cases}-2x_1-2x_2-2x_3=0,\\-2x_1-2x_2-2x_3=0,\\-2x_1-2x_2-2x_3=0.\end{cases}$$

它的基础解系是

$$\begin{pmatrix}1\\0\\-1\end{pmatrix},\quad\begin{pmatrix}0\\1\\-1\end{pmatrix}.$$

因此,属于-1的两个线性无关的特征向量就是

$$\boldsymbol{\xi}_1=\boldsymbol{\varepsilon}_1-\boldsymbol{\varepsilon}_3,\quad \boldsymbol{\xi}_2=\boldsymbol{\varepsilon}_2-\boldsymbol{\varepsilon}_3.$$

而属于-1的全部特征向量就是 $k_1\boldsymbol{\xi}_1+k_2\boldsymbol{\xi}_2$, k_1,k_2 是数域 P 中不全为零的任意数.再把特征值5代入,得到

$$\begin{cases}4x_1-2x_2-2x_3=0,\\-2x_1+4x_2-2x_3=0,\\-2x_1-2x_2+4x_3=0.\end{cases}$$

它的基础解系是

$$\begin{pmatrix}1\\1\\1\end{pmatrix}.$$

因此,属于5的一个线性无关的特征向量就是

$$\boldsymbol{\xi}_3=\boldsymbol{\varepsilon}_1+\boldsymbol{\varepsilon}_2+\boldsymbol{\varepsilon}_3,$$

而属于5的全部特征向量就是 $k\boldsymbol{\xi}_3$, k 是数域 P 中不等于零的任意数.

例3　在空间 $P[x]_n$ 中,线性变换

$$\mathscr{D}f(x)=f'(x)$$

在基 $1,x,\frac{x^2}{2!},\cdots,\frac{x^{n-1}}{(n-1)!}$ 下的矩阵是

$$\boldsymbol{D}=\begin{pmatrix}0&1&0&\cdots&0\\0&0&1&\cdots&0\\\vdots&\vdots&\vdots&&\vdots\\0&0&0&\cdots&1\\0&0&0&\cdots&0\end{pmatrix}.$$

$\boldsymbol{D}$ 的特征多项式是

$$|\lambda\boldsymbol{E}-\boldsymbol{D}|=\begin{vmatrix}\lambda & -1 & 0 & \cdots & 0\\ 0 & \lambda & -1 & \cdots & 0\\ \vdots & \vdots & \vdots & & \vdots\\ 0 & 0 & 0 & \cdots & -1\\ 0 & 0 & 0 & \cdots & \lambda\end{vmatrix}=\lambda^n.$$

因此,$\boldsymbol{D}$ 的特征值只有 0.通过解相应的齐次线性方程组知道,属于特征值 0 的线性无关的特征向量组只能是任一非零常数.这表明微商为零的多项式只能是零或非零的常数.

例 4　平面上全体向量构成实数域上一个二维线性空间, § 1 例 1 中旋转 $\mathscr{I}_\theta$ 在直角坐标系下的矩阵为

$$\begin{pmatrix}\cos\theta & -\sin\theta\\ \sin\theta & \cos\theta\end{pmatrix}.$$

它的特征多项式为

$$\begin{vmatrix}\lambda-\cos\theta & \sin\theta\\ -\sin\theta & \lambda-\cos\theta\end{vmatrix}=\lambda^2-2\lambda\cos\theta+1.$$

当 $\theta\neq k\pi$ 时,这个多项式没有实根.因之,当 $\theta\neq k\pi$ 时,$\mathscr{I}_\theta$ 没有特征值.从几何上看,这个结论是明显的.

容易看出,对于线性变换 $\mathscr{A}$ 的任意一个特征值 λ_0,全部适合条件

$$\mathscr{A}\boldsymbol{\alpha}=\lambda_0\boldsymbol{\alpha}$$

的向量 $\boldsymbol{\alpha}$ 所成的集合,也就是 $\mathscr{A}$ 的属于 λ_0 的全部特征向量再添上零向量所成的集合,是 V 的一个子空间,称为 $\mathscr{A}$ 的一个**特征子空间**,记作 V_{λ_0}.显然,V_{λ_0} 的维数就是属于 λ_0 的线性无关的特征向量的最大个数.用集合记号可写为

$$V_{\lambda_0}=\{\boldsymbol{\alpha}\mid\mathscr{A}\boldsymbol{\alpha}=\lambda_0\boldsymbol{\alpha},\boldsymbol{\alpha}\in V\}.$$

在线性变换的研究中,矩阵的特征多项式是重要的.下面先来看一下它的系数.在

$$|\lambda\boldsymbol{E}-\boldsymbol{A}|=\begin{vmatrix}\lambda-a_{11} & -a_{12} & \cdots & -a_{1n}\\ -a_{21} & \lambda-a_{22} & \cdots & -a_{2n}\\ \vdots & \vdots & & \vdots\\ -a_{n1} & -a_{n2} & \cdots & \lambda-a_{nn}\end{vmatrix}$$

的展开式中,有一项是主对角线上元素的连乘积

$$(\lambda-a_{11})(\lambda-a_{22})\cdots(\lambda-a_{nn}).$$

展开式中的其余各项,至多包含 $n-2$ 个主对角线上的元素,它对 λ 的次数最多是 $n-2$.因此特征多项式中含 λ 的 n 次与 $n-1$ 次的项只能在主对角线上元素的连乘积中出现,它们是

$$\lambda^n-(a_{11}+a_{22}+\cdots+a_{nn})\lambda^{n-1}.$$

在特征多项式中令 $\lambda=0$,即得常数项 $|-\boldsymbol{A}|=(-1)^n|\boldsymbol{A}|$.

因此,如果只写出特征多项式的前两项与常数项,就有

$$|\lambda\boldsymbol{E}-\boldsymbol{A}|=\lambda^n-(a_{11}+a_{22}+\cdots+a_{nn})\lambda^{n-1}+\cdots+(-1)^n|\boldsymbol{A}|.\tag{5}$$

如 $|\lambda\boldsymbol{E}-\boldsymbol{A}|$ 在数域 P 上能分解为一次因式的乘积,由根与系数的关系可知,$\boldsymbol{A}$ 的

全体特征值的和为$a_{11}+a_{22}+\cdots+a_{nn}$(称为 $\boldsymbol{A}$ 的**迹**,记作 tr $\boldsymbol{A}$),而 $\boldsymbol{A}$ 的全体特征值的积为$|\boldsymbol{A}|$.

例 5 矩阵及其特征值在图论中的应用.

观察有向图(图 7.3).v_1,v_2,v_3 是三个顶点,例如代表三个旅游景点.$\overrightarrow{v_1v_2},\overrightarrow{v_2v_1},\overrightarrow{v_3v_1},\overrightarrow{v_2v_3},\overrightarrow{v_3v_2}$ 是它的边(有向边),代表景点之间有道路相通.例如 v_2,v_3 之间有双向道路,而 v_1,v_3 之间只有 $\overrightarrow{v_3v_1}$ 单行通道.

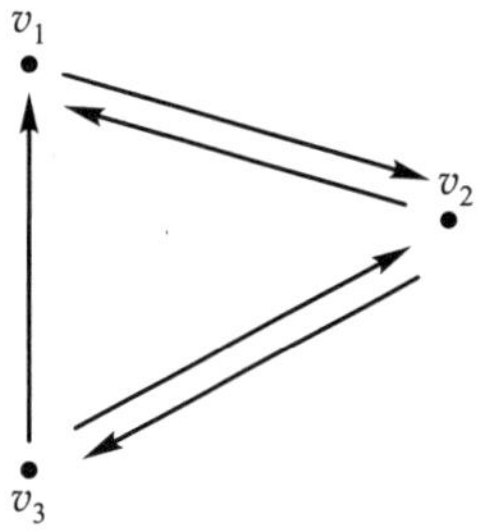

图 7.3

这个图的顶点和有向边的状况可用一个 3×3 矩阵 $\boldsymbol{A}=(a_{ij})_{3\times3}$来描述,若 v_i,v_j 之间有有向边$\overrightarrow{v_iv_j}$,则令 $a_{ij}=1$,否则令 $a_{ij}=0$.这个矩阵 $\boldsymbol{A}$ 称为有向图(图 7.3)的邻接矩阵.易知

$$\boldsymbol{A}=\begin{pmatrix}0&1&0\\1&0&1\\1&1&0\end{pmatrix}.$$

若有几条边,依次地前一边的终点与它后面的边的起点一致,把它依同一顺序连接起来就是一条线路(旅行线路),简称为路.例$\overrightarrow{v_1v_2},\overrightarrow{v_2v_3}$;$\overrightarrow{v_3v_1},\overrightarrow{v_1v_2},\overrightarrow{v_2v_3}$ 分别是长为 2 和 3 的路.第二条路中的起点与终点一致,称为回路,是一条往返旅行线路.它与$\overrightarrow{v_1v_2},\overrightarrow{v_2v_3},\overrightarrow{v_3v_1}$ 在几何上是同一个圈图,但起、终点不同,是不同的回路.$\overrightarrow{v_1v_2}$ 单独一条有向边,是长为 1 的路.

问题 从 v_i 到 v_j 的长为 k 的路(可以 $i=j$,这时是回路)有几条?我们有以下

命题 设一个有向图有 n 个顶点 $v_1,v_2,\cdots,v_n$.它的邻接矩阵 $\boldsymbol{A}=(a_{ij})_{n\times n}$.令 $\boldsymbol{A}^k=(b_{ij})_{n\times n}$,则从 v_i 到 v_j 的长为 k 的路的数目是 b_{ij}.

证明 对 k 作数学归纳法.当 $k=1$ 时命题显然成立.设当 $k-1$ 时命题已成立,考察 k 的情形,此时 $k\geqslant 2$.

令 $\boldsymbol{A}^{k-1}=(c_{ij})_{n\times n}$.由归纳假设 c_{il}是从 v_i 到 v_l 的长为 $k-1$ 的路的数目.由 v_i 到 v_j 的任一长为 k 的路必为 v_i 到某 v_l 的长为 $k-1$ 的路接上长为 1 的路$\overrightarrow{v_lv_j}$.以这样方式经过 v_l 的长为 k 的路的数目为 $c_{il}a_{lj}$.如从 v_i 到 v_j 无上述方式经过 v_l 的长为 k 的路.有两种可能:一种是无 v_i 到 v_l 的 $k-1$ 长度的路,有 $c_{il}=0$,另一种可能没有边$\overrightarrow{v_lv_j}$,则 $a_{lj}=0$.从 v_i 到 v_j 按上述方经过这个 v_l 的长为 k 的路的数目为 0 也等于 $c_{il}a_{lj}$.由于 v_l 可任选 $v_1,v_2,\cdots,v_n$,故 v_i 到 v_j 的长为 k 的路的总数为

$$\sum_{l=1}^{n} c_{il}a_{lj}=b_{ij}.$$

数学归纳法完成. ▌

现在可进一步计算出有向图中所有长为 k 的回路的数目.由上面的命题知,以任一点 v_i 为起、终点的长为 k 的回路的数目为 b_{ii},故有向图中长为 k 的回路的数目为 $\sum\limits_{i=1}^{n} b_{ii}=\operatorname{tr}\boldsymbol{A}^k$.

设有向图的邻接矩阵为 $\boldsymbol{A}$,它的 n 个特征值为 $\lambda_1,\lambda_2,\cdots,\lambda_n$.由本章补充题第 7 题

的结果易证明 $\boldsymbol{A}^k$ 的全部特征值为 $\lambda_1^k,\lambda_2^k,\cdots,\lambda_n^k$.最后可以得到,有向图中长为 k 的回路的数目为

$$\operatorname{tr}\boldsymbol{A}^k=\sum_{i=1}^{n}b_{ii}=\sum_{i=1}^{n}\lambda_i^k.$$

本例题开头的有向图(图 7.3)的邻接矩阵 $\boldsymbol{A}$ 的特征多项式为

$$|\lambda\boldsymbol{E}-\boldsymbol{A}|=\begin{vmatrix}\lambda & -1 & 0\\ -1 & \lambda & -1\\ -1 & -1 & \lambda\end{vmatrix}=(\lambda+1)(\lambda^2-\lambda-1)$$

特征值为$-1,\dfrac{1+\sqrt{5}}{2},\dfrac{1-\sqrt{5}}{2}$.图 7.3 中长为 k 的回路的数目为$(-1)^k+\left(\dfrac{1+\sqrt{5}}{2}\right)^k+\left(\dfrac{1-\sqrt{5}}{2}\right)^k$.

特征值自然是被线性变换所决定的.但是在有限维空间中,任取一组基之后,特征值就是线性变换在这组基下矩阵的特征多项式的根.随着基的不同,线性变换的矩阵一般是不同的.但是这些矩阵是相似的,对于相似矩阵我们有

定理 6　相似的矩阵有相同的特征多项式.

证明　设 $\boldsymbol{A}\sim\boldsymbol{B}$,即有可逆矩阵 $\boldsymbol{X}$,使 $\boldsymbol{B}=\boldsymbol{X}^{-1}\boldsymbol{A}\boldsymbol{X}$.于是

$$|\lambda\boldsymbol{E}-\boldsymbol{B}|=|\lambda\boldsymbol{E}-\boldsymbol{X}^{-1}\boldsymbol{A}\boldsymbol{X}|=|\boldsymbol{X}^{-1}(\lambda\boldsymbol{E}-\boldsymbol{A})\boldsymbol{X}|=|\boldsymbol{X}^{-1}|\,|\lambda\boldsymbol{E}-\boldsymbol{A}|\,|\boldsymbol{X}|=|\lambda\boldsymbol{E}-\boldsymbol{A}|. \blacksquare$$

定理 6 正好说明,线性变换的矩阵的特征多项式与基的选择无关,它是直接被线性变换决定的.因此,以后就可以说线性变换的特征多项式了.

既然相似的矩阵有相同的特征多项式,当然特征多项式的各项系数对于相似的矩阵来说都是相同的.譬如说,考虑特征多项式的常数项,得到相似矩阵有相同的行列式.因此,以后就可以说线性变换的行列式了.

应该指出,定理 6 的逆是不对的,特征多项式相同的矩阵不一定是相似的.例如

$$\boldsymbol{A}=\begin{pmatrix}1&0\\0&1\end{pmatrix},\quad \boldsymbol{B}=\begin{pmatrix}1&1\\0&1\end{pmatrix}.$$

它们的特征多项式都是$(\lambda-1)^2$,但 $\boldsymbol{A}$ 和 $\boldsymbol{B}$ 不相似,因为和 $\boldsymbol{A}$ 相似的矩阵只能是 $\boldsymbol{A}$ 本身.

最后,我们指出特征多项式的一个重要性质.

哈密顿-凯莱(Hamilton-Cayley)定理　设 $\boldsymbol{A}$ 是数域 P 上一 $n\times n$ 矩阵,$f(\lambda)=|\lambda\boldsymbol{E}-\boldsymbol{A}|$ 是 $\boldsymbol{A}$ 的特征多项式,则

$$f(\boldsymbol{A})=\boldsymbol{A}^n-(a_{11}+a_{22}+\cdots+a_{nn})\boldsymbol{A}^{n-1}+\cdots+(-1)^n|\boldsymbol{A}|\boldsymbol{E}=\boldsymbol{O}.$$

证明　设 $\boldsymbol{B}(\lambda)$是 $\lambda\boldsymbol{E}-\boldsymbol{A}$ 的伴随矩阵,由行列式的性质,有

$$\boldsymbol{B}(\lambda)(\lambda\boldsymbol{E}-\boldsymbol{A})=|\lambda\boldsymbol{E}-\boldsymbol{A}|\boldsymbol{E}=f(\lambda)\boldsymbol{E}.$$

因为矩阵 $\boldsymbol{B}(\lambda)$的元素是$|\lambda\boldsymbol{E}-\boldsymbol{A}|$的各个代数余子式,都是 λ 的多项式,其次数不超过 $n-1$.因此由矩阵的运算性质,$\boldsymbol{B}(\lambda)$可以写成

$$\boldsymbol{B}(\lambda)=\lambda^{n-1}\boldsymbol{B}_0+\lambda^{n-2}\boldsymbol{B}_1+\cdots+\boldsymbol{B}_{n-1},$$

其中 $\boldsymbol{B}_0,\boldsymbol{B}_1,\cdots,\boldsymbol{B}_{n-1}$都是 $n\times n$ 数字矩阵①.

再设$f(\lambda)=\lambda^n+a_1\lambda^{n-1}+\cdots+a_{n-1}\lambda+a_n$,则

$$f(\lambda)\boldsymbol{E}=\lambda^n\boldsymbol{E}+a_1\lambda^{n-1}\boldsymbol{E}+\cdots+a_n\boldsymbol{E}. \tag{6}$$

而

$$\begin{aligned}\boldsymbol{B}(\lambda)(\lambda\boldsymbol{E}-\boldsymbol{A})&=(\lambda^{n-1}\boldsymbol{B}_0+\lambda^{n-2}\boldsymbol{B}_1+\cdots+\boldsymbol{B}_{n-1})(\lambda\boldsymbol{E}-\boldsymbol{A})\\&=\lambda^n\boldsymbol{B}_0+\lambda^{n-1}(\boldsymbol{B}_1-\boldsymbol{B}_0\boldsymbol{A})+\lambda^{n-2}(\boldsymbol{B}_2-\boldsymbol{B}_1\boldsymbol{A})+\cdots+\lambda(\boldsymbol{B}_{n-1}-\boldsymbol{B}_{n-2}\boldsymbol{A})-\boldsymbol{B}_{n-1}\boldsymbol{A}.\end{aligned} \tag{7}$$

比较(6)和(7),得

$$\begin{cases}\boldsymbol{B}_0=\boldsymbol{E},\\ \boldsymbol{B}_1-\boldsymbol{B}_0\boldsymbol{A}=a_1\boldsymbol{E},\\ \boldsymbol{B}_2-\boldsymbol{B}_1\boldsymbol{A}=a_2\boldsymbol{E},\\ \qquad\cdots\cdots\cdots\cdots\\ \boldsymbol{B}_{n-1}-\boldsymbol{B}_{n-2}\boldsymbol{A}=a_{n-1}\boldsymbol{E},\\ -\boldsymbol{B}_{n-1}\boldsymbol{A}=a_n\boldsymbol{E}.\end{cases} \tag{8}$$

以 $\boldsymbol{A}^n,\boldsymbol{A}^{n-1},\cdots,\boldsymbol{A},\boldsymbol{E}$ 依次从右边乘(8)的第 1,2,$\cdots$,n,$n+1$ 式,得

$$\begin{cases}\boldsymbol{B}_0\boldsymbol{A}^n=\boldsymbol{E}\boldsymbol{A}^n=\boldsymbol{A}^n,\\ \boldsymbol{B}_1\boldsymbol{A}^{n-1}-\boldsymbol{B}_0\boldsymbol{A}^n=a_1\boldsymbol{E}\boldsymbol{A}^{n-1}=a_1\boldsymbol{A}^{n-1},\\ \boldsymbol{B}_2\boldsymbol{A}^{n-2}-\boldsymbol{B}_1\boldsymbol{A}^{n-1}=a_2\boldsymbol{E}\boldsymbol{A}^{n-2}=a_2\boldsymbol{A}^{n-2},\\ \qquad\cdots\cdots\cdots\cdots\\ \boldsymbol{B}_{n-1}\boldsymbol{A}-\boldsymbol{B}_{n-2}\boldsymbol{A}^2=a_{n-1}\boldsymbol{E}\boldsymbol{A}=a_{n-1}\boldsymbol{A},\\ -\boldsymbol{B}_{n-1}\boldsymbol{A}=a_n\boldsymbol{E}.\end{cases} \tag{9}$$

把(9)的 $n+1$ 个式子一起加起来,左边变成零,右边即为$f(\boldsymbol{A})$.
故$f(\boldsymbol{A})=\boldsymbol{O}$.定理得证. ▌

因为线性变换和矩阵的对应是保持运算的,所以由这定理得

推论 设$\mathscr{A}$是有限维空间 V 的线性变换,$f(\lambda)$是$\mathscr{A}$的特征多项式,那么$f(\mathscr{A})=\mathscr{O}$. ▌

---

① 一般地,形如

$$\lambda^m\boldsymbol{B}_0+\lambda^{m-1}\boldsymbol{B}_1+\cdots+\lambda\boldsymbol{B}_{m-1}+\boldsymbol{B}_m$$

的多项式,其中 $\boldsymbol{B}_0,\boldsymbol{B}_1,\cdots,\boldsymbol{B}_m$ 都是 $n\times n$ 数字矩阵,就叫做一个矩阵多项式,n 叫做它的阶数,当 $\boldsymbol{B}_0\neq\boldsymbol{O}$ 时,m 叫做它的次数,其中 n 与 m 可以不相同.

§5　对角矩阵

对角矩阵可以认为是矩阵中最简单的一种.现在我们来考察,究竟哪一些线性变换的矩阵在一组适当的基下可以是对角矩阵.

定理 7　设$\mathscr{A}$是 n 维线性空间 V 的一个线性变换,$\mathscr{A}$的矩阵可以在某一组基下为对角矩阵的充要条件是,$\mathscr{A}$有 n 个线性无关的特征向量.

证明　设$\mathscr{A}$在基 $\boldsymbol{\varepsilon}_1,\boldsymbol{\varepsilon}_2,\cdots,\boldsymbol{\varepsilon}_n$ 下具有对角矩阵

$$\begin{pmatrix}\lambda_1 & & & \\ & \lambda_2 & & \\ & & \ddots & \\ & & & \lambda_n\end{pmatrix}.$$

这就是说,

$$\mathscr{A}\boldsymbol{\varepsilon}_i=\lambda_i\boldsymbol{\varepsilon}_i,\quad i=1,2,\cdots,n.$$

因此,$\boldsymbol{\varepsilon}_1,\boldsymbol{\varepsilon}_2,\cdots,\boldsymbol{\varepsilon}_n$ 就是$\mathscr{A}$的 n 个线性无关的特征向量.

反过来,如果$\mathscr{A}$有 n 个线性无关的特征向量 $\boldsymbol{\varepsilon}_1,\boldsymbol{\varepsilon}_2,\cdots,\boldsymbol{\varepsilon}_n$,那么就取 $\boldsymbol{\varepsilon}_1,\boldsymbol{\varepsilon}_2,\cdots,\boldsymbol{\varepsilon}_n$ 为基,显然,在这组基下$\mathscr{A}$的矩阵是对角矩阵. ▌

为了进一步给出一些判别条件,我们来证

定理 8　属于不同特征值的特征向量是线性无关的.

证明　对特征值的个数作数学归纳法.由于特征向量是不为零的,所以单个的特征向量必然线性无关.现在设属于 k 个不同特征值的特征向量线性无关,我们证明属于 $k+1$ 个不同特征值 $\lambda_1,\lambda_2,\cdots,\lambda_{k+1}$的特征向量 $\boldsymbol{\xi}_1,\boldsymbol{\xi}_2,\cdots,\boldsymbol{\xi}_{k+1}$ 也线性无关.

假设有关系式

$$a_1\boldsymbol{\xi}_1+a_2\boldsymbol{\xi}_2+\cdots+a_k\boldsymbol{\xi}_k+a_{k+1}\boldsymbol{\xi}_{k+1}=\mathbf{0} \tag{1}$$

成立.等式两端乘 λ_{k+1},得

$$a_1\lambda_{k+1}\boldsymbol{\xi}_1+a_2\lambda_{k+1}\boldsymbol{\xi}_2+\cdots+a_k\lambda_{k+1}\boldsymbol{\xi}_k+a_{k+1}\lambda_{k+1}\boldsymbol{\xi}_{k+1}=\mathbf{0}. \tag{2}$$

(1)式两端同时施行变换$\mathscr{A}$,即有

$$a_1\lambda_1\boldsymbol{\xi}_1+a_2\lambda_2\boldsymbol{\xi}_2+\cdots+a_k\lambda_k\boldsymbol{\xi}_k+a_{k+1}\lambda_{k+1}\boldsymbol{\xi}_{k+1}=\mathbf{0}. \tag{3}$$

(3)式减去(2)式得到

$$a_1(\lambda_1-\lambda_{k+1})\boldsymbol{\xi}_1+\cdots+a_k(\lambda_k-\lambda_{k+1})\boldsymbol{\xi}_k=\mathbf{0}.$$

根据归纳假设,$\boldsymbol{\xi}_1,\boldsymbol{\xi}_2,\cdots,\boldsymbol{\xi}_k$ 线性无关,于是

$$a_i(\lambda_i-\lambda_{k+1})=0,\quad i=1,2,\cdots,k.$$

但 $\lambda_i-\lambda_{k+1}\neq 0(i\leqslant k)$,所以 $a_i=0(i=1,2,\cdots,k)$.这时(1)式变成 $a_{k+1}\boldsymbol{\xi}_{k+1}=\mathbf{0}$.又因为 $\boldsymbol{\xi}_{k+1}\neq\mathbf{0}$,所以只有 $a_{k+1}=0$.这就证明了 $\boldsymbol{\xi}_1,\boldsymbol{\xi}_2,\cdots,\boldsymbol{\xi}_{k+1}$线性无关.

根据归纳法原理,定理得证. ▌

从上面这两个定理就得到

推论 1 如果在 n 维线性空间 V 中,线性变换 $\mathscr{A}$ 的特征多项式在数域 P 中有 n 个不同的根,即 $\mathscr{A}$ 有 n 个不同的特征值,那么 $\mathscr{A}$ 在某组基下的矩阵是对角形的. ▌

因为在复数域中任意一个 n 次多项式都有 n 个根,所以上面的论断可以改写为

推论 2 在复数域上的线性空间中,如果线性变换 $\mathscr{A}$ 的特征多项式没有重根,那么 $\mathscr{A}$ 在某组基下的矩阵是对角形的. ▌

在一个线性变换没有 n 个不同的特征值的情形下,要判别这个线性变换的矩阵能不能成为对角形,问题就要复杂些.为了利用定理 7,我们把定理 8 推广为

定理 9 如果 $\lambda_1,\lambda_2,\cdots,\lambda_k$ 是线性变换 $\mathscr{A}$ 的不同的特征值,而 $\boldsymbol{\alpha}_{i1},\boldsymbol{\alpha}_{i2},\cdots,\boldsymbol{\alpha}_{ir_i}(i=1,2,\cdots,k)$ 是属于特征值 λ_i 的线性无关的特征向量,那么向量组 $\boldsymbol{\alpha}_{11},\cdots,\boldsymbol{\alpha}_{1r_1},\cdots,\boldsymbol{\alpha}_{k1},\cdots,\boldsymbol{\alpha}_{kr_k}$ 也线性无关. ▌

这个定理的证明与定理 8 的证明相仿,也是对 k 作数学归纳法,留给读者来做.

根据这个定理,对于一个线性变换,求出属于每个特征值的线性无关的特征向量,把它们合在一起还是线性无关的.如果它们的个数等于空间的维数,那么这个线性变换在一组合适的基下的矩阵是对角矩阵;如果它们的个数少于空间的维数,那么这个线性变换在任何一组基下的矩阵都不能是对角形的.换句话说,设 $\mathscr{A}$ 全部不同的特征值是 $\lambda_1,\lambda_2,\cdots,\lambda_r$,于是 $\mathscr{A}$ 在某一组基下的矩阵成对角形的充要条件是 $\mathscr{A}$ 的特征子空间 $V_{\lambda_1},V_{\lambda_2},\cdots,V_{\lambda_r}$ 的维数之和等于空间的维数.

应该看到,当线性变换 $\mathscr{A}$ 在一组基下的矩阵 $\boldsymbol{A}$ 是对角形时,即

$$\boldsymbol{A}=\begin{pmatrix}\lambda_1 & & & \\ & \lambda_2 & & \\ & & \ddots & \\ & & & \lambda_n\end{pmatrix},$$

$\mathscr{A}$ 的特征多项式就是

$$|\lambda\boldsymbol{E}-\boldsymbol{A}|=(\lambda-\lambda_1)(\lambda-\lambda_2)\cdots(\lambda-\lambda_n).$$

因此,如果线性变换 $\mathscr{A}$ 在一组基下的矩阵是对角形,那么主对角线上的元素除排列次序外是确定的,它们正是 $\boldsymbol{A}$ 的特征多项式全部的根(重根按重数计算).

根据 §3 定理 5,一个线性变换的矩阵能不能在某一组基下是对角形的问题就相当于一个矩阵是不是相似于一个对角矩阵的问题.因此,这一节的讨论也就解决了后一个问题.

例 1 在 §4 的例 2 中,已经算出线性变换 $\mathscr{A}$ 的特征值是 -1(二重)与 5,而对应的特征向量是

$$\boldsymbol{\xi}_1=\boldsymbol{\varepsilon}_1-\boldsymbol{\varepsilon}_3,\quad \boldsymbol{\xi}_2=\boldsymbol{\varepsilon}_2-\boldsymbol{\varepsilon}_3,\quad \boldsymbol{\xi}_3=\boldsymbol{\varepsilon}_1+\boldsymbol{\varepsilon}_2+\boldsymbol{\varepsilon}_3.$$

由此可见,$\mathscr{A}$ 在基 $\boldsymbol{\xi}_1,\boldsymbol{\xi}_2,\boldsymbol{\xi}_3$ 下的矩阵为对角矩阵

$$\boldsymbol{B}=\begin{pmatrix}-1 & 0 & 0\\ 0 & -1 & 0\\ 0 & 0 & 5\end{pmatrix}.$$

而由 $\boldsymbol{\varepsilon}_1,\boldsymbol{\varepsilon}_2,\boldsymbol{\varepsilon}_3$ 到 $\boldsymbol{\xi}_1,\boldsymbol{\xi}_2,\boldsymbol{\xi}_3$ 的过渡矩阵是

$$X=\begin{pmatrix}1&0&1\\0&1&1\\-1&-1&1\end{pmatrix}.$$

于是 $X^{-1}AX=B$.

例 2 斐波那契数列$(h_0,h_1,h_2,\cdots)=(h_n)$,其中 $h_0=h_1=1$,而

$$h_n=h_{n-1}+h_{n-2},\quad n\geqslant 2. \tag{4}$$

我们将用矩阵方法再次求出 h_n 的一个统一的表达式.将关系式(4)添上

$$h_{n-1}=h_{n-1},$$

可合起来写成

$$\begin{pmatrix}h_n\\h_{n-1}\end{pmatrix}=\begin{pmatrix}1&1\\1&0\end{pmatrix}\begin{pmatrix}h_{n-1}\\h_{n-2}\end{pmatrix},\quad n\geqslant 2. \tag{5}$$

令

$$Z_n=\begin{pmatrix}h_n\\h_{n-1}\end{pmatrix},\quad A=\begin{pmatrix}1&1\\1&0\end{pmatrix},$$

则(5)式成为

$$Z_n=AZ_{n-1},\quad n\geqslant 2, \tag{6}$$

其中

$$Z_1=\begin{pmatrix}1\\1\end{pmatrix}.$$

由此有

$$Z_2=AZ_1,\quad Z_3=AZ_2=A^2Z_1,\quad \cdots,\quad Z_n=A^{n-1}Z_1,\cdots.$$

于是要求出 Z_n,只要求出 A^{n-1}.我们知道若 A 可以对角化,则 A^{n-1} 就易于计算.易求出 A 的特征值为

$$\lambda_1=\frac{1+\sqrt{5}}{2},\quad \lambda_2=\frac{1-\sqrt{5}}{2}. \tag{7}$$

可分别求出它们各自的一个特征向量为

$$Y_1=\begin{pmatrix}\frac{1+\sqrt{5}}{2}\\1\end{pmatrix},\quad Y_2=\begin{pmatrix}\frac{1-\sqrt{5}}{2}\\1\end{pmatrix}.$$

令

$$T=(Y_1,Y_2)=\begin{pmatrix}\frac{1+\sqrt{5}}{2}&\frac{1-\sqrt{5}}{2}\\1&1\end{pmatrix}=\begin{pmatrix}\lambda_1&\lambda_2\\1&1\end{pmatrix},$$

可计算出

$$T^{-1}=\frac{1}{\lambda_1-\lambda_2}\begin{pmatrix}1&-\lambda_2\\-1&\lambda_1\end{pmatrix}=\frac{1}{\sqrt{5}}\begin{pmatrix}1&-\frac{1-\sqrt{5}}{2}\\-1&\frac{1+\sqrt{5}}{2}\end{pmatrix},$$

且

$$T^{-1}AT=\begin{pmatrix}\lambda_1 & 0\\ 0 & \lambda_2\end{pmatrix} \quad 或 \quad A=T\begin{pmatrix}\lambda_1 & 0\\ 0 & \lambda_2\end{pmatrix}T^{-1}.$$

于是

$$A^{n-1}=T\begin{pmatrix}\lambda_1 & 0\\ 0 & \lambda_2\end{pmatrix}^{n-1}T^{-1}=T\begin{pmatrix}\lambda_1^{n-1} & 0\\ 0 & \lambda_2^{n-1}\end{pmatrix}T^{-1}.$$

注意到 $\lambda_1+\lambda_2=1$,可计算得

$$\begin{aligned}Z_n&=\begin{pmatrix}h_n\\ h_{n-1}\end{pmatrix}=A^{n-1}Z_1=\begin{pmatrix}\lambda_1 & \lambda_2\\ 1 & 1\end{pmatrix}\begin{pmatrix}\lambda_1^{n-1} & 0\\ 0 & \lambda_2^{n-1}\end{pmatrix}\frac{1}{\sqrt{5}}\begin{pmatrix}1 & -\lambda_2\\ -1 & \lambda_1\end{pmatrix}\begin{pmatrix}1\\ 1\end{pmatrix}\\ &=\frac{1}{\sqrt{5}}\begin{pmatrix}\lambda_1^n & \lambda_2^n\\ \lambda_1^{n-1} & \lambda_2^{n-1}\end{pmatrix}\begin{pmatrix}\lambda_1\\ -\lambda_2\end{pmatrix}=\frac{1}{\sqrt{5}}\begin{pmatrix}\lambda_1^{n+1}-\lambda_2^{n+1}\\ \lambda_1^n-\lambda_2^n\end{pmatrix},\quad n\geqslant 2.\end{aligned} \tag{8}$$

将(7)式中 λ_1,λ_2 的值代入(8)式中,就有

$$h_n=\frac{1}{\sqrt{5}}(\lambda_1^{n+1}-\lambda_2^{n+1})=\frac{1}{\sqrt{5}}\left[\left(\frac{1+\sqrt{5}}{2}\right)^{n+1}-\left(\frac{1-\sqrt{5}}{2}\right)^{n+1}\right]. \tag{9}$$

(8)式中令 $n=0,1$,易验证 $\frac{1}{\sqrt{5}}\left[\left(\frac{1+\sqrt{5}}{2}\right)^{n+1}-\left(\frac{1-\sqrt{5}}{2}\right)^{n+1}\right]$ 皆为 1,故 h_0,h_1 也符合公式(9),即(9)式是斐波那契序列($h_0,h_1,h_2,\cdots$)中 h_n 的统一表达式.

§6 线性变换的值域与核

定义 7 设 $\mathscr{A}$ 是线性空间 V 的一个线性变换,$\mathscr{A}$ 的全体像组成的集合称为 $\mathscr{A}$ 的**值域**,用 $\mathscr{A}V$ 表示.所有被 $\mathscr{A}$ 变成零向量的向量组成的集合称为 $\mathscr{A}$ 的**核**,用 $\mathscr{A}^{-1}(\mathbf{0})$ 表示.

若用集合的记号则 $\mathscr{A}V=\{\mathscr{A}\boldsymbol{\xi}\mid\boldsymbol{\xi}\in V\}$,$\mathscr{A}^{-1}(\mathbf{0})=\{\boldsymbol{\xi}\mid\mathscr{A}\boldsymbol{\xi}=\mathbf{0},\boldsymbol{\xi}\in V\}$.

不难证明,线性变换的值域与核都是 V 的子空间.事实上,由

$$\mathscr{A}\boldsymbol{\alpha}+\mathscr{A}\boldsymbol{\beta}=\mathscr{A}(\boldsymbol{\alpha}+\boldsymbol{\beta}),\quad k\mathscr{A}\boldsymbol{\alpha}=\mathscr{A}(k\boldsymbol{\alpha})$$

可知,$\mathscr{A}V$ 对加法与数量乘法是封闭的,同时,$\mathscr{A}V$ 是非空的,因此 $\mathscr{A}V$ 是 V 的子空间.由 $\mathscr{A}\boldsymbol{\alpha}=\mathbf{0}$ 与 $\mathscr{A}\boldsymbol{\beta}=\mathbf{0}$ 可知,

$$\mathscr{A}(\boldsymbol{\alpha}+\boldsymbol{\beta})=\mathbf{0},\quad \mathscr{A}(k\boldsymbol{\alpha})=\mathbf{0}.$$

这就是说,$\mathscr{A}^{-1}(\mathbf{0})$ 对加法与数量乘法是封闭的.又因为 $\mathscr{A}(\mathbf{0})=\mathbf{0}$,所以 $\mathbf{0}\in\mathscr{A}^{-1}(\mathbf{0})$,即 $\mathscr{A}^{-1}(\mathbf{0})$ 是非空的.因此,$\mathscr{A}^{-1}(\mathbf{0})$ 是 V 的子空间.

$\mathscr{A}V$ 的维数称为 $\mathscr{A}$ 的**秩**,$\mathscr{A}^{-1}(\mathbf{0})$ 的维数称为 $\mathscr{A}$ 的**零度**.

例 1 在线性空间 $P[x]_n$ 中,令

$$\mathscr{D}(f(x))=f'(x).$$

则 $\mathscr{D}$ 的值域就是 $P[x]_{n-1}$,$\mathscr{D}$ 的核就是子空间 P.

定理 10 设 $\mathscr{A}$ 是 n 维线性空间 V 的线性变换,$\boldsymbol{\varepsilon}_1,\boldsymbol{\varepsilon}_2,\cdots,\boldsymbol{\varepsilon}_n$ 是 V 的一组基,在这组

基下$\mathscr{A}$的矩阵是$\boldsymbol{A}$,则

1) $\mathscr{A}$的值域$\mathscr{A}V$是由基像组生成的子空间,即

$$\mathscr{A}V=L(\mathscr{A}\boldsymbol{\varepsilon}_1,\mathscr{A}\boldsymbol{\varepsilon}_2,\cdots,\mathscr{A}\boldsymbol{\varepsilon}_n);$$

2) $\mathscr{A}$的秩$=\boldsymbol{A}$的秩.

证明　1) 设$\boldsymbol{\xi}$是V中任一向量,可用基的线性组合表示为

$$\boldsymbol{\xi}=x_1\boldsymbol{\varepsilon}_1+x_2\boldsymbol{\varepsilon}_2+\cdots+x_n\boldsymbol{\varepsilon}_n.$$

于是

$$\mathscr{A}\boldsymbol{\xi}=x_1\mathscr{A}\boldsymbol{\varepsilon}_1+x_2\mathscr{A}\boldsymbol{\varepsilon}_2+\cdots+x_n\mathscr{A}\boldsymbol{\varepsilon}_n.$$

这个式子说明,$\mathscr{A}\boldsymbol{\xi}\in L(\mathscr{A}\boldsymbol{\varepsilon}_1,\mathscr{A}\boldsymbol{\varepsilon}_2,\cdots,\mathscr{A}\boldsymbol{\varepsilon}_n)$.因此$\mathscr{A}V$包含在$L(\mathscr{A}\boldsymbol{\varepsilon}_1,\mathscr{A}\boldsymbol{\varepsilon}_2,\cdots,\mathscr{A}\boldsymbol{\varepsilon}_n)$内.这个式子还表明基像组的线性组合还是一个像,因此$L(\mathscr{A}\boldsymbol{\varepsilon}_1,\mathscr{A}\boldsymbol{\varepsilon}_2,\cdots,\mathscr{A}\boldsymbol{\varepsilon}_n)$包含在$\mathscr{A}V$内.这样,$\mathscr{A}V=L(\mathscr{A}\boldsymbol{\varepsilon}_1,\mathscr{A}\boldsymbol{\varepsilon}_2,\cdots,\mathscr{A}\boldsymbol{\varepsilon}_n)$.

2) 根据1),$\mathscr{A}$的秩等于基像组的秩.另一方面,矩阵$\boldsymbol{A}$是由基像组的坐标按列排成的.在前一章§8中曾谈过,若在n维线性空间V中取定了一组基之后,把V的每一个向量与它的坐标对应起来,我们就得到V到P^n的同构对应.同构对应保持向量组的一切线性关系,因此基像组与它们的坐标组(即矩阵$\boldsymbol{A}$的列向量组)有相同的秩. ▌

定理10说明线性变换与矩阵之间的对应关系保持秩不变.

定理 11　设$\mathscr{A}$是n维线性空间V的线性变换.则$\mathscr{A}V$的一组基的原像及$\mathscr{A}^{-1}(\boldsymbol{0})$的一组基合起来就是$V$的一组基.由此还有

$$\mathscr{A}\text{的秩}+\mathscr{A}\text{的零度}=n.$$

证明　设$\mathscr{A}V$的一组基为$\boldsymbol{\eta}_1,\boldsymbol{\eta}_2,\cdots,\boldsymbol{\eta}_r$,它们的原像为$\boldsymbol{\varepsilon}_1,\boldsymbol{\varepsilon}_2,\cdots,\boldsymbol{\varepsilon}_r$,$\mathscr{A}\boldsymbol{\varepsilon}_i=\boldsymbol{\eta}_i(i=1,2,\cdots,r)$.又取$\mathscr{A}^{-1}(\boldsymbol{0})$的一组基为$\boldsymbol{\varepsilon}_{r+1},\boldsymbol{\varepsilon}_{r+2},\cdots,\boldsymbol{\varepsilon}_s$.现在证$\boldsymbol{\varepsilon}_1,\boldsymbol{\varepsilon}_2,\cdots,\boldsymbol{\varepsilon}_r,\boldsymbol{\varepsilon}_{r+1},\cdots,\boldsymbol{\varepsilon}_s$为$V$的基.如果有

$$l_1\boldsymbol{\varepsilon}_1+l_2\boldsymbol{\varepsilon}_2+\cdots+l_r\boldsymbol{\varepsilon}_r+l_{r+1}\boldsymbol{\varepsilon}_{r+1}+\cdots+l_s\boldsymbol{\varepsilon}_s=\boldsymbol{0}. \tag{1}$$

用$\mathscr{A}$去变换(1)式两端的向量,则

$$l_1\mathscr{A}\boldsymbol{\varepsilon}_1+l_2\mathscr{A}\boldsymbol{\varepsilon}_2+\cdots+l_r\mathscr{A}\boldsymbol{\varepsilon}_r+l_{r+1}\mathscr{A}\boldsymbol{\varepsilon}_{r+1}+\cdots+l_s\mathscr{A}\boldsymbol{\varepsilon}_s=\mathscr{A}\boldsymbol{0}=\boldsymbol{0}. \tag{2}$$

因$\boldsymbol{\varepsilon}_{r+1},\cdots,\boldsymbol{\varepsilon}_s$属于$\mathscr{A}^{-1}(\boldsymbol{0})$,故$\mathscr{A}\boldsymbol{\varepsilon}_{r+1}=\cdots=\mathscr{A}\boldsymbol{\varepsilon}_s=\boldsymbol{0}$.又$\mathscr{A}\boldsymbol{\varepsilon}_i=\boldsymbol{\eta}_i(i=1,2,\cdots,r)$.由(2)式即得

$$l_1\boldsymbol{\eta}_1+l_2\boldsymbol{\eta}_2+\cdots+l_r\boldsymbol{\eta}_r=\boldsymbol{0}.$$

但$\boldsymbol{\eta}_1,\boldsymbol{\eta}_2,\cdots,\boldsymbol{\eta}_r$是线性无关的,有$l_1=l_2=\cdots=l_r=0$.于是

$$l_{r+1}\boldsymbol{\varepsilon}_{r+1}+\cdots+l_s\boldsymbol{\varepsilon}_s=\boldsymbol{0},$$

$\boldsymbol{\varepsilon}_{r+1},\cdots,\boldsymbol{\varepsilon}_s$又是$\mathscr{A}^{-1}(\boldsymbol{0})$的基也线性无关,就有$l_{r+1}=\cdots=l_s=0$.这证明了$\boldsymbol{\varepsilon}_1,\boldsymbol{\varepsilon}_2,\cdots,\boldsymbol{\varepsilon}_r,\boldsymbol{\varepsilon}_{r+1},\cdots,\boldsymbol{\varepsilon}_s$是线性无关的.

再证V的任一向量$\boldsymbol{\alpha}$是$\boldsymbol{\varepsilon}_1,\boldsymbol{\varepsilon}_2,\cdots,\boldsymbol{\varepsilon}_r,\boldsymbol{\varepsilon}_{r+1},\cdots,\boldsymbol{\varepsilon}_s$的线性组合.由$\boldsymbol{\eta}_1=\mathscr{A}\boldsymbol{\varepsilon}_1,\boldsymbol{\eta}_2=\mathscr{A}\boldsymbol{\varepsilon}_2,\cdots,\boldsymbol{\eta}_r=\mathscr{A}\boldsymbol{\varepsilon}_r$是$\mathscr{A}V$的基,就有一组数$l_1,l_2,\cdots,l_r$,使

$$\mathscr{A}\boldsymbol{\alpha}=l_1\mathscr{A}\boldsymbol{\varepsilon}_1+l_2\mathscr{A}\boldsymbol{\varepsilon}_2+\cdots+l_r\mathscr{A}\boldsymbol{\varepsilon}_r=\mathscr{A}(l_1\boldsymbol{\varepsilon}_1+l_2\boldsymbol{\varepsilon}_2+\cdots+l_r\boldsymbol{\varepsilon}_r).$$

于是

$$\mathscr{A}(\boldsymbol{\alpha}-l_1\boldsymbol{\varepsilon}_1-l_2\boldsymbol{\varepsilon}_2-\cdots-l_r\boldsymbol{\varepsilon}_r)=\boldsymbol{0},$$

即

$$\boldsymbol{\alpha}-l_1\boldsymbol{\varepsilon}_1-l_2\boldsymbol{\varepsilon}_2-\cdots-l_r\boldsymbol{\varepsilon}_r\in\mathscr{A}^{-1}(\boldsymbol{0}).$$

$\boldsymbol{\varepsilon}_{r+1},\cdots,\boldsymbol{\varepsilon}_s$ 又是 $\mathscr{A}^{-1}(\mathbf{0})$ 的基,必有一组数 $l_{r+1},\cdots,l_s$,使

$$\boldsymbol{\alpha}-l_1\boldsymbol{\varepsilon}_1-l_2\boldsymbol{\varepsilon}_2-\cdots-l_r\boldsymbol{\varepsilon}_r=l_{r+1}\boldsymbol{\varepsilon}_{r+1}+\cdots+l_s\boldsymbol{\varepsilon}_s.$$

于是

$$\boldsymbol{\alpha}=l_1\boldsymbol{\varepsilon}_1+l_2\boldsymbol{\varepsilon}_2+\cdots+l_r\boldsymbol{\varepsilon}_r+l_{r+1}\boldsymbol{\varepsilon}_{r+1}+\cdots+l_s\boldsymbol{\varepsilon}_s$$

是 $\boldsymbol{\varepsilon}_1,\boldsymbol{\varepsilon}_2,\cdots,\boldsymbol{\varepsilon}_s$ 的线性组合.这就证明了 $\boldsymbol{\varepsilon}_1,\boldsymbol{\varepsilon}_2,\cdots,\boldsymbol{\varepsilon}_r,\boldsymbol{\varepsilon}_{r+1},\cdots,\boldsymbol{\varepsilon}_s$ 是 V 的一组基.

由 V 的维数为 n,知 $s=n$.又 r 是 $\mathscr{A}V$ 的维数也即 $\mathscr{A}$ 的秩,$s-r=n-r$ 是 $\mathscr{A}^{-1}(\mathbf{0})$ 的维数,即 $\mathscr{A}$ 的零度.因而

$$\mathscr{A}\text{ 的秩}+\mathscr{A}\text{ 的零度}=n.$$ ▌

推论 对于有限维线性空间的线性变换,它是单射的充要条件为它是满射.

证明 显然,当且仅当 $\mathscr{A}V=V$,即 $\mathscr{A}$ 的秩为 n 时,$\mathscr{A}$ 是满射;另外,当且仅当 $\mathscr{A}^{-1}(\mathbf{0})=\{\mathbf{0}\}$,即 $\mathscr{A}$ 的零度为 0 时,$\mathscr{A}$ 是单射,于是由上述定理即可得出结论. ▌

应该指出,虽然子空间 $\mathscr{A}V$ 与 $\mathscr{A}^{-1}(\mathbf{0})$ 的维数之和为 n,但是 $\mathscr{A}V+\mathscr{A}^{-1}(\mathbf{0})$ 并不一定是整个空间(参看前例).

例 2 设 $\boldsymbol{A}$ 是一个 $n\times n$ 矩阵,$\boldsymbol{A}^2=\boldsymbol{A}$,证明:$\boldsymbol{A}$ 相似于一个对角矩阵

$$\begin{pmatrix}1&&&&&&\\&1&&&&&\\&&\ddots&&&&\\&&&1&&&\\&&&&0&&\\&&&&&\ddots&\\&&&&&&0\end{pmatrix}. \tag{3}$$

证明 取一 n 维线性空间 V 以及 V 的一组基 $\boldsymbol{\varepsilon}_1,\boldsymbol{\varepsilon}_2,\cdots,\boldsymbol{\varepsilon}_n$.定义线性变换 $\mathscr{A}$ 如下:

$$\mathscr{A}(\boldsymbol{\varepsilon}_1,\boldsymbol{\varepsilon}_2,\cdots,\boldsymbol{\varepsilon}_n)=(\boldsymbol{\varepsilon}_1,\boldsymbol{\varepsilon}_2,\cdots,\boldsymbol{\varepsilon}_n)\boldsymbol{A}.$$

我们来证明,$\mathscr{A}$ 在一组适当的基下的矩阵是(3)式.这样,由定理 4,也就证明了所要的结论.

由 $\boldsymbol{A}^2=\boldsymbol{A}$,可知 $\mathscr{A}^2=\mathscr{A}$.我们取 $\mathscr{A}V$ 的一组基 $\boldsymbol{\eta}_1,\boldsymbol{\eta}_2,\cdots,\boldsymbol{\eta}_r$.由 $\mathscr{A}\boldsymbol{\eta}_1=\boldsymbol{\eta}_1,\mathscr{A}\boldsymbol{\eta}_2=\boldsymbol{\eta}_2,\cdots,\mathscr{A}\boldsymbol{\eta}_r=\boldsymbol{\eta}_r$,它们的原像也是 $\boldsymbol{\eta}_1,\boldsymbol{\eta}_2,\cdots,\boldsymbol{\eta}_r$.再取 $\mathscr{A}^{-1}(\mathbf{0})$ 的一组基 $\boldsymbol{\eta}_{r+1},\cdots,\boldsymbol{\eta}_n$.由定理 11 知:$\boldsymbol{\eta}_1,\boldsymbol{\eta}_2,\cdots,\boldsymbol{\eta}_r,\boldsymbol{\eta}_{r+1},\cdots,\boldsymbol{\eta}_n$ 是 V 的一组基.在这组基下,$\mathscr{A}$ 的矩阵就是(3)式. ▌

§7 不变子空间

这一节我们再来介绍一个关于线性变换的重要概念——不变子空间.同时利用不变子空间的概念,来说明线性变换的矩阵的化简与线性变换的内在联系.这样,对上面的结果可以有进一步的了解.

定义 8 设 $\mathscr{A}$ 是数域 P 上线性空间 V 的线性变换,W 是 V 的子空间.如果 W 中的向量在 $\mathscr{A}$ 下的像仍在 W 中,换句话说,对于 W 中任一向量 $\boldsymbol{\xi}$,有 $\mathscr{A}\boldsymbol{\xi}\in W$,我们就称 W 是 $\mathscr{A}$ 的**不变子空间**,简称 **$\mathscr{A}$-子空间**.

例 1 整个空间 V 和零子空间 $\{\mathbf{0}\}$,对于每个线性变换 $\mathscr{A}$ 来说都是 $\mathscr{A}$-子空间.

例 2 $\mathscr{A}$ 的值域与核都是 $\mathscr{A}$-子空间.

按定义,$\mathscr{A}$ 的值域 $\mathscr{A}V$ 是 V 中的向量在 $\mathscr{A}$ 下的像的集合,它当然也包含 $\mathscr{A}V$ 中向量的像,所以 $\mathscr{A}V$ 是 $\mathscr{A}$ 的不变子空间.

$\mathscr{A}$ 的核是被 $\mathscr{A}$ 变成零的向量的集合,核中向量的像是零,自然在核中,因此核是不变子空间.

例 3 若线性变换 $\mathscr{A}$ 与 $\mathscr{B}$ 是可交换的,则 $\mathscr{B}$ 的核与值域都是 $\mathscr{A}$-子空间.

在 $\mathscr{B}$ 的核 V_0 中任取一向量 $\boldsymbol{\xi}$,则

$$\mathscr{B}(\mathscr{A}\boldsymbol{\xi})=(\mathscr{B}\mathscr{A})\boldsymbol{\xi}=(\mathscr{A}\mathscr{B})\boldsymbol{\xi}=\mathscr{A}(\mathscr{B}\boldsymbol{\xi})=\mathscr{A}\mathbf{0}=\mathbf{0}.$$

所以 $\mathscr{A}\boldsymbol{\xi}$ 在 $\mathscr{B}$ 下的像是零,即 $\mathscr{A}\boldsymbol{\xi}\in V_0$.这就证明了 V_0 是 $\mathscr{A}$-子空间.在 $\mathscr{B}$ 的值域 $\mathscr{B}V$ 中任取一向量 $\mathscr{B}\boldsymbol{\eta}$,则

$$\mathscr{A}(\mathscr{B}\boldsymbol{\eta})=\mathscr{B}(\mathscr{A}\boldsymbol{\eta})\in\mathscr{B}V.$$

因此 $\mathscr{B}V$ 也是 $\mathscr{A}$-子空间.

因为 $\mathscr{A}$ 的多项式 $f(\mathscr{A})$ 是和 $\mathscr{A}$ 可交换的,所以 $f(\mathscr{A})$ 的值域与核都是 $\mathscr{A}$-子空间.这种 $\mathscr{A}$-子空间是经常碰到的.

例 4 任意一个子空间都是数乘变换的不变子空间.

这是由于,按定义子空间对于数量乘法是封闭的.

特征向量与一维不变子空间之间有着紧密的关系.设 W 是一维 $\mathscr{A}$-子空间,$\boldsymbol{\xi}$ 是 W 中任意一个非零向量,它构成 W 的基.按 $\mathscr{A}$-子空间的定义,$\mathscr{A}\boldsymbol{\xi}\in W$,它必定是 $\boldsymbol{\xi}$ 的一个倍数,即

$$\mathscr{A}\boldsymbol{\xi}=\lambda_0\boldsymbol{\xi}.$$

这说明 $\boldsymbol{\xi}$ 是 $\mathscr{A}$ 的特征向量,而 W 即是由 $\boldsymbol{\xi}$ 生成的一维 $\mathscr{A}$-子空间.

反过来,设 $\boldsymbol{\xi}$ 是 $\mathscr{A}$ 属于特征值 λ_0 的一个特征向量,则 $\boldsymbol{\xi}$ 以及它的任一倍数在 $\mathscr{A}$ 下的像是原像的 λ_0 倍,仍旧是 $\boldsymbol{\xi}$ 的一个倍数.这说明 $\boldsymbol{\xi}$ 的倍数构成一个一维 $\mathscr{A}$-子空间.

显然,$\mathscr{A}$ 的属于特征值 λ_0 的特征子空间 V_{λ_0} 也是 $\mathscr{A}$-子空间.

我们指出,$\mathscr{A}$-子空间的和与交还是 $\mathscr{A}$-子空间.

设 $\mathscr{A}$ 是线性空间 V 的线性变换,W 是 $\mathscr{A}$-子空间.由于 W 中向量在 $\mathscr{A}$ 下的像仍在 W 中,这就使得有可能不必在整个空间 V 中来考虑 $\mathscr{A}$,而只在不变子空间 W 中考虑 $\mathscr{A}$,即把 $\mathscr{A}$ 看成是 W 的一个线性变换,称为 $\mathscr{A}$ 在不变子空间 W 上引起的变换.为了区别起见,我们用符号 $\mathscr{A}|W$ 来表示它;但是在很多情况下,仍然可用 $\mathscr{A}$ 来表示而不致引起混淆.

必须在概念上弄清楚 $\mathscr{A}$ 和 $\mathscr{A}|W$ 的异同:$\mathscr{A}$ 是 V 的线性变换,V 中每个向量在 $\mathscr{A}$ 下都有确定的像;$\mathscr{A}|W$ 是不变子空间 W 上的线性变换,对于 W 中任一向量 $\boldsymbol{\xi}$,有

$$(\mathscr{A}|W)\boldsymbol{\xi}=\mathscr{A}\boldsymbol{\xi}.$$

但是对于 V 中不属于 W 的向量 $\boldsymbol{\eta}$ 来说,$(\mathscr{A}|W)\boldsymbol{\eta}$ 是没有意义的.

例如,任一线性变换在它的核上引起的变换就是零变换,而在特征子空间 V_{λ_0} 上引起的变换是数乘变换 λ_0.

不难看出,如果线性空间 V 的子空间 W 是由向量组 $\boldsymbol{\alpha}_1,\boldsymbol{\alpha}_2,\cdots,\boldsymbol{\alpha}_s$ 生成的,即 $W=L(\boldsymbol{\alpha}_1,\boldsymbol{\alpha}_2,\cdots,\boldsymbol{\alpha}_s)$,则 W 是 $\mathscr{A}$-子空间的充要条件为 $\mathscr{A}\boldsymbol{\alpha}_1,\mathscr{A}\boldsymbol{\alpha}_2,\cdots,\mathscr{A}\boldsymbol{\alpha}_s$ 全属于 W.必要

性是显然的.现在来证充分性.如果$\mathscr{A}\boldsymbol{\alpha}_1,\mathscr{A}\boldsymbol{\alpha}_2,\cdots,\mathscr{A}\boldsymbol{\alpha}_s$全属于$W$,由于$W$中每个向量$\boldsymbol{\xi}$都可以经$\boldsymbol{\alpha}_1,\boldsymbol{\alpha}_2,\cdots,\boldsymbol{\alpha}_s$线性表出,即有

$$\boldsymbol{\xi}=k_1\boldsymbol{\alpha}_1+k_2\boldsymbol{\alpha}_2+\cdots+k_s\boldsymbol{\alpha}_s.$$

所以

$$\mathscr{A}\boldsymbol{\xi}=(k_1\mathscr{A}\boldsymbol{\alpha}_1+k_2\mathscr{A}\boldsymbol{\alpha}_2+\cdots+k_s\mathscr{A}\boldsymbol{\alpha}_s)\in W.$$

下面讨论不变子空间与线性变换矩阵化简之间的关系.

1. 设$\mathscr{A}$是n维线性空间V的线性变换,W是V的$\mathscr{A}$-子空间.在W中取一组基$\boldsymbol{\varepsilon}_1,\boldsymbol{\varepsilon}_2,\cdots,\boldsymbol{\varepsilon}_k$,并且把它扩充成$V$的一组基

$$\boldsymbol{\varepsilon}_1,\boldsymbol{\varepsilon}_2,\cdots,\boldsymbol{\varepsilon}_k,\boldsymbol{\varepsilon}_{k+1},\cdots,\boldsymbol{\varepsilon}_n. \tag{1}$$

$\mathscr{A}$在这组基下的矩阵就具有形状

$$\begin{pmatrix} a_{11} & \cdots & a_{1k} & a_{1,k+1} & \cdots & a_{1n} \\ \vdots & & \vdots & \vdots & & \vdots \\ a_{k1} & \cdots & a_{kk} & a_{k,k+1} & \cdots & a_{kn} \\ 0 & \cdots & 0 & a_{k+1,k+1} & \cdots & a_{k+1,n} \\ \vdots & & \vdots & \vdots & & \vdots \\ 0 & \cdots & 0 & a_{n,k+1} & \cdots & a_{nn} \end{pmatrix}=\begin{pmatrix} \boldsymbol{A}_1 & \boldsymbol{A}_3 \\ \boldsymbol{O} & \boldsymbol{A}_2 \end{pmatrix}. \tag{2}$$

并且左上角的k阶矩阵$\boldsymbol{A}_1$就是$\mathscr{A}|W$在W的基$\boldsymbol{\varepsilon}_1,\boldsymbol{\varepsilon}_2,\cdots,\boldsymbol{\varepsilon}_k$下的矩阵.

这是因为W是$\mathscr{A}$-子空间,所以像$\mathscr{A}\boldsymbol{\varepsilon}_1,\mathscr{A}\boldsymbol{\varepsilon}_2,\cdots,\mathscr{A}\boldsymbol{\varepsilon}_k$仍在$W$中.它们可以经$W$的基$\boldsymbol{\varepsilon}_1,\boldsymbol{\varepsilon}_2,\cdots,\boldsymbol{\varepsilon}_k$线性表出,即

$$\mathscr{A}\boldsymbol{\varepsilon}_1=a_{11}\boldsymbol{\varepsilon}_1+a_{21}\boldsymbol{\varepsilon}_2+\cdots+a_{k1}\boldsymbol{\varepsilon}_k,$$

$$\mathscr{A}\boldsymbol{\varepsilon}_2=a_{12}\boldsymbol{\varepsilon}_1+a_{22}\boldsymbol{\varepsilon}_2+\cdots+a_{k2}\boldsymbol{\varepsilon}_k,$$

$$\cdots\cdots\cdots\cdots$$

$$\mathscr{A}\boldsymbol{\varepsilon}_k=a_{1k}\boldsymbol{\varepsilon}_1+a_{2k}\boldsymbol{\varepsilon}_2+\cdots+a_{kk}\boldsymbol{\varepsilon}_k.$$

从而$\mathscr{A}$在基(1)下的矩阵具有形状(2),$\mathscr{A}|W$在W的基$\boldsymbol{\varepsilon}_1,\boldsymbol{\varepsilon}_2,\cdots,\boldsymbol{\varepsilon}_k$下的矩阵是$\boldsymbol{A}_1$.

反之,如果$\mathscr{A}$在基(1)下的矩阵是(2)式,那么不难证明,由$\boldsymbol{\varepsilon}_1,\boldsymbol{\varepsilon}_2,\cdots,\boldsymbol{\varepsilon}_k$生成的子空间$W$是$\mathscr{A}$-子空间.

2. 设V分解成若干个$\mathscr{A}$-子空间的直和,即

$$V=W_1\oplus W_2\oplus\cdots\oplus W_s.$$

在每一个$\mathscr{A}$-子空间W_i中取基

$$\boldsymbol{\varepsilon}_{i1},\boldsymbol{\varepsilon}_{i2},\cdots,\boldsymbol{\varepsilon}_{in_i},\quad i=1,2,\cdots,s, \tag{3}$$

并把它们合并起来成为V的一组基I.则在这组基下,$\mathscr{A}$的矩阵具有准对角形状

$$\begin{pmatrix} \boldsymbol{A}_1 & & & \\ & \boldsymbol{A}_2 & & \\ & & \ddots & \\ & & & \boldsymbol{A}_s \end{pmatrix}, \tag{4}$$

其中$\boldsymbol{A}_i(i=1,2,\cdots,s)$就是$\mathscr{A}|W_i$在基(3)下的矩阵.

反之,如果线性变换$\mathscr{A}$在基I下的矩阵是准对角形(4),则由基(3)生成的子空间W_i是$\mathscr{A}$-子空间.

这个证明与 1 相仿，留给读者.

由此可知，矩阵分解为准对角形与空间分解为不变子空间的直和是相当的.

下面我们应用哈密顿-凯莱定理将空间 V 按特征值分解成不变子空间的直和.

定理 12　设线性变换 $\mathscr{A}$ 的特征多项式为 $f(\lambda)$，它可分解成一次因式的乘积

$$f(\lambda)=(\lambda-\lambda_1)^{r_1}(\lambda-\lambda_2)^{r_2}\cdots(\lambda-\lambda_s)^{r_s},$$

则 V 可分解成不变子空间的直和

$$V=V_1\oplus V_2\oplus\cdots\oplus V_s,$$

其中 $V_i=\{\boldsymbol{\xi}\in V\mid(\mathscr{A}-\lambda_i\mathscr{E})^{r_i}\boldsymbol{\xi}=\mathbf{0}\}$.

证明　令

$$f_i(\lambda)=\frac{f(\lambda)}{(\lambda-\lambda_i)^{r_i}}=(\lambda-\lambda_1)^{r_1}\cdots(\lambda-\lambda_{i-1})^{r_{i-1}}(\lambda-\lambda_{i+1})^{r_{i+1}}\cdots(\lambda-\lambda_s)^{r_s},$$

及

$$V_i=f_i(\mathscr{A})V.$$

则 V_i 是 $f_i(\mathscr{A})$ 的值域.由本节的例 3 知道 V_i 是 $\mathscr{A}$-子空间.显然 V_i 满足

$$(\mathscr{A}-\lambda_i\mathscr{E})^{r_i}V_i=f(\mathscr{A})V=\{\mathbf{0}\}.$$

下面来证明 $V=V_1\oplus V_2\oplus\cdots\oplus V_s$.

为此要证明两点，第一，要证 V 中每个向量 $\boldsymbol{\alpha}$ 都可以表成

$$\boldsymbol{\alpha}=\boldsymbol{\alpha}_1+\boldsymbol{\alpha}_2+\cdots+\boldsymbol{\alpha}_s,\quad \boldsymbol{\alpha}_i\in V_i,\quad i=1,2,\cdots,s.$$

其次，向量的这种表示法是唯一的.

显然 $(f_1(\lambda),f_2(\lambda),\cdots,f_s(\lambda))=1$，因此有多项式 $u_1(\lambda),u_2(\lambda),\cdots,u_s(\lambda)$ 使

$$u_1(\lambda)f_1(\lambda)+u_2(\lambda)f_2(\lambda)+\cdots+u_s(\lambda)f_s(\lambda)=1.$$

于是

$$u_1(\mathscr{A})f_1(\mathscr{A})+u_2(\mathscr{A})f_2(\mathscr{A})+\cdots+u_s(\mathscr{A})f_s(\mathscr{A})=\mathscr{E}.$$

这样对 V 中每个向量 $\boldsymbol{\alpha}$ 都有

$$\boldsymbol{\alpha}=u_1(\mathscr{A})f_1(\mathscr{A})\boldsymbol{\alpha}+u_2(\mathscr{A})f_2(\mathscr{A})\boldsymbol{\alpha}+\cdots+u_s(\mathscr{A})f_s(\mathscr{A})\boldsymbol{\alpha},$$

其中

$$u_i(\mathscr{A})f_i(\mathscr{A})\boldsymbol{\alpha}\in f_i(\mathscr{A})V=V_i\quad i=1,2,\cdots,s.$$

这就证明了第一点.

为证明第二点，设有

$$\boldsymbol{\beta}_1+\boldsymbol{\beta}_2+\cdots+\boldsymbol{\beta}_s=\mathbf{0},\tag{5}$$

其中 $\boldsymbol{\beta}_i$ 满足

$$(\mathscr{A}-\lambda_i\mathscr{E})^{r_i}\boldsymbol{\beta}_i=\mathbf{0}\quad i=1,2,\cdots,s.\tag{6}$$

现在证明任意一个 $\boldsymbol{\beta}_i=\mathbf{0}$.

因 $(\lambda-\lambda_j)^{r_j}\mid f_i(\lambda)\ (j\neq i)$，所以 $f_i(\mathscr{A})\boldsymbol{\beta}_j=\mathbf{0}\ (j\neq i)$.用 $f_i(\mathscr{A})$ 作用于(5)式的两边，即得

$$f_i(\mathscr{A})\boldsymbol{\beta}_i=\mathbf{0}.$$

又

$$(f_i(\lambda),(\lambda-\lambda_i)^{r_i})=1.$$

所以有多项式 $u(\lambda),v(\lambda)$ 使

$$u(\lambda)f_i(\lambda)+v(\lambda)(\lambda-\lambda_i)^{r_i}=1.$$

于是

$$\boldsymbol{\beta}_i=u(\mathscr{A})f_i(\mathscr{A})\boldsymbol{\beta}_i+v(\mathscr{A})(\mathscr{A}-\lambda_i\mathscr{E})^{r_i}\boldsymbol{\beta}_i=\mathbf{0}.$$

现在设

$$\boldsymbol{\alpha}_1+\boldsymbol{\alpha}_2+\cdots+\boldsymbol{\alpha}_s=\mathbf{0},$$

其中 $\boldsymbol{\alpha}_i\in V_i$,当然 $\boldsymbol{\alpha}_i$ 满足

$$(\mathscr{A}-\lambda_i\mathscr{E})^{r_i}\boldsymbol{\alpha}_i=\mathbf{0},\quad i=1,2,\cdots,s,$$

所以 $\boldsymbol{\alpha}_i=\mathbf{0}(i=1,2,\cdots,s)$.由此可得到第一点中的表示法是唯一的.

再设有一向量 $\boldsymbol{\alpha}\in(\mathscr{A}-\lambda_i\mathscr{E})^{r_i}$的核.把 $\boldsymbol{\alpha}$ 表示成

$$\boldsymbol{\alpha}=\boldsymbol{\alpha}_1+\boldsymbol{\alpha}_2+\cdots+\boldsymbol{\alpha}_s,\quad \boldsymbol{\alpha}_i\in V_i,i=1,2,\cdots,s,$$

即

$$\boldsymbol{\alpha}_1+\boldsymbol{\alpha}_2+\cdots+(\boldsymbol{\alpha}_i-\boldsymbol{\alpha})+\cdots+\boldsymbol{\alpha}_s=\mathbf{0}.$$

令 $\boldsymbol{\beta}_j=\boldsymbol{\alpha}_j,j\neq i,\boldsymbol{\beta}_i=\boldsymbol{\alpha}_i-\boldsymbol{\alpha}$,则 $\boldsymbol{\beta}_1,\boldsymbol{\beta}_2,\cdots,\boldsymbol{\beta}_s$ 是满足(5)式和(6)式的向量.所以 $\boldsymbol{\beta}_1=\boldsymbol{\beta}_2=\cdots=\boldsymbol{\beta}_i=\cdots=\boldsymbol{\beta}_s=\mathbf{0}$,于是 $\boldsymbol{\alpha}=\boldsymbol{\alpha}_i\in V_i$,这就证明了 V_i 是$(\mathscr{A}-\lambda_i\mathscr{E})^{r_i}$的核,即 $V_i=\{\boldsymbol{\xi}\in V\mid(\mathscr{A}-\lambda_i\mathscr{E})^{r_i}\boldsymbol{\xi}=\mathbf{0}\}$. ▌

定义 9　$V,\mathscr{A},f(\lambda)$如定理 12,称 $V_i=\{\boldsymbol{\xi}\in V\mid(\mathscr{A}-\lambda_i\mathscr{E})^{r_i}\boldsymbol{\xi}=\mathbf{0}\}$为$\mathscr{A}$的属于特征值 λ_i 的**根子空间**,常记为 V^{λ_i}.

§ 8　若尔当(Jordan)标准形介绍

同一个线性变换在不同基下的矩阵是相似的,我们期望通过基的变换使它的矩阵化为简单的形状.对角矩阵具有简单形状,从前面第五节的讨论已经知道,并不是每个线性变换都有一组基使它在这组基下矩阵为对角形.现在提出问题:一般线性变换通过选择基能将它的矩阵变为什么样的简单形状的矩阵.我们将这种矩阵称为线性变换下矩阵的标准形.这个问题也等价于:任一方阵经过相似变换能变成什么样的标准形.

这一节我们限制在复数域中讨论.

定义 10　形为

$$\boldsymbol{J}(\lambda_0,k)=\begin{pmatrix}\lambda_0&0&0&\cdots&0&0&0\\1&\lambda_0&0&\cdots&0&0&0\\\vdots&\vdots&\vdots&&\vdots&\vdots&\vdots\\0&0&0&\cdots&1&\lambda_0&0\\0&0&0&\cdots&0&1&\lambda_0\end{pmatrix}_{k\times k}\tag{1}$$

的矩阵称为**若尔当块**,其中 λ_0 是复数. 由若干个若尔当块组成的准对角矩阵

$$\boldsymbol{A}=\begin{pmatrix}\boldsymbol{J}(\lambda_1,k_1) & & & \\ & \boldsymbol{J}(\lambda_2,k_2) & & \\ & & \ddots & \\ & & & \boldsymbol{J}(\lambda_s,k_s)\end{pmatrix}$$

称为**若尔当形矩阵**,其中 $\lambda_1,\lambda_2,\cdots,\lambda_s$ 为复数,有一些可以相同.

例

$$\boldsymbol{J}(1,3)=\begin{pmatrix}1&0&0\\1&1&0\\0&1&1\end{pmatrix},$$

$$\begin{pmatrix}\boldsymbol{J}(1,3) & \\ & \boldsymbol{J}(4,2)\end{pmatrix}=\begin{pmatrix}1&0&0&0&0\\1&1&0&0&0\\0&1&1&0&0\\0&0&0&4&0\\0&0&0&1&4\end{pmatrix}$$

都是若尔当形矩阵.

关于若尔当形矩阵的主要结果是

定理 13　设 $\mathscr{A}$ 是复数域上 n 维线性空间 V 的一个线性变换,则 V 中一定存在一组基,$\mathscr{A}$ 在这组基下的矩阵是若尔当形矩阵,称为 $\mathscr{A}$ 的若尔当标准形.

证明　设 $\mathscr{A}$ 的特征多项式为 $f(\lambda)=(\lambda-\lambda_1)^{r_1}(\lambda-\lambda_2)^{r_2}\cdots(\lambda-\lambda_s)^{r_s}$,$\lambda_1,\lambda_2,\cdots,\lambda_s$ 是 $f(\lambda)$ 的全部不同的根. 由定理 12 知 V 可分解成 $\mathscr{A}$ 的不变子空间的直和

$$V=V_1\oplus V_2\oplus\cdots\oplus V_s,$$

其中 $V_i=\{\boldsymbol{\xi}\in V\mid(\mathscr{A}-\lambda_i\mathscr{E})^{r_i}\boldsymbol{\xi}=\mathbf{0}\}$. 我们如能证明在每个 V_i 上有一组基,使 $\mathscr{A}\mid V_i$ 在该基下矩阵为若尔当形矩阵,则定理得证.

为此需证明

引理　n 维线性空间 V 上的线性变换 $\mathscr{B}$ 满足 $\mathscr{B}^k=0$,k 是某正整数,就称 $\mathscr{B}$ 为 V 上幂零线性变换. 对幂零线性变换 $\mathscr{B}$,V 中必有下列形式的一组元素作为基:

$$\begin{array}{cccc}\boldsymbol{\alpha}_1 & \boldsymbol{\alpha}_2 & \cdots & \boldsymbol{\alpha}_s\\ \mathscr{B}\boldsymbol{\alpha}_1 & \mathscr{B}\boldsymbol{\alpha}_2 & \cdots & \mathscr{B}\boldsymbol{\alpha}_s\\ \vdots & \vdots & & \vdots\\ \mathscr{B}^{k_1-1}\boldsymbol{\alpha}_1 & \mathscr{B}^{k_2-1}\boldsymbol{\alpha}_2 & \cdots & \mathscr{B}^{k_s-1}\boldsymbol{\alpha}_s\\ (\mathscr{B}^{k_1}\boldsymbol{\alpha}_1=\mathbf{0}) & (\mathscr{B}^{k_2}\boldsymbol{\alpha}_2=\mathbf{0}) & \cdots & (\mathscr{B}^{k_s}\boldsymbol{\alpha}_s=\mathbf{0})\end{array}\tag{2}$$

于是 $\mathscr{B}$ 在这组基下的矩阵为

$$\begin{pmatrix} \underbrace{\begin{matrix}0 & & & \\ 1 & 0 & & \\ & \ddots & \ddots & \\ & & 1 & 0\end{matrix}}_{k_1} & & & \\ & \underbrace{\begin{matrix}0 & & & \\ 1 & 0 & & \\ & \ddots & \ddots & \\ & & 1 & 0\end{matrix}}_{k_2} & & \\ & & \ddots & \\ & & & \underbrace{\begin{matrix}0 & & & \\ 1 & 0 & & \\ & \ddots & \ddots & \\ & & 1 & 0\end{matrix}}_{k_s} \end{pmatrix}. \tag{3}$$

证明 我们对 V 的维数 n 作数学归纳法. $n=1$, 这时 V 有基 $\boldsymbol{\alpha}_1$, 且 $\mathscr{B}\boldsymbol{\alpha}_1=\lambda_1\boldsymbol{\alpha}_1$. 由 $\mathscr{B}^k\boldsymbol{\alpha}_1=\lambda_1^k\boldsymbol{\alpha}_1=\mathbf{0}$, 得 $\lambda_1=0$. 于是 $\boldsymbol{\alpha}_1(\mathscr{B}\boldsymbol{\alpha}_1=\mathbf{0})$ 是要求的基.

设线性空间维数小于 n 时, 引理的结论成立. 对满足引理条件的 n 维线性空间 V, 考察$\mathscr{B}$的不变子空间 $\mathscr{B}V$. 若 $\mathscr{B}V$ 的维数仍为 n, 则 $\mathscr{B}V=V$. 于是 $\mathscr{B}^kV=\mathscr{B}^{k-1}(\mathscr{B}V)=\mathscr{B}^{k-1}V=\mathscr{B}^{k-2}V=\cdots=\mathscr{B}V=V$. 但 $\mathscr{B}^kV=\{\mathbf{0}\}$, 得 $V=\{\mathbf{0}\}$, 矛盾. 故 $\mathscr{B}V$ 的维数小于 n. 将 $\mathscr{B}$ 看成 $\mathscr{B}V$ 上的线性变换, 仍有 $\mathscr{B}^k=\mathscr{O}$. 由归纳假设, $\mathscr{B}V$ 上有基

$$\begin{matrix} \boldsymbol{\varepsilon}_1 & \boldsymbol{\varepsilon}_2 & \cdots & \boldsymbol{\varepsilon}_t \\ \mathscr{B}\boldsymbol{\varepsilon}_1 & \mathscr{B}\boldsymbol{\varepsilon}_2 & \cdots & \mathscr{B}\boldsymbol{\varepsilon}_t \\ \vdots & \vdots & & \vdots \\ \mathscr{B}^{k_1-1}\boldsymbol{\varepsilon}_1 & \mathscr{B}^{k_2-1}\boldsymbol{\varepsilon}_2 & \cdots & \mathscr{B}^{k_t-1}\boldsymbol{\varepsilon}_t \\ (\mathscr{B}^{k_1}\boldsymbol{\varepsilon}_1=\mathbf{0}) & (\mathscr{B}^{k_2}\boldsymbol{\varepsilon}_2=\mathbf{0}) & \cdots & (\mathscr{B}^{k_t}\boldsymbol{\varepsilon}_t=\mathbf{0}) \end{matrix} \tag{4}$$

其中 $k_1,k_2,\cdots,k_t$ 皆为正整数. 由于 $\boldsymbol{\varepsilon}_1,\boldsymbol{\varepsilon}_2,\cdots,\boldsymbol{\varepsilon}_t$ 皆属于$\mathscr{B}V$, 有 $\boldsymbol{\alpha}_1,\boldsymbol{\alpha}_2,\cdots,\boldsymbol{\alpha}_t\in V$, 使 $\mathscr{B}\boldsymbol{\alpha}_1=\boldsymbol{\varepsilon}_1,\mathscr{B}\boldsymbol{\alpha}_2=\boldsymbol{\varepsilon}_2,\cdots,\mathscr{B}\boldsymbol{\alpha}_t=\boldsymbol{\varepsilon}_t$. 排出下列向量组:

$$\begin{matrix} \boldsymbol{\alpha}_1 & \boldsymbol{\alpha}_2 & \cdots & \boldsymbol{\alpha}_t & & & \\ \mathscr{B}\boldsymbol{\alpha}_1 & \mathscr{B}\boldsymbol{\alpha}_2 & \cdots & \mathscr{B}\boldsymbol{\alpha}_t & & & \\ \mathscr{B}^2\boldsymbol{\alpha}_1 & \mathscr{B}^2\boldsymbol{\alpha}_2 & \cdots & \mathscr{B}^2\boldsymbol{\alpha}_t & & & \\ \vdots & \vdots & & \vdots & & & \\ \mathscr{B}^{k_1-1}\boldsymbol{\alpha}_1 & \mathscr{B}^{k_2-1}\boldsymbol{\alpha}_2 & \cdots & \mathscr{B}^{k_t-1}\boldsymbol{\alpha}_t & & & \\ \mathscr{B}^{k_1}\boldsymbol{\alpha}_1 & \mathscr{B}^{k_2}\boldsymbol{\alpha}_2 & \cdots & \mathscr{B}^{k_t}\boldsymbol{\alpha}_t & \boldsymbol{\alpha}_{t+1} & \cdots & \boldsymbol{\alpha}_s \end{matrix} \tag{5}$$

$$\begin{pmatrix}\mathscr{B}^{k_1+1}\boldsymbol{\alpha}_1 \\ =\mathscr{B}^{k_1}\boldsymbol{\varepsilon}_1 \\ =\mathbf{0}\end{pmatrix}\begin{pmatrix}\mathscr{B}^{k_2+1}\boldsymbol{\alpha}_2 \\ =\mathscr{B}^{k_2}\boldsymbol{\varepsilon}_2 \\ =\mathbf{0}\end{pmatrix}\cdots\begin{pmatrix}\mathscr{B}^{k_t+1}\boldsymbol{\alpha}_t \\ =\mathscr{B}^{k_t}\boldsymbol{\varepsilon}_t \\ =\mathbf{0}\end{pmatrix} \quad \begin{pmatrix}\mathscr{B}\boldsymbol{\alpha}_{t+1} \\ =\mathbf{0}\end{pmatrix}\cdots\begin{pmatrix}\mathscr{B}\boldsymbol{\alpha}_s \\ =\mathbf{0}\end{pmatrix}$$

其中实线方框中的向量组正是基(4)中的向量组,虚线方框中的向量组正是实线方框中各向量在$\mathscr{B}$下的原像所成的向量组.最后一行中的$\mathscr{B}^{k_1}\boldsymbol{\alpha}_1,\mathscr{B}^{k_2}\boldsymbol{\alpha}_2,\cdots,\mathscr{B}^{k_t}\boldsymbol{\alpha}_t$是$\mathscr{B}^{-1}(\mathbf{0})$中的向量,它们是$\mathscr{B}V$的基中的部分向量,故是线性无关的.$\boldsymbol{\alpha}_{t+1},\cdots,\boldsymbol{\alpha}_s$是$\mathscr{B}^{-1}(\mathbf{0})$中的向量,它们与$\mathscr{B}^{k_1}\boldsymbol{\alpha}_1,\mathscr{B}^{k_2}\boldsymbol{\alpha}_2,\cdots,\mathscr{B}^{k_t}\boldsymbol{\alpha}_t$合起来正是$\mathscr{B}^{-1}(\mathbf{0})$的一组基,并组成上述向量组(5)的最后一行.由定理 11 知虚线方框中的向量与最后一行的向量合起来就是V的一组基,且符合引理的要求(这时$k_{t+1}=\cdots=k_s=1$).完成了数学归纳法. ▌

现在回来证明定理 13.在V_i上有$(\mathscr{A}-\lambda_i\mathscr{E})^{r_i}=\mathscr{O}$,作$\mathscr{B}=(\mathscr{A}-\lambda_i\mathscr{E})\mid V_i$,则$\mathscr{B}^{r_i}=\mathscr{O}$.由引理,有$V_i$的基使$\mathscr{B}$的矩阵为形如(3)式的若尔当形.于是$\mathscr{A}\mid V_i=\mathscr{B}+\lambda_i\mathscr{E}$在该基下的矩阵为(3)式中矩阵与$\lambda_i\boldsymbol{E}$的和,即为

$$\begin{pmatrix}\underbrace{\begin{matrix}\lambda_i&&&&\\1&\lambda_i&&&\\&\ddots&\ddots&&\\&&&\lambda_i&\\&&&1&\lambda_i\end{matrix}}_{r_1}&&&\\&\underbrace{\begin{matrix}\lambda_i&&&&\\1&\lambda_i&&&\\&\ddots&\ddots&&\\&&&\lambda_i&\\&&&1&\lambda_i\end{matrix}}_{r_2}&&\\&&\ddots&\\&&&\underbrace{\begin{matrix}\lambda_i&&&&\\1&\lambda_i&&&\\&\ddots&\ddots&&\\&&&\lambda_i&\\&&&1&\lambda_i\end{matrix}}_{r_s}\end{pmatrix}.$$

也是若尔当形.把每个V_i的上述基合起来是V的基,$\mathscr{A}$在该基下的矩阵仍为若尔当形矩阵. ▌

上面的结论用矩阵语言表达,就是

定理 14　每个n阶复矩阵$\boldsymbol{A}$一定与一个若尔当形矩阵相似.这个若尔当形矩阵除去其中若尔当块的排列顺序外由$\boldsymbol{A}$唯一决定,称为$\boldsymbol{A}$的**若尔当标准形**. ▌

这里不证明上述唯一性的结果,我们将在下一章利用λ-矩阵的性质对矩阵相似作更全面的讨论.另外,在附录四中又给出另一种处理,是用线性空间、线性变换、空间分解及基底的语言表述的,称为矩阵相似标准形的几何理论.

因为若尔当形矩阵是三角形矩阵,故$\mathscr{A}$(或$\boldsymbol{A}$)的若尔当标准形中主对角线上的元素就是它的特征多项式的全部根(重根按重数计算).

线性变换和矩阵的若尔当标准形问题是线性代数中很重要的课题.若尔当标准形是在复数域中讨论的,它又是下三角形矩阵,有很多应用.

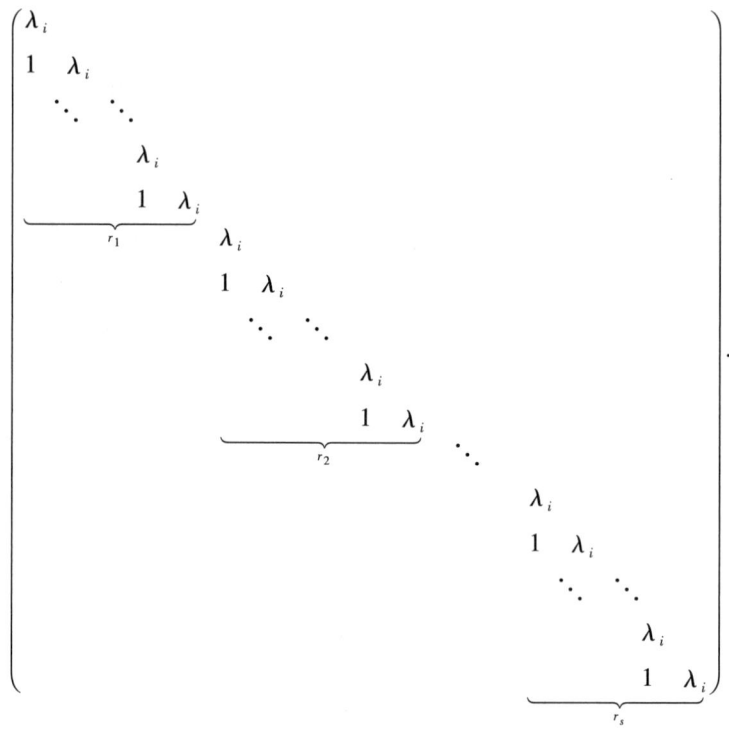

§9 最小多项式

根据哈密顿-凯莱定理,任给数域 P 上一个 n 阶矩阵 $\boldsymbol{A}$,总可找到数域 P 上一个多项式 $f(x)$,使 $f(\boldsymbol{A})=\boldsymbol{O}$.如果多项式 $f(x)$ 使 $f(\boldsymbol{A})=\boldsymbol{O}$,我们就称 $f(x)$ 以 $\boldsymbol{A}$ 为根.当然,以 $\boldsymbol{A}$ 为根的多项式是很多的,其中次数最低的首项系数为 1 的以 $\boldsymbol{A}$ 为根的多项式称为 $\boldsymbol{A}$ 的**最小多项式**.这一节讨论如何应用最小多项式来判断一个矩阵能否对角化的问题.

首先介绍最小多项式的一些基本性质.

引理 1 矩阵 $\boldsymbol{A}$ 的最小多项式是唯一的.

证明 设 $g_1(x)$ 和 $g_2(x)$ 都是 $\boldsymbol{A}$ 的最小多项式,根据带余除法,$g_1(x)$ 可以表成

$$g_1(x)=q(x)g_2(x)+r(x),$$

其中 $r(x)=0$ 或 $\partial(r(x))<\partial(g_2(x))$,于是

$$g_1(\boldsymbol{A})=q(\boldsymbol{A})g_2(\boldsymbol{A})+r(\boldsymbol{A})=\boldsymbol{O},$$

因此 $r(\boldsymbol{A})=\boldsymbol{O}$.由最小多项式的定义,$r(x)=0$,即 $g_2(x)\mid g_1(x)$.同样可证 $g_1(x)\mid g_2(x)$.因此 $g_1(x)$ 与 $g_2(x)$ 只能相差一个非零常数因子.又因 $g_1(x)$ 与 $g_2(x)$ 的首项系数都等于 1,所以 $g_1(x)=g_2(x)$. ▌

应用同样的方法,可证下述引理.

引理 2 设 $g(x)$ 是矩阵 $\boldsymbol{A}$ 的最小多项式,那么 $f(x)$ 以 $\boldsymbol{A}$ 为根的充要条件是 $g(x)$ 整除 $f(x)$. ▌

由此可知,矩阵 $\boldsymbol{A}$ 的最小多项式是 $\boldsymbol{A}$ 的特征多项式的一个因式.

例 1 数量矩阵 $k\boldsymbol{E}$ 的最小多项式为 $x-k$,特别地,单位矩阵的最小多项式为 $x-1$,零矩阵的最小多项式为 x.

另一方面,如果 $\boldsymbol{A}$ 的最小多项式是 1 次多项式,那么 $\boldsymbol{A}$ 一定是数量矩阵.

例 2 设

$$\boldsymbol{A}=\begin{pmatrix}1&1&\\&1&\\&&1\end{pmatrix},$$

求 $\boldsymbol{A}$ 的最小多项式.

解 因为 $\boldsymbol{A}$ 的特征多项式为

$$|x\boldsymbol{E}-\boldsymbol{A}|=(x-1)^3,$$

所以 $\boldsymbol{A}$ 的最小多项式为 $(x-1)^3$ 的因式.显然,$\boldsymbol{A}-\boldsymbol{E}\neq\boldsymbol{O}$ 而 $(\boldsymbol{A}-\boldsymbol{E})^2=\boldsymbol{O}$,因此 $\boldsymbol{A}$ 的最小多项式为 $(x-1)^2$.

如果矩阵 $\boldsymbol{A}$ 与 $\boldsymbol{B}$ 相似,即 $\boldsymbol{B}=\boldsymbol{T}^{-1}\boldsymbol{A}\boldsymbol{T}$,那么对任一多项式 $f(x)$,$f(\boldsymbol{B})=\boldsymbol{T}^{-1}f(\boldsymbol{A})\boldsymbol{T}$.因此 $f(\boldsymbol{B})=\boldsymbol{O}$ 当且仅当 $f(\boldsymbol{A})=\boldsymbol{O}$.这说明相似矩阵有相同的最小多项式.但是需要注意,这个条件并不是充分的,即最小多项式相同的矩阵不一定是相似的.下面的例子说明这个结论.

例 3 设

$$A=\begin{pmatrix}1&1&&\\&1&&\\&&1&\\&&&2\end{pmatrix},\quad B=\begin{pmatrix}1&1&&\\&1&&\\&&2&\\&&&2\end{pmatrix}.$$

A 与 B 的最小多项式都等于 $(x-1)^2(x-2)$,但是它们的特征多项式不同,因此 A 和 B 不是相似的.

为了讨论矩阵对角化的问题,还需要用到下面的引理.

引理 3 设 A 是一个准对角矩阵

$$A=\begin{pmatrix}A_1&\\&A_2\end{pmatrix},$$

并设 A_1 的最小多项式为 $g_1(x)$,A_2 的最小多项式为 $g_2(x)$,那么 A 的最小多项式为 $g_1(x)$,$g_2(x)$ 的最小公倍式 $[g_1(x),g_2(x)]$.

证明 记 $g(x)=[g_1(x),g_2(x)]$,首先

$$g(A)=\begin{pmatrix}g(A_1)&\\&g(A_2)\end{pmatrix}=O,$$

因此 $g(x)$ 能被 A 的最小多项式整除.其次,如果 $h(A)=O$,那么

$$h(A)=\begin{pmatrix}h(A_1)&\\&h(A_2)\end{pmatrix}=O.$$

所以 $h(A_1)=O$,$h(A_2)=O$,因而 $g_1(x)\mid h(x)$,$g_2(x)\mid h(x)$.并由此得 $g(x)\mid h(x)$.这样就证明了 $g(x)$ 是 A 的最小多项式. ▌

这个结论可以推广到 A 为若干个矩阵组成的准对角矩阵的情形.即如果

$$A=\begin{pmatrix}A_1&&&\\&A_2&&\\&&\ddots&\\&&&A_s\end{pmatrix},$$

A_i 的最小多项式为 $g_i(x)$,$i=1,2,\cdots,s$,那么 A 的最小多项式为 $[g_1(x),g_2(x),\cdots,g_s(x)]$.

引理 4 k 阶若尔当块

$$J=\begin{pmatrix}a&&&\\1&\ddots&&\\&\ddots&a&\\&&1&a\end{pmatrix}$$

的最小多项式为 $(x-a)^k$.

证明 J 的特征多项式为 $(x-a)^k$,而

$$J-aE=\begin{pmatrix}0&&&\\1&\ddots&&\\&\ddots&0&\\&&1&0\end{pmatrix},$$

$$(\boldsymbol{J}-a\boldsymbol{E})^{k-1}=\begin{pmatrix}0 & & & \\ \vdots & & \boldsymbol{O} & \\ 0 & & & \\ 1 & 0 & \cdots & 0\end{pmatrix}\neq\boldsymbol{O},$$

所以 $\boldsymbol{J}$ 的最小多项式为 $(x-a)^k$. ▌

定理 15 数域 P 上 n 阶矩阵 $\boldsymbol{A}$ 与对角矩阵相似的充要条件为 $\boldsymbol{A}$ 的最小多项式是 P 上互素的一次因式的乘积.

证明 根据引理 3 的推广的情形,条件的必要性是显然的.

现在证明充分性.

根据矩阵和线性变换之间的对应关系,我们可定义任意线性变换 $\mathscr{A}$ 的最小多项式,它等于其对应矩阵 $\boldsymbol{A}$ 的最小多项式.我们只要证明,若数域 P 上某线性空间 V 上的线性变换 $\mathscr{A}$ 的最小多项式 $g(x)$ 是 P 上互素的一次因式的乘积 $g(x)=\prod_{i=1}^{l}(x-a_i)$,则 $\mathscr{A}$ 有一组特征向量做成 V 的基.

实际上,由于 $g(\mathscr{A})V=\{\boldsymbol{0}\}$,用定理 12 中同样步骤可证 $V=V_1\oplus V_2\oplus\cdots\oplus V_l$,其中 $V_i=\{\boldsymbol{\xi}\mid(\mathscr{A}-a_i\mathscr{E})\boldsymbol{\xi}=\boldsymbol{0},\boldsymbol{\xi}\in V\}$.把 $V_1,V_2,\cdots,V_l$ 各自的基合起来就是 V 的基.而每个基向量都属于某个 V_i,因而是 $\boldsymbol{A}$ 的特征向量. ▌

推论 复矩阵 $\boldsymbol{A}$ 与对角矩阵相似的充要条件是 $\boldsymbol{A}$ 的最小多项式没有重根. ▌

习 题

1. 判别下面所定义的变换,哪些是线性的,哪些不是:

1) 在线性空间 V 中,$\mathscr{A}\boldsymbol{\xi}=\boldsymbol{\xi}+\boldsymbol{\alpha}$,其中 $\boldsymbol{\alpha}\in V$ 是一固定的向量;

2) 在线性空间 V 中,$\mathscr{A}\boldsymbol{\xi}=\boldsymbol{\alpha}$,其中 $\boldsymbol{\alpha}\in V$ 是一固定的向量;

3) 在 P^3 中,$\mathscr{A}(x_1,x_2,x_3)=(x_1^2,x_2+x_3,x_3^2)$;

4) 在 P^3 中,$\mathscr{A}(x_1,x_2,x_3)=(2x_1-x_2,x_2+x_3,x_1)$;

5) 在 $P[x]$ 中,$\mathscr{A}f(x)=f(x+1)$;

6) 在 $P[x]$ 中,$\mathscr{A}f(x)=f(x_0)$,其中 $x_0\in P$ 是一固定的数;

7) 把复数域看作复数域上的线性空间,$\mathscr{A}\boldsymbol{\xi}=\overline{\boldsymbol{\xi}}$;

8) 在 $P^{n\times n}$ 中,$\mathscr{A}(\boldsymbol{X})=\boldsymbol{BXC}$,其中 $\boldsymbol{B},\boldsymbol{C}\in P^{n\times n}$ 是两个固定的矩阵.

2. 在几何空间中,取正交坐标系 $Oxyz$.以 $\mathscr{A}$ 表示将空间绕 x 轴由 Oy 向 Oz 方向旋转 90° 的变换,以 $\mathscr{B}$ 表示绕 y 轴由 Oz 向 Ox 方向旋转 90° 的变换,以 $\mathscr{C}$ 表示绕 z 轴由 Ox 向 Oy 方向旋转 90° 的变换.证明:

$$\mathscr{A}^4=\mathscr{B}^4=\mathscr{C}^4=\mathscr{E},\quad \mathscr{A}\mathscr{B}\neq\mathscr{B}\mathscr{A},\quad 但\ \mathscr{A}^2\mathscr{B}^2=\mathscr{B}^2\mathscr{A}^2.$$

并检验 $(\mathscr{A}\mathscr{B})^2=\mathscr{A}^2\mathscr{B}^2$ 是否成立.

3. 在 $P[x]$ 中,$\mathscr{A}f(x)=f'(x)$,$\mathscr{B}f(x)=xf(x)$,证明:

$$\mathscr{A}\mathscr{B}-\mathscr{B}\mathscr{A}=\mathscr{E}.$$

4. 设$\mathscr{A}$，$\mathscr{B}$是线性变换. 如果$\mathscr{A}\mathscr{B}-\mathscr{B}\mathscr{A}=\mathscr{E}$，证明：

$$\mathscr{A}^k\mathscr{B}-\mathscr{B}\mathscr{A}^k=k\mathscr{A}^{k-1},\quad k>1.$$

5. 证明：可逆变换是双射.

6. 设$\boldsymbol{\varepsilon}_1,\boldsymbol{\varepsilon}_2,\cdots,\boldsymbol{\varepsilon}_n$是线性空间$V$的一组基，$\mathscr{A}$是$V$上的线性变换. 证明：$\mathscr{A}$可逆当且仅当$\mathscr{A}\boldsymbol{\varepsilon}_1,\mathscr{A}\boldsymbol{\varepsilon}_2,\cdots,\mathscr{A}\boldsymbol{\varepsilon}_n$线性无关.

7. 求下列线性变换在所指定基下的矩阵：

1）第1题4）中变换$\mathscr{A}$在基$\boldsymbol{\varepsilon}_1=(1,0,0)$，$\boldsymbol{\varepsilon}_2=(0,1,0)$，$\boldsymbol{\varepsilon}_3=(0,0,1)$下的矩阵；

2）$[O;\boldsymbol{\varepsilon}_1,\boldsymbol{\varepsilon}_2]$是平面上一直角坐标系，$\mathscr{A}$是平面上的向量对第一和第三象限角的平分线的垂直投影，$\mathscr{B}$是平面上的向量对$\boldsymbol{\varepsilon}_2$的垂直投影，求$\mathscr{A}$，$\mathscr{B}$，$\mathscr{A}\mathscr{B}$在基$\boldsymbol{\varepsilon}_1,\boldsymbol{\varepsilon}_2$下的矩阵；

3）在空间$P[x]_n$中，设变换$\mathscr{A}$为$f(x)\to f(x+1)-f(x)$，求$\mathscr{A}$在基

$$\boldsymbol{\varepsilon}_0=1,\quad \boldsymbol{\varepsilon}_i=\frac{x(x-1)\cdots(x-i+1)}{i!},\quad i=1,2,\cdots,n-1$$

下的矩阵；

4）6个函数

$$\boldsymbol{\varepsilon}_1=\mathrm{e}^{ax}\cos bx,\qquad \boldsymbol{\varepsilon}_2=\mathrm{e}^{ax}\sin bx,\qquad \boldsymbol{\varepsilon}_3=x\mathrm{e}^{ax}\cos bx,$$

$$\boldsymbol{\varepsilon}_4=x\mathrm{e}^{ax}\sin bx,\qquad \boldsymbol{\varepsilon}_5=\frac{1}{2}x^2\mathrm{e}^{ax}\cos bx,\qquad \boldsymbol{\varepsilon}_6=\frac{1}{2}x^2\mathrm{e}^{ax}\sin bx$$

的所有实系数线性组合构成实数域上一个6维线性空间，求微分变换$\mathscr{D}$在基$\boldsymbol{\varepsilon}_i(i=1,2,\cdots,6)$下的矩阵；

5）已知P^3中线性变换$\mathscr{A}$在基$\boldsymbol{\eta}_1=(-1,1,1)$，$\boldsymbol{\eta}_2=(1,0,-1)$，$\boldsymbol{\eta}_3=(0,1,1)$下的矩阵是

$$\begin{pmatrix}1&0&1\\1&1&0\\-1&2&1\end{pmatrix},$$

求$\mathscr{A}$在基$\boldsymbol{\varepsilon}_1=(1,0,0)$，$\boldsymbol{\varepsilon}_2=(0,1,0)$，$\boldsymbol{\varepsilon}_3=(0,0,1)$下的矩阵；

6）在P^3中，$\mathscr{A}$定义如下：

$$\begin{cases}\mathscr{A}\boldsymbol{\eta}_1=(-5,0,3),\\ \mathscr{A}\boldsymbol{\eta}_2=(0,-1,6),\\ \mathscr{A}\boldsymbol{\eta}_3=(-5,-1,9),\end{cases}\quad 其中\begin{cases}\boldsymbol{\eta}_1=(-1,0,2),\\ \boldsymbol{\eta}_2=(0,1,1),\\ \boldsymbol{\eta}_3=(3,-1,0),\end{cases}$$

求$\mathscr{A}$在基$\boldsymbol{\varepsilon}_1=(1,0,0)$，$\boldsymbol{\varepsilon}_2=(0,1,0)$，$\boldsymbol{\varepsilon}_3=(0,0,1)$下的矩阵；

7）同上，求$\mathscr{A}$在$\boldsymbol{\eta}_1,\boldsymbol{\eta}_2,\boldsymbol{\eta}_3$下的矩阵.

8. 在$P^{2\times2}$中定义线性变换

$$\mathscr{A}_1(\boldsymbol{X})=\begin{pmatrix}a&b\\c&d\end{pmatrix}\boldsymbol{X},\qquad \mathscr{A}_2(\boldsymbol{X})=\boldsymbol{X}\begin{pmatrix}a&b\\c&d\end{pmatrix},$$

$$\mathscr{A}_3(\boldsymbol{X})=\begin{pmatrix}a&b\\c&d\end{pmatrix}\boldsymbol{X}\begin{pmatrix}a&b\\c&d\end{pmatrix},$$

求$\mathscr{A}_1,\mathscr{A}_2,\mathscr{A}_3$在基$\boldsymbol{E}_{11},\boldsymbol{E}_{12},\boldsymbol{E}_{21},\boldsymbol{E}_{22}$下的矩阵.

9. 设三维线性空间 V 上的线性变换 $\mathscr{A}$ 在基 $\boldsymbol{\varepsilon}_1,\boldsymbol{\varepsilon}_2,\boldsymbol{\varepsilon}_3$ 下的矩阵为

$$\boldsymbol{A}=\begin{pmatrix} a_{11} & a_{12} & a_{13} \\ a_{21} & a_{22} & a_{23} \\ a_{31} & a_{32} & a_{33} \end{pmatrix}.$$

1）求 $\mathscr{A}$ 在基 $\boldsymbol{\varepsilon}_3,\boldsymbol{\varepsilon}_2,\boldsymbol{\varepsilon}_1$ 下的矩阵；

2）求 $\mathscr{A}$ 在基 $\boldsymbol{\varepsilon}_1,k\boldsymbol{\varepsilon}_2,\boldsymbol{\varepsilon}_3$ 下的矩阵，其中 $k\in P$ 且 $k\neq 0$；

3）求 $\mathscr{A}$ 在基 $\boldsymbol{\varepsilon}_1+\boldsymbol{\varepsilon}_2,\boldsymbol{\varepsilon}_2,\boldsymbol{\varepsilon}_3$ 下的矩阵.

10. 设 $\mathscr{A}$ 是线性空间 V 上的线性变换. 如果 $\mathscr{A}^{k-1}\boldsymbol{\xi}\neq\mathbf{0}$，但 $\mathscr{A}^{k}\boldsymbol{\xi}=\mathbf{0}$，求证 $\boldsymbol{\xi},\mathscr{A}\boldsymbol{\xi},\cdots,\mathscr{A}^{k-1}\boldsymbol{\xi}\,(k>0)$ 线性无关.

11. 在 n 维线性空间中，设有线性变换 $\mathscr{A}$ 与向量 $\boldsymbol{\xi}$，使得 $\mathscr{A}^{n-1}\boldsymbol{\xi}\neq\mathbf{0}$，但 $\mathscr{A}^{n}\boldsymbol{\xi}=\mathbf{0}$，求证 $\mathscr{A}$ 在某组基下的矩阵是

$$\begin{pmatrix} 0 & 0 & \cdots & 0 & 0 \\ 1 & 0 & \cdots & 0 & 0 \\ 0 & 1 & \cdots & 0 & 0 \\ \vdots & \vdots & & \vdots & \vdots \\ 0 & 0 & \cdots & 1 & 0 \end{pmatrix}.$$

12. 设 V 是数域 P 上 n 维线性空间. 证明：V 上的与全体线性变换可交换的线性变换是数乘变换.

13. $\mathscr{A}$ 是数域 P 上 n 维线性空间 V 的一个线性变换. 证明：如果 $\mathscr{A}$ 在任意一组基下的矩阵都相同，那么 $\mathscr{A}$ 是数乘变换.

14. 设 $\boldsymbol{\varepsilon}_1,\boldsymbol{\varepsilon}_2,\boldsymbol{\varepsilon}_3,\boldsymbol{\varepsilon}_4$ 是 4 维线性空间 V 的一组基，已知线性变换 $\mathscr{A}$ 在这组基下的矩阵为

$$\begin{pmatrix} 1 & 0 & 2 & 1 \\ -1 & 2 & 1 & 3 \\ 1 & 2 & 5 & 5 \\ 2 & -2 & 1 & -2 \end{pmatrix}.$$

1）求 $\mathscr{A}$ 在基 $\boldsymbol{\eta}_1=\boldsymbol{\varepsilon}_1-2\boldsymbol{\varepsilon}_2+\boldsymbol{\varepsilon}_4,\boldsymbol{\eta}_2=3\boldsymbol{\varepsilon}_2-\boldsymbol{\varepsilon}_3-\boldsymbol{\varepsilon}_4,\boldsymbol{\eta}_3=\boldsymbol{\varepsilon}_3+\boldsymbol{\varepsilon}_4,\boldsymbol{\eta}_4=2\boldsymbol{\varepsilon}_4$ 下的矩阵；

2）求 $\mathscr{A}$ 的核与值域；

3）在 $\mathscr{A}$ 的核中选一组基，把它扩充成 V 的一组基，并求 $\mathscr{A}$ 在这组基下的矩阵；

4）在 $\mathscr{A}$ 的值域中选一组基，把它扩充成 V 的一组基，并求 $\mathscr{A}$ 在这组基下的矩阵.

15. 给定 P^3 的两组基

$$\boldsymbol{\varepsilon}_1=(1,0,1),\qquad \boldsymbol{\varepsilon}_2=(2,1,0),\qquad \boldsymbol{\varepsilon}_3=(1,1,1),$$
$$\boldsymbol{\eta}_1=(1,2,-1),\qquad \boldsymbol{\eta}_2=(2,2,-1),\qquad \boldsymbol{\eta}_3=(2,-1,-1).$$

定义线性变换 $\mathscr{A}$：

$$\mathscr{A}\boldsymbol{\varepsilon}_i=\boldsymbol{\eta}_i,\qquad i=1,2,3.$$

1）写出由基 $\boldsymbol{\varepsilon}_1,\boldsymbol{\varepsilon}_2,\boldsymbol{\varepsilon}_3$ 到基 $\boldsymbol{\eta}_1,\boldsymbol{\eta}_2,\boldsymbol{\eta}_3$ 的过渡矩阵；

2）写出 $\mathscr{A}$ 在基 $\boldsymbol{\varepsilon}_1,\boldsymbol{\varepsilon}_2,\boldsymbol{\varepsilon}_3$ 下的矩阵；

3）写出$\mathscr{A}$在基 $\boldsymbol{\eta}_1,\boldsymbol{\eta}_2,\boldsymbol{\eta}_3$ 下的矩阵.

16. 证明：

$$\begin{pmatrix} \lambda_1 & & & \\ & \lambda_2 & & \\ & & \ddots & \\ & & & \lambda_n \end{pmatrix} \text{与} \begin{pmatrix} \lambda_{i_1} & & & \\ & \lambda_{i_2} & & \\ & & \ddots & \\ & & & \lambda_{i_n} \end{pmatrix}$$

相似，其中 $i_1 i_2 \cdots i_n$ 是 $1,2,\cdots,n$ 的一个排列.

17. 如果 $\boldsymbol{A}$ 可逆，证明：$\boldsymbol{AB}$ 与 $\boldsymbol{BA}$ 相似.

18. 如果 $\boldsymbol{A}$ 与 $\boldsymbol{B}$ 相似，$\boldsymbol{C}$ 与 $\boldsymbol{D}$ 相似，证明：

$$\begin{pmatrix} \boldsymbol{A} & \boldsymbol{O} \\ \boldsymbol{O} & \boldsymbol{C} \end{pmatrix} \text{与} \begin{pmatrix} \boldsymbol{B} & \boldsymbol{O} \\ \boldsymbol{O} & \boldsymbol{D} \end{pmatrix}$$

相似.

19. 求复数域上线性空间 V 的线性变换$\mathscr{A}$的特征值与特征向量，已知$\mathscr{A}$在一组基下的矩阵为：

1）$\boldsymbol{A}=\begin{pmatrix} 3 & 4 \\ 5 & 2 \end{pmatrix}$；　　2）$\boldsymbol{A}=\begin{pmatrix} 0 & a \\ -a & 0 \end{pmatrix}$；

3）$\boldsymbol{A}=\begin{pmatrix} 1 & 1 & 1 & 1 \\ 1 & 1 & -1 & -1 \\ 1 & -1 & 1 & -1 \\ 1 & -1 & -1 & 1 \end{pmatrix}$；　　4）$\boldsymbol{A}=\begin{pmatrix} 5 & 6 & -3 \\ -1 & 0 & 1 \\ 1 & 2 & -1 \end{pmatrix}$；

5）$\boldsymbol{A}=\begin{pmatrix} 0 & 0 & 1 \\ 0 & 1 & 0 \\ 1 & 0 & 0 \end{pmatrix}$；　　6）$\boldsymbol{A}=\begin{pmatrix} 0 & 2 & 1 \\ -2 & 0 & 3 \\ -1 & -3 & 0 \end{pmatrix}$；

7）$\boldsymbol{A}=\begin{pmatrix} 3 & 1 & 0 \\ -4 & -1 & 0 \\ 4 & -8 & -2 \end{pmatrix}$.

20. 在上题中哪些变换的矩阵可以在适当的基下化成对角形？在可以化成对角形的情况，写出相应的基变换的过渡矩阵 $\boldsymbol{T}$，并验算 $\boldsymbol{T}^{-1}\boldsymbol{AT}$.

21. 在 $P[x]_n(n>1)$ 中，求微分变换$\mathscr{D}$的特征多项式，并证明$\mathscr{D}$在任何一组基下的矩阵都不可能是对角矩阵.

22. 设

$$\boldsymbol{A}=\begin{pmatrix} 1 & 4 & 2 \\ 0 & -3 & 4 \\ 0 & 4 & 3 \end{pmatrix},$$

求 $\boldsymbol{A}^k$.

23. 设 $\boldsymbol{\varepsilon}_1,\boldsymbol{\varepsilon}_2,\boldsymbol{\varepsilon}_3,\boldsymbol{\varepsilon}_4$ 是 4 维线性空间 V 的一组基,线性变换 $\mathscr{A}$ 在这组基下的矩阵为

$$\boldsymbol{A}=\begin{pmatrix}5 & -2 & -4 & 3\\ 3 & -1 & -3 & 2\\ -3 & \dfrac{1}{2} & \dfrac{9}{2} & -\dfrac{5}{2}\\ -10 & 3 & 11 & -7\end{pmatrix}.$$

1) 求 $\mathscr{A}$ 在基

$$\boldsymbol{\eta}_1=\boldsymbol{\varepsilon}_1+2\boldsymbol{\varepsilon}_2+\boldsymbol{\varepsilon}_3+\boldsymbol{\varepsilon}_4,$$
$$\boldsymbol{\eta}_2=2\boldsymbol{\varepsilon}_1+3\boldsymbol{\varepsilon}_2+\boldsymbol{\varepsilon}_3,$$
$$\boldsymbol{\eta}_3=\boldsymbol{\varepsilon}_3,$$
$$\boldsymbol{\eta}_4=\boldsymbol{\varepsilon}_4$$

下的矩阵;

2) 求 $\mathscr{A}$ 的特征值与特征向量;

3) 求一可逆矩阵 $\boldsymbol{T}$,使 $\boldsymbol{T}^{-1}\boldsymbol{AT}$ 成对角形.

24. 1) 设 $\boldsymbol{\lambda}_1,\boldsymbol{\lambda}_2$ 是线性变换 $\mathscr{A}$ 的两个不同特征值,$\boldsymbol{\varepsilon}_1,\boldsymbol{\varepsilon}_2$ 是分别属于 $\boldsymbol{\lambda}_1,\boldsymbol{\lambda}_2$ 的特征向量,证明:$\boldsymbol{\varepsilon}_1+\boldsymbol{\varepsilon}_2$ 不是 $\mathscr{A}$ 的特征向量;

2) 证明:如果线性空间 V 的线性变换 $\mathscr{A}$ 以 V 中每个非零向量作为它的特征向量,那么 $\mathscr{A}$ 是数乘变换.

25. 设 V 是复数域上的 n 维线性空间,$\mathscr{A},\mathscr{B}$ 是 V 上的线性变换,且 $\mathscr{A}\mathscr{B}=\mathscr{B}\mathscr{A}$.证明:

1) 如果 $\boldsymbol{\lambda}_0$ 是 $\mathscr{A}$ 的一特征值,那么 V_{λ_0} 是 $\mathscr{B}$ 的不变子空间;

2) $\mathscr{A},\mathscr{B}$ 至少有一个公共的特征向量.

26. 设 V 是复数域上的 n 维线性空间,而线性变换 $\mathscr{A}$ 在基 $\boldsymbol{\varepsilon}_1,\boldsymbol{\varepsilon}_2,\cdots,\boldsymbol{\varepsilon}_n$ 下的矩阵是一若尔当块.证明:

1) V 中包含 $\boldsymbol{\varepsilon}_1$ 的 $\mathscr{A}$-子空间只有 V 自身;

2) V 中任一非零 $\mathscr{A}$-子空间都包含 $\boldsymbol{\varepsilon}_n$;

3) V 不能分解成两个非平凡的 $\mathscr{A}$-子空间的直和.

27. 求下列矩阵的最小多项式:

1) $\begin{pmatrix}0 & 0 & 1\\ 0 & 1 & 0\\ 1 & 0 & 0\end{pmatrix}$; 2) $\begin{pmatrix}3 & -1 & -3 & 1\\ -1 & 3 & 1 & -3\\ 3 & -1 & -3 & 1\\ -1 & 3 & 1 & -3\end{pmatrix}$.

补　充　题

1. 设$\mathscr{A}$，$\mathscr{B}$是线性变换，$\mathscr{A}^2=\mathscr{A}$，$\mathscr{B}^2=\mathscr{B}$. 证明：

1）如果$(\mathscr{A}+\mathscr{B})^2=\mathscr{A}+\mathscr{B}$，那么$\mathscr{A}\mathscr{B}=\mathit{0}$；

2）如果$\mathscr{A}\mathscr{B}=\mathscr{B}\mathscr{A}$，那么$(\mathscr{A}+\mathscr{B}-\mathscr{A}\mathscr{B})^2=\mathscr{A}+\mathscr{B}-\mathscr{A}\mathscr{B}$.

2. 设 V 是数域 P 上 n 维线性空间. 证明：由 V 的全体线性变换组成的线性空间是 n^2 维的.

3. 设$\mathscr{A}$是数域 P 上 n 维线性空间 V 的一个线性变换. 证明：

1）在 $P[x]$ 中有一次数不大于 n^2 的多项式 $f(x)$，使 $f(\mathscr{A})=\mathit{0}$；

2）如果 $f(\mathscr{A})=\mathit{0}$，$g(\mathscr{A})=\mathit{0}$，那么 $d(\mathscr{A})=\mathit{0}$，这里 $d(x)$ 是 $f(x)$ 与 $g(x)$ 的最大公因式；

3）$\mathscr{A}$可逆的充要条件是，有一常数项不为零的多项式 $f(x)$ 使 $f(\mathscr{A})=\mathit{0}$.

4. 设$\mathscr{A}$是线性空间 V 上的可逆线性变换.

1）证明：$\mathscr{A}$的特征值一定不为 0；

2）证明：如果 λ 是$\mathscr{A}$的特征值，那么$\dfrac{1}{\lambda}$是$\mathscr{A}^{-1}$的特征值.

5. 设$\mathscr{A}$是线性空间 V 上的线性变换. 证明：$\mathscr{A}$的行列式为零的充要条件是$\mathscr{A}$以零作为一个特征值.

6. 设 $\boldsymbol{A}$ 是一 n 阶下三角形矩阵. 证明：

1）如果 $a_{ii}\neq a_{jj}(i\neq j, i,j=1,2,\cdots,n)$，那么 $\boldsymbol{A}$ 相似于一对角矩阵；

2）如果 $a_{11}=a_{22}=\cdots=a_{nn}$，而至少有一 $a_{i_0j_0}\neq 0(i_0>j_0)$，那么 $\boldsymbol{A}$ 不与对角矩阵相似.

7. 证明：对任一 $n\times n$ 复矩阵 $\boldsymbol{A}$，存在可逆矩阵 $\boldsymbol{T}$，使 $\boldsymbol{T}^{-1}\boldsymbol{A}\boldsymbol{T}$ 是上三角形矩阵.

8. 证明：如果$\mathscr{A}_1$，$\mathscr{A}_2$，$\cdots$，$\mathscr{A}_s$ 是线性空间 V 上的 s 个两两不同的线性变换，那么在 V 中必存在向量 $\boldsymbol{\alpha}$，使$\mathscr{A}_1\boldsymbol{\alpha}$，$\mathscr{A}_2\boldsymbol{\alpha}$，$\cdots$，$\mathscr{A}_s\boldsymbol{\alpha}$ 也两两不同.

9. 设$\mathscr{A}$是有限维线性空间 V 上的线性变换，W 是 V 的子空间，$\mathscr{A}W$ 表示由 W 中向量的像组成的子空间. 证明：

$$维(\mathscr{A}W)+维(\mathscr{A}^{-1}(\mathbf{0})\cap W)=维(W).$$

10. 设$\mathscr{A}$，$\mathscr{B}$是 n 维线性空间 V 上的两个线性变换. 证明：

$$秩(\mathscr{A}\mathscr{B})\geqslant 秩(\mathscr{A})+秩(\mathscr{B})-n.$$

11. 设$\mathscr{A}^2=\mathscr{A}$，$\mathscr{B}^2=\mathscr{B}$. 证明：

1）$\mathscr{A}$与$\mathscr{B}$有相同值域的充要条件是$\mathscr{A}\mathscr{B}=\mathscr{B}$，$\mathscr{B}\mathscr{A}=\mathscr{A}$；

2）$\mathscr{A}$与$\mathscr{B}$有相同的核的充要条件是$\mathscr{A}\mathscr{B}=\mathscr{A}$，$\mathscr{B}\mathscr{A}=\mathscr{B}$.

12. 设 $\boldsymbol{A}=\begin{pmatrix} a & b \\ c & d \end{pmatrix}$. 在 $P^{2\times 2}$ 上定义变换$\mathscr{A}$：$\mathscr{A}\boldsymbol{X}=\boldsymbol{A}\boldsymbol{X}-\boldsymbol{X}\boldsymbol{A}$，$\boldsymbol{X}\in P^{2\times 2}$.

1）证明：$\mathscr{A}$是 $P^{2\times 2}$ 上的线性变换；

2）在 $P^{2\times 2}$ 中取一组基

$$\boldsymbol{\alpha}_1=\begin{pmatrix}1&0\\0&0\end{pmatrix},\boldsymbol{\alpha}_2=\begin{pmatrix}0&1\\0&0\end{pmatrix},\boldsymbol{\alpha}_3=\begin{pmatrix}0&0\\1&0\end{pmatrix},\boldsymbol{\alpha}_4=\begin{pmatrix}0&0\\0&1\end{pmatrix},$$

求$\mathscr{A}$在这组基下的矩阵.

13. 设 V 是多项式环 $P[x,y]$ 中 q 次齐次多项式生成的子空间,$v_i=x^iy^{q-i}$,$0\leqslant i\leqslant q$,则 $v_0,v_1,\cdots,v_q$ 构成了 V 的一组基.设 $\boldsymbol{M}=\begin{pmatrix}a&b\\c&d\end{pmatrix}$为可逆矩阵.定义 V 上的映射$\mathscr{M}$,$\mathscr{M}$把多项式 $f(x,y)$ 映为 $f(ax+cy,bx+dy)$.

1）证明:$\mathscr{M}$为 V 上的线性映射;

2）求当 $\boldsymbol{M}=\begin{pmatrix}1&t\\0&1\end{pmatrix},\begin{pmatrix}1&0\\t&1\end{pmatrix}$时,$\mathscr{M}$在 $v_0,v_1,\cdots,v_q$ 下的矩阵.

14. 设$\mathscr{A}$和$\mathscr{B}$是数域 P 上 n 维线性空间 V 上的线性变换,$\mathscr{L}=\mathscr{A}\mathscr{B}-\mathscr{B}\mathscr{A}$.证明:如果$\mathscr{A}$,$\mathscr{B}$,$\mathscr{L}$都是幂零线性变换,且$\mathscr{L}$与$\mathscr{A}$和$\mathscr{B}$都交换,那么$\mathscr{A}+\mathscr{B}$也是幂零线性变换.

15. 设 S 为数域 P 上线性空间 V 上某些线性变换的集合.线性空间 V 的一个子空间 U 称为 S-子空间,如果 U 是 S 中任意线性变换的不变子空间.设 $\boldsymbol{\alpha}_1,\boldsymbol{\alpha}_2,\boldsymbol{\alpha}_3,\boldsymbol{\alpha}_4$ 是4维线性空间 V 的一组基,$S=\{\mathscr{A}_1,\mathscr{A}_2\}$.线性变换$\mathscr{A}_1$,$\mathscr{A}_2$ 在 $\boldsymbol{\alpha}_1,\boldsymbol{\alpha}_2,\boldsymbol{\alpha}_3,\boldsymbol{\alpha}_4$ 下的矩阵分别为

$$\begin{pmatrix}0&0&1&0\\1&0&0&0\\0&1&0&0\\0&0&0&1\end{pmatrix},\quad\begin{pmatrix}0&1&0&0\\0&0&1&0\\1&0&0&0\\0&0&0&1\end{pmatrix}.$$

试确定线性空间 V 最多可以写成几个 S-子空间的直和.

16. 设 $\boldsymbol{\alpha}_1,\boldsymbol{\alpha}_2,\cdots,\boldsymbol{\alpha}_n$ 为数域 P 上线性空间 V 的一组基.设 S 为所有在基 $\boldsymbol{\alpha}_1,\boldsymbol{\alpha}_2,\cdots,\boldsymbol{\alpha}_n$ 下矩阵为上三角形矩阵的 V 上线性变换的集合.证明:在 V 中存在一维 S-子空间.

17. 设 U,V,W 是域 P 上维数分别为 r,s,t 的线性空间.设 $\mathrm{Hom}_P(U,V)$ 为从线性空间 U 到 V 的线性映射构成的线性空间.证明:

1）线性空间 $\mathrm{Hom}_P(U,V)$ 的维数为 rs;

2）对 $\varphi\in\mathrm{Hom}_P(U,V)$,存在唯一的线性映射 $\varphi^*:\mathrm{Hom}_P(W,U)\to\mathrm{Hom}_P(W,V)$,使得 $\varphi^*(f)(\boldsymbol{\alpha})=(\varphi\circ f)(\boldsymbol{\alpha})$,其中 $\boldsymbol{\alpha}\in W,f\in\mathrm{Hom}_P(W,U)$.

18. 设 V 是数域 P 上的有限维线性空间,试确定在任何一组基下矩阵都相同的 V 上的线性变换.

学习指导

第八章 λ-矩阵

§1 λ-矩阵

设 P 是一个数域，λ 是一个文字，作多项式环 $P[\lambda]$.一个矩阵，如果它的元素是 λ 的多项式，即 $P[\lambda]$ 的元素，就称为 **λ-矩阵**.在这一章，我们来讨论 λ-矩阵的一些性质，并用这些性质来证明上一章第八节中关于若尔当标准形的主要定理.

因为数域 P 中的数也是 $P[\lambda]$ 的元素，所以在 λ-矩阵中也包括以数为元素的矩阵.为了与 λ-矩阵相区别，有时我们把以数域 P 中的数为元素的矩阵称为**数字矩阵**.以下用 $\boldsymbol{A}(\lambda)$，$\boldsymbol{B}(\lambda)$，…表示 λ-矩阵.

我们知道，$P[\lambda]$ 中的元素可以作加、减、乘三种运算，并且它们与数的运算有相同的运算规律.而矩阵加法与乘法的定义只是用到其中元素的加法与乘法，因此，我们可以同样定义 λ-矩阵的加法与乘法，它们与数字矩阵的运算有相同的运算规律.这些就不重复叙述与证明了.

行列式的定义也只用到其中元素的加法与乘法，因此，同样可以定义 $n\times n$ 的 λ-矩阵的行列式.一般地，λ-矩阵的行列式是 λ 的一个多项式，它与数字矩阵的行列式有相同的性质.例如，对于 λ-矩阵的行列式，矩阵乘积的行列式等于行列式的乘积这一结论，显然是对的.

既然有行列式，也就有 λ-矩阵的子式的概念.利用这个概念，我们有

定义 1 如果 λ-矩阵 $\boldsymbol{A}(\lambda)$ 中有一个 $r(r\geqslant 1)$ 阶子式不为零，而所有 $r+1$ 阶子式（如果有的话）全为零，则称 $\boldsymbol{A}(\lambda)$ 的**秩**为 r.零矩阵的**秩**规定为零.

对于数字矩阵，这与以前的定义是一致的.

与以前一样，我们还有

定义 2 $n\times n$的 λ-矩阵 $\boldsymbol{A}(\lambda)$ 称为**可逆的**，如果有$n\times n$的 λ-矩阵 $\boldsymbol{B}(\lambda)$，使

$$\boldsymbol{A}(\lambda)\boldsymbol{B}(\lambda)=\boldsymbol{B}(\lambda)\boldsymbol{A}(\lambda)=\boldsymbol{E}, \tag{1}$$

其中 $\boldsymbol{E}$ 是 n 阶单位矩阵.适合（1）式的矩阵 $\boldsymbol{B}(\lambda)$（它是唯一的）称为 $\boldsymbol{A}(\lambda)$ 的逆矩阵，记为 $\boldsymbol{A}^{-1}(\lambda)$.

关于 λ-矩阵可逆的条件有：

定理 1 $n\times n$ 的 λ-矩阵 $\boldsymbol{A}(\lambda)$ 是可逆的充要条件为行列式 $|\boldsymbol{A}(\lambda)|$ 是一非零的数.

证明 先证充分性.设

$$d=|\boldsymbol{A}(\lambda)|$$

是一非零的数.$\boldsymbol{A}^*(\lambda)$是$\boldsymbol{A}(\lambda)$的伴随矩阵,它也是$\lambda$-矩阵,而

$$\boldsymbol{A}(\lambda)\frac{1}{d}\boldsymbol{A}^*(\lambda)=\frac{1}{d}\boldsymbol{A}^*(\lambda)\boldsymbol{A}(\lambda)=\boldsymbol{E},$$

因此,$\boldsymbol{A}(\lambda)$可逆.

反过来,如果$\boldsymbol{A}(\lambda)$可逆,在(1)的两边取行列式,

$$|\boldsymbol{A}(\lambda)|\,|\boldsymbol{B}(\lambda)|=|\boldsymbol{E}|=1.$$

因为$|\boldsymbol{A}(\lambda)|$与$|\boldsymbol{B}(\lambda)|$都是$\lambda$的多项式,所以由它们的乘积是1可以推知,它们都是零次多项式,也就是非零的数. ▌

§2 λ-矩阵在初等变换下的标准形

λ-矩阵也可以有初等变换.

定义 3 下面的三种变换叫做λ-矩阵的**初等变换**:

1) 矩阵的两行(列)互换位置;

2) 矩阵的某一行(列)乘非零常数c;

3) 矩阵的某一行(列)加另一行(列)的$\varphi(\lambda)$倍,$\varphi(\lambda)$是一个多项式.

和数字矩阵的初等变换一样,可以引进初等矩阵.例如,将单位矩阵的第j行的$\varphi(\lambda)$倍加到第i行上(或第i列的$\varphi(\lambda)$倍加到第j列上)得

$$\begin{array}{r@{}c@{}l}
 & \begin{array}{ccccccc} & & \text{第 } i \text{ 列} & & \text{第 } j \text{ 列} & & \end{array} & \\
\boldsymbol{P}(i,j(\varphi))= & \left(\begin{array}{ccccccc}
1 & & & & & & \\
 & \ddots & & & & & \\
 & & 1 & \cdots & \varphi(\lambda) & & \\
 & & & \ddots & \vdots & & \\
 & & & & 1 & & \\
 & & & & & \ddots & \\
 & & & & & & 1
\end{array}\right) & \begin{array}{l} \\ \\ \text{第 } i \text{ 行} \\ \\ \text{第 } j \text{ 行}. \\ \\ \\ \end{array}
\end{array}$$

仍用$\boldsymbol{P}(i,j)$表示由单位矩阵经过第i行第j行(或第i列与第j列)互换位置所得的初等矩阵,用$\boldsymbol{P}(i(c))$表示用非零常数c乘单位矩阵第i行所得的初等矩阵.同样地,对一个$s\times n$的λ-矩阵$\boldsymbol{A}(\lambda)$作一次初等行变换就相当于在$\boldsymbol{A}(\lambda)$的左边乘相应的$s\times s$初等矩阵;对$\boldsymbol{A}(\lambda)$作一次初等列变换就相当于在$\boldsymbol{A}(\lambda)$的右边乘相应的$n\times n$初等矩阵.

初等矩阵都是可逆的,并且有

$$\boldsymbol{P}(i,j)^{-1}=\boldsymbol{P}(i,j),\quad \boldsymbol{P}(i(c))^{-1}=\boldsymbol{P}(i(c^{-1})),\quad \boldsymbol{P}(i,j(\varphi))^{-1}=\boldsymbol{P}(i,j(-\varphi)).$$

由此得出初等变换具有可逆性:设λ-矩阵$\boldsymbol{A}(\lambda)$用初等变换变成$\boldsymbol{B}(\lambda)$,这相当于对$\boldsymbol{A}(\lambda)$左乘或右乘一个初等矩阵.再用此初等矩阵的逆矩阵来乘$\boldsymbol{B}(\lambda)$就变回

$\boldsymbol{A}(\lambda)$，而这逆矩阵仍是初等矩阵，因而由 $\boldsymbol{B}(\lambda)$ 可用初等变换变回 $\boldsymbol{A}(\lambda)$. 我们还可看出在第二种初等变换中，规定只能乘一个非零常数，这也是为了使 $\boldsymbol{P}(i(c))$ 可逆的缘故.

定义 4 λ-矩阵 $\boldsymbol{A}(\lambda)$ 称为与 $\boldsymbol{B}(\lambda)$ 等价，如果 $\boldsymbol{B}(\lambda)$ 可以由 $\boldsymbol{A}(\lambda)$ 经过一系列初等变换将得到.

等价是 λ-矩阵之间的一种关系，这个关系显然具有下列三个性质：

1. 自反性：每一个 λ-矩阵与自己等价.

2. 对称性：若 $\boldsymbol{A}(\lambda)$ 与 $\boldsymbol{B}(\lambda)$ 等价，则 $\boldsymbol{B}(\lambda)$ 与 $\boldsymbol{A}(\lambda)$ 等价. 这是由于初等变换具有可逆性的缘故.

3. 传递性：若 $\boldsymbol{A}(\lambda)$ 与 $\boldsymbol{B}(\lambda)$ 等价，$\boldsymbol{B}(\lambda)$ 与 $\boldsymbol{C}(\lambda)$ 等价，则 $\boldsymbol{A}(\lambda)$ 与 $\boldsymbol{C}(\lambda)$ 等价.

应用初等变换与初等矩阵的关系即得，矩阵 $\boldsymbol{A}(\lambda)$ 与 $\boldsymbol{B}(\lambda)$ 等价的充要条件是有初等矩阵 $\boldsymbol{P}_1,\boldsymbol{P}_2,\cdots,\boldsymbol{P}_l,\boldsymbol{Q}_1,\boldsymbol{Q}_2,\cdots,\boldsymbol{Q}_t$，使

$$\boldsymbol{A}(\lambda)=\boldsymbol{P}_1\boldsymbol{P}_2\cdots\boldsymbol{P}_l\boldsymbol{B}(\lambda)\boldsymbol{Q}_1\boldsymbol{Q}_2\cdots\boldsymbol{Q}_t. \tag{1}$$

这一节主要是证明任意一个 λ-矩阵可以经过初等变换化为某种对角形. 为此，首先给出下面的引理.

引理 设 λ-矩阵 $\boldsymbol{A}(\lambda)$ 的左上角元素 $a_{11}(\lambda)\neq 0$，并且 $\boldsymbol{A}(\lambda)$ 中至少有一个元素不能被它除尽，那么一定可以找到一个与 $\boldsymbol{A}(\lambda)$ 等价的矩阵 $\boldsymbol{B}(\lambda)$，它的左上角元素也不为零，但是次数比 $a_{11}(\lambda)$ 的次数低.

证明 根据 $\boldsymbol{A}(\lambda)$ 中不能被 $a_{11}(\lambda)$ 除尽的元素所在的位置，分三种情形来讨论：

1. 若在 $\boldsymbol{A}(\lambda)$ 的第一列中有一个元素 $a_{i1}(\lambda)$ 不能被 $a_{11}(\lambda)$ 除尽，则有

$$a_{i1}(\lambda)=a_{11}(\lambda)q(\lambda)+r(\lambda),$$

其中余式 $r(\lambda)\neq 0$，且次数比 $a_{11}(\lambda)$ 的次数低.

对 $\boldsymbol{A}(\lambda)$ 作初等行变换. 把 $\boldsymbol{A}(\lambda)$ 的第 i 行减去第一行的 $q(\lambda)$ 倍，得

$$\boldsymbol{A}(\lambda)=\begin{pmatrix} a_{11}(\lambda) & \cdots \\ \vdots & \vdots \\ a_{i1}(\lambda) & \cdots \\ \vdots & \vdots \end{pmatrix}\longrightarrow\begin{pmatrix} a_{11}(\lambda) & \cdots \\ \vdots & \vdots \\ r(\lambda) & \cdots \\ \vdots & \vdots \end{pmatrix},$$

再将此矩阵的第一行与第 i 行互换，得

$$\boldsymbol{A}(\lambda)\longrightarrow\begin{pmatrix} r(\lambda) & \cdots \\ \vdots & \vdots \\ a_{11}(\lambda) & \cdots \\ \vdots & \vdots \end{pmatrix}=\boldsymbol{B}(\lambda).$$

$\boldsymbol{B}(\lambda)$ 的左上角元素 $r(\lambda)$ 符合引理的要求，故 $\boldsymbol{B}(\lambda)$ 即为所求的矩阵.

2. 在 $\boldsymbol{A}(\lambda)$ 的第一行中有一个元素 $a_{1i}(\lambda)$ 不能被 $a_{11}(\lambda)$ 除尽，这种情况的证明与 1 类似，但是对 $\boldsymbol{A}(\lambda)$ 进行的是初等列变换.

3. $\boldsymbol{A}(\lambda)$ 的第一行与第一列中的元素都可以被 $a_{11}(\lambda)$ 除尽，但 $\boldsymbol{A}(\lambda)$ 中有另一个元素 $a_{ij}(\lambda)(i>1,j>1)$ 不能被 $a_{11}(\lambda)$ 除尽. 我们设 $a_{i1}(\lambda)=a_{11}(\lambda)\varphi(\lambda)$. 对 $\boldsymbol{A}(\lambda)$ 作下述初等行变换：

$$\boldsymbol{A}(\lambda)=\begin{pmatrix} a_{11}(\lambda) & \cdots & a_{1j}(\lambda) & \cdots \\ \vdots & & \vdots & \vdots \\ a_{i1}(\lambda) & \cdots & a_{ij}(\lambda) & \cdots \\ \vdots & & \vdots & \vdots \end{pmatrix}$$

$$\longrightarrow\begin{pmatrix} a_{11}(\lambda) & \cdots & a_{1j}(\lambda) & \cdots \\ \vdots & & \vdots & \vdots \\ 0 & \cdots & a_{ij}(\lambda)-a_{1j}(\lambda)\varphi(\lambda) & \cdots \\ \vdots & & \vdots & \vdots \end{pmatrix}$$

$$\longrightarrow\begin{pmatrix} a_{11}(\lambda) & \cdots & a_{ij}(\lambda)+(1-\varphi(\lambda))a_{1j}(\lambda) & \cdots \\ \vdots & & \vdots & \vdots \\ 0 & \cdots & a_{ij}(\lambda)-a_{1j}(\lambda)\varphi(\lambda) & \cdots \\ \vdots & & \vdots & \vdots \end{pmatrix}$$

$$=\boldsymbol{A}_1(\lambda).$$

矩阵 $\boldsymbol{A}_1(\lambda)$ 的第一行中,有一个元素

$$a_{ij}(\lambda)+(1-\varphi(\lambda))a_{1j}(\lambda)$$

不能被左上角元素 $a_{11}(\lambda)$ 除尽,这就化为已经证明了的情况 2.

定理 2 任意一个非零的 $s\times n$ 的 λ-矩阵 $\boldsymbol{A}(\lambda)$ 都等价于一个下述形式的矩阵:

$$\begin{pmatrix} d_1(\lambda) & & & & & & \\ & d_2(\lambda) & & & & & \\ & & \ddots & & & & \\ & & & d_r(\lambda) & & & \\ & & & & 0 & & \\ & & & & & \ddots & \\ & & & & & & 0 \end{pmatrix},$$

其中 $r\geqslant 1$,$d_i(\lambda)\ (i=1,2,\cdots,r)$ 是首项系数为 1 的多项式,且

$$d_i(\lambda)\mid d_{i+1}(\lambda),\quad i=1,2,\cdots,r-1.$$

证明 经过行列调动之后,可以使得 $\boldsymbol{A}(\lambda)$ 的左上角元素 $a_{11}(\lambda)\neq 0$,如果 $a_{11}(\lambda)$ 不能除尽 $\boldsymbol{A}(\lambda)$ 的全部元素,由引理,可以找到与 $\boldsymbol{A}(\lambda)$ 等价的 $\boldsymbol{B}_1(\lambda)$,它的左上角元素 $b_1(\lambda)\neq 0$,并且次数比 $a_{11}(\lambda)$ 低.如果 $b_1(\lambda)$ 还不能除尽 $\boldsymbol{B}_1(\lambda)$ 的全部元素,由引理,又可以找到与 $\boldsymbol{B}_1(\lambda)$ 等价的 $\boldsymbol{B}_2(\lambda)$,它的左上角元素 $b_2(\lambda)\neq 0$,并且次数比 $b_1(\lambda)$ 低.如此下去,将得到一系列彼此等价的 λ-矩阵 $\boldsymbol{A}(\lambda),\boldsymbol{B}_1(\lambda),\boldsymbol{B}_2(\lambda),\cdots$.它们的左上角元素皆不为零,而且次数越来越低.但次数是非负整数,不可能无止境地降低.因此在有限步以后,我们将终止于一个 λ-矩阵 $\boldsymbol{B}_s(\lambda)$,它的左上角元素 $b_s(\lambda)\neq 0$,而且可以除尽 $\boldsymbol{B}_s(\lambda)$ 的全部元素 $b_{ij}(\lambda)$,即

$$b_{ij}(\lambda)=b_s(\lambda)q_{ij}(\lambda),$$

对 $\boldsymbol{B}_s(\lambda)$ 作初等变换

$$\boldsymbol{B}_s(\lambda)=\begin{pmatrix} b_s(\lambda) & \cdots & b_{1j}(\lambda) & \cdots \\ \vdots & & \vdots & \vdots \\ b_{i1}(\lambda) & \cdots & \cdots & \cdots \\ \vdots & & \vdots & \vdots \end{pmatrix}\longrightarrow\begin{pmatrix} b_s(\lambda) & 0 & \cdots & 0 \\ 0 & & & \\ \vdots & & \boldsymbol{A}_1(\lambda) & \\ 0 & & & \end{pmatrix}$$

在右下角的 λ-矩阵 $\boldsymbol{A}_1(\lambda)$ 中，全部元素都是可以被 $b_s(\lambda)$ 除尽的，因为它们都是 $\boldsymbol{B}_s(\lambda)$ 中元素的组合.

如果 $\boldsymbol{A}_1(\lambda)\neq\boldsymbol{O}$，则对于 $\boldsymbol{A}_1(\lambda)$ 可以重复上述过程，进而把矩阵化成

$$\begin{pmatrix} d_1(\lambda) & 0 & \cdots & 0 \\ 0 & d_2(\lambda) & \cdots & 0 \\ 0 & 0 & & \\ \vdots & \vdots & \boldsymbol{A}_2(\lambda) & \\ 0 & 0 & & \end{pmatrix},$$

其中 $d_1(\lambda)$ 与 $d_2(\lambda)$ 都是首项系数为 1 的多项式（$d_1(\lambda)$ 与 $b_s(\lambda)$ 只差一个常数倍数），而且 $d_1(\lambda)\mid d_2(\lambda)$，$d_2(\lambda)$ 能除尽 $\boldsymbol{A}_2(\lambda)$ 的全部元素.

如此下去，$\boldsymbol{A}(\lambda)$ 最后就化成了所要求的形式. ▌

最后化成的这个矩阵称为 $\boldsymbol{A}(\lambda)$ 的**标准形**.

例　用初等变换化 λ-矩阵

$$\boldsymbol{A}(\lambda)=\begin{pmatrix} 1-\lambda & 2\lambda-1 & \lambda \\ \lambda & \lambda^2 & -\lambda \\ 1+\lambda^2 & \lambda^3+\lambda-1 & -\lambda^2 \end{pmatrix}$$

为标准形. 具体步骤如下：

$$\boldsymbol{A}(\lambda)\longrightarrow\begin{pmatrix} 1-\lambda & 2\lambda-1 & 1 \\ \lambda & \lambda^2 & 0 \\ 1+\lambda^2 & \lambda^3+\lambda-1 & 1 \end{pmatrix}\longrightarrow\begin{pmatrix} 1 & 2\lambda-1 & 1-\lambda \\ 0 & \lambda^2 & \lambda \\ 1 & \lambda^3+\lambda-1 & 1+\lambda^2 \end{pmatrix}$$

$$\longrightarrow\begin{pmatrix} 1 & 2\lambda-1 & 1-\lambda \\ 0 & \lambda^2 & \lambda \\ 0 & \lambda^3-\lambda & \lambda^2+\lambda \end{pmatrix}\longrightarrow\begin{pmatrix} 1 & 0 & 0 \\ 0 & \lambda^2 & \lambda \\ 0 & \lambda^3-\lambda & \lambda^2+\lambda \end{pmatrix}$$

$$\longrightarrow\begin{pmatrix} 1 & 0 & 0 \\ 0 & \lambda & \lambda^2 \\ 0 & \lambda^2+\lambda & \lambda^3-\lambda \end{pmatrix}\longrightarrow\begin{pmatrix} 1 & 0 & 0 \\ 0 & \lambda & 0 \\ 0 & \lambda^2+\lambda & -\lambda^2-\lambda \end{pmatrix}$$

$$\longrightarrow\begin{pmatrix} 1 & 0 & 0 \\ 0 & \lambda & 0 \\ 0 & 0 & \lambda^2+\lambda \end{pmatrix}=\boldsymbol{B}(\lambda).$$

§3 不变因子

现在来证明，λ-矩阵的标准形是唯一的. 为此，我们引入

定义 5 设λ-矩阵 $\boldsymbol{A}(\lambda)$ 的秩为 r，对于正整数 $k(1\leqslant k\leqslant r)$，$\boldsymbol{A}(\lambda)$ 中必有非零的 k 阶子式，$\boldsymbol{A}(\lambda)$ 中全部 k 阶子式的首项系数为 1 的最大公因式 $D_k(\lambda)$ 称为 $\boldsymbol{A}(\lambda)$ 的 k 阶**行列式因子**.

由定义可知，对于秩为 r 的 λ-矩阵，行列式因子一共有 r 个. 行列式因子的意义就在于，它在初等变换下是不变的.

定理 3 等价的 λ-矩阵具有相同的秩与相同的各阶行列式因子.

证明 我们只需要证明，λ-矩阵经过一次初等变换，秩与行列式因子是不变的.

设 λ-矩阵 $\boldsymbol{A}(\lambda)$ 经过一次初等行变换变成 $\boldsymbol{B}(\lambda)$，$f(\lambda)$ 与 $g(\lambda)$ 分别是 $\boldsymbol{A}(\lambda)$ 与 $\boldsymbol{B}(\lambda)$ 的 k 阶行列式因子. 我们证明 $f=g$. 下面分三种情形讨论：

1. $\boldsymbol{A}(\lambda)$ 经第一种初等行变换变成 $\boldsymbol{B}(\lambda)$. 这时，$\boldsymbol{B}(\lambda)$ 的每个 k 阶子式或者等于 $\boldsymbol{A}(\lambda)$ 的某个 k 阶子式，或者与 $\boldsymbol{A}(\lambda)$ 的某个 k 阶子式反号，因此 $f(\lambda)$ 是 $\boldsymbol{B}(\lambda)$ 的 k 阶子式的公因式，从而 $f(\lambda)\mid g(\lambda)$.

2. $\boldsymbol{A}(\lambda)$ 经第二种初等行变换变成 $\boldsymbol{B}(\lambda)$. 这时，$\boldsymbol{B}(\lambda)$ 的每个 k 阶子式或者等于 $\boldsymbol{A}(\lambda)$ 的某个 k 阶子式，或者等于 $\boldsymbol{A}(\lambda)$ 的某个 k 阶子式的 c 倍. 因此 $f(\lambda)$ 是 $\boldsymbol{B}(\lambda)$ 的 k 阶子式的公因式，从而 $f(\lambda)\mid g(\lambda)$.

3. $\boldsymbol{A}(\lambda)$ 经第三种初等行变换变成 $\boldsymbol{B}(\lambda)$. 这时 $\boldsymbol{B}(\lambda)$ 中那些包含第 i 行与第 j 行的 k 阶子式和那些不包含第 i 行的 k 阶子式都等于 $\boldsymbol{A}(\lambda)$ 中对应的 k 阶子式；$\boldsymbol{B}(\lambda)$ 中那些包含第 i 行但不包含第 j 行的 k 阶子式，按 i 行分成两部分，而等于 $\boldsymbol{A}(\lambda)$ 的一个 k 阶子式与另一个 k 阶子式的 $\pm\varphi(\lambda)$ 倍的和，也就是 $\boldsymbol{A}(\lambda)$ 的两个 k 阶子式的组合. 因此 $f(\lambda)$ 是 $\boldsymbol{B}(\lambda)$ 的 k 阶子式的公因式，从而 $f(\lambda)\mid g(\lambda)$.

对于列变换，可以完全一样地讨论. 总之，如果 $\boldsymbol{A}(\lambda)$ 经过一次初等变换变成 $\boldsymbol{B}(\lambda)$，那么 $f(\lambda)\mid g(\lambda)$. 但由初等变换的可逆性，$\boldsymbol{B}(\lambda)$ 也可以经过一次初等变换变成 $\boldsymbol{A}(\lambda)$. 由上面的讨论，同样应有 $g(\lambda)\mid f(\lambda)$，于是 $f(\lambda)=g(\lambda)$.

当 $\boldsymbol{A}(\lambda)$ 的全部 k 阶子式为零时，$\boldsymbol{B}(\lambda)$ 的全部 k 阶子式也就等于零；反之亦然. 因此，$\boldsymbol{A}(\lambda)$ 与 $\boldsymbol{B}(\lambda)$ 既有相同的各阶行列式因子，又有相同的秩. ▌

现在来计算标准形矩阵的行列式因子. 设标准形为

$$\begin{pmatrix} d_1(\lambda) & & & & & & \\ & d_2(\lambda) & & & & & \\ & & \ddots & & & & \\ & & & d_r(\lambda) & & & \\ & & & & 0 & & \\ & & & & & \ddots & \\ & & & & & & 0 \end{pmatrix}, \tag{1}$$

其中 $d_1(\lambda),d_2(\lambda),\cdots,d_r(\lambda)$ 是首项系数为 1 的多项式，且 $d_i(\lambda)\mid d_{i+1}(\lambda)\ (i=1,2,\cdots,r-1)$.不难证明，在这种形式的矩阵中，如果一个 k 阶子式包含的行与列的标号不完全相同，那么这个 k 阶子式一定为零（读者自己证明）.因此，为了计算 k 阶行列式因子，只要看由 $i_1,i_2,\cdots,i_k$ 行与 $i_1,i_2,\cdots,i_k$ 列（$1\leqslant i_1<i_2<\cdots<i_k\leqslant r$）组成的 k 阶子式就行了，而这个 k 阶子式等于

$$d_{i_1}(\lambda)d_{i_2}(\lambda)\cdots d_{i_k}(\lambda).$$

显然，这种 k 阶子式的最大公因式就是

$$d_1(\lambda)d_2(\lambda)\cdots d_k(\lambda).$$

定理 4 λ-矩阵的标准形是唯一的.

证明 设(1)式是 $\boldsymbol{A}(\lambda)$ 的标准形.由于 $\boldsymbol{A}(\lambda)$ 与(1)式等价，它们有相同的秩与相同的行列式因子，因此，$\boldsymbol{A}(\lambda)$ 的秩就是标准形的主对角线上非零元素的个数 r；$\boldsymbol{A}(\lambda)$ 的 k 阶行列式因子就是

$$D_k(\lambda)=d_1(\lambda)d_2(\lambda)\cdots d_k(\lambda),\quad k=1,2,\cdots,r. \tag{2}$$

于是

$$d_1(\lambda)=D_1(\lambda),\ d_2(\lambda)=\frac{D_2(\lambda)}{D_1(\lambda)},\ \cdots,\ d_r(\lambda)=\frac{D_r(\lambda)}{D_{r-1}(\lambda)}. \tag{3}$$

这说明 $\boldsymbol{A}(\lambda)$ 的标准形(1)的主对角线上的非零元素是被 $\boldsymbol{A}(\lambda)$ 的行列式因子所唯一决定的，所以 $\boldsymbol{A}(\lambda)$ 的标准形是唯一的. ▌

定义 6 标准形的主对角线上非零元素 $d_1(\lambda),d_2(\lambda),\cdots,d_r(\lambda)$ 称为 λ-矩阵 $\boldsymbol{A}(\lambda)$ 的**不变因子**.

定理 5 两个 λ-矩阵等价的充要条件是它们有相同的行列式因子，或者它们有相同的不变因子.

证明 等式(2)与(3)给出了 λ-矩阵的行列式因子与不变因子之间的关系.这个关系式说明，行列式因子与不变因子是相互确定的.因此，两个矩阵有相同的各阶行列式因子，就等于它们有相同的各阶不变因子.

必要性已由定理 3 证明.

充分性是很明显的.事实上，若 λ-矩阵 $\boldsymbol{A}(\lambda)$ 与 $\boldsymbol{B}(\lambda)$ 有相同的不变因子，则 $\boldsymbol{A}(\lambda)$ 与 $\boldsymbol{B}(\lambda)$ 和同一个标准形等价，因而 $\boldsymbol{A}(\lambda)$ 与 $\boldsymbol{B}(\lambda)$ 等价. ▌

由(3)式可以看出，在 λ-矩阵的行列式因子之间，有关系

$$D_k(\lambda)\mid D_{k+1}(\lambda),\quad k=1,2,\cdots,r-1. \tag{4}$$

在计算 λ-矩阵的行列式因子时，常常是先计算最高阶的行列式因子.这样，由(4)式我们就大致有了低阶行列式因子的范围了.

作为一个例子，我们来看可逆矩阵的标准形.设 $\boldsymbol{A}(\lambda)$ 为一个 $n\times n$ 可逆矩阵，由定理 1 知

$$|\boldsymbol{A}(\lambda)|=d,$$

其中 d 是一非零常数.这就是说，

$$D_n(\lambda)=1.$$

于是由(4)式可知，$D_k(\lambda)=1\ (k=1,2,\cdots,n)$，从而

$$d_k(\lambda)=1,\quad k=1,2,\cdots,n.$$

因此,可逆矩阵的标准形是单位矩阵 $\boldsymbol{E}$.反过来,与单位矩阵等价的矩阵一定是可逆的,因为它的行列式是一个非零的数.这就是说,矩阵可逆的充要条件是它与单位矩阵等价.又矩阵$\boldsymbol{A}(\lambda)$与$\boldsymbol{B}(\lambda)$等价的充要条件是有初等矩阵 $\boldsymbol{P}_1,\boldsymbol{P}_2,\cdots,\boldsymbol{P}_l,\boldsymbol{Q}_1,\boldsymbol{Q}_2,\cdots,\boldsymbol{Q}_t$,使

$$\boldsymbol{A}(\lambda)=\boldsymbol{P}_1\boldsymbol{P}_2\cdots\boldsymbol{P}_l\boldsymbol{B}(\lambda)\boldsymbol{Q}_1\boldsymbol{Q}_2\cdots\boldsymbol{Q}_t.$$

特别地,当 $\boldsymbol{B}(\lambda)=\boldsymbol{E}$ 时,就得到

定理 6 矩阵$\boldsymbol{A}(\lambda)$是可逆的充要条件是它可以表成一些初等矩阵的乘积. ▌

由此又得到矩阵等价的另一条件

推论 两个 $s\times n$ 的 λ-矩阵 $\boldsymbol{A}(\lambda)$与$\boldsymbol{B}(\lambda)$等价的充要条件为,存在 $s\times s$ 可逆矩阵$\boldsymbol{P}(\lambda)$与 $n\times n$ 可逆矩阵$\boldsymbol{Q}(\lambda)$,使

$$\boldsymbol{B}(\lambda)=\boldsymbol{P}(\lambda)\boldsymbol{A}(\lambda)\boldsymbol{Q}(\lambda).$$

§4 矩阵相似的条件

在求数字矩阵 $\boldsymbol{A}$ 的特征值和特征向量时曾出现过 λ-矩阵 $\lambda\boldsymbol{E}-\boldsymbol{A}$,我们称它为 $\boldsymbol{A}$ 的特征矩阵.这一节的主要结果是证明两个 $n\times n$ 数字矩阵 $\boldsymbol{A}$ 和 $\boldsymbol{B}$ 相似的充要条件是它们的特征矩阵 $\lambda\boldsymbol{E}-\boldsymbol{A}$ 和 $\lambda\boldsymbol{E}-\boldsymbol{B}$ 等价.

引理 1 如果有 $n\times n$ 数字矩阵 $\boldsymbol{P}_0,\boldsymbol{Q}_0$,使

$$\lambda\boldsymbol{E}-\boldsymbol{A}=\boldsymbol{P}_0(\lambda\boldsymbol{E}-\boldsymbol{B})\boldsymbol{Q}_0,\tag{1}$$

则 $\boldsymbol{A}$ 与 $\boldsymbol{B}$ 相似.

证明 因 $\boldsymbol{P}_0(\lambda\boldsymbol{E}-\boldsymbol{B})\boldsymbol{Q}_0=\lambda\boldsymbol{P}_0\boldsymbol{Q}_0-\boldsymbol{P}_0\boldsymbol{B}\boldsymbol{Q}_0$,它又与 $\lambda\boldsymbol{E}-\boldsymbol{A}$ 相等,进行比较后应有 $\boldsymbol{P}_0\boldsymbol{Q}_0=\boldsymbol{E},\boldsymbol{P}_0\boldsymbol{B}\boldsymbol{Q}_0=\boldsymbol{A}$.由此 $\boldsymbol{Q}_0=\boldsymbol{P}_0^{-1}$,而 $\boldsymbol{A}=\boldsymbol{P}_0\boldsymbol{B}\boldsymbol{P}_0^{-1}$.故 $\boldsymbol{A}$ 与 $\boldsymbol{B}$ 相似. ▌

引理 2 对于任何不为零的 $n\times n$ 数字矩阵 $\boldsymbol{A}$ 和 λ-矩阵$\boldsymbol{U}(\lambda)$与$\boldsymbol{V}(\lambda)$,一定存在 λ-矩阵 $\boldsymbol{Q}(\lambda)$与$\boldsymbol{R}(\lambda)$以及数字矩阵 $\boldsymbol{U}_0$ 和 $\boldsymbol{V}_0$,使

$$\boldsymbol{U}(\lambda)=(\lambda\boldsymbol{E}-\boldsymbol{A})\boldsymbol{Q}(\lambda)+\boldsymbol{U}_0,\tag{2}$$

$$\boldsymbol{V}(\lambda)=\boldsymbol{R}(\lambda)(\lambda\boldsymbol{E}-\boldsymbol{A})+\boldsymbol{V}_0.\tag{3}$$

证明 把 $\boldsymbol{U}(\lambda)$改写成

$$\boldsymbol{U}(\lambda)=\boldsymbol{D}_0\lambda^m+\boldsymbol{D}_1\lambda^{m-1}+\cdots+\boldsymbol{D}_{m-1}\lambda+\boldsymbol{D}_m,$$

其中 $\boldsymbol{D}_0,\boldsymbol{D}_1,\cdots,\boldsymbol{D}_m$ 都是 $n\times n$ 数字矩阵,而且 $\boldsymbol{D}_0\neq\boldsymbol{O}$.如 $m=0$,则令 $\boldsymbol{Q}(\lambda)=\boldsymbol{O}$ 及 $\boldsymbol{U}_0=\boldsymbol{D}_0$,它们显然满足引理 2 要求.

设 $m>0$,令

$$\boldsymbol{Q}(\lambda)=\boldsymbol{Q}_0\lambda^{m-1}+\boldsymbol{Q}_1\lambda^{m-2}+\cdots+\boldsymbol{Q}_{m-2}\lambda+\boldsymbol{Q}_{m-1},$$

其中 $\boldsymbol{Q}_j$ 都是待定的数字矩阵.于是

$$\begin{aligned}&(\lambda\boldsymbol{E}-\boldsymbol{A})\boldsymbol{Q}(\lambda)\\&=\boldsymbol{Q}_0\lambda^m+(\boldsymbol{Q}_1-\boldsymbol{A}\boldsymbol{Q}_0)\lambda^{m-1}+\cdots+(\boldsymbol{Q}_k-\boldsymbol{A}\boldsymbol{Q}_{k-1})\lambda^{m-k}+\cdots+(\boldsymbol{Q}_{m-1}-\boldsymbol{A}\boldsymbol{Q}_{m-2})\lambda-\boldsymbol{A}\boldsymbol{Q}_{m-1}.\end{aligned}$$

要想使(2)式成立,只需取

$$\boldsymbol{Q}_0=\boldsymbol{D}_0,$$

$$\begin{aligned}
&\boldsymbol{Q}_1=\boldsymbol{D}_1+\boldsymbol{A}\boldsymbol{Q}_0,\\
&\boldsymbol{Q}_2=\boldsymbol{D}_2+\boldsymbol{A}\boldsymbol{Q}_1,\\
&\quad\cdots,\\
&\boldsymbol{Q}_k=\boldsymbol{D}_k+\boldsymbol{A}\boldsymbol{Q}_{k-1},\\
&\quad\cdots,\\
&\boldsymbol{Q}_{m-1}=\boldsymbol{D}_{m-1}+\boldsymbol{A}\boldsymbol{Q}_{m-2},\\
&\boldsymbol{U}_0=\boldsymbol{D}_m+\boldsymbol{A}\boldsymbol{Q}_{m-1}
\end{aligned}$$

就行了.用完全相同的办法可以求得 $\boldsymbol{R}(\lambda)$ 和 $\boldsymbol{V}_0$.引理证毕. ▌

定理 7 设 $\boldsymbol{A},\boldsymbol{B}$ 是数域 P 上两个 $n\times n$ 矩阵, $\boldsymbol{A}$ 与 $\boldsymbol{B}$ 相似的充要条件是它们的特征矩阵 $\lambda\boldsymbol{E}-\boldsymbol{A}$ 和 $\lambda\boldsymbol{E}-\boldsymbol{B}$ 等价.

证明 由定理 6 的推论知道 $\lambda\boldsymbol{E}-\boldsymbol{A}$ 与 $\lambda\boldsymbol{E}-\boldsymbol{B}$ 等价就是有可逆的 λ-矩阵 $\boldsymbol{U}(\lambda)$ 和 $\boldsymbol{V}(\lambda)$,使

$$\lambda\boldsymbol{E}-\boldsymbol{A}=\boldsymbol{U}(\lambda)(\lambda\boldsymbol{E}-\boldsymbol{B})\boldsymbol{V}(\lambda). \tag{4}$$

先证必要性.设 $\boldsymbol{A}$ 与 $\boldsymbol{B}$ 相似,即有可逆矩阵 $\boldsymbol{T}$,使

$$\boldsymbol{A}=\boldsymbol{T}^{-1}\boldsymbol{B}\boldsymbol{T}.$$

于是

$$\lambda\boldsymbol{E}-\boldsymbol{A}=\lambda\boldsymbol{E}-\boldsymbol{T}^{-1}\boldsymbol{B}\boldsymbol{T}=\boldsymbol{T}^{-1}(\lambda\boldsymbol{E}-\boldsymbol{B})\boldsymbol{T},$$

从而 $\lambda\boldsymbol{E}-\boldsymbol{A}$ 与 $\lambda\boldsymbol{E}-\boldsymbol{B}$ 等价.

再证充分性.设 $\lambda\boldsymbol{E}-\boldsymbol{A}$ 与 $\lambda\boldsymbol{E}-\boldsymbol{B}$ 等价,即有可逆的 λ-矩阵 $\boldsymbol{U}(\lambda),\boldsymbol{V}(\lambda)$ 使(4)式成立.用引理 2,存在 λ-矩阵 $\boldsymbol{Q}(\lambda)$ 和 $\boldsymbol{R}(\lambda)$ 以及数字矩阵 $\boldsymbol{U}_0$ 和 $\boldsymbol{V}_0$,使

$$\boldsymbol{U}(\lambda)=(\lambda\boldsymbol{E}-\boldsymbol{A})\boldsymbol{Q}(\lambda)+\boldsymbol{U}_0, \tag{5}$$

$$\boldsymbol{V}(\lambda)=\boldsymbol{R}(\lambda)(\lambda\boldsymbol{E}-\boldsymbol{A})+\boldsymbol{V}_0 \tag{6}$$

成立.把(4)式改写成

$$\boldsymbol{U}(\lambda)^{-1}(\lambda\boldsymbol{E}-\boldsymbol{A})=(\lambda\boldsymbol{E}-\boldsymbol{B})\boldsymbol{V}(\lambda),$$

式中的 $\boldsymbol{V}(\lambda)$ 用(6)式代入,再移项,得

$$[\boldsymbol{U}(\lambda)^{-1}-(\lambda\boldsymbol{E}-\boldsymbol{B})\boldsymbol{R}(\lambda)](\lambda\boldsymbol{E}-\boldsymbol{A})=(\lambda\boldsymbol{E}-\boldsymbol{B})\boldsymbol{V}_0.$$

右端次数(见 213 页脚注)等于 1 或 $\boldsymbol{V}_0=\boldsymbol{O}$,因此 $\boldsymbol{U}(\lambda)^{-1}-(\lambda\boldsymbol{E}-\boldsymbol{B})\boldsymbol{R}(\lambda)$ 是一个数字矩阵(后一情形下应是零矩阵),记作 $\boldsymbol{T}$,即

$$\boldsymbol{T}=\boldsymbol{U}(\lambda)^{-1}-(\lambda\boldsymbol{E}-\boldsymbol{B})\boldsymbol{R}(\lambda),$$

$$\boldsymbol{T}(\lambda\boldsymbol{E}-\boldsymbol{A})=(\lambda\boldsymbol{E}-\boldsymbol{B})\boldsymbol{V}_0. \tag{7}$$

现在我们来证明 $\boldsymbol{T}$ 是可逆的.由(7)式的第一式有

$$\begin{aligned}
\boldsymbol{E}&=\boldsymbol{U}(\lambda)\boldsymbol{T}+\boldsymbol{U}(\lambda)(\lambda\boldsymbol{E}-\boldsymbol{B})\boldsymbol{R}(\lambda)\\
&=\boldsymbol{U}(\lambda)\boldsymbol{T}+(\lambda\boldsymbol{E}-\boldsymbol{A})\boldsymbol{V}(\lambda)^{-1}\boldsymbol{R}(\lambda)\\
&=[(\lambda\boldsymbol{E}-\boldsymbol{A})\boldsymbol{Q}(\lambda)+\boldsymbol{U}_0]\boldsymbol{T}+(\lambda\boldsymbol{E}-\boldsymbol{A})\boldsymbol{V}(\lambda)^{-1}\boldsymbol{R}(\lambda)\\
&=\boldsymbol{U}_0\boldsymbol{T}+(\lambda\boldsymbol{E}-\boldsymbol{A})[\boldsymbol{Q}(\lambda)\boldsymbol{T}+\boldsymbol{V}(\lambda)^{-1}\boldsymbol{R}(\lambda)],
\end{aligned}$$

等式右端的第二项必须为零,否则它的次数至少是 1,由于 $\boldsymbol{E}$ 和 $\boldsymbol{U}_0\boldsymbol{T}$ 都是数字矩阵,等式不可能成立.因此

$$\boldsymbol{E}=\boldsymbol{U}_0\boldsymbol{T},$$

这就是说,$\boldsymbol{T}$ 是可逆的.由(7)式的第二式得

$$\lambda E-A=T^{-1}(\lambda E-B)V_0.$$

再用引理 1,A 与 B 相似. ▌

矩阵 A 的特征矩阵 $\lambda E-A$ 的不变因子以后就简称为 A 的不变因子.因为两个 λ-矩阵等价的充要条件是它们有相同的不变因子,所以由定理 7 即得

推论 矩阵 A 与 B 相似的充要条件是它们有相同的不变因子.

应该指出,$n\times n$ 矩阵的特征矩阵的秩一定是 n.因此,$n\times n$ 矩阵的不变因子总是有 n 个,并且它们的乘积就等于这个矩阵的特征多项式.

以上结果说明,不变因子是矩阵的相似不变量,因此我们可以把一个线性变换的任一矩阵的不变因子(它们与该矩阵的选取无关)定义为此线性变换的不变因子.

§5 初等因子

在这一节与下一节中我们假定讨论中的数域 P 是复数域.

上面已经看到,不变因子是矩阵的相似不变量.为了得到若尔当标准形,再引入

定义 7 把矩阵 A(或线性变换 $\mathscr{A}$)的每个次数大于零的不变因子分解成互不相同的首项为 1 的一次因式方幂的乘积,所有这些一次因式方幂(相同的必须按出现的次数计算)称为矩阵 A(或线性变换 $\mathscr{A}$)的**初等因子**.

例 设 12 阶矩阵的不变因子是

$$\underbrace{1,1,\cdots,1}_{9个},(\lambda-1)^2,(\lambda-1)^2(\lambda+1),(\lambda-1)^2(\lambda+1)(\lambda^2+1)^2.$$

按定义,它的初等因子有 7 个,即

$$(\lambda-1)^2,\ (\lambda-1)^2,\ (\lambda-1)^2,\ \lambda+1,\ \lambda+1,\ (\lambda-\mathrm{i})^2,\ (\lambda+\mathrm{i})^2,$$

其中 $(\lambda-1)^2$ 出现三次,$\lambda+1$ 出现二次.

现在进一步来说明不变因子和初等因子的关系.首先,假设 n 阶矩阵 A 的不变因子 $d_1(\lambda),d_2(\lambda),\cdots,d_n(\lambda)$ 为已知.将 $d_i(\lambda)\ (i=1,2,\cdots,n)$ 分解成互不相同的一次因式方幂的乘积,即

$$\begin{aligned}
d_1(\lambda)&=(\lambda-\lambda_1)^{k_{11}}(\lambda-\lambda_2)^{k_{12}}\cdots(\lambda-\lambda_r)^{k_{1r}},\\
d_2(\lambda)&=(\lambda-\lambda_1)^{k_{21}}(\lambda-\lambda_2)^{k_{22}}\cdots(\lambda-\lambda_r)^{k_{2r}},\\
&\cdots,\\
d_n(\lambda)&=(\lambda-\lambda_1)^{k_{n1}}(\lambda-\lambda_2)^{k_{n2}}\cdots(\lambda-\lambda_r)^{k_{nr}},
\end{aligned}$$

则其中对应于 $k_{ij}\geqslant 1$ 的那些方幂

$$(\lambda-\lambda_j)^{k_{ij}},\quad k_{ij}\geqslant 1$$

就是 A 的全部初等因子.我们注意不变因子有一个除尽一个的性质,即

$$d_i(\lambda)\mid d_{i+1}(\lambda),\quad i=1,2,\cdots,n-1,$$

从而

$$(\lambda-\lambda_j)^{k_{ij}}\mid(\lambda-\lambda_j)^{k_{i+1,j}},\quad i=1,2,\cdots,n-1;j=1,2,\cdots,r.$$

因此,在 $d_1(\lambda),d_2(\lambda),\cdots,d_n(\lambda)$ 的分解式中,属于同一个一次因式的方幂的指数有

递升的性质,即

$$k_{1j}\leqslant k_{2j}\leqslant\cdots\leqslant k_{nj},\quad j=1,2,\cdots,r.$$

这说明,同一个一次因式的方幂作成的初等因子中,方次最高的必定出现在 $d_n(\lambda)$ 的分解中,方次次高的必定出现在 $d_{n-1}(\lambda)$ 的分解中.如此顺推下去,可知属于同一个一次因式的方幂的初等因子在不变因子的分解式中出现的位置是唯一确定的.

上面的分析给了我们一个如何从初等因子和矩阵的阶数唯一地作出不变因子的方法.设一个 n 阶矩阵的全部初等因子为已知,在全部初等因子中将同一个一次因式 $\lambda-\lambda_j(j=1,2,\cdots,r)$ 的方幂的那些初等因子按降幂排列,而且当这些初等因子的个数不足 n 时,就在后面补上适当个数的 1,使得凑成 n 个.设所得排列为

$$(\lambda-\lambda_j)^{k_{nj}},(\lambda-\lambda_j)^{k_{n-1,j}},\cdots,(\lambda-\lambda_j)^{k_{1j}},\quad j=1,2,\cdots,r.$$

于是令

$$d_i(\lambda)=(\lambda-\lambda_1)^{k_{i1}}(\lambda-\lambda_2)^{k_{i2}}\cdots(\lambda-\lambda_r)^{k_{ir}},\quad i=1,2,\cdots,n,$$

则 $d_1(\lambda),d_2(\lambda),\cdots,d_n(\lambda)$ 就是 $\boldsymbol{A}$ 的不变因子.

这也说明了这样一个事实:如果两个同阶的数字矩阵有相同的初等因子,则它们就有相同的不变因子,因而它们相似.反之,如果两个矩阵相似,则它们有相同的不变因子,因而它们有相同的初等因子.

综上所述,即得

定理 8 两个同阶复矩阵相似的充要条件是它们有相同的初等因子. ▌

初等因子和不变因子都是矩阵的相似不变量.但是初等因子的求法与不变因子的求法比较,反而方便一些.

在介绍直接求初等因子的方法之前,先来说明关于多项式的最大公因式的一个性质:

如果多项式 $f_1(\lambda),f_2(\lambda)$ 都与 $g_1(\lambda),g_2(\lambda)$ 互素,则 $(f_1(\lambda)g_1(\lambda),f_2(\lambda)g_2(\lambda))=(f_1(\lambda),f_2(\lambda))\cdot(g_1(\lambda),g_2(\lambda))$.

事实上,令

$$(f_1(\lambda)g_1(\lambda),f_2(\lambda)g_2(\lambda))=d(\lambda),$$
$$(f_1(\lambda),f_2(\lambda))=d_1(\lambda),\qquad (g_1(\lambda),g_2(\lambda))=d_2(\lambda).$$

显然,$d_1(\lambda)\mid d(\lambda),d_2(\lambda)\mid d(\lambda)$.由于 $(f_1(\lambda),g_1(\lambda))=1$,故 $(d_1(\lambda),d_2(\lambda))=1$,因而 $d_1(\lambda)d_2(\lambda)\mid d(\lambda)$.另一方面,由于 $d(\lambda)\mid f_1(\lambda)g_1(\lambda)$,可令 $d(\lambda)=f(\lambda)g(\lambda)$,其中 $f(\lambda)\mid f_1(\lambda),g(\lambda)\mid g_1(\lambda)$.由于 $(f_1(\lambda),g_2(\lambda))=1$,故 $(f(\lambda),g_2(\lambda))=1$.由 $f(\lambda)\mid f_2(\lambda)g_2(\lambda)$ 又得 $f(\lambda)\mid f_2(\lambda)$,因而 $f(\lambda)\mid d_1(\lambda)$.同理 $g(\lambda)\mid d_2(\lambda)$.所以 $d(\lambda)\mid d_1(\lambda)d_2(\lambda)$.于是 $d(\lambda)=d_1(\lambda)d_2(\lambda)$. ▌

引理 设

$$\boldsymbol{A}(\lambda)=\begin{pmatrix}f_1(\lambda)g_1(\lambda)&0\\0&f_2(\lambda)g_2(\lambda)\end{pmatrix},$$

$$\boldsymbol{B}(\lambda)=\begin{pmatrix}f_2(\lambda)g_1(\lambda)&0\\0&f_1(\lambda)g_2(\lambda)\end{pmatrix},$$

如果多项式$f_1(\lambda)$,$f_2(\lambda)$都与$g_1(\lambda)$,$g_2(\lambda)$互素,则$\boldsymbol{A}(\lambda)$和$\boldsymbol{B}(\lambda)$等价.

证明 显然,$\boldsymbol{A}(\lambda)$和$\boldsymbol{B}(\lambda)$有相同的二阶行列式因子.而$\boldsymbol{A}(\lambda)$和$\boldsymbol{B}(\lambda)$的一阶行列式因子分别为

$$d(\lambda)=(f_1(\lambda)g_1(\lambda),f_2(\lambda)g_2(\lambda))$$

和

$$d'(\lambda)=(f_2(\lambda)g_1(\lambda),f_1(\lambda)g_2(\lambda)).$$

由上面的讨论知道,$d(\lambda)$和$d'(\lambda)$是相等的,因而$\boldsymbol{A}(\lambda)$和$\boldsymbol{B}(\lambda)$也有相同的一阶行列式因子.所以$\boldsymbol{A}(\lambda)$和$\boldsymbol{B}(\lambda)$等价. ▌

下面的定理给了我们一个求初等因子的方法,它不必事先知道不变因子.

定理 9 首先用初等变换化特征矩阵$\lambda\boldsymbol{E}-\boldsymbol{A}$为对角形,然后将主对角线上的元素分解成互不相同的一次因式方幂的乘积,则所有这些一次因式的方幂(相同的按出现的次数计算)就是$\boldsymbol{A}$的全部初等因子.

证明 设$\lambda\boldsymbol{E}-\boldsymbol{A}$已用初等变换化为对角形

$$\boldsymbol{D}(\lambda)=\begin{pmatrix}h_1(\lambda)&&&\\&h_2(\lambda)&&\\&&\ddots&\\&&&h_n(\lambda)\end{pmatrix},$$

其中每个$h_i(\lambda)$的最高项系数都为1.将$h_i(\lambda)$分解成互不相同的一次因式方幂的乘积:

$$h_i(\lambda)=(\lambda-\lambda_1)^{k_{i1}}(\lambda-\lambda_2)^{k_{i2}}\cdots(\lambda-\lambda_r)^{k_{ir}},\quad i=1,2,\cdots,n.$$

我们现在要证明的是,对于每个相同的一次因式的方幂$(\lambda-\lambda_j)^{k_{1j}}$,$(\lambda-\lambda_j)^{k_{2j}}$,$\cdots$,$(\lambda-\lambda_j)^{k_{nj}}(j=1,2,\cdots,r)$,在$\boldsymbol{D}(\lambda)$的主对角线上按递升幂次排列后,得到的新对角矩阵$\boldsymbol{D}'(\lambda)$与$\boldsymbol{D}(\lambda)$等价.此时$\boldsymbol{D}'(\lambda)$就是$\lambda\boldsymbol{E}-\boldsymbol{A}$的标准形而且所有不为1的$(\lambda-\lambda_j)^{k_{ij}}$就是$\boldsymbol{A}$的全部初等因子.

为方便起见,先对$\lambda-\lambda_1$的方幂进行讨论.令

$$g_i(\lambda)=(\lambda-\lambda_2)^{k_{i2}}(\lambda-\lambda_3)^{k_{i3}}\cdots(\lambda-\lambda_r)^{k_{ir}},\quad i=1,2,\cdots,n,$$

于是

$$h_i(\lambda)=(\lambda-\lambda_1)^{k_{i1}}g_i(\lambda),\quad i=1,2,\cdots,n,$$

而且每个$(\lambda-\lambda_1)^{k_{i1}}$都与$g_j(\lambda)(j=1,2,\cdots,n)$互素.如果有相邻的一对指数$k_{i1}>k_{i+1,1}$,则在$\boldsymbol{D}(\lambda)$中将$(\lambda-\lambda_1)^{k_{i1}}$与$(\lambda-\lambda_1)^{k_{i+1,1}}$对调位置,而其余因式保持不动.根据引理,

$$\begin{pmatrix}(\lambda-\lambda_1)^{k_{i1}}g_i(\lambda)&0\\0&(\lambda-\lambda_1)^{k_{i+1,1}}g_{i+1}(\lambda)\end{pmatrix}$$

与

$$\begin{pmatrix}(\lambda-\lambda_1)^{k_{i+1,1}}g_i(\lambda)&0\\0&(\lambda-\lambda_1)^{k_{i1}}g_{i+1}(\lambda)\end{pmatrix}$$

等价.从而$\boldsymbol{D}(\lambda)$与对角矩阵

$$
\boldsymbol{D}_1(\lambda)=\begin{pmatrix}
(\lambda-\lambda_1)^{k_{11}}g_1(\lambda) & & & & \\
& \ddots & & & \\
& & (\lambda-\lambda_1)^{k_{i+1,1}}g_i(\lambda) & & & \\
& & & (\lambda-\lambda_1)^{k_{i1}}g_{i+1}(\lambda) & & \\
& & & & \ddots & \\
& & & & & (\lambda-\lambda_1)^{k_{n1}}g_n(\lambda)
\end{pmatrix}
$$

等价.然后对 $\boldsymbol{D}_1(\lambda)$ 作如上的讨论.如此继续进行,直到对角矩阵主对角线上元素所含 $\lambda-\lambda_1$ 的方幂是按递升幂次排列为止.依次对 $\lambda-\lambda_2,\cdots,\lambda-\lambda_r$ 作同样处理,最后便得到与 $\boldsymbol{D}(\lambda)$ 等价的对角矩阵 $\boldsymbol{D}'(\lambda)$,它的主对角线上所含每个相同的一次因式的方幂,都是按递升幂次排列的. ▌

§6 若尔当标准形的理论推导

我们用初等因子的理论来解决若尔当标准形的计算问题.首先计算若尔当标准形的初等因子.

不难算出若尔当块

$$
\boldsymbol{J}_0=\begin{pmatrix}
\lambda_0 & 0 & \cdots & 0 & 0 \\
1 & \lambda_0 & \cdots & 0 & 0 \\
0 & 1 & \cdots & 0 & 0 \\
\vdots & \vdots & & \vdots & \vdots \\
0 & 0 & \cdots & 1 & \lambda_0
\end{pmatrix}_{n\times n}
$$

的初等因子是 $(\lambda-\lambda_0)^n$.

事实上,考虑它的特征矩阵

$$
\lambda\boldsymbol{E}-\boldsymbol{J}_0=\begin{pmatrix}
\lambda-\lambda_0 & 0 & \cdots & 0 & 0 \\
-1 & \lambda-\lambda_0 & \cdots & 0 & 0 \\
0 & -1 & \cdots & 0 & 0 \\
\vdots & \vdots & & \vdots & \vdots \\
0 & 0 & \cdots & -1 & \lambda-\lambda_0
\end{pmatrix}.
$$

显然 $|\lambda\boldsymbol{E}-\boldsymbol{J}_0|=(\lambda-\lambda_0)^n$,这就是 $\lambda\boldsymbol{E}-\boldsymbol{J}_0$ 的 n 阶行列式因子.

由于 $\lambda\boldsymbol{E}-\boldsymbol{J}_0$ 有一个 $n-1$ 阶子式是

$$
\begin{vmatrix}
-1 & \lambda-\lambda_0 & \cdots & 0 & 0 \\
0 & -1 & \cdots & 0 & 0 \\
\vdots & \vdots & & \vdots & \vdots \\
0 & 0 & \cdots & -1 & \lambda-\lambda_0 \\
0 & 0 & \cdots & 0 & -1
\end{vmatrix}=(-1)^{n-1},
$$

所以它的 $n-1$ 阶行列式因子是 1，从而它以下各阶的行列式因子全是 1.因此，它的不变因子

$$d_1(\lambda)=\cdots=d_{n-1}(\lambda)=1,\quad d_n(\lambda)=(\lambda-\lambda_0)^n.$$

由此即得，$\lambda\boldsymbol{E}-\boldsymbol{J}_0$ 的初等因子是 $(\lambda-\lambda_0)^n$.

再利用定理 9，若尔当形矩阵的初等因子也很容易算出.

设

$$\boldsymbol{J}=\begin{pmatrix}\boldsymbol{J}_1&&&\\&\boldsymbol{J}_2&&\\&&\ddots&\\&&&\boldsymbol{J}_s\end{pmatrix}$$

是一个若尔当形矩阵，其中

$$\boldsymbol{J}_i=\begin{pmatrix}\lambda_i&0&\cdots&0&0\\1&\lambda_i&\cdots&0&0\\0&1&\cdots&0&0\\\vdots&\vdots&&\vdots&\vdots\\0&0&\cdots&1&\lambda_i\end{pmatrix}_{k_i\times k_i},\quad i=1,2,\cdots,s.$$

既然 $\boldsymbol{J}_i$ 的初等因子是 $(\lambda-\lambda_i)^{k_i}(i=1,2,\cdots,s)$，所以 $\lambda\boldsymbol{E}_{k_i}-\boldsymbol{J}_i$ 与

$$\begin{pmatrix}1&&&&\\&1&&&\\&&\ddots&&\\&&&1&\\&&&&(\lambda-\lambda_i)^{k_i}\end{pmatrix}$$

等价.于是

$$\lambda\boldsymbol{E}-\boldsymbol{J}=\begin{pmatrix}\lambda\boldsymbol{E}_{k_1}-\boldsymbol{J}_1&&&\\&\lambda\boldsymbol{E}_{k_2}-\boldsymbol{J}_2&&\\&&\ddots&\\&&&\lambda\boldsymbol{E}_{k_s}-\boldsymbol{J}_s\end{pmatrix}$$

与

$$\begin{pmatrix}1&&&&&&&&&&&\\&\ddots&&&&&&&&&&\\&&1&&&&&&&&&\\&&&(\lambda-\lambda_1)^{k_1}&&&&&&&&\\&&&&1&&&&&&&\\&&&&&\ddots&&&&&&\\&&&&&&1&&&&&\\&&&&&&&(\lambda-\lambda_2)^{k_2}&&&&\\&&&&&&&&1&&&\\&&&&&&&&&\ddots&&\\&&&&&&&&&&1&\\&&&&&&&&&&&(\lambda-\lambda_s)^{k_s}\end{pmatrix}$$

等价.因此,J 的全部初等因子是

$$(\lambda-\lambda_1)^{k_1},(\lambda-\lambda_2)^{k_2},\cdots,(\lambda-\lambda_s)^{k_s}.$$

这就是说,每个若尔当形矩阵的全部初等因子就是由它的全部若尔当块的初等因子构成的.由于每个若尔当块完全被它的阶数 n 与主对角线上元素 λ_0 所刻画,而这两个数都反映在它的初等因子 $(\lambda-\lambda_0)^n$ 中.因此,若尔当块被它的初等因子唯一决定.由此可见,若尔当形矩阵除去其中若尔当块排列的次序外被它的初等因子唯一决定.

定理 10 每个 n 阶的复矩阵 A 都与一个若尔当形矩阵相似,这个若尔当形矩阵除去其中若尔当块的排列次序外是被矩阵 A 唯一决定的,它称为 A 的若尔当标准形.

证明 设 n 阶矩阵 A 的初等因子为

$$(\lambda-\lambda_1)^{k_1},\ (\lambda-\lambda_2)^{k_2},\ \cdots,\ (\lambda-\lambda_s)^{k_s} \tag{1}$$

(其中 $\lambda_1,\lambda_2,\cdots,\lambda_s$ 可能有相同的,指数 $k_1,k_2,\cdots,k_s$ 也可能有相同的).每一个初等因子 $(\lambda-\lambda_i)^{k_i}$ 对应于一个若尔当块

$$J_i=\begin{pmatrix}\lambda_i & 0 & \cdots & 0 & 0\\ 1 & \lambda_i & \cdots & 0 & 0\\ 0 & 1 & \cdots & 0 & 0\\ \vdots & \vdots & & \vdots & \vdots\\ 0 & 0 & \cdots & 1 & \lambda_i\end{pmatrix}_{k_i\times k_i},\quad i=1,2,\cdots,s,$$

这些若尔当块构成一若尔当形矩阵

$$J=\begin{pmatrix}J_1 & & & \\ & J_2 & & \\ & & \ddots & \\ & & & J_s\end{pmatrix}.$$

根据以上的计算,J 的初等因子也是(1).因为 J 与 A 有相同的初等因子,所以它们相似.

如果另一若尔当形矩阵 J' 与 A 相似,那么 J' 与 A 就有相同的初等因子,因此 J' 与 J 除了其中若尔当块排列的次序外是相同的,由此即得唯一性. ▌

例 1 在 §5 的例中,12 阶矩阵的若尔当标准形就是

$$\begin{pmatrix}1&0&&&&&&&&&&\\1&1&&&&&&&&&&\\&&1&0&&&&&&&&\\&&1&1&&&&&&&&\\&&&&1&0&&&&&&\\&&&&1&1&&&&&&\\&&&&&&-1&&&&&\\&&&&&&&-1&&&&\\&&&&&&&&\mathrm{i}&0&&\\&&&&&&&&1&\mathrm{i}&&\\&&&&&&&&&&-\mathrm{i}&0\\&&&&&&&&&&1&-\mathrm{i}\end{pmatrix}_{12\times 12}.$$

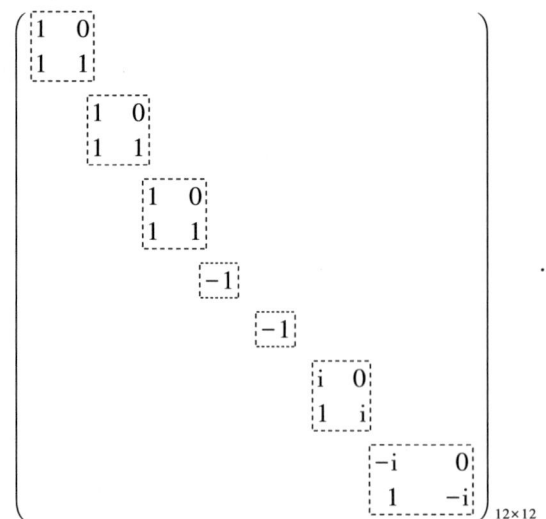

例 2 求矩阵

$$A=\begin{pmatrix}-1&-2&6\\-1&0&3\\-1&-1&4\end{pmatrix}$$

的若尔当标准形.

首先求 $\lambda E-A$ 的初等因子：

$$\lambda E-A=\begin{pmatrix}\lambda+1&2&-6\\1&\lambda&-3\\1&1&\lambda-4\end{pmatrix}\longrightarrow\begin{pmatrix}0&-\lambda+1&-\lambda^2+3\lambda-2\\0&\lambda-1&-\lambda+1\\1&1&\lambda-4\end{pmatrix}$$

$$\longrightarrow\begin{pmatrix}1&0&0\\0&\lambda-1&-\lambda+1\\0&-\lambda+1&-\lambda^2+3\lambda-2\end{pmatrix}\longrightarrow\begin{pmatrix}1&0&0\\0&\lambda-1&-\lambda+1\\0&0&-\lambda^2+2\lambda-1\end{pmatrix}$$

$$\longrightarrow\begin{pmatrix}1&0&0\\0&\lambda-1&0\\0&0&(\lambda-1)^2\end{pmatrix}.$$

因此,A 的初等因子是 $\lambda-1,(\lambda-1)^2$,A 的若尔当标准形是

$$\begin{pmatrix}1&0&0\\0&1&0\\0&1&1\end{pmatrix}.$$

定理 10 换成线性变换的语言来说就是

定理 11 设$\mathscr{A}$是复数域上 n 维线性空间 V 上的线性变换,在 V 中必定存在一组基,使$\mathscr{A}$在这组基下的矩阵是若尔当标准形,并且这个若尔当形矩阵除去其中若尔当块的排列次序外是被$\mathscr{A}$唯一决定的.

证明 在 V 中任取一组基 $\varepsilon_1,\varepsilon_2,\cdots,\varepsilon_n$,设$\mathscr{A}$在这组基下的矩阵是$A$.由定理 10,存在可逆矩阵 T,使 $T^{-1}AT$ 成若尔当标准形.于是在由

$$(\eta_1,\eta_2,\cdots,\eta_n)=(\varepsilon_1,\varepsilon_2,\cdots,\varepsilon_n)T$$

确定的基 $\eta_1,\eta_2,\cdots,\eta_n$ 下,线性变换 $\mathscr{A}$ 的矩阵就是 $T^{-1}AT$.由定理 10,唯一性是显然的. ▌

应该指出,若尔当形矩阵包括对角矩阵作为特殊情形,那就是由一阶若尔当块构成的若尔当形矩阵,由此即得

定理 12 复矩阵 A 与对角矩阵相似的充要条件是,A 的初等因子全为一次的. ▌

证明留给读者.

根据若尔当标准形的做法可以看出,矩阵 A 的最小多项式就是 A 的最后一个不变因子 $d_n(x)$.因此有

定理 13 复矩阵 A 与对角矩阵相似的充要条件是,A 的不变因子都没有重根. ▌

虽然我们证明了每个复矩阵 A 都与一个若尔当形矩阵相似,并且有了具体求矩阵 A 的若尔当标准形的方法,但是并没有谈到如何确定过渡矩阵 T,使 $T^{-1}AT$ 成若尔

当标准形的问题.$\boldsymbol{T}$ 的确定牵涉比较复杂的计算问题,在这里就不讨论了.

最后指出,如果我们规定上三角形矩阵

$$\begin{pmatrix} \lambda_0 & 1 & 0 & \cdots & 0 & 0 \\ 0 & \lambda_0 & 1 & \cdots & 0 & 0 \\ \vdots & \vdots & \vdots & & \vdots & \vdots \\ 0 & 0 & 0 & \cdots & \lambda_0 & 1 \\ 0 & 0 & 0 & \cdots & 0 & \lambda_0 \end{pmatrix}$$

为若尔当块,应用完全类似的方法,可以证明相应于定理 10,定理 11 的结论也成立.

§7　矩阵的有理标准形

前一节中证明了复数域上任一矩阵 $\boldsymbol{A}$ 可相似于一个若尔当形矩阵,这一节将对任意数域 P 来讨论类似的问题.我们证明 P 上任一矩阵必相似于一个有理标准形矩阵.

定义 8　对数域 P 上的一个多项式

$$d(\lambda)=\lambda^n+a_1\lambda^{n-1}+\cdots+a_n,$$

称矩阵

$$\boldsymbol{A}=\begin{pmatrix} 0 & 0 & \cdots & 0 & -a_n \\ 1 & 0 & \cdots & 0 & -a_{n-1} \\ 0 & 1 & \cdots & 0 & -a_{n-2} \\ \vdots & \vdots & & \vdots & \vdots \\ 0 & 0 & \cdots & 1 & -a_1 \end{pmatrix} \tag{1}$$

为多项式 $d(\lambda)$ 的**友矩阵**.

容易验证,$\boldsymbol{A}$ 的(即特征矩阵 $\lambda\boldsymbol{E}-\boldsymbol{A}$ 的)不变因子是$\underbrace{1,1,\cdots,1}_{n-1\text{个}},d(\lambda)$(见习题 3).

定义 9　准对角矩阵

$$\boldsymbol{A}=\begin{pmatrix} \boldsymbol{A}_1 & & & \\ & \boldsymbol{A}_2 & & \\ & & \ddots & \\ & & & \boldsymbol{A}_s \end{pmatrix}, \tag{2}$$

其中 $\boldsymbol{A}_i$ 分别是数域 P 上某些多项式 $d_i(\lambda)\ (i=1,2,\cdots,s)$ 的友矩阵,且满足 $d_1(\lambda)\mid d_2(\lambda)\mid\cdots\mid d_s(\lambda)$,称为 P 上的**有理标准形矩阵**.

引理　(2)式中矩阵 $\boldsymbol{A}$ 的不变因子为 $1,1,\cdots,1,d_1(\lambda),d_2(\lambda),\cdots,d_s(\lambda)$,其中 1 的个数等于 $d_1(\lambda),d_2(\lambda),\cdots,d_s(\lambda)$ 的次数之和减去 s.

证明

$$\lambda \boldsymbol{E}-\boldsymbol{A}=\begin{pmatrix}\lambda \boldsymbol{E}_1-\boldsymbol{A}_1 & & & \\ & \lambda \boldsymbol{E}_2-\boldsymbol{A}_2 & & \\ & & \ddots & \\ & & & \lambda \boldsymbol{E}_s-\boldsymbol{A}_s\end{pmatrix}.$$

由于每个 $\lambda \boldsymbol{E}_i-\boldsymbol{A}_i$ 的不变因子为 $1,1,\cdots,1,d_i(\lambda)$，故可用初等变换把它变成

$$\begin{pmatrix}1 & & & \\ & 1 & & \\ & & \ddots & \\ & & & d_i(\lambda)\end{pmatrix},$$

进而用初等变换将 $\lambda \boldsymbol{E}-\boldsymbol{A}$ 变成

$$\begin{pmatrix}1 &&&&&&&&&&&&& \\ & 1 &&&&&&&&&&&& \\ && \ddots &&&&&&&&&&& \\ &&& d_1(\lambda) &&&&&&&&&& \\ &&&& 1 &&&&&&&&& \\ &&&&& 1 &&&&&&&& \\ &&&&&& \ddots &&&&&&& \\ &&&&&&& d_2(\lambda) &&&&&& \\ &&&&&&&& \ddots &&&&& \\ &&&&&&&&& 1 &&&& \\ &&&&&&&&&& 1 &&& \\ &&&&&&&&&&& \ddots && \\ &&&&&&&&&&&& d_s(\lambda)\end{pmatrix}. \tag{3}$$

在 λ-矩阵(3)上再进行一些行或列互换，则可变成

$$\begin{pmatrix}1 &&&&&& \\ & 1 &&&&& \\ && \ddots &&&& \\ &&& d_1(\lambda) &&& \\ &&&& d_2(\lambda) && \\ &&&&& \ddots & \\ &&&&&& d_s(\lambda)\end{pmatrix}.$$

由于 $d_1(\lambda)\mid d_2(\lambda)\mid\cdots\mid d_s(\lambda)$，它是 $\lambda \boldsymbol{E}-\boldsymbol{A}$ 的标准形，$1,1,\cdots,1,d_1(\lambda),d_2(\lambda),\cdots,d_s(\lambda)$ 是它的不变因子. ▌

定理 14 数域 P 上 $n\times n$ 方阵 $\boldsymbol{A}$ 在 P 上相似于唯一的一个有理标准形，称为 $\boldsymbol{A}$ 的有理标准形.

证明 设 $\boldsymbol{A}$ 的(即 $\lambda \boldsymbol{E}-\boldsymbol{A}$ 的)不变因子为 $1,1,\cdots,1,d_1(\lambda),d_2(\lambda),\cdots,d_s(\lambda)$，其中 $d_1(\lambda),d_2(\lambda),\cdots,d_s(\lambda)$ 的次数不小于 1，且 1 的个数等于 $d_1(\lambda),d_2(\lambda),\cdots,d_s(\lambda)$ 的次数之和减去 s. 设 $d_i(\lambda)$ 的友矩阵是 $\boldsymbol{B}_i$，则作

$$B=\begin{pmatrix}B_1&&&\\&B_2&&\\&&\ddots&\\&&&B_s\end{pmatrix}.$$

如引理所述,B 的不变因子与 A 的不变因子完全相同,故 B 相似于 A,即 B 是 A 的有理标准形.

又 B 是由 A 的不变因子唯一决定的,故 B 由 A 唯一决定. ▌

把定理 14 的结论变成线性变换形式的结论就成为

定理 15 设 $\mathscr{A}$ 是数域 P 上 n 维线性空间的线性变换,则在 V 中存在一组基,使 $\mathscr{A}$ 在该基下的矩阵是有理标准形,并且这个有理标准形由 $\mathscr{A}$ 唯一决定,称为 $\mathscr{A}$ 的有理标准形. ▌

例 设 3×3 矩阵 A 的初等因子为 $(\lambda-1)^2,\lambda-1$,则它的不变因子是 $1,\lambda-1,(\lambda-1)^2$,它的有理标准形为

$$\begin{pmatrix}1&0&0\\0&0&-1\\0&1&2\end{pmatrix}.$$

习 题

1. 化下列 λ-矩阵成标准形:

1) $\begin{pmatrix}\lambda^3-\lambda & 2\lambda^2\\ \lambda^2+5\lambda & 3\lambda\end{pmatrix}$;

2) $\begin{pmatrix}1-\lambda & \lambda^2 & \lambda\\ \lambda & \lambda & -\lambda\\ 1+\lambda^2 & \lambda^2 & -\lambda^2\end{pmatrix}$;

3) $\begin{pmatrix}\lambda^2+\lambda & 0 & 0\\ 0 & \lambda & 0\\ 0 & 0 & (\lambda+1)^2\end{pmatrix}$;

4) $\begin{pmatrix}0&0&0&\lambda^2\\0&0&\lambda^2-\lambda&0\\0&(\lambda-1)^2&0&0\\ \lambda^2-\lambda&0&0&0\end{pmatrix}$;

5) $\begin{pmatrix}3\lambda^2+2\lambda-3 & 2\lambda-1 & \lambda^2+2\lambda-3\\ 4\lambda^2+3\lambda-5 & 3\lambda-2 & \lambda^2+3\lambda-4\\ \lambda^2+\lambda-4 & \lambda-2 & \lambda-1\end{pmatrix}$;

6) $\begin{pmatrix}2\lambda & 3 & 0 & 1 & \lambda\\ 4\lambda & 3\lambda+6 & 0 & \lambda+2 & 2\lambda\\ 0 & 6\lambda & \lambda & 2\lambda & 0\\ \lambda-1 & 0 & \lambda-1 & 0 & 0\\ 3\lambda-3 & 1-\lambda & 2\lambda-2 & 0 & 0\end{pmatrix}$.

2. 求下列 λ-矩阵的不变因子：

1) $\begin{pmatrix} \lambda-2 & -1 & 0 \\ 0 & \lambda-2 & -1 \\ 0 & 0 & \lambda-2 \end{pmatrix}$； 2) $\begin{pmatrix} \lambda & -1 & 0 & 0 \\ 0 & \lambda & -1 & 0 \\ 0 & 0 & \lambda & -1 \\ 5 & 4 & 3 & \lambda+2 \end{pmatrix}$；

3) $\begin{pmatrix} \lambda+\alpha & \beta & 1 & 0 \\ -\beta & \lambda+\alpha & 0 & 1 \\ 0 & 0 & \lambda+\alpha & \beta \\ 0 & 0 & -\beta & \lambda+\alpha \end{pmatrix}$； 4) $\begin{pmatrix} 0 & 0 & 1 & \lambda+2 \\ 0 & 1 & \lambda+2 & 0 \\ 1 & \lambda+2 & 0 & 0 \\ \lambda+2 & 0 & 0 & 0 \end{pmatrix}$；

5) $\begin{pmatrix} \lambda+1 & 0 & 0 & 0 \\ 0 & \lambda+2 & 0 & 0 \\ 0 & 0 & \lambda-1 & 0 \\ 0 & 0 & 0 & \lambda-2 \end{pmatrix}$.

3. 证明：

$$\begin{pmatrix} \lambda & 0 & 0 & \cdots & 0 & a_n \\ -1 & \lambda & 0 & \cdots & 0 & a_{n-1} \\ 0 & -1 & \lambda & \cdots & 0 & a_{n-2} \\ \vdots & \vdots & \vdots & & \vdots & \vdots \\ 0 & 0 & 0 & \cdots & \lambda & a_2 \\ 0 & 0 & 0 & \cdots & -1 & \lambda+a_1 \end{pmatrix}$$

的不变因子是$\overbrace{1,1,\cdots,1}^{n-1个},f(\lambda)$，其中 $f(\lambda)=\lambda^n+a_1\lambda^{n-1}+\cdots+a_{n-1}\lambda+a_n$.

4. 设 $\boldsymbol{A}$ 是数域 P 上一个 $n\times n$ 矩阵.证明：$\boldsymbol{A}$ 与 $\boldsymbol{A}^{\mathrm{T}}$ 相似.

5. 设

$$\boldsymbol{A}=\begin{pmatrix} \lambda & 0 & 0 \\ 1 & \lambda & 0 \\ 0 & 1 & \lambda \end{pmatrix},$$

求 $\boldsymbol{A}^k$.

6. 求下列复矩阵的若尔当标准形：

1) $\begin{pmatrix} 1 & 2 & 0 \\ 0 & 2 & 0 \\ -2 & -2 & -1 \end{pmatrix}$； 2) $\begin{pmatrix} 13 & 16 & 16 \\ -5 & -7 & -6 \\ -6 & -8 & -7 \end{pmatrix}$；

3) $\begin{pmatrix} 3 & 0 & 8 \\ 3 & -1 & 6 \\ -2 & 0 & -5 \end{pmatrix}$； 4) $\begin{pmatrix} 4 & 5 & -2 \\ -2 & -2 & 1 \\ -1 & -1 & 1 \end{pmatrix}$；

5) $\begin{pmatrix} 3 & 7 & -3 \\ -2 & -5 & 2 \\ -4 & -10 & 3 \end{pmatrix}$;

6) $\begin{pmatrix} 1 & -1 & 2 \\ 3 & -3 & 6 \\ 2 & -2 & 4 \end{pmatrix}$;

7) $\begin{pmatrix} 1 & 1 & -1 \\ -3 & -3 & 3 \\ -2 & -2 & 2 \end{pmatrix}$;

8) $\begin{pmatrix} -4 & 2 & 10 \\ -4 & 3 & 7 \\ -3 & 1 & 7 \end{pmatrix}$;

9) $\begin{pmatrix} 0 & 3 & 3 \\ -1 & 8 & 6 \\ 2 & -14 & -10 \end{pmatrix}$;

10) $\begin{pmatrix} 8 & 30 & -14 \\ -6 & -19 & 9 \\ -6 & -23 & 11 \end{pmatrix}$;

11) $\begin{pmatrix} 3 & 1 & 0 & 0 \\ -4 & -1 & 0 & 0 \\ 7 & 1 & 2 & 1 \\ -7 & -6 & -1 & 0 \end{pmatrix}$;

12) $\begin{pmatrix} 1 & 2 & 3 & 4 \\ 0 & 1 & 2 & 3 \\ 0 & 0 & 1 & 2 \\ 0 & 0 & 0 & 1 \end{pmatrix}$;

13) $\begin{pmatrix} 1 & -3 & 0 & 3 \\ -2 & 6 & 0 & 13 \\ 0 & -3 & 1 & 3 \\ -1 & 2 & 0 & 8 \end{pmatrix}$;

14) $\begin{pmatrix} 0 & 1 & 0 & \cdots & 0 & 0 \\ 0 & 0 & 1 & \cdots & 0 & 0 \\ \vdots & \vdots & \vdots & & \vdots & \vdots \\ 0 & 0 & 0 & \cdots & 0 & 1 \\ 1 & 0 & 0 & \cdots & 0 & 0 \end{pmatrix}$.

7. 把习题 6 中各矩阵看成有理数域上矩阵，试写出它们的有理标准形.

补 充 题

设$\mathscr{A}$是 n 维线性空间 V 上的线性变换.证明：

1) 若$\mathscr{A}$在 V 的一组基下的矩阵 $\boldsymbol{A}$ 是多项式 $d(\lambda)$ 的友矩阵，则$\mathscr{A}$的最小多项式是 $d(\lambda)$；

2) 设$\mathscr{A}$的最高次的不变因子是 $d(\lambda)$，则$\mathscr{A}$的最小多项式是 $d(\lambda)$.

学习指导

第九章
欧几里得空间

§1　定义与基本性质

在线性空间中,向量之间的基本运算只有加法与数量乘法,统称为**线性运算**.如果我们以几何空间中的向量作为线性空间理论的一个具体模型,那么就会发现向量的度量性质,如长度、夹角等,在线性空间的理论中没有得到反映.但是向量的度量性质在许多问题中(其中包括几何问题)有着特殊的地位,因此有必要引入度量的概念.

在解析几何中我们看到,向量的长度与夹角等度量性质都可以通过向量的内积来表示,而且向量的内积有明显的代数性质.所以在抽象的讨论中,我们取内积作为基本的概念.

定义 1　设 V 是实数域 $\mathbf{R}$ 上一线性空间,在 V 上定义了一个二元实函数,称为**内积**,记作 $(\boldsymbol{\alpha},\boldsymbol{\beta})$.它具有以下性质:

1) $(\boldsymbol{\alpha},\boldsymbol{\beta})=(\boldsymbol{\beta},\boldsymbol{\alpha})$;

2) $(k\boldsymbol{\alpha},\boldsymbol{\beta})=k(\boldsymbol{\alpha},\boldsymbol{\beta})$;

3) $(\boldsymbol{\alpha}+\boldsymbol{\beta},\boldsymbol{\gamma})=(\boldsymbol{\alpha},\boldsymbol{\gamma})+(\boldsymbol{\beta},\boldsymbol{\gamma})$;

4) $(\boldsymbol{\alpha},\boldsymbol{\alpha})\geqslant 0$,当且仅当 $\boldsymbol{\alpha}=\mathbf{0}$ 时,$(\boldsymbol{\alpha},\boldsymbol{\alpha})=0$,

其中 $\boldsymbol{\alpha},\boldsymbol{\beta},\boldsymbol{\gamma}$ 是 V 中任意的向量,k 是任意实数. 这样的线性空间 V 称为**欧几里得空间**.

在欧几里得空间的定义中,对它作为线性空间的维数并无要求,可以是有限维的,也可以是无限维的.

几何空间中向量的内积显然适合定义中列举的性质,所以几何空间中向量的全体构成一个欧几里得空间.

下面再看两个例子.

例 1　在线性空间 $\mathbf{R}^n$ 中,对于向量

$$\boldsymbol{\alpha}=(a_1,a_2,\cdots,a_n),\quad \boldsymbol{\beta}=(b_1,b_2,\cdots,b_n),$$

定义内积

$$(\boldsymbol{\alpha},\boldsymbol{\beta})=a_1b_1+a_2b_2+\cdots+a_nb_n. \tag{1}$$

显然,内积(1)适合定义中的条件,这样,$\mathbf{R}^n$ 就成为一个欧几里得空间.以后仍用 $\mathbf{R}^n$ 来表示这个欧几里得空间.

当 $n=3$ 时,(1)式就是几何空间中向量的内积在直角坐标系中的坐标表达式.

例 2　在闭区间 $[a,b]$ 上的所有实连续函数所成的空间 $C(a,b)$ 中，对于函数 $f(x),g(x)$，定义内积

$$(f,g)=\int_a^b f(x)g(x)\mathrm{d}x. \tag{2}$$

由定积分的性质不难证明，对于内积(2)，$C(a,b)$ 构成一欧几里得空间.

同样地，线性空间 $\mathbf{R}[x]$，$\mathbf{R}[x]_n$ 对于内积(2)也构成欧几里得空间.

下面来看欧几里得空间的一些基本性质.

首先，定义中条件 1)表明内积是对称的.因此，与条件 2)，3)相当地就有

2′) $(\boldsymbol{\alpha},k\boldsymbol{\beta})=(k\boldsymbol{\beta},\boldsymbol{\alpha})=k(\boldsymbol{\beta},\boldsymbol{\alpha})=k(\boldsymbol{\alpha},\boldsymbol{\beta})$;

3′) $(\boldsymbol{\alpha},\boldsymbol{\beta}+\boldsymbol{\gamma})=(\boldsymbol{\beta}+\boldsymbol{\gamma},\boldsymbol{\alpha})=(\boldsymbol{\beta},\boldsymbol{\alpha})+(\boldsymbol{\gamma},\boldsymbol{\alpha})=(\boldsymbol{\alpha},\boldsymbol{\beta})+(\boldsymbol{\alpha},\boldsymbol{\gamma})$.

由条件 4)，有 $(\boldsymbol{\alpha},\boldsymbol{\alpha})\geqslant 0$.所以对于任意的向量 $\boldsymbol{\alpha}$，$\sqrt{(\boldsymbol{\alpha},\boldsymbol{\alpha})}$ 是有意义的.在几何空间中，向量 $\boldsymbol{\alpha}$ 的长度为 $\sqrt{(\boldsymbol{\alpha},\boldsymbol{\alpha})}$.类似地，我们在一般的欧几里得空间中引进

定义 2　非负实数 $\sqrt{(\boldsymbol{\alpha},\boldsymbol{\alpha})}$ 称为向量 $\boldsymbol{\alpha}$ 的**长度**，记为 $|\boldsymbol{\alpha}|$.

显然，向量的长度一般是正数，只有零向量的长度才是零，这样定义的长度符合熟知的性质：

$$|k\boldsymbol{\alpha}|=|k||\boldsymbol{\alpha}|, \tag{3}$$

其中 $k\in\mathbf{R},\boldsymbol{\alpha}\in V$.事实上，

$$|k\boldsymbol{\alpha}|=\sqrt{(k\boldsymbol{\alpha},k\boldsymbol{\alpha})}=\sqrt{k^2(\boldsymbol{\alpha},\boldsymbol{\alpha})}=|k||\boldsymbol{\alpha}|.$$

长度为 1 的向量称为**单位向量**.如果 $\boldsymbol{\alpha}\neq\mathbf{0}$，由(3)式，向量

$$\frac{1}{|\boldsymbol{\alpha}|}\boldsymbol{\alpha}$$

就是一个单位向量.用向量 $\boldsymbol{\alpha}$ 的长度去除向量 $\boldsymbol{\alpha}$，得到一个与 $\boldsymbol{\alpha}$ 成比例的单位向量，通常称为把 $\boldsymbol{\alpha}$ **单位化**.

在解析几何中，向量 $\boldsymbol{\alpha},\boldsymbol{\beta}$ 的夹角 $\langle\boldsymbol{\alpha},\boldsymbol{\beta}\rangle$ 的余弦可以通过内积来表示，即

$$\cos\langle\boldsymbol{\alpha},\boldsymbol{\beta}\rangle=\frac{(\boldsymbol{\alpha},\boldsymbol{\beta})}{|\boldsymbol{\alpha}||\boldsymbol{\beta}|}. \tag{4}$$

为了在一般的欧几里得空间中利用(4)式引入夹角的概念，我们需要证明不等式

$$\left|\frac{(\boldsymbol{\alpha},\boldsymbol{\beta})}{|\boldsymbol{\alpha}||\boldsymbol{\beta}|}\right|\leqslant 1.$$

这就是所谓的柯西-布尼亚科夫斯基(Cauchy-Буняковский)不等式，即对于任意的向量 $\boldsymbol{\alpha},\boldsymbol{\beta}$，有

$$|(\boldsymbol{\alpha},\boldsymbol{\beta})|\leqslant|\boldsymbol{\alpha}||\boldsymbol{\beta}|. \tag{5}$$

当且仅当 $\boldsymbol{\alpha},\boldsymbol{\beta}$ 线性相关时，等号才成立.

证明　当 $\boldsymbol{\beta}=\mathbf{0}$ 时，(5)式显然成立.以下设 $\boldsymbol{\beta}\neq\mathbf{0}$.令 t 是一个实变数，作向量

$$\boldsymbol{\gamma}=\boldsymbol{\alpha}+t\boldsymbol{\beta}.$$

由条件 4)可知，不论 t 取何值一定有

$$(\boldsymbol{\gamma},\boldsymbol{\gamma})=(\boldsymbol{\alpha}+t\boldsymbol{\beta},\boldsymbol{\alpha}+t\boldsymbol{\beta})\geqslant 0.$$

即

$$(\boldsymbol{\alpha},\boldsymbol{\alpha})+2(\boldsymbol{\alpha},\boldsymbol{\beta})t+(\boldsymbol{\beta},\boldsymbol{\beta})t^2\geqslant 0. \tag{6}$$

取

$$t=-\frac{(\boldsymbol{\alpha},\boldsymbol{\beta})}{(\boldsymbol{\beta},\boldsymbol{\beta})},$$

代入(6)式，得

$$(\boldsymbol{\alpha},\boldsymbol{\alpha})-\frac{(\boldsymbol{\alpha},\boldsymbol{\beta})^{2}}{(\boldsymbol{\beta},\boldsymbol{\beta})}\geqslant 0,$$

即

$$(\boldsymbol{\alpha},\boldsymbol{\beta})^{2}\leqslant(\boldsymbol{\alpha},\boldsymbol{\alpha})(\boldsymbol{\beta},\boldsymbol{\beta}).$$

两边开方便得

$$|(\boldsymbol{\alpha},\boldsymbol{\beta})|\leqslant|\boldsymbol{\alpha}||\boldsymbol{\beta}|.$$

当 $\boldsymbol{\alpha},\boldsymbol{\beta}$ 线性相关时，等号显然成立.反过来，如果等号成立，由以上证明过程可以看出，或者 $\boldsymbol{\beta}=\mathbf{0}$，或者

$$\boldsymbol{\alpha}-\frac{(\boldsymbol{\alpha},\boldsymbol{\beta})}{(\boldsymbol{\beta},\boldsymbol{\beta})}\boldsymbol{\beta}=\mathbf{0},$$

也就是说 $\boldsymbol{\alpha},\boldsymbol{\beta}$ 线性相关. ▌

结合具体例子来看一下这个不等式是很有意思的.对于例 1 的空间 $\mathbf{R}^n$，(5)式就是

$$|a_1b_1+a_2b_2+\cdots+a_nb_n|\leqslant\sqrt{a_1^2+a_2^2+\cdots+a_n^2}\sqrt{b_1^2+b_2^2+\cdots+b_n^2}.$$

对于例 2 的空间 $C(a,b)$，(5)式就是

$$\left|\int_a^b f(x)g(x)\,\mathrm{d}x\right|\leqslant\left(\int_a^b f^2(x)\,\mathrm{d}x\right)^{\frac{1}{2}}\left(\int_a^b g^2(x)\,\mathrm{d}x\right)^{\frac{1}{2}}.$$

以上这两个不等式都是历史上著名的不等式.

定义 3 非零向量 $\boldsymbol{\alpha},\boldsymbol{\beta}$ 的**夹角** $\langle\boldsymbol{\alpha},\boldsymbol{\beta}\rangle$ 规定为

$$\langle\boldsymbol{\alpha},\boldsymbol{\beta}\rangle=\arccos\frac{(\boldsymbol{\alpha},\boldsymbol{\beta})}{|\boldsymbol{\alpha}||\boldsymbol{\beta}|},\qquad 0\leqslant\langle\boldsymbol{\alpha},\boldsymbol{\beta}\rangle\leqslant\pi.$$

根据柯西-布尼亚科夫斯基不等式，我们有三角形不等式

$$|\boldsymbol{\alpha}+\boldsymbol{\beta}|\leqslant|\boldsymbol{\alpha}|+|\boldsymbol{\beta}|.\tag{7}$$

因为

$$\begin{aligned}|\boldsymbol{\alpha}+\boldsymbol{\beta}|^2&=(\boldsymbol{\alpha}+\boldsymbol{\beta},\boldsymbol{\alpha}+\boldsymbol{\beta})=(\boldsymbol{\alpha},\boldsymbol{\alpha})+2(\boldsymbol{\alpha},\boldsymbol{\beta})+(\boldsymbol{\beta},\boldsymbol{\beta})\\&\leqslant|\boldsymbol{\alpha}|^2+2|\boldsymbol{\alpha}||\boldsymbol{\beta}|+|\boldsymbol{\beta}|^2=(|\boldsymbol{\alpha}|+|\boldsymbol{\beta}|)^2,\end{aligned}$$

所以

$$|\boldsymbol{\alpha}+\boldsymbol{\beta}|\leqslant|\boldsymbol{\alpha}|+|\boldsymbol{\beta}|.$$

定义 4 如果向量 $\boldsymbol{\alpha},\boldsymbol{\beta}$ 的内积为零，即

$$(\boldsymbol{\alpha},\boldsymbol{\beta})=0,$$

那么 $\boldsymbol{\alpha},\boldsymbol{\beta}$ 称为**正交**或**互相垂直**，记为 $\boldsymbol{\alpha}\perp\boldsymbol{\beta}$.

显然，这里正交的定义与解析几何中对于正交的说法是一致的.两个非零向量正交的充要条件是它们的夹角为$\frac{\pi}{2}$.

由定义立即看出，只有零向量才与自己正交.

在欧几里得空间中同样有勾股定理，即当 $\boldsymbol{\alpha},\boldsymbol{\beta}$ 正交时，

$$|\boldsymbol{\alpha}+\boldsymbol{\beta}|^2=|\boldsymbol{\alpha}|^2+|\boldsymbol{\beta}|^2.$$

事实上,

$$|\boldsymbol{\alpha}+\boldsymbol{\beta}|^2=(\boldsymbol{\alpha}+\boldsymbol{\beta},\boldsymbol{\alpha}+\boldsymbol{\beta})=(\boldsymbol{\alpha},\boldsymbol{\alpha})+(\boldsymbol{\beta},\boldsymbol{\beta})=|\boldsymbol{\alpha}|^2+|\boldsymbol{\beta}|^2.$$

不难把勾股定理推广到多个向量的情形,即如果向量 $\boldsymbol{\alpha}_1,\boldsymbol{\alpha}_2,\cdots,\boldsymbol{\alpha}_m$ 两两正交,那么

$$|\boldsymbol{\alpha}_1+\boldsymbol{\alpha}_2+\cdots+\boldsymbol{\alpha}_m|^2=|\boldsymbol{\alpha}_1|^2+|\boldsymbol{\alpha}_2|^2+\cdots+|\boldsymbol{\alpha}_m|^2.$$

在以上的讨论中,我们对空间的维数没有作任何限制.从现在开始,我们假定空间是有限维的.

设 V 是一个 n 维欧几里得空间,在 V 中取一组基 $\boldsymbol{\varepsilon}_1,\boldsymbol{\varepsilon}_2,\cdots,\boldsymbol{\varepsilon}_n$,对 V 中任意两个向量

$$\boldsymbol{\alpha}=x_1\boldsymbol{\varepsilon}_1+x_2\boldsymbol{\varepsilon}_2+\cdots+x_n\boldsymbol{\varepsilon}_n,\quad \boldsymbol{\beta}=y_1\boldsymbol{\varepsilon}_1+y_2\boldsymbol{\varepsilon}_2+\cdots+y_n\boldsymbol{\varepsilon}_n,$$

由内积的性质得

$$(\boldsymbol{\alpha},\boldsymbol{\beta})=(x_1\boldsymbol{\varepsilon}_1+x_2\boldsymbol{\varepsilon}_2+\cdots+x_n\boldsymbol{\varepsilon}_n,y_1\boldsymbol{\varepsilon}_1+y_2\boldsymbol{\varepsilon}_2+\cdots+y_n\boldsymbol{\varepsilon}_n)=\sum_{i=1}^{n}\sum_{j=1}^{n}(\boldsymbol{\varepsilon}_i,\boldsymbol{\varepsilon}_j)x_iy_j.$$

令

$$a_{ij}=(\boldsymbol{\varepsilon}_i,\boldsymbol{\varepsilon}_j),\quad i,j=1,2,\cdots,n,\tag{8}$$

显然

$$a_{ij}=a_{ji}.$$

于是

$$(\boldsymbol{\alpha},\boldsymbol{\beta})=\sum_{i=1}^{n}\sum_{j=1}^{n}a_{ij}x_iy_j.\tag{9}$$

利用矩阵,$(\boldsymbol{\alpha},\boldsymbol{\beta})$还可以写成

$$(\boldsymbol{\alpha},\boldsymbol{\beta})=\boldsymbol{X}^{\mathrm{T}}\boldsymbol{A}\boldsymbol{Y},\tag{10}$$

其中

$$\boldsymbol{X}=\begin{pmatrix}x_1\\x_2\\\vdots\\x_n\end{pmatrix},\quad \boldsymbol{Y}=\begin{pmatrix}y_1\\y_2\\\vdots\\y_n\end{pmatrix}$$

分别是 $\boldsymbol{\alpha},\boldsymbol{\beta}$ 的坐标,而矩阵

$$\boldsymbol{A}=\begin{pmatrix}a_{11}&a_{12}&\cdots&a_{1n}\\a_{21}&a_{22}&\cdots&a_{2n}\\\vdots&\vdots&&\vdots\\a_{n1}&a_{n2}&\cdots&a_{nn}\end{pmatrix}$$

称为基 $\boldsymbol{\varepsilon}_1,\boldsymbol{\varepsilon}_2,\cdots,\boldsymbol{\varepsilon}_n$ 的**度量矩阵**.上面的讨论表明,在知道了一组基的度量矩阵之后,任意两个向量的内积就可以通过坐标按(9)式或(10)式来计算,因而度量矩阵完全确定了内积.

设 $\boldsymbol{\eta}_1,\boldsymbol{\eta}_2,\cdots,\boldsymbol{\eta}_n$ 是空间 V 的另外一组基,而由 $\boldsymbol{\varepsilon}_1,\boldsymbol{\varepsilon}_2,\cdots,\boldsymbol{\varepsilon}_n$ 到 $\boldsymbol{\eta}_1,\boldsymbol{\eta}_2,\cdots,\boldsymbol{\eta}_n$ 的过渡矩阵为 $\boldsymbol{C}$,即

$$(\boldsymbol{\eta}_1,\boldsymbol{\eta}_2,\cdots,\boldsymbol{\eta}_n)=(\boldsymbol{\varepsilon}_1,\boldsymbol{\varepsilon}_2,\cdots,\boldsymbol{\varepsilon}_n)\boldsymbol{C}.$$

于是不难算出,基 $\boldsymbol{\eta}_1,\boldsymbol{\eta}_2,\cdots,\boldsymbol{\eta}_n$ 的度量矩阵

$$B=(b_{ij})_{n\times n}=C^{\mathrm{T}}AC, \tag{11}$$

其中 $b_{ij}=(\boldsymbol{\eta}_i,\boldsymbol{\eta}_j)$.这就是说,不同基的度量矩阵是合同的(见习题 11).

根据条件 4),对于非零向量 $\boldsymbol{\alpha}$,即

$$X\neq\begin{pmatrix}0\\0\\\vdots\\0\end{pmatrix},$$

有

$$(\boldsymbol{\alpha},\boldsymbol{\alpha})=X^{\mathrm{T}}AX>0,$$

因此,度量矩阵是正定的.

反之,给定一个 n 阶正定矩阵 A 及 n 维实线性空间 V 的一组基 $\boldsymbol{\varepsilon}_1,\boldsymbol{\varepsilon}_2,\cdots,\boldsymbol{\varepsilon}_n$.可以规定 V 上内积,使它成为欧几里得空间,并且基 $\boldsymbol{\varepsilon}_1,\boldsymbol{\varepsilon}_2,\cdots,\boldsymbol{\varepsilon}_n$ 的度量矩阵为 A.

欧几里得空间的子空间在所定义的内积之下显然也是一个欧几里得空间.

欧几里得空间以下简称为**欧氏空间**.

§2 标准正交基

定义 5 欧氏空间 V 中一组非零的向量,如果它们两两正交,就称为一**正交向量组**.

应该指出,按定义,由单个非零向量所成的向量组也是正交向量组.当然,以下讨论的正交向量组都是非空的.

不难证明,正交向量组是线性无关的.事实上,设正交向量组 $\boldsymbol{\alpha}_1,\boldsymbol{\alpha}_2,\cdots,\boldsymbol{\alpha}_m$ 有一线性关系

$$k_1\boldsymbol{\alpha}_1+k_2\boldsymbol{\alpha}_2+\cdots+k_m\boldsymbol{\alpha}_m=\mathbf{0}.$$

用 $\boldsymbol{\alpha}_i$ 与等式两边作内积,即得

$$k_i(\boldsymbol{\alpha}_i,\boldsymbol{\alpha}_i)=0.$$

由 $\boldsymbol{\alpha}_i\neq\mathbf{0}$,有 $(\boldsymbol{\alpha}_i,\boldsymbol{\alpha}_i)>0$,从而 $k_i=0(i=1,2,\cdots,m)$.这就证明了 $\boldsymbol{\alpha}_1,\boldsymbol{\alpha}_2,\cdots,\boldsymbol{\alpha}_m$ 是线性无关的.

这个结果说明,在 n 维欧氏空间中,两两正交的非零向量不能超过 n 个.这个事实的几何意义是清楚的.例如,在平面上找不到 3 个两两垂直的非零向量;在空间中,找不到 4 个两两垂直的非零向量.

从解析几何中看到,直角坐标系在图形度量性质的讨论中有特殊的地位.在欧氏空间中,情况是相仿的.

定义 6 在 n 维欧氏空间中,由 n 个向量组成的正交向量组称为**正交基**;由单位向量组成的正交基称为**标准正交基**.

对一组正交基进行单位化就得到一组标准正交基.

设 $\boldsymbol{\varepsilon}_1,\boldsymbol{\varepsilon}_2,\cdots,\boldsymbol{\varepsilon}_n$ 是一组标准正交基,由定义,有

$$(\boldsymbol{\varepsilon}_i,\boldsymbol{\varepsilon}_j)=\begin{cases}1, & i=j,\\ 0, & i\neq j.\end{cases} \tag{1}$$

显然,(1)式完全刻画了标准正交基的性质.换句话说,一组基为标准正交基的充分必要条件是:它的度量矩阵为单位矩阵.因为度量矩阵是正定的,根据第五章关于正定二次型的结果,正定矩阵合同于单位矩阵.这说明在 n 维欧氏空间中存在一组基,它的度量矩阵是单位矩阵.由此可以断言,在 n 维欧氏空间中,标准正交基是存在的.

在标准正交基下,向量的坐标可以通过内积简单地表示出来,即

$$\boldsymbol{\alpha}=(\boldsymbol{\varepsilon}_1,\boldsymbol{\alpha})\boldsymbol{\varepsilon}_1+(\boldsymbol{\varepsilon}_2,\boldsymbol{\alpha})\boldsymbol{\varepsilon}_2+\cdots+(\boldsymbol{\varepsilon}_n,\boldsymbol{\alpha})\boldsymbol{\varepsilon}_n. \tag{2}$$

事实上,设

$$\boldsymbol{\alpha}=x_1\boldsymbol{\varepsilon}_1+x_2\boldsymbol{\varepsilon}_2+\cdots+x_n\boldsymbol{\varepsilon}_n.$$

用 $\boldsymbol{\varepsilon}_i$ 与等式两边作内积,即得

$$x_i=(\boldsymbol{\varepsilon}_i,\boldsymbol{\alpha}),\quad i=1,2,\cdots,n.$$

在标准正交基下,内积有特别简单的表达式.设

$$\boldsymbol{\alpha}=x_1\boldsymbol{\varepsilon}_1+x_2\boldsymbol{\varepsilon}_2+\cdots+x_n\boldsymbol{\varepsilon}_n,\qquad \boldsymbol{\beta}=y_1\boldsymbol{\varepsilon}_1+y_2\boldsymbol{\varepsilon}_2+\cdots+y_n\boldsymbol{\varepsilon}_n.$$

那么

$$(\boldsymbol{\alpha},\boldsymbol{\beta})=x_1y_1+x_2y_2+\cdots+x_ny_n=\boldsymbol{X}^{\mathrm{T}}\boldsymbol{Y}. \tag{3}$$

这个表达式正是几何中向量的内积在直角坐标系中坐标表达式的推广.

应该指出,内积的表达式(3),对于任一组标准正交基都是一样的.这就说明了,所有的标准正交基,在欧氏空间中有相同的地位.在下一节,这一点将得到进一步的说明.

下面我们将结合内积的特点来讨论标准正交基的求法.

定理 1 n 维欧氏空间中任意一个正交向量组都能扩充成一组正交基.

证明 设 $\boldsymbol{\alpha}_1,\boldsymbol{\alpha}_2,\cdots,\boldsymbol{\alpha}_m$ 是一正交向量组,我们对 $n-m$ 作数学归纳法.

当 $n-m=0$ 时,$\boldsymbol{\alpha}_1,\boldsymbol{\alpha}_2,\cdots,\boldsymbol{\alpha}_m$ 就是一组正交基了.

假设当 $n-m=k$ 时定理成立,也就是说,可以找到向量 $\boldsymbol{\beta}_1,\boldsymbol{\beta}_2,\cdots,\boldsymbol{\beta}_k$,使得

$$\boldsymbol{\alpha}_1,\boldsymbol{\alpha}_2,\cdots,\boldsymbol{\alpha}_m,\boldsymbol{\beta}_1,\boldsymbol{\beta}_2,\cdots,\boldsymbol{\beta}_k$$

成为一组正交基.

现在来看 $n-m=k+1$ 的情形.因为 $m<n$,所以一定有向量 $\boldsymbol{\beta}$ 不能经 $\boldsymbol{\alpha}_1,\boldsymbol{\alpha}_2,\cdots,\boldsymbol{\alpha}_m$ 线性表出,作向量

$$\boldsymbol{\alpha}_{m+1}=\boldsymbol{\beta}-k_1\boldsymbol{\alpha}_1-k_2\boldsymbol{\alpha}_2-\cdots-k_m\boldsymbol{\alpha}_m,$$

其中 $k_1,k_2,\cdots,k_m$ 是待定的系数.用 $\boldsymbol{\alpha}_i$ 与 $\boldsymbol{\alpha}_{m+1}$ 作内积,得

$$(\boldsymbol{\alpha}_i,\boldsymbol{\alpha}_{m+1})=(\boldsymbol{\beta},\boldsymbol{\alpha}_i)-k_i(\boldsymbol{\alpha}_i,\boldsymbol{\alpha}_i),\quad i=1,2,\cdots,m,$$

取

$$k_i=\frac{(\boldsymbol{\beta},\boldsymbol{\alpha}_i)}{(\boldsymbol{\alpha}_i,\boldsymbol{\alpha}_i)},\quad i=1,2,\cdots,m.$$

有

$$(\boldsymbol{\alpha}_i,\boldsymbol{\alpha}_{m+1})=0,\quad i=1,2,\cdots,m.$$

由 $\boldsymbol{\beta}$ 的选择可知,$\boldsymbol{\alpha}_{m+1}\neq\mathbf{0}$.因此 $\boldsymbol{\alpha}_1,\boldsymbol{\alpha}_2,\cdots,\boldsymbol{\alpha}_m,\boldsymbol{\alpha}_{m+1}$ 是一正交向量组,根据归纳假设,$\boldsymbol{\alpha}_1,\boldsymbol{\alpha}_2,\cdots,\boldsymbol{\alpha}_m,\boldsymbol{\alpha}_{m+1}$ 可以扩充成一正交基.于是定理得证. ▌

应该注意,定理的证明实际上也就给出了一个具体的扩充正交向量组的方法.如

果我们从任意一个非零向量出发,按证明中的步骤逐个地扩充,最后就得到一组正交基.再单位化,就得到一组标准正交基.

在求欧氏空间的正交基时,常常是已经有了空间的一组基.对于这种情形,有下面的结果:

定理 2 对于 n 维欧氏空间中任意一组基 $\boldsymbol{\varepsilon}_1,\boldsymbol{\varepsilon}_2,\cdots,\boldsymbol{\varepsilon}_n$,都可以找到一组标准正交基 $\boldsymbol{\eta}_1,\boldsymbol{\eta}_2,\cdots,\boldsymbol{\eta}_n$,使

$$L(\boldsymbol{\varepsilon}_1,\boldsymbol{\varepsilon}_2,\cdots,\boldsymbol{\varepsilon}_i)=L(\boldsymbol{\eta}_1,\boldsymbol{\eta}_2,\cdots,\boldsymbol{\eta}_i),\quad i=1,2,\cdots,n.$$

证明 设 $\boldsymbol{\varepsilon}_1,\boldsymbol{\varepsilon}_2,\cdots,\boldsymbol{\varepsilon}_n$ 是一组基,我们来逐个地求出向量 $\boldsymbol{\eta}_1,\boldsymbol{\eta}_2,\cdots,\boldsymbol{\eta}_n$.

首先,可取 $\boldsymbol{\eta}_1=\dfrac{1}{|\boldsymbol{\varepsilon}_1|}\boldsymbol{\varepsilon}_1$.一般地,假定已经求出 $\boldsymbol{\eta}_1,\boldsymbol{\eta}_2,\cdots,\boldsymbol{\eta}_m$,它们是单位正交的,具有性质

$$L(\boldsymbol{\varepsilon}_1,\boldsymbol{\varepsilon}_2,\cdots,\boldsymbol{\varepsilon}_i)=L(\boldsymbol{\eta}_1,\boldsymbol{\eta}_2,\cdots,\boldsymbol{\eta}_i),\quad i=1,2,\cdots,m.$$

下一步求 $\boldsymbol{\eta}_{m+1}$.

因为 $L(\boldsymbol{\varepsilon}_1,\boldsymbol{\varepsilon}_2,\cdots,\boldsymbol{\varepsilon}_m)=L(\boldsymbol{\eta}_1,\boldsymbol{\eta}_2,\cdots,\boldsymbol{\eta}_m)$,所以 $\boldsymbol{\varepsilon}_{m+1}$ 不能经 $\boldsymbol{\eta}_1,\boldsymbol{\eta}_2,\cdots,\boldsymbol{\eta}_m$ 线性表出.按定理 1 证明中的方法,作向量

$$\boldsymbol{\xi}_{m+1}=\boldsymbol{\varepsilon}_{m+1}-\sum_{i=1}^{m}(\boldsymbol{\varepsilon}_{m+1},\boldsymbol{\eta}_i)\boldsymbol{\eta}_i.$$

显然 $\boldsymbol{\xi}_{m+1}\neq\mathbf{0}$,且

$$(\boldsymbol{\xi}_{m+1},\boldsymbol{\eta}_i)=0,\quad i=1,2,\cdots,m.$$

令

$$\boldsymbol{\eta}_{m+1}=\frac{\boldsymbol{\xi}_{m+1}}{|\boldsymbol{\xi}_{m+1}|}.$$

$\boldsymbol{\eta}_1,\boldsymbol{\eta}_2,\cdots,\boldsymbol{\eta}_m,\boldsymbol{\eta}_{m+1}$ 就是一单位正交向量组.同时

$$L(\boldsymbol{\varepsilon}_1,\boldsymbol{\varepsilon}_2,\cdots,\boldsymbol{\varepsilon}_{m+1})=L(\boldsymbol{\eta}_1,\boldsymbol{\eta}_2,\cdots,\boldsymbol{\eta}_{m+1}).$$

由归纳法原理,定理 2 得证. ▌

应该指出,定理中的要求

$$L(\boldsymbol{\varepsilon}_1,\boldsymbol{\varepsilon}_2,\cdots,\boldsymbol{\varepsilon}_i)=L(\boldsymbol{\eta}_1,\boldsymbol{\eta}_2,\cdots,\boldsymbol{\eta}_i),\quad i=1,2,\cdots,n$$

就相当于由基 $\boldsymbol{\varepsilon}_1,\boldsymbol{\varepsilon}_2,\cdots,\boldsymbol{\varepsilon}_n$ 到基 $\boldsymbol{\eta}_1,\boldsymbol{\eta}_2,\cdots,\boldsymbol{\eta}_n$ 的过渡矩阵是上三角形的.

定理 2 中把一组线性无关的向量变成一单位正交向量组的方法在称为施密特(Schmidt)正交化过程.

上面的计算过程实际上就是

$$\boldsymbol{\xi}_1=\boldsymbol{\varepsilon}_1,\ \boldsymbol{\xi}_2=\boldsymbol{\varepsilon}_2-\frac{(\boldsymbol{\varepsilon}_2,\boldsymbol{\xi}_1)}{(\boldsymbol{\xi}_1,\boldsymbol{\xi}_1)}\boldsymbol{\xi}_1,\ \cdots,\ \boldsymbol{\xi}_{m+1}=\boldsymbol{\varepsilon}_{m+1}-\frac{(\boldsymbol{\varepsilon}_{m+1},\boldsymbol{\xi}_1)}{(\boldsymbol{\xi}_1,\boldsymbol{\xi}_1)}\boldsymbol{\xi}_1-\cdots-\frac{(\boldsymbol{\varepsilon}_{m+1},\boldsymbol{\xi}_m)}{(\boldsymbol{\xi}_m,\boldsymbol{\xi}_m)}\boldsymbol{\xi}_m,$$
$$m=1,2,\cdots,n-1,$$

再单位化

$$\boldsymbol{\eta}_i=\frac{\boldsymbol{\xi}_i}{|\boldsymbol{\xi}_i|},\quad i=1,2,\cdots,n.$$

例 把

$$\boldsymbol{\alpha}_1=(1,1,0,0),\ \boldsymbol{\alpha}_3=(-1,0,0,1),\ \boldsymbol{\alpha}_2=(1,0,1,0),\ \boldsymbol{\alpha}_4=(1,-1,-1,1)$$

变成单位正交向量组.

先把它们正交化,得

$$\boldsymbol{\beta}_1=\boldsymbol{\alpha}_1=(1,1,0,0),$$

$$\boldsymbol{\beta}_2=\boldsymbol{\alpha}_2-\frac{(\boldsymbol{\alpha}_2,\boldsymbol{\beta}_1)}{(\boldsymbol{\beta}_1,\boldsymbol{\beta}_1)}\boldsymbol{\beta}_1=\left(\frac{1}{2},-\frac{1}{2},1,0\right),$$

$$\boldsymbol{\beta}_3=\boldsymbol{\alpha}_3-\frac{(\boldsymbol{\alpha}_3,\boldsymbol{\beta}_1)}{(\boldsymbol{\beta}_1,\boldsymbol{\beta}_1)}\boldsymbol{\beta}_1-\frac{(\boldsymbol{\alpha}_3,\boldsymbol{\beta}_2)}{(\boldsymbol{\beta}_2,\boldsymbol{\beta}_2)}\boldsymbol{\beta}_2=\left(-\frac{1}{3},\frac{1}{3},\frac{1}{3},1\right),$$

$$\boldsymbol{\beta}_4=\boldsymbol{\alpha}_4-\frac{(\boldsymbol{\alpha}_4,\boldsymbol{\beta}_1)}{(\boldsymbol{\beta}_1,\boldsymbol{\beta}_1)}\boldsymbol{\beta}_1-\frac{(\boldsymbol{\alpha}_4,\boldsymbol{\beta}_2)}{(\boldsymbol{\beta}_2,\boldsymbol{\beta}_2)}\boldsymbol{\beta}_2-\frac{(\boldsymbol{\alpha}_4,\boldsymbol{\beta}_3)}{(\boldsymbol{\beta}_3,\boldsymbol{\beta}_3)}\boldsymbol{\beta}_3=(1,-1,-1,1).$$

再单位化,得

$$\boldsymbol{\eta}_1=\left(\frac{1}{\sqrt{2}},\frac{1}{\sqrt{2}},0,0\right),$$

$$\boldsymbol{\eta}_2=\left(\frac{1}{\sqrt{6}},-\frac{1}{\sqrt{6}},\frac{2}{\sqrt{6}},0\right),$$

$$\boldsymbol{\eta}_3=\left(-\frac{1}{\sqrt{12}},\frac{1}{\sqrt{12}},\frac{1}{\sqrt{12}},\frac{3}{\sqrt{12}}\right),$$

$$\boldsymbol{\eta}_4=\left(\frac{1}{2},-\frac{1}{2},-\frac{1}{2},\frac{1}{2}\right).$$

上面讨论了标准正交基的求法.由于标准正交基在欧氏空间中占有特殊的地位,所以有必要来讨论从一组标准正交基到另一组标准正交基的基变换公式.

设 $\boldsymbol{\varepsilon}_1,\boldsymbol{\varepsilon}_2,\cdots,\boldsymbol{\varepsilon}_n$ 与 $\boldsymbol{\eta}_1,\boldsymbol{\eta}_2,\cdots,\boldsymbol{\eta}_n$ 是欧氏空间 V 中的两组标准正交基,它们之间的过渡矩阵是

$$\boldsymbol{A}=(a_{ij})_{n\times n},$$

即

$$(\boldsymbol{\eta}_1,\boldsymbol{\eta}_2,\cdots,\boldsymbol{\eta}_n)=(\boldsymbol{\varepsilon}_1,\boldsymbol{\varepsilon}_2,\cdots,\boldsymbol{\varepsilon}_n)\begin{pmatrix}a_{11}&a_{12}&\cdots&a_{1n}\\a_{21}&a_{22}&\cdots&a_{2n}\\\vdots&\vdots&&\vdots\\a_{n1}&a_{n2}&\cdots&a_{nn}\end{pmatrix}.$$

因为 $\boldsymbol{\eta}_1,\boldsymbol{\eta}_2,\cdots,\boldsymbol{\eta}_n$ 是标准正交基,所以

$$(\boldsymbol{\eta}_i,\boldsymbol{\eta}_j)=\begin{cases}1, & i=j,\\0, & i\neq j.\end{cases}\tag{4}$$

矩阵 $\boldsymbol{A}$ 的各列就是 $\boldsymbol{\eta}_1,\boldsymbol{\eta}_2,\cdots,\boldsymbol{\eta}_n$ 在标准正交基 $\boldsymbol{\varepsilon}_1,\boldsymbol{\varepsilon}_2,\cdots,\boldsymbol{\varepsilon}_n$ 下的坐标.按公式(3),(4)式可以表示为

$$a_{1i}a_{1j}+a_{2i}a_{2j}+\cdots+a_{ni}a_{nj}=\begin{cases}1, & i=j,\\0, & i\neq j.\end{cases}\tag{5}$$

(5)式相当于一个矩阵的等式

$$\boldsymbol{A}^{\mathrm{T}}\boldsymbol{A}=\boldsymbol{E},\tag{6}$$

或者

$$A^{-1}=A^{T}.$$

我们引入

定义 7 n 阶实矩阵 A 称为**正交矩阵**,如果 $A^{T}A=E$.

因此,以上分析表明,由标准正交基到标准正交基的过渡矩阵是正交矩阵;反过来,如果第一组基是标准正交基,同时过渡矩阵是正交矩阵,那么第二组基一定也是标准正交基.

最后我们指出,根据逆矩阵的性质,由

$$A^{T}A=E$$

即得

$$AA^{T}=E.$$

写出来就是

$$a_{i1}a_{j1}+a_{i2}a_{j2}+\cdots+a_{in}a_{jn}=\begin{cases}1, & i=j,\\ 0, & i\neq j.\end{cases} \tag{7}$$

(5)式是矩阵列与列之间的关系,(7)式是行与行之间的关系,这两组关系是等价的.

§3 同　　构

我们来建立欧氏空间同构的概念.

定义 8 实数域 $\mathbf{R}$ 上欧氏空间 V 与 V' 称为**同构的**,如果由 V 到 V' 有一个双射 σ,满足

1) $\sigma(\boldsymbol{\alpha}+\boldsymbol{\beta})=\sigma(\boldsymbol{\alpha})+\sigma(\boldsymbol{\beta})$;

2) $\sigma(k\boldsymbol{\alpha})=k\sigma(\boldsymbol{\alpha})$;

3) $(\sigma(\boldsymbol{\alpha}),\sigma(\boldsymbol{\beta}))=(\boldsymbol{\alpha},\boldsymbol{\beta})$,

其中 $\boldsymbol{\alpha},\boldsymbol{\beta}\in V,k\in\mathbf{R}$,那么映射 σ 称为 V 到 V' 的**同构映射**.

由定义立即看出,如果 σ 是欧氏空间 V 到 V' 的一个同构映射,那么 σ 也是 V 到 V' 作为线性空间的同构映射.因此,同构的欧氏空间必有相同的维数.

设 V 是一个 n 维欧氏空间,在 V 中取一组标准正交基 $\boldsymbol{\varepsilon}_1,\boldsymbol{\varepsilon}_2,\cdots,\boldsymbol{\varepsilon}_n$.在这组基下,$V$ 的每个向量 $\boldsymbol{\alpha}$ 都可以表成

$$\boldsymbol{\alpha}=x_1\boldsymbol{\varepsilon}_1+x_2\boldsymbol{\varepsilon}_2+\cdots+x_n\boldsymbol{\varepsilon}_n.$$

令

$$\sigma(\boldsymbol{\alpha})=(x_1,x_2,\cdots,x_n)\in\mathbf{R}^n.$$

我们知道,这是 V 到 $\mathbf{R}^n$ 的一个双射,并且适合定义中条件 1),2)(第六章§8).上一节(3)式说明,σ 也适合定义中条件 3),因而 σ 是 V 到 $\mathbf{R}^n$ 的一个同构映射,由此可知,每个 n 维的欧氏空间都与 $\mathbf{R}^n$ 同构.

下面来证明,同构作为欧氏空间之间的关系具有自反性、对称性与传递性.首先,每个欧氏空间到自身的恒等映射显然是一同构映射.这就是说,同构关系是自反的.其次,设 σ 是 V 到 V' 的一同构映射,我们知道,逆映射 σ^{-1} 也适合定义 8 中 1)与 2)(第六

章§8)，而且对于 $\boldsymbol{\alpha},\boldsymbol{\beta}\in V'$，有

$$(\boldsymbol{\alpha},\boldsymbol{\beta})=(\sigma(\sigma^{-1}(\boldsymbol{\alpha})),\sigma(\sigma^{-1}(\boldsymbol{\beta})))=(\sigma^{-1}(\boldsymbol{\alpha}),\sigma^{-1}(\boldsymbol{\beta})).$$

这就是说，$\boldsymbol{\sigma}^{-1}$ 是 V' 到 V 的一同构映射，因而同构关系是对称的.然后，设 σ,τ 分别是 V 到 V'，V' 到 V'' 的同构映射.不难证明，$\tau\sigma$ 是 V 到 V'' 的同构映射(证明留给读者)，因而同构关系是传递的.

既然每个 n 维欧氏空间都与 $\mathbf{R}^n$ 同构，按对称性与传递性即得，任意两个 n 维欧氏空间都同构.综上所述，就有

定理 3　两个有限维欧氏空间同构的充要条件是它们的维数相同. ▌

这个定理说明，从抽象的观点看，欧氏空间的结构完全被它的维数决定.

§4　正交变换

在解析几何中，我们有正交变换的概念.正交变换就是保持点之间的距离不变的变换.在一般的欧氏空间中，我们有

定义 9　欧氏空间 V 的线性变换 $\mathscr{A}$ 称为**正交变换**，如果它保持向量的内积不变，即对于任意的 $\boldsymbol{\alpha},\boldsymbol{\beta}\in V$，都有

$$(\mathscr{A}\boldsymbol{\alpha},\mathscr{A}\boldsymbol{\beta})=(\boldsymbol{\alpha},\boldsymbol{\beta}).$$

正交变换可以从几个不同的方面来加以刻画.

定理 4　设 $\mathscr{A}$ 是 n 维欧氏空间 V 的一个线性变换，于是下面四个命题是相互等价的：

1) $\mathscr{A}$ 是正交变换；

2) $\mathscr{A}$ 保持向量的长度不变，即对于 $\boldsymbol{\alpha}\in V$，$|\mathscr{A}\boldsymbol{\alpha}|=|\boldsymbol{\alpha}|$；

3) 如果 $\boldsymbol{\varepsilon}_1,\boldsymbol{\varepsilon}_2,\cdots,\boldsymbol{\varepsilon}_n$ 是标准正交基，那么 $\mathscr{A}\boldsymbol{\varepsilon}_1,\mathscr{A}\boldsymbol{\varepsilon}_2,\cdots,\mathscr{A}\boldsymbol{\varepsilon}_n$ 也是标准正交基；

4) $\mathscr{A}$ 在任一组标准正交基下的矩阵是正交矩阵.

证明　首先证明 1)与 2)等价.

如果 $\mathscr{A}$ 是正交变换，那么

$$(\mathscr{A}\boldsymbol{\alpha},\mathscr{A}\boldsymbol{\alpha})=(\boldsymbol{\alpha},\boldsymbol{\alpha}).$$

两边开方即得

$$|\mathscr{A}\boldsymbol{\alpha}|=|\boldsymbol{\alpha}|.$$

反过来，如果 $\mathscr{A}$ 保持向量的长度不变，那么

$$(\mathscr{A}\boldsymbol{\alpha},\mathscr{A}\boldsymbol{\alpha})=(\boldsymbol{\alpha},\boldsymbol{\alpha}),\quad(\mathscr{A}\boldsymbol{\beta},\mathscr{A}\boldsymbol{\beta})=(\boldsymbol{\beta},\boldsymbol{\beta}),$$

$$(\mathscr{A}(\boldsymbol{\alpha}+\boldsymbol{\beta}),\mathscr{A}(\boldsymbol{\alpha}+\boldsymbol{\beta}))=(\boldsymbol{\alpha}+\boldsymbol{\beta},\boldsymbol{\alpha}+\boldsymbol{\beta}).$$

把最后的等式展开即得

$$(\mathscr{A}\boldsymbol{\alpha},\mathscr{A}\boldsymbol{\alpha})+2(\mathscr{A}\boldsymbol{\alpha},\mathscr{A}\boldsymbol{\beta})+(\mathscr{A}\boldsymbol{\beta},\mathscr{A}\boldsymbol{\beta})=(\boldsymbol{\alpha},\boldsymbol{\alpha})+2(\boldsymbol{\alpha},\boldsymbol{\beta})+(\boldsymbol{\beta},\boldsymbol{\beta}).$$

再利用前两个等式，就有

$$(\mathscr{A}\boldsymbol{\alpha},\mathscr{A}\boldsymbol{\beta})=(\boldsymbol{\alpha},\boldsymbol{\beta}).$$

这就是说，$\mathscr{A}$ 是正交变换.

再来证 1)与 3)等价.

设 $\boldsymbol{\varepsilon}_1,\boldsymbol{\varepsilon}_2,\cdots,\boldsymbol{\varepsilon}_n$ 是一组标准正交基,即

$$(\boldsymbol{\varepsilon}_i,\boldsymbol{\varepsilon}_j)=\begin{cases}1, & i=j,\\ 0, & i\neq j,\end{cases}\quad i,j=1,2,\cdots,n.$$

如果 $\mathscr{A}$ 是正交变换,那么

$$(\mathscr{A}\boldsymbol{\varepsilon}_i,\mathscr{A}\boldsymbol{\varepsilon}_j)=\begin{cases}1, & i=j,\\ 0, & i\neq j,\end{cases}\quad i,j=1,2,\cdots,n.$$

这就是说,$\mathscr{A}\boldsymbol{\varepsilon}_1,\mathscr{A}\boldsymbol{\varepsilon}_2,\cdots,\mathscr{A}\boldsymbol{\varepsilon}_n$ 是标准正交基.反过来,如果 $\mathscr{A}\boldsymbol{\varepsilon}_1,\mathscr{A}\boldsymbol{\varepsilon}_2,\cdots,\mathscr{A}\boldsymbol{\varepsilon}_n$ 是标准正交基,那么由

$$\boldsymbol{\alpha}=x_1\boldsymbol{\varepsilon}_1+x_2\boldsymbol{\varepsilon}_2+\cdots+x_n\boldsymbol{\varepsilon}_n,\quad \boldsymbol{\beta}=y_1\boldsymbol{\varepsilon}_1+y_2\boldsymbol{\varepsilon}_2+\cdots+y_n\boldsymbol{\varepsilon}_n,$$

与

$$\mathscr{A}\boldsymbol{\alpha}=x_1\mathscr{A}\boldsymbol{\varepsilon}_1+x_2\mathscr{A}\boldsymbol{\varepsilon}_2+\cdots+x_n\mathscr{A}\boldsymbol{\varepsilon}_n,\quad \mathscr{A}\boldsymbol{\beta}=y_1\mathscr{A}\boldsymbol{\varepsilon}_1+y_2\mathscr{A}\boldsymbol{\varepsilon}_2+\cdots+y_n\mathscr{A}\boldsymbol{\varepsilon}_n,$$

即得

$$(\boldsymbol{\alpha},\boldsymbol{\beta})=x_1y_1+x_2y_2+\cdots+x_ny_n=(\mathscr{A}\boldsymbol{\alpha},\mathscr{A}\boldsymbol{\beta}),$$

因而 $\mathscr{A}$ 是正交变换.

最后来证 3)与 4)等价.

设 $\mathscr{A}$ 在标准正交基 $\boldsymbol{\varepsilon}_1,\boldsymbol{\varepsilon}_2,\cdots,\boldsymbol{\varepsilon}_n$ 下的矩阵为 $\boldsymbol{A}$,即

$$(\mathscr{A}\boldsymbol{\varepsilon}_1,\mathscr{A}\boldsymbol{\varepsilon}_2,\cdots,\mathscr{A}\boldsymbol{\varepsilon}_n)=(\boldsymbol{\varepsilon}_1,\boldsymbol{\varepsilon}_2,\cdots,\boldsymbol{\varepsilon}_n)\boldsymbol{A}.$$

如果 $\mathscr{A}\boldsymbol{\varepsilon}_1,\mathscr{A}\boldsymbol{\varepsilon}_2,\cdots,\mathscr{A}\boldsymbol{\varepsilon}_n$ 是标准正交基,那么 $\boldsymbol{A}$ 可以看作由标准正交基 $\boldsymbol{\varepsilon}_1,\boldsymbol{\varepsilon}_2,\cdots,\boldsymbol{\varepsilon}_n$ 到 $\mathscr{A}\boldsymbol{\varepsilon}_1,\mathscr{A}\boldsymbol{\varepsilon}_2,\cdots,\mathscr{A}\boldsymbol{\varepsilon}_n$ 的过渡矩阵,因而是正交矩阵.反过来,如果 $\boldsymbol{A}$ 是正交矩阵,那么 $\mathscr{A}\boldsymbol{\varepsilon}_1,\mathscr{A}\boldsymbol{\varepsilon}_2,\cdots,\mathscr{A}\boldsymbol{\varepsilon}_n$ 就是标准正交基.

这样,我们就证明了 1),2),3),4)的等价性. ▌

因为正交矩阵是可逆的,所以正交变换是可逆的.由定义不难看出,正交变换实际上就是一个欧氏空间到它自身的同构映射(§3),因而正交变换的乘积与正交变换的逆变换还是正交变换.在标准正交基下,正交变换与正交矩阵对应,因此,正交矩阵的乘积与正交矩阵的逆矩阵也是正交矩阵.

如果 $\boldsymbol{A}$ 是正交矩阵,那么由

$$\boldsymbol{A}\boldsymbol{A}^{\mathrm{T}}=\boldsymbol{E}$$

可知

$$|\boldsymbol{A}|^2=1 \text{ 或者 } |\boldsymbol{A}|=\pm 1.$$

因此,正交变换的行列式等于 1 或者 -1.行列式等于 1 的正交变换通常称为**旋转**,或者称为**第一类的**;行列式等于 -1 的正交变换称为**第二类的**.

例如,在欧氏空间中任取一组标准正交基 $\boldsymbol{\varepsilon}_1,\boldsymbol{\varepsilon}_2,\cdots,\boldsymbol{\varepsilon}_n$,定义线性变换

$$\mathscr{A}\boldsymbol{\varepsilon}_1=-\boldsymbol{\varepsilon}_1,\quad \mathscr{A}\boldsymbol{\varepsilon}_i=\boldsymbol{\varepsilon}_i,\quad i=2,\cdots,n.$$

那么,$\mathscr{A}$ 就是一个第二类的正交变换.从几何上看,这是一个镜面反射(见习题 15).

§5　子　空　间

我们来讨论欧氏空间中子空间的正交关系.

定义 10　设 V_1, V_2 是欧氏空间 V 中两个子空间. 如果对于任意的 $\boldsymbol{\alpha} \in V_1, \boldsymbol{\beta} \in V_2$, 恒有

$$(\boldsymbol{\alpha}, \boldsymbol{\beta}) = 0,$$

则称 V_1, V_2 为**正交的**,记为 $V_1 \perp V_2$. 一个向量 $\boldsymbol{\alpha}$,如果对于任意的 $\boldsymbol{\beta} \in V_1$,恒有

$$(\boldsymbol{\alpha}, \boldsymbol{\beta}) = 0,$$

则称 $\boldsymbol{\alpha}$ **与子空间** V_1 **正交**,记作 $\boldsymbol{\alpha} \perp V_1$.

因为只有零向量与它自身正交,所以由 $V_1 \perp V_2$ 可知 $V_1 \cap V_2 = \{\mathbf{0}\}$;由 $\boldsymbol{\alpha} \perp V_1, \boldsymbol{\alpha} \in V_1$ 可知 $\boldsymbol{\alpha} = \mathbf{0}$.

关于正交的子空间,我们有

定理 5　如果子空间 $V_1, V_2, \cdots, V_s$ 两两正交,那么和 $V_1 + V_2 + \cdots + V_s$ 是直和.

证明　设 $\boldsymbol{\alpha}_i \in V_i (i = 1, 2, \cdots, s)$,且

$$\boldsymbol{\alpha}_1 + \boldsymbol{\alpha}_2 + \cdots + \boldsymbol{\alpha}_s = \mathbf{0},$$

我们来证明 $\boldsymbol{\alpha}_i = \mathbf{0}$. 事实上,用 $\boldsymbol{\alpha}_i$ 与等式两边作内积,利用正交性,得

$$(\boldsymbol{\alpha}_i, \boldsymbol{\alpha}_i) = 0.$$

从而 $\boldsymbol{\alpha}_i = \mathbf{0} (i = 1, 2, \cdots, s)$. 这就是说,和

$$V_1 + V_2 + \cdots + V_s$$

是直和. ▌

定义 11　子空间 V_2 称为子空间 V_1 的一个**正交补**,如果 $V_1 \perp V_2$,并且 $V_1 + V_2 = V$.

显然,如果 V_2 是 V_1 的正交补,那么 V_1 也是 V_2 的正交补.

定理 6　n 维欧氏空间 V 的每一个子空间 V_1 都有唯一的正交补.

证明　如果 $V_1 = \{\mathbf{0}\}$,那么它的正交补就是 V,唯一性是显然的. 设 $V_1 \neq \{\mathbf{0}\}$. 欧氏空间的子空间在所定义的内积之下也是一个欧氏空间. 在 V_1 中取一组正交基 $\boldsymbol{\varepsilon}_1, \boldsymbol{\varepsilon}_2, \cdots, \boldsymbol{\varepsilon}_m$,由定理 1,它可以扩充成 V 的一组正交基

$$\boldsymbol{\varepsilon}_1, \boldsymbol{\varepsilon}_2, \cdots, \boldsymbol{\varepsilon}_m, \boldsymbol{\varepsilon}_{m+1}, \cdots, \boldsymbol{\varepsilon}_n.$$

显然,子空间 $L(\boldsymbol{\varepsilon}_{m+1}, \cdots, \boldsymbol{\varepsilon}_n)$ 就是 V_1 的正交补.

再证唯一性. 设 V_2, V_3 都是 V_1 的正交补,于是

$$V = V_1 \oplus V_2, \tag{1}$$

$$V = V_1 \oplus V_3. \tag{2}$$

令 $\boldsymbol{\alpha} \in V_2$,由(2)式即有

$$\boldsymbol{\alpha} = \boldsymbol{\alpha}_1 + \boldsymbol{\alpha}_3,$$

其中 $\boldsymbol{\alpha}_1 \in V_1, \boldsymbol{\alpha}_3 \in V_3$. 因为 $\boldsymbol{\alpha} \perp \boldsymbol{\alpha}_1$ 所以

$$(\boldsymbol{\alpha}, \boldsymbol{\alpha}_1) = (\boldsymbol{\alpha}_1 + \boldsymbol{\alpha}_3, \boldsymbol{\alpha}_1) = (\boldsymbol{\alpha}_1, \boldsymbol{\alpha}_1) + (\boldsymbol{\alpha}_3, \boldsymbol{\alpha}_1) = (\boldsymbol{\alpha}_1, \boldsymbol{\alpha}_1) = 0.$$

即 $\boldsymbol{\alpha}_1 = \mathbf{0}$. 由此得知 $\boldsymbol{\alpha} \in V_3$,即 $V_2 \subset V_3$.

同理可证 $V_3 \subset V_2$.因此 $V_2 = V_3$,唯一性得证. ▌

V_1 的正交补记作 $V_1^{\perp}$.由定义可知

$$维(V_1)+维(V_1^{\perp})=n.$$

由定理的证明还不难得到

推论 $V_1^{\perp}$ 恰由所有与 V_1 正交的向量组成. ▌

证明留给读者来完成.

由分解式

$$V=V_1 \oplus V_1^{\perp}$$

可知,V 中任一向量 $\boldsymbol{\alpha}$ 都可以唯一地分解成

$$\boldsymbol{\alpha}=\boldsymbol{\alpha}_1+\boldsymbol{\alpha}_2,$$

其中 $\boldsymbol{\alpha}_1 \in V_1, \boldsymbol{\alpha}_2 \in V_1^{\perp}$.我们称 $\boldsymbol{\alpha}_1$ 为向量 $\boldsymbol{\alpha}$ 在子空间 V_1 上的**内射影**.

§6 实对称矩阵的标准形

在第五章我们得到,任意一个对称矩阵都合同于一个对角矩阵,换句话说,都有一个可逆矩阵 $\boldsymbol{C}$,使

$$\boldsymbol{C}^{\mathrm{T}}\boldsymbol{A}\boldsymbol{C}$$

成对角形.现在利用欧氏空间的理论,第五章中关于实对称矩阵的结果可以加强.这一节的主要结果是:

对于任意一个 n 阶实对称矩阵 $\boldsymbol{A}$,都存在一个 n 阶正交矩阵 $\boldsymbol{T}$,使

$$\boldsymbol{T}^{\mathrm{T}}\boldsymbol{A}\boldsymbol{T}=\boldsymbol{T}^{-1}\boldsymbol{A}\boldsymbol{T}$$

成对角形.

先讨论对称矩阵的一些性质,它们本身在今后也是非常有用的.我们把它们归纳成下面几个引理.

引理 1 设 $\boldsymbol{A}$ 是实对称矩阵,则 $\boldsymbol{A}$ 的复特征值皆为实数.

证明 设 λ_0 是 $\boldsymbol{A}$ 的一个特征值,于是有非零向量

$$\boldsymbol{\xi}=\begin{pmatrix} x_1 \\ x_2 \\ \vdots \\ x_n \end{pmatrix}$$

满足

$$\boldsymbol{A}\boldsymbol{\xi}=\lambda_0\boldsymbol{\xi}.$$

令

$$\overline{\boldsymbol{\xi}}=\begin{pmatrix} \overline{x}_1 \\ \overline{x}_2 \\ \vdots \\ \overline{x}_n \end{pmatrix},$$

其中 $\bar{x}_i$ 是 x_i 的共轭复数，则$\overline{\boldsymbol{A\xi}}=\bar{\lambda}_0\bar{\boldsymbol{\xi}}$.

考察等式

$$\bar{\boldsymbol{\xi}}^{\mathrm{T}}(\boldsymbol{A\xi})=\bar{\boldsymbol{\xi}}^{\mathrm{T}}\boldsymbol{A}^{\mathrm{T}}\boldsymbol{\xi}=(\boldsymbol{A}\bar{\boldsymbol{\xi}})^{\mathrm{T}}\boldsymbol{\xi}=(\overline{\boldsymbol{A\xi}})^{\mathrm{T}}\boldsymbol{\xi},$$

其左边为 $\lambda_0\bar{\boldsymbol{\xi}}^{\mathrm{T}}\boldsymbol{\xi}$，右边为 $\bar{\lambda}_0\bar{\boldsymbol{\xi}}^{\mathrm{T}}\boldsymbol{\xi}$.故

$$\lambda_0\bar{\boldsymbol{\xi}}^{\mathrm{T}}\boldsymbol{\xi}=\bar{\lambda}_0\bar{\boldsymbol{\xi}}^{\mathrm{T}}\boldsymbol{\xi}.$$

又因 $\boldsymbol{\xi}$ 是非零向量，

$$\bar{\boldsymbol{\xi}}^{\mathrm{T}}\boldsymbol{\xi}=\bar{x}_1x_1+\bar{x}_2x_2+\cdots+\bar{x}_nx_n\neq 0.$$

故 $\lambda_0=\bar{\lambda}_0$，即 λ_0 是一个实数. ▌

对应于实对称矩阵 $\boldsymbol{A}$，在 n 维欧氏空间 $\mathbf{R}^n$ 上定义一个线性变换 $\mathscr{A}$ 为

$$\mathscr{A}\begin{pmatrix}x_1\\x_2\\\vdots\\x_n\end{pmatrix}=\boldsymbol{A}\begin{pmatrix}x_1\\x_2\\\vdots\\x_n\end{pmatrix}. \tag{1}$$

显然 $\mathscr{A}$ 在标准正交基

$$\boldsymbol{\varepsilon}_1=\begin{pmatrix}1\\0\\\vdots\\0\end{pmatrix},\quad \boldsymbol{\varepsilon}_2=\begin{pmatrix}0\\1\\\vdots\\0\end{pmatrix},\quad \cdots,\quad \boldsymbol{\varepsilon}_n=\begin{pmatrix}0\\0\\\vdots\\1\end{pmatrix} \tag{2}$$

下的矩阵就是 $\boldsymbol{A}$.

引理 2　设 $\boldsymbol{A}$ 是实对称矩阵，$\mathscr{A}$ 的定义如上，则对任意 $\boldsymbol{\alpha},\boldsymbol{\beta}\in\mathbf{R}^n$，有

$$(\mathscr{A}\boldsymbol{\alpha},\boldsymbol{\beta})=(\boldsymbol{\alpha},\mathscr{A}\boldsymbol{\beta}), \tag{3}$$

或

$$\boldsymbol{\beta}^{\mathrm{T}}(\boldsymbol{A\alpha})=\boldsymbol{\alpha}^{\mathrm{T}}\boldsymbol{A\beta}.$$

证明　只要证明后一等式就行了.实际上

$$\boldsymbol{\beta}^{\mathrm{T}}(\boldsymbol{A\alpha})=\boldsymbol{\beta}^{\mathrm{T}}\boldsymbol{A}^{\mathrm{T}}\boldsymbol{\alpha}=(\boldsymbol{A\beta})^{\mathrm{T}}\boldsymbol{\alpha}=\boldsymbol{\alpha}^{\mathrm{T}}(\boldsymbol{A\beta}). \text{ ▌}$$

等式(3)把实对称矩阵的特性反映到线性变换上.我们引入

定义 12　欧氏空间中满足等式(3)的线性变换称为**对称变换**.

容易看出，对称变换在标准正交基下的矩阵是实对称矩阵.用对称变换来反映实对称矩阵，一些性质可以看得更清楚.

引理 3　设 $\mathscr{A}$ 是对称变换，V_1 是 $\mathscr{A}$-子空间，则 $V_1^{\perp}$ 也是 $\mathscr{A}$-子空间.

证明　设 $\boldsymbol{\alpha}\in V_1^{\perp}$，要证 $\mathscr{A}\boldsymbol{\alpha}\in V_1^{\perp}$，即 $\mathscr{A}\boldsymbol{\alpha}\perp V_1$.任取 $\boldsymbol{\beta}\in V_1$，都有 $\mathscr{A}\boldsymbol{\beta}\in V_1$.因 $\boldsymbol{\alpha}\perp V_1$，故 $(\boldsymbol{\alpha},\mathscr{A}\boldsymbol{\beta})=0$.因此

$$(\mathscr{A}\boldsymbol{\alpha},\boldsymbol{\beta})=(\boldsymbol{\alpha},\mathscr{A}\boldsymbol{\beta})=0,$$

即 $\mathscr{A}\boldsymbol{\alpha}\perp V_1$，$\mathscr{A}\boldsymbol{\alpha}\in V_1^{\perp}$，$V_1^{\perp}$ 也是 $\mathscr{A}$-子空间. ▌

引理 4　设 $\boldsymbol{A}$ 是实对称矩阵，则 $\mathbf{R}^n$ 中属于 $\boldsymbol{A}$ 的不同特征值的特征向量必正交.

证明　设 λ,μ 是 $\boldsymbol{A}$ 的两个不同的特征值，$\boldsymbol{\alpha},\boldsymbol{\beta}$ 分别是属于 λ,μ 的特征向量：$\boldsymbol{A\alpha}=\lambda\boldsymbol{\alpha}$，$\boldsymbol{A\beta}=\mu\boldsymbol{\beta}$. 定义线性变换 $\mathscr{A}$ 如(1)式，于是 $\mathscr{A}\boldsymbol{\alpha}=\lambda\boldsymbol{\alpha}$，$\mathscr{A}\boldsymbol{\beta}=\mu\boldsymbol{\beta}$. 由 $(\mathscr{A}\boldsymbol{\alpha},\boldsymbol{\beta})=$

$(\boldsymbol{\alpha},\mathscr{A}\boldsymbol{\beta})$,有

$$\lambda(\boldsymbol{\alpha},\boldsymbol{\beta})=\mu(\boldsymbol{\alpha},\boldsymbol{\beta}).$$

因为 $\lambda\neq\mu$,所以 $(\boldsymbol{\alpha},\boldsymbol{\beta})=0$.即 $\boldsymbol{\alpha},\boldsymbol{\beta}$ 正交. ▌

现在来证明主要定理.

定理 7 对于任意一个 n 阶实对称矩阵 $\boldsymbol{A}$,都存在一个 n 阶正交矩阵 $\boldsymbol{T}$,使 $\boldsymbol{T}^{\mathrm{T}}\boldsymbol{A}\boldsymbol{T}=\boldsymbol{T}^{-1}\boldsymbol{A}\boldsymbol{T}$ 成对角形.

证明 由于实对称矩阵和对称变换的关系,只要证明对称变换 $\mathscr{A}$ 有 n 个特征向量做成标准正交基就行了.

我们对空间的维数 n 作数学归纳法.

$n=1$,显然定理的结论成立.

设 $n-1$ 时定理的结论成立.对 n 维欧氏空间 $\mathbf{R}^n$,线性变换 $\mathscr{A}$ 有一特征向量 $\boldsymbol{\alpha}_1$,其特征值为实数 λ_1.把 $\boldsymbol{\alpha}_1$ 单位化,还用 $\boldsymbol{\alpha}_1$ 代表它.作 $L(\boldsymbol{\alpha}_1)$ 的正交补,设为 V_1.由引理 3,V_1 是 $\mathscr{A}$-子空间,其维数为 $n-1$.又 $\mathscr{A}|V_1$ 显然也满足(3),仍是对称变换.据归纳假设,$\mathscr{A}|V_1$ 有 $n-1$ 个特征向量 $\boldsymbol{\alpha}_2,\cdots,\boldsymbol{\alpha}_n$ 作成 V_1 的标准正交基.从而 $\boldsymbol{\alpha}_1,\boldsymbol{\alpha}_2,\cdots,\boldsymbol{\alpha}_n$ 是 $\mathbf{R}^n$ 的标准正交基,又是 $\mathscr{A}$ 的 n 个特征向量.定理得证. ▌

下面来看看在给定了一个实对称矩阵 $\boldsymbol{A}$ 之后,按什么办法求正交矩阵 $\boldsymbol{T}$,使 $\boldsymbol{T}^{\mathrm{T}}\boldsymbol{A}\boldsymbol{T}$ 成对角形.在定理的证明中我们看到,矩阵 $\boldsymbol{A}$ 按(1)式在 $\mathbf{R}^n$ 中定义了一个线性变换.求正交矩阵 $\boldsymbol{T}$ 的问题就相当于在 $\mathbf{R}^n$ 中求一组由 $\boldsymbol{A}$ 的特征向量构成的标准正交基.事实上,设

$$\boldsymbol{\eta}_1=\begin{pmatrix}t_{11}\\t_{21}\\\vdots\\t_{n1}\end{pmatrix},\quad\boldsymbol{\eta}_2=\begin{pmatrix}t_{12}\\t_{22}\\\vdots\\t_{n2}\end{pmatrix},\quad\cdots,\quad\boldsymbol{\eta}_n=\begin{pmatrix}t_{1n}\\t_{2n}\\\vdots\\t_{nn}\end{pmatrix}$$

是 $\mathbf{R}^n$ 的一组标准正交基,它们都是 $\boldsymbol{A}$ 的特征向量.显然,由 $\boldsymbol{\varepsilon}_1,\boldsymbol{\varepsilon}_2,\cdots,\boldsymbol{\varepsilon}_n$ 到 $\boldsymbol{\eta}_1,\boldsymbol{\eta}_2,\cdots,\boldsymbol{\eta}_n$ 的过渡矩阵就是

$$\boldsymbol{T}=\begin{pmatrix}t_{11}&t_{12}&\cdots&t_{1n}\\t_{21}&t_{22}&\cdots&t_{2n}\\\vdots&\vdots&&\vdots\\t_{n1}&t_{n2}&\cdots&t_{nn}\end{pmatrix}.$$

$\boldsymbol{T}$ 是一个正交矩阵,而

$$\boldsymbol{T}^{-1}\boldsymbol{A}\boldsymbol{T}=\boldsymbol{T}^{\mathrm{T}}\boldsymbol{A}\boldsymbol{T}$$

就是对角形.

根据上面的讨论,正交矩阵 $\boldsymbol{T}$ 的求法可以按以下步骤进行:

1. 求出 $\boldsymbol{A}$ 的特征值.设 $\lambda_1,\lambda_2,\cdots,\lambda_r$ 是 $\boldsymbol{A}$ 的全部不同的特征值.

2. 对于每个 λ_i,解齐次线性方程组

$$(\lambda_i\boldsymbol{E}-\boldsymbol{A})\begin{pmatrix}x_1\\x_2\\\vdots\\x_n\end{pmatrix}=\boldsymbol{0},$$

求出一个基础解系，这就是 $\boldsymbol{A}$ 的特征子空间 V_{λ_i} 的一组基.由这组基出发，按定理 2 的方法求出 V_{λ_i} 的一组标准正交基 $\boldsymbol{\eta}_{i1},\boldsymbol{\eta}_{i2},\cdots,\boldsymbol{\eta}_{ik_i}$.

3. 因为 $\lambda_1,\lambda_2,\cdots,\lambda_r$ 两两不同，所以根据引理 4，向量组 $\boldsymbol{\eta}_{11},\boldsymbol{\eta}_{12},\cdots,\boldsymbol{\eta}_{1k_1},\cdots,\boldsymbol{\eta}_{r1},\boldsymbol{\eta}_{r2},\cdots,\boldsymbol{\eta}_{rk_r}$ 还是两两正交的.又根据定理 7 以及第七章 §5 的讨论，它们的个数就等于空间的维数.因此，它们就构成 $\mathbf{R}^n$ 的一组标准正交基，并且也都是 $\boldsymbol{A}$ 的特征向量.这样，正交矩阵 $\boldsymbol{T}$ 也就求出了.

例 已知

$$\boldsymbol{A}=\begin{pmatrix}0&1&1&-1\\1&0&-1&1\\1&-1&0&1\\-1&1&1&0\end{pmatrix},$$

求一正交矩阵 $\boldsymbol{T}$，使 $\boldsymbol{T}^{\mathrm{T}}\boldsymbol{A}\boldsymbol{T}$ 成对角形.

解 先求 $\boldsymbol{A}$ 的特征值.由

$$|\lambda\boldsymbol{E}-\boldsymbol{A}|=\begin{vmatrix}\lambda&-1&-1&1\\-1&\lambda&1&-1\\-1&1&\lambda&-1\\1&-1&-1&\lambda\end{vmatrix}=\begin{vmatrix}0&\lambda-1&\lambda-1&1-\lambda^2\\0&\lambda-1&0&\lambda-1\\0&0&\lambda-1&\lambda-1\\1&-1&-1&\lambda\end{vmatrix}$$

$$=-(\lambda-1)^3\begin{vmatrix}1&1&-1-\lambda\\1&0&1\\0&1&1\end{vmatrix}=(\lambda-1)^3(\lambda+3),$$

即得 $\boldsymbol{A}$ 的特征值为 1(三重)，-3.

其次，求属于 1 的特征向量.把 $\lambda=1$ 代入

$$\begin{cases}\lambda x_1-x_2-x_3+x_4=0,\\-x_1+\lambda x_2+x_3-x_4=0,\\-x_1+x_2+\lambda x_3-x_4=0,\\x_1-x_2-x_3+\lambda x_4=0.\end{cases}\tag{4}$$

求得基础解系为

$$\begin{cases}\boldsymbol{\alpha}_1=(1,1,0,0),\\\boldsymbol{\alpha}_2=(1,0,1,0),\\\boldsymbol{\alpha}_3=(-1,0,0,1).\end{cases}$$

把它正交化，得

$$\begin{cases}\boldsymbol{\beta}_1=\boldsymbol{\alpha}_1=(1,1,0,0),\\\boldsymbol{\beta}_2=\boldsymbol{\alpha}_2-\dfrac{(\boldsymbol{\alpha}_2,\boldsymbol{\beta}_1)}{(\boldsymbol{\beta}_1,\boldsymbol{\beta}_1)}\boldsymbol{\beta}_1=\left(\dfrac{1}{2},-\dfrac{1}{2},1,0\right),\\\boldsymbol{\beta}_3=\boldsymbol{\alpha}_3-\dfrac{(\boldsymbol{\alpha}_3,\boldsymbol{\beta}_1)}{(\boldsymbol{\beta}_1,\boldsymbol{\beta}_1)}\boldsymbol{\beta}_1-\dfrac{(\boldsymbol{\alpha}_3,\boldsymbol{\beta}_2)}{(\boldsymbol{\beta}_2,\boldsymbol{\beta}_2)}\boldsymbol{\beta}_2=\left(-\dfrac{1}{3},\dfrac{1}{3},\dfrac{1}{3},1\right).\end{cases}$$

再单位化,得

$$\begin{cases}\boldsymbol{\eta}_1=\left(\dfrac{1}{\sqrt{2}},\dfrac{1}{\sqrt{2}},0,0\right),\\ \boldsymbol{\eta}_2=\left(\dfrac{1}{\sqrt{6}},-\dfrac{1}{\sqrt{6}},\dfrac{2}{\sqrt{6}},0\right),\\ \boldsymbol{\eta}_3=\left(-\dfrac{1}{\sqrt{12}},\dfrac{1}{\sqrt{12}},\dfrac{1}{\sqrt{12}},\dfrac{3}{\sqrt{12}}\right).\end{cases}$$

这是属于三重特征值 1 的三个标准正交的特征向量.

再求属于-3 的特征向量.用 $\lambda=-3$ 代入(4)式,求得基础解系为

$$(1,-1,-1,1).$$

把它单位化,得

$$\boldsymbol{\eta}_4=\left(\frac{1}{2},-\frac{1}{2},-\frac{1}{2},\frac{1}{2}\right).$$

特征向量 $\boldsymbol{\eta}_1,\boldsymbol{\eta}_2,\boldsymbol{\eta}_3,\boldsymbol{\eta}_4$ 构成 $\mathbf{R}^4$ 的一组标准正交基,所求的正交矩阵为

$$\boldsymbol{T}=\begin{pmatrix}\dfrac{1}{\sqrt{2}} & \dfrac{1}{\sqrt{6}} & -\dfrac{1}{\sqrt{12}} & \dfrac{1}{2}\\ \dfrac{1}{\sqrt{2}} & -\dfrac{1}{\sqrt{6}} & \dfrac{1}{\sqrt{12}} & -\dfrac{1}{2}\\ 0 & \dfrac{2}{\sqrt{6}} & \dfrac{1}{\sqrt{12}} & -\dfrac{1}{2}\\ 0 & 0 & \dfrac{3}{\sqrt{12}} & \dfrac{1}{2}\end{pmatrix}.$$

而

$$\boldsymbol{T}^{\mathrm{T}}\boldsymbol{A}\boldsymbol{T}=\begin{pmatrix}1 & & & \\ & 1 & & \\ & & 1 & \\ & & & -3\end{pmatrix}.$$

应该指出,在定理 7 中,对于正交矩阵 $\boldsymbol{T}$ 我们还可以进一步要求

$$|\boldsymbol{T}|=1.$$

事实上,如果求得的正交矩阵 $\boldsymbol{T}$ 的行列式为-1,那么取

$$\boldsymbol{S}=\begin{pmatrix}-1 & & & & \\ & 1 & & & \\ & & 1 & & \\ & & & \ddots & \\ & & & & 1\end{pmatrix}.$$

则 $\boldsymbol{T}_1=\boldsymbol{T}\boldsymbol{S}$ 是正交矩阵,而且

$$|\boldsymbol{T}_1|=|\boldsymbol{T}|\,|\boldsymbol{S}|=1.$$

显然 $\boldsymbol{T}_1^{\mathrm{T}}\boldsymbol{A}\boldsymbol{T}_1=\boldsymbol{T}^{\mathrm{T}}\boldsymbol{A}\boldsymbol{T}$.

如果线性替换

$$\begin{cases} x_1 = c_{11}y_1 + c_{12}y_2 + \cdots + c_{1n}y_n, \\ x_2 = c_{21}y_1 + c_{22}y_2 + \cdots + c_{2n}y_n, \\ \qquad\cdots\cdots\cdots\cdots \\ x_n = c_{n1}y_1 + c_{n2}y_2 + \cdots + c_{nn}y_n \end{cases}$$

的矩阵 $\boldsymbol{C} = (c_{ij})_{n\times n}$ 是正交的,那么它就称为正交线性替换.正交线性替换当然是非退化的.

用二次型的语言,定理 7 可以叙述为

定理 8 任意一个实二次型

$$\sum_{i=1}^{n}\sum_{j=1}^{n} a_{ij}x_i x_j, \quad a_{ij} = a_{ji}$$

都可以经过正交线性替换变成平方和

$$\lambda_1 y_1^2 + \lambda_2 y_2^2 + \cdots + \lambda_n y_n^2,$$

其中平方项的系数 $\lambda_1, \lambda_2, \cdots, \lambda_n$ 就是矩阵 $\boldsymbol{A}$ 的特征多项式全部的根. ▌

最后我们指出,这一节的结果可以应用到几何上化简直角坐标系下二次曲面的方程,以及讨论二次曲面的分类.

在直角坐标系下,二次曲面的一般方程是

$$a_{11}x^2 + a_{22}y^2 + a_{33}z^2 + 2a_{12}xy + 2a_{13}xz + 2a_{23}yz + 2b_1x + 2b_2y + 2b_3z + d = 0. \tag{5}$$

令

$$\boldsymbol{A} = \begin{pmatrix} a_{11} & a_{12} & a_{13} \\ a_{12} & a_{22} & a_{23} \\ a_{13} & a_{23} & a_{33} \end{pmatrix}, \quad \boldsymbol{X} = \begin{pmatrix} x \\ y \\ z \end{pmatrix}, \quad \boldsymbol{B} = \begin{pmatrix} b_1 \\ b_2 \\ b_3 \end{pmatrix}.$$

则(5)式可以写成

$$\boldsymbol{X}^{\mathrm{T}}\boldsymbol{A}\boldsymbol{X} + 2\boldsymbol{B}^{\mathrm{T}}\boldsymbol{X} + d = 0. \tag{6}$$

经过转轴,坐标变换公式为

$$\begin{pmatrix} x \\ y \\ z \end{pmatrix} = \begin{pmatrix} c_{11} & c_{12} & c_{13} \\ c_{21} & c_{22} & c_{23} \\ c_{31} & c_{32} & c_{33} \end{pmatrix} \begin{pmatrix} x_1 \\ y_1 \\ z_1 \end{pmatrix},$$

或者

$$\boldsymbol{X} = \boldsymbol{C}\boldsymbol{X}_1.$$

其中 $\boldsymbol{C}$ 为正交矩阵且 $|\boldsymbol{C}| = 1$.在新坐标系中,曲面的方程就是

$$\boldsymbol{X}_1^{\mathrm{T}}(\boldsymbol{C}^{\mathrm{T}}\boldsymbol{A}\boldsymbol{C})\boldsymbol{X}_1 + 2(\boldsymbol{B}^{\mathrm{T}}\boldsymbol{C})\boldsymbol{X}_1 + d = 0.$$

根据上面的结果,有行列式为 1 的正交矩阵 $\boldsymbol{C}$,使

$$\boldsymbol{C}^{\mathrm{T}}\boldsymbol{A}\boldsymbol{C} = \begin{pmatrix} \lambda_1 & 0 & 0 \\ 0 & \lambda_2 & 0 \\ 0 & 0 & \lambda_3 \end{pmatrix}.$$

这就是说,可以作一个转轴,使曲面在新坐标系中的方程为

$$\lambda_1 x_1^2 + \lambda_2 y_1^2 + \lambda_3 z_1^2 + 2b_1^* x_1 + 2b_2^* y_1 + 2b_3^* z_1 + d = 0,$$

其中

$$(b_1^*,b_2^*,b_3^*)=(b_1,b_2,b_3)\boldsymbol{C}.$$

这时,再按照 $\lambda_1,\lambda_2,\lambda_3$ 是否为零的情况,作适当的移轴与转轴就可以把曲面的方程化成标准方程.譬如说,当 $\lambda_1,\lambda_2,\lambda_3$ 全不为零时,就作移轴

$$\begin{cases} x_1=x_2-\dfrac{b_1^*}{\lambda_1}, \\ y_1=y_2-\dfrac{b_2^*}{\lambda_2}, \\ z_1=z_2-\dfrac{b_3^*}{\lambda_3}. \end{cases}$$

于是曲面的方程化为

$$\lambda_1x_2^2+\lambda_2y_2^2+\lambda_3z_2^2+d^*=0,$$

其中

$$d^*=d-\frac{b_1^{*2}}{\lambda_1}-\frac{b_2^{*2}}{\lambda_2}-\frac{b_3^{*2}}{\lambda_3}.$$

§7　向量到子空间的距离·最小二乘法

在解析几何中,两个点 $\boldsymbol{\alpha}$ 和 $\boldsymbol{\beta}$ 间的距离等于向量 $\boldsymbol{\alpha}-\boldsymbol{\beta}$ 的长度.在欧氏空间中我们同样可引入

定义 13　长度 $|\boldsymbol{\alpha}-\boldsymbol{\beta}|$ 称为向量 $\boldsymbol{\alpha}$ 和 $\boldsymbol{\beta}$ 的距离,记为 $d(\boldsymbol{\alpha},\boldsymbol{\beta})$.

不难证明距离的三条基本性质:

1. $d(\boldsymbol{\alpha},\boldsymbol{\beta})=d(\boldsymbol{\beta},\boldsymbol{\alpha})$;
2. $d(\boldsymbol{\alpha},\boldsymbol{\beta})\geqslant 0$,并且仅当 $\boldsymbol{\alpha}=\boldsymbol{\beta}$ 时等号才成立;
3. $d(\boldsymbol{\alpha},\boldsymbol{\beta})\leqslant d(\boldsymbol{\alpha},\boldsymbol{\gamma})+d(\boldsymbol{\gamma},\boldsymbol{\beta})$(三角形不等式).

证明留给读者.

在中学所学几何中知道一个点到一个平面(或一条直线)上所有点的距离以垂线最短.下面可以证明一个固定向量和一个子空间中各向量间的距离也是以“垂线最短”.

先设一个子空间 W,它是由向量 $\boldsymbol{\alpha}_1,\boldsymbol{\alpha}_2,\cdots,\boldsymbol{\alpha}_k$ 所生成,即 $W=L(\boldsymbol{\alpha}_1,\boldsymbol{\alpha}_2,\cdots,\boldsymbol{\alpha}_k)$.一个向量 $\boldsymbol{\alpha}$ 垂直于子空间 W,就是指向量 $\boldsymbol{\alpha}$ 垂直于 W 中任意一个向量.容易验证 $\boldsymbol{\alpha}$ 垂直于 W 的充要条件是 $\boldsymbol{\alpha}$ 垂直于每个 $\boldsymbol{\alpha}_i(i=1,2,\cdots,k)$.

现给定 $\boldsymbol{\beta}$,设 $\boldsymbol{\gamma}$ 是 W 中的向量,满足 $\boldsymbol{\beta}-\boldsymbol{\gamma}$ 垂直于 W.要证明 $\boldsymbol{\beta}$ 到 W 中各向量的距离以垂线最短,就是要证明对 W 中任一向量 $\boldsymbol{\delta}$,有

$$|\boldsymbol{\beta}-\boldsymbol{\gamma}|\leqslant|\boldsymbol{\beta}-\boldsymbol{\delta}|.$$

我们可以画出示意图,如图 9.1 所示.

证明　$\boldsymbol{\beta}-\boldsymbol{\delta}=(\boldsymbol{\beta}-\boldsymbol{\gamma})+(\boldsymbol{\gamma}-\boldsymbol{\delta})$.因 W 是子空间,$\boldsymbol{\gamma}\in W,\boldsymbol{\delta}\in W$,则 $\boldsymbol{\gamma}-\boldsymbol{\delta}\in W$.故 $\boldsymbol{\beta}-\boldsymbol{\gamma}$ 垂

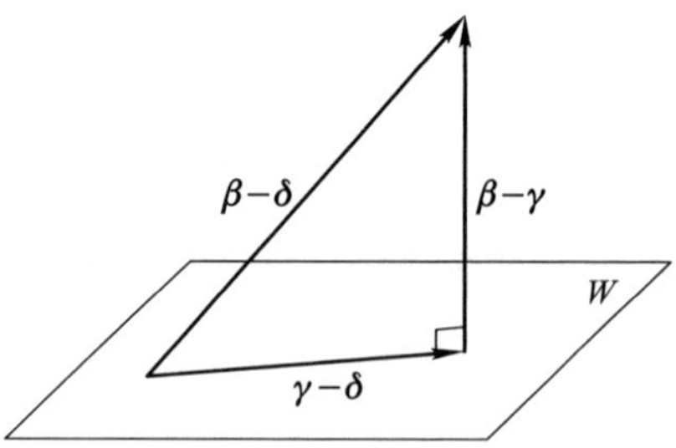

图 9.1

直于 $\boldsymbol{\gamma}-\boldsymbol{\delta}$. 由勾股定理,

$$|\boldsymbol{\beta}-\boldsymbol{\gamma}|^2+|\boldsymbol{\gamma}-\boldsymbol{\delta}|^2=|\boldsymbol{\beta}-\boldsymbol{\delta}|^2,$$

故

$$|\boldsymbol{\beta}-\boldsymbol{\gamma}|\leqslant|\boldsymbol{\beta}-\boldsymbol{\delta}|. \blacksquare$$

这就证明了向量到子空间各向量间的距离以垂线最短.

这个几何事实可以用来解决一些实际问题,其中的一个应用就是解决最小二乘法问题. 先看下面的例子.

例　已知某种材料在生产过程中的废品率 y 与某种化学成分 x 有关. 下面记载了某工厂生产中 y 与相应的 x 的几次数值:

y/%	1.00	0.9	0.9	0.81	0.60	0.56	0.35
x/%	3.6	3.7	3.8	3.9	4.0	4.1	4.2

我们想找出 y 对 x 的一个近似公式.

解　把表中数值画出图来看,发现它的变化趋势近于一条直线. 因此我们决定选取 x 的一次式 $ax+b$ 来表达. 当然最好能选到适当的 a,b 使得等式

$$\begin{cases}3.6a+b-1.00=0,\\3.7a+b-0.9=0,\\3.8a+b-0.9=0,\\3.9a+b-0.81=0,\\4.0a+b-0.60=0,\\4.1a+b-0.56=0,\\4.2a+b-0.35=0\end{cases}$$

都成立. 实际上是不可能的. 任何 a,b 代入上面各式都发生些误差. 于是想到找 a,b 使得上面各式的误差的平方和最小,即找 a,b 使

$$(3.6a+b-1.00)^2+(3.7a+b-0.9)^2+(3.8a+b-0.9)^2+(3.9a+b-0.81)^2$$
$$+(4.0a+b-0.60)^2+(4.1a+b-0.56)^2+(4.2a+b-0.35)^2$$

最小. 这里讨论的是误差的平方即二乘方,故称为最小二乘法. 现在转向一般的情况.

最小二乘法问题　线性方程组

$$\begin{cases}a_{11}x_1+a_{12}x_2+\cdots+a_{1s}x_s-b_1=0,\\a_{21}x_1+a_{22}x_2+\cdots+a_{2s}x_s-b_2=0,\\\cdots\cdots\cdots\cdots\\a_{n1}x_1+a_{n2}x_2+\cdots+a_{ns}x_s-b_n=0\end{cases}$$

可能无解,即任何一组数 $x_1,x_2,\cdots,x_s$ 都可能使

$$\sum_{i=1}^{n}(a_{i1}x_1+a_{i2}x_2+\cdots+a_{is}x_s-b_i)^2 \tag{1}$$

不等于零. 我们设法找 $x_1^0,x_2^0,\cdots,x_s^0$ 使(1)式最小,这样的 $x_1^0,x_2^0,\cdots,x_s^0$ 称为方程组的**最小二乘解**. 这种问题就叫**最小二乘法问题**.

下面我们利用欧氏空间的概念来表达最小二乘法，并给出最小二乘解所满足的代数条件.令

$$A=\begin{pmatrix} a_{11} & a_{12} & \cdots & a_{1s} \\ a_{21} & a_{22} & \cdots & a_{2s} \\ \vdots & \vdots & & \vdots \\ a_{n1} & a_{n2} & \cdots & a_{ns} \end{pmatrix},\quad B=\begin{pmatrix} b_1 \\ b_2 \\ \vdots \\ b_n \end{pmatrix},\quad X=\begin{pmatrix} x_1 \\ x_2 \\ \vdots \\ x_s \end{pmatrix},\quad Y=\begin{pmatrix} \sum\limits_{j=1}^{s} a_{1j}x_j \\ \sum\limits_{j=1}^{s} a_{2j}x_j \\ \vdots \\ \sum\limits_{j=1}^{s} a_{nj}x_j \end{pmatrix}=AX. \qquad (2)$$

用距离的概念，(1)式就是

$$|Y-B|^2.$$

最小二乘法就是找 $x_1^0,x_2^0,\cdots,x_s^0$ 使 Y 与 B 的距离最短.但从(2)式知道，向量 Y 就是

$$Y=x_1\begin{pmatrix} a_{11} \\ a_{21} \\ \vdots \\ a_{n1} \end{pmatrix}+x_2\begin{pmatrix} a_{12} \\ a_{22} \\ \vdots \\ a_{n2} \end{pmatrix}+\cdots+x_s\begin{pmatrix} a_{1s} \\ a_{2s} \\ \vdots \\ a_{ns} \end{pmatrix}.$$

把 A 的各列向量分别记成 $\boldsymbol{\alpha}_1,\boldsymbol{\alpha}_2,\cdots,\boldsymbol{\alpha}_s$.由它们生成的子空间为$L(\boldsymbol{\alpha}_1,\boldsymbol{\alpha}_2,\cdots,\boldsymbol{\alpha}_s)$.$Y$ 就是 $L(\boldsymbol{\alpha}_1,\boldsymbol{\alpha}_2,\cdots,\boldsymbol{\alpha}_s)$中的向量.于是最小二乘法问题可叙述成：

找 X 使(1)式最小，就是在 $L(\boldsymbol{\alpha}_1,\boldsymbol{\alpha}_2,\cdots,\boldsymbol{\alpha}_s)$中找一向量 Y，使得 B 到它的距离比到子空间 $L(\boldsymbol{\alpha}_1,\boldsymbol{\alpha}_2,\cdots,\boldsymbol{\alpha}_s)$中其他向量的距离都短.

应用前面所讲的结论，设

$$Y=AX=x_1\boldsymbol{\alpha}_1+x_2\boldsymbol{\alpha}_2+\cdots+x_s\boldsymbol{\alpha}_s$$

是所要求的向量，则

$$C=B-Y=B-AX$$

必须垂直于子空间 $L(\boldsymbol{\alpha}_1,\boldsymbol{\alpha}_2,\cdots,\boldsymbol{\alpha}_s)$.为此只需而且必须

$$(C,\boldsymbol{\alpha}_1)=(C,\boldsymbol{\alpha}_2)=\cdots=(C,\boldsymbol{\alpha}_s)=0.$$

回忆矩阵乘法规则，上述一串等式可以写成矩阵相乘的式子，即

$$\boldsymbol{\alpha}_1^{\mathrm T}C=0,\quad \boldsymbol{\alpha}_2^{\mathrm T}C=0,\quad \cdots,\quad \boldsymbol{\alpha}_s^{\mathrm T}C=0.$$

而 $\boldsymbol{\alpha}_1^{\mathrm T},\boldsymbol{\alpha}_2^{\mathrm T},\cdots,\boldsymbol{\alpha}_s^{\mathrm T}$ 按行正好排成矩阵 $A^{\mathrm T}$，上述一串等式合起来就是

$$A^{\mathrm T}(B-AX)=\mathbf{0},$$

或

$$A^{\mathrm T}AX=A^{\mathrm T}B.$$

这就是最小二乘解所满足的代数方程，它是一个线性方程组，系数矩阵是 $A^{\mathrm T}A$，常数项向量是 $A^{\mathrm T}B$.这种线性方程组总是有解的.(见第五章习题 17.)

回到前面的例子，易知

$$A=\begin{pmatrix}3.6&1\\3.7&1\\3.8&1\\3.9&1\\4.0&1\\4.1&1\\4.2&1\end{pmatrix},\qquad B=\begin{pmatrix}1.00\\0.90\\0.90\\0.81\\0.60\\0.56\\0.35\end{pmatrix}.$$

最小二乘解 a,b 所满足的方程就是

$$A^{\mathrm{T}}A\begin{pmatrix}a\\b\end{pmatrix}-A^{\mathrm{T}}B=\mathbf{0},$$

即为

$$\begin{cases}106.75a+27.3b-19.675=0,\\27.3a+7b-5.12=0.\end{cases}$$

解得

$$a=-1.05,\quad b=4.81\text{(取三位有效数字)}.$$

*§8　酉空间介绍

欧氏空间是专对实数域上线性空间而讨论的.酉空间实际就是复数域上的欧氏空间.

定义 14　设 V 是复数域上的线性空间,在 V 上定义了一个二元复函数,称为内积,记作 $(\boldsymbol{\alpha},\boldsymbol{\beta})$,它具有以下性质:

1) $(\boldsymbol{\alpha},\boldsymbol{\beta})=\overline{(\boldsymbol{\beta},\boldsymbol{\alpha})}$,这里 $\overline{(\boldsymbol{\beta},\boldsymbol{\alpha})}$ 是 $(\boldsymbol{\beta},\boldsymbol{\alpha})$ 的共轭复数;

2) $(k\boldsymbol{\alpha},\boldsymbol{\beta})=k(\boldsymbol{\alpha},\boldsymbol{\beta})$;

3) $(\boldsymbol{\alpha}+\boldsymbol{\beta},\boldsymbol{\gamma})=(\boldsymbol{\alpha},\boldsymbol{\gamma})+(\boldsymbol{\beta},\boldsymbol{\gamma})$;

4) $(\boldsymbol{\alpha},\boldsymbol{\alpha})$ 是非负实数,且 $(\boldsymbol{\alpha},\boldsymbol{\alpha})=0$ 当且仅当 $\boldsymbol{\alpha}=\mathbf{0}$,

其中 $\boldsymbol{\alpha},\boldsymbol{\beta},\boldsymbol{\gamma}$ 是 V 中任意的向量,k 为任意复数,这样的线性空间称为**酉空间**.

例　在线性空间 $\mathbf{C}^n$ 中,对向量

$$\boldsymbol{\alpha}=(a_1,a_2,\cdots,a_n),\quad \boldsymbol{\beta}=(b_1,b_2,\cdots,b_n)$$

定义内积为

$$(\boldsymbol{\alpha},\boldsymbol{\beta})=a_1\overline{b}_1+a_2\overline{b}_2+\cdots+a_n\overline{b}_n. \tag{1}$$

显然,内积(1)满足定义 14 中的条件.这样,$\mathbf{C}^n$ 就成为一个酉空间.

由于酉空间的讨论与欧氏空间的讨论很相似,有一套平行的理论,因此这里只简单地列出重要的结论,而不详细论证.

首先由内积的定义可得到

1. $(\boldsymbol{\alpha},k\boldsymbol{\beta})=\overline{k}(\boldsymbol{\alpha},\boldsymbol{\beta})$.

2. $(\boldsymbol{\alpha},\boldsymbol{\beta}+\boldsymbol{\gamma})=(\boldsymbol{\alpha},\boldsymbol{\beta})+(\boldsymbol{\alpha},\boldsymbol{\gamma})$.

和在欧氏空间中一样，因为$(\boldsymbol{\alpha},\boldsymbol{\alpha})\geqslant 0$，故可定义向量的长度.

3. $\sqrt{(\boldsymbol{\alpha},\boldsymbol{\alpha})}$叫做向量$\boldsymbol{\alpha}$的长度，记作$|\boldsymbol{\alpha}|$.

4. 柯西-布尼亚科夫斯基不等式仍然成立，即对任意的向量$\boldsymbol{\alpha},\boldsymbol{\beta}$，有

$$|(\boldsymbol{\alpha},\boldsymbol{\beta})|\leqslant|\boldsymbol{\alpha}|\,|\boldsymbol{\beta}|.$$

当且仅当$\boldsymbol{\alpha},\boldsymbol{\beta}$线性相关时，等号成立.

注意：酉空间中的内积$(\boldsymbol{\alpha},\boldsymbol{\beta})$一般是复数，故向量之间不易定义夹角，但我们仍引入

5. 向量$\boldsymbol{\alpha},\boldsymbol{\beta}$，当$(\boldsymbol{\alpha},\boldsymbol{\beta})=0$时，称为正交或互相垂直.

在n维酉空间中，同样可以定义正交基和标准正交基，并且关于标准正交基也有下述一些重要性质：

6. 任意一组线性无关的向量可以用施密特过程正交化，并扩充成为一组标准正交基.

7. 对n阶复矩阵$\boldsymbol{A}$，用$\overline{\boldsymbol{A}}$表示以$\boldsymbol{A}$的元素的共轭复数作元素的矩阵. 如$\boldsymbol{A}$满足$\overline{\boldsymbol{A}}^{\mathrm{T}}\boldsymbol{A}=\boldsymbol{A}\overline{\boldsymbol{A}}^{\mathrm{T}}=\boldsymbol{E}$，就叫做**酉矩阵**. 它的行列式的绝对值等于1.

两组标准正交基的过渡矩阵是酉矩阵.

类似于欧氏空间的正交变换和对称矩阵，可以引进酉空间的酉变换和埃尔米特(Hermite)矩阵. 它们也分别具有正交变换和对称矩阵的一些重要性质，我们把它列举在下面：

8. 酉空间V的线性变换$\mathscr{A}$，如果满足

$$(\mathscr{A}\boldsymbol{\alpha},\mathscr{A}\boldsymbol{\beta})=(\boldsymbol{\alpha},\boldsymbol{\beta}),$$

就称为V的一个**酉变换**. 酉变换在标准正交基下的矩阵是酉矩阵.

9. 若矩阵$\boldsymbol{A}$满足

$$\overline{\boldsymbol{A}}^{\mathrm{T}}=\boldsymbol{A},$$

则叫**埃尔米特矩阵**. 在酉空间$\mathbf{C}^n$中令

$$\mathscr{A}\begin{pmatrix}x_1\\x_2\\\vdots\\x_n\end{pmatrix}=\boldsymbol{A}\begin{pmatrix}x_1\\x_2\\\vdots\\x_n\end{pmatrix},$$

则

$$(\mathscr{A}\boldsymbol{\alpha},\boldsymbol{\beta})=(\boldsymbol{\alpha},\mathscr{A}\boldsymbol{\beta}).$$

$\mathscr{A}$也是对称变换.

10. V是酉空间，V_1是子空间，$V_1^{\perp}$是V_1的正交补，则$V=V_1\oplus V_1^{\perp}$.

又设V_1是对称变换的不变子空间，则$V_1^{\perp}$也是不变子空间.

11. 埃尔米特矩阵的特征值为实数，它的属于不同特征值的特征向量必正交.

12. 若$\boldsymbol{A}$是埃尔米特矩阵，则有酉矩阵$\boldsymbol{C}$，使

$$\boldsymbol{C}^{-1}\boldsymbol{A}\boldsymbol{C}=\overline{\boldsymbol{C}}^{\mathrm{T}}\boldsymbol{A}\boldsymbol{C}$$

是对角矩阵.

13. 设 $\boldsymbol{A}$ 为埃尔米特矩阵,二次齐次函数

$$f(x_1,x_2,\cdots,x_n)=\sum_{i=1}^{n}\sum_{j=1}^{n}a_{ij}x_i\overline{x}_j=\boldsymbol{X}^{\mathrm{T}}\boldsymbol{A}\overline{\boldsymbol{X}}$$

叫做**埃尔米特二次型**.必有酉矩阵 $\boldsymbol{C}$,当 $\boldsymbol{X}=\boldsymbol{CY}$ 时,

$$f(x_1,x_2,\cdots,x_n)=d_1y_1\overline{y}_1+d_2y_2\overline{y}_2+\cdots+d_ny_n\overline{y}_n.$$

习　题

1. 设 $\boldsymbol{A}$ 是一个 n 阶正定矩阵,而

$$\boldsymbol{\alpha}=(x_1,x_2,\cdots,x_n),\quad \boldsymbol{\beta}=(y_1,y_2,\cdots,y_n).$$

在 $\mathbf{R}^n$ 中定义二元实函数

$$(\boldsymbol{\alpha},\boldsymbol{\beta})=\boldsymbol{\alpha}\boldsymbol{A}\boldsymbol{\beta}^{\mathrm{T}}.$$

1) 证明:在这个定义之下,$\mathbf{R}^n$ 成一欧氏空间;

2) 求单位向量 $\boldsymbol{\varepsilon}_1=(1,0,\cdots,0),\boldsymbol{\varepsilon}_2=(0,1,\cdots,0),\cdots,\boldsymbol{\varepsilon}_n=(0,0,\cdots,1)$ 的度量矩阵;

3) 具体写出这个空间中的柯西-布尼亚科夫斯基不等式.

2. 在 $\mathbf{R}^4$ 中,求 $\boldsymbol{\alpha},\boldsymbol{\beta}$ 之间的夹角 $\langle\boldsymbol{\alpha},\boldsymbol{\beta}\rangle$(内积按通常定义).设

1) $\boldsymbol{\alpha}=(2,1,3,2),\boldsymbol{\beta}=(1,2,-2,1)$;　　2) $\boldsymbol{\alpha}=(1,2,2,3),\boldsymbol{\beta}=(3,1,5,1)$;

3) $\boldsymbol{\alpha}=(1,1,1,2),\boldsymbol{\beta}=(3,1,-1,0)$.

3. $d(\boldsymbol{\alpha},\boldsymbol{\beta})=|\boldsymbol{\alpha}-\boldsymbol{\beta}|$ 通常称为 $\boldsymbol{\alpha}$ 与 $\boldsymbol{\beta}$ 的**距离**.证明:

$$d(\boldsymbol{\alpha},\boldsymbol{\gamma})\leqslant d(\boldsymbol{\alpha},\boldsymbol{\beta})+d(\boldsymbol{\beta},\boldsymbol{\gamma}).$$

4. 在 $\mathbf{R}^4$ 中求一单位向量与 $(1,1,-1,1),(1,-1,-1,1),(2,1,1,3)$ 正交.

5. 设 $\boldsymbol{\alpha}_1,\boldsymbol{\alpha}_2,\cdots,\boldsymbol{\alpha}_n$ 是欧氏空间 V 的一组基.证明:

1) 如果 $\boldsymbol{\gamma}\in V$ 使 $(\boldsymbol{\gamma},\boldsymbol{\alpha}_i)=0(i=1,2,\cdots,n)$,那么 $\boldsymbol{\gamma}=\mathbf{0}$;

2) 如果 $\boldsymbol{\gamma}_1,\boldsymbol{\gamma}_2\in V$,对任一 $\boldsymbol{\alpha}\in V$,有 $(\boldsymbol{\gamma}_1,\boldsymbol{\alpha})=(\boldsymbol{\gamma}_2,\boldsymbol{\alpha})$,那么 $\boldsymbol{\gamma}_1=\boldsymbol{\gamma}_2$.

6. 设 $\boldsymbol{\varepsilon}_1,\boldsymbol{\varepsilon}_2,\boldsymbol{\varepsilon}_3$ 是三维欧氏空间中一组标准正交基.证明:

$$\boldsymbol{\alpha}_1=\frac{1}{3}(2\boldsymbol{\varepsilon}_1+2\boldsymbol{\varepsilon}_2-\boldsymbol{\varepsilon}_3),\quad \boldsymbol{\alpha}_2=\frac{1}{3}(2\boldsymbol{\varepsilon}_1-\boldsymbol{\varepsilon}_2+2\boldsymbol{\varepsilon}_3),\quad \boldsymbol{\alpha}_3=\frac{1}{3}(\boldsymbol{\varepsilon}_1-2\boldsymbol{\varepsilon}_2-2\boldsymbol{\varepsilon}_3)$$

也是一组标准正交基.

7. 设 $\boldsymbol{\varepsilon}_1,\boldsymbol{\varepsilon}_2,\boldsymbol{\varepsilon}_3,\boldsymbol{\varepsilon}_4,\boldsymbol{\varepsilon}_5$ 是 5 维欧氏空间 V 的一组标准正交基,$V_1=L(\boldsymbol{\alpha}_1,\boldsymbol{\alpha}_2,\boldsymbol{\alpha}_3)$,其中 $\boldsymbol{\alpha}_1=\boldsymbol{\varepsilon}_1+\boldsymbol{\varepsilon}_5,\boldsymbol{\alpha}_2=\boldsymbol{\varepsilon}_1-\boldsymbol{\varepsilon}_2+\boldsymbol{\varepsilon}_4,\boldsymbol{\alpha}_3=2\boldsymbol{\varepsilon}_1+\boldsymbol{\varepsilon}_2+\boldsymbol{\varepsilon}_3$,求 V_1 的一组标准正交基.

8. 求齐次线性方程组

$$\begin{cases}2x_1+x_2-x_3+x_4-3x_5=0,\\ x_1+x_2-x_3+x_5=0\end{cases}$$

的解空间(作为 $\mathbf{R}^5$ 的子空间)的一组标准正交基.

9. 在 $\mathbf{R}[x]_4$ 中定义内积为 $(f,g)=\int_{-1}^{1}f(x)g(x)\,\mathrm{d}x$,求 $\mathbf{R}[x]_4$ 的一组标准正交基(由基 $1,x,x^2,x^3$ 出发作正交化).

10. 设 V 是一 n 维欧氏空间，$\boldsymbol{\alpha}\neq\mathbf{0}$ 是 V 中一固定向量.

1）证明：

$$V_1=\{\boldsymbol{x}\mid(\boldsymbol{x},\boldsymbol{\alpha})=0,\boldsymbol{x}\in V\}$$

是 V 的一子空间；

2）证明：V_1 的维数等于 $n-1$.

11. 1）证明：欧氏空间中不同基的度量矩阵是合同的；

2）利用上述结果证明：任一欧氏空间都存在标准正交基.

12. 设 $\boldsymbol{\alpha}_1,\boldsymbol{\alpha}_2,\cdots,\boldsymbol{\alpha}_m$ 是 n 维欧氏空间 V 中一组向量，而

$$\boldsymbol{\Delta}=\begin{pmatrix}(\boldsymbol{\alpha}_1,\boldsymbol{\alpha}_1) & (\boldsymbol{\alpha}_1,\boldsymbol{\alpha}_2) & \cdots & (\boldsymbol{\alpha}_1,\boldsymbol{\alpha}_m)\\(\boldsymbol{\alpha}_2,\boldsymbol{\alpha}_1) & (\boldsymbol{\alpha}_2,\boldsymbol{\alpha}_2) & \cdots & (\boldsymbol{\alpha}_2,\boldsymbol{\alpha}_m)\\\vdots & \vdots & & \vdots\\(\boldsymbol{\alpha}_m,\boldsymbol{\alpha}_1) & (\boldsymbol{\alpha}_m,\boldsymbol{\alpha}_2) & \cdots & (\boldsymbol{\alpha}_m,\boldsymbol{\alpha}_m)\end{pmatrix}.$$

证明：当且仅当 $|\boldsymbol{\Delta}|\neq 0$，$\boldsymbol{\alpha}_1,\boldsymbol{\alpha}_2,\cdots,\boldsymbol{\alpha}_m$ 线性无关.

13. 证明：上三角形的正交矩阵必为对角矩阵，且主对角线上元素为 1 或 -1.

14. 1）设 $\boldsymbol{A}$ 为一个 n 阶实矩阵，且 $|\boldsymbol{A}|\neq 0$. 证明 $\boldsymbol{A}$ 可分解成

$$\boldsymbol{A}=\boldsymbol{QT},$$

其中 $\boldsymbol{Q}$ 是正交矩阵，$\boldsymbol{T}$ 是上三角形矩阵，即

$$\boldsymbol{T}=\begin{pmatrix}t_{11} & t_{12} & \cdots & t_{1n}\\0 & t_{22} & \cdots & t_{2n}\\\vdots & \vdots & & \vdots\\0 & 0 & \cdots & t_{nn}\end{pmatrix},$$

且 $t_{ii}>0(i=1,2,\cdots,n)$，并证明这个分解是唯一的.

2）设 $\boldsymbol{A}$ 是 n 阶正定矩阵. 证明存在一上三角形矩阵 $\boldsymbol{T}$，使

$$\boldsymbol{A}=\boldsymbol{T}^{\mathrm{T}}\boldsymbol{T}.$$

15. 设 $\boldsymbol{\eta}$ 是 n 维欧氏空间 V 中一单位向量，定义变换 $\mathscr{A}$ 为

$$\mathscr{A}\boldsymbol{\alpha}=\boldsymbol{\alpha}-2(\boldsymbol{\eta},\boldsymbol{\alpha})\boldsymbol{\eta}.$$

证明：

1）$\mathscr{A}$ 是正交变换，这样的正交变换称为**镜面反射**；

2）$\mathscr{A}$ 是第二类的；

3）如果 n 维欧氏空间中，正交变换 $\mathscr{A}$ 以 1 作为一个特征值，且属于特征值 1 的特征子空间 V_1 的维数为 $n-1$，那么 $\mathscr{A}$ 是镜面反射.

16. 证明：实反称矩阵的特征值是零或纯虚数.

17. 求正交矩阵 $\boldsymbol{T}$，使 $\boldsymbol{T}^{\mathrm{T}}\boldsymbol{AT}$ 成对角形，其中 $\boldsymbol{A}$ 为

1）$\begin{pmatrix}2 & -2 & 0\\-2 & 1 & -2\\0 & -2 & 0\end{pmatrix}$；　　2）$\begin{pmatrix}2 & 2 & -2\\2 & 5 & -4\\-2 & -4 & 5\end{pmatrix}$；

3) $\begin{pmatrix} 0 & 0 & 4 & 1 \\ 0 & 0 & 1 & 4 \\ 4 & 1 & 0 & 0 \\ 1 & 4 & 0 & 0 \end{pmatrix}$;　　4) $\begin{pmatrix} -1 & -3 & 3 & -3 \\ -3 & -1 & -3 & 3 \\ 3 & -3 & -1 & -3 \\ -3 & 3 & -3 & -1 \end{pmatrix}$;

5) $\begin{pmatrix} 1 & 1 & 1 & 1 \\ 1 & 1 & 1 & 1 \\ 1 & 1 & 1 & 1 \\ 1 & 1 & 1 & 1 \end{pmatrix}$.

18. 用正交线性替换化下列二次型为标准形:

1) $x_1^2+2x_2^2+3x_3^2-4x_1x_2-4x_2x_3$;

2) $x_1^2-2x_2^2-2x_3^2-4x_1x_2+4x_1x_3+8x_2x_3$;

3) $2x_1x_2+2x_3x_4$;

4) $x_1^2+x_2^2+x_3^2+x_4^2-2x_1x_2+6x_1x_3-4x_1x_4-4x_2x_3+6x_2x_4-2x_3x_4$.

19. 设 $\boldsymbol{A}$ 是 n 阶实对称矩阵.证明:$\boldsymbol{A}$ 为正定的充要条件是 $\boldsymbol{A}$ 的特征多项式的根全大于零.

20. 设 $\boldsymbol{A}$ 是 n 阶实矩阵.证明:存在正交矩阵 $\boldsymbol{T}$,使 $\boldsymbol{T}^{-1}\boldsymbol{AT}$ 为三角形矩阵的充要条件是 $\boldsymbol{A}$ 的特征多项式的根全是实的.

21. 设 $\boldsymbol{A},\boldsymbol{B}$ 都是实对称矩阵.证明:存在正交矩阵 $\boldsymbol{T}$,使 $\boldsymbol{T}^{-1}\boldsymbol{AT}=\boldsymbol{B}$ 的充要条件是 $\boldsymbol{A},\boldsymbol{B}$ 的特征多项式的根全部相同.

22. 设 $\boldsymbol{A}$ 是 n 阶实对称矩阵,且 $\boldsymbol{A}^2=\boldsymbol{A}$.证明:存在正交矩阵 $\boldsymbol{T}$,使

$$\boldsymbol{T}^{-1}\boldsymbol{AT}=\begin{pmatrix} 1 & & & & & & \\ & 1 & & & & & \\ & & \ddots & & & & \\ & & & 1 & & & \\ & & & & 0 & & \\ & & & & & \ddots & \\ & & & & & & 0 \end{pmatrix}.$$

23. 证明:如果 $\mathscr{A}$ 是 n 维欧氏空间的一个正交变换,那么 $\mathscr{A}$ 的不变子空间的正交补也是 $\mathscr{A}$ 的不变子空间.

24. 欧氏空间 V 中的线性变换 $\mathscr{A}$ 称为**反称的**,如果对任意 $\boldsymbol{\alpha},\boldsymbol{\beta}\in V$,

$$(\mathscr{A}\boldsymbol{\alpha},\boldsymbol{\beta})=-(\boldsymbol{\alpha},\mathscr{A}\boldsymbol{\beta}).$$

证明:

1) $\mathscr{A}$ 为反称的充要条件是,$\mathscr{A}$ 在一组标准正交基下的矩阵为反称矩阵;

2) 如果 V_1 是反称线性变换 $\mathscr{A}$ 的不变子空间,则 $V_1^{\perp}$ 也是.

25. 证明:向量 $\boldsymbol{\beta}\in V_1$ 是向量 $\boldsymbol{\alpha}$ 在子空间 V_1 上的内射影的充要条件是,对任意的 $\boldsymbol{\xi}\in V_1$,

$$|\boldsymbol{\alpha}-\boldsymbol{\beta}|\leqslant|\boldsymbol{\alpha}-\boldsymbol{\xi}|.$$

26. 设 V_1,V_2 是欧氏空间 V 的两个子空间.证明:

$$(V_1+V_2)^{\perp}=V_1^{\perp}\cap V_2^{\perp},\qquad (V_1\cap V_2)^{\perp}=V_1^{\perp}+V_2^{\perp}.$$

27. 求方程组

$$\begin{cases}0.39x-1.89y=1,\\0.61x-1.80y=1,\\0.93x-1.68y=1,\\1.35x-1.50y=1\end{cases}$$

的最小二乘解.用“到子空间距离最短的线是垂线”的语言表达出上述方程组的最小二乘解的几何意义,由此列出方程并求解.(取三位有效数字计算.)

补 充 题

1. 证明:正交矩阵的实特征值为±1.

2. 证明:奇数维欧氏空间中的旋转一定以 1 作为它的一个特征值.

3. 证明:第二类正交变换一定以-1 作为它的一个特征值.

4. 设$\mathscr{A}$是欧氏空间 V 的一个变换.证明:如果$\mathscr{A}$保持内积不变,即对于 $\boldsymbol{\alpha},\boldsymbol{\beta}\in V$, $(\mathscr{A}\boldsymbol{\alpha},\mathscr{A}\boldsymbol{\beta})=(\boldsymbol{\alpha},\boldsymbol{\beta})$,那么它一定是线性的,因而它是正交变换.

5. 设 $\boldsymbol{\alpha}_1,\boldsymbol{\alpha}_2,\cdots,\boldsymbol{\alpha}_m$ 和 $\boldsymbol{\beta}_1,\boldsymbol{\beta}_2,\cdots,\boldsymbol{\beta}_m$ 是 n 维欧氏空间 V 中两个向量组.证明存在一正交变换$\mathscr{A}$,使

$$\mathscr{A}\boldsymbol{\alpha}_i=\boldsymbol{\beta}_i,\quad i=1,2,\cdots,m$$

的充要条件为

$$(\boldsymbol{\alpha}_i,\boldsymbol{\alpha}_j)=(\boldsymbol{\beta}_i,\boldsymbol{\beta}_j),\quad i,j=1,2,\cdots,m.$$

6. 设 $\boldsymbol{A}$ 是 n 阶实对称矩阵,且 $\boldsymbol{A}^2=\boldsymbol{E}$.证明:存在正交矩阵 $\boldsymbol{T}$,使

$$\boldsymbol{T}^{-1}\boldsymbol{A}\boldsymbol{T}=\begin{pmatrix}\boldsymbol{E}_r & \boldsymbol{O}\\ \boldsymbol{O} & -\boldsymbol{E}_{n-r}\end{pmatrix}.$$

7. 设 $f(x_1,x_2,\cdots,x_n)=\boldsymbol{X}^{\mathrm{T}}\boldsymbol{A}\boldsymbol{X}$ 是一实二次型,$\lambda_1,\lambda_2,\cdots,\lambda_n$ 是 $\boldsymbol{A}$ 的特征多项式的根,且 $\lambda_1\leqslant\lambda_2\leqslant\cdots\leqslant\lambda_n$.证明:对任一 $\boldsymbol{X}\in\mathbf{R}^n$,有

$$\lambda_1\boldsymbol{X}^{\mathrm{T}}\boldsymbol{X}\leqslant\boldsymbol{X}^{\mathrm{T}}\boldsymbol{A}\boldsymbol{X}\leqslant\lambda_n\boldsymbol{X}^{\mathrm{T}}\boldsymbol{X}.$$

8. 设二次型 $f(x_1,x_2,\cdots,x_n)$ 的矩阵为 $\boldsymbol{A}$,λ 是 $\boldsymbol{A}$ 的特征多项式的根.证明:存在 $\mathbf{R}^n$ 中的非零向量 $(\overline{x}_1,\overline{x}_2,\cdots,\overline{x}_n)$,使

$$f(\overline{x}_1,\overline{x}_2,\cdots,\overline{x}_n)=\lambda(\overline{x}_1^2+\overline{x}_2^2+\cdots+\overline{x}_n^2).$$

9. 1) 设 $\boldsymbol{\alpha},\boldsymbol{\beta}$ 是 n 维欧氏空间中两个不同的单位向量.证明:存在一镜面反射$\mathscr{A}$,使

$$\mathscr{A}(\boldsymbol{\alpha})=\boldsymbol{\beta}.$$

2) 证明:n 维欧氏空间中任一正交变换都可以表成一系列镜面反射的乘积.

10. 设 $\boldsymbol{A},\boldsymbol{B}$ 是两个 $n\times n$ 实对称矩阵,且 $\boldsymbol{B}$ 是正定矩阵.证明:存在一$n\times n$实可逆矩阵 $\boldsymbol{T}$,使 $\boldsymbol{T}^{\mathrm{T}}\boldsymbol{A}\boldsymbol{T}$ 与 $\boldsymbol{T}^{\mathrm{T}}\boldsymbol{B}\boldsymbol{T}$ 同时成对角形.

11. 证明:酉空间中两组标准正交基的过渡矩阵是酉矩阵.

12. 证明:酉矩阵的特征值的模为 1.

13. 设 $\boldsymbol{A}$ 是一个 n 阶可逆复矩阵.证明:$\boldsymbol{A}$ 可以分解成

$$\boldsymbol{A}=\boldsymbol{UT},$$

其中 $\boldsymbol{U}$ 是酉矩阵,$\boldsymbol{T}$ 是上三角形矩阵,即

$$\boldsymbol{T}=\begin{pmatrix} t_{11} & t_{12} & \cdots & t_{1n} \\ 0 & t_{22} & \cdots & t_{2n} \\ \vdots & \vdots & & \vdots \\ 0 & 0 & \cdots & t_{nn} \end{pmatrix},$$

其中主对角线上元素 $t_{ii}(i=1,2,\cdots,n)$ 都是正实数,并证明这个分解是唯一的.

14. 证明:埃尔米特矩阵的特征值是实数,并且它的属于不同特征值的特征向量相互正交.

15. 设 $S_n(\mathbf{R})$ 为实数域 $\mathbf{R}$ 上所有 n 阶对称矩阵构成的线性空间,在 $S_n(\mathbf{R})$ 上定义二元实函数

$$(\boldsymbol{A},\boldsymbol{B})=\operatorname{tr}(\boldsymbol{AB}),\quad \boldsymbol{A},\boldsymbol{B}\in S_n(\mathbf{R}).$$

1) 证明:$(\boldsymbol{A},\boldsymbol{B})$ 是 $S_n(\mathbf{R})$ 上的一个内积.

2) 令 $S=\{\boldsymbol{A}\in S_n(\mathbf{R}) \mid \operatorname{tr}\boldsymbol{A}=0\}$.证明:$S$ 是 $S_n(\mathbf{R})$ 的一个子空间,并求 S 的维数和基.

3) 求 S 的正交补 $S^{\perp}$.

16. 设 $\boldsymbol{A}$ 是秩为 r 的 n 阶实方阵.证明:存在欧氏空间 $\mathbf{R}^n$ 中一组正交基 $\boldsymbol{\alpha}_1,\boldsymbol{\alpha}_2,\cdots,\boldsymbol{\alpha}_n$ 及数域 $\mathbf{R}$ 中的 n 个数 $\lambda_1,\lambda_2,\cdots,\lambda_n$,满足

1) $\boldsymbol{A}^{\mathrm{T}}\boldsymbol{A}\boldsymbol{\alpha}_i=\lambda_i\boldsymbol{\alpha}_i,i=1,2,\cdots,n$,且对于 $i>r$ 有 $\lambda_i=0$;

2) $\boldsymbol{A}\boldsymbol{\alpha}_1,\boldsymbol{A}\boldsymbol{\alpha}_2,\cdots,\boldsymbol{A}\boldsymbol{\alpha}_r$ 彼此正交.

17. 设 $\boldsymbol{\alpha}_1,\boldsymbol{\alpha}_2,\cdots,\boldsymbol{\alpha}_n$ 为欧氏空间 V 的一组基,$\boldsymbol{\beta}_1,\boldsymbol{\beta}_2,\cdots,\boldsymbol{\beta}_n$ 为 V 的一组标准正交基,矩阵 $\boldsymbol{M}$ 是 $\boldsymbol{\alpha}_1,\boldsymbol{\alpha}_2,\cdots,\boldsymbol{\alpha}_n$ 到 $\boldsymbol{\beta}_1,\boldsymbol{\beta}_2,\cdots,\boldsymbol{\beta}_n$ 的过渡矩阵.证明:$\boldsymbol{M}=\boldsymbol{RQ}$,其中 $\boldsymbol{Q}$ 为 n 阶正交矩阵,$\boldsymbol{R}$ 为 n 阶上三角形矩阵.

18. 设 V 是 $\mathbf{R}$ 上的 n 维欧氏空间.对于 V 上的正交变换 $\boldsymbol{\tau}$,定义 $B(\boldsymbol{\tau})=\{\boldsymbol{v}\in V \mid \boldsymbol{\tau}(\boldsymbol{v})=\boldsymbol{v}\}$.对于非零向量 $\boldsymbol{u}\in V$,定义 $\boldsymbol{\sigma}_{\boldsymbol{u}}:V\to V$ 为

$$\boldsymbol{\sigma}_{\boldsymbol{u}}(\boldsymbol{v})=\boldsymbol{v}-\frac{2(\boldsymbol{v},\boldsymbol{u})}{(\boldsymbol{u},\boldsymbol{u})}\boldsymbol{u},\quad \boldsymbol{v}\in V.$$

证明:如果一个正交变换 $\boldsymbol{\tau}$ 可以写成 $\boldsymbol{\tau}=\boldsymbol{\sigma}_{\boldsymbol{u}_1}\boldsymbol{\sigma}_{\boldsymbol{u}_2}\cdots\boldsymbol{\sigma}_{\boldsymbol{u}_r}$,那么 $B(\boldsymbol{\tau})$ 的维数不小于 $n-r$,其中 $\boldsymbol{u}_1,\boldsymbol{u}_2,\cdots,\boldsymbol{u}_r$ 为 V 中的非零向量.

学习指导

第十章
双线性函数与辛空间

读者在读这一章的时候,将会发现它的部分内容与二次型、欧氏空间及酉空间的部分内容有类似的地方.然而这一章的目的就是把这些内容统一到双线性函数的概念之下来进行讨论.

首先介绍线性空间上的线性函数.

§1 线性函数

定义 1 设 V 是数域 P 上的一个线性空间,f 是 V 到 P 的一个映射,如果 f 满足

1) $f(\boldsymbol{\alpha}+\boldsymbol{\beta})=f(\boldsymbol{\alpha})+f(\boldsymbol{\beta})$;

2) $f(k\boldsymbol{\alpha})=kf(\boldsymbol{\alpha})$,

其中 $\boldsymbol{\alpha},\boldsymbol{\beta}$ 是 V 中任意元素,k 是 P 中任意数,则称 f 为 V 上的一个**线性函数**.

从定义可推出线性函数的以下简单性质:

1. 设 f 是 V 上的线性函数,则 $f(\boldsymbol{0})=0,f(-\boldsymbol{\alpha})=-f(\boldsymbol{\alpha})$.这是因为

$$f(\boldsymbol{0})=f(0\boldsymbol{\alpha})=0f(\boldsymbol{\alpha})=0,$$

$$f(-\boldsymbol{\alpha})=f((-1)\boldsymbol{\alpha})=(-1)f(\boldsymbol{\alpha})=-f(\boldsymbol{\alpha}).$$

2. 如果 $\boldsymbol{\beta}$ 是 $\boldsymbol{\alpha}_1,\boldsymbol{\alpha}_2,\cdots,\boldsymbol{\alpha}_s$ 的线性组合,即

$$\boldsymbol{\beta}=k_1\boldsymbol{\alpha}_1+k_2\boldsymbol{\alpha}_2+\cdots+k_s\boldsymbol{\alpha}_s,$$

那么

$$f(\boldsymbol{\beta})=k_1f(\boldsymbol{\alpha}_1)+k_2f(\boldsymbol{\alpha}_2)+\cdots+k_sf(\boldsymbol{\alpha}_s).$$

例 1 设 $a_1,a_2,\cdots,a_n$ 是 P 中任意数,$\boldsymbol{X}=(x_1,x_2,\cdots,x_n)$ 是 P^n 中的向量.函数

$$f(\boldsymbol{X})=f(x_1,x_2,\cdots,x_n)=a_1x_1+a_2x_2+\cdots+a_nx_n \tag{1}$$

就是 P 上的一个线性函数.当 $a_1=a_2=\cdots=a_n=0$ 时,得 $f(\boldsymbol{X})=0$,称为**零函数**,我们仍用 0 表示零函数.

实际上,P^n 上的任意一个线性函数都可以表成这种形式.令

$$\boldsymbol{\varepsilon}_i=(0,\cdots,0,\underset{\text{第 } i \text{ 个}}{1},0,\cdots,0),\quad i=1,2,\cdots,n.$$

P^n 中任一向量 $\boldsymbol{X}=(x_1,x_2,\cdots,x_n)$ 可以表成

$$\boldsymbol{X}=x_1\boldsymbol{\varepsilon}_1+x_2\boldsymbol{\varepsilon}_2+\cdots+x_n\boldsymbol{\varepsilon}_n.$$

设 f 是 P^n 上一个线性函数,则

$$f(\boldsymbol{X})=f\left(\sum_{i=1}^{n}x_i\boldsymbol{\varepsilon}_i\right)=\sum_{i=1}^{n}x_i f(\boldsymbol{\varepsilon}_i).$$

令

$$a_i=f(\boldsymbol{\varepsilon}_i),\quad i=1,2,\cdots,n,$$

则

$$f(\boldsymbol{X})=a_1x_1+a_2x_2+\cdots+a_nx_n$$

就是上述形式(1).

例 2　$\boldsymbol{A}$ 是数域 P 上一个 n 阶矩阵,设

$$\boldsymbol{A}=\begin{pmatrix}a_{11}&a_{12}&\cdots&a_{1n}\\a_{21}&a_{22}&\cdots&a_{2n}\\\vdots&\vdots&&\vdots\\a_{n1}&a_{n2}&\cdots&a_{nn}\end{pmatrix},$$

则 $\boldsymbol{A}$ 的迹

$$\operatorname{tr}\boldsymbol{A}=a_{11}+a_{22}+\cdots+a_{nn}$$

是 P 上全体 n 阶矩阵构成的线性空间 $P^{n\times n}$ 上的一个线性函数.

例 3　设 $V=P[x]$,t 是 P 中一个取定的数.定义 $P[x]$上的函数 L_t 为

$$L_t(p(x))=p(t),\quad p(x)\in P[x],$$

即 $L_t(p(x))$为 $p(x)$在 t 点的值,$L_t(p(x))$是 $P[x]$上的线性函数.

如果 V 是数域 P 上一个 n 维线性空间.取定 V 的一组基 $\boldsymbol{\varepsilon}_1,\boldsymbol{\varepsilon}_2,\cdots,\boldsymbol{\varepsilon}_n$.对 V 上任意线性函数 f 及 V 中任意向量

$$\boldsymbol{\alpha}=x_1\boldsymbol{\varepsilon}_1+x_2\boldsymbol{\varepsilon}_2+\cdots+x_n\boldsymbol{\varepsilon}_n,$$

都有

$$f(\boldsymbol{\alpha})=f\left(\sum_{i=1}^{n}x_i\boldsymbol{\varepsilon}_i\right)=\sum_{i=1}^{n}x_i f(\boldsymbol{\varepsilon}_i).\qquad(2)$$

因此,$f(\boldsymbol{\alpha})$由 $f(\boldsymbol{\varepsilon}_1),\cdots,f(\boldsymbol{\varepsilon}_n)$的值唯一确定.反之,任给 P 中 n 个数 $a_1,a_2,\cdots,a_n$,用下式定义 V 上一个函数 f:

$$f\left(\sum_{i=1}^{n}x_i\boldsymbol{\varepsilon}_i\right)=\sum_{i=1}^{n}a_ix_i.$$

这是一个线性函数,并且

$$f(\boldsymbol{\varepsilon}_i)=a_i,\quad i=1,2,\cdots,n.$$

因此,有

定理 1　设 V 是 P 上一个 n 维线性空间,$\boldsymbol{\varepsilon}_1,\boldsymbol{\varepsilon}_2,\cdots,\boldsymbol{\varepsilon}_n$ 是 V 的一组基,$a_1,a_2,\cdots,a_n$ 是 P 中任意 n 个数,存在唯一的 V 上线性函数 f,使

$$f(\boldsymbol{\varepsilon}_i)=a_i,\quad i=1,2,\cdots,n.\ \blacksquare$$

§2　对偶空间

设 V 是数域 P 上一个 n 维线性空间,V 上全体线性函数组成的集合记作 $L(V,P)$,可以用自然的方法在 $L(V,P)$上定义加法和数量乘法.

设 f,g 是 V 上的两个线性函数.定义函数 $f+g$ 如下:

$$(f+g)(\boldsymbol{\alpha})=f(\boldsymbol{\alpha})+g(\boldsymbol{\alpha}),\quad \boldsymbol{\alpha}\in V.$$

$f+g$ 也是线性函数:

$$\begin{aligned}(f+g)(\boldsymbol{\alpha}+\boldsymbol{\beta})&=f(\boldsymbol{\alpha}+\boldsymbol{\beta})+g(\boldsymbol{\alpha}+\boldsymbol{\beta})\\&=f(\boldsymbol{\alpha})+f(\boldsymbol{\beta})+g(\boldsymbol{\alpha})+g(\boldsymbol{\beta})\\&=(f+g)(\boldsymbol{\alpha})+(f+g)(\boldsymbol{\beta}),\end{aligned}$$

$$(f+g)(k\boldsymbol{\alpha})=f(k\boldsymbol{\alpha})+g(k\boldsymbol{\alpha})=kf(\boldsymbol{\alpha})+kg(\boldsymbol{\alpha})=k(f+g)(\boldsymbol{\alpha}).$$

$f+g$ 称为 f 与 g 的和.

还可以定义数量乘法.设 f 是 V 上线性函数,对 P 中任意数 k,定义函数 kf 如下:

$$(kf)(\boldsymbol{\alpha})=k(f(\boldsymbol{\alpha})),\quad \boldsymbol{\alpha}\in V,$$

kf 称为 k 与 f 的数量乘积,易证 kf 也是线性函数.

容易检验,在这样定义的加法和数量乘法下,$L(V,P)$ 成为数域 P 上的线性空间.

取定 V 的一组基 $\boldsymbol{\varepsilon}_1,\boldsymbol{\varepsilon}_2,\cdots,\boldsymbol{\varepsilon}_n$,作 V 上 n 个线性函数 $f_1,f_2,\cdots,f_n$,使

$$f_i(\boldsymbol{\varepsilon}_j)=\begin{cases}1, & j=i;\\0, & j\neq i,\end{cases}\quad i,j=1,2,\cdots,n. \tag{1}$$

因为 f_i 在基 $\boldsymbol{\varepsilon}_1,\boldsymbol{\varepsilon}_2,\cdots,\boldsymbol{\varepsilon}_n$ 上的值已确定,这样的线性函数是存在且唯一的.对 V 中向量 $\boldsymbol{\alpha}=\sum\limits_{i=1}^{n}x_i\boldsymbol{\varepsilon}_i$,有

$$f_i(\boldsymbol{\alpha})=x_i, \tag{2}$$

即 $f_i(\boldsymbol{\alpha})$ 是 $\boldsymbol{\alpha}$ 的第 i 个坐标的值.

引理 对 V 中任意向量 $\boldsymbol{\alpha}$,有

$$\boldsymbol{\alpha}=\sum_{i=1}^{n}f_i(\boldsymbol{\alpha})\boldsymbol{\varepsilon}_i, \tag{3}$$

而对 $L(V,P)$ 中任意向量 f,有

$$f=\sum_{i=1}^{n}f(\boldsymbol{\varepsilon}_i)f_i. \tag{4}$$

证明 (3)式是(2)式的直接结论,而由(1)式及(3)式就得出(4)式. ▌

定理 2 $L(V,P)$ 的维数等于 V 的维数,而且 $f_1,f_2,\cdots,f_n$ 是 $L(V,P)$ 的一组基.

证明 首先证明 $f_1,f_2,\cdots,f_n$ 是线性无关的.设

$$c_1f_1+c_2f_2+\cdots+c_nf_n=0,\quad c_1,c_2,\cdots,c_n\in P.$$

依次用 $\boldsymbol{\varepsilon}_1,\boldsymbol{\varepsilon}_2,\cdots,\boldsymbol{\varepsilon}_n$ 代入,即得 $c_1=c_2=\cdots=c_n=0$.因此 $f_1,f_2,\cdots,f_n$ 是线性无关的.又由(4)式知 $L(V,P)$ 中任一向量都可经 $f_1,f_2,\cdots,f_n$ 线性表出,所以 $f_1,f_2,\cdots,f_n$ 是 $L(P,V)$ 的一组基,维$(L(V,P))=n=$维(V). ▌

定义 2 $L(V,P)$ 称为 V 的**对偶空间**.由(1)式决定的 $L(V,P)$ 的基称为 $\boldsymbol{\varepsilon}_1,\boldsymbol{\varepsilon}_2,\cdots,\boldsymbol{\varepsilon}_n$ 的**对偶基**.

以后我们简单地把 V 的对偶空间记作 V^*.

例 考虑实数域 $\mathbf{R}$ 上的 n 维线性空间 $V=P[x]_n$,对任意取定的 n 个不同实数 $a_1,a_2,\cdots,a_n$,根据拉格朗日插值公式,得到 n 个多项式

$$p_i(x)=\frac{(x-a_1)\cdots(x-a_{i-1})(x-a_{i+1})\cdots(x-a_n)}{(a_i-a_1)\cdots(a_i-a_{i-1})(a_i-a_{i+1})\cdots(a_i-a_n)},\qquad i=1,2,\cdots,n.$$

它们满足

$$p_i(a_j)=\begin{cases}1, & j=i;\\ 0, & j\neq i,\end{cases}\quad i,j=1,2,\cdots,n.$$

$p_1(x),p_2(x),\cdots,p_n(x)$是线性无关的,因为由

$$c_1p_1(x)+c_2p_2(x)+\cdots+c_np_n(x)=0,$$

用 a_i 代入,即得

$$\sum_{k=1}^{n}c_kp_k(a_i)=c_ip_i(a_i)=c_i=0,\quad i=1,2,\cdots,n.$$

又因 V 是 n 维的,所以 $p_1(x),p_2(x),\cdots,p_n(x)$是 V 的一组基.

设 $L_i\in V^*(i=1,2,\cdots,n)$是在 a_i 点的取值函数,即

$$L_i(p(x))=p(a_i),\quad p(x)\in V,\quad i=1,2,\cdots,n.$$

则线性函数 L_i 满足

$$L_i(p_j(x))=p_j(a_i)=\begin{cases}1, & i=j;\\ 0, & i\neq j,\end{cases}\quad i,j=1,2,\cdots,n.$$

因此,$L_1,L_2,\cdots,L_n$ 是 $p_1(x),p_2(x),\cdots,p_n(x)$的对偶基.

下面讨论 V 的两组基的对偶基之间的关系.

设 V 是数域 P 上一个 n 维线性空间. $\boldsymbol{\varepsilon}_1,\boldsymbol{\varepsilon}_2,\cdots,\boldsymbol{\varepsilon}_n$ 及 $\boldsymbol{\eta}_1,\boldsymbol{\eta}_2,\cdots,\boldsymbol{\eta}_n$ 是 V 的两组基.它们的对偶基分别是 $f_1,f_2,\cdots,f_n$ 及 $g_1,g_2,\cdots,g_n$.再设

$$(\boldsymbol{\eta}_1,\boldsymbol{\eta}_2,\cdots,\boldsymbol{\eta}_n)=(\boldsymbol{\varepsilon}_1,\boldsymbol{\varepsilon}_2,\cdots,\boldsymbol{\varepsilon}_n)\boldsymbol{A},$$
$$(g_1,g_2,\cdots,g_n)=(f_1,f_2,\cdots,f_n)\boldsymbol{B},$$

其中

$$\boldsymbol{A}=\begin{pmatrix}a_{11} & a_{12} & \cdots & a_{1n}\\ a_{21} & a_{22} & \cdots & a_{2n}\\ \vdots & \vdots & & \vdots\\ a_{n1} & a_{n2} & \cdots & a_{nn}\end{pmatrix},\quad \boldsymbol{B}=\begin{pmatrix}b_{11} & b_{12} & \cdots & b_{1n}\\ b_{21} & b_{22} & \cdots & b_{2n}\\ \vdots & \vdots & & \vdots\\ b_{n1} & b_{n2} & \cdots & b_{nn}\end{pmatrix}.$$

由假设

$$\boldsymbol{\eta}_i=a_{1i}\boldsymbol{\varepsilon}_1+a_{2i}\boldsymbol{\varepsilon}_2+\cdots+a_{ni}\boldsymbol{\varepsilon}_n,\quad i=1,2,\cdots,n,$$
$$g_j=b_{1j}f_1+b_{2j}f_2+\cdots+b_{nj}f_n,\quad j=1,2,\cdots,n.$$

因此

$$\begin{aligned}g_j(\boldsymbol{\eta}_i)&=\sum_{k=1}^{n}b_{kj}f_k(a_{1i}\boldsymbol{\varepsilon}_1+a_{2i}\boldsymbol{\varepsilon}_2+\cdots+a_{ni}\boldsymbol{\varepsilon}_n)\\&=b_{1j}a_{1i}+b_{2j}a_{2i}+\cdots+b_{nj}a_{ni}\\&=\begin{cases}1, & i=j;\\ 0, & i\neq j,\end{cases}\quad i,j=1,2,\cdots,n.\end{aligned}$$

由矩阵乘法定义,即得

$$\boldsymbol{B}^{\mathrm{T}}\boldsymbol{A}=\boldsymbol{E},$$

即

$$B^{T}=A^{-1}.$$

因此有下述定理：

定理 3　设 $\varepsilon_1,\varepsilon_2,\cdots,\varepsilon_n$ 及 $\eta_1,\eta_2,\cdots,\eta_n$ 是线性空间 V 的两组基，它们的对偶基分别为 $f_1,f_2,\cdots,f_n$ 及 $g_1,g_2,\cdots,g_n$. 如果由 $\varepsilon_1,\varepsilon_2,\cdots,\varepsilon_n$ 到 $\eta_1,\eta_2,\cdots,\eta_n$ 的过渡矩阵为 A，那么由 $f_1,f_2,\cdots,f_n$ 到 $g_1,g_2,\cdots,g_n$ 的过渡矩阵为 $(A^{T})^{-1}$. ▌

设 V 是 P 上一个线性空间，V^* 是其对偶空间，取定 V 中一个向量 x，定义 V^* 的函数

$$x^{**}(f)=f(x),\qquad f\in V^*.$$

根据线性函数的定义，容易检验 x^{**} 是 V^* 上的一个线性函数，因此是 V^* 的对偶空间 $(V^*)^*=V^{**}$ 中的一个元素.

定理 4　V 是一个线性空间，V^{**} 是 V 的对偶空间的对偶空间. V 到 V^{**} 的映射

$$x\to x^{**}$$

是一个同构映射.

证明　对任意 $x_1,x_2\in V,f\in V^*$，有

$$\begin{aligned}(x_1+x_2)^{**}(f)&=f(x_1+x_2)=f(x_1)+f(x_2)\\&=x_1^{**}(f)+x_2^{**}(f)=(x_1^{**}+x_2^{**})(f),\end{aligned}$$

$$(kx_1)^{**}(f)=f(kx_1)=kf(x_1)=kx_1^{**}(f)=(kx_1^{**})(f).$$

因此

$$(x_1+x_2)^{**}=x_1^{**}+x_2^{**},\qquad (kx_1)^{**}=kx_1^{**}.$$

所以这个映射保持加法和数量乘法.

如果 x^{**} 为 V^* 上零函数，即对任一 $f\in V^*$，都有

$$x^{**}(f)=f(x)=0,$$

则由(3)，$x=\mathbf{0}$. 故这个映射是单射，又因 V 与 V^{**} 维数相同，所以这个映射是一个同构映射. ▌

这个定理说明，线性空间 V 也可看成 V^* 的线性函数空间，V 与 V^* 实际上是互为线性函数空间的. 这就是对偶空间名词的来由. 由此可知，任一线性空间都可看成某个线性空间的线性函数所成的空间，这个看法在多线性代数中是很重要的.

§3　双线性函数

定义 3　V 是数域 P 上一个线性空间，$f(\alpha,\beta)$ 是 V 上一个二元函数，即对 V 中任意两个向量 α,β，根据 f 都唯一地对应于 P 中一个数 $f(\alpha,\beta)$. 如果 $f(\alpha,\beta)$ 有下列性质：

1) $f(\alpha,k_1\beta_1+k_2\beta_2)=k_1f(\alpha,\beta_1)+k_2f(\alpha,\beta_2)$；

2) $f(k_1\alpha_1+k_2\alpha_2,\beta)=k_1f(\alpha_1,\beta)+k_2f(\alpha_2,\beta)$，

其中 $\alpha,\alpha_1,\alpha_2,\beta,\beta_1,\beta_2$ 是 V 中任意向量，k_1,k_2 是 P 中任意数，则称 $f(\alpha,\beta)$ 为 V 上的一个**双线性函数**.

这个定义实际上是说对于 V 上双线性函数 $f(\alpha,\beta)$，将其中一个变元固定时是另

一个变元的线性函数.

例 1　欧氏空间 V 的内积是 V 上双线性函数.

例 2　设 $f_1(\boldsymbol{\alpha})$，$f_2(\boldsymbol{\alpha})$ 都是线性空间 V 上的线性函数，则

$$f(\boldsymbol{\alpha},\boldsymbol{\beta})=f_1(\boldsymbol{\alpha})f_2(\boldsymbol{\beta}),\quad \boldsymbol{\alpha},\boldsymbol{\beta}\in V$$

是 V 上的一个双线性函数.

例 3　设 P^n 是数域 P 上 n 维列向量构成的线性空间，$\boldsymbol{X},\boldsymbol{Y}\in P^n$，再设 $\boldsymbol{A}$ 是 P 上一个 n 阶方阵.令

$$f(\boldsymbol{X},\boldsymbol{Y})=\boldsymbol{X}^{\mathrm{T}}\boldsymbol{A}\boldsymbol{Y},\tag{1}$$

则 $f(\boldsymbol{X},\boldsymbol{Y})$ 是 P^n 上的一个双线性函数.

如果设 $\boldsymbol{X}^{\mathrm{T}}=(x_1,x_2,\cdots,x_n)$，$\boldsymbol{Y}^{\mathrm{T}}=(y_1,y_2,\cdots,y_n)$，并设

$$\boldsymbol{A}=\begin{pmatrix} a_{11} & a_{12} & \cdots & a_{1n}\\ a_{21} & a_{22} & \cdots & a_{2n}\\ \vdots & \vdots & & \vdots\\ a_{n1} & a_{n2} & \cdots & a_{nn}\end{pmatrix},$$

则

$$f(\boldsymbol{X},\boldsymbol{Y})=\sum_{i=1}^{n}\sum_{j=1}^{n}a_{ij}x_iy_j.\tag{2}$$

(1)式或(2)式实际上是数域 P 上任意 n 维线性空间 V 上的双线性函数 $f(\boldsymbol{\alpha},\boldsymbol{\beta})$ 的一般形式，可以如下地说明这一事实.取 V 的一组基 $\boldsymbol{\varepsilon}_1,\boldsymbol{\varepsilon}_2,\cdots,\boldsymbol{\varepsilon}_n$，设

$$\boldsymbol{\alpha}=(\boldsymbol{\varepsilon}_1,\boldsymbol{\varepsilon}_2,\cdots,\boldsymbol{\varepsilon}_n)\begin{pmatrix} x_1\\ x_2\\ \vdots\\ x_n\end{pmatrix}=(\boldsymbol{\varepsilon}_1,\boldsymbol{\varepsilon}_2,\cdots,\boldsymbol{\varepsilon}_n)\boldsymbol{X},$$

$$\boldsymbol{\beta}=(\boldsymbol{\varepsilon}_1,\boldsymbol{\varepsilon}_2,\cdots,\boldsymbol{\varepsilon}_n)\begin{pmatrix} y_1\\ y_2\\ \vdots\\ y_n\end{pmatrix}=(\boldsymbol{\varepsilon}_1,\boldsymbol{\varepsilon}_2,\cdots,\boldsymbol{\varepsilon}_n)\boldsymbol{Y},$$

则

$$f(\boldsymbol{\alpha},\boldsymbol{\beta})=f\Big(\sum_{i=1}^{n}x_i\boldsymbol{\varepsilon}_i,\sum_{j=1}^{n}y_j\boldsymbol{\varepsilon}_j\Big)=\sum_{i=1}^{n}\sum_{j=1}^{n}f(\boldsymbol{\varepsilon}_i,\boldsymbol{\varepsilon}_j)x_iy_j.\tag{3}$$

令

$$a_{ij}=f(\boldsymbol{\varepsilon}_i,\boldsymbol{\varepsilon}_j),\quad i,j=1,2,\cdots,n,$$

$$\boldsymbol{A}=\begin{pmatrix} a_{11} & a_{12} & \cdots & a_{1n}\\ a_{21} & a_{22} & \cdots & a_{2n}\\ \vdots & \vdots & & \vdots\\ a_{n1} & a_{n2} & \cdots & a_{nn}\end{pmatrix},$$

则(3)式就成为(1)式或(2)式.

定义 4　设 $f(\boldsymbol{\alpha},\boldsymbol{\beta})$ 是数域 P 上 n 维线性空间 V 上的一个双线性函数，$\boldsymbol{\varepsilon}_1,\boldsymbol{\varepsilon}_2,\cdots,$

ε_n 是 V 的一组基，则矩阵

$$A=\begin{pmatrix} f(\boldsymbol{\varepsilon}_1,\boldsymbol{\varepsilon}_1) & f(\boldsymbol{\varepsilon}_1,\boldsymbol{\varepsilon}_2) & \cdots & f(\boldsymbol{\varepsilon}_1,\boldsymbol{\varepsilon}_n)\\ f(\boldsymbol{\varepsilon}_2,\boldsymbol{\varepsilon}_1) & f(\boldsymbol{\varepsilon}_2,\boldsymbol{\varepsilon}_2) & \cdots & f(\boldsymbol{\varepsilon}_2,\boldsymbol{\varepsilon}_n)\\ \vdots & \vdots & & \vdots\\ f(\boldsymbol{\varepsilon}_n,\boldsymbol{\varepsilon}_1) & f(\boldsymbol{\varepsilon}_n,\boldsymbol{\varepsilon}_2) & \cdots & f(\boldsymbol{\varepsilon}_n,\boldsymbol{\varepsilon}_n)\end{pmatrix} \tag{4}$$

称为 $f(\boldsymbol{\alpha},\boldsymbol{\beta})$ 在 $\boldsymbol{\varepsilon}_1,\boldsymbol{\varepsilon}_2,\cdots,\boldsymbol{\varepsilon}_n$ 下的**度量矩阵**.

上面的讨论说明，取定 V 的一组基 $\boldsymbol{\varepsilon}_1,\boldsymbol{\varepsilon}_2,\cdots,\boldsymbol{\varepsilon}_n$ 后，每个双线性函数都对应于一个 n 阶矩阵，就是这个双线性函数在基 $\boldsymbol{\varepsilon}_1,\boldsymbol{\varepsilon}_2,\cdots,\boldsymbol{\varepsilon}_n$ 下的度量矩阵.度量矩阵被双线性函数及基唯一确定.而且不同的双线性函数在同一组基下的度量矩阵一定是不同的.

反之，任给数域 P 上一个 n 阶矩阵

$$A=\begin{pmatrix} a_{11} & a_{12} & \cdots & a_{1n}\\ a_{21} & a_{22} & \cdots & a_{2n}\\ \vdots & \vdots & & \vdots\\ a_{n1} & a_{n2} & \cdots & a_{nn}\end{pmatrix},$$

对 V 中任意向量 $\boldsymbol{\alpha}=(\boldsymbol{\varepsilon}_1,\boldsymbol{\varepsilon}_2,\cdots,\boldsymbol{\varepsilon}_n)\boldsymbol{X}$ 及 $\boldsymbol{\beta}=(\boldsymbol{\varepsilon}_1,\boldsymbol{\varepsilon}_2,\cdots,\boldsymbol{\varepsilon}_n)\boldsymbol{Y}$，其中 $\boldsymbol{X}^{\mathrm{T}}=(x_1,x_2,\cdots,x_n)$，$\boldsymbol{Y}^{\mathrm{T}}=(y_1,y_2,\cdots,y_n)$，用

$$f(\boldsymbol{\alpha},\boldsymbol{\beta})=\boldsymbol{X}^{\mathrm{T}}\boldsymbol{A}\boldsymbol{Y}=\sum_{i=1}^{n}\sum_{j=1}^{n}a_{ij}x_iy_j$$

定义的函数是 V 上一个双线性函数.容易计算出 $f(\boldsymbol{\alpha},\boldsymbol{\beta})$ 在 $\boldsymbol{\varepsilon}_1,\boldsymbol{\varepsilon}_2,\cdots,\boldsymbol{\varepsilon}_n$ 下的度量矩阵就是 $\boldsymbol{A}$.

因此，在给定的基下，V 上全体双线性函数与 P 上全体 n 阶矩阵之间有一个双射.

在不同的基下，同一个双线性函数的度量矩阵一般是不同的，它们之间有什么关系呢？设 $\boldsymbol{\varepsilon}_1,\boldsymbol{\varepsilon}_2,\cdots,\boldsymbol{\varepsilon}_n$ 及 $\boldsymbol{\eta}_1,\boldsymbol{\eta}_2,\cdots,\boldsymbol{\eta}_n$ 是线性空间 V 的两组基，且

$$(\boldsymbol{\eta}_1,\boldsymbol{\eta}_2,\cdots,\boldsymbol{\eta}_n)=(\boldsymbol{\varepsilon}_1,\boldsymbol{\varepsilon}_2,\cdots,\boldsymbol{\varepsilon}_n)\boldsymbol{C},$$

$\boldsymbol{\alpha},\boldsymbol{\beta}$ 是 V 中两个向量，

$$\boldsymbol{\alpha}=(\boldsymbol{\varepsilon}_1,\boldsymbol{\varepsilon}_2,\cdots,\boldsymbol{\varepsilon}_n)\boldsymbol{X}=(\boldsymbol{\eta}_1,\boldsymbol{\eta}_2,\cdots,\boldsymbol{\eta}_n)\boldsymbol{X}_1,$$
$$\boldsymbol{\beta}=(\boldsymbol{\varepsilon}_1,\boldsymbol{\varepsilon}_2,\cdots,\boldsymbol{\varepsilon}_n)\boldsymbol{Y}=(\boldsymbol{\eta}_1,\boldsymbol{\eta}_2,\cdots,\boldsymbol{\eta}_n)\boldsymbol{Y}_1.$$

则

$$\boldsymbol{X}=\boldsymbol{C}\boldsymbol{X}_1,\quad \boldsymbol{Y}=\boldsymbol{C}\boldsymbol{Y}_1.$$

如果双线性函数 $f(\boldsymbol{\alpha},\boldsymbol{\beta})$ 在 $\boldsymbol{\varepsilon}_1,\boldsymbol{\varepsilon}_2,\cdots,\boldsymbol{\varepsilon}_n$ 及 $\boldsymbol{\eta}_1,\boldsymbol{\eta}_2,\cdots,\boldsymbol{\eta}_n$ 下的度量矩阵分别为 $\boldsymbol{A},\boldsymbol{B}$，则有

$$f(\boldsymbol{\alpha},\boldsymbol{\beta})=\boldsymbol{X}^{\mathrm{T}}\boldsymbol{A}\boldsymbol{Y}=(\boldsymbol{C}\boldsymbol{X}_1)^{\mathrm{T}}\boldsymbol{A}(\boldsymbol{C}\boldsymbol{Y}_1)=\boldsymbol{X}_1^{\mathrm{T}}(\boldsymbol{C}^{\mathrm{T}}\boldsymbol{A}\boldsymbol{C})\boldsymbol{Y}_1.$$

又

$$f(\boldsymbol{\alpha},\boldsymbol{\beta})=\boldsymbol{X}_1^{\mathrm{T}}\boldsymbol{B}\boldsymbol{Y}_1,$$

因此

$$\boldsymbol{B}=\boldsymbol{C}^{\mathrm{T}}\boldsymbol{A}\boldsymbol{C}.$$

这说明同一个双线性函数在不同基下的度量矩阵是合同的.

定义 5 设 $f(\boldsymbol{\alpha},\boldsymbol{\beta})$ 是线性空间 V 上一个双线性函数，如果

$$f(\boldsymbol{\alpha},\boldsymbol{\beta})=0,$$

对任意$\boldsymbol{\beta}\in V$,可推出$\boldsymbol{\alpha}=\mathbf{0}$,$f$就称为**非退化的**.

可以应用度量矩阵来判断一个双线性函数是不是非退化的.设双线性函数$f(\boldsymbol{\alpha},\boldsymbol{\beta})$在基$\boldsymbol{\varepsilon}_1,\boldsymbol{\varepsilon}_2,\cdots,\boldsymbol{\varepsilon}_n$下的度量矩阵为$\boldsymbol{A}$,则对$\boldsymbol{\alpha}=(\boldsymbol{\varepsilon}_1,\boldsymbol{\varepsilon}_2,\cdots,\boldsymbol{\varepsilon}_n)\boldsymbol{X}$,$\boldsymbol{\beta}=(\boldsymbol{\varepsilon}_1,\boldsymbol{\varepsilon}_2,\cdots,\boldsymbol{\varepsilon}_n)\boldsymbol{Y}$,有

$$f(\boldsymbol{\alpha},\boldsymbol{\beta})=\boldsymbol{X}^{\mathrm{T}}\boldsymbol{A}\boldsymbol{Y}.$$

如果向量$\boldsymbol{\alpha}$满足

$$f(\boldsymbol{\alpha},\boldsymbol{\beta})=0,\quad 对任意\boldsymbol{\beta}\in V,$$

那么对任意$\boldsymbol{Y}$都有

$$\boldsymbol{X}^{\mathrm{T}}\boldsymbol{A}\boldsymbol{Y}=0.$$

因此

$$\boldsymbol{X}^{\mathrm{T}}\boldsymbol{A}=\mathbf{0}.$$

而有非零向量$\boldsymbol{X}^{\mathrm{T}}$使上式成立的充要条件为$\boldsymbol{A}$是退化的,因此易证双线性函数$f(\boldsymbol{\alpha},\boldsymbol{\beta})$是非退化的充要条件为其度量矩阵$\boldsymbol{A}$为非退化矩阵.

对度量矩阵作合同变换可使度量矩阵化简,但对一般矩阵用合同变换化简是比较复杂的.对于对称矩阵我们已有较完整的理论,以下我们就转向这种特殊的也是最重要的情形.

定义 6 $f(\boldsymbol{\alpha},\boldsymbol{\beta})$是线性空间$V$上的一个双线性函数,如果对$V$中任意两个向量$\boldsymbol{\alpha},\boldsymbol{\beta}$,都有

$$f(\boldsymbol{\alpha},\boldsymbol{\beta})=f(\boldsymbol{\beta},\boldsymbol{\alpha}),$$

则称$f(\boldsymbol{\alpha},\boldsymbol{\beta})$为**对称双线性函数**.如果对$V$中任意两个向量$\boldsymbol{\alpha},\boldsymbol{\beta}$,都有

$$f(\boldsymbol{\alpha},\boldsymbol{\beta})=-f(\boldsymbol{\beta},\boldsymbol{\alpha}),$$

则称$f(\boldsymbol{\alpha},\boldsymbol{\beta})$为**反称双线性函数**.

设$f(\boldsymbol{\alpha},\boldsymbol{\beta})$是线性空间$V$上的一个对称双线性函数,对$V$的任一组基$\boldsymbol{\varepsilon}_1,\boldsymbol{\varepsilon}_2,\cdots,\boldsymbol{\varepsilon}_n$,由于

$$f(\boldsymbol{\varepsilon}_i,\boldsymbol{\varepsilon}_j)=f(\boldsymbol{\varepsilon}_j,\boldsymbol{\varepsilon}_i),$$

故其度量矩阵是对称的.另一方面,如果双线性函数$f(\boldsymbol{\alpha},\boldsymbol{\beta})$在$\boldsymbol{\varepsilon}_1,\boldsymbol{\varepsilon}_2,\cdots,\boldsymbol{\varepsilon}_n$下的度量矩阵是对称的,那么对$V$中任意两个向量$\boldsymbol{\alpha}=(\boldsymbol{\varepsilon}_1,\boldsymbol{\varepsilon}_2,\cdots,\boldsymbol{\varepsilon}_n)\boldsymbol{X}$及$\boldsymbol{\beta}=(\boldsymbol{\varepsilon}_1,\boldsymbol{\varepsilon}_2,\cdots,\boldsymbol{\varepsilon}_n)\boldsymbol{Y}$,都有

$$f(\boldsymbol{\alpha},\boldsymbol{\beta})=\boldsymbol{X}^{\mathrm{T}}\boldsymbol{A}\boldsymbol{Y}=\boldsymbol{Y}^{\mathrm{T}}\boldsymbol{A}^{\mathrm{T}}\boldsymbol{X}=\boldsymbol{Y}^{\mathrm{T}}\boldsymbol{A}\boldsymbol{X}=f(\boldsymbol{\beta},\boldsymbol{\alpha}).$$

因此$f(\boldsymbol{\alpha},\boldsymbol{\beta})$是对称的,这就是说,双线性函数是对称的,当且仅当它在任一组基下的度量矩阵是对称矩阵.

同样地,双线性函数是反称的当且仅当它在任一组基下的度量矩阵是反称矩阵.

我们知道,欧氏空间的内积不仅是对称双线性函数,而且它在任一组基下的度量矩阵是正定矩阵.

根据二次型一章中关于对称矩阵在合同变换下的标准形的理论,我们有下述定理:

定理 5 设V是数域P上n维线性空间,$f(\boldsymbol{\alpha},\boldsymbol{\beta})$是$V$上的对称双线性函数,则存在$V$的一组基$\boldsymbol{\varepsilon}_1,\boldsymbol{\varepsilon}_2,\cdots,\boldsymbol{\varepsilon}_n$,使$f(\boldsymbol{\alpha},\boldsymbol{\beta})$在这组基下的度量矩阵为对角矩阵. ▌

下面我们用类似于施密特正交化的方法,给出这个定理的另一证明.

只要证明能找到一组基 $\boldsymbol{\varepsilon}_1,\boldsymbol{\varepsilon}_2,\cdots,\boldsymbol{\varepsilon}_n$，使

$$f(\boldsymbol{\varepsilon}_i,\boldsymbol{\varepsilon}_j)=0,\quad i\neq j.$$

如果对 V 中一切 $\boldsymbol{\alpha},\boldsymbol{\beta}$ 都有 $f(\boldsymbol{\alpha},\boldsymbol{\beta})=0$，则结论成立.

如果 $f(\boldsymbol{\alpha},\boldsymbol{\beta})$ 不全为零，先证必有 $\boldsymbol{\varepsilon}_1$ 使 $f(\boldsymbol{\varepsilon}_1,\boldsymbol{\varepsilon}_1)\neq 0$. 否则，如果对于所有 $\boldsymbol{\alpha}\in V$，皆有 $f(\boldsymbol{\alpha},\boldsymbol{\alpha})=0$，那么对任意 $\boldsymbol{\alpha},\boldsymbol{\beta}\in V$，有

$$f(\boldsymbol{\alpha},\boldsymbol{\beta})=\frac{1}{2}\{f(\boldsymbol{\alpha}+\boldsymbol{\beta},\boldsymbol{\alpha}+\boldsymbol{\beta})-f(\boldsymbol{\alpha},\boldsymbol{\alpha})-f(\boldsymbol{\beta},\boldsymbol{\beta})\}=0,$$

矛盾，所以这样的 $\boldsymbol{\varepsilon}_1$ 是存在的. 现在对空间维数 n 作数学归纳法. 设对于维数不超过 $n-1$ 的空间，上述结论成立. 将 $\boldsymbol{\varepsilon}_1$ 扩充成 V 的一组基 $\boldsymbol{\varepsilon}_1,\boldsymbol{\eta}_2,\cdots,\boldsymbol{\eta}_n$，令

$$\boldsymbol{\varepsilon}_i'=\boldsymbol{\eta}_i-\frac{f(\boldsymbol{\varepsilon}_1,\boldsymbol{\eta}_i)}{f(\boldsymbol{\varepsilon}_1,\boldsymbol{\varepsilon}_1)}\boldsymbol{\varepsilon}_1,\qquad i=2,3,\cdots,n,$$

则

$$f(\boldsymbol{\varepsilon}_1,\boldsymbol{\varepsilon}_i')=0,\qquad i=2,3,\cdots,n.$$

易知 $\boldsymbol{\varepsilon}_1,\boldsymbol{\varepsilon}_2',\cdots,\boldsymbol{\varepsilon}_n'$ 仍是 V 的一组基，考察由 $\boldsymbol{\varepsilon}_2',\boldsymbol{\varepsilon}_3',\cdots,\boldsymbol{\varepsilon}_n'$ 生成的线性子空间 $L(\boldsymbol{\varepsilon}_2',\boldsymbol{\varepsilon}_3',\cdots,\boldsymbol{\varepsilon}_n')$，其中每个向量 $\boldsymbol{\alpha}$ 都满足 $f(\boldsymbol{\varepsilon}_1,\boldsymbol{\alpha})=0$，而且 $V=L(\boldsymbol{\varepsilon}_1)\oplus L(\boldsymbol{\varepsilon}_2',\boldsymbol{\varepsilon}_3',\cdots,\boldsymbol{\varepsilon}_n')$. 把 $f(\boldsymbol{\alpha},\boldsymbol{\beta})$ 看成 $L(\boldsymbol{\varepsilon}_2',\boldsymbol{\varepsilon}_3',\cdots,\boldsymbol{\varepsilon}_n')$ 上的双线性函数，仍然是对称的. 但是 $L(\boldsymbol{\varepsilon}_2',\boldsymbol{\varepsilon}_3',\cdots,\boldsymbol{\varepsilon}_n')$ 的维数小于 n，由归纳假设，$L(\boldsymbol{\varepsilon}_2',\boldsymbol{\varepsilon}_3',\cdots,\boldsymbol{\varepsilon}_n')$ 有一组基 $\boldsymbol{\varepsilon}_2,\boldsymbol{\varepsilon}_3,\cdots,\boldsymbol{\varepsilon}_n$，满足

$$f(\boldsymbol{\varepsilon}_i,\boldsymbol{\varepsilon}_j)=0,\quad i,j=2,3,\cdots,n,\quad i\neq j.$$

由于 $V=L(\boldsymbol{\varepsilon}_1)\oplus L(\boldsymbol{\varepsilon}_2',\boldsymbol{\varepsilon}_3',\cdots,\boldsymbol{\varepsilon}_n')$，故 $\boldsymbol{\varepsilon}_1,\boldsymbol{\varepsilon}_2,\cdots,\boldsymbol{\varepsilon}_n$ 是 V 的一组基，且满足要求. ▌

如果 $f(\boldsymbol{\alpha},\boldsymbol{\beta})$ 在 $\boldsymbol{\varepsilon}_1,\boldsymbol{\varepsilon}_2,\cdots,\boldsymbol{\varepsilon}_n$ 下的度量矩阵为对角矩阵，那么对 $\boldsymbol{\alpha}=\sum\limits_{i=1}^{n}x_i\boldsymbol{\varepsilon}_i,\boldsymbol{\beta}=\sum\limits_{i=1}^{n}y_i\boldsymbol{\varepsilon}_i$，$f(\boldsymbol{\alpha},\boldsymbol{\beta})$ 有表示式

$$f(\boldsymbol{\alpha},\boldsymbol{\beta})=d_1x_1y_1+d_2x_2y_2+\cdots+d_nx_ny_n.$$

这个表示式也是 $f(\boldsymbol{\alpha},\boldsymbol{\beta})$ 在 $\boldsymbol{\varepsilon}_1,\boldsymbol{\varepsilon}_2,\cdots,\boldsymbol{\varepsilon}_n$ 下的度量矩阵为对角形的充分条件.

推论 1 设 V 是复数域上 n 维线性空间，$f(\boldsymbol{\alpha},\boldsymbol{\beta})$ 是 V 上对称双线性函数，则存在 V 的一组基 $\boldsymbol{\varepsilon}_1,\boldsymbol{\varepsilon}_2,\cdots,\boldsymbol{\varepsilon}_n$，对 V 中任意向量 $\boldsymbol{\alpha}=\sum\limits_{i=1}^{n}x_i\boldsymbol{\varepsilon}_i,\boldsymbol{\beta}=\sum\limits_{i=1}^{n}y_i\boldsymbol{\varepsilon}_i$，有

$$f(\boldsymbol{\alpha},\boldsymbol{\beta})=x_1y_1+x_2y_2+\cdots+x_ry_r,\quad 0\leqslant r\leqslant n.\ ▌$$

推论 2 设 V 是实数域上 n 维线性空间，$f(\boldsymbol{\alpha},\boldsymbol{\beta})$ 是 V 上对称双线性函数，则存在 V 的一组基 $\boldsymbol{\varepsilon}_1,\boldsymbol{\varepsilon}_2,\cdots,\boldsymbol{\varepsilon}_n$，对 V 中任意向量 $\boldsymbol{\alpha}=\sum\limits_{i=1}^{n}x_i\boldsymbol{\varepsilon}_i,\boldsymbol{\beta}=\sum\limits_{i=1}^{n}y_i\boldsymbol{\varepsilon}_i$，有

$$f(\boldsymbol{\alpha},\boldsymbol{\beta})=x_1y_1+\cdots+x_py_p-x_{p+1}y_{p+1}-\cdots-x_ry_r,\quad 0\leqslant p\leqslant r\leqslant n.\ ▌$$

对称双线性函数与二次齐次函数是 1-1 对应的，我们首先给出下述定义：

定义 7 设 V 是数域 P 上线性空间，$f(\boldsymbol{\alpha},\boldsymbol{\beta})$ 是 V 上双线性函数. 当 $\boldsymbol{\alpha}=\boldsymbol{\beta}$ 时，V 上函数 $f(\boldsymbol{\alpha},\boldsymbol{\alpha})$ 称为与 $f(\boldsymbol{\alpha},\boldsymbol{\beta})$ 对应的二次齐次函数.

给定 V 上一组基 $\boldsymbol{\varepsilon}_1,\boldsymbol{\varepsilon}_2,\cdots,\boldsymbol{\varepsilon}_n$，设 $f(\boldsymbol{\alpha},\boldsymbol{\beta})$ 的度量矩阵为 $\boldsymbol{A}=(a_{ij})_{n\times n}$. 对 V 中任一向量 $\boldsymbol{\alpha}=\sum\limits_{i=1}^{n}x_i\boldsymbol{\varepsilon}_i$，有

$$f(\boldsymbol{\alpha},\boldsymbol{\alpha})=\sum_{i=1}^{n}\sum_{j=1}^{n}a_{ij}x_ix_j,\tag{5}$$

其中 x_ix_j 的系数为 $a_{ij}+a_{ji}$.因此如果两个双线性函数的度量矩阵分别为

$$\boldsymbol{A}=(a_{ij})_{n\times n}\quad 及\quad \boldsymbol{B}=(b_{ij})_{n\times n},$$

只要

$$a_{ij}+a_{ji}=b_{ij}+b_{ji},\quad i,j=1,2,\cdots,n,$$

那么它们对应的二次齐次函数就相同,因此有很多双线性函数对应于同一个二次齐次函数,但是如果我们要求 $\boldsymbol{A}$ 为对称矩阵,即要求双线性函数为对称的,那么一个二次齐次函数只对应一个对称双线性函数.从(5)式看出二次齐次函数的坐标表达式就是以前学过的二次型.它与对称矩阵是 1-1 对应的,而这个对称矩阵就是唯一的与这个二次齐次函数对应的对称双线性函数的度量矩阵.

下面讨论反称双线性函数.

定理 6 设 $f(\boldsymbol{\alpha},\boldsymbol{\beta})$ 是 n 维线性空间 V 上的反称双线性函数,则存在 V 的一组基 $\boldsymbol{\varepsilon}_1,\boldsymbol{\varepsilon}_{-1},\cdots,\boldsymbol{\varepsilon}_r,\boldsymbol{\varepsilon}_{-r},\boldsymbol{\eta}_1,\boldsymbol{\eta}_2,\cdots,\boldsymbol{\eta}_s$,使

$$\begin{cases}f(\boldsymbol{\varepsilon}_i,\boldsymbol{\varepsilon}_{-i})=1, & i=1,2,\cdots,r;\\ f(\boldsymbol{\varepsilon}_i,\boldsymbol{\varepsilon}_j)=0, & i+j\neq 0;\\ f(\boldsymbol{\alpha},\boldsymbol{\eta}_k)=0, & \boldsymbol{\alpha}\in V,k=1,2,\cdots,s.\end{cases}\tag{6}$$

证明 如果 $f(\boldsymbol{\alpha},\boldsymbol{\beta})$ 是零函数,那么 V 的任一组基都可取作 $\boldsymbol{\eta}_1,\boldsymbol{\eta}_2,\cdots,\boldsymbol{\eta}_s$ 而满足要求.

如果 $f(\boldsymbol{\alpha},\boldsymbol{\beta})$ 不是零函数,则必有 $\boldsymbol{\varepsilon}_1,\boldsymbol{\beta}$ 使 $f(\boldsymbol{\varepsilon}_1,\boldsymbol{\beta})\neq 0$.因为 $f(\boldsymbol{\varepsilon}_1,\lambda\boldsymbol{\beta})=\lambda f(\boldsymbol{\varepsilon}_1,\boldsymbol{\beta})$,故可取适当的 λ,令 $\boldsymbol{\varepsilon}_{-1}=\lambda\boldsymbol{\beta}$,而使 $f(\boldsymbol{\varepsilon}_1,\boldsymbol{\varepsilon}_{-1})=1$.

将 $\boldsymbol{\varepsilon}_1,\boldsymbol{\varepsilon}_{-1}$ 扩充成 V 的一组基 $\boldsymbol{\varepsilon}_1,\boldsymbol{\varepsilon}_{-1},\boldsymbol{\beta}_3',\boldsymbol{\beta}_4',\cdots,\boldsymbol{\beta}_n'$.令

$$\boldsymbol{\beta}_i=\boldsymbol{\beta}_i'-f(\boldsymbol{\beta}_i',\boldsymbol{\varepsilon}_{-1})\boldsymbol{\varepsilon}_1+f(\boldsymbol{\beta}_i',\boldsymbol{\varepsilon}_1)\boldsymbol{\varepsilon}_{-1},\quad i=3,4,\cdots,n,$$

则

$$f(\boldsymbol{\beta}_i,\boldsymbol{\varepsilon}_1)=f(\boldsymbol{\beta}_i,\boldsymbol{\varepsilon}_{-1})=0,\quad i=3,4,\cdots,n.$$

显然 $\boldsymbol{\varepsilon}_1,\boldsymbol{\varepsilon}_{-1},\boldsymbol{\beta}_3,\boldsymbol{\beta}_4,\cdots,\boldsymbol{\beta}_n$ 仍是 V 的基.于是

$$V=L(\boldsymbol{\varepsilon}_1,\boldsymbol{\varepsilon}_{-1})\oplus L(\boldsymbol{\beta}_3,\boldsymbol{\beta}_4,\cdots,\boldsymbol{\beta}_n),$$

并且 $f(\boldsymbol{\alpha},\boldsymbol{\beta})$ 看作 $L(\boldsymbol{\beta}_3,\boldsymbol{\beta}_4,\cdots,\boldsymbol{\beta}_n)$ 上的双线性函数仍是反称的.因此应用数学归纳法,有 $L(\boldsymbol{\beta}_3,\boldsymbol{\beta}_4,\cdots,\boldsymbol{\beta}_n)$ 的基 $\boldsymbol{\varepsilon}_2,\boldsymbol{\varepsilon}_{-2},\cdots,\boldsymbol{\varepsilon}_r,\boldsymbol{\varepsilon}_{-r},\boldsymbol{\eta}_1,\boldsymbol{\eta}_2,\cdots,\boldsymbol{\eta}_s$ 满足(6)式.由于 $f(\boldsymbol{\varepsilon}_1,\boldsymbol{\beta}_i)=f(\boldsymbol{\varepsilon}_{-1},\boldsymbol{\beta}_i)=0$, $i=3,4,\cdots,n$,因此对任一 $\boldsymbol{\alpha}\in L(\boldsymbol{\beta}_3,\boldsymbol{\beta}_4,\cdots,\boldsymbol{\beta}_n)$,都有 $f(\boldsymbol{\varepsilon}_1,\boldsymbol{\alpha})=f(\boldsymbol{\varepsilon}_{-1},\boldsymbol{\alpha})=0$,故 $\boldsymbol{\varepsilon}_1,\boldsymbol{\varepsilon}_{-1},\cdots,\boldsymbol{\varepsilon}_r,\boldsymbol{\varepsilon}_{-r},\boldsymbol{\eta}_1,\boldsymbol{\eta}_2,\cdots,\boldsymbol{\eta}_s$ 也满足(6)式. ▌

从定理 5 可知,V 上的对称双线性函数 $f(\boldsymbol{\alpha},\boldsymbol{\beta})$ 如果是非退化的,则有 V 的一组基 $\boldsymbol{\varepsilon}_1,\boldsymbol{\varepsilon}_2,\cdots,\boldsymbol{\varepsilon}_n$ 满足

$$\begin{cases}f(\boldsymbol{\varepsilon}_i,\boldsymbol{\varepsilon}_i)\neq 0, & i=1,2,\cdots,n;\\ f(\boldsymbol{\varepsilon}_i,\boldsymbol{\varepsilon}_j)=0, & j\neq i.\end{cases}$$

前面的不等式是非退化条件保证的,这样的基叫做 V 的对于 $f(\boldsymbol{\alpha},\boldsymbol{\beta})$ 的**正交基**.

而从定理 6 可知,V 上的反称双线性函数 $f(\boldsymbol{\alpha},\boldsymbol{\beta})$ 如果是非退化的,则有 V 的一组基 $\boldsymbol{\varepsilon}_1,\boldsymbol{\varepsilon}_{-1},\cdots,\boldsymbol{\varepsilon}_r,\boldsymbol{\varepsilon}_{-r}$,使

$$\begin{cases}f(\boldsymbol{\varepsilon}_i,\boldsymbol{\varepsilon}_{-i})=1, & i=1,2,\cdots,r;\\ f(\boldsymbol{\varepsilon}_i,\boldsymbol{\varepsilon}_j)=0, & i+j\neq 0.\end{cases}$$

由于非退化的条件,定理 6 中的 $\boldsymbol{\eta}_1,\boldsymbol{\eta}_2,\cdots,\boldsymbol{\eta}_s$ 不可能出现.因此具有非退化反称双线性函数的线性空间一定是偶数维的.

对于具有非退化对称、反称双线性函数的线性空间 V,我们也可以将这些双线性函数看成 V 上的一个“内积”,仿照欧氏空间来讨论它的度量性质,一般的长度、角度很难推广进去,但是还能讨论“正交性”“正交基”以及保持这个双线性函数的线性变换等.

定义 8 设 V 是数域 P 上的线性空间,在 V 上定义了一个非退化双线性函数,则 V 称为一个**双线性度量空间**.当 f 是非退化对称双线性函数时,V 称为 P 上的**正交空间**;当 V 是 n 维实线性空间,f 是非退化对称双线性函数时,V 称为**准欧氏空间**;当 f 是非退化反称双线性函数时,V 称为**辛空间**.有着非退化双线性函数 f 的双线性度量空间常记为 (V,f).

*§4 辛 空 间

近年来有限维辛空间的理论在力学、计算数学、几何学、代数学、组合学等领域中日显重要.我们在这一节简略地介绍辛空间的一些性质,特别是辛空间的子空间及辛自同构(称为辛变换)的性质.

由前一节的讨论,已经得到下面两点性质:

1. 辛空间 (V,f) 中一定能找到一组基 $\boldsymbol{\varepsilon}_1,\boldsymbol{\varepsilon}_2,\cdots,\boldsymbol{\varepsilon}_n,\boldsymbol{\varepsilon}_{-1},\boldsymbol{\varepsilon}_{-2},\cdots,\boldsymbol{\varepsilon}_{-n}$,满足

$$\begin{cases} f(\boldsymbol{\varepsilon}_i,\boldsymbol{\varepsilon}_{-i})=1, & 1\leqslant i\leqslant n, \\ f(\boldsymbol{\varepsilon}_i,\boldsymbol{\varepsilon}_j)=0, & -n\leqslant i,j\leqslant n, i+j\neq 0, \end{cases}$$

这样的基称为 (V,f) 的**辛正交基**.还可看出辛空间一定是偶数维的.

2. 任一 $2n$ 阶非退化反称矩阵 $\boldsymbol{K}$ 可把一个数域 P 上 $2n$ 维空间 V 化成一个辛空间,且使 $\boldsymbol{K}$ 为 V 的一组基 $\boldsymbol{e}_1,\boldsymbol{e}_2,\cdots,\boldsymbol{e}_n,\boldsymbol{e}_{-1},\boldsymbol{e}_{-2},\cdots,\boldsymbol{e}_{-n}$ 下的度量矩阵.又此辛空间在一组辛正交基 $\boldsymbol{\varepsilon}_1,\boldsymbol{\varepsilon}_2,\cdots,\boldsymbol{\varepsilon}_n,\boldsymbol{\varepsilon}_{-1},\boldsymbol{\varepsilon}_{-2},\cdots,\boldsymbol{\varepsilon}_{-n}$ 下的度量矩阵为

$$\boldsymbol{J}=\begin{pmatrix} \boldsymbol{O} & \boldsymbol{E} \\ -\boldsymbol{E} & \boldsymbol{O} \end{pmatrix}_{2n\times 2n}, \tag{1}$$

故 $\boldsymbol{K}$ 合同于 $\boldsymbol{J}$.即任一 $2n$ 阶非退化反称矩阵皆合同于 $\boldsymbol{J}$.

两个辛空间 (V_1,f_1) 及 (V_2,f_2),若有 V_1 到 V_2 的作为线性空间的同构 $\mathscr{K}$,它满足

$$f_1(\boldsymbol{u},\boldsymbol{v})=f_2(\mathscr{K}\boldsymbol{u},\mathscr{K}\boldsymbol{v}),$$

则称 $\mathscr{K}$ 是 (V_1,f_1) 到 (V_2,f_2) 的**辛同构**.

(V_1,f_1) 到 (V_2,f_2) 的作为线性空间的同构是辛同构当且仅当它把 (V_1,f_1) 的一组辛正交基变成 (V_2,f_2) 的辛正交基.

两个辛空间是辛同构的当且仅当它们有相同的维数.

辛空间 (V,f) 到自身的辛同构称为 (V,f) 上的**辛变换**.取定 (V,f) 的一组辛正交基 $\boldsymbol{\varepsilon}_1,\boldsymbol{\varepsilon}_2,\cdots,\boldsymbol{\varepsilon}_n,\boldsymbol{\varepsilon}_{-1},\boldsymbol{\varepsilon}_{-2},\cdots,\boldsymbol{\varepsilon}_{-n}$,$V$ 上的一个线性变换 $\mathscr{K}$,在该基下的矩阵为 $\boldsymbol{K}$,

$$\boldsymbol{K}=\begin{pmatrix} \boldsymbol{A} & \boldsymbol{B} \\ \boldsymbol{C} & \boldsymbol{D} \end{pmatrix},$$

其中 $\boldsymbol{A},\boldsymbol{B},\boldsymbol{C},\boldsymbol{D}$ 皆为 $n\times n$ 方阵.则 $\mathscr{K}$ 是辛变换当且仅当 $\boldsymbol{K}^{\mathrm{T}}\boldsymbol{J}\boldsymbol{K}=\boldsymbol{J}$,亦即当且仅当下列条件成立:

$$\boldsymbol{A}^{\mathrm{T}}\boldsymbol{C}=\boldsymbol{C}^{\mathrm{T}}\boldsymbol{A},\quad \boldsymbol{B}^{\mathrm{T}}\boldsymbol{D}=\boldsymbol{D}^{\mathrm{T}}\boldsymbol{B},\quad \boldsymbol{A}^{\mathrm{T}}\boldsymbol{D}-\boldsymbol{C}^{\mathrm{T}}\boldsymbol{B}=\boldsymbol{E}.$$

且易证,$|\boldsymbol{K}|=\pm 1$ 及辛变换的乘积、辛变换的逆变换皆为辛变换.

设(V,f)是辛空间.如果 $\boldsymbol{u},\boldsymbol{v}\in V$ 且满足 $f(\boldsymbol{u},\boldsymbol{v})=0$,则称 $\boldsymbol{u},\boldsymbol{v}$ 为**辛正交**的.

W 是 V 的子空间,令

$$W^{\perp}=\{\boldsymbol{u}\in V\mid f(\boldsymbol{u},\boldsymbol{w})=0,\ \forall\,\boldsymbol{w}\in W\}.\tag{2}$$

$W^{\perp}$ 显然是 V 的子空间,称为 W 的**辛正交补空间**.

定理 7　*(V,f)是辛空间,W 是 V 的子空间,则*

$$维(W^{\perp})=维(V)-维(W).$$

证明　取 V 的一组基 $\boldsymbol{\varepsilon}_1,\boldsymbol{\varepsilon}_2,\cdots,\boldsymbol{\varepsilon}_{2n}$,$W$ 的一组基 $\boldsymbol{\eta}_1,\boldsymbol{\eta}_2,\cdots,\boldsymbol{\eta}_k$,设 f 在 $\boldsymbol{\varepsilon}_1,\boldsymbol{\varepsilon}_2,\cdots,\boldsymbol{\varepsilon}_{2n}$下的度量矩阵为 $\boldsymbol{A}$.一对向量 $\boldsymbol{\eta}=(\boldsymbol{\varepsilon}_1,\boldsymbol{\varepsilon}_2,\cdots,\boldsymbol{\varepsilon}_{2n})\boldsymbol{X}$,$\boldsymbol{\varepsilon}=(\boldsymbol{\varepsilon}_1,\boldsymbol{\varepsilon}_2,\cdots,\boldsymbol{\varepsilon}_{2n})\boldsymbol{Y}$,其中

$$\boldsymbol{X}=\begin{pmatrix}x_1\\x_2\\\vdots\\x_{2n}\end{pmatrix},\quad \boldsymbol{Y}=\begin{pmatrix}y_1\\y_2\\\vdots\\y_{2n}\end{pmatrix}$$

分别是 $\boldsymbol{\eta}$ 及 $\boldsymbol{\varepsilon}$ 在基 $\boldsymbol{\varepsilon}_1,\boldsymbol{\varepsilon}_2,\cdots,\boldsymbol{\varepsilon}_{2n}$下的坐标向量,于是

$$f(\boldsymbol{\eta},\boldsymbol{\varepsilon})=\boldsymbol{X}^{\mathrm{T}}\boldsymbol{A}\boldsymbol{Y}.$$

现设 W 的基 $\boldsymbol{\eta}_1,\boldsymbol{\eta}_2,\cdots,\boldsymbol{\eta}_k$ 在 V 的基 $\boldsymbol{\varepsilon}_1,\boldsymbol{\varepsilon}_2,\cdots,\boldsymbol{\varepsilon}_{2n}$下的坐标向量是 $\boldsymbol{X}_1,\boldsymbol{X}_2,\cdots,\boldsymbol{X}_k$,又 f 是非退化的,$\boldsymbol{A}$ 为可逆矩阵,因此

$$k=秩\begin{pmatrix}\boldsymbol{X}_1^{\mathrm{T}}\\\boldsymbol{X}_2^{\mathrm{T}}\\\vdots\\\boldsymbol{X}_k^{\mathrm{T}}\end{pmatrix}=秩\begin{pmatrix}\boldsymbol{X}_1^{\mathrm{T}}\\\boldsymbol{X}_2^{\mathrm{T}}\\\vdots\\\boldsymbol{X}_k^{\mathrm{T}}\end{pmatrix}\boldsymbol{A}.$$

又 $\boldsymbol{\varepsilon}\in W^{\perp}\Leftrightarrow\boldsymbol{\eta}_1,\boldsymbol{\eta}_2,\cdots,\boldsymbol{\eta}_k$ 都与 $\boldsymbol{\varepsilon}$ 辛正交$\Leftrightarrow\boldsymbol{Y}$ 满足齐次线性方程组

$$\begin{pmatrix}\boldsymbol{X}_1^{\mathrm{T}}\\\boldsymbol{X}_2^{\mathrm{T}}\\\vdots\\\boldsymbol{X}_k^{\mathrm{T}}\end{pmatrix}\boldsymbol{A}\boldsymbol{Y}=\boldsymbol{0},\tag{3}$$

于是 $W^{\perp}$ 与方程组(3)的解空间同构.方程组(3)的解空间的维数为 $2n-k$,就证明了

$$维(W^{\perp})=2n-k=维(V)-维(W).\ ▌$$

定义 9　*(V,f)为辛空间,W 为 V 的子空间.若 $W\subset W^{\perp}$,则称 W 为(V,f)的***迷向子空间***;若 $W=W^{\perp}$,即 W 是极大的(按包含关系)迷向子空间,也称它为***拉格朗日子空间***;若 $W\cap W^{\perp}=\{\boldsymbol{0}\}$,则称 W 为(V,f)的***辛子空间***.

例如,设 $\boldsymbol{\varepsilon}_1,\boldsymbol{\varepsilon}_2,\cdots,\boldsymbol{\varepsilon}_n,\boldsymbol{\varepsilon}_{-1},\boldsymbol{\varepsilon}_{-2},\cdots,\boldsymbol{\varepsilon}_{-n}$是$(V,f)$的辛正交基,则 $L(\boldsymbol{\varepsilon}_1,\boldsymbol{\varepsilon}_2,\cdots,\boldsymbol{\varepsilon}_k)$是迷向子空间.$L(\boldsymbol{\varepsilon}_1,\boldsymbol{\varepsilon}_2,\cdots,\boldsymbol{\varepsilon}_n)$是极大迷向子空间,即拉格朗日子空间.$L(\boldsymbol{\varepsilon}_1,\boldsymbol{\varepsilon}_2,\cdots,\boldsymbol{\varepsilon}_k,\boldsymbol{\varepsilon}_{-1},\boldsymbol{\varepsilon}_{-2},\cdots,\boldsymbol{\varepsilon}_{-k})$是辛子空间.

对辛空间(V,f)的子空间 U,W,通过验证并利用定理 7,可得下列性质:

1. $(W^{\perp})^{\perp}=W$;
2. $U\subset W\Rightarrow W^{\perp}\subset U^{\perp}$;
3. 若 U 是辛子空间,则 $V=U\oplus U^{\perp}$,$U^{\perp}$ 也是辛子空间;
4. 若 U 是迷向子空间,则维$(U)\leqslant\frac{1}{2}$维(V);
5. 若 U 是拉格朗日子空间,则维$(U)=\frac{1}{2}$维(V).

定理 8 设 L 是辛空间(V,f)的拉格朗日子空间,$\boldsymbol{\varepsilon}_1,\boldsymbol{\varepsilon}_2,\cdots,\boldsymbol{\varepsilon}_n$是 L 的基,则它可扩充为(V,f)的辛正交基.

证明 由性质 5 知维$(V)=2n$.用 L_i 表示 $n-1$ 维子空间 $L(\boldsymbol{\varepsilon}_1,\cdots,\boldsymbol{\varepsilon}_{i-1},\boldsymbol{\varepsilon}_{i+1},\cdots,\boldsymbol{\varepsilon}_n)$.由 $L_i\subset L$ 知 $L_i^{\perp}\supset L^{\perp}=L$.再由定理 7 知 $L_1^{\perp}$ 是 $n+1$ 维子空间,故 $L_1^{\perp}$ 中有向量 $\boldsymbol{\varepsilon}_{-1}$不在 L 中,即$f(\boldsymbol{\varepsilon}_1,\boldsymbol{\varepsilon}_{-1})\neq 0$.不妨设$f(\boldsymbol{\varepsilon}_1,\boldsymbol{\varepsilon}_{-1})=1$(否则把 $\boldsymbol{\varepsilon}_{-1}$换成它的适当倍数).由于 $\boldsymbol{\varepsilon}_{-1}\in L_1^{\perp}$,则$f(\boldsymbol{\varepsilon}_j,\boldsymbol{\varepsilon}_{-1})=0(j=2,3,\cdots,n)$.然后在 $L_2^{\perp}$ 选一向量 $\boldsymbol{\varepsilon}'_{-2}$不在 L 中,使$f(\boldsymbol{\varepsilon}_2,\boldsymbol{\varepsilon}'_{-2})=1$.设$f(\boldsymbol{\varepsilon}_{-1},\boldsymbol{\varepsilon}'_{-2})=a$,作 $\boldsymbol{\varepsilon}_{-2}=a\boldsymbol{\varepsilon}_1+\boldsymbol{\varepsilon}'_{-2}$,则有$f(\boldsymbol{\varepsilon}_2,\boldsymbol{\varepsilon}_{-2})=1$ 及$f(\boldsymbol{\varepsilon}_{-1},\boldsymbol{\varepsilon}_{-2})=-a+a=0$,且显然有$f(\boldsymbol{\varepsilon}_j,\boldsymbol{\varepsilon}_{-2})=0(j=1,3,4,\cdots,n)$.如此继续下去得到$(V,f)$的基 $\boldsymbol{\varepsilon}_1,\boldsymbol{\varepsilon}_2,\cdots,\boldsymbol{\varepsilon}_n,\boldsymbol{\varepsilon}_{-1},\boldsymbol{\varepsilon}_{-2},\cdots,\boldsymbol{\varepsilon}_{-n}$是$(V,f)$的辛正交基. ▌

推论 设 W 是(V,f)的迷向子空间,$\{\boldsymbol{\varepsilon}_1,\boldsymbol{\varepsilon}_2,\cdots,\boldsymbol{\varepsilon}_k\}$是 W 的基,则它可扩充成(V,f)的辛正交基.

证明 设 L 是包含 W 的极大迷向子空间,则 L 是拉格朗日子空间.可先把 W 的基扩充成 L 的基.再由定理 8,可扩充成(V,f)的辛正交基. ▌

对于辛子空间 U,$f|U$ 也是非退化的.同样 $f|U^{\perp}$ 也非退化.由定理 7 还有 $V=U\oplus U^{\perp}$.

定理 9 辛空间(V,f)的辛子空间$(U,f|U)$的一组辛正交基可扩充成(V,f)的辛正交基.

证明 实际上$(U^{\perp},f|U^{\perp})$的任一组辛正交基与$(U,f|U)$的任一组辛正交基合起来就是(V,f)的辛正交基. ▌

定理 10 令(V,f)为辛空间,U 和 W 是两个拉格朗日子空间或两个同维数的辛子空间,则有(V,f)的辛变换把 U 变成 W.

证明 由于把辛正交基变成辛正交基的线性变换是辛变换,再应用定理 8 及定理 9 关于 U 的及 W 的基可扩充成(V,f)的辛正交基的结论,容易证明定理. ▌

辛空间(V,f)的两个子空间 U 及 W 之间的(线性)同构$\mathscr{K}$若满足

$$f(\boldsymbol{u},\boldsymbol{v})=f(\mathscr{K}\boldsymbol{u},\mathscr{K}\boldsymbol{v}),\quad \forall\,\boldsymbol{u},\boldsymbol{v}\in U,$$

则称$\mathscr{K}$为 U 与 W 间等距.下面的命题以定理 10 为特例.

维特(Witt)定理 辛空间(V,f)的两个子空间 U 与 W 间若有等距,则此等距可扩充成(V,f)的一个辛变换.

证明 由定理 6,存在 U 上的一组基 $\boldsymbol{\varepsilon}_1,\boldsymbol{\varepsilon}_2,\cdots,\boldsymbol{\varepsilon}_m,\boldsymbol{\varepsilon}_{-1},\boldsymbol{\varepsilon}_{-2},\cdots,\boldsymbol{\varepsilon}_{-m},\boldsymbol{\eta}_1,\boldsymbol{\eta}_2,\cdots,\boldsymbol{\eta}_r$,

$$\begin{cases}f(\boldsymbol{\varepsilon}_i,\boldsymbol{\varepsilon}_{-i})=1, & i=1,2,\cdots,m;\\ f(\boldsymbol{\varepsilon}_i,\boldsymbol{\varepsilon}_j)=0, & i+j\neq 0;\\ f(\boldsymbol{\varepsilon},\boldsymbol{\eta}_j)=0, & \boldsymbol{\varepsilon}\in U,j=1,2,\cdots,r.\end{cases}\tag{4}$$

令 $H=L(\boldsymbol{\varepsilon}_1,\boldsymbol{\varepsilon}_2,\cdots,\boldsymbol{\varepsilon}_m,\boldsymbol{\varepsilon}_{-1},\boldsymbol{\varepsilon}_{-2},\cdots,\boldsymbol{\varepsilon}_{-m})$，它是 V 的辛子空间.V 是辛空间，故 $H^{\perp}$ 是辛子空间，且 $V=H\oplus H^{\perp}$. 又由(4)式知，$L(\boldsymbol{\eta}_1,\boldsymbol{\eta}_2,\cdots,\boldsymbol{\eta}_r)$ 是 $H^{\perp}$ 的迷向子空间，它的基可扩充成 $H^{\perp}$ 的辛正交基

$$\boldsymbol{\eta}_1,\boldsymbol{\eta}_2,\cdots,\boldsymbol{\eta}_r,\cdots,\boldsymbol{\eta}_n,\boldsymbol{\eta}_{-1},\boldsymbol{\eta}_{-2},\cdots,\boldsymbol{\eta}_{-r},\cdots,\boldsymbol{\eta}_{-n}.$$

设 τ 是等距映射：

$$\tau:U\to W.$$

$$\tau(H)=L(\tau(\boldsymbol{\varepsilon}_1),\cdots,\tau(\boldsymbol{\varepsilon}_m),\tau(\boldsymbol{\varepsilon}_{-1}),\cdots,\tau(\boldsymbol{\varepsilon}_{-m})),$$

$$\tau(\boldsymbol{\eta}_1),\tau(\boldsymbol{\eta}_2),\cdots,\tau(\boldsymbol{\eta}_r)\in\tau(H^{\perp})=\tau(H)^{\perp},$$

由(4)式有

$$\begin{cases}f(\tau(\boldsymbol{\varepsilon}_i),\tau(\boldsymbol{\varepsilon}_{-i}))=1, & i=1,2,\cdots,m;\\ f(\tau(\boldsymbol{\varepsilon}_i),\tau(\boldsymbol{\varepsilon}_j))=0, & i+j\neq 0;\\ f(\boldsymbol{\xi},\tau(\boldsymbol{\eta}_j))=0, & \boldsymbol{\xi}\in\tau(U)=W,\quad j=1,2,\cdots,r.\end{cases}\tag{5}$$

与 $U,H,H^{\perp}$ 的情形一样，对于 $W=\tau(U),\tau(H),\tau(H^{\perp})=\tau(H)^{\perp},V=\tau(H)\oplus\tau(H)^{\perp}$ 是辛子空间的直和. 且 $\tau(\boldsymbol{\eta}_1),\tau(\boldsymbol{\eta}_2),\cdots,\tau(\boldsymbol{\eta}_r)$ 可扩充成 $\tau(H)^{\perp}$ 的一个辛正交基，记作

$$\boldsymbol{\xi}_1,\boldsymbol{\xi}_2,\cdots,\boldsymbol{\xi}_r,\cdots,\boldsymbol{\xi}_n,\boldsymbol{\xi}_{-1},\boldsymbol{\xi}_{-2},\cdots,\boldsymbol{\xi}_{-r},\cdots,\boldsymbol{\xi}_{-n},$$

其中 $\boldsymbol{\xi}_j=\tau(\boldsymbol{\eta}_j),j=1,2,\cdots,r$，于是 $\tau(\boldsymbol{\varepsilon}_1),\tau(\boldsymbol{\varepsilon}_2),\cdots,\tau(\boldsymbol{\varepsilon}_m),\tau(\boldsymbol{\varepsilon}_{-1}),\tau(\boldsymbol{\varepsilon}_{-2}),\cdots,\tau(\boldsymbol{\varepsilon}_{-m}),\boldsymbol{\xi}_1,\boldsymbol{\xi}_2,\cdots,\boldsymbol{\xi}_r,\cdots,\boldsymbol{\xi}_n,\boldsymbol{\xi}_{-1},\boldsymbol{\xi}_{-2},\cdots,\boldsymbol{\xi}_{-r},\cdots,\boldsymbol{\xi}_{-n}$ 是 V 的又一组辛正交基. 令 ρ 是 V 的一个线性变换：

$$\rho:V\to V,$$

$$\begin{cases}\rho(\boldsymbol{\varepsilon}_i)=\tau(\boldsymbol{\varepsilon}_i), & i=\pm1,\pm2,\cdots,\pm m;\\ \rho(\boldsymbol{\eta}_j)=\boldsymbol{\xi}_j, & j=\pm1,\pm2,\cdots,\pm n.\end{cases}\tag{6}$$

ρ 把 V 的辛正交基变成辛正交基，是 V 的一个辛变换. 又当 $i=1,2,\cdots,m$ 时，$\rho(\boldsymbol{\varepsilon}_i)=\tau(\boldsymbol{\varepsilon}_i)$，当 $j=1,2,\cdots,r$ 时，$\rho(\boldsymbol{\eta}_j)=\boldsymbol{\xi}_j=\tau(\boldsymbol{\eta}_j)$，故 $\rho|U=\tau$. 定理得证. ▌

设 $\mathscr{K}$ 是辛空间 (V,f) 上的辛变换，我们不加证明地指出，$\mathscr{K}$ 的行列式为 1.①

取定 (V,f) 的辛正交基 $\boldsymbol{\varepsilon}_1,\boldsymbol{\varepsilon}_2,\cdots,\boldsymbol{\varepsilon}_n,\boldsymbol{\varepsilon}_{-1},\boldsymbol{\varepsilon}_{-2},\cdots,\boldsymbol{\varepsilon}_{-n}$，设 $\mathscr{K}$ 在该基下矩阵为 $\boldsymbol{K}$，这时有 $\boldsymbol{K}^{\mathrm{T}}\boldsymbol{J}\boldsymbol{K}=\boldsymbol{J}$.

下面是辛变换的特征值的一些性质.

定理 11 设 $\mathscr{K}$ 是 $2n$ 维辛空间中的辛变换，$\boldsymbol{K}$ 是 $\mathscr{K}$ 在某辛正交基下矩阵. 则它的特征多项式 $f(\lambda)=|\lambda\boldsymbol{E}-\boldsymbol{K}|$ 满足 $f(\lambda)=\lambda^{2n}f\left(\dfrac{1}{\lambda}\right)$. 若设

$$f(\lambda)=a_0\lambda^{2n}+a_1\lambda^{2n-1}+\cdots+a_{2n-1}\lambda+a_{2n},$$

则 $a_i=a_{2n-i}(i=0,1,\cdots,n)$.

证明 由于 $|\boldsymbol{K}|=|\boldsymbol{J}|=1,\boldsymbol{J}^2=-\boldsymbol{E}$ 及 $\boldsymbol{K}=-\boldsymbol{J}(\boldsymbol{K}^{-1})^{\mathrm{T}}\boldsymbol{J}$，于是

$$f(\lambda)=|\lambda\boldsymbol{E}-\boldsymbol{K}|=|\lambda\boldsymbol{E}+\boldsymbol{J}(\boldsymbol{K}^{-1})^{\mathrm{T}}\boldsymbol{J}|=|\lambda\boldsymbol{J}\boldsymbol{E}\boldsymbol{J}-\boldsymbol{J}(\boldsymbol{K}^{-1})^{\mathrm{T}}\boldsymbol{J}|$$

---

① 参见《有限群论：第一卷第一分册》定理 9.19，B. 胡佩特著，姜豪，俞曙霞译. 福州：福建人民出版社，1992.

$$= |\boldsymbol{J}|\ |\lambda\boldsymbol{E}-(\boldsymbol{K}^{-1})^{\mathrm{T}}|\ |\boldsymbol{J}| = |\lambda\boldsymbol{E}-(\boldsymbol{K}^{-1})^{\mathrm{T}}|\ |\boldsymbol{K}^{\mathrm{T}}|$$

$$= |\lambda\boldsymbol{K}^{\mathrm{T}}-\boldsymbol{E}| = |\boldsymbol{E}-\lambda\boldsymbol{K}| = \lambda^{2n}\left|\frac{1}{\lambda}\boldsymbol{E}-\boldsymbol{K}\right| = \lambda^{2n}f\left(\frac{1}{\lambda}\right). \blacksquare$$

由定理 11 可知，辛变换$\mathscr{K}$的特征多项式$f(\lambda)$的（复）根 λ 与$\dfrac{1}{\lambda}$是同时出现的，且具有相同的重数.它在 P 中的特征值也如此.又$|\boldsymbol{K}|$等于$f(\lambda)$的所有（复）根的积，而$|\boldsymbol{K}|=1$，故特征值为-1 的重数为偶数.又不等于±1 的复根的重数的和及空间的维数皆为偶数，因此特征值为 1 的重数也为偶数.

定理 12 设 λ_i,λ_j 是数域 P 上辛空间(V,f)上辛变换$\mathscr{K}$在 P 中的特征值，且$\lambda_i\lambda_j\neq1$.设 $V_{\lambda_i},V_{\lambda_j}$是 V 中对应于特征值 λ_i 及 λ_j 的特征子空间，则$\forall \boldsymbol{u}\in V_{\lambda_i},\boldsymbol{v}\in V_{\lambda_j}$，有$f(\boldsymbol{u},\boldsymbol{v})=0$，即 V_{λ_i}与 V_{λ_j}是辛正交的. 特别地，当 $\lambda_i\neq\pm1$ 时，V_{λ_i}是迷向子空间.

证明 $\mathscr{K}\boldsymbol{u}=\lambda_i\boldsymbol{u}$，$\mathscr{K}\boldsymbol{v}=\lambda_j\boldsymbol{v}$.由 $f(\boldsymbol{u},\boldsymbol{v})=f(\mathscr{K}\boldsymbol{u},\mathscr{K}\boldsymbol{v})=\lambda_i\lambda_j f(\boldsymbol{u},\boldsymbol{v})$，即有

$$(\lambda_i\lambda_j-1)f(\boldsymbol{u},\boldsymbol{v})=0,$$

故 $f(\boldsymbol{u},\boldsymbol{v})=0$. $\blacksquare$

习　题

1. 设 V 是数域 P 上一个 3 维线性空间，$\boldsymbol{\varepsilon}_1,\boldsymbol{\varepsilon}_2,\boldsymbol{\varepsilon}_3$ 是它的一组基，f 是 V 上一个线性函数，已知

$$f(\boldsymbol{\varepsilon}_1+\boldsymbol{\varepsilon}_3)=1,\quad f(\boldsymbol{\varepsilon}_2-2\boldsymbol{\varepsilon}_3)=-1,\quad f(\boldsymbol{\varepsilon}_1+\boldsymbol{\varepsilon}_2)=-3,$$

求 $f(x_1\boldsymbol{\varepsilon}_1+x_2\boldsymbol{\varepsilon}_2+x_3\boldsymbol{\varepsilon}_3)$.

2. V 及 $\boldsymbol{\varepsilon}_1,\boldsymbol{\varepsilon}_2,\boldsymbol{\varepsilon}_3$ 同上题，试找出一个线性函数 f，使

$$f(\boldsymbol{\varepsilon}_1+\boldsymbol{\varepsilon}_3)=f(\boldsymbol{\varepsilon}_1-2\boldsymbol{\varepsilon}_3)=0,\quad f(\boldsymbol{\varepsilon}_1+\boldsymbol{\varepsilon}_2)=1.$$

3. 设 $\boldsymbol{\varepsilon}_1,\boldsymbol{\varepsilon}_2,\boldsymbol{\varepsilon}_3$ 是线性空间 V 的一组基，f_1,f_2,f_3 是它的对偶基，

$$\boldsymbol{\alpha}_1=\boldsymbol{\varepsilon}_1-\boldsymbol{\varepsilon}_3,\quad \boldsymbol{\alpha}_2=\boldsymbol{\varepsilon}_1+\boldsymbol{\varepsilon}_2+\boldsymbol{\varepsilon}_3,\quad \boldsymbol{\alpha}_3=\boldsymbol{\varepsilon}_2+\boldsymbol{\varepsilon}_3.$$

试证 $\boldsymbol{\alpha}_1,\boldsymbol{\alpha}_2,\boldsymbol{\alpha}_3$ 是 V 的一组基并求它的对偶基（用 f_1,f_2,f_3 表出）.

4. 设 V 是一个线性空间，$f_1,f_2,\cdots,f_s$ 是 V^* 中非零向量.试证：存在$\boldsymbol{\alpha}\in V$，使

$$f_i(\boldsymbol{\alpha})\neq0,\quad i=1,2,\cdots,s.$$

5. 设 $\boldsymbol{\alpha}_1,\boldsymbol{\alpha}_2,\cdots,\boldsymbol{\alpha}_s$ 是线性空间 V 中非零向量.证明：存在 $f\in V^*$，使

$$f(\boldsymbol{\alpha}_i)\neq0,\quad i=1,2,\cdots,s.$$

6. 设 $V=P[x]_3$，对 $p(x)=c_0+c_1x+c_2x^2\in V$ 定义

$$f_1(p(x))=\int_0^1 p(x)\,\mathrm{d}x,\quad f_2(p(x))=\int_0^2 p(x)\,\mathrm{d}x,\quad f_3(p(x))=\int_0^{-1} p(x)\,\mathrm{d}x.$$

试证 f_1,f_2,f_3 都是 V 上线性函数，并找出 V 的一组基 $p_1(x),p_2(x),p_3(x)$，使 f_1,f_2,f_3 是它的对偶基.

7. 设 V 是一个 n 维欧氏空间，它的内积为$(\boldsymbol{\alpha},\boldsymbol{\beta})$，对 V 中确定的向量 $\boldsymbol{\alpha}$，定义 V 上一个函数 $\boldsymbol{\alpha}^*$：

$$\boldsymbol{\alpha}^*(\boldsymbol{\beta})=(\boldsymbol{\alpha},\boldsymbol{\beta}).$$

1）证明：$\boldsymbol{\alpha}^*$ 是 V 上线性函数；

2）证明：V 到 V^* 的映射：

$$\boldsymbol{\alpha}\to\boldsymbol{\alpha}^*$$

是 V 到 V^* 的一个同构映射.（在这个同构下，欧氏空间可看成自身的对偶空间.）

8. 设 $\mathscr{A}$ 是 P 上 n 维线性空间 V 的一个线性变换.

1）证明：对 V 上的线性函数 f，$f\mathscr{A}$ 仍是 V 上线性函数；

2）定义 V^* 到自身的映射 $\mathscr{A}^*$ 为

$$f\to f\mathscr{A},$$

证明：$\mathscr{A}^*$ 是 V^* 上的线性变换；

3）设 $\boldsymbol{\varepsilon}_1,\boldsymbol{\varepsilon}_2,\cdots,\boldsymbol{\varepsilon}_n$ 是 V 的一组基，$f_1,f_2,\cdots,f_n$ 是它的对偶基，并设 $\mathscr{A}$ 在 $\boldsymbol{\varepsilon}_1,\boldsymbol{\varepsilon}_2,\cdots,\boldsymbol{\varepsilon}_n$ 下的矩阵为 $\boldsymbol{A}$，证明：$\mathscr{A}^*$ 在 $f_1,f_2,\cdots,f_n$ 下的矩阵为 $\boldsymbol{A}^{\mathrm{T}}$.（因此 $\mathscr{A}^*$ 称为 $\mathscr{A}$ 的转置映射.）

9. 设 V 是数域 P 上一个线性空间，$f_1,f_2,\cdots,f_k$ 是 V 上 k 个线性函数.

1）证明集合

$$W=\{\boldsymbol{\alpha}\in V\mid f_i(\boldsymbol{\alpha})=0,1\leqslant i\leqslant k\}$$

是 V 的一个子空间，W 称为线性函数 $f_1,f_2,\cdots,f_k$ 的零化子空间；

2）证明：V 的任意一个子空间皆为某些线性函数的零化子空间.

10. 设 $\boldsymbol{A}$ 是 P 上一个 m 阶矩阵，定义 $P^{m\times n}$ 上一个二元函数

$$f(\boldsymbol{X},\boldsymbol{Y})=\mathrm{tr}(\boldsymbol{X}^{\mathrm{T}}\boldsymbol{A}\boldsymbol{Y})=\boldsymbol{X}^{\mathrm{T}}\boldsymbol{A}\boldsymbol{Y}\text{ 的主对角线上元素的和，}\quad \boldsymbol{X},\boldsymbol{Y}\in P^{m\times n}.$$

1）证明：$f(\boldsymbol{X},\boldsymbol{Y})$ 是 $P^{m\times n}$ 上的双线性函数；

2）求 $f(\boldsymbol{X},\boldsymbol{Y})$ 在基

$$\boldsymbol{E}_{11},\boldsymbol{E}_{12},\cdots,\boldsymbol{E}_{1n},\boldsymbol{E}_{21},\boldsymbol{E}_{22},\cdots,\boldsymbol{E}_{2n},\cdots,\boldsymbol{E}_{m1},\boldsymbol{E}_{m2},\cdots,\boldsymbol{E}_{mn}$$

下的度量矩阵.（$\boldsymbol{E}_{ij}$ 表示第 i 行第 j 列的元素为 1，而其余元素全为零的 $m\times n$ 矩阵.）

11. 在 P^4 中定义一个双线性函数 $f(\boldsymbol{X},\boldsymbol{Y})$，对 $\boldsymbol{X}=(x_1,x_2,x_3,x_4)$，$\boldsymbol{Y}=(y_1,y_2,y_3,y_4)$，$f(\boldsymbol{X},\boldsymbol{Y})=3x_1y_2-5x_2y_1+x_3y_4-4x_4y_3$.

1）给定 P^4 的一组基

$$\boldsymbol{\varepsilon}_1=(1,-2,-1,0),\quad \boldsymbol{\varepsilon}_2=(1,-1,1,0),\quad \boldsymbol{\varepsilon}_3=(-1,2,1,1),\quad \boldsymbol{\varepsilon}_4=(-1,-1,0,1),$$

求 $f(\boldsymbol{X},\boldsymbol{Y})$ 在这组基下的度量矩阵；

2）另取一组基 $\boldsymbol{\eta}_1,\boldsymbol{\eta}_2,\boldsymbol{\eta}_3,\boldsymbol{\eta}_4$，且

$$(\boldsymbol{\eta}_1,\boldsymbol{\eta}_2,\boldsymbol{\eta}_3,\boldsymbol{\eta}_4)=(\boldsymbol{\varepsilon}_1,\boldsymbol{\varepsilon}_2,\boldsymbol{\varepsilon}_3,\boldsymbol{\varepsilon}_4)\boldsymbol{T},$$

其中

$$\boldsymbol{T}=\begin{pmatrix}1&1&1&1\\1&1&-1&-1\\1&-1&1&-1\\1&-1&-1&1\end{pmatrix},$$

求 $f(\boldsymbol{X},\boldsymbol{Y})$ 在 $\boldsymbol{\eta}_1,\boldsymbol{\eta}_2,\boldsymbol{\eta}_3,\boldsymbol{\eta}_4$ 下的度量矩阵.

12. 设 V 是复数域上线性空间，其维数 $n\geqslant 2$，$f(\boldsymbol{\alpha},\boldsymbol{\beta})$ 是 V 上一个对称双线性函数.

1）证明：V 中有非零向量 $\boldsymbol{\xi}$，使

$$f(\boldsymbol{\xi},\boldsymbol{\xi})=0;$$

2）如果$f(\boldsymbol{\alpha},\boldsymbol{\beta})$是非退化的，则必有线性无关的向量$\boldsymbol{\xi},\boldsymbol{\eta}$满足

$$f(\boldsymbol{\xi},\boldsymbol{\eta})=1,\qquad f(\boldsymbol{\xi},\boldsymbol{\xi})=f(\boldsymbol{\eta},\boldsymbol{\eta})=0.$$

13. 试证线性空间V上双线性函数$f(\boldsymbol{\alpha},\boldsymbol{\beta})$为反称的充要条件是对任意$\boldsymbol{\alpha}\in V$，都有$f(\boldsymbol{\alpha},\boldsymbol{\alpha})=0$.

14. 设$f(\boldsymbol{\alpha},\boldsymbol{\beta})$是$V$上对称的或反称的双线性函数，$\boldsymbol{\alpha},\boldsymbol{\beta}$是$V$中两个向量，如果$f(\boldsymbol{\alpha},\boldsymbol{\beta})=0$，则称$\boldsymbol{\alpha},\boldsymbol{\beta}$正交.再设$K$是$V$的一个真子空间.证明：对$\boldsymbol{\xi}\in K$，必有$\mathbf{0}\neq\boldsymbol{\eta}\in K+L(\boldsymbol{\xi})$，使

$$f(\boldsymbol{\eta},\boldsymbol{\alpha})=0$$

对所有$\boldsymbol{\alpha}\in K$都成立.

15. 设V与$f(\boldsymbol{\alpha},\boldsymbol{\beta})$同上题，$K$是$V$的一个子空间，令

$$K^{\perp}=\{\boldsymbol{\alpha}\in V\mid f(\boldsymbol{\alpha},\boldsymbol{\beta})=0,\forall\boldsymbol{\beta}\in K\}.$$

1）试证$K^{\perp}$是V的子空间（$K^{\perp}$称为K的正交补）；

2）试证，如果$K\cap K^{\perp}=\{\mathbf{0}\}$，则$V=K+K^{\perp}$.

16. 设$V,f(\boldsymbol{\alpha},\boldsymbol{\beta}),K$同上题，并设$f(\boldsymbol{\alpha},\boldsymbol{\beta})$限制在$K$上是非退化的.试证：$V=K+K^{\perp}$，并证明$f(\boldsymbol{\alpha},\boldsymbol{\beta})$在$K^{\perp}$上是非退化的充要条件是$f(\boldsymbol{\alpha},\boldsymbol{\beta})$在$V$上为非退化的.

17. 设$f(\boldsymbol{\alpha},\boldsymbol{\beta})$是$n$维线性空间$V$上的非退化对称双线性函数，对$V$中一个元素$\boldsymbol{\alpha}$，定义$V^{*}$中一个元素$\boldsymbol{\alpha}^{*}$：

$$\boldsymbol{\alpha}^{*}(\boldsymbol{\beta})=f(\boldsymbol{\alpha},\boldsymbol{\beta}),\quad \boldsymbol{\beta}\in V.$$

试证：1）V到V^{*}的映射

$$\boldsymbol{\alpha}\to\boldsymbol{\alpha}^{*}$$

是一个同构映射；

2）对V的每组基$\boldsymbol{\varepsilon}_1,\boldsymbol{\varepsilon}_2,\cdots,\boldsymbol{\varepsilon}_n$，有$V$的唯一的一组基$\boldsymbol{\varepsilon}'_1,\boldsymbol{\varepsilon}'_2,\cdots,\boldsymbol{\varepsilon}'_n$，使

$$f(\boldsymbol{\varepsilon}_i,\boldsymbol{\varepsilon}'_j)=\delta_{ij};$$

3）如果V是复数域上n维线性空间，则有一组基$\boldsymbol{\eta}_1,\boldsymbol{\eta}_2,\cdots,\boldsymbol{\eta}_n$，使

$$\boldsymbol{\eta}_i=\boldsymbol{\eta}'_i,\quad i=1,2,\cdots,n.$$

18. 设V是对于非退化对称双线性函数$f(\boldsymbol{\alpha},\boldsymbol{\beta})$的$n$维准欧氏空间.如果$V$的一组基$\boldsymbol{\varepsilon}_1,\boldsymbol{\varepsilon}_2,\cdots,\boldsymbol{\varepsilon}_n$满足

$$\begin{cases}f(\boldsymbol{\varepsilon}_i,\boldsymbol{\varepsilon}_i)=1, & i=1,2,\cdots,p;\\ f(\boldsymbol{\varepsilon}_i,\boldsymbol{\varepsilon}_i)=-1, & i=p+1,\cdots,n;\\ f(\boldsymbol{\varepsilon}_i,\boldsymbol{\varepsilon}_j)=0, & i\neq j,\end{cases}$$

则称之为V的一组正交基.如果V上的线性变换$\mathscr{A}$满足

$$f(\mathscr{A}\boldsymbol{\alpha},\mathscr{A}\boldsymbol{\beta})=f(\boldsymbol{\alpha},\boldsymbol{\beta}),\quad \boldsymbol{\alpha},\boldsymbol{\beta}\in V,$$

则称$\mathscr{A}$为V的一个**准正交变换**.试证：

1）准正交变换是可逆的，且逆变换也是准正交变换；

2）准正交变换的乘积仍是准正交变换；

3）准正交变换$\mathscr{A}$的特征向量$\boldsymbol{\alpha}$若满足$f(\boldsymbol{\alpha},\boldsymbol{\alpha})\neq 0$，则其特征值等于1或$-1$；

4）准正交变换在正交基下的矩阵$\boldsymbol{T}$满足

$$
\boldsymbol{T}^{\mathrm{T}}\begin{pmatrix}1&&&&&&&\\&1&&&&&&\\&&\ddots&&&&&\\&&&1&&&&\\&&&&-1&&&\\&&&&&-1&&\\&&&&&&\ddots&\\&&&&&&&-1\end{pmatrix}\boldsymbol{T}=\begin{pmatrix}1&&&&&&&\\&1&&&&&&\\&&\ddots&&&&&\\&&&1&&&&\\&&&&-1&&&\\&&&&&-1&&\\&&&&&&\ddots&\\&&&&&&&-1\end{pmatrix}.
$$

学习指导

总习题

1. 解下列线性方程组：

1) $\begin{cases} x_1+x_2 = 0, \\ x_2+x_3 = 0, \\ \cdots\cdots\cdots\cdots \\ x_{n-1}+x_n = 0, \\ x_1 + x_n = 0; \end{cases}$

2) $\begin{cases} x_1+x_2 = c, \\ x_2+x_3 = c, \\ \cdots\cdots\cdots\cdots \\ x_{n-1}+x_n = c, \\ x_1 + x_n = c, \end{cases}$ $c\neq 0$;

3) $\begin{cases} x_1+x_2 = c_1, \\ x_2+x_3 = c_2, \\ \cdots\cdots\cdots\cdots \\ x_{n-1}+x_n = c_{n-1}, \\ x_1 + x_n = c_n, \end{cases}$ $c_1,c_2,\cdots,c_n$ 不全相等.

2. 解线性方程组

$$\begin{cases} x_1+x_2+\cdots+x_n=1, \\ x_2+\cdots+x_n+x_{n+1}=2, \\ \cdots\cdots\cdots\cdots \\ x_{n+1}+x_{n+2}+\cdots+x_{2n}=n+1. \end{cases}$$

3. 设 $a_1,a_2,\cdots,a_n$ 是 n 个两两不同的数，

$$\boldsymbol{A}=\begin{pmatrix} 1 & 1 & \cdots & 1 \\ a_1 & a_2 & \cdots & a_n \\ \vdots & \vdots & & \vdots \\ a_1^{s-1} & a_2^{s-1} & \cdots & a_n^{s-1} \end{pmatrix}_{s\times n}, \qquad s\leqslant n,$$

再设 $\boldsymbol{\alpha}=(c_1,c_2,\cdots,c_n)^{\mathrm{T}}$ 是齐次线性方程组

$$\boldsymbol{AX}=\boldsymbol{0}$$

的一个非零解，求证 $\boldsymbol{\alpha}$ 至少有 $s+1$ 个非零分量.

4. 设 $\boldsymbol{A},\boldsymbol{B}$ 是同型实矩阵，其中 $\boldsymbol{A}$ 是对称矩阵. 如果 $\boldsymbol{A}^{\mathrm{T}}\boldsymbol{B}+\boldsymbol{B}^{\mathrm{T}}\boldsymbol{A}$ 正定，证明：$\boldsymbol{A}$ 是可逆矩阵.

5. 设

$$\boldsymbol{A}=\begin{pmatrix} 1 & 1 & & & & \\ & 2 & 2 & & & \\ & & 3 & 3 & & \\ & & & \ddots & \ddots & \\ & & & & n-1 & n-1 \\ & & & & & n \end{pmatrix},$$

求 $\boldsymbol{A}$ 的若尔当标准形 $\boldsymbol{J}$，并求可逆矩阵 $\boldsymbol{C}$，使 $\boldsymbol{C}^{-1}\boldsymbol{A}\boldsymbol{C}=\boldsymbol{J}$.

6. 证明：设 $\boldsymbol{\beta}_1,\boldsymbol{\beta}_2,\cdots,\boldsymbol{\beta}_m$ 为 n 维线性空间 V 中线性相关的向量组，但其中任意 $m-1$ 个向量皆线性无关. 设有 m 个数 $b_1,b_2,\cdots,b_m$，使 $\sum\limits_{j=1}^{m} b_j\boldsymbol{\beta}_j=\mathbf{0}$，则或者 $b_1=b_2=\cdots=b_m=0$，或者 $b_1,b_2,\cdots,b_m$ 皆不为零. 在后者的情形，若有另一组数 $c_1,c_2,\cdots,c_m$，使 $\sum\limits_{j=1}^{m} c_j\boldsymbol{\beta}_j=\mathbf{0}$，则 $c_1:b_1=c_2:b_2=\cdots=c_m:b_m$.

7. 设 $\boldsymbol{\alpha}$ 是欧氏空间 V 中的一个非零向量，$\boldsymbol{\alpha}_1,\boldsymbol{\alpha}_2,\cdots,\boldsymbol{\alpha}_p$ 是 V 中 p 个向量，满足

$$(\boldsymbol{\alpha}_i,\boldsymbol{\alpha}_j)\leqslant 0 \quad 且 \quad (\boldsymbol{\alpha}_i,\boldsymbol{\alpha})>0,\quad i,j=1,2,\cdots,p,i\neq j.$$

证明：1) $\boldsymbol{\alpha}_1,\boldsymbol{\alpha}_2,\cdots,\boldsymbol{\alpha}_p$ 线性无关；

2) n 维欧氏空间中最多有 $n+1$ 个向量，使其两两夹角都大于 $\dfrac{\pi}{2}$.

8. 证明（替换定理）：设向量组 $\boldsymbol{\alpha}_1,\boldsymbol{\alpha}_2,\cdots,\boldsymbol{\alpha}_r$ 线性无关，且可经向量组 $\boldsymbol{\beta}_1,\boldsymbol{\beta}_2,\cdots,\boldsymbol{\beta}_s$ 线性表出，则 $r\leqslant s$. 且在 $\boldsymbol{\beta}_1,\boldsymbol{\beta}_2,\cdots,\boldsymbol{\beta}_s$ 中存在 r 个向量，不妨设就是 $\boldsymbol{\beta}_1,\boldsymbol{\beta}_2,\cdots,\boldsymbol{\beta}_r$，在用 $\boldsymbol{\alpha}_1,\boldsymbol{\alpha}_2,\cdots,\boldsymbol{\alpha}_r$ 替代它们后所得向量组 $\boldsymbol{\alpha}_1,\boldsymbol{\alpha}_2,\cdots,\boldsymbol{\alpha}_r,\boldsymbol{\beta}_{r+1},\cdots,\boldsymbol{\beta}_s$ 与 $\boldsymbol{\beta}_1,\boldsymbol{\beta}_2,\cdots,\boldsymbol{\beta}_s$ 等价.

9. 设 $a_1,a_2,\cdots,a_n$ 是 n 个互不相同的整数. 证明：

$$f(x)=\prod_{i=1}^{n}(x-a_i)^2+1$$

在 $\mathbf{Q}[x]$ 中不可约.

10. 设 $\boldsymbol{A},\boldsymbol{B},\boldsymbol{C}$ 是 $n\times n$ 矩阵，$\boldsymbol{D}=\boldsymbol{E}+\boldsymbol{B}\boldsymbol{C}\boldsymbol{A}$. 试证：如果

$$\boldsymbol{C}(\boldsymbol{E}-\boldsymbol{A}\boldsymbol{B})=(\boldsymbol{E}-\boldsymbol{A}\boldsymbol{B})\boldsymbol{C}=\boldsymbol{E},$$

则

$$(\boldsymbol{E}-\boldsymbol{B}\boldsymbol{A})\boldsymbol{D}=\boldsymbol{D}(\boldsymbol{E}-\boldsymbol{B}\boldsymbol{A})=\boldsymbol{E},$$

并计算 $\boldsymbol{E}+\boldsymbol{A}\boldsymbol{D}\boldsymbol{B}$.

11. 设数域 P 上 $n\times n$ 矩阵 $\boldsymbol{F}$ 的特征多项式为 $f(x)$，并设 $g(x)=\prod\limits_{i=1}^{m}(x-a_i)$. 证明：

1) $|g(\boldsymbol{F})|=(-1)^{mn}\prod\limits_{i=1}^{m}f(a_i)$；

2) 对数域 P 上次数不小于 1 的多项式 $G(x)$，有 $(G(x),f(x))=1$ 当且仅当 $|G(\boldsymbol{F})|\neq 0$.

12. 证明:设 $\boldsymbol{A}$ 是 $n\times n$ 非零矩阵,则有正整数 $k\leqslant n$,使秩$(\boldsymbol{A}^k)$=秩$(\boldsymbol{A}^{k+1})$=秩$(\boldsymbol{A}^{k+2})$.

13. $n\times n$ 复矩阵 $\boldsymbol{A}$ 称为幂零的,如果有正整数 k,使 $\boldsymbol{A}^k=\boldsymbol{O}$.证明:

1) $\boldsymbol{A}$ 是幂零矩阵的充要条件是 $\boldsymbol{A}$ 的所有特征值全为零;

2) $\boldsymbol{A}$ 是幂零矩阵的充要条件是 $\operatorname{tr}\boldsymbol{A}^k=0(k=1,2,\cdots)$.

14. 证明:设 $\boldsymbol{A},\boldsymbol{B}$ 皆为 $n\times n$ 实对称矩阵,且互相交换,则它们有公共的特征向量作为欧氏空间 $\mathbf{R}^n$ 的标准正交基.

15. 证明:实反称矩阵正交相似于准对角矩阵

$$\begin{pmatrix} 0 & & & & & & & & \\ & \ddots & & & & & & & \\ & & 0 & & & & & & \\ & & & 0 & b_1 & & & & \\ & & & -b_1 & 0 & & & & \\ & & & & & \ddots & & & \\ & & & & & & 0 & b_s \\ & & & & & & -b_s & 0 \end{pmatrix},$$

其中 $b_i(i=1,2,\cdots,s)$ 是实数.

16. 设 $\boldsymbol{S}$ 是非零的实反称矩阵.证明:

1) $|\boldsymbol{E}+\boldsymbol{S}|>1$;

2) 设 $\boldsymbol{A}$ 是正定矩阵,则 $|\boldsymbol{A}+\boldsymbol{S}|>|\boldsymbol{A}|$.

17. 设 $f(x),g(x)$ 是数域 P 上两个不全为零的多项式,令

$$S=\{u(x)f(x)+v(x)g(x)\mid u(x),v(x)\in P[x]\}.$$

证明:存在 $m(x)\in S$,使

$$S=\{h(x)m(x)\mid h(x)\in P[x]\}.$$

18. 1) $\boldsymbol{A}$ 是 n 阶可逆矩阵,求二次型

$$f=\begin{vmatrix} 0 & -\boldsymbol{X}^{\mathrm{T}} \\ \boldsymbol{X} & \boldsymbol{A} \end{vmatrix},\quad \boldsymbol{X}=\begin{pmatrix} x_1 \\ x_2 \\ \vdots \\ x_n \end{pmatrix}$$

的矩阵;

2) 证明:当 $\boldsymbol{A}$ 是正定矩阵时,f 是正定二次型;

3) 当 $\boldsymbol{A}$ 是实对称矩阵时,讨论 $\boldsymbol{A}$ 的正、负惯性指数与 f 的正、负惯性指数之间的关系.

19. 设 $P[x]$ 中多项式 $p_1(x),p_2(x),\cdots,p_s(x)(s\geqslant 2)$ 的次数分别为 $n_1,n_2,\cdots,n_s$. 证明:若 $n_1+n_2+\cdots+n_s<\dfrac{s(s-1)}{2}$,则 $p_1(x),p_2(x),\cdots,p_s(x)$ 在线性空间 $P[x]$ 中线性相关.

20. 设 $\boldsymbol{A}$ 是 n 阶实对称矩阵.证明:存在实对称矩阵 $\boldsymbol{B}$,使 $\boldsymbol{B}^2=\boldsymbol{A}$ 的充要条件是 $\boldsymbol{A}$ 为半正定矩阵.

21. 证明:设 $\boldsymbol{A}$ 是非退化实矩阵,则它是一个正交矩阵与一个正定矩阵的乘积.

22. 证明：设 $\boldsymbol{A}$ 是实反称矩阵，则 $(\boldsymbol{E}-\boldsymbol{A})(\boldsymbol{E}+\boldsymbol{A})^{-1}$ 是正交矩阵.
23. 设 $a_1,a_2,\cdots,a_n$ 为 n 个彼此不等的实数，$f_1(x),f_2(x),\cdots,f_n(x)$ 是 n 个次数不大于 $n-2$ 的实系数多项式.证明：

$$\begin{vmatrix} f_1(a_1) & f_1(a_2) & \cdots & f_1(a_n) \\ f_2(a_1) & f_2(a_2) & \cdots & f_2(a_n) \\ \vdots & \vdots & & \vdots \\ f_n(a_1) & f_n(a_2) & \cdots & f_n(a_n) \end{vmatrix} = 0.$$

24. 设 $f(x),g(x),h(x)\in P[x]$，且次数皆大于或等于 1.证明：$f(g(x))=h(g(x))$ 的充要条件为 $f(x)=h(x)$.
25. 设整系数多项式 $f(x)=a_nx^n+a_{n-1}x^{n-1}+\cdots+a_0$，它没有有理根.又有素数 p 满足

    1）$p\nmid a_n$；　2）$p\mid a_{n-2},\cdots,p\mid a_0$；　3）$p^2\nmid a_0$.

    证明：$f(x)$ 在 $\mathbf{Q}[x]$ 中不可约.
26. 1）设 $f(x)$ 及 $G(x)$ 是 $P[x]$ 中 m 次及不超过 $m+1$ 次多项式，证明：$G(n)=\sum\limits_{k=0}^{n-1}f(k)$ 对所有 $n\geqslant 1$ 成立的充要条件是 $G(x+1)-G(x)=f(x)$ 且 $G(0)=0$；

    2）证明：对 $P[x]$ 中任何 m 次多项式 $f(x)$，必有 $P[x]$ 中次数不超过 $m+1$ 的多项式 $G(x)$，满足 $G(n)=f(0)+f(1)+\cdots+f(n-1)$ 对任何 $n\geqslant 1$ 的整数成立；

    3）求 $1^2+2^2+\cdots+n^2$ 及 $1^3+2^3+\cdots+n^3$.
27. P 是一个数域，N 是 $P[x]$ 中的一个子集，满足

    1）$f(x),g(x)\in N$，则 $f(x)+g(x)\in N$；

    2）对 $f(x)\in N$ 及任何 $q(x)\in P[x]$，有 $q(x)f(x)\in N$.

    证明：N 中有 $d(x)$，满足 $N=\{d(x)q(x)\mid q(x)\in P[x]\}$.
28. n 为正整数，$f(x)\in\mathbf{Q}[x]$，$\partial(f(x))=n$.证明：有不全为零的有理数 $a_0,a_1,\cdots,a_n$，使 $f(x)\left|\sum\limits_{i=0}^{n}a_ix^{2^i}\right.$.
29. $f(x)=ax^4+bx^3+cx^2+dx+e$ 为整系数 4 次多项式，令 r_1,r_2,r_3,r_4 是它的根，已知 r_1+r_2 为有理数，$r_1+r_2\neq r_3+r_4$.证明：$f(x)$ 可以表成两个次数较低的整系数多项式的乘积.
30. $f_1(x),f_2(x),\cdots,f_n(x)$ 是闭区间 $[a,b]$ 上的实函数，且在实数域上是线性无关的.证明：在 $[a,b]$ 上存在数 $a_1,a_2,\cdots,a_n$，使

$$|(f_i(a_j))|\neq 0,\quad i,j=1,2,\cdots,n.$$

31. 令 S 是 $P^{n\times n}$ 中所有形如 $\boldsymbol{XY}-\boldsymbol{YX}$ 的矩阵生成的线性子空间，又设 H 为 $P^{n\times n}$ 中迹为零的矩阵组成的空间.求证 $S=H$，因而维(S)=维$(H)=n^2-1$.
32. 证明：设 $\boldsymbol{A}\in P^{n\times n}$，$\operatorname{tr}\boldsymbol{A}=0$，则有 $P^{n\times n}$ 中可逆矩阵 $\boldsymbol{T}$，使

$$\boldsymbol{T}^{-1}\boldsymbol{A}\boldsymbol{T}=\begin{pmatrix} 0 & & & \\ & 0 & & * \\ & * & \ddots & \\ & & & 0 \end{pmatrix}.$$

33. 设 $\boldsymbol{A}\in P^{n\times n}$，$\operatorname{tr}\boldsymbol{A}=0$.证明：有 $\boldsymbol{X},\boldsymbol{Y}\in P^{n\times n}$，使 $\boldsymbol{XY}-\boldsymbol{YX}=\boldsymbol{A}$.
34. 证明：若 $\boldsymbol{A}$ 是 $P^{n\times n}$ 中的一个若尔当块，则与 $\boldsymbol{A}$ 可交换的矩阵一定是 $\boldsymbol{A}$ 的多项式.

35. 设 $\boldsymbol{A}\in P^{n\times n}$，$C(\boldsymbol{A})=\{\boldsymbol{B}\in P^{n\times n}\mid \boldsymbol{BA}=\boldsymbol{AB}\}$.证明:维$(C(\boldsymbol{A}))\geqslant n$.

36. 设 V 是 n 维复线性空间，$\mathscr{A}$，$\mathscr{B}$ 是 V 上线性变换，$\mathscr{A}\mathscr{B}=\mathscr{B}\mathscr{A}$.证明:

1) $\mathscr{B}$ 不变 $\mathscr{A}$ 的每一个根子空间;

2) 若 $\mathscr{A}$ 只有一个非常数不变因子，则 $\mathscr{B}$ 是 $\mathscr{A}$ 的多项式;

3) 若与 $\mathscr{A}$ 可交换的线性变换仅有 $\mathscr{A}$ 的多项式，则 $\mathscr{A}$ 只有一个非常数不变因子.

37. 设 $\boldsymbol{A}$，$\boldsymbol{B}$ 皆为 $n\times n$ 复矩阵.证明:方程 $\boldsymbol{AX}=\boldsymbol{XB}$ 有非零解的充要条件是 $\boldsymbol{A}$，$\boldsymbol{B}$ 有公共特征值.

38. 在 $P^{n\times n}$ 中证明:若 $\boldsymbol{A}=\boldsymbol{BC}$，$\boldsymbol{B}=\boldsymbol{AD}$，则有可逆矩阵 $\boldsymbol{Q}$，使 $\boldsymbol{B}=\boldsymbol{AQ}$.

39. 设 V 上线性变换 $\mathscr{A}$ 可以对角化，$V=V_{\lambda_1}\oplus V_{\lambda_2}\oplus\cdots\oplus V_{\lambda_s}$ 是 $\mathscr{A}$ 的特征子空间的直和.W 是 $\mathscr{A}$-子空间，对 $\boldsymbol{w}\in W$，$\boldsymbol{w}=\boldsymbol{w}_1+\boldsymbol{w}_2+\cdots+\boldsymbol{w}_s$，$\boldsymbol{w}_i\in V_{\lambda_i}(i=1,2,\cdots,s)$.证明每个 $\boldsymbol{w}_i\in W$.

40. 设 V 是 n 维复线性空间，$\mathscr{A}$ 是 V 上线性变换.证明:$\mathscr{A}$ 的若尔当标准形中若尔当块的个数等于 V 中 $\mathscr{A}$ 的线性无关的特征向量的最大个数.

附录一 关于连加号“$\sum$”

在数学中常常碰到若干个数连加的式子

$$a_1+a_2+\cdots+a_n, \tag{1}$$

为了简便起见,我们把(1)式记成

$$\sum_{i=1}^{n} a_i. \tag{2}$$

“$\sum$”称为连加号,a_i 表示一般项,而连加号上下的写法表示 i 的取值由 1 到 n.例如

$$1^2+2^2+3^2+\cdots+n^2=\sum_{i=1}^{n} i^2.$$

$$(x+y)^n=\sum_{i=0}^{n} \mathrm{C}_n^i x^{n-i}y^i.$$

(2)式中的 i 称为求和指标,它只起一个辅助的作用.把(2)式还原成(1)式时,它是不出现的.譬如说,(1)式也可以记成

$$\sum_{j=1}^{n} a_j.$$

因之,只要不与连加号中出现的其他指标相混,用什么字母作为求和指标是任意的.例如,矩阵

$$(a_{ij})_{s\times n} \tag{3}$$

中第 i 行元素的和是

$$a_{i1}+a_{i2}+\cdots+a_{in}=\sum_{j=1}^{n} a_{ij}=\sum_{t=1}^{n} a_{it}.$$

在这里求和指标就不能用“i”,因为

$$\sum_{i=1}^{n} a_{ii}=a_{11}+a_{22}+\cdots+a_{nn}.$$

有时,连加的数是用两个指标来编号的,譬如说,求矩阵(3)中全部元素的和.这个和可以用双重连加号记作

$$\sum_{i=1}^{s}\sum_{j=1}^{n} a_{ij}. \tag{4}$$

按连加号的意义

$$\begin{aligned}\sum_{i=1}^{s}\sum_{j=1}^{n} a_{ij} &= \sum_{i=1}^{s}(a_{i1}+a_{i2}+\cdots+a_{in})\\ &=(a_{11}+a_{12}+\cdots+a_{1n})+(a_{21}+a_{22}+\cdots+a_{2n})+\cdots+(a_{s1}+a_{s2}+\cdots+a_{sn}).\end{aligned}$$

这就是说,先按行相加,然后再把各行的元素和加起来.因为数的加法适合交换律与结

合律，所以这 sn 个数相加也可以先按列相加，再把所得的和加起来，也就是

$$(a_{11}+a_{21}+\cdots+a_{s1})+(a_{12}+a_{22}+\cdots+a_{s2})+\cdots+(a_{1n}+a_{2n}+\cdots+a_{sn}).$$

用连加号表示就成为

$$\sum_{j=1}^{n}\sum_{i=1}^{s}a_{ij},$$

因之，

$$\sum_{i=1}^{s}\sum_{j=1}^{n}a_{ij}=\sum_{j=1}^{n}\sum_{i=1}^{s}a_{ij}.$$

这就是说，在双重连加号中，连加号的次序可以颠倒．在第二章 §7 与第四章 §2 中我们就用到这个结果．

有时相加的数虽然是用两个指标编号，但是相加的并不是它们的全部，而是指标适合某些条件的那一部分，这时就在连加号下写出指标适合的条件．例如，

$$\sum_{j=2}^{n}\sum_{i<j}a_{ij}=a_{12}+(a_{13}+a_{23})+\cdots+(a_{1n}+a_{2n}+\cdots+a_{n-1,n}).$$

又如，给了两个多项式

$$f(x)=a_nx^n+a_{n-1}x^{n-1}+\cdots+a_0,\qquad g(x)=b_mx^m+b_{m-1}x^{m-1}+\cdots+b_0.$$

乘积 $f(x)g(x)$ 中 x^t 的系数就是

$$\sum_{i+j=t}a_ib_j.$$

相仿地，当相加的数是用多个指标编号时，我们就使用多重连加号．例如，有等式

$$\sum_{i+r=t}\sum_{j+k=r}a_ib_jc_k=\sum_{i+j+k=t}a_ib_jc_k.$$

附录二
整数的可除性理论

整数及其运算是大家熟悉的.整数包括正整数、零及负整数.通常用 $\mathbf{Z}$ 表示全体整数组成的数集.

这一附录引导读者学习整数的可除性理论,这是学习高等代数以及其他课程必须知道的数学知识.我们列出了所有的结论,但没有证明.读者完全可以仿照多项式理论中有关结论的论证补出这些证明,这是留给读者的绝好的练习.

整数有加法、减法和乘法等运算,减法是加法的逆运算.加法和乘法满足下面的八条规律($a,b,c,d,\cdots$表示任意整数):

1. 加法交换律:$a+b=b+a$;
2. 加法结合律:$(a+b)+c=a+(b+c)$;
3. $\mathbf{Z}$ 中有零元素 0,满足
$$a+0=0+a=a;$$
4. 每个整数 a 都有唯一的一个负元素$-a$,使得
$$a+(-a)=(-a)+a=0;$$
5. 乘法交换律:$ab=ba$;
6. 乘法结合律:$(ab)c=a(bc)$;
7. 分配律:$a(b+c)=ab+ac$;
8. 消去律:如果 $ab=ac,a\neq 0$,则 $b=c$.

根据第 4 条性质,减法可看作加法的逆运算:
$$a-b=a+(-b).$$

在 $\mathbf{Z}$ 中不能作除法,但是有以下的除法算式.

除法算式 对于任意两个整数 $a,b(b\neq 0)$,存在一对整数 q,r,满足
$$a=qb+r,\quad 0\leqslant r<|b|,$$
而且满足这个条件的整数 q,r 是唯一的.

q 称为 b 除 a 的**商**,r 称为 b 除 a 的**余数**.

定义 1 对于整数 a,b,如果存在唯一的整数 c,使 $a=bc$,则称 b 是 a 的**因子**,a 是 b 的**倍数**.

在定义中我们并不要求 $b\neq 0$.可以看出,当 $b\neq 0$ 时,b 是 a 的因子的充要条件是 b 除 a 所得的余数为 0.因此 b 是 a 的因子也称 b 整除 a,记作 $b\mid a$.否则记作 $b\nmid a$.

关于整除,有以下一些性质:

1. 如果 $a\mid b,b\mid a$,则 $a=\pm b$;
2. 如果 $a\mid b,b\mid c$,则 $a\mid c$;

3. 如果 $a \mid b, a \mid c$，则对任意整数 k, l 都有 $a \mid kb+lc$.

根据定义，每个整数都是 0 的因子，但是 0 不是任何非零整数的因子.

如果 $a \mid b$，则有 $(-a) \mid b$ 及 $a \mid (-b)$，因此以后我们只讨论非负整数的非负因子和非负倍数，不再加以说明.

如果 a 既是 b 的因子，又是 c 的因子，则称 a 是 b 和 c 的一个公因子，公因子中最重要的是最大公因子.

定义 2　设 d 是 a 和 b 的一个公因子，如果 a, b 的任意一个因子都是 d 的因子，则称 d 是 a, b 的**最大公因子**.

根据定义，如果 d_1, d_2 都是 a, b 的最大公因子，那么 $d_1 \mid d_2, d_2 \mid d_1$，从而 $d_1 = \pm d_2$. 按规定 d_1, d_2 皆非负，故 $d_1 = d_2$.

当 $b \mid a$ 时，b 是 a 与 b 的最大公因子. 特别地，当 $a=0$ 时，b 是 a 与 b 的最大公因子.

当 a, b 不全为零时，a, b 的最大公因子不为零，这时我们规定：以 (a, b) 表示 a, b 的正的最大公因子. 在这个规定下，(a, b) 是唯一的.

类似于多项式的情形也有求 (a, b) 的辗转相除法. 设 $b \neq 0$，即 $b>0$，反复应用除法算式

$$\begin{aligned}
a &= q_1 b + r_1, & 0<r_1<b,\\
b &= q_2 r_1 + r_2, & 0<r_2<r_1,\\
&\cdots,\\
r_{k-2} &= q_k r_{k-1} + r_k, & 0<r_k<r_{k-1},\\
r_{k-1} &= q_{k+1} r_k + 0,
\end{aligned}$$

直到出现余数为零而终止. 则有

$$(a, b) = (b, r_1) = (r_1, r_2) = \cdots = (r_{k-1}, r_k) = r_k.$$

从上面的算法中还可以找到整数 u, v，使

$$(a, b) = ua + vb.$$

这是最大公因子的重要性质.

定义 3　如果整数 a, b 的最大公因子等于 1，则称 a, b **互素**（亦称**互质**）.

例如，3 与 5 互素，21 与 40 互素.

互素有以下一些重要性质：

1. a, b 互素的充要条件是存在整数 u, v，使

$$ua + vb = 1;$$

2. 如果 $a \mid bc$，且 $(a, b) = 1$，则 $a \mid c$；

3. 如果 $a \mid c, b \mid c$ 而且 $(a, b) = 1$，则 $ab \mid c$；

4. 如果 $(a, c) = 1, (b, c) = 1$，则 $(ab, c) = 1$.

这些性质说明了互素的重要性.

最后介绍素数（亦称质数）的概念.

整数 $a(a>1)$ 至少有两个因子：1 和 a 本身. 不等于 1 和 a 的因子叫做 a 的**真因子**.

定义 4　a 是大于 1 的整数，如果除去 1 和本身外，a 没有其他因子，则 a 称为**素数**.

例如 2,3,5,23 等都是素数.

从素数的定义可以看出,如果素数 p 表示成 $p=ab$,则必有 $a=1,b=p$ 或 $a=p,b=1$.

素数有下述性质:

1. 素数 p 和任意一个整数 a 都有或者 $p\mid a$,或者 $(p,a)=1$;

2. 如果素数 $p\mid ab$,则 $p\mid a$ 或 $p\mid b$.

下面这两个性质也是素数的特征性质:

3. 如果大于 1 的整数 p 和任何整数 a 都有 $p\mid a$ 或 $(p,a)=1$,则 p 是一个素数;

4. 如果大于 1 的整数 p 具有下述性质:对任何整数 a,b,从 $p\mid ab$ 可推出 $p\mid a$ 或 $p\mid b$,则 p 是一个素数.

如果素数 p 是整数 a 的一个因子,则 p 称为 a 的一个素因子.

根据互素及素数的性质,应用数学归纳法可以证明关于整数的一个基本定理.

因子分解及唯一性定理　任意一个大于 1 的整数 a 可以分解成有限多个素因子的乘积,即

$$a=p_1p_2\cdots p_s,$$

而且分解法是唯一的,即如果有两种分解法

$$a=p_1p_2\cdots p_s=q_1q_2\cdots q_t,$$

其中 $p_1,p_2,\cdots,p_s;q_1,q_2,\cdots,q_t$ 都是素数,那么有 $s=t$.并且重新将 $q_1,\cdots,q_t$ 适当排序后,可得

$$p_i=q_i,\quad i=1,2,\cdots,s.$$

在 a 的分解式中,将同一个素因子合并写成方幂,并且将素因子按大小排列,得到

$$a=p_1^{l_1}p_2^{l_2}\cdots p_r^{l_r},\quad p_1<p_2<\cdots<p_r,l_i>0,i=1,2,\cdots,r.$$

这种表示法称为 a 的**标准分解式**.

可以应用整数的分解式来判断整除性及计算最大公因子.

现在将整数 a,b 的素因子合在一起,设为 $p_1,p_2,\cdots,p_t$,并设

$$\begin{cases}a=p_1^{l_1}p_2^{l_2}\cdots p_t^{l_t}, & l_i\geqslant 0,i=1,2,\cdots,t,\\ b=p_1^{d_1}p_2^{d_2}\cdots p_t^{d_t}, & d_i\geqslant 0,i=1,2,\cdots,t,\end{cases}\tag{1}$$

则

1. a 能整除 b 的充要条件为 $l_i\leqslant d_i,i=1,2,\cdots,t$;

2. $(a,b)=p_1^{\min(l_1,d_1)}p_2^{\min(l_2,d_2)}\cdots p_t^{\min(l_t,d_t)}$.

最后我们介绍最小公倍数的概念.

定义 5　设 m 是 a,b 的一个公倍数,如果 a,b 的任意一个公倍数都是 m 的倍数,则 m 称为 a,b 的**最小公倍数**.

由定义可看出 a,b 的最小公倍数是唯一的,记作 $[a,b]$.

当 a,b 是正整数时,从它们的标准分解式可以求出最小公倍数.设 a,b 的分解如(1)式,则

$$[a,b]=p_1^{\max(l_1,d_1)}p_2^{\max(l_2,d_2)}\cdots p_t^{\max(p_t,d_t)}.$$

由此还可看出

$$ab=(a,b)[a,b].$$

可以把最大公因子及最小公倍数的概念推广到有限多个整数 $a_1,a_2,\cdots a_s$ 的情形,类似地规定$(a_1,a_2,\cdots,a_s)$和$[a_1,a_2,\cdots,a_s]$.特别地,当 $a_1,a_2,\cdots,a_s$ 全为正整数时,有

$$(a_1,a_2,\cdots,a_s)=((a_1,a_2,\cdots,a_{s-1}),a_s),$$

$$[a_1,a_2,\cdots,a_s]=[[a_1,a_2,\cdots,a_{s-1}],a_s],$$

并且存在整数 $u_1,u_2,\cdots,u_s$,使

$$u_1a_1+u_2a_2+\cdots+u_sa_s=(a_1,a_2,\cdots,a_s).$$

附录三 代数基本定理的证明

引理 设$f(z)$是次数 $n\geqslant 1$ 的复系数多项式,则

1）对任何$M\geqslant 0$,必有$N>0$,当$|z|\geqslant N$时,有$|f(z)|\geqslant M$;

2）$|f(z)|$在复平面上有最小值.

证明 1）设$f(z)=a_0z^n+a_1z^{n-1}+\cdots+a_n$,令

$$A=\max(|a_1|,|a_2|,\cdots,|a_n|),$$

则

$$\begin{aligned}|a_1z^{n-1}+a_2z^{n-2}+\cdots+a_n|&\leqslant|a_1||z|^{n-1}+|a_2||z|^{n-2}+\cdots+|a_n|\\&\leqslant A(|z|^{n-1}+|z|^{n-2}+\cdots+1)=A\frac{|z|^n-1}{|z|-1}.\end{aligned}$$

当$|z|\geqslant\dfrac{2A}{|a_0|}+1$时,$A\dfrac{|z|^n-1}{|z|-1}\leqslant\dfrac{1}{2}|a_0||z|^n$,即有

$$|a_1z^{n-1}+a_2z^{n-2}+\cdots+a_n|\leqslant\frac{1}{2}|a_0||z|^n.$$

于是

$$|f(z)|\geqslant|a_0||z|^n-|a_1z^{n-1}+\cdots+a_n|\geqslant\frac{1}{2}|a_0||z|^n.$$

再若有

$$|z|\geqslant\sqrt[n]{\frac{2M}{|a_0|}},$$

则有

$$|f(z)|\geqslant M.$$

取$N=\max\left(\dfrac{2A}{|a_0|}+1,\sqrt[n]{\dfrac{2M}{|a_0|}}\right)$,则当$|z|\geqslant N$时,有

$$|f(z)|\geqslant M.$$

2）任取z_1及令$|f(z_1)|=M$.如1)有$N>0$,当$|z|\geqslant N$时,有$|f(z)|\geqslant|f(z_1)|$.

再取Oxy平面上闭区域$\sqrt{x^2+y^2}\leqslant N$.任一复数$z=x+\mathrm{i}y$,$|z|\leqslant N$等价于$\sqrt{x^2+y^2}\leqslant N$,又设复多项式$f(z)=f_1(x,y)+\mathrm{i}f_2(x,y)$,其中$f_1(x,y)$及$f_2(x,y)$皆为$x,y$的二元实系数多项式.故$|f(z)|=\sqrt{f_1(x,y)^2+f_2(x,y)^2}$是$x,y$的连续函数,它在闭区域$\sqrt{x^2+y^2}\leqslant N$上有极小值,也即$|f(z)|$在$|z|\leqslant N$中有极小值.即有$|z_0|\leqslant N$,当$|z|\leqslant N$时有$|f(z)|\geqslant|f(z_0)|$.取$|f(z_1)|$及$|f(z_0)|$中较小的一个,它就是复平面上$|f(z)|$的最小值. ▌

代数基本定理　每个次数 $n\geqslant 1$ 的复系数多项式必有复数根.

证明　设

$$f(z)=a_nz^n+a_{n-1}z^{n-1}+\cdots+a_0$$

是一个复系数多项式,其中 $a_n\neq 0,n\geqslant 1$.由引理 $|f(z)|$ 在复平面上有最小值 $|f(z_0)|$.我们来证$f(z_0)=0$.

用反证法.设 $f(z_0)=b_0\neq 0$.将 $f(z)$ 表成 $z-z_0$ 的方幂和,即

$$f(z)=b_0+b_1(z-z_0)+\cdots+b_n(z-z_0)^n,$$

其中 $b_0=f(z_0)$.设上式中 $b_1=\cdots=b_{k-1}=0,b_k\neq 0$,即

$$f(z)=b_0+b_k(z-z_0)^k+\cdots+b_n(z-z_0)^n,$$

$$\frac{f(z)}{b_0}=1+\frac{b_k}{b_0}(z-z_0)^k+\cdots+\frac{b_n}{b_0}(z-z_0)^n.$$

记 $z-z_0=h,\dfrac{b_l}{b_0}=c_l(l=k,k+1,\cdots,n)$,则上式可写成

$$\frac{f(z_0+h)}{b_0}=1+c_kh^k+c_kh^k\left(\frac{c_{k+1}}{c_k}h+\cdots+\frac{c_n}{c_k}h^{n-k}\right).$$

于是

$$\left|\frac{f(z_0+h)}{b_0}\right|\leqslant|1+c_kh^k|+|c_kh^k|\left(\left|\frac{c_{k+1}}{c_k}\right||h|+\cdots+\left|\frac{c_n}{c_k}\right||h|^{n-k}\right).\tag{1}$$

取

$$\arg h=\frac{\pi-\arg c_k}{k},$$

即 c_kh^k 为负实数.又取 $|h|$ 充分小,因 $k\geqslant 1$,就有

$$-c_kh^k=|c_kh^k|=|c_k||h|^k<1.\tag{2}$$

又若 $k=n$,则(1)式中无第二项,即为零,若 $k<n$,则 $n-k>0$.再由 $|h|$ 充分小,(1)式中第二项括号中的和$<\dfrac{1}{2}$.于是在两种情形下都有

$$|c_kh^k|\left(\frac{|c_{k+1}|}{|c_k|}|h|+\cdots+\frac{|c_n|}{|c_k|}|h|^{n-k}\right)<\frac{1}{2}|c_kh^k|.$$

因此

$$\begin{aligned}\frac{|f(z_0+h)|}{|b_0|}&<|1+c_kh^k|+\frac{1}{2}|c_kh^k|\\&\xlongequal{\text{用(2)式}}1-|c_kh^k|+\frac{1}{2}|c_kh^k|=1-\frac{1}{2}|c_kh^k|<1,\end{aligned}$$

于是

$$|f(z_0+h)|<|b_0|=|f(z_0)|,$$

与 $|f(z_0)|$ 是最小值矛盾.故 $|b_0|=|f(z_0)|=0$,即 z_0 是 $f(z)$ 的一个复数根. ▌

附录四

$\mathscr{A}$-矩阵与矩阵相似标准形的几何理论

这一节的任务是在任意数域 P 上线性空间 V 中找到一组基，使线性变换 $\mathscr{A}$ 在这组基下的矩阵成为有理标准形，特别地当 P 是复数域时成为若尔当标准形.它需要将线性空间 V 分解成一些"$\mathscr{A}$-循环子空间"的直和.由于利用了 $\mathscr{A}$-矩阵的工具，简化了问题的讨论.类似的讨论通常要在近世代数中模论部分才能进行，我们仅利用线性代数知识，不但实现了证明，而且证明是构造性的且能进行计算.

一、$\mathscr{A}$-矩阵

任给数域 P 上 n 维空间 V 上线性变换 $\mathscr{A}$，已定义过 P 上线性变换 $\mathscr{A}$ 的多项式，即对任意 $f(\lambda)\in P[\lambda]$，$f(\lambda)=a_k\lambda^k+a_{k-1}\lambda^{k-1}+\cdots+a_1\lambda+a_0$，称 $f(\mathscr{A})=a_k\mathscr{A}^k+a_{k-1}\mathscr{A}^{k-1}+\cdots+a_1\mathscr{A}+a_0\mathscr{E}$ 为 P 上线性变换 $\mathscr{A}$ 的多项式，其中 $\mathscr{E}$ 为 V 上恒等变换.$f(\mathscr{A})$ 仍为 V 上线性变换.

定义 1 对 P 上任意 λ-矩阵 $\boldsymbol{K}(\lambda)=(a_{ij}(\lambda))_{m\times l}$，$a_{ij}(\lambda)\in P[\lambda]$，可令 $\boldsymbol{K}(\mathscr{A})=(a_{ij}(\mathscr{A}))_{m\times l}$，称它为 P 上的 $\mathscr{A}$-**矩阵**.

例如

$$\boldsymbol{K}(\lambda)=\begin{pmatrix}\lambda^2+1 & \lambda-1\\ 3 & \lambda^3+\lambda\end{pmatrix},\quad \boldsymbol{K}(\mathscr{A})=\begin{pmatrix}\mathscr{A}^2+\mathscr{E} & \mathscr{A}-\mathscr{E}\\ 3\mathscr{E} & \mathscr{A}^3+\mathscr{A}\end{pmatrix}.$$

又如设 $\boldsymbol{B}=(b_{ij})_{n\times n}$，$\boldsymbol{F}(\lambda)=\lambda\boldsymbol{E}-\boldsymbol{B}$，称它为 $\boldsymbol{B}$ 的特征矩阵，则

$$\boldsymbol{F}(\lambda)=\lambda\boldsymbol{E}-\boldsymbol{B}=\begin{pmatrix}\lambda-b_{11} & -b_{12} & \cdots & -b_{1n}\\ -b_{21} & \lambda-b_{22} & \cdots & -b_{2n}\\ \vdots & \vdots & & \vdots\\ -b_{n1} & -b_{n2} & \cdots & \lambda-b_{nn}\end{pmatrix},$$

$$\boldsymbol{F}(\mathscr{A})=\begin{pmatrix}\mathscr{A}-b_{11}\mathscr{E} & -b_{12}\mathscr{E} & \cdots & -b_{1n}\mathscr{E}\\ -b_{21}\mathscr{E} & \mathscr{A}-b_{22}\mathscr{E} & \cdots & -b_{2n}\mathscr{E}\\ \vdots & \vdots & & \vdots\\ -b_{n1}\mathscr{E} & -b_{n2}\mathscr{E} & \cdots & \mathscr{A}-b_{nn}\mathscr{E}\end{pmatrix}.$$

由于矩阵运算及行列式定义中只用到元素的加法和乘法，而线性变换 $\mathscr{A}$ 的多项式有加法和乘法，与 λ-矩阵一样，$\mathscr{A}$-矩阵也有加法、乘法及"数量"乘法(用 $\mathscr{A}$ 的多项式作为元素与 $\mathscr{A}$-矩阵，甚至与数字矩阵作"数量"乘法)，也有与数字矩阵、

λ-矩阵类似的运算性质，也能定义$\mathscr{A}$-矩阵的行列式，也有与数字行列式相同的性质，如行列式乘法定理、伴随矩阵的存在等.

用$\mathscr{A}$-矩阵运算可以将前面的 $\boldsymbol{F}(\mathscr{A})$ 表为

$$\boldsymbol{F}(\mathscr{A})=\begin{pmatrix}\mathscr{A}-b_{11}\mathscr{E} & -b_{12}\mathscr{E} & \cdots & -b_{1n}\mathscr{E}\\ -b_{21}\mathscr{E} & \mathscr{A}-b_{22}\mathscr{E} & \cdots & -b_{2n}\mathscr{E}\\ \vdots & \vdots & & \vdots\\ -b_{n1}\mathscr{E} & -b_{n2}\mathscr{E} & \cdots & \mathscr{A}-b_{nn}\mathscr{E}\end{pmatrix}=\mathscr{A}\boldsymbol{E}-\mathscr{E}\boldsymbol{B}.$$

我们知道对 $f(\lambda),g(\lambda)\in P[\lambda]$，令 $h(\lambda)=f(\lambda)+g(\lambda)$，$p(\lambda)=f(\lambda)g(\lambda)$，就有 $h(\mathscr{A})=f(\mathscr{A})+g(\mathscr{A})$，$p(\mathscr{A})=f(\mathscr{A})g(\mathscr{A})$.

不仅如此，对 λ-矩阵，$\boldsymbol{K}(\lambda)_{m\times k}$，$\boldsymbol{L}(\lambda)_{m\times k}$，若 $\boldsymbol{H}(\lambda)=\boldsymbol{K}(\lambda)+\boldsymbol{L}(\lambda)$，则 $\boldsymbol{H}(\mathscr{A})=\boldsymbol{K}(\mathscr{A})+\boldsymbol{L}(\mathscr{A})$. 又对 $\boldsymbol{K}(\lambda)_{m\times s}$，$\boldsymbol{L}(\lambda)_{s\times k}$，若 $\boldsymbol{M}(\lambda)=\boldsymbol{K}(\lambda)\boldsymbol{L}(\lambda)$，则 $\boldsymbol{M}(\mathscr{A})=\boldsymbol{K}(\mathscr{A})\boldsymbol{L}(\mathscr{A})$. 可以比较这些等式两边矩阵的全部对应元素来进行验证.

对 V 上的一个线性变换 $\mathscr{A}$，设它在基 $\boldsymbol{\varepsilon}_1,\boldsymbol{\varepsilon}_2,\cdots,\boldsymbol{\varepsilon}_n$ 下的矩阵为 $\boldsymbol{A}^{\mathrm{T}}$，$\mathscr{A}(\boldsymbol{\varepsilon}_1,\boldsymbol{\varepsilon}_2,\cdots,\boldsymbol{\varepsilon}_n)=(\boldsymbol{\varepsilon}_1,\boldsymbol{\varepsilon}_2,\cdots,\boldsymbol{\varepsilon}_n)\boldsymbol{A}^{\mathrm{T}}$，设 $\boldsymbol{A}=(a_{ij})_{n\times n}$，该式可写成

$$\begin{aligned}\mathscr{A}\boldsymbol{\varepsilon}_1&=a_{11}\boldsymbol{\varepsilon}_1+a_{12}\boldsymbol{\varepsilon}_2+\cdots+a_{1n}\boldsymbol{\varepsilon}_n=a_{11}\mathscr{E}\boldsymbol{\varepsilon}_1+a_{12}\mathscr{E}\boldsymbol{\varepsilon}_2+\cdots+a_{1n}\mathscr{E}\boldsymbol{\varepsilon}_n,\\ \mathscr{A}\boldsymbol{\varepsilon}_2&=a_{21}\boldsymbol{\varepsilon}_1+a_{22}\boldsymbol{\varepsilon}_2+\cdots+a_{2n}\boldsymbol{\varepsilon}_n=a_{21}\mathscr{E}\boldsymbol{\varepsilon}_1+a_{22}\mathscr{E}\boldsymbol{\varepsilon}_2+\cdots+a_{2n}\mathscr{E}\boldsymbol{\varepsilon}_n,\\ &\cdots\cdots\cdots\cdots\\ \mathscr{A}\boldsymbol{\varepsilon}_n&=a_{n1}\boldsymbol{\varepsilon}_1+a_{n2}\boldsymbol{\varepsilon}_2+\cdots+a_{nn}\boldsymbol{\varepsilon}_n=a_{n1}\mathscr{E}\boldsymbol{\varepsilon}_1+a_{n2}\mathscr{E}\boldsymbol{\varepsilon}_2+\cdots+a_{nn}\mathscr{E}\boldsymbol{\varepsilon}_n.\end{aligned}\tag{1}$$

这组式子可以用一个"左形式表达式"来表示：

$$\mathscr{A}\begin{pmatrix}\boldsymbol{\varepsilon}_1\\ \boldsymbol{\varepsilon}_2\\ \vdots\\ \boldsymbol{\varepsilon}_n\end{pmatrix}=\boldsymbol{A}\begin{pmatrix}\boldsymbol{\varepsilon}_1\\ \boldsymbol{\varepsilon}_2\\ \vdots\\ \boldsymbol{\varepsilon}_n\end{pmatrix},\tag{2}$$

或可写成

$$(\mathscr{A}\boldsymbol{E}-\mathscr{E}\boldsymbol{A})\begin{pmatrix}\boldsymbol{\varepsilon}_1\\ \boldsymbol{\varepsilon}_2\\ \vdots\\ \boldsymbol{\varepsilon}_n\end{pmatrix}=\boldsymbol{O}.\tag{3}$$

表示式 $\mathscr{A}(\boldsymbol{\varepsilon}_1,\boldsymbol{\varepsilon}_2,\cdots,\boldsymbol{\varepsilon}_n)=(\boldsymbol{\varepsilon}_1,\boldsymbol{\varepsilon}_2,\cdots,\boldsymbol{\varepsilon}_n)\boldsymbol{A}^{\mathrm{T}}$ 与(2)式相比，后者可以用$\mathscr{A}$-矩阵的形式表达式写出，而前者则不能. 这是(2)式的优点. 以后我们常用(2)式和(3)式来表示线性变换 $\mathscr{A}$ 的作用.

表达式 $\mathscr{A}(\boldsymbol{\varepsilon}_1,\boldsymbol{\varepsilon}_2,\cdots,\boldsymbol{\varepsilon}_n)=(\boldsymbol{\varepsilon}_1,\boldsymbol{\varepsilon}_2,\cdots,\boldsymbol{\varepsilon}_n)\boldsymbol{A}^{\mathrm{T}}$ 中，$\boldsymbol{A}^{\mathrm{T}}$ 是 $\mathscr{A}$ 在基 $\boldsymbol{\varepsilon}_1,\boldsymbol{\varepsilon}_2,\cdots,\boldsymbol{\varepsilon}_n$ 下的矩阵，而(2)式中的矩阵 $\boldsymbol{A}$ 称为 $\mathscr{A}$ 在基 $\boldsymbol{\varepsilon}_1,\boldsymbol{\varepsilon}_2,\cdots,\boldsymbol{\varepsilon}_n$ 下的左矩阵（在(2)式中 $\boldsymbol{A}$ 出现在基 $\boldsymbol{\varepsilon}_1,\boldsymbol{\varepsilon}_2,\cdots,\boldsymbol{\varepsilon}_n$ 的左边）. $\mathscr{A}$ 在同一基 $\boldsymbol{\varepsilon}_1,\cdots,\boldsymbol{\varepsilon}_n$ 下的矩阵 $\boldsymbol{A}^{\mathrm{T}}$ 和左矩阵 $\boldsymbol{A}$ 互为转置关系，它们有相同的特征多项式. 由于 $\mathscr{A}$ 在不同基下的矩阵是相似的，所以它们对应的转置也是相似的，即 $\mathscr{A}$ 在不同基下的左矩阵也相似. 故 $\mathscr{A}$ 在任何基下的矩阵及左矩阵的特征多项式都相等，都是 $\mathscr{A}$ 的特征多项式.

(3)式的左端的写法是一种形式写法. 这是$\mathscr{A}$-矩阵与向量元素的矩阵的"乘法"，

而不是$\mathscr{A}$-矩阵的乘法.数字矩阵与向量元素的矩阵也有过类似的形式写法.现在对任意$\mathscr{A}$-矩阵$\boldsymbol{K}(\mathscr{A})=(k_{ij}(\mathscr{A}))_{m\times n}$及向量矩阵$\begin{pmatrix}\boldsymbol{\xi}_1\\\boldsymbol{\xi}_2\\\vdots\\\boldsymbol{\xi}_n\end{pmatrix}$,称等式

$$\boldsymbol{K}(\mathscr{A})\begin{pmatrix}\boldsymbol{\xi}_1\\\boldsymbol{\xi}_2\\\vdots\\\boldsymbol{\xi}_n\end{pmatrix}=\begin{pmatrix}k_{11}\boldsymbol{\xi}_1+k_{12}\boldsymbol{\xi}_2+\cdots+k_{1n}\boldsymbol{\xi}_n\\k_{21}\boldsymbol{\xi}_1+k_{22}\boldsymbol{\xi}_2+\cdots+k_{2n}\boldsymbol{\xi}_n\\\vdots\\k_{m1}\boldsymbol{\xi}_1+k_{m2}\boldsymbol{\xi}_2+\cdots+k_{mn}\boldsymbol{\xi}_n\end{pmatrix}\tag{4}$$

为$\mathscr{A}$-矩阵的**形式写法**.与数字矩阵的形式写法一样有下列性质:

1. $$\left(\boldsymbol{K}(\mathscr{A})_{m\times s}\boldsymbol{L}(\mathscr{A})_{s\times k}\right)\begin{pmatrix}\boldsymbol{\xi}_1\\\boldsymbol{\xi}_2\\\vdots\\\boldsymbol{\xi}_k\end{pmatrix}=\boldsymbol{K}(\mathscr{A})\left(\boldsymbol{L}(\mathscr{A})\begin{pmatrix}\boldsymbol{\xi}_1\\\boldsymbol{\xi}_2\\\vdots\\\boldsymbol{\xi}_k\end{pmatrix}\right);$$

2. $$\left(\boldsymbol{K}(\mathscr{A})_{m\times k}+\boldsymbol{L}(\mathscr{A})_{m\times k}\right)\begin{pmatrix}\boldsymbol{\xi}_1\\\boldsymbol{\xi}_2\\\vdots\\\boldsymbol{\xi}_k\end{pmatrix}=\boldsymbol{K}(\mathscr{A})\begin{pmatrix}\boldsymbol{\xi}_1\\\boldsymbol{\xi}_2\\\vdots\\\boldsymbol{\xi}_k\end{pmatrix}+\boldsymbol{L}(\mathscr{A})\begin{pmatrix}\boldsymbol{\xi}_1\\\boldsymbol{\xi}_2\\\vdots\\\boldsymbol{\xi}_k\end{pmatrix};$$

3. 设$f(\mathscr{A})$是线性变换$\mathscr{A}$的多项式,则

$$(f(\mathscr{A})\boldsymbol{K}(\mathscr{A}))\begin{pmatrix}\boldsymbol{\xi}_1\\\boldsymbol{\xi}_2\\\vdots\\\boldsymbol{\xi}_k\end{pmatrix}=\boldsymbol{K}(\mathscr{A})\left(f(\mathscr{A})\begin{pmatrix}\boldsymbol{\xi}_1\\\boldsymbol{\xi}_2\\\vdots\\\boldsymbol{\xi}_k\end{pmatrix}\right)=f(\mathscr{A})\left(\boldsymbol{K}(\mathscr{A})\begin{pmatrix}\boldsymbol{\xi}_1\\\boldsymbol{\xi}_2\\\vdots\\\boldsymbol{\xi}_k\end{pmatrix}\right).$$

但是$\mathscr{A}$-矩阵的形式写法与数字矩阵的形式有不同的性质.例如,对可逆的数字矩阵$\boldsymbol{T}_{n\times n}$及一组基$\boldsymbol{\varepsilon}_1,\boldsymbol{\varepsilon}_2,\cdots,\boldsymbol{\varepsilon}_n$,作

$$\begin{pmatrix}\boldsymbol{\eta}_1\\\boldsymbol{\eta}_2\\\vdots\\\boldsymbol{\eta}_n\end{pmatrix}=\boldsymbol{T}\begin{pmatrix}\boldsymbol{\varepsilon}_1\\\boldsymbol{\varepsilon}_2\\\vdots\\\boldsymbol{\varepsilon}_n\end{pmatrix},$$

则$\boldsymbol{\eta}_1,\boldsymbol{\eta}_2,\cdots,\boldsymbol{\eta}_n$仍为一组基.但对于可逆的$\mathscr{A}$-矩阵$\boldsymbol{K}(\mathscr{A})_{n\times n}$(即存在$\mathscr{A}$-矩阵$\boldsymbol{L}(\mathscr{A})_{n\times n}$,使$\boldsymbol{L}(\mathscr{A})\boldsymbol{K}(\mathscr{A})=\boldsymbol{K}(\mathscr{A})\boldsymbol{L}(\mathscr{A})=\mathscr{E}\ \boldsymbol{E}$),对基$\boldsymbol{\varepsilon}_1,\boldsymbol{\varepsilon}_2,\cdots,\boldsymbol{\varepsilon}_n$作形式写法

$$\boldsymbol{K}(\mathscr{A})\begin{pmatrix}\boldsymbol{\varepsilon}_1\\\boldsymbol{\varepsilon}_2\\\vdots\\\boldsymbol{\varepsilon}_n\end{pmatrix}=\begin{pmatrix}\boldsymbol{\eta}_1\\\boldsymbol{\eta}_2\\\vdots\\\boldsymbol{\eta}_n\end{pmatrix}.$$

可能 $\boldsymbol{\eta}_1,\boldsymbol{\eta}_2,\cdots,\boldsymbol{\eta}_n$不是基,甚至可能有某些 $\boldsymbol{\eta}_i$为零.

例 1 设

$$\mathscr{A}\begin{pmatrix}\boldsymbol{\varepsilon}_1\\\boldsymbol{\varepsilon}_2\\\boldsymbol{\varepsilon}_3\end{pmatrix}=\begin{pmatrix}4&6&-15\\1&3&-5\\1&2&4\end{pmatrix}\begin{pmatrix}\boldsymbol{\varepsilon}_1\\\boldsymbol{\varepsilon}_2\\\boldsymbol{\varepsilon}_3\end{pmatrix},\quad \boldsymbol{Q}(\lambda)=\begin{pmatrix}1&-\lambda+3&-5\\0&1&-1\\0&0&1\end{pmatrix}.$$

$|\boldsymbol{Q}(\lambda)|=1$,故 $\boldsymbol{Q}(\lambda)$是可逆 λ-矩阵.设

$$\boldsymbol{Q}(\lambda)\boldsymbol{L}(\lambda)=\boldsymbol{L}(\lambda)\boldsymbol{Q}(\lambda)=\boldsymbol{E},$$

则

$$\boldsymbol{Q}(\mathscr{A})\boldsymbol{L}(\mathscr{A})=\boldsymbol{L}(\mathscr{A})\boldsymbol{Q}(\mathscr{A})=\mathscr{E}\boldsymbol{E},$$

即 $\boldsymbol{Q}(\mathscr{A})$是可逆矩阵.计算

$$\begin{pmatrix}\boldsymbol{\eta}_1\\\boldsymbol{\eta}_2\\\boldsymbol{\eta}_3\end{pmatrix}=\boldsymbol{Q}(\mathscr{A})\begin{pmatrix}\boldsymbol{\varepsilon}_1\\\boldsymbol{\varepsilon}_2\\\boldsymbol{\varepsilon}_3\end{pmatrix}=\begin{pmatrix}\boldsymbol{\varepsilon}_1+(-\mathscr{A}+3\mathscr{E})\boldsymbol{\varepsilon}_2-5\boldsymbol{\varepsilon}_3\\\boldsymbol{\varepsilon}_2-\boldsymbol{\varepsilon}_3\\\boldsymbol{\varepsilon}_3\end{pmatrix}$$

$$=\begin{pmatrix}\boldsymbol{\varepsilon}_1-(\boldsymbol{\varepsilon}_1+3\boldsymbol{\varepsilon}_2-5\boldsymbol{\varepsilon}_3)+3\boldsymbol{\varepsilon}_2-5\boldsymbol{\varepsilon}_3\\\boldsymbol{\varepsilon}_2-\boldsymbol{\varepsilon}_3\\\boldsymbol{\varepsilon}_3\end{pmatrix}=\begin{pmatrix}\boldsymbol{0}\\\boldsymbol{\varepsilon}_2-\boldsymbol{\varepsilon}_3\\\boldsymbol{\varepsilon}_3\end{pmatrix}.$$

即 $\boldsymbol{\eta}_1=\boldsymbol{0}$,$\boldsymbol{\eta}_1,\boldsymbol{\eta}_2,\boldsymbol{\eta}_3$不能为基.

下面用$\mathscr{A}$-矩阵这个工具来证明两个结果,证明很简明.下面的定理是已知的,这里给出了另一个证明.

定理 1(哈密顿-凯莱) 设数域 P 上 n 维线性空间 V 上线性变换$\mathscr{A}$的特征多项式为$f(\lambda)$,则 $f(\mathscr{A})=\mathscr{O}$.

证明 任取 V 的一组基 $\boldsymbol{\varepsilon}_1,\boldsymbol{\varepsilon}_2,\cdots,\boldsymbol{\varepsilon}_n$.设$\mathscr{A}$在 $\boldsymbol{\varepsilon}_1,\boldsymbol{\varepsilon}_2,\cdots,\boldsymbol{\varepsilon}_n$下的左矩阵为$\boldsymbol{A}$,即

$$(\mathscr{A}\boldsymbol{E}-\mathscr{E}\boldsymbol{A})\begin{pmatrix}\boldsymbol{\varepsilon}_1\\\boldsymbol{\varepsilon}_2\\\vdots\\\boldsymbol{\varepsilon}_n\end{pmatrix}=\boldsymbol{O}.$$

$|\lambda\boldsymbol{E}-\boldsymbol{A}|$是 $\boldsymbol{A}$ 的也是$\mathscr{A}$的特征多项式,即$|\lambda\boldsymbol{E}-\boldsymbol{A}|=f(\lambda)$.设 $\lambda\boldsymbol{E}-\boldsymbol{A}$ 的伴随矩阵为 $\boldsymbol{B}$.它的元素都是 $\lambda\boldsymbol{E}-\boldsymbol{A}$ 的 $n-1$ 阶子式(最多差正负号),仍为 λ 的多项式.即 $\boldsymbol{B}$ 也是 λ-矩阵,可记成 $\boldsymbol{B}(\lambda)$.由行列式理论有

$$\boldsymbol{B}(\lambda)(\lambda\boldsymbol{E}-\boldsymbol{A})=|\lambda\boldsymbol{E}-\boldsymbol{A}|\boldsymbol{E}=f(\lambda)\boldsymbol{E}.$$

将$\mathscr{A}$代入上式中的 λ,然后两端都作用到$(\boldsymbol{\varepsilon}_1,\boldsymbol{\varepsilon}_2,\cdots,\boldsymbol{\varepsilon}_n)^{\mathrm{T}}$上,得到

$$\text{左端}=\boldsymbol{B}(\mathscr{A})(\mathscr{A}\boldsymbol{E}-\mathscr{E}\boldsymbol{A})\begin{pmatrix}\boldsymbol{\varepsilon}_1\\\boldsymbol{\varepsilon}_2\\\vdots\\\boldsymbol{\varepsilon}_n\end{pmatrix}=\boldsymbol{O},$$

于是

$$\text{右端}=f(\mathscr{A})\begin{pmatrix}\boldsymbol{\varepsilon}_1\\\boldsymbol{\varepsilon}_2\\\vdots\\\boldsymbol{\varepsilon}_n\end{pmatrix}=\begin{pmatrix}f(\mathscr{A})\boldsymbol{\varepsilon}_1\\f(\mathscr{A})\boldsymbol{\varepsilon}_2\\\vdots\\f(\mathscr{A})\boldsymbol{\varepsilon}_n\end{pmatrix}=\boldsymbol{O}.$$

即 $f(\mathscr{A})\boldsymbol{\varepsilon}_i=\boldsymbol{0}(i=1,2,\cdots,n)$.于是 $f(\mathscr{A})$ 是 V 上零变换,即有

$$f(\mathscr{A})=\mathscr{O}.\ ▌$$

引理 设 $\boldsymbol{T}$ 为 $n\times n$ 数字方阵,又 $\boldsymbol{\varepsilon}_1,\boldsymbol{\varepsilon}_2,\cdots,\boldsymbol{\varepsilon}_n$ 满足

$$(\mathscr{A}\boldsymbol{E}-\mathscr{E}\boldsymbol{T})\begin{pmatrix}\boldsymbol{\varepsilon}_1\\\boldsymbol{\varepsilon}_2\\\vdots\\\boldsymbol{\varepsilon}_n\end{pmatrix}=\boldsymbol{O},$$

则对任何 λ-矩阵 $\boldsymbol{R}(\lambda)$,必有数字方阵 $\boldsymbol{R}_l$,使

$$\boldsymbol{R}(\mathscr{A})\begin{pmatrix}\boldsymbol{\varepsilon}_1\\\boldsymbol{\varepsilon}_2\\\vdots\\\boldsymbol{\varepsilon}_n\end{pmatrix}=\boldsymbol{R}_l\begin{pmatrix}\boldsymbol{\varepsilon}_1\\\boldsymbol{\varepsilon}_2\\\vdots\\\boldsymbol{\varepsilon}_n\end{pmatrix}.$$

证明 由第八章 §4 引理 2,可设 $\boldsymbol{R}(\lambda)=\boldsymbol{M}_l(\lambda)(\lambda\boldsymbol{E}-\boldsymbol{T})+\boldsymbol{R}_l$,用 $\mathscr{A}$ 代替式中的 λ,就有

$$\boldsymbol{R}(\mathscr{A})\begin{pmatrix}\boldsymbol{\varepsilon}_1\\\boldsymbol{\varepsilon}_2\\\vdots\\\boldsymbol{\varepsilon}_n\end{pmatrix}=\boldsymbol{M}_l(\mathscr{A})(\mathscr{A}\boldsymbol{E}-\mathscr{E}\boldsymbol{T})\begin{pmatrix}\boldsymbol{\varepsilon}_1\\\boldsymbol{\varepsilon}_2\\\vdots\\\boldsymbol{\varepsilon}_n\end{pmatrix}+\boldsymbol{R}_l\begin{pmatrix}\boldsymbol{\varepsilon}_1\\\boldsymbol{\varepsilon}_2\\\vdots\\\boldsymbol{\varepsilon}_n\end{pmatrix}=\boldsymbol{R}_l\begin{pmatrix}\boldsymbol{\varepsilon}_1\\\boldsymbol{\varepsilon}_2\\\vdots\\\boldsymbol{\varepsilon}_n\end{pmatrix}.\ ▌$$

定理 2 $\boldsymbol{A}_{n\times n}$ 与 $\boldsymbol{B}_{n\times n}$ 相似的充要条件是 $\lambda\boldsymbol{E}-\boldsymbol{A}$ 与 $\lambda\boldsymbol{E}-\boldsymbol{B}$ 等价.

证明 必要性.设 $\boldsymbol{B}=\boldsymbol{T}^{-1}\boldsymbol{A}\boldsymbol{T}$,则

$$\lambda\boldsymbol{E}-\boldsymbol{B}=\lambda\boldsymbol{E}-\boldsymbol{T}^{-1}\boldsymbol{A}\boldsymbol{T}=\boldsymbol{T}^{-1}(\lambda\boldsymbol{E}-\boldsymbol{A})\boldsymbol{T},$$

故等价.

充分性.由等价,有可逆 λ-矩阵 $\boldsymbol{P}(\lambda)$ 及 $\boldsymbol{Q}(\lambda)$,使

$$\boldsymbol{P}(\lambda)(\lambda\boldsymbol{E}-\boldsymbol{A})\boldsymbol{Q}(\lambda)=\lambda\boldsymbol{E}-\boldsymbol{B}.$$

取 P 上 n 维空间 V 及一组基 $\boldsymbol{\varepsilon}_1,\boldsymbol{\varepsilon}_2,\cdots,\boldsymbol{\varepsilon}_n$,作 V 上线性变换 $\mathscr{A}$,使

$$(\mathscr{A}\boldsymbol{E}-\mathscr{E}\boldsymbol{A})\begin{pmatrix}\boldsymbol{\varepsilon}_1\\\boldsymbol{\varepsilon}_2\\\vdots\\\boldsymbol{\varepsilon}_n\end{pmatrix}=\boldsymbol{O}.\tag{5}$$

由假设

$$\boldsymbol{P}(\mathscr{A})(\mathscr{A}\boldsymbol{E}-\mathscr{E}\boldsymbol{A})=(\mathscr{A}\boldsymbol{E}-\mathscr{E}\boldsymbol{B})\boldsymbol{Q}(\mathscr{A})^{-1}.\tag{6}$$

上式两边作用于$(\boldsymbol{\varepsilon}_1,\boldsymbol{\varepsilon}_2,\cdots,\boldsymbol{\varepsilon}_n)^{\mathrm{T}}$,则左端为零,于是

$$右端=(\mathscr{A}\boldsymbol{E}-\mathscr{E}\boldsymbol{B})\left(\boldsymbol{Q}(\mathscr{A})^{-1}\begin{pmatrix}\boldsymbol{\varepsilon}_1\\\boldsymbol{\varepsilon}_2\\\vdots\\\boldsymbol{\varepsilon}_n\end{pmatrix}\right)=(\mathscr{A}\boldsymbol{E}-\mathscr{E}\boldsymbol{B})\begin{pmatrix}\boldsymbol{\eta}_1\\\boldsymbol{\eta}_2\\\vdots\\\boldsymbol{\eta}_n\end{pmatrix}=\boldsymbol{O},\tag{7}$$

其中

$$\begin{pmatrix}\boldsymbol{\eta}_1\\\boldsymbol{\eta}_2\\\vdots\\\boldsymbol{\eta}_n\end{pmatrix}=\boldsymbol{Q}(\mathscr{A})^{-1}\begin{pmatrix}\boldsymbol{\varepsilon}_1\\\boldsymbol{\varepsilon}_2\\\vdots\\\boldsymbol{\varepsilon}_n\end{pmatrix}.$$

由(5)式及前面的引理,有数字矩阵$\boldsymbol{V}_0$,使

$$\begin{pmatrix}\boldsymbol{\eta}_1\\\boldsymbol{\eta}_2\\\vdots\\\boldsymbol{\eta}_n\end{pmatrix}=\boldsymbol{Q}(\mathscr{A})^{-1}\begin{pmatrix}\boldsymbol{\varepsilon}_1\\\boldsymbol{\varepsilon}_2\\\vdots\\\boldsymbol{\varepsilon}_n\end{pmatrix}=\boldsymbol{V}_0\begin{pmatrix}\boldsymbol{\varepsilon}_1\\\boldsymbol{\varepsilon}_2\\\vdots\\\boldsymbol{\varepsilon}_n\end{pmatrix}.\tag{8}$$

若能证明$\boldsymbol{V}_0$是可逆数字矩阵,则$\boldsymbol{\eta}_1,\boldsymbol{\eta}_2,\cdots,\boldsymbol{\eta}_n$是$V$的基.由(7)式,

$$\mathscr{A}\begin{pmatrix}\boldsymbol{\eta}_1\\\boldsymbol{\eta}_2\\\vdots\\\boldsymbol{\eta}_n\end{pmatrix}=\boldsymbol{B}\begin{pmatrix}\boldsymbol{\eta}_1\\\boldsymbol{\eta}_2\\\vdots\\\boldsymbol{\eta}_n\end{pmatrix},$$

即$\boldsymbol{B}$是$\mathscr{A}$在基$\boldsymbol{\eta}_1,\boldsymbol{\eta}_2,\cdots,\boldsymbol{\eta}_n$下的左矩阵.即$\boldsymbol{A},\boldsymbol{B}$是$\mathscr{A}$在不同基下的左矩阵,故相似.

现在来证明$\boldsymbol{V}_0$可逆.对$\mathscr{E}\boldsymbol{E}=\boldsymbol{Q}(\mathscr{A})\boldsymbol{Q}(\mathscr{A})^{-1}$,两边作用于$(\boldsymbol{\varepsilon}_1,\boldsymbol{\varepsilon}_2,\cdots,\boldsymbol{\varepsilon}_n)^{\mathrm{T}}$,则

$$\begin{pmatrix}\boldsymbol{\varepsilon}_1\\\boldsymbol{\varepsilon}_2\\\vdots\\\boldsymbol{\varepsilon}_n\end{pmatrix}=\boldsymbol{Q}(\mathscr{A})\left(\boldsymbol{Q}(\mathscr{A})^{-1}\begin{pmatrix}\boldsymbol{\varepsilon}_1\\\boldsymbol{\varepsilon}_2\\\vdots\\\boldsymbol{\varepsilon}_n\end{pmatrix}\right)=\boldsymbol{Q}(\mathscr{A})\begin{pmatrix}\boldsymbol{\eta}_1\\\boldsymbol{\eta}_2\\\vdots\\\boldsymbol{\eta}_n\end{pmatrix}.\tag{9}$$

由于

$$(\mathscr{A}\boldsymbol{E}-\mathscr{E}\boldsymbol{B})\begin{pmatrix}\boldsymbol{\eta}_1\\\boldsymbol{\eta}_2\\\vdots\\\boldsymbol{\eta}_n\end{pmatrix}=\boldsymbol{O},$$

应用前面的引理,有数字矩阵$\boldsymbol{U}_0$,使

$$\boldsymbol{Q}(\mathscr{A})\begin{pmatrix}\boldsymbol{\eta}_1\\\boldsymbol{\eta}_2\\\vdots\\\boldsymbol{\eta}_n\end{pmatrix}=\boldsymbol{U}_0\begin{pmatrix}\boldsymbol{\eta}_1\\\boldsymbol{\eta}_2\\\vdots\\\boldsymbol{\eta}_n\end{pmatrix}.\tag{10}$$

由(8)式,(9)式及(10)式得

$$\begin{pmatrix}\boldsymbol{\varepsilon}_1\\ \boldsymbol{\varepsilon}_2\\ \vdots\\ \boldsymbol{\varepsilon}_n\end{pmatrix}=\boldsymbol{U}_0\boldsymbol{V}_0\begin{pmatrix}\boldsymbol{\varepsilon}_1\\ \boldsymbol{\varepsilon}_2\\ \vdots\\ \boldsymbol{\varepsilon}_n\end{pmatrix}.$$

因 $\boldsymbol{\varepsilon}_1,\boldsymbol{\varepsilon}_2,\cdots,\boldsymbol{\varepsilon}_n$是基,故 $\boldsymbol{U}_0\boldsymbol{V}_0=\boldsymbol{E}$,这证明了 $\boldsymbol{V}_0$是可逆矩阵.定理得证. ▌

二、矩阵相似标准形的几何理论

下面将要证明两个结论:

1. 任意数域 P 上方阵必相似于一个有理标准形.

2. 复数域上方阵必相似于一个若尔当标准形.

先回忆有理标准形.给定 $d(\lambda)\in P[\lambda]$,$d(\lambda)=\lambda^n+c_{n-1}\lambda^{n-1}+\cdots+c_1\lambda+c_0$,记

$$\boldsymbol{M}(d(\lambda))=\begin{pmatrix}0&0&0&\cdots&0&0&-c_0\\1&0&0&\cdots&0&0&-c_1\\0&1&0&\cdots&0&0&-c_2\\\vdots&\vdots&\vdots&&\vdots&\vdots&\vdots\\0&0&0&\cdots&1&0&-c_{n-2}\\0&0&0&\cdots&0&1&-c_{n-1}\end{pmatrix},$$

称 $\boldsymbol{M}(d(\lambda))$为 $d(\lambda)$的友矩阵,而形如

$$\boldsymbol{A}=\begin{pmatrix}\boldsymbol{M}(d_1(\lambda))&&&\\&\boldsymbol{M}(d_2(\lambda))&&\\&&\ddots&\\&&&\boldsymbol{M}(d_s(\lambda))\end{pmatrix}$$

的分块矩阵,其中 $d_i(\lambda)(i=1,2,\cdots,s)$皆为首项系数为 1 的非常数多项式,且满足

$$d_1(\lambda)\mid d_2(\lambda)\mid\cdots\mid d_s(\lambda),$$

称为有理标准形矩阵.

易知 $\boldsymbol{M}(d(\lambda))$的特征多项式=它的最小多项式=它的唯一的非常数不变因子=$d(\lambda)$,而 $\boldsymbol{A}$ 的全部非常数不变因子为 $d_1(\lambda),d_2(\lambda),\cdots,d_s(\lambda)$.结论 1 转化成几何命题 1:对于数域 P 上 n 维线性空间 V 中的线性变换 $\mathscr{A}$,一定存在 V 的一组基,故 $\mathscr{A}$ 在该基下矩阵为有理标准形.

再回忆数域 P 上形如

$$J(\lambda_0,k)=\begin{pmatrix}\lambda_0 & 0 & 0 & \cdots & 0 & 0 & 0\\ 1 & \lambda_0 & 0 & \cdots & 0 & 0 & 0\\ \vdots & \vdots & \vdots & & \vdots & \vdots & \vdots\\ 0 & 0 & 0 & \cdots & 1 & \lambda_0 & 0\\ 0 & 0 & 0 & \cdots & 0 & 1 & \lambda_0\end{pmatrix}_{k\times k}$$

的矩阵称为若尔当块矩阵.而形如

$$\boldsymbol{A}=\begin{pmatrix}\boldsymbol{J}(\lambda_1,k_1) & & & \\ & \boldsymbol{J}(\lambda_2,k_2) & & \\ & & \ddots & \\ & & & \boldsymbol{J}(\lambda_s,k_s)\end{pmatrix}$$

的分块矩阵称为若尔当形矩阵.易知 $\boldsymbol{J}(\lambda_0,k)$ 的特征多项式=它的最小多项式=它的唯一非常数不变因子=它的唯一的初等因子=$(\lambda-\lambda_0)^k$.

若尔当形矩阵 $\boldsymbol{A}$ 的全部初等因子为 $(\lambda-\lambda_1)^{k_1},(\lambda-\lambda_2)^{k_2},\cdots,(\lambda-\lambda_s)^{k_s}$.由此看出 $\lambda_1,\lambda_2,\cdots,\lambda_s$ 都是特征值,即 $\boldsymbol{A}$ 的全部特征值都要在数域 P 内.于是数域 P 上的一个方阵若能相似于一个若尔当形矩阵,则它的全部特征值全在 P 内,或说它的特征多项式的全部根都必须在 P 内.P 上不可能每个矩阵有此性质,当然也不可能每个矩阵都相似于若尔当形矩阵.但对复数域我们能够证明结论 2,这时我们才说若尔当形是若尔当标准形.

结论 2 转化成命题 2:对于复数域 P 上 n 维空间 V 中线性变换 $\mathscr{A}$,必存在 V 的一组基,使 $\mathscr{A}$ 在该基下的矩阵是若尔当标准形.

先对两种标准形作一些几何刻画.

定义 2 对于数域 P 上线性空间 V 中的线性变换 $\mathscr{A}$ 的多项式 $f(\mathscr{A})$ 及任意向量 $\boldsymbol{\varepsilon}\in V$,若 $f(\mathscr{A})\boldsymbol{\varepsilon}=\boldsymbol{0}$,则称 $f(\lambda)$ 是 $\boldsymbol{\varepsilon}$ 对于 $\mathscr{A}$ 的**零化多项式**.若 $f(\lambda)$ 是 $\boldsymbol{\varepsilon}$ 对于 $\mathscr{A}$ 的零化多项式中次数最低的首项系数为 1 的多项式,则称 $f(\lambda)$ 为 $\boldsymbol{\varepsilon}$ 对于 $\mathscr{A}$ 的**最小多项式**.

容易证明,$\boldsymbol{\varepsilon}$ 对于 $\mathscr{A}$ 的最小多项式整除 $\boldsymbol{\varepsilon}$ 对于 $\mathscr{A}$ 的任一零化多项式.

引理 1 设 $\mathscr{A}$ 是数域 P 上 n 维线性空间 V 中线性变换,$d(\lambda)$ 是 n 次首项系数为 1 的多项式,则下列结论是等价的:

1) $\mathscr{A}$ 在 V 的一组基 $\boldsymbol{\varepsilon}_0,\boldsymbol{\varepsilon}_1,\cdots,\boldsymbol{\varepsilon}_{n-1}$ 下的矩阵为友矩阵 $\boldsymbol{M}(d(\lambda))$.

2) $\boldsymbol{\varepsilon}_0,\mathscr{A}\boldsymbol{\varepsilon}_0,\cdots,\mathscr{A}^{n-1}\boldsymbol{\varepsilon}_0$ 是 V 的基,且 $d(\mathscr{A})\boldsymbol{\varepsilon}_0=\boldsymbol{0}$.

3) $V=P[\mathscr{A}]\boldsymbol{\varepsilon}_0=\{f(\mathscr{A})\boldsymbol{\varepsilon}_0\mid f(\lambda)\in P[\lambda]\}$,$d(\lambda)$ 是 $\boldsymbol{\varepsilon}_0$ 对于 $\mathscr{A}$ 的最小多项式.

证明 设 $d(\lambda)=\lambda^n+c_{n-1}\lambda^{n-1}+\cdots+c_1\lambda+c_0$.

1)⇒2) 由于

$$\mathscr{A}(\boldsymbol{\varepsilon}_0,\boldsymbol{\varepsilon}_1,\cdots,\boldsymbol{\varepsilon}_{n-1})=(\boldsymbol{\varepsilon}_0,\boldsymbol{\varepsilon}_1,\cdots,\boldsymbol{\varepsilon}_{n-1})\begin{pmatrix}0 & 0 & 0 & \cdots & 0 & 0 & -c_0\\ 1 & 0 & 0 & \cdots & 0 & 0 & -c_1\\ 0 & 1 & 0 & \cdots & 0 & 0 & -c_2\\ \vdots & \vdots & \vdots & & \vdots & \vdots & \vdots\\ 0 & 0 & 0 & \cdots & 1 & 0 & -c_{n-2}\\ 0 & 0 & 0 & \cdots & 0 & 1 & -c_{n-1}\end{pmatrix},\quad(11)$$

得

$$\boldsymbol{\varepsilon}_1=\mathscr{A}\boldsymbol{\varepsilon}_0,\ \boldsymbol{\varepsilon}_2=\mathscr{A}\boldsymbol{\varepsilon}_1=\mathscr{A}^2\boldsymbol{\varepsilon}_0,\ \cdots,\ \boldsymbol{\varepsilon}_{n-1}=\mathscr{A}\boldsymbol{\varepsilon}_{n-2}=\mathscr{A}^2\boldsymbol{\varepsilon}_{n-3}=\cdots=\mathscr{A}^{n-1}\boldsymbol{\varepsilon}_0,$$

故 $\boldsymbol{\varepsilon}_0,\mathscr{A}\boldsymbol{\varepsilon}_0,\cdots,\mathscr{A}^{n-1}\boldsymbol{\varepsilon}_0$是 V 的一个组基.再由(11)式,有

$$\mathscr{A}\boldsymbol{\varepsilon}_{n-1}=-c_{n-1}\boldsymbol{\varepsilon}_{n-1}-c_{n-2}\boldsymbol{\varepsilon}_{n-2}-\cdots-c_1\boldsymbol{\varepsilon}_1-c_0\boldsymbol{\varepsilon}_0 \tag{12}$$

即有

$$\mathscr{A}^n\boldsymbol{\varepsilon}_0+c_{n-1}\mathscr{A}^{n-1}\boldsymbol{\varepsilon}_0+\cdots+c_1\mathscr{A}\boldsymbol{\varepsilon}_0+c_0\mathscr{E}\boldsymbol{\varepsilon}_0=d(\mathscr{A})\boldsymbol{\varepsilon}_0=\mathbf{0}. \tag{13}$$

2)⇒1) 只要令 $\boldsymbol{\varepsilon}_1=\mathscr{A}\boldsymbol{\varepsilon}_0,\boldsymbol{\varepsilon}_2=\mathscr{A}^2\boldsymbol{\varepsilon}_0,\cdots,\boldsymbol{\varepsilon}_{n-1}=\mathscr{A}^{n-1}\boldsymbol{\varepsilon}_0$ 及由(13)式中 $d(\mathscr{A})\boldsymbol{\varepsilon}_0$ 的表达式,即得(12)式,进一步(11)式成立.正是 1)的结论.

2)⇒3) $\boldsymbol{\varepsilon}_0,\mathscr{A}\boldsymbol{\varepsilon}_0,\cdots,\mathscr{A}^{n-1}\boldsymbol{\varepsilon}_0$ 是 V 的基,任意 $\boldsymbol{\varepsilon}\in V$ 是它的线性组合

$$\boldsymbol{\varepsilon}=l_{n-1}\mathscr{A}^{n-1}\boldsymbol{\varepsilon}_0+l_{n-2}\mathscr{A}^{n-2}\boldsymbol{\varepsilon}_0+\cdots+l_1\mathscr{A}\boldsymbol{\varepsilon}_0+l_0\boldsymbol{\varepsilon}_0.$$

令

$$L(\lambda)=l_{n-1}\lambda^{n-1}+l_{n-2}\lambda^{n-2}+\cdots+l_1\lambda+l_0,$$

则 $\boldsymbol{\varepsilon}=L(\mathscr{A})\boldsymbol{\varepsilon}_0\in P[\mathscr{A}]\boldsymbol{\varepsilon}_0$.故 $V\subset P[\mathscr{A}]\boldsymbol{\varepsilon}_0$.反包含是显然的,即证明了 $V=P[\mathscr{A}]\boldsymbol{\varepsilon}_0$.

要证明 $d(\lambda)$是 $\boldsymbol{\varepsilon}_0$ 对于$\mathscr{A}$的最小多项式,只要证对于任何多项式

$$L(\lambda)=l_{n-1}\lambda^{n-1}+\cdots+l_1\lambda+l_0,$$

使 $L(\mathscr{A})\boldsymbol{\varepsilon}_0=\mathbf{0}$ 必有 $L(\lambda)=0$.实际上若

$$L(\mathscr{A})\boldsymbol{\varepsilon}_0=l_{n-1}\mathscr{A}^{n-1}\boldsymbol{\varepsilon}_0+l_{n-2}\mathscr{A}^{n-2}\boldsymbol{\varepsilon}_0+\cdots+l_1\mathscr{A}\boldsymbol{\varepsilon}_0+l_0\boldsymbol{\varepsilon}_0=\mathbf{0},$$

而$\mathscr{A}^{n-1}\boldsymbol{\varepsilon}_0,\mathscr{A}^{n-2}\boldsymbol{\varepsilon}_0,\cdots,\mathscr{A}\boldsymbol{\varepsilon}_0,\boldsymbol{\varepsilon}_0$ 是线性无关的,则 $l_{n-1}=\cdots=l_1=l_0=0$,即 $L(\lambda)=0$.

3)⇒2) $V=P[\mathscr{A}]\boldsymbol{\varepsilon}_0$,任意 $\boldsymbol{\varepsilon}\in V$,有 $f(\lambda)\in P[\lambda]$,使 $\boldsymbol{\varepsilon}=f(\mathscr{A})\boldsymbol{\varepsilon}_0$.作带余除法,用 $d(\lambda)$去除$f(\lambda)$,设

$$f(\lambda)=q(\lambda)d(\lambda)+l(\lambda),\quad l(\lambda)=l_{n-1}\lambda^{n-1}+\cdots+l_1\lambda+l_0.$$

因 $d(\mathscr{A})\boldsymbol{\varepsilon}_0=\mathbf{0}$,故

$$\boldsymbol{\varepsilon}=f(\mathscr{A})\boldsymbol{\varepsilon}_0=q(\mathscr{A})d(\mathscr{A})\boldsymbol{\varepsilon}_0+l(\mathscr{A})\boldsymbol{\varepsilon}_0=L(\mathscr{A})\boldsymbol{\varepsilon}_0=l_{n-1}\mathscr{A}^{n-1}\boldsymbol{\varepsilon}_0+\cdots+l_1\mathscr{A}\boldsymbol{\varepsilon}_0+l_1\boldsymbol{\varepsilon}_0.$$

即 $\boldsymbol{\varepsilon}$ 是$\mathscr{A}^{n-1}\boldsymbol{\varepsilon}_0,\cdots,\mathscr{A}\boldsymbol{\varepsilon}_0,\boldsymbol{\varepsilon}_0$ 的线性组合.

又若

$$l_{n-1}\mathscr{A}^{n-1}\boldsymbol{\varepsilon}_0+\cdots+l_1\mathscr{A}\boldsymbol{\varepsilon}_0+l_0\boldsymbol{\varepsilon}_0=\mathbf{0},$$

令 $l(\lambda)=l_{n-1}\lambda^{n-1}+\cdots+l_1\lambda+l_0$,则 $l(\mathscr{A})\boldsymbol{\varepsilon}_0=\mathbf{0}$.但 $d(\lambda)$是 $\boldsymbol{\varepsilon}_0$ 对于$\mathscr{A}$的最小多项式,故 $l(\lambda)=0$,即有$l_{n-1}=l_{n-2}=\cdots=l_1=l_0=0$.这证明了$\mathscr{A}^{n-1}\boldsymbol{\varepsilon}_0,\cdots,\mathscr{A}\boldsymbol{\varepsilon}_0,\boldsymbol{\varepsilon}_0$ 线性无关,是 V 的一组基. ▌

推论 设$\mathscr{A}$是线性空间 V 中的线性变换,$\boldsymbol{\varepsilon}_0\in V$ 对于$\mathscr{A}$的最小多项式为 $d(\lambda)$,且 $V=P[\mathscr{A}]\boldsymbol{\varepsilon}_0$.则

$$维(V)=\partial(d(\lambda)).\ ▌$$

引理 2 设$\mathscr{A}$是复数域上线性空间 V 中线性变换,则下列结论是等价的:

1) $\mathscr{A}$在一组基 $\boldsymbol{\varepsilon}_0,\boldsymbol{\varepsilon}_1,\cdots,\boldsymbol{\varepsilon}_{n-1}$ 下矩阵为若尔当块 $\boldsymbol{J}(\lambda_0,n)$.

2) $\mathscr{A}-\lambda_0\mathscr{E}$在该基下矩阵是 $\boldsymbol{M}(\lambda^n)$.

3) $\boldsymbol{\varepsilon}_0,(\mathscr{A}-\lambda_0\mathscr{E})\boldsymbol{\varepsilon}_0,\cdots,(\mathscr{A}-\lambda_0\mathscr{E})^{n-1}\boldsymbol{\varepsilon}_0$ 是 V 的基,且$(\mathscr{A}-\lambda_0\mathscr{E})^n\boldsymbol{\varepsilon}_0=\mathbf{0}$.

4) $V=P[\mathscr{A}-\lambda_0\mathscr{E}]\boldsymbol{\varepsilon}_0=P[\mathscr{A}]\boldsymbol{\varepsilon}_0$,且$(\lambda-\lambda_0)^n$ 是 $\boldsymbol{\varepsilon}_0$ 对于$\mathscr{A}$的最小多项式(或 $\boldsymbol{\varepsilon}_0$ 对于$\mathscr{A}-\lambda_0\mathscr{E}$的最小多项式是 λ^n).

证明 注意到$\mathscr{A}$在一组基下的矩阵为$\boldsymbol{J}(\lambda_0,n)$等价于$\mathscr{A}-\lambda_0\mathscr{E}$在同一基下的矩阵为$\boldsymbol{J}(\boldsymbol{\lambda}_0,n)-\lambda_0\boldsymbol{E}=\boldsymbol{M}(\lambda^n)$,即1)等价于2).

其余结论的等价性证明,只要对线性变换$\mathscr{A}-\lambda_0\mathscr{E}$应用引理1就可得到. ▌

定义3 设$\mathscr{A}$是数域P上线性空间V中的线性变换,对$\boldsymbol{\varepsilon}\in V$,称$P[\mathscr{A}]\boldsymbol{\varepsilon}$是$V$的一个**$\mathscr{A}$-循环子空间**.

由引理1和引理2,易知有以下两个定理.

定理3 设$\mathscr{A}$是数域P上线性空间V中线性变换,则$\mathscr{A}$在一组基下的矩阵为有理标准形的充要条件是存在$\boldsymbol{\eta}_1,\boldsymbol{\eta}_2,\cdots,\boldsymbol{\eta}_s$,使

$$V=P[\mathscr{A}]\boldsymbol{\eta}_1\oplus P[\mathscr{A}]\boldsymbol{\eta}_2\oplus\cdots\oplus P[\mathscr{A}]\boldsymbol{\eta}_s$$

是$\mathscr{A}$-循环子空间的直和,且$\boldsymbol{\eta}_i$的最小多项式$d_i(\lambda)$满足$d_1(\lambda)\mid d_2(\lambda)\mid\cdots\mid d_s(\lambda)$,$d_i(\lambda)(i=1,2,\cdots,s)$是$\mathscr{A}$的全部非常数不变因子. ▌

定理4 设P是复数域,V,$\mathscr{A}$如定理3,则$\mathscr{A}$在一组基下的矩阵是若尔当形矩阵的充要条件是存在$\boldsymbol{\eta}_1,\boldsymbol{\eta}_2,\cdots,\boldsymbol{\eta}_s$,使

$$V=P[\mathscr{A}]\boldsymbol{\eta}_1\oplus P[\mathscr{A}]\boldsymbol{\eta}_2\oplus\cdots\oplus P[\mathscr{A}]\boldsymbol{\eta}_s$$

是$\mathscr{A}$-循环子空间的直和,且每个$\boldsymbol{\eta}_i$的最小多项式皆形如$(\lambda-\lambda_i)^{k_i}$. $(\lambda-\lambda_i)^{k_i}$,$i=1,2,\cdots,s$是$\mathscr{A}$的全部初等因子. ▌

于是,证明开头的结论1就是要证明,对任意数域P,V是定理3中所说的$\mathscr{A}$-循环子空间的直和.证明结论2就是要证明,对复数域P,V是定理4中所说的$\mathscr{A}$-循环子空间的直和.

下面我们利用$\mathscr{A}$-矩阵的工具来进行讨论.

引理3 V,$\mathscr{A}$如定理3,若有$\boldsymbol{\eta}_1,\boldsymbol{\eta}_2,\cdots,\boldsymbol{\eta}_s\in V$,使

1) $V=P[\mathscr{A}]\boldsymbol{\eta}_1+P[\mathscr{A}]\boldsymbol{\eta}_2+\cdots+P[\mathscr{A}]\boldsymbol{\eta}_s$; (14)

2) 设每个$\boldsymbol{\eta}_i$对于$\mathscr{A}$的最小多项式为$p_i(\lambda)$,且

$$\sum_{i=1}^{s}\partial(p_i(\lambda))=\text{维}(V),$$

则(14)式中的和是直和.

证明 由引理1的推论,维$(P[\mathscr{A}]\boldsymbol{\eta}_i)=\partial(p_i(\lambda))$.于是

$$\text{维}(V)=\sum_{i=1}^{s}\partial(p_i(\lambda))=\sum_{i=1}^{s}\text{维}(P[\mathscr{A}]\boldsymbol{\eta}_i).$$

由第六章定理11知道(14)式的和是直和. ▌

定理5 V,$\mathscr{A}$如定理3,则V是具有定理3中所说性质的$\mathscr{A}$-循环子空间的直和.

证明 取$\boldsymbol{\varepsilon}_1,\boldsymbol{\varepsilon}_2,\cdots,\boldsymbol{\varepsilon}_n$为$V$的一组基,设

$$\mathscr{A}\begin{pmatrix}\boldsymbol{\varepsilon}_1\\\boldsymbol{\varepsilon}_2\\\vdots\\\boldsymbol{\varepsilon}_n\end{pmatrix}=\boldsymbol{A}\begin{pmatrix}\boldsymbol{\varepsilon}_1\\\boldsymbol{\varepsilon}_2\\\vdots\\\boldsymbol{\varepsilon}_n\end{pmatrix},\quad\text{或}\quad(\mathscr{A}\boldsymbol{E}-\mathscr{E}\boldsymbol{A})\begin{pmatrix}\boldsymbol{\varepsilon}_1\\\boldsymbol{\varepsilon}_2\\\vdots\\\boldsymbol{\varepsilon}_n\end{pmatrix}=\boldsymbol{O}.\tag{15}$$

对$\lambda\boldsymbol{E}-\boldsymbol{A}$有可逆$\lambda$-矩阵$\boldsymbol{P}(\lambda)$,$\boldsymbol{Q}(\lambda)$,使

$$\boldsymbol{P}(\lambda)(\lambda\boldsymbol{E}-\boldsymbol{A})\boldsymbol{Q}(\lambda)=\begin{pmatrix}1&&&&&&\\&\ddots&&&&&\\&&1&&&&\\&&&d_1(\lambda)&&&\\&&&&d_2(\lambda)&&\\&&&&&\ddots&\\&&&&&&d_s(\lambda)\end{pmatrix}\tag{16}$$

是 λ-矩阵的标准形，其中 $d_1(\lambda)\mid d_2(\lambda)\mid\cdots\mid d_s(\lambda)$，$d_i(\lambda)(i=1,2,\cdots,s)$ 是 $\mathscr{A}$ 的全部非常数不变因子，在(16)式中用 $\mathscr{A}$ 替代 λ，由(15)式就有

$$\boldsymbol{O}=\boldsymbol{P}(\mathscr{A})(\mathscr{A}\boldsymbol{E}-\mathscr{E}\boldsymbol{A})\begin{pmatrix}\boldsymbol{\varepsilon}_1\\\boldsymbol{\varepsilon}_2\\\vdots\\\boldsymbol{\varepsilon}_n\end{pmatrix}=(\boldsymbol{P}(\mathscr{A})(\mathscr{A}\boldsymbol{E}-\mathscr{E}\boldsymbol{A})\boldsymbol{Q}(\mathscr{A}))\boldsymbol{Q}(\mathscr{A})^{-1}\begin{pmatrix}\boldsymbol{\varepsilon}_1\\\boldsymbol{\varepsilon}_2\\\vdots\\\boldsymbol{\varepsilon}_n\end{pmatrix}$$

$$=\begin{pmatrix}1&&&&&&\\&\ddots&&&&&\\&&1&&&&\\&&&d_1(\mathscr{A})&&&\\&&&&d_2(\mathscr{A})&&\\&&&&&\ddots&\\&&&&&&d_s(\mathscr{A})\end{pmatrix}\begin{pmatrix}\boldsymbol{\xi}_1\\\vdots\\\boldsymbol{\xi}_{n-s}\\\boldsymbol{\eta}_1\\\boldsymbol{\eta}_2\\\vdots\\\boldsymbol{\eta}_s\end{pmatrix},\tag{17}$$

其中

$$\begin{pmatrix}\boldsymbol{\xi}_1\\\vdots\\\boldsymbol{\xi}_{n-s}\\\boldsymbol{\eta}_1\\\vdots\\\boldsymbol{\eta}_s\end{pmatrix}=\boldsymbol{Q}(\mathscr{A})^{-1}\begin{pmatrix}\boldsymbol{\varepsilon}_1\\\vdots\\\boldsymbol{\varepsilon}_{n-s}\\\boldsymbol{\varepsilon}_{n-s+1}\\\vdots\\\boldsymbol{\varepsilon}_n\end{pmatrix},\quad\begin{pmatrix}\boldsymbol{\varepsilon}_1\\\vdots\\\boldsymbol{\varepsilon}_{n-s}\\\boldsymbol{\varepsilon}_{n-s+1}\\\vdots\\\boldsymbol{\varepsilon}_n\end{pmatrix}=\boldsymbol{Q}(\mathscr{A})\begin{pmatrix}\boldsymbol{\xi}_1\\\vdots\\\boldsymbol{\xi}_{n-s}\\\boldsymbol{\eta}_1\\\vdots\\\boldsymbol{\eta}_s\end{pmatrix}.\tag{18}$$

由(17)式有

$$\boldsymbol{\xi}_1=\boldsymbol{\xi}_2=\cdots=\boldsymbol{\xi}_{n-s}=\boldsymbol{0},\quad d_i(\mathscr{A})\boldsymbol{\eta}_i=\boldsymbol{0},\quad i=1,2,\cdots,s.\tag{19}$$

设 $Q(\mathscr{A})=(q_{ij}(\mathscr{A}))_{n\times n}$，其中 $q_{ij}(\lambda)\in P[\lambda]$，由(17)式得

$$\begin{aligned}\boldsymbol{\varepsilon}_i&=q_{i1}(\mathscr{A})\boldsymbol{\xi}_1+\cdots+q_{i,n-s}(\mathscr{A})\boldsymbol{\xi}_{n-s}+q_{i,n-s+1}(\mathscr{A})\boldsymbol{\eta}_1+\cdots+q_{in}(\mathscr{A})\boldsymbol{\eta}_s\\&=q_{i,n-s+1}(\mathscr{A})\boldsymbol{\eta}_1+q_{i,n-s+2}(\mathscr{A})\boldsymbol{\eta}_2+\cdots+q_{in}(\mathscr{A})\boldsymbol{\eta}_s\\&\in P[\mathscr{A}]\boldsymbol{\eta}_1+P[\mathscr{A}]\boldsymbol{\eta}_2+\cdots+P[\mathscr{A}]\boldsymbol{\eta}_s,\quad i=1,2,\cdots,n.\end{aligned}$$

即 V 的子空间 $P[\mathscr{A}]\boldsymbol{\eta}_1+P[\mathscr{A}]\boldsymbol{\eta}_2+\cdots+P[\mathscr{A}]\boldsymbol{\eta}_s$ 含有 V 的一组基，必是 V 自身，故

$$V=P[\mathscr{A}]\boldsymbol{\eta}_1+P[\mathscr{A}]\boldsymbol{\eta}_2+\cdots+P[\mathscr{A}]\boldsymbol{\eta}_s.\tag{20}$$

再来证它是直和.因 $P(\lambda),Q(\lambda)$ 可逆，$|P(\lambda)|$ 及 $|Q(\lambda)|$ 皆为非零常数，又由(16)式有

$$|\boldsymbol{P}(\lambda)|\ |\lambda\boldsymbol{E}-\boldsymbol{A}|\ |\boldsymbol{Q}(\lambda)|=d_1(\lambda)d_2(\lambda)\cdots d_s(\lambda).$$

即有

$$\sum_{i=1}^{s}\partial(d_i(\lambda))=\partial(|\lambda\boldsymbol{E}-\boldsymbol{A}|)=维(V).$$

又设 $\boldsymbol{\eta}_i(i=1,2,\cdots,s)$对于$\mathscr{A}$的最小多项式为 $p_i(\lambda)$,由 $d_i(\mathscr{A})\boldsymbol{\eta}_i=\boldsymbol{0}$,故 $p_i(\lambda)\mid d_i(\lambda)$,当然有$\partial(p_i(\lambda))\leqslant\partial(d_i(\lambda))$.由(20)式及$\partial(p_i(\lambda))=维(P[\mathscr{A}]\boldsymbol{\eta}_i)$,得到

$$维(V)\leqslant\sum_{i=1}^{s}维(P[\mathscr{A}]\boldsymbol{\eta}_i)=\sum_{i=1}^{s}\partial(p_i(\lambda))\leqslant\sum_{i=1}^{s}\partial(d_i(\lambda))=维(V).\qquad(21)$$

这使得上面所有不等号皆为等号,利用引理 3 就证明了(20)式是直和.又$\partial(p_i(\lambda))=\partial(d_i(\lambda))$及$p_i(\lambda)\mid d_i(\lambda)(i=1,2,\cdots,s)$,得出$p_i(\lambda)=d_i(\lambda)$,即每个 $d_i(\lambda)$是 $\boldsymbol{\eta}_i$ 对于$\mathscr{A}$的最小多项式.定理 5 证毕. ▌

定理 6 设$\mathscr{A}$是复数域上 n 维线性空间 V 中线性变换,则 V 是具有定理 4 中所说性质的$\mathscr{A}$-循环子空间的直和.

证明 定理 5 证明了 V 有定理 3 中所说性质的直和分解

$$V=P[\mathscr{A}]\boldsymbol{\eta}_1\oplus P[\mathscr{A}]\boldsymbol{\eta}_2\oplus\cdots\oplus P[\mathscr{A}]\boldsymbol{\eta}_s.$$

由于 $\boldsymbol{\eta}_i(i=1,2,\cdots,s)$对于$\mathscr{A}$的最小多项式是$\mathscr{A}$的非常数不变因子,还不一定是初等因子.对每个$P[\mathscr{A}]\boldsymbol{\eta}_i$ 还要证明它有本定理所需要的分解.为此需要

引理 4 设 P 是复数域,V,$\mathscr{A}$如定理 6.设有不变子空间 $W=P[\mathscr{A}]\boldsymbol{\eta}$,$\boldsymbol{\eta}$ 的最小多项式

$$d(\lambda)=(\lambda-\mu_1)^{l_1}(\lambda-\mu_2)^{l_2}\cdots(\lambda-\mu_t)^{l_t},$$

其中 $\mu_i(i=1,2,\cdots,t)$互不相同,则有 $\boldsymbol{\xi}_1,\boldsymbol{\xi}_2,\cdots,\boldsymbol{\xi}_t\in W$,使

$$W=P[\mathscr{A}]\boldsymbol{\xi}_i\oplus P[\mathscr{A}]\boldsymbol{\xi}_2\oplus\cdots\oplus P[\mathscr{A}]\boldsymbol{\xi}_t,$$

且 $\boldsymbol{\xi}_i(i=1,2,\cdots,t)$的最小多项式为$(\lambda-\mu_i)^{l_i}$.

证明 令

$$m_i(\lambda)=\frac{d(\lambda)}{(\lambda-\mu_i)^{l_i}},\quad \boldsymbol{\xi}_i=m_i(\mathscr{A})\boldsymbol{\eta},\quad i=1,2,\cdots,t,$$

则 $\boldsymbol{\xi}_i$ 的最小多项式为$(\lambda-\mu_i)^{l_i}$.

由于 $m_1(\lambda),m_2(\lambda),\cdots,m_t(\lambda)$互素,有 $u_1(\lambda),u_2(\lambda),\cdots,u_t(\lambda)$,使

$$u_1(\lambda)m_1(\lambda)+u_2(\lambda)m_2(\lambda)+\cdots+u_t(\lambda)m_t(\lambda)=1.$$

于是

$$\begin{aligned}\boldsymbol{\eta}&=u_1(\mathscr{A})m_1(\mathscr{A})\boldsymbol{\eta}+u_2(\mathscr{A})m_2(\mathscr{A})\boldsymbol{\eta}+\cdots+u_t(\mathscr{A})m_t(\mathscr{A})\boldsymbol{\eta}\\&=u_1(\mathscr{A})\boldsymbol{\xi}_1+u_2(\mathscr{A})\boldsymbol{\xi}_2+\cdots+u_t(\mathscr{A})\boldsymbol{\xi}_t,\end{aligned}$$

就有

$$P[\mathscr{A}]\boldsymbol{\eta}\subset P[\mathscr{A}]\boldsymbol{\xi}_1+P[\mathscr{A}]\boldsymbol{\xi}_2+\cdots+P[\mathscr{A}]\boldsymbol{\xi}_t.$$

又 $\boldsymbol{\xi}_i=m_i(\mathscr{A})\boldsymbol{\eta}\in P[\mathscr{A}]\boldsymbol{\eta}(i=1,2,\cdots,t)$,故上式中反包含关系成立,这就证明了

$$P[\mathscr{A}]\boldsymbol{\eta}=P[\mathscr{A}]\boldsymbol{\xi}_1+P[\mathscr{A}]\boldsymbol{\xi}_2+\cdots+P[\mathscr{A}]\boldsymbol{\xi}_t,\qquad(22)$$

$$维(P[\mathscr{A}]\boldsymbol{\xi}_i)=\partial((\lambda-\mu_i)^{l_i})=l_i,$$

$$维(P[\mathscr{A}]\boldsymbol{\eta})=\partial(d(\lambda))=\partial((\lambda-\mu_1)^{l_1}(\lambda-\mu_2)^{l_2}\cdots(\lambda-\mu_t)^{l_t})$$

$$=l_1+l_2+\cdots+l_t=\sum_{i=1}^{t}\text{维}(P[\mathscr{A}]\boldsymbol{\xi}_i),$$

由第六章定理 11 知(22)式中的和是子空间的直和.引理证毕. ▌

由引理 4, V 是$\mathscr{A}$-循环子空间的直和,即

$$V=P[\mathscr{A}]\boldsymbol{\varepsilon}_1\oplus P[\mathscr{A}]\boldsymbol{\varepsilon}_2\oplus\cdots\oplus P[\mathscr{A}]\boldsymbol{\varepsilon}_k,$$

每个 $\boldsymbol{\varepsilon}_i(i=1,2,\cdots,k)$ 的最小多项式为 $(\lambda-\nu_i)^{k_i}$.在每个 $P[\mathscr{A}]\boldsymbol{\xi}_i$ 的适当的基下, $\mathscr{A}|P[\mathscr{A}]\boldsymbol{\varepsilon}_i$ 的矩阵是若尔当块,而 $\boldsymbol{\varepsilon}_i$ 对于$\mathscr{A}$的最小多项式$(\lambda-\nu_i)^{k_i}$是$\mathscr{A}|P[\mathscr{A}]\boldsymbol{\varepsilon}_i$ 的唯一的初等因子.将所有 $P[\mathscr{A}]\boldsymbol{\varepsilon}_i(i=1,2,\cdots,k)$ 的基合起来就是 V 的基,这时$\mathscr{A}$在该基下的矩阵是若尔当标准形,而全部$(\lambda-\nu_i)^{k_i}(i=1,2,\cdots,k)$是$\mathscr{A}$的全部初等因子.这就完成了定理 6 的证明. ▌

定理 3、定理 4、定理 5、定理 6 合起来就完成了本节开头的两个结论的证明.

注 1 定理 6 中$\mathscr{A}$的有理标准形矩阵是唯一的.实际上$\mathscr{A}$的非常数不变因子$d_1(\lambda)$, $d_2(\lambda),\cdots,d_s(\lambda)$满足 $d_1(\lambda)|d_2(\lambda)|\cdots|d_s(\lambda)$,是唯一确定的,而有理标准形又是由 $d_1(\lambda),d_2(\lambda),\cdots,d_s(\lambda)$(及其顺序)唯一决定的.

注 2 定理 5 中的若尔当标准形除其中若尔当块的排列顺序外也是唯一决定的.

实际上一个若尔当块与$\mathscr{A}$的一个初等因子对应,$\mathscr{A}$的若尔当标准形中全部若尔当块与$\mathscr{A}$的全部初等因子建立了对应.因此$\mathscr{A}$的任一若尔当标准形中全部若尔块的集合是由$\mathscr{A}$的全部初等因子的集合唯一决定的.随着全部初等因子的任意一个排序,若尔当块也可相应排序(只要将基按适当顺序排一下).

注 3 定理 5、定理 6 及引理 4 实际上已给出了方法来找出 V 的适当的基以构造$\mathscr{A}$的有理标准形或若尔当标准形.

我们用下面的例子来进行实际的计算.

例 2 对矩阵

$$\boldsymbol{B}=\begin{pmatrix}0&-1&2\\3&8&-14\\3&6&-10\end{pmatrix},$$

求 $\boldsymbol{T}$,使 $\boldsymbol{T}^{-1}\boldsymbol{BT}$ 为若尔当标准形.

解 (Ⅰ)化成线性变换的问题.取三维复线性空间 V 及它的一组基 $\boldsymbol{\varepsilon}_1,\boldsymbol{\varepsilon}_2,\boldsymbol{\varepsilon}_3$,作$\mathscr{A}$使

$$\mathscr{A}(\boldsymbol{\varepsilon}_1,\boldsymbol{\varepsilon}_2,\boldsymbol{\varepsilon}_3)=(\boldsymbol{\varepsilon}_1,\boldsymbol{\varepsilon}_2,\boldsymbol{\varepsilon}_3)\boldsymbol{B}.$$

令 $\boldsymbol{A}=\boldsymbol{B}^{\mathrm{T}}$,则可写成

$$\mathscr{A}\begin{pmatrix}\boldsymbol{\varepsilon}_1\\\boldsymbol{\varepsilon}_2\\\boldsymbol{\varepsilon}_3\end{pmatrix}=\boldsymbol{A}\begin{pmatrix}\boldsymbol{\varepsilon}_1\\\boldsymbol{\varepsilon}_2\\\boldsymbol{\varepsilon}_3\end{pmatrix}=\begin{pmatrix}0&3&3\\-1&8&6\\2&-14&-10\end{pmatrix}\begin{pmatrix}\boldsymbol{\varepsilon}_1\\\boldsymbol{\varepsilon}_2\\\boldsymbol{\varepsilon}_3\end{pmatrix}.\tag{23}$$

(Ⅱ)化 $\lambda\boldsymbol{E}-\boldsymbol{A}$ 为对角形.可作多次初等变换来实现,为得到最后的$\boldsymbol{Q}(\lambda)$,我们记录下每次所作的初等列变换:

$$\lambda\boldsymbol{E}-\boldsymbol{A}=\begin{pmatrix}\lambda&-3&-3\\1&\lambda-8&-6\\-2&14&\lambda+10\end{pmatrix}\xrightarrow{\text{行变换}}\begin{pmatrix}1&\lambda-8&-6\\\lambda&-3&-3\\-2&14&\lambda+10\end{pmatrix}$$

$$\xrightarrow{\text{行变换}}\begin{pmatrix}1&\lambda-8&-6\\0&-3-(\lambda-8)\lambda&-3+6\lambda\\0&14+2(\lambda-8)&\lambda+10-12\end{pmatrix}=\begin{pmatrix}1&\lambda-8&-6\\0&-\lambda^2+8\lambda-3&6\lambda-3\\0&2\lambda-2&\lambda-2\end{pmatrix}$$

$$\xrightarrow[\begin{pmatrix}1&-(\lambda-8)&6\\0&1&0\\0&0&1\end{pmatrix}]{\text{右乘}}\begin{pmatrix}1&0&0\\0&-\lambda^2+8\lambda-3&6\lambda-3\\0&2\lambda-2&\lambda-2\end{pmatrix}\xrightarrow[\begin{pmatrix}1&0&0\\0&1&0\\0&-1&1\end{pmatrix}]{\text{右乘}}\begin{pmatrix}1&0&0\\0&-\lambda(\lambda-2)&6\lambda-3\\0&\lambda&\lambda-2\end{pmatrix}$$

$$\xrightarrow{\text{行变换}}\begin{pmatrix}1&0&0\\0&\lambda&\lambda-2\\0&0&\lambda^2+2\lambda+1\end{pmatrix}\xrightarrow{\text{行变换}}\begin{pmatrix}1&0&0\\0&\frac{1}{2}\lambda&\frac{1}{2}\lambda-1\\0&0&(\lambda+1)^2\end{pmatrix}$$

$$\xrightarrow[\begin{pmatrix}1&0&0\\0&1&0\\0&-1&1\end{pmatrix}]{\text{右乘}}\begin{pmatrix}1&0&0\\0&1&\frac{1}{2}\lambda-1\\0&-(\lambda+1)^2&(\lambda+1)^2\end{pmatrix}$$

$$\xrightarrow[\begin{pmatrix}1&0&0\\0&1&-\left(\frac{1}{2}\lambda-1\right)\\0&0&1\end{pmatrix}]{\text{右乘}}\begin{pmatrix}1&0&0\\0&1&0\\0&-(\lambda+1)^2&\frac{1}{2}\lambda(\lambda+1)^2\end{pmatrix}\xrightarrow{\text{行变换}}\begin{pmatrix}1&0&0\\0&1&0\\0&0&\lambda(\lambda+1)^2\end{pmatrix},$$

可得

$$\boldsymbol{Q}(\lambda)=\begin{pmatrix}1&-(\lambda-8)&6\\0&1&0\\0&0&1\end{pmatrix}\begin{pmatrix}1&0&0\\0&1&0\\0&-1&1\end{pmatrix}^2\begin{pmatrix}1&0&0\\0&1&-\left(\frac{1}{2}\lambda-1\right)\\0&0&1\end{pmatrix},$$

$$\boldsymbol{Q}(\lambda)^{-1}=\begin{pmatrix}1&0&0\\0&1&\frac{1}{2}\lambda-1\\0&0&1\end{pmatrix}\begin{pmatrix}1&0&0\\0&1&0\\0&1&1\end{pmatrix}^2\begin{pmatrix}1&\lambda-8&-6\\0&1&0\\0&0&1\end{pmatrix}=\begin{pmatrix}1&\lambda-8&-6\\0&\lambda-1&\frac{1}{2}\lambda-1\\0&2&1\end{pmatrix},$$

及

$$\begin{pmatrix}\boldsymbol{\eta}_1\\\boldsymbol{\eta}_2\\\boldsymbol{\eta}_3\end{pmatrix}=\boldsymbol{Q}(\mathscr{A})^{-1}\begin{pmatrix}\boldsymbol{\varepsilon}_1\\\boldsymbol{\varepsilon}_2\\\boldsymbol{\varepsilon}_3\end{pmatrix}.$$

由于 $\boldsymbol{\eta}_1,\boldsymbol{\eta}_2$ 的零化多项式为 1，故 $\boldsymbol{\eta}_1=\boldsymbol{\eta}_2=\mathbf{0}$. $\boldsymbol{\eta}_3=2\boldsymbol{\varepsilon}_2+\boldsymbol{\varepsilon}_3$，于是 $V=P[\mathscr{A}]\boldsymbol{\eta}_3=P[\mathscr{A}](2\boldsymbol{\varepsilon}_2+\boldsymbol{\varepsilon}_3)$.

（Ⅲ）继续分解 $P[\mathscr{A}](2\boldsymbol{\varepsilon}_2+\boldsymbol{\varepsilon}_3)$. $\boldsymbol{\eta}_3$ 的最小多项式为 $\lambda(\lambda+1)^2$. 令 $P[\mathscr{A}]\boldsymbol{\eta}_3=P[\mathscr{A}]\boldsymbol{\eta}'_1\oplus P[\mathscr{A}]\boldsymbol{\eta}'_2$. 由引理 4，$\boldsymbol{\eta}'_1=(\mathscr{A}+\mathscr{E})^2\boldsymbol{\eta}_3$，$\boldsymbol{\eta}'_2=\mathscr{A}\boldsymbol{\eta}_3$，它们的最小多项式分别为 λ 及 $(\lambda+1)^2$. 计算

$$\boldsymbol{\eta}'_1=(\mathscr{A}+\mathscr{E})^2(2\boldsymbol{\varepsilon}_2+\boldsymbol{\varepsilon}_3)=2(\mathscr{A}+\mathscr{E})^2\boldsymbol{\varepsilon}_2+(\mathscr{A}+\mathscr{E})^2\boldsymbol{\varepsilon}_3.$$

$(\mathscr{A}+\mathscr{E})^2$在 $\boldsymbol{\varepsilon}_1,\boldsymbol{\varepsilon}_2,\boldsymbol{\varepsilon}_3$下的左矩阵为

$$\begin{pmatrix}1&3&3\\-1&9&6\\2&-14&-9\end{pmatrix}^2=\begin{pmatrix}*&*&*\\2&-6&-3\\-2&6&3\end{pmatrix}.$$

故

$$\begin{aligned}\boldsymbol{\eta}_1'&=2(\mathscr{A}+\mathscr{E})^2\boldsymbol{\varepsilon}_2+(\mathscr{A}+\mathscr{E})^2\boldsymbol{\varepsilon}_3\\&=2(2\boldsymbol{\varepsilon}_1-6\boldsymbol{\varepsilon}_2-3\boldsymbol{\varepsilon}_3)+(-2\boldsymbol{\varepsilon}_1+6\boldsymbol{\varepsilon}_2+3\boldsymbol{\varepsilon}_3)\\&=2\boldsymbol{\varepsilon}_1-6\boldsymbol{\varepsilon}_2-3\boldsymbol{\varepsilon}_3.\end{aligned}$$

$P[\mathscr{A}]\boldsymbol{\eta}_1'$是 1 维的,基就是 $\boldsymbol{\eta}_1'$,且$\mathscr{A}\boldsymbol{\eta}_1'=\mathbf{0}$. $\mathscr{A}|P[\mathscr{A}]\boldsymbol{\eta}_1'$在 $\boldsymbol{\eta}_1'$下的矩阵是一阶矩阵(0).

计算

$$\boldsymbol{\eta}_2'=\mathscr{A}\boldsymbol{\eta}_3=\mathscr{A}(2\boldsymbol{\varepsilon}_2+\boldsymbol{\varepsilon}_3)=2\mathscr{A}\boldsymbol{\varepsilon}_2+\mathscr{A}\boldsymbol{\varepsilon}_3.$$

由(20)式,得

$$\boldsymbol{\eta}_2'=2\mathscr{A}\boldsymbol{\varepsilon}_2+\mathscr{A}\boldsymbol{\varepsilon}_3=2(-\boldsymbol{\varepsilon}_1+8\boldsymbol{\varepsilon}_2+6\boldsymbol{\varepsilon}_3)+2\boldsymbol{\varepsilon}_1-14\boldsymbol{\varepsilon}_2-10\boldsymbol{\varepsilon}_3=2\boldsymbol{\varepsilon}_2+2\boldsymbol{\varepsilon}_3.$$

$P[\mathscr{A}]\boldsymbol{\eta}_2'$是 2 维的,$\boldsymbol{\eta}_2'$的最小多项式为$(\lambda+1)^2$,则它的基为

$$\boldsymbol{\eta}_2'=2(\boldsymbol{\varepsilon}_2+\boldsymbol{\varepsilon}_3),\quad \boldsymbol{\eta}_3'=(\mathscr{A}+\mathscr{E})\boldsymbol{\eta}_2'=2(\mathscr{A}\boldsymbol{\varepsilon}_2+\mathscr{A}\boldsymbol{\varepsilon}_3+\boldsymbol{\varepsilon}_2+\boldsymbol{\varepsilon}_3),$$

由(20)式,$\boldsymbol{\eta}_3'=2\boldsymbol{\varepsilon}_1-10\boldsymbol{\varepsilon}_2-6\boldsymbol{\varepsilon}_3$.又$(\mathscr{A}+\mathscr{E})\boldsymbol{\eta}_3'=(\mathscr{A}+\mathscr{E})^2\boldsymbol{\eta}_2'=\mathbf{0}$.于是$\mathscr{A}|P[\mathscr{A}]\boldsymbol{\eta}_2'$在基 $\boldsymbol{\eta}_2',\boldsymbol{\eta}_3'$下的矩阵为$\boldsymbol{J}(-1,2)$.最后$\mathscr{A}$在基 $\boldsymbol{\eta}_1',\boldsymbol{\eta}_2',\boldsymbol{\eta}_3'$下的矩阵为

$$\boldsymbol{J}=\begin{pmatrix}0&0&0\\0&-1&0\\0&1&-1\end{pmatrix}.$$

基变换

$$(\boldsymbol{\eta}_1',\boldsymbol{\eta}_2',\boldsymbol{\eta}_3')=(\boldsymbol{\varepsilon}_1,\boldsymbol{\varepsilon}_2,\boldsymbol{\varepsilon}_3)\boldsymbol{T}=(\boldsymbol{\varepsilon}_1,\boldsymbol{\varepsilon}_2,\boldsymbol{\varepsilon}_3)\begin{pmatrix}2&0&2\\-6&2&-10\\-3&2&-6\end{pmatrix}.$$

相似变换为

$$\boldsymbol{J}=\boldsymbol{T}^{-1}\boldsymbol{B}\boldsymbol{T},$$

即

$$\begin{pmatrix}2&0&2\\-6&2&-10\\-3&2&-6\end{pmatrix}^{-1}\begin{pmatrix}0&-1&2\\3&8&-14\\3&6&-10\end{pmatrix}\begin{pmatrix}2&0&2\\-6&2&-10\\-3&2&-6\end{pmatrix}=\begin{pmatrix}0&0&0\\0&-1&0\\0&1&-1\end{pmatrix}.$$

附录五

代数学与人工智能

代数学具有高度抽象性，通常能使把不同背景下的问题用统一方法解决. 代数学又具有可运算的特性，使得相关问题易于在计算机上实现并解决. 目前，在科学界形成了“科学问题数学化，数学问题代数化，代数问题机械化”的研究模式. 同时，代数学又为计算机理论、密码与编码理论以及人工智能等领域提供了重要的理论基础和支撑.

一、线性代数与机器学习

线性代数是机器学习的主要数学基础. 机器学习中的数据大多存储为矩阵，并以矩阵乘法的方式进行转换. 向量空间、矩阵乘法、矩阵的特征值及特征向量等概念在机器学习中无处不在. 学好线性代数是掌握机器学习的关键. 下面通过对主成分分析法的介绍来展示线性代数在机器学习中的作用.

主成分分析法是以较小的内存空间储存信息，同时尽量减少信息的误差.

设 $\boldsymbol{v}_1,\boldsymbol{v}_2,\cdots,\boldsymbol{v}_m$ 是 $\mathbf{R}^n$ 中的 m 个向量. 要减小信息存储的内存，通常把这些向量转化为低维空间 $\mathbf{R}^l(l<n)$ 的向量加以存储，这就需要一个映射 φ 使得 $\varphi(\boldsymbol{v}_i)\in\mathbf{R}^l$；为还原数据还需要另外一个映射 θ 使得 $\theta\varphi(\boldsymbol{v}_i)\in\mathbf{R}^n$，并且 $\theta\varphi(\boldsymbol{v}_i)$ 与 $\boldsymbol{v}_i$ 的误差尽可能小. 在欧氏空间 $\mathbf{R}^n$ 中，$\theta\varphi(\boldsymbol{v}_i)$ 与 $\boldsymbol{v}_i$ 的误差用它们之间的距离来衡量，距离越小则误差越小. 此处选用第九章 §1 例 1 中定义的内积来定义距离. 为了简化问题，在实际中 θ 用两两正交的单位向量为列向量的 $n\times l$ 矩阵 $\boldsymbol{M}$ 来实现，即 $\theta\varphi(\boldsymbol{v}_i)=\boldsymbol{M}\varphi(\boldsymbol{v}_i)$. 下面确定使距离

$$d_i=|\boldsymbol{v}_i-\theta\varphi(\boldsymbol{v}_i)|=\sqrt{(\boldsymbol{v}_i-\theta\varphi(\boldsymbol{v}_i))^{\mathrm{T}}(\boldsymbol{v}_i-\theta\varphi(\boldsymbol{v}_i))}$$

最小的条件. 令 $x=\varphi(\boldsymbol{v}_i)$，则有等式

$$d_i^2=(\boldsymbol{v}_i-\boldsymbol{M}\boldsymbol{x})^{\mathrm{T}}(\boldsymbol{v}_i-\boldsymbol{M}\boldsymbol{x})=\boldsymbol{v}_i^{\mathrm{T}}\boldsymbol{v}_i-2\boldsymbol{v}_i^{\mathrm{T}}\boldsymbol{M}\boldsymbol{x}+(\boldsymbol{M}\boldsymbol{x})^{\mathrm{T}}\boldsymbol{M}\boldsymbol{x}$$

若使 d_i 最小，则只需 $-2\boldsymbol{v}_i^{\mathrm{T}}\boldsymbol{M}\boldsymbol{x}+(\boldsymbol{M}\boldsymbol{x})^{\mathrm{T}}\boldsymbol{M}\boldsymbol{x}=-2\boldsymbol{v}_i^{\mathrm{T}}\boldsymbol{M}\boldsymbol{x}+\boldsymbol{x}^{\mathrm{T}}\boldsymbol{x}$ 最小，即

$$\frac{\partial(-2\boldsymbol{v}_i^{\mathrm{T}}\boldsymbol{M}\boldsymbol{x}+\boldsymbol{x}^{\mathrm{T}}\boldsymbol{x})}{\partial\boldsymbol{x}}=-2\boldsymbol{M}^{\mathrm{T}}\boldsymbol{v}_i+2\boldsymbol{x}=\boldsymbol{0},$$

从而 $\varphi(\boldsymbol{v}_i)=\boldsymbol{M}^{\mathrm{T}}\boldsymbol{v}_i$，于是 $\theta\varphi(\boldsymbol{v}_i)=\boldsymbol{M}\boldsymbol{M}^{\mathrm{T}}\boldsymbol{v}_i$.

下面确定矩阵 $\boldsymbol{M}$ 使得 $\boldsymbol{M}^{\mathrm{T}}\boldsymbol{M}=\boldsymbol{E}$，且向量组 $\boldsymbol{v}_1,\boldsymbol{v}_2,\cdots,\boldsymbol{v}_m$ 与向量组 $\boldsymbol{M}\boldsymbol{M}^{\mathrm{T}}\boldsymbol{v}_1,\boldsymbol{M}\boldsymbol{M}^{\mathrm{T}}\boldsymbol{v}_2,\cdots,\boldsymbol{M}\boldsymbol{M}^{\mathrm{T}}\boldsymbol{v}_m$ 之间的整体误差最小. 向量组之间的整体误差可以通过下式来表达：

$$d_z = \sum_{i=1}^{m} \mid \boldsymbol{v}_i - \boldsymbol{M}\boldsymbol{M}^{\mathrm{T}}\boldsymbol{v}_i \mid^2 = \sum_{i=1}^{m} \mid \boldsymbol{v}_i^{\mathrm{T}} - \boldsymbol{v}_i^{\mathrm{T}}\boldsymbol{M}\boldsymbol{M}^{\mathrm{T}} \mid^2.$$

令矩阵 $\boldsymbol{X}^{\mathrm{T}}=(\boldsymbol{v}_1,\boldsymbol{v}_2,\cdots,\boldsymbol{v}_m)$，则

$$\begin{aligned} d_z &= \mathrm{tr}((\boldsymbol{X}-\boldsymbol{X}\boldsymbol{M}\boldsymbol{M}^{\mathrm{T}})^{\mathrm{T}}(\boldsymbol{X}-\boldsymbol{X}\boldsymbol{M}\boldsymbol{M}^{\mathrm{T}})) \\ &= \mathrm{tr}(\boldsymbol{X}^{\mathrm{T}}\boldsymbol{X}-\boldsymbol{X}^{\mathrm{T}}\boldsymbol{X}\boldsymbol{M}\boldsymbol{M}^{\mathrm{T}}-\boldsymbol{M}\boldsymbol{M}^{\mathrm{T}}\boldsymbol{X}^{\mathrm{T}}\boldsymbol{X}+\boldsymbol{M}\boldsymbol{M}^{\mathrm{T}}\boldsymbol{X}^{\mathrm{T}}\boldsymbol{X}\boldsymbol{M}\boldsymbol{M}^{\mathrm{T}}) \\ &= \mathrm{tr}(\boldsymbol{X}^{\mathrm{T}}\boldsymbol{X})-2\mathrm{tr}(\boldsymbol{X}^{\mathrm{T}}\boldsymbol{X}\boldsymbol{M}\boldsymbol{M}^{\mathrm{T}})+\mathrm{tr}(\boldsymbol{X}^{\mathrm{T}}\boldsymbol{X}\boldsymbol{M}\boldsymbol{M}^{\mathrm{T}}) \\ &= \mathrm{tr}(\boldsymbol{X}^{\mathrm{T}}\boldsymbol{X})-\mathrm{tr}(\boldsymbol{X}^{\mathrm{T}}\boldsymbol{X}\boldsymbol{M}\boldsymbol{M}^{\mathrm{T}}). \end{aligned}$$

因 $\mathrm{tr}(\boldsymbol{X}^{\mathrm{T}}\boldsymbol{X})$ 为固定值，故使得 $\mathrm{tr}(\boldsymbol{X}^{\mathrm{T}}\boldsymbol{X}\boldsymbol{M}\boldsymbol{M}^{\mathrm{T}})$ 最大且满足 $\boldsymbol{M}^{\mathrm{T}}\boldsymbol{M}=\boldsymbol{E}$ 的矩阵 $\boldsymbol{M}$ 即为所求.
又因为

$$\mathrm{tr}(\boldsymbol{X}^{\mathrm{T}}\boldsymbol{X}\boldsymbol{M}\boldsymbol{M}^{\mathrm{T}})=\mathrm{tr}(\boldsymbol{M}^{\mathrm{T}}\boldsymbol{X}^{\mathrm{T}}\boldsymbol{X}\boldsymbol{M})=\sum_{j=1}^{l}\boldsymbol{r}_j^{\mathrm{T}}\boldsymbol{X}^{\mathrm{T}}\boldsymbol{X}\boldsymbol{r}_j,$$

其中 $\boldsymbol{M}=(\boldsymbol{r}_1,\boldsymbol{r}_2,\cdots,\boldsymbol{r}_l)$.

综上，求矩阵 $\boldsymbol{M}$ 的算法如下：

1. 求 $\boldsymbol{X}^{\mathrm{T}}\boldsymbol{X}$ 的特征值与特征向量；

2. 对特征值从大到小排序，选择其中最大的 l 个（考虑重数）特征值；

3. 将其对应的 l 个特征向量标准正交化后分别作为列向量构成矩阵 $\boldsymbol{M}$，矩阵 $\boldsymbol{M}$ 即为所求.

随着机器学习研究的深入，人工智能技术迅速发展，出现了许多具有专门功能的人工智能平台，如 AlphaGo，ChatGPT，DeepSeek 等.人工智能在很多领域产生了革命性影响.在围棋方面，AlphaGo 已经超越了人类顶级职业选手.在某些数学竞赛中，已经开始有人工智能选手参加，而且取得了很好的成绩.在数学研究中，人工智能也开始发挥作用，但更多的情况是为研究人员带来启发，而不是代替人类的研究.目前，人工智能已经具备了推理功能，可以证明一些数学命题，尽管证明过程仍需人工校验和完善.

二、代数学的计算机实现

代数学在计算机上的实现一般是指把解决代数学问题的算法程序化，然后把这些程序集成到某一计算机语言平台上一个软件系统.所以数学软件系统一般分计算机语言部分和算法程序化后形成的命令集合.在使用时，把各种命令编入计算机程序，通过程序的运行来解决问题或提供相关的信息.

下面介绍几种能够实现代数运算的数学软件.

1. 北太天元（Baltamatica）：该软件由北京大学数学科学学院研发，并于 2022 年首次发布，是首款独立自主开发的国产数值计算通用软件。它涉及傅里叶分析、微分方程、计算几何、图论等多个数学领域。在代数方面，该软件可以实现解线性方程组、矩阵计算、矩阵分解、求矩阵特征值等算法。此外，北太天元还提供了底层数据接口，支持使用 C/C++等语言编写与其交互的程序。

2. Gap 于 1986 年由德国亚琛工业大学数学学院开始研发，1988 年公开发布第一

版,经历了近40年的研发和迭代.该软件擅长离散代数学的计算,尤其是群论计算,这是一款专门的代数计算软件.Gap可以在不同的域上实现解线性方程组、矩阵计算、矩阵标准化、求矩阵特征值等.Gap是一款免费且开源的软件,可以用C语言编写与其交互的程序.

3. Magma的研发始于1990年,由悉尼大学计算代数团队发布.实际上,在研发过程中汇聚了世界各地的代数学家. Magma可以实现代数、数论、代数几何、代数组合等领域的计算. Magma不开源也不免费,但有免费的线上运算器.

上面三种软件可以帮助解决本书中计算相关的课后习题.除了上面介绍的三种软件,还有多种成熟的计算软件, 这里就不一一介绍了.

下面以北太天元为例介绍计算机上的矩阵运算.

1. 输入矩阵 $\boldsymbol{M}=\begin{pmatrix}3&1&0&0\\-4&-1&0&0\\7&1&2&1\\-7&-6&-1&0\end{pmatrix}$.

```
≫M=[3,1,0,0 ; -4,-1,0,0 ; 7,1,2,1 ; -7,-6,-1,0];
≫disp(M);
 3   1   0  0
-4  -1   0  0
 7   1   2  1
-7  -6  -1  0
```

2. 可以对 $\boldsymbol{M}$ 进行初等行、列变换:

```
≫M([2,3],:) = M([3,2],:); % 交换第2,3行
≫ disp(M)
 3   1   0  0
 7   1   2  1
-4  -1   0  0
-7  -6  -1  0
≫ i = 2; j =3; c = 2; % 给变量 i,j 和 c 赋值
≫ M(j,:) = M(j,:) + c * M(i,:); % 行操作:第 i 行乘 c 加到第 j 行
≫ M(i,:) = c * M(i,:);% 行乘标量:第 i 行乘 c
≫ M(:,[i,j]) = M(:,[j,i]);% 交换第 i, j 列
≫ M(:,j) = M(:,j) + c * M(:,i);% 列操作:第 i 列乘 c 加到第 j 列
≫ M(:,i) = c * M(:,i);% 列乘标量:第 i 列乘 c
```

3. 求解线性方程组,以 $\boldsymbol{M}$ 为系数矩阵的线性方程组, 其中 $\boldsymbol{W}$ 为常数向量

```
≫ M= [3,1,0,0 ; -4,-1,0,0 ; 7,1,2,1 ; -7,-6,-1,0];
≫ W = [1; 2; 3; 4]; % 常数向量
≫ x = M \W; % 解方程 M x = W
≫ disp(x)
  -3.0000
```

```
10.0000
-43.0000
100.0000
```

4. 用如下命令求矩阵的特征多项式、特征值分解及奇异值分解：poly(A),eig(A), svd(A).

```
≫ M = [3,1,0,0 ; -4,-1,0,0 ; 7,1,2,1 ; -7,-6,-1,0];
≫ A = (M+M')/2 ; % M' 表示 M 的共轭转置
≫ poly(A) % 下面输出的 1,-4, -35, 93, -15.9375 是特征多项式的系数(次数按照从高到低排列)
ans =
1.0000  -4.0000  -35.0000  93.0000  -15.9375
≫ [V,D] = eig(A); % 返回特征值的对角矩阵 D, 右特征(列)向量组成的矩阵 V,其中 A * V = V * D
≫ [U,S,V] = svd(A); % 返回矩阵 A 的奇异值分解,A = U * S * V'
```

5. 北太天元还支持编写 .m 函数,例如写一个求最小多项式的函数

```
function min_poly = eigen_based_min_poly(M, tol)
% 基于特征值的极小多项式计算
% 输入:
% M: 输入矩阵
% tol: 数值容差(默认 1e-6)
% 输出:
% min_poly: 极小多项式的因式分解形式(cell 数组)
if nargin < 2
    tol = 1e-6;
end
n = size(M, 1);
% 计算特征值
eigen_values = eig(M);
% 特征值聚类(使用层次聚类)
Z = linkage(eigen_values);
clusters = cluster(Z, 'cutoff', tol, 'criterion', 'distance');
unique_clusters = unique(clusters);
factors = cell(1, length(unique_clusters));
for i = 1:length(unique_clusters)
    cluster_idx = find(clusters == unique_clusters(i));
    lambda = mean(eigen_values(cluster_idx)); % 聚类中心作为特征值
    A = M - lambda * eye(n);
    % 计算幂零指数
```

```
        k = 1;
        A_power = A;
        current_rank = rank(A_power, tol);
        while true && current_rank>0
            A_power = A * A_power;
            k = k + 1;
            new_rank = rank(A_power, tol);
            % 终止条件1:秩不再减少
            if new_rank >= current_rank
                if norm(A_power, 'fro') <= tol * norm(M, 'fro')
                    break;
                else
                    k = k - 1;
                    break;
                end
            end
            % 终止条件2:达到零矩阵
            if new_rank == 0
                break;
            end
            current_rank = new_rank;
        end
        factors{i} = struct('value', lambda, 'degree', k);
    end
    % 构造极小多项式表达式
    min_poly = factors;
    % 显示结果
    disp('极小多项式因式分解形式:');
    for i = 1:length(factors)
        fprintf('(x - ');
        if isreal(factors{i}.value)
            fprintf('%.4f)', real(factors{i}.value));
        else
            fprintf('(%.4f + %.4fi)', [real(factors{i}.value),
imag(factors{i}.value)]);
        end
        if factors{i}.degree > 1
            fprintf('^%d', factors{i}.degree);
        end
```

```
        if i < length(factors)
            fprintf(' * ');
        end
    end
    fprintf('\n');
    end
    % 辅助函数:容差感知的矩阵秩计算
    function r = rank(A, tol)
    [~, S, ~] = svd(A);
    singular_values = diag(S);
    r = sum(singular_values > max(singular_values) * tol);
    end
```

把上面的 .m 函数存成 eigen_based_min_poly.m,然后在北太天元里就可以像调用 eig 这样的内置函数一样调用这个函数,例如

```
>> eigen_based_min_poly(diag([1,1,1]));
极小多项式因式分解形式:
(x - 1.0000)
>> M = [1 1 0;0 1 1;0 0 1];
>> eigen_based_min_poly(M,1e-2);
极小多项式因式分解形式:
(x - 1.0000)^2
>> M = [ 1 1 0 ;0 1 0 ;0 0 2 ];
>> eigen_based_min_poly(M);
极小多项式因式分解形式:
(x - 2.0000) * (x - 1.0000)^2
```

6. 下面是取遍 $\boldsymbol{M}$ 的所有二阶子矩阵的程序:

```
M= [3,1,0,0 ; -4,-1,0,0 ; 7,1,2,1 ; -7,-6,-1,0];
[m, n] = size(M);
submatrices = {};
index = 1;
if m >= 2 && n >= 2
    % 生成所有两行组合
    row_combs = nchoosek(1:m, 2);
    % 生成所有两列组合
    col_combs = nchoosek(1:n, 2);
    % 遍历所有组合
    for i = 1:size(row_combs,1)
        for j = 1:size(col_combs,1)
            rows = row_combs(i,:);
```

```
            cols = col_combs(j,:);
            submatrices{index} = M(rows, cols);
            index = index + 1;
        end
    end
end
disp(submatrices{1}) % 输出一个子矩阵
```

运行上面的代码,将会显示一个子矩阵

```
 3   1
-4  -1
```

《北太天元科学计算编程与应用》(李若、卢朓主编)中有丰富的矩阵运算命令，这里就不一一列举了.

目前，一些传统的计算软件已经接入 DeepSeek 等平台，这将对数学产生重要影响. 人工智能给数学学习带来了挑战. 人们只有更好地掌握数学理论，才能对人工智能产生的结论做出正确的评判，也才能实现真正意义上的人机交互，推动数学的发展.

程序代码

读者意见反馈

为收集对教材的意见建议,进一步完善教材编写并做好服务工作,读者可将对本教材的意见建议通过如下渠道反馈至我社。

咨询电话　400-810-0598

反馈邮箱　hepsci@pub.hep.cn

通信地址　北京市朝阳区惠新东街4号富盛大厦1座

高等教育出版社理科事业部

邮政编码　100029

防伪查询说明

用户购书后刮开封底防伪涂层,使用手机微信等软件扫描二维码,会跳转至防伪查询网页,获得所购图书详细信息。

防伪客服电话　(010)58582300